YAMAHA
XJ6
XJ6 Diversion
XJ6 Diversion F

ab Modelljahr 2009

Unverkleidete Maschine
- *erhältlich ohne und mit ABS*
- *ab Modelljahr 2009*

Modell XJ6 *(XJ6N und XJ6NA)*

Halbverkleidete Maschine
- *erhältlich ohne und mit ABS*
- *ab Modelljahr 2009*

Modell XJ6 Diversion *(XJ6S und XJ6SA)*

Vollverkleidete Maschine
- *erhältlich ohne und mit ABS*
- *ab Modelljahr 2010*

Modell XJ6 Diversion F *(XJ6F(Z) und XJ6FA)*

*= Stand der Recherche dieses Buchs zum Redaktionsschluss im Juni 2011

In diesem Buch werden die links abgebildeten Modelle für die Märkte Deutschland, Österreich, Schweiz behandelt.*

bucheli verlag

Impressum

Impressum

ISBN 978-3-7168-2146-6

Motorrad-Reparaturanleitung Band 5290

Redaktion und Gestaltung: Büro Schermer, D-70563 Stuttgart
Texte: Franz Josef Schermer, Dipl. Ing. (FH) Helmut Städele, Helmut Strauß.
Fotos: Axel Schermer, F. J. Schermer
Zeichnungen: Steven Flier, Daniel Horvat, Stefanie Schenk, Wolf Kurz, Tomoko Wakayama
Recherche und Assistenz: Bernd Burbulla, Horst Liebermann

Für diese Motorrad-Reparaturanleitung wurden unter anderem Bilder und Texte aus den Archiven der Zeitschrift MOTORRAD, des Motorbuch-Verlags und dem Yamaha-Pressearchiv verwendet.

Ein ganz spezieller Dank geht an die Mitarbeiter der Firma Walz (Yamaha-Motorräder Stuttgart-Möhingen; Steffen, Egdar und Christof Walz), die uns bei Zerlegung und Zusammenbau der XJ6-Modelle über alle Maßen geholfen haben. Besonders dem Motorrad-Mechanikermeister Steffen Walz sind wir zu großem Dank verpflichtet, denn er hat uns viele Tipps zu den Maschinen gegeben, damit wir diese an die Leser dieses Buches weitergeben können.

Satz: Stefanie Schenk
Lektorat: Myrta Baumberger
Druck: Druck- und Medienzentrum Gerlingen GmbH
D-70839 Gerlingen
Bindung: K. Dieringer
D-70839 Gerlingen

Verkauf:
Bucheli Verlag
Gewerbestraße 10
CH-6330 Cham

Postadresse:
Bucheli Verlags AG
Postfach 4161
CH-6304 Zug
Telefon: ++41 (0)41 741 77 55
Telefax: ++41 (0)41 741 71 15
www.bucheli-verlag.ch

1. Auflage 2011

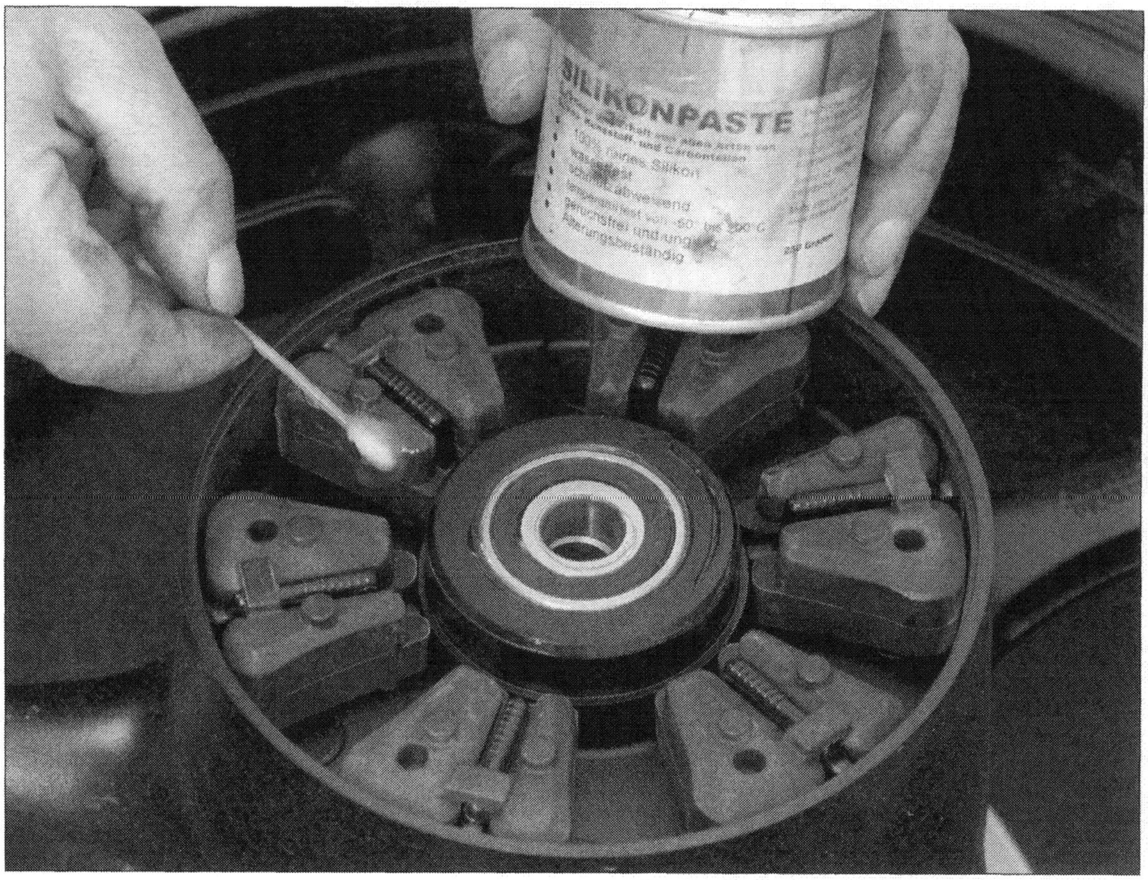

In diesem Buch finden Sie jede Menge Tipps und Kniffe in Text und Bild zur fachgerechten Durchführung von Pflege, Wartung und kleineren Reparaturen rund um die Yamaha XJ6. Beispielhaft aus Kapitel 5 »Räder« hier das Einfetten der sechs in die Hinterradnabe eingesetzten Ruckdämpfer-Gummis bei abgenommenem Kettenblattträger.

Warum dieses Buch wichtig ist

Die beiden Yamaha-Modelle XJ6 ohne und XJ6 Diversion mit Verkleidung kamen zur Saison 2009. Die dritte XJ6 mit Vollverkleidung trägt den Zusatzbuchstaben F, er steht für »Fairing« = Verkleidung; sie kam ein Jahr später. Alle drei Maschinen sind auf problemlosen Alltagsgebrauch ausgelegt, sind leicht zu fahren, sicher zu beherrschen und auch zum Reisen zu zweit und mit Gepäck geeignet.

Wenn Sie sich dieses Buch gekauft haben, um Ihre Maschine besser kennen zu lernen, sind Sie ein umsichtiger Mensch, der vorsorgt, indem er sich vorher informiert, anstatt nachher möglicherweise hilflos dazustehen, wenn mit seinem Motorrad irgendein Problem auftaucht, das vielleicht gar keines ist.

Wenn Sie dieses Buch gekauft haben, um Ihr Motorrad zu reparieren, hoffen wir, dass es Ihnen einen Einblick in die komplexe Mechanik der drei XJ6 vermittelt und dass Sie anhand des Buchs die nötigen Pflege- und Wartungsarbeiten selbst machen können.

Wir haben uns größte Mühe gegeben, diese Motorrad-Reparaturanleitung so verständlich wie möglich und nur so tiefgreifend technisch wie nötig zu gestalten. Dieses Buch soll in erster Linie ein erklärender Ratgeber und Lesestoff sein, der die Technik der Yamaha XJ6 verständlich macht.

Wir sind der festen Meinung, dass ein Fahrer, der sein Motorrad versteht, sorgsamer damit umgeht. Was wiederum hilft, Probleme entweder schon im Ansatz zu erkennen oder sie gar nicht erst auftreten zu lassen. Denn durch das Verständnis der Technik wird die Grundlage dafür geschaffen, dass man begreift, warum sich dieses Zahnrad so rum drehen muss, damit sich das andere eben andersrum dreht und schlussendlich das Motorrad vorwärts fährt und nicht rückwärts. Das Zerlegen und Zusammenbauen von Motor und Getriebe finden Sie nicht in diesem Buch, denn solche Arbeiten

Auch in Kurven macht die Yamaha XJ6 Diversion eine sehr gute Figur.

müssen ausgebildeten Yamaha-Motorradmechanikern vorbehalten bleiben. Auch bei Problemen mit dem ABS sind Sie beim Yamaha-Händler an der richtigen Adresse.

Der Inhalt dieser Motorrad-Reparaturanleitung kann kein Grundkurs in allgemeiner Motorradtechnik sein, denn dazu ist sie zu speziell auf die Yamaha XJ6 fixiert. In diesem Sinne wünschen wir Ihnen, liebe Leser, Interessenten und Fahrer einer XJ6, viel Spaß bei der Lektüre. Wir hoffen, dass Sie keine Probleme mit Ihrer Maschine haben – und wenn, dann soll Ihnen dieses Buch helfen, diese rasch, effektiv und kostengünstig zu beseitigen.

Der Spagat zwischen allgemein verständlicher Technik und stimmiger Anleitung zum Selbstschrauben bestimmt also den Inhalt dieses Buches. Einige Grundsätze zu diesem Buch:

■ Die Lektüre dieses Buches kann weder eine dreijährige Lehre zum Motorradmechaniker noch eine mehrjährige Praxis im Kraftfahrzeughandwerk ersetzen. Interessierte Laien sollten sich die Pflegetipps zu Herzen nehmen. Gute Pflege erhält nicht nur den Wert der Maschine, sondern sorgt vor allem auch dafür, dass man sein Motorrad in allen Ecken und Winkeln besser kennen lernt.

■ Die Umsetzung der im Buch gezeigten Arbeitsschritte setzt einen gewissen Grundstock an Werkzeug voraus. Das Bordwerkzeug der XJ6 umfasst nur einige Teile, weswegen man sich für Wartungs- und Reparaturarbeiten weiteres Werkzeug anschaffen muss.

■ Für einige Arbeiten sind Spezialwerkzeuge nötig, die den Umfang einer normalen Werkzeugausstattung, die in einer Hobbyschrauber-Werkstatt vorhanden sein sollte, bei Weitem sprengen. Selbst wer die grundsätzliche Bereitschaft hat, sich diese Spezialwerkzeuge zuzulegen, sollte sich reiflich überlegen, ob es sich wirklich rentiert. Denn sie sind erstens sehr teuer, und zweitens erfordert es Erfahrung und Fingerfertigkeit, um damit richtig umzugehen.

Damit sind wir beim kritischsten Punkt dieses Buchs, nämlich bei anspruchsvollen Inhalten wie z. B. Radlager erneuern oder Bremsen reparieren: Wir erklären, aus welchen Teilen diese Baugruppen bestehen, wie sie funktionieren, wie man sie warten, zerlegen und wieder zusammenbauen kann. Fachleute werden die Texte und zugehörigen Bilder verstehen, Laien sollen sie verstehen lernen.

In diesem Sinne wünscht Ihnen das Redaktionsteam allzeit eine pannenfreie und sichere Fahrt mit der Yamaha XJ6!

Herzlichst, Ihr
F. J. Schermer
(Redaktionsleiter)

Wenn in diesem Buch von »Fahrern« die Rede ist, meinen wir natürlich auch die weiblichen Leser. Der leichteren Lesbarkeit halber beschränken wir uns jedoch auf die allgemeine (männliche) Form.

Inhalt

Folgende Symbole verdienen während der Arbeiten besondere Beachtung:

Sichtprüfung:
Teil genau ansehen, besonders beachten

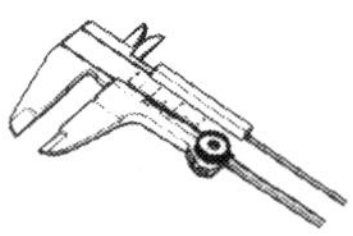

Messen:
Messschieber oder anderes Messwerkzeug nötig

Achtung:
Besondere Vorsicht geboten, Sicherheitshinweise beachten

Tipp:
Wertvoller Hinweis für einfacheres Schrauben

Folgende Symbole verdeutlichen den Schwierigkeitsgrad der Arbeiten:

Ein Schlüssel:
Einfache Arbeit, erweitertes Bordwerkzeug reicht aus

Zwei Schlüssel:
Anspruchsvolle Arbeit, extra Werkzeug notwendig

Drei Schlüssel:
Gutes Werkzeug und Spezialkenntnisse erforderlich

Vier Schlüssel:
Spezialwerkzeug und sehr gute handwerkliche Fertigkeit gefragt

Fünf Schlüssel:
Spezialwerkzeug und meisterliche Fertigkeiten notwendig: Fachwerkstatt!

Sichtprüfung Messen

Wartung · Pflege

In diesem Kapitel: Inspektionen · Tabelle der Wartungs- und Inspektionsintervalle · Regelmäßige Kontrollen · Pre-Ride-Check · Seitenständerschalter prüfen · Seitenständerlagerung, Federn · Mittelständer · Waschen · Überwintern · Lackpflege · Öl-/Graphitspray · Schmierstellen.

Inspektionen

In der unten stehenden Tabelle sind die von Yamaha für die XJ6-Modelle vorgegebenen Inspektionsintervalle mit den zugehörigen Arbeitspunkten aufgelistet. Wenn 10 000 km als Fahrleistung im Jahr nicht erreicht werden, sollte man das Motorrad dennoch einmal im Jahr in

Wartungs- und Inspektionsintervalle XJ6, XJ6 Diversion, XJ6 Diversion F

Bauteil / Intervall [1]	bei 1000 km	bei 10 000 km	bei 20 000 km	bei 30 000 km	bei 40 000 km	usw. → siehe Kapitel
Motor						
Motoröl [2]	Erneuern	Erneuern	Erneuern	Erneuern	Erneuern	1, 23
Ölfilter [3]	Erneuern	–	Erneuern	–	Erneuern	1, 23
Ventilspiel	–	–	–	–	Prüfen ggf. einstellen	27
Zündkerzen	–	Prüfen und reinigen	Erneuern	Prüfen und reinigen	Erneuern	17
Luftfiltereinsatz [4]	–	Reinigen*	Reinigen*	Reinigen*	Erneuern	20
Leerlaufdrehzahl	Prüfen ggf. einstellen	Prüfen ggf. einstellen	Prüfen ggf. einstellen	Prüfen ggf. einstellen	Prüfen ggf. einstellen	19
Gaszüge, Gasgriff [5]	– –	Prüfen ggf. einstellen und schmieren	Prüfen ggf. einstellen und schmieren	Prüfen ggf. einstellen und schmieren	Prüfen ggf. einstellen und schmieren	21
Drosselklappen-Synchronisierung	Prüfen ggf. einstellen	Prüfen ggf. einstellen	Prüfen ggf. einstellen	Prüfen ggf. einstellen	Prüfen ggf. einstellen	19
Sekundärluftsystem	–	Prüfen	Prüfen	Prüfen	Prüfen	20
Kühlerschläuche, Kühlflüssigkeit	–	Prüfen ggf. ergänzen	Prüfen ggf. ergänzen	Prüfen ggf. ergänzen	Prüfen ggf. ergänzen	1, 24
	Kühlflüssigkeit alle 3 Jahre erneuern					
Kraftstoffleitungen	–	Prüfen	Prüfen	Prüfen	Prüfen	3, 19
Antrieb						
Hinterrad-Antriebskette	Alle 1000 km Kette reinigen und schmieren, Kettendurchhang (Kettenspannung) prüfen, ggf. einstellen					7
Kupplungspiel	Prüfen ggf. einstellen	Prüfen ggf. einstellen	Prüfen ggf. einstellen	Prüfen ggf. einstellen	Prüfen ggf. einstellen	25
Rahmen und Fahrwerk						
Bremsbeläge	Prüfen	Prüfen	Prüfen	Prüfen	Prüfen	6
Bremsflüssigkeit	Stand prüfen	Stand prüfen	Stand prüfen	Stand prüfen	Stand prüfen	1, 6
	Bremsflüssigkeit spätestens alle 2 Jahre erneuern					
Bremsleitungen, Bremsschläuche Anschlüsse	–	Prüfen	Prüfen	Prüfen	Prüfen	6
	Bremsschläuche alle 4 Jahre erneuern					
Hand- und Fußbremszylinder, Bremssättel	Kolbenmanschetten und Dichtringe alle 2 Jahre erneuern					6
Lenkung, Lenkkopflager [6]	Prüfen ggf. einstellen	Prüfen ggf. einstellen	Schmieren	Prüfen ggf. einstellen	Schmieren	9
	Lenkkopflager alle 20 000 km zerlegen, reinigen und frisch mit säurefreiem Kfz-Lagerfett schmieren					
Telegabel	–	Prüfen	Prüfen	Prüfen	Prüfen	8, 10
	Redaktionelle Empfehlung: Gabelöl alle 2 Jahre erneuern					
Hinterradfederung	–	Prüfen	Prüfen	Prüfen	Prüfen	8, 11
Mittel- und Seitenständer, -Schalter [7]	Prüfen	Prüfen	Prüfen	Prüfen	Prüfen	1, 3
Reifen, Räder, Radlager	–	Prüfen	Prüfen	Prüfen	Prüfen	4, 5
Schwinge, Schwingenlager	–	Prüfen	Prüfen	Prüfen	Prüfen	11
	Schwingenlager alle 50 000 km zerlegen, reinigen und frisch mit säurefreiem Kfz-Lagerfett schmieren					
Scheinwerfereinstellung	Prüfen	Prüfen	Prüfen	Prüfen	Prüfen	12
Fahrgestellschrauben und -muttern	–	Prüfen ggf. anziehen	Prüfen ggf. anziehen	Prüfen ggf. anziehen	Prüfen ggf. anziehen	30
Dreh- und Gleitteile	–	Schmieren	Schmieren	Schmieren	Schmieren	1

1) Wenn die Kilometerleistung nicht innerhalb eines Jahres erreicht wird, ist der Wechsel bzw. die Prüfung jährlich durchzuführen.
2) Redaktionelle Empfehlung: Bei ausschließlichem Kurzstreckenbetrieb oder Außentemperaturen unter 0 °C Ölwechsel alle 3 Monate oder alle 5000 km durchführen.
3) Redaktionelle Empfehlung: Entgegen der Yamaha-Empfehlung raten wir, den Ölfilter bei jedem Ölwechsel zu erneuern.
4) Bei häufigen Fahrten unter Extrembedingungen wie Staub, Schmutz, viel Kurzstrecke, Wintereinsatz etc. ist eine häufigere Wartung ratsam. Die Wartungsintervalle können dann je nach Einsatzbedingungen auf 5000 oder 3000 km sinken.
* = Redaktionelle Empfehlung: Reinigen des Luftfilters bei den 10 000-km-Inspektionen ist keine Yamaha-Vorschrift (siehe dazu auch Kapitel 20 »Luftfilter«).
5) Gasseilzug auf Leichtgängigkeit, Scheuer- und Knickstellen prüfen. Gasseilzugspiel prüfen, ggf. einstellen (siehe Kapitel 21 »Gasgriff · Gaszug).
6) Prüfung der Lenkung im Rahmen der Probefahrt nach Abschluss aller Wartungs- und Inspektionsarbeiten.
7) Lagerung, Leichtgängigkeit, Federn und Federspannung sowie Funktion des Seitenständerschalters kontrollieren.

der Werkstatt inspizieren und die nötigen Arbeiten durchführen lassen (bzw. selbst machen). Eine solche »Jahresinspektion« gilt besonders für den Ölwechsel, weil Öl schon alleine durch den Kontakt mit Luft altert, es »oxydiert«.

Wartungs- und Inspektionstabelle

In der Tabelle auf der linken Seite sind die von Yamaha vorgeschriebenen Wartungs- und Inspektionsarbeiten aufgelistet. In der letzten Spalte »siehe Kapitel« sind Verweise zu den entsprechenden Kapiteln.

■ Bei »Erneuern«, wie z. B. beim »Ölwechsel«, kommt alle 10 000 km (oder einmal im Jahr) neues Öl in den Motor.

■ Laut Yamaha-Vorschrift muss beim 10 000er-Ölwechsel kein neuer Ölfilter angebaut werden; dieser ist nur alle 20 000 km vorgeschrieben. Wir empfehlen jedoch den Anbau eines neuen Ölfilters bei jedem Ölwechsel, denn er kostet nicht viel und gibt einem das gute Gefühl, dass das Öl bestens gereinigt zu den Schmierstellen gelangt.

■ »Prüfen/Einstellen« bedeutet zum Beispiel beim Punkt »Ventilspiel« alle 40 000 km neben der Prüfung des vorgeschriebenen Ventilspiels auch gegebenenfalls eine Neueinstellung.

■ Die Hinterrad-Antriebskette soll alle 1000 km gereinigt, geschmiert und auf richtige Spannung (»Kettendurchhang«) geprüft und ggf. korrigiert werden. Die Angabe »alle 1000 km« ist in der Praxis variabel zu sehen, denn bei schlechtem Wetter oder überwiegendem Fahrbetrieb in staubigen, schmutzigen Gegenden ist das Reinigen und Schmieren der Kette eher alle 500 km nötig; während bei reinem Schönwetterbetrieb und sanfter Fahrweise die Kette nur alle 1500 bis 2000 km gepflegt werden muss. Bei der Antwort auf die Frage nach dem richtigen Kettenpflege-Intervall kommt es natürlich auch darauf an, welches Kettenschmiermittel verwendet und wie überhaupt die Kette gepflegt wird: Wird sie vor Aufsprühen des Kettensprays gereinigt oder nicht? Mehr dazu in Kapitel 7 »Kette«.

■ In der letzten Zeile der Tabelle steht »Dreh- und Gleitteile«; welche Baugruppen dabei gemeint sind und was zu tun ist, steht weiter hinten im Kapitelabsatz »Schmierstellen«; in Bild 23 sind die Schmierstellen gezeigt.

Bilder 1 und 2: Kette regelmäßig pflegen heißt »reinigen und schmieren«. Bei dieser Gelegenheit auch die Kettenspannung kontrollieren.

Regelmäßige Kontrollen

Die für die Fahrsicherheit und Maschinentechnik wichtigsten Prüfpunkte haben wir unten auf dieser Seite in einer Tabelle zusammengefasst. Aus deren Überschrift geht hervor, was an der Maschine einmal am Tag (bzw. bevor man losfährt), während der Fahrt, beim Tanken und mindestens einmal die Woche geprüft werden sollte.

Beleuchtung: Werfen Sie vor jeder Fahrt einen Blick auf die Beleuchtung und betätigen Sie dabei auch beide Bremsen: Leuchtet das Bremslicht auf, brennen alle Kontrolllampen, hupt die Hupe (»Signalhorn«), geht die Lenkung nach beiden Seiten bis zum Anschlag gleichmäßig leicht, federn Vorder- und Hinterrad leicht ein und gedämpft aus? Bei einem gut gepflegten Motorrad kann man davon ausgehen, dass alles in Ordnung ist; bei einem schlecht gewarteten Motorrad quietscht möglicherweise etwas – gehen Sie der Sache auf den Grund!

Reifen: Einmal die Woche, mindestens aber alle 500 Kilometer, einen Blick auf die Reifen werfen: Profil ok? Klemmt irgendwo ein Stein in einer Profilrille? Ist die Ventilkappe noch vorhanden, sitzt sie fest?

Luftdruck bei kalten Reifen prüfen! Die Pneus dürfen von der Kurzstreckenfahrt zur Tankstelle maximal handwarm (30 °C) sein.

Reparaturauftrag geben

Wenn Ihre Maschine eine Störung hat und Sie zum Auffinden und Beheben des Fehlers weder technische Fertigkeiten noch Messgeräte haben, sollte man Fehlersuche und Behebung beim Yamaha-Händler gezielt in Auftrag geben.

Ein »gezielter Auftrag« beim Händler soll schriftlich erfolgen, das Problem möglichst klar geschildert und eine finanzielle Obergrenze genannt werden.

Beispiel: »Motor stottert beim Beschleunigen und geht bei Kolonnenfahrt öfter aus. Wenn die Reparatur 150 Euro übersteigen sollte, rufen Sie mich bitte an«.

Regelmäßige Prüfpunkte der Fahrsicherheit und Maschinentechnik		
Beleuchtungs- und Signalanlage	vor jeder Fahrt	siehe Kapitel 12
Reifenprofil, Luftdruck	vor jeder Fahrt, beim Tanken	siehe Kapitel 4
Hand- und Fußbremse	vor jeder Fahrt und während der Fahrt	siehe Kapitel 6
Warn-/Kontrollleuchten, Instrumente	Prüfung vor und während der Fahrt	
Lenkung, Federung und Dämpfung	einmal wöchentlich und nach Gefühl beim Fahren	
Bremsflüssigkeit	vor jeder Fahrt und während der Fahrt	siehe Kapitel 1, 6
Schaltung	vor jeder Fahrt und während der Fahrt	siehe Kapitel 26
Motoröl	Ölstand prüfen beim Tanken	siehe Kapitel 1, 23
Batterie	Wartung/Laden wichtig nach Winterpause	siehe Kapitel 14
Seitenständerschalter	einmal wöchentlich	siehe Kapitel 1

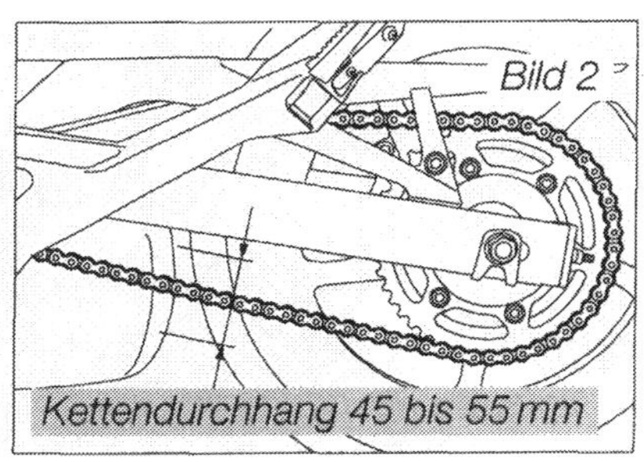

Sichtprüfung Messen

Bild 3: Luftdruck bei kaltem Reifen prüfen.

Bilder 4 und 5: Zwar kein Präzisionsmessgerät, aber besser als zu schätzen. Dieser Reifen hat noch 2 mm Profiltiefe und sollte bald erneuert werden.

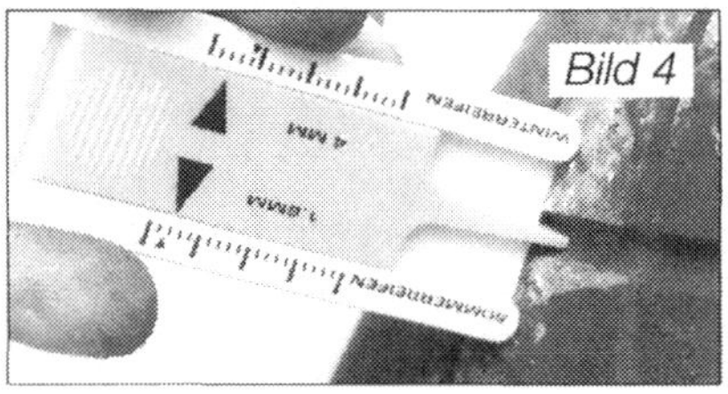

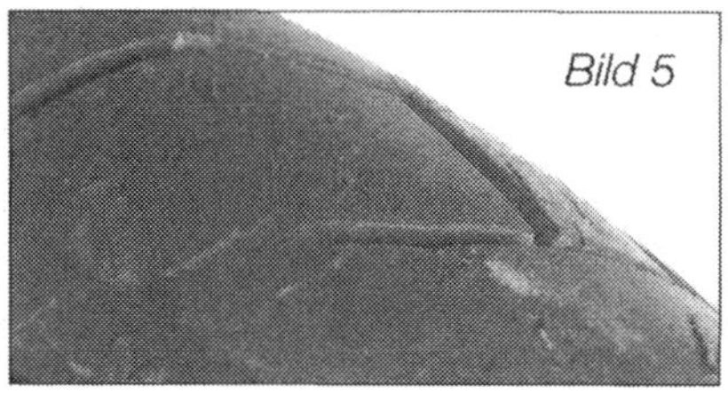

Bilder 6 und 7: Stand der Bremsflüssigkeit regelmäßig prüfen.

Bilder 8a und 8b: Ausgleichsbehälter der Kühlflüssigkeit.

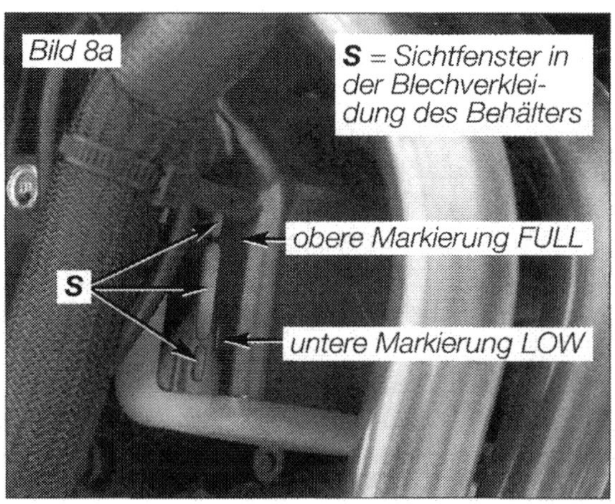

Bilder 9a und 9b: Ölstand mit Messstab regelmäßig kontrollieren.

Reifenluftdruck bei Solofahrt (maximal 90 kg Zuladung von Fahrer und Gepäck):

- vorne 2,25 bar; hinten 2,5 bar

Reifenluftdruck bei 2 Personen und Gepäck:

- vorne 2,5 bar; hinten 2,9 bar

Bremsen: Den beiden Vorratsbehältern für die Bremsflüssigkeit (Bilder 6 und 7) täglich einen Blick schenken: Sinkt der Pegelstand im Schauglas (vorne) bzw. Behälter (hinten) unter die Mitte zur unteren Markierung ab, wird es höchste Zeit, nach der Dicke der Bremsbeläge zu sehen. **Wichtig:** Dunkle Bremsflüssigkeit in den Behältern ist alt und muss erneuert werden.

Kühlflüssigkeit: Der Ausgleichsbehälter ist (in Fahrtrichtung gesehen) rechts vorne unten am Motor zwischen Auspuffkrümmer und Motorblock (Bild 8a). Über dem Ausgleichsbehälter ist eine Bleckverkleidung mit drei Sichtfenstern, daran sind zwei Markierungen angebracht:

- »F« = »Full« wie maximaler Stand
- »L« = »Low« wie minimaler Stand

Wichtig: Der Pegelstand der Kühlflüssigkeit muss bei warmem Motor im mittleren Sichtfenster sein. **Beachten:** Der Stand der Kühlflüssigkeit im Ausgleichsbehälter ist bei heißem Motor etwas höher als bei kaltem.

Kühlmittel nachfüllen

Vorarbeiten: Bei der vollverkleideten F-Version muss das rechte untere Verkleidungsteil abgebaut werden. Gummistopfen (Bild 8b) aus dem Einfüllstutzen ausziehen.
Wichtig: Kühlflüssigkeit mit Hilfe eines Trichters einfüllen, damit nichts danebenschwappt, denn Kühlflüssigkeit hinterlässt hässliche Flecken. Nur so weit Nachfüllen, bis sich der Pegelstand zwischen den Markierungen befindet. Mehr zum Thema »Kühlkreislauf und Kühlmittel« im Kapitel 24 »Kühlsystem«.

Motorölstand: Ölstand nicht vor dem Start des Motors bei kaltem Motor kontrollieren, sondern erst dann, wenn der Motor min-

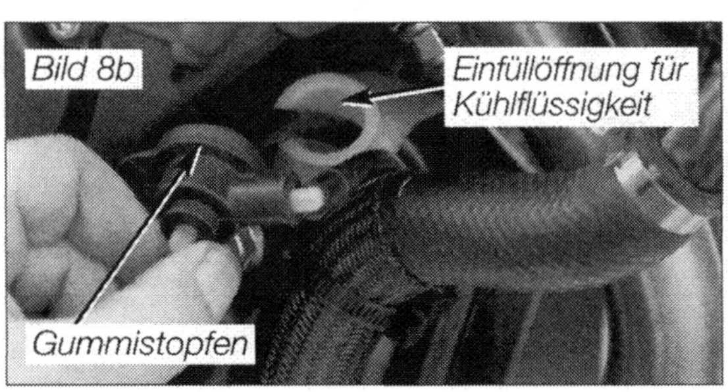

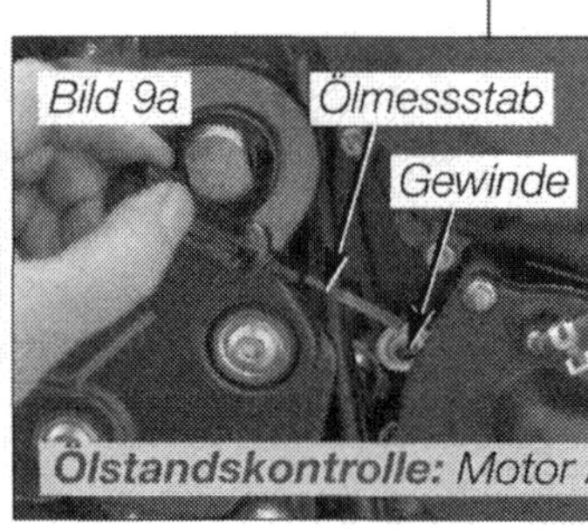

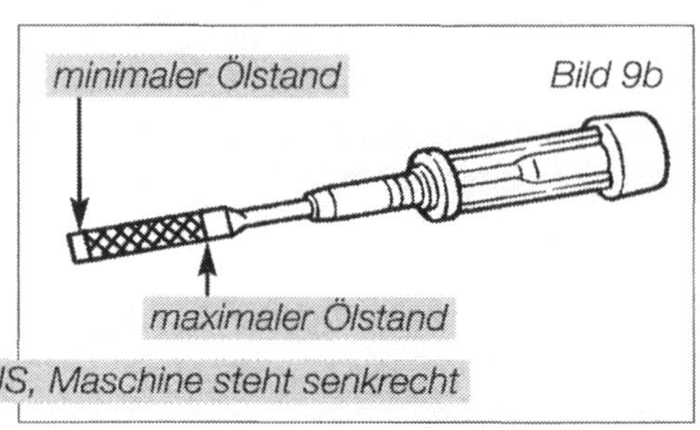

Ölstandskontrolle: Motor AUS, Maschine steht senkrecht

destens 10 Minuten gelaufen und warm ist.
Ölmessstab: Der Ölmessstab befindet sich rechts unten hinten am Motor hinter der Wasserpumpe (Bild 9a); er ist eingeschraubt.
Öleinfüllöffnung: Diese befindet sich oben auf dem Kupplungsdeckel.

Motorölstand prüfen
1. Motor abschalten und ungefähr zwei Minuten warten, erst dann ist das Öl von oben im Motor nach unten in die Ölwanne abgelaufen.
2. Motorrad in die Senkrechte bringen.
■ Wenn ein Mittelständer vorhanden ist, die Maschine darauf aufbocken.
3. Motorölstand kontrollieren:
3.1. Ölmessstab ausdrehen, mit sauberem Lappen abputzen.
3.2. Ölmessstab in Gewindebohrung einstecken, und so weit eindrehen, bis das Gewinde aufsitzt.
3.3. Ölmessstab ausziehen und Ölstand ablesen: Er soll auf der schraffierten Fläche des Ölmessstabes (Bild 9b) sein.
4. Ölstand darunter: Es ist zu wenig Öl im Motor. Bevor frisches Öl aufgefüllt wird, noch einmal messen, um sicher zu gehen: Vielleicht stand die Maschine etwas nach links geneigt, als der Ölmessstab eingesteckt und gemessen wurde?
4.1. Ölstand darüber: Es ist zu viel Öl im Motor.
■ Mehr zum Thema Motorölstand, Motoröl und Ölwechsel steht im Kapitel 23 »Schmiersystem«.

Pre-Ride-Check

Unmittelbar nach dem Einschalten der Zündung führt die Bordelektronik einen »Pre-Ride-Check« durch (»Vor-der-Fahrt-Kontrolle«). Dabei wird die Instrumenteneinheit mit Tachometer, Drehzahlmesser, allen Warnleuchten und Warnsymbolen auf Funktion überprüft. Erst wenn diese Selbstkontrolle abgeschlossen ist, kann der Motor gestartet werden. Anders gesagt: Während des Pre-Ride-Checks reagiert der Anlasser nicht auf den Druck aufs Knöpfchen.

■ Wenn ein Symbol in der Instrumenteneinheit nicht aufleuchtet oder eine Warnleuchte nicht ausgeht, wird der Fehler als »Fehlercode« im LCD-Feld der Instrumentenkontrolle angezeigt, gleichzeitig blinkt die Kontrollleuchte der Wegfahrsperre. Die »Fehlercodes« sind im Kapitel 19 »Einspritzung« erklärt.

Doch trotz aller modernen Elektronik und elektronischer Helferlein sollte man sich immer wieder auf seine Augen und Ohren verlassen und alle Lampen ringsum sowie die Hupe auf Sicht und Gehör prüfen. Dabei auch das Stopplicht nicht vergessen!

Seitenständerschalter prüfen

Der Seitenständer ist mit einem Schalter kombiniert, der ein Starten des Motors bzw. Losfahren mit ausgeklapptem Seitenständer verhindert (Bilder 11 und 12). Die einwandfreie Funktion des Seitenständerschalters folgendermaßen prüfen:
1. Motorrad steht auf den Rädern, Fahrer im Sattel, beide Beine auf der Erde. Seitenständer ist hochgeklappt, Leerlauf eingelegt.
2. Motor starten.
3. Seitenständer ausklappen, Motor läuft weiter.

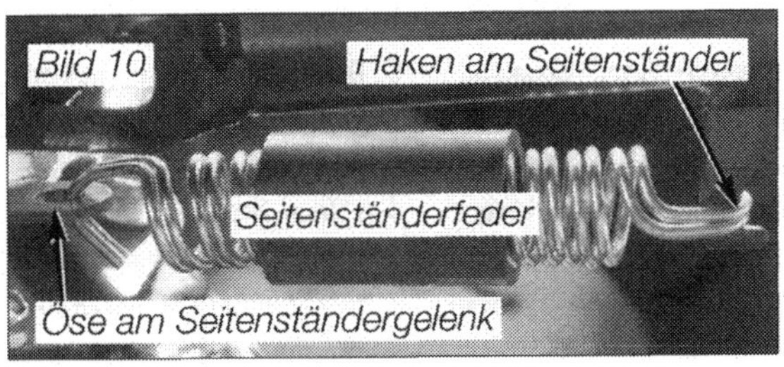

Bilder 10, 11 und 12: Doppelte Feder des Seitenständers, Lagerbolzen und Seitenständerschalter.

Bild 13: Der Mittelständer ist serienmäßig bei den Modellen XJ6 Diversion und XJ6 Diversion F; für die nackte XJ6 ist er als Zubehör-Nachrüstteil erhältlich.

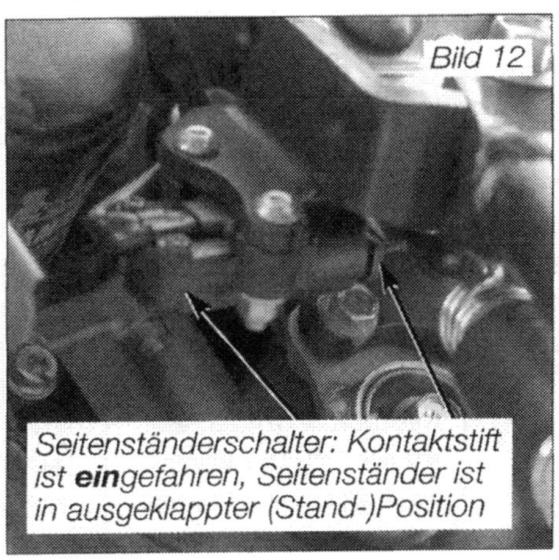

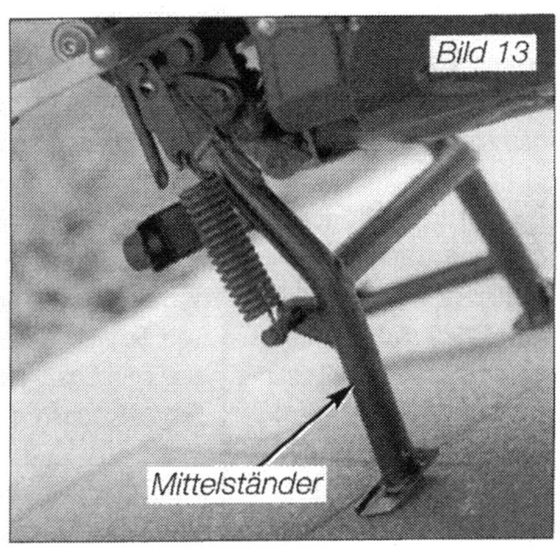

Bild 14

Bilder 14 und 15: Weiche Bürsten, Pflege- und Poliermittel.

3.1. Kupplung ziehen, Gang einlegen – Motor muss ausgehen.

Wenn der Motor bei ausgeklapptem Seitenständer und eingelegtem Gang weiterläuft, ist der Seitenständerschalter defekt: Er muss umgehend erneuert werden. Sollte die Maschine auch bei eingeklapptem Seitenständer nicht anspringen oder ab und zu aus unerfindlichem Grund während der Fahrt einfach ausgehen, obwohl alles in Ordnung erscheint, Benzin im Tank ist und die Batterie genügend Strom liefert, kann der Seitenständerschalter der Übeltäter sein. Vor Abbau des defekten Schalters die Verlegung des Kabels nach oben checken und nach Anbau des neuen Schalters wieder exakt verlegen!

Bild 15

Seitenständerlagerung, Federn

Der Seitenständer muss alleine durch die Kraft der beiden ineinander geschlungenen Federn (»doppelte Feder«, Bild 10) in der Waagerechten gehalten werden. Tut er dies nicht, sind entweder die Federn erlahmt oder gebrochen; es müssen dann beide erneuert werden. Oder es ist die Lagerung des Seitenständers nicht geschmiert, verdreckt oder korrodiert, weswegen der Seitenständer klemmt.

Wir empfehlen, dem Gelenk des Seitenständers nach dem Waschen der Maschine einen Schuss Kettenspray zu geben.

Mittelständer

Der Mittelständer, auch »Hauptständer« genannt, ist bei den beiden Modellen XJ6 Diversion und XJ6 Diversion F serienmäßig angebaut; nicht jedoch bei der nackten XJ6; für sie ist er als Nachrüstteil erhältlich. Auch seine Lagerung ab und zu mit Kettenspray schmieren. Vor dem Schmieren die Gelenkstellen mit Bremsenreiniger reinigen und den Dreck auslaufen lassen. **Wichtig:** Reinigungsstelle gut austrocknen lassen, denn wenn zu früh Fett aufgesprüht wird, zersetzt der Bremsenreiniger das frische Fett.

Sicherheitshinweise ⚠ **Achtung** und ☞ **Tipps** für diesen Kapitelabsatz

⚠ Das Waschen von Kraftfahrzeugen im »öffentlichen Verkehrsraum« (Straßen, Wege, Plätze) ist grundsätzlich dann nicht erlaubt, wenn zusätzliche Waschmittel benutzt werden – nur mit klarem Wasser darf gewaschen werden. Waschen mit Mitteln ist nur auf speziellen Waschplätzen erlaubt.

⚠ Motorrad NIEmals mit einem Dampfstrahler reinigen! Denn das unter Druck stehende heiße Waschwasser enthält sehr aggressive Reinigungsmittel, welche die Dichtungen in der Bremsanlage beschädigen können. Überdies dringt Wasserdampf überall ein, wo er nicht soll: Hebelgelenke, Gaszüge, Steckkontakte und Schalter der Elektrik, Radlager, Gabelbeine und Federbein – an all diesen Stellen kann er Schäden anrichten!

☞ Motorrad immer von oben nach unten waschen, die weniger verschmutzten Teile zuerst. Waschwasser fern halten von elektrischen Anschlüssen, Schaltern, Steckern und dem Gaszug an den Drosselklappen.

⚠ Nach dem Waschen besonders Reifen und Bremsscheiben mit reichlich klarem Wasser abspülen, damit alle glitschigen Rückstände abgespült werden – denn rutschige Reifen können in der ersten Kurve für Überraschungen sorgen und die Bremsen mit einem Schmierfilm überzogen sein, was der Bremsleistung nicht förderlich ist.

⚠ Schmieren Sie niemals den Gaszug mit Kettenspray oder Motoröl. Ein mit ungeeignetem Öl geschmierter Gaszug ist nicht mehr leichtgängig, was bis zum völligen Festsitz des Gaszuges führen kann! Wenn ein Schmieren des Gaszuges nötig sein sollte, verwenden Sie entweder dünnflüssiges, harzfreies Nähmaschinenöl oder Ölspray WD-40.

⚠ Schmieren Sie keinesfalls die Gelenkstellen der Drosselklappen mit Fett, Öl oder Kettenspray, denn das Schmiermittel kann durch die Hitze festbacken und die Beweglichkeit der Drosselklappen beeinträchtigen, was bis zum Festgehen führt!

☞ Wenn Sie eine Abdeckhaube kaufen, um die Maschine darunter überwintern zu lassen, dann nehmen Sie eine, die unten Ösen hat, in welche die Haken von Gepäckgummis eingehängt werden können, damit die Plane gesichert ist und nicht beim ersten Windstoß abhebt.

☞ »Richtig überwintern« heißt vor allem, dass die Maschine über die Wintermonate so abgestellt werden soll, dass beide Räder frei in der Luft sind, also keinen Bodenkontakt haben. Wenn die XJ6 etwa monatelang auf dem Seitenständer steht und die Reifen schleichend Luft verlieren, bekommen die Reifen einen »schrägen Standplatten« – das ist eine abgeflachte Stelle.

Waschen

Bilder 14 und 15: Die XJ6 soll man mit milden Waschmitteln und weichen Schwämmen oder Lappen waschen. Wenn aggressive Reinigungsmittel und harte Bürsten verwendet werden, zerkratzen Lack-, Alu-, Kunststoff- und Verkleidungsteile, sie werden matt und hässlich.

Wichtig: Motorrad in kaltem Zustand an einem schattigen Platz waschen. Bei warmem Motor oder in direkter Sonneneinstrahlung verdunstet das Waschwasser schnell, und die rückständigen Waschmittelzusätze brennen sich in die heißen Oberflächen von Motor, Auspuffkrümmer und Auspufftopf regelrecht ein.

Zwei große Eimer lauwarmes Wasser, Reinigungsmittel und ein großer, weicher Schwamm genügen für die Wäsche. Die in Motorrad- und Zubehör-Fachgeschäften angebotenen Motorradreiniger sind sehr zu empfehlen, sie lösen Dreck und Fettrückstände gut ab. **Nicht zu viel Reiniger verwenden!** In der Not kann man auch Mutters Geschirrspülmittel verwenden (»Pril entspannt das Wasser«).

Übrigens: Den schmutzigen Waschschwamm immer im zweiten Wassereimer ausdrücken, weil alle Dreckpartikel zuverlässig aus dem Schwamm raus müssen, damit sie nicht ins warme Waschwasser geraten und dort vom Waschschwamm wieder aufgenommen werden – sonst entstehen Kratzer auf dem Lack! Nach der warmen Wäsche mit reichlich klarem, kaltem Wasser nachspülen. Nach der Klarwasser-Nachwäsche umgehend alle Verkleidungs- und Lackteile mit Waschleder oder weichem Tuch abtrocknen.

Angetrocknete Insektenreste auf Verkleidung, Lampen- und Blinkergläser, Rückspiegel, Telegabel sowie vorderem Schutzblech mit reichlich Wasser einweichen (z. B. nasses Tuch auflegen) und abwaschen. Nicht mit harten Gegenständen versuchen, den Schmodder abzukratzen!

■ Wenn mit heißem Wasser, Reiniger und Putzlappen nichts mehr geht, hilft nur noch Insektenentferner aus dem Fachhandel oder Glasreiniger aus Mutters Putzküche (preisgünstige Lösung!). Betroffene Stellen triefend nass einsprühen und mit einem Massagewaschlappen (Handschuh mit unterschiedlich rauen Seiten, zu finden in gut sortierten Drogerien) feste rubbeln, so wird auch die hartnäckigste Fliegenleiche im Nu verschwinden.

Waschen im Winter: Nach jeder Winterfahrt das Motorrad mit kaltem Wasser abspülen und mit weichem Lappen trocknen. Kein heißes Wasser verwenden, denn dieses verstärkt die korrodierende Wirkung des Streusalzes. Lauwarm darf das Waschwasser im Winter sein. In den Bildern 17 und 18 sind ein korrodierter Schraubenkopf und ein Bremsleitungsanschluss einer Maschine zu sehen, die nach einer Winterfahrt auf trockenen (!) Straßen nicht gewaschen, sondern für einige Tage abgestellt wurde. Oberflächenkorrosion dieser Art lässt sich mit Topfreiniger (»Akopads«) wieder einigermaßen entfernen.

Überwintern

Mit einem Saisonkennzeichen braucht man die Maschine über Winter nicht abzumelden, darf aber in bestimmten Monaten nicht am öffentlichen Straßenverkehr teilnehmen. **Wichtig:** Eine Maschine mit Saisonkennzeichen darf ebenso wenig wie ein abgemeldetes Motorrad während der Stilllegemonate auf der Straße im öffentlichen Verkehrsraum abgestellt werden. Deswegen: Ab mit der Maschine in eine gut gelüftete Garage oder in einen trockenen Hofraum, wo sie abgedeckt überwintern kann.

Vorbereitungen zum Einmotten
1. Maschine ordentlich heiß fahren.
2. Tank randvoll machen, einen Schuss »Benzinstabilisator« (Bild 16) dazugeben.
3. An der Tankstelle gleich die Reifen auf vorne 3 bar und hinten 3,5 bar aufpumpen.
4. Zügig zum Winterabstellplatz fahren und Motor abstellen.
5. Batterie ausbauen (Kapitel 14 »Batterie«).
6. Gelenkstellen von Brems- und Kupplungshebel, Fußrasten und Seitenständer mit Ölspray einsprühen (Bild 23).
7. Blanke und verchromte Teile mit säurefreiem Fett (Vaseline) dünn einreiben.
Wichtig: Auspuff vorher kalt werden lassen.
8. Maschine auf Front- und Heckmontageständer abstellen, dann haben beide Reifen keinen Bodenkontakt und können keine »Standplatten« bekommen. Lenkschloss schließen.

Ölwechsel vor dem Einmotten: Ganz penible Menschen wechseln vor der Überwinterung das Motoröl. Folgende Vorgehensweise hat sich bewährt: Wenn der Ölwechsel vor der Überwinterung länger als 3 Monate oder mehr als 3000 km zurückliegt, machen Sie einen Öl- samt Filterwechsel. Sollten Sie Ihr Motorrad vor der Winter-

Bild 16: Wundermittel wie »Fuel Guard« verhindern Rost im Tank und Ablagerungen in der Einspritzanlage.

Fit in die neue Saison
Nicht nur die im Frühjahr aus der Winterpause entmottete Maschine, sondern auch der Fahrer müssen sich wieder langsam an das Motorradfahren mit all seinen Eigenheiten gewöhnen. Üben Sie vor allem das Bremsen, am besten auf einem großen, leeren Parkplatz (sonntags beim Supermarkt). Besser noch: Nehmen Sie an einem Frühjahrs-Sicherheitstraining teil.

Bild 17

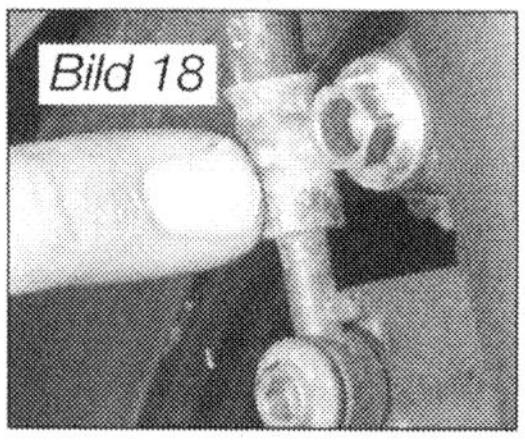
Bild 18

Bilder 17 und 18: Wegen schlechter Pflege korrodierter Schraubenkopf und Bremsleitungsanschluss.

Bild 19: Verschiedene Pflege- und Poliermittel.

Bilder 20 und 21: Fleckige Auspuffrohre mit rauem Schwamm vorsichtig putzen.

pause zum Ölwechsel in die Yamaha-Werkstatt geben, lassen Sie gleich eine komplette Inspektion machen. Dann können Sie im Frühjahr gleich durchstarten (zum Saisonstart sind sämtliche Werkstätten grundsätzlich überlastet!).

Was Sie noch tun können: Alle paar Tage Vorder- und Hinterrad einige Male durchdrehen und in eine andere Ruheposition bringen. Das verhindert das Festkleben der Bremsbeläge an den Bremsscheiben und somit hässliche Flecken an der Bremsscheibe.

Inbetriebnahme nach der Winterpause

1. Motorrad abdecken, Fettschicht von den blanken und verchromten Teilen mit weichem Lappen abwischen, kein Benzin oder ähnliche Lösungsmittel verwenden!

2. Betriebsbereite, gut geladene Batterie einbauen, Polanschlüsse mit säurefreiem Fett (»Polfett«) dick einschmieren (Kapitel 14 »Batterie«).

3. Reifenluftdruck prüfen und ggf. korrigieren (Luftdrücke siehe Kapitelabsatz »Regelmäßige Kontrollen« weiter vorne).

4. Sicherheitskontrollen: Fern-Abblendlicht, Rücklicht, Bremslicht, Blinker, Warnblinker und Hupe prüfen.

5. Motor starten: Zündung einschalten und VOR dem Betätigen des Starterknopfes zwei- bis dreimal Gas geben, damit das Motorsteuergerät Signale vom Drosselklappen-Potentiometer empfangen und sich einstellen kann.

6. Wenn die Batterie abgeklemmt war, muss sich das Motorsteuergerät erst wieder neu einjustieren. Deswegen läuft der Motor direkt nach dem Anspringen nicht gleich rund und braucht einige Sekunden, bis er seinen Rhythmus gefunden hat.

7. Motor nicht zu lange im Standgas laufen lassen, sondern nach spätestens drei Minuten losfahren.

8. Motor sanft warm fahren. Darauf achten, dass alle Funktionen in Ordnung sind: Öldruck, Bremsleistung, Federung und Dämpfung.

■ Gute Fahrt in die neue Saison!

Lackpflege und Politur

Yamaha-Händler haben Politurmittel im Angebot, die auf die Grundfarben der Maschine abgestimmt sind. Mit diesen sind Sie auf der sicheren Seite.

Wichtige Pflegetipps:

■ Wenn Sie sich bei einem Lackpflegemittel nicht sicher sind, ob es geeignet ist, prüfen Sie es erst an einer wenig sichtbaren Stelle auf Tauglichkeit!

■ Lack- und Kunststoffteile sowie Metalloberflächen nicht mit Benzin oder anderen Lösungsmitteln bearbeiten: Erstens ist das Zeug giftig und zweitens brennen sich solche Mittel in die Oberflächen ein und hinterlassen dort Flecken, die nicht mehr entfernt werden können.

■ Silikonspray und andere silikonhaltige Pflegemittel immer fein dosiert verwenden, also nie zu viel auftragen (!), sonst können Lack- und Verkleidungsoberflächen »blind« werden!

Eingebrannte Flecken im Auspuff

Wenn sich z. B. ein Stück Schuhsohle in den Auspuff eingebrannt hat oder die Krümmer durch Straßenschmutz fleckig geworden sind, kann man ihre Oberflächen mit WD-40 und der rauen Seite eines Haushaltsschwammes oder einem sehr feinem Schleifkissen bearbeiten (Bilder 20 und 21). Selbst hartnäckige Teerflecken lassen sich damit entfernen, die Oberflächen der Auspuffkrümmer und des Auspufftopfs werden metallisch rein und glänzen wieder.

Öl- und Graphitspray

Die in der Tabelle auf der ersten Seite dieses Kapitels auftauchenden »Dreh- und Gleitteile« betreffen folgende Baugruppen: Gelenkstellen von Handbrems- und Kupplungshebel, Fußrastengelenke, Fußbrems- und Fußschalthebel einen

Bild 19

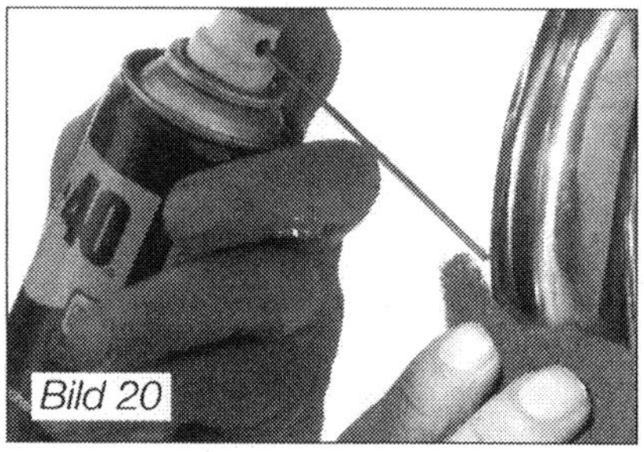
Bild 20

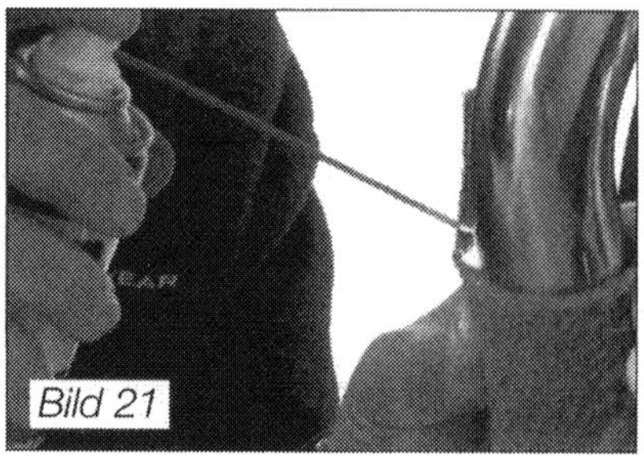
Bild 21

guten Schuss Allzweck-Ölspray geben. Vor allem bei Regenfahrten schützt das Öl vor dem Einkriechen von Nässe und Schmutz.

Verwenden Sie bei der regelmäßigen Pflege ein gutes Allzweck-Ölspray wie etwa WD-40. Nach einer Regenfahrt zu Hause jeder Schmierstelle einen Schuss Öl spendieren; das aufgesprühte Öl wirkt sichtbar wasserverdrängend. Leichter Lauf und Gelenkstellen ohne Korrosionsrückstände werden es Ihnen danken.

Wichtig 1: Zünd-Lenkschloss, Schloss im Tankdeckel und Sitzbankschloss NICHT mit Ölspray oder gar Kettenspray schmieren. Zum Schmieren der Schlösser nur spezielles Schlossspray auf Graphitbasis verwenden.

Wichtig 2: Halten Sie jede Art von Schmiermittel wie Fett, Öl und Ölspray fern von Sensoren und elektrischen Steckverbindungen.

Schmierstellen

Abschmieren beweglicher Teile dient in erster Linie dazu, Schmutz und Wasser von ihren Gelenkstellen fern zu halten und Rost vorzubeugen, damit Leichtgängigkeit und lange Lebensdauer gewährleistet werden. Auch die zueinander beweglichen Aluminiumteile korrodieren, wie z. B. die Gelenke von Kupplungs- und Bremshebel. Wenn diese Gelenk- und Kontaktstellen nicht regelmäßig gepflegt werden, gibt es im Laufe der Zeit Schwergängigkeit. Denn wenn das Motorrad im Freien abgestellt ist, lagert sich Umgebungsdreck aus der Luft darauf ab und kriecht in die Gelenkstellen hinein.

Gasdrehgriff: Wenn er schwer geht, muss er mit leichtem Molybdänfett geschmiert und dazu geöffnet werden. Das Öffnen des Gasgriffs ist in Kapitel 21 »Gasgriff · Gaszug« beschrieben.

Bilder 22a und 22b: Nach dem Waschen den Gelenkstellen einen guten Schuss Öl- oder Kettenspray geben verhindert Korrosion.

Bild 23: Schmier- und Pflegestellen.

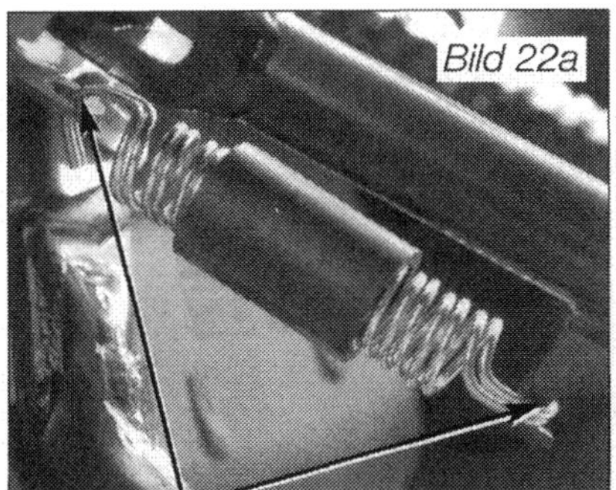

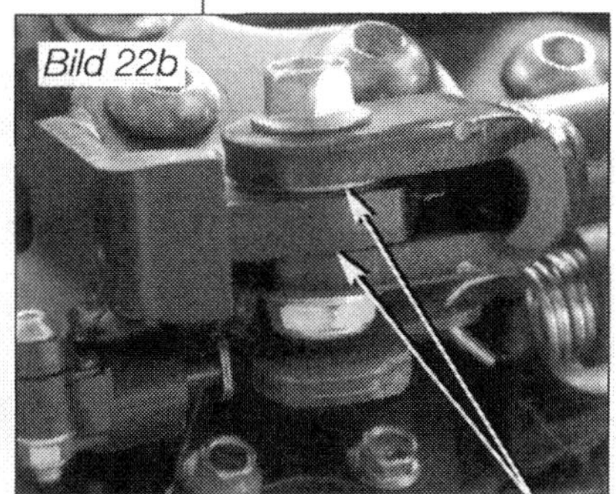

Federenden und Gelenkstellen mit schwerem Fett oder Kettenspray schmieren

Bild 1: Sinnvolles Basis-Werkzeugsortiment für die Hobbywerkstatt. Teilebezeichnungen siehe nächste Seite unten.

Bild 2: Digitaler Messschieber (A), Bügelmessschraube (B), Fühlerlehren (C).

Bild 3: Besteckkasten als Werkzeug- und Teileablage.

Werkstatt

In diesem Kapitel: Werkzeug · Bordwerkzeug · Aufbockhilfen · Werkzeug für die Hobbywerkstatt · Werkzeugwagen und Hebebühne · Öl und Fett · Werkstatthilfsmittel · Spezialwerkzeug · Richtig schrauben · Schrauben, Scheiben, Muttern · Fetten, Ölen, Kleben, Sichern · Anziehdrehmomente · Seegerringe · Simmerringe · Flächendichtmittel · Gewindereparatur mit Heli-Coil · Technik-Fachbücher.

Werkzeug

Für jede Wartungsarbeit und Reparatur braucht man gutes Werkzeug. Die Idee, kleinere Servicearbeiten oder größere Reparaturen mit dem Bordwerkzeug durchführen zu wollen, ist und bleibt eine Illusion.

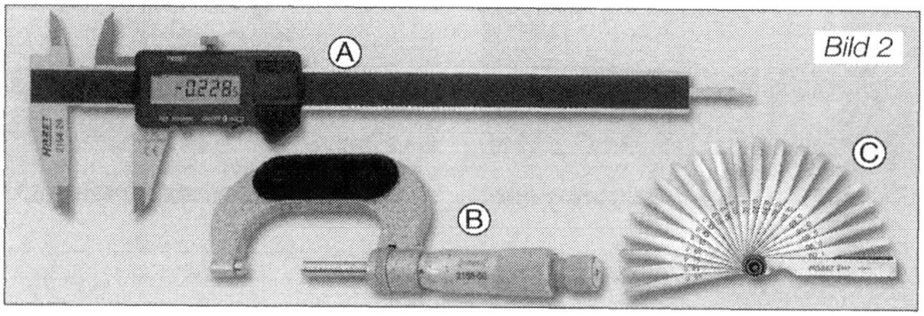

Bild 2

Sicherheitshinweise Achtung und Tipps

Werkzeug nicht im Baumarkt kaufen, auch wenn dessen Sonderangebot noch so verlockend ist! Das in Baumärkten angebotene Werkzeug ist generell eher schlecht als recht, in vielen Fällen sogar gefährlich, weil es aus minderwertigem Material besteht und deswegen bruchgefährdet ist.

Ein Blick ins Internet rentiert sich bei der Werkzeugrecherche. Echtes Qualitätswerkzeug ist im Internet unter *www.hazet.de* zu finden. Hazet ist einer der bekanntesten deutschen Hersteller von Kraftfahrzeug-Qualitätswerkzeugen.

Im Haushaltswarengeschäft (z. B. bei IKEA) gibt es für kleines Geld Besteckablagen für Schubladenkästen in verschiedenen Unterteilungen. Diese eignen sich ganz hervorragend als Schrauben- und Kleinteileablage (Bild 3).

Wenn teure Spezialwerkzeuge benötigt werden, bei der Werkstatt um die Ecke nachfragen, ob man gegen ein hinterlegtes Pfand und einen Obolus in die Trinkgeldkasse das Werkzeug geliehen bekommt.

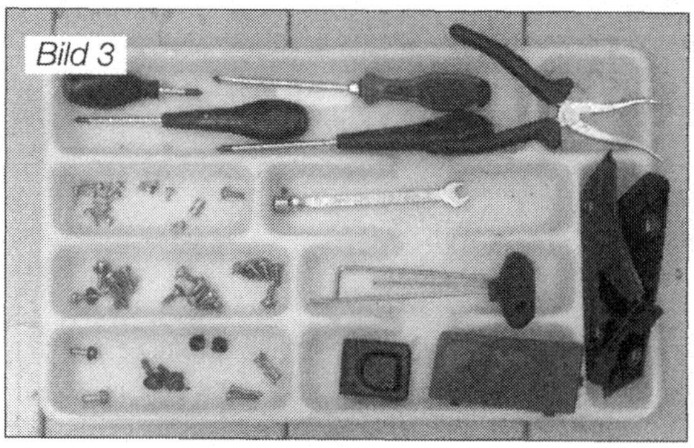
Bild 3

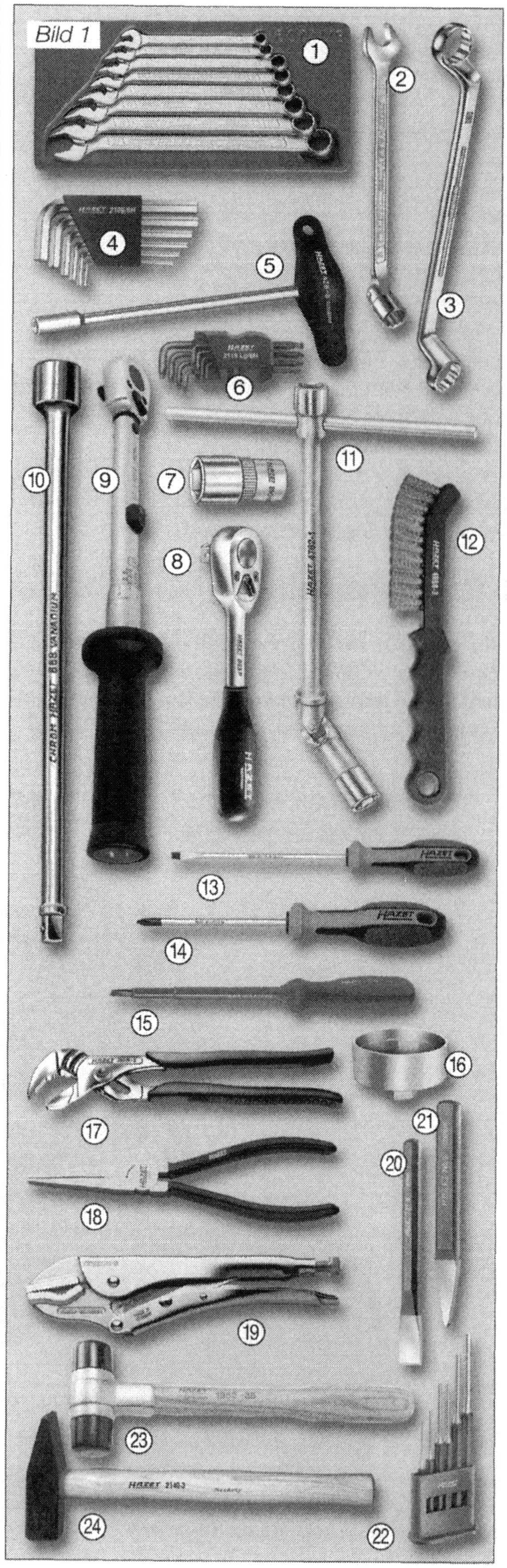

Bild 1

Sowohl für die kleine Notreparatur unterwegs wie für alle Wartungs- und Pflegearbeiten zu Hause in der Garage oder (Hobby-)Werkstatt gilt: Mit schlechtem Werkzeug kann man keine guten Arbeiten machen! Beispielhaft für »schlechtes Werkzeug« sind die geplatzte Nuss (Bild 4) und die ausgefranste Bürste (Bild 5).

Merke: Vermurkste Schrauben und Muttern oder gar hässliche Kratzer im Umfeld von Schraubverbindungen, die von abgerutschten, weil nicht passenden Schlüsseln herrühren, sehen schlimm aus. Ganz zu schweigen von den Verletzungen, die man sich beim Schrauben zuziehen kann, wenn man mit schlechtem Werkzeug arbeitet.

Schlüsselweite, Nüsse, Schraubenzieher

Der Begriff SW ist die Abkürzung für »Schlüsselweite«. SW 12 bedeutet also, dass dieser Schlüssel für einen Schraubenkopf oder eine Mutter mit 12 mm bestimmt ist, gemessen über die Mitte an zwei zueinander parallelen Flächen. M8-Schrauben oder Muttern brauchen einen 12er- oder 13er-Schlüssel; M6 einen 8er- oder 10er-Schlüssel.

Zum Beschrauben von Sechskant-Schraubenköpfen und -Muttern empfehlen wir eng am Schraubenkopf anliegende Sechskantnüsse. Auch Gabel- und Ringschlüssel werden gebraucht, denn nicht an alle Schraubenköpfe und Muttern kommt man mit Nüssen ran. In den Kapiteln dieses Buchs gehen wir in Bild und Text auf die jeweils benötigten Werkzeuge ein.

Zu dem normgerecht als »Schraubendreher« bezeichneten Werkzeug sagen wir hier in dieser Reparaturanleitung »Schraubenzieher«, weil das unter Motorradfahrern üblich ist.

Teilebezeichnungen Bild 1 links: Satz Ring-Maulschlüssel (1), Maul-Steckschlüssel (2), Doppelringschlüssel (3), Satz Inbusschlüssel (4), Sechskant-Steckschlüssel mit Querknauf (5), Satz Torx-Schlüssel (6), Steckschlüsselnuss mit Innensechskant (7), Umschaltknarre (8), Drehmomentschlüssel (9), Verlängerung (10), Zündkerzenschlüssel (11), Bremssattelbürste mit Messingborsten (12), Schlitz-Schraubenzieher (13), Kreuzschlitz-Schraubenzieher (14), Elektriker-Schraubenzieher (15), Ölfilterschlüssel (16), Universalzange (17), Flachzange (18), Gripzange (19), Flachmeißel (20), Kreuzmeißel (21), Satz Splinttreiber (22), Kunststoffhammer (23), Schlosserhammer (24).

Bordwerkzeug

Das serienmäßige Bordwerkzeug (Bild 6) der XJ6 kann man durchaus als »umfangreich« bezeichnen, denn es enthält Gabel- und Ringschlüssel, die man zum Aus- und Einbau von Vorder- und Hinterrad und zum Spannen der Kette braucht. Der lange Steckschüssel eignet sich bedingt zum Aus- und Einbau der Zündkerze; als Hebelarm wird der Schraubenzieher-Einsatz benutzt. Dieser Schraubenzieher-Einsatz wiederum hat auf einer Seite eine Kreuzschlitz- und auf der anderen eine Flachklinge und wird entsprechend ins Griffstück eingesteckt. Die drei Inbusschlüssel braucht man beim Ab- und Anbau der Verkleidung. Mit dem Hakenschlüssel und der flachgedrückten Rohrverlängerung kann man die Federbasis am hinteren Federbein verstellen. Die Zange eignet sich prima zum in-die-Finger-zwicken und sollte deswegen sofort entsorgt und durch eine ordentliche Zange ersetzt werden. Die Drahtschlinge oben rechts in Bild 6 ist kein Werkzeugteil, sondern dient zum »Abschließen« eines Helmes: Der Draht wird durch den Helm gezogen und die beiden Ösen an Haken am Rahmen unter der Sitzbank befestigt.

Alle serienmäßigen Bordwerkzeugteile sind nur zum Notbehelf gedacht. Wenn Sie sich ein »bes-

Bild 4

Bild 5

Bilder 4 und 5: Schlechtes Werkzeug aus dem Baumarkt.

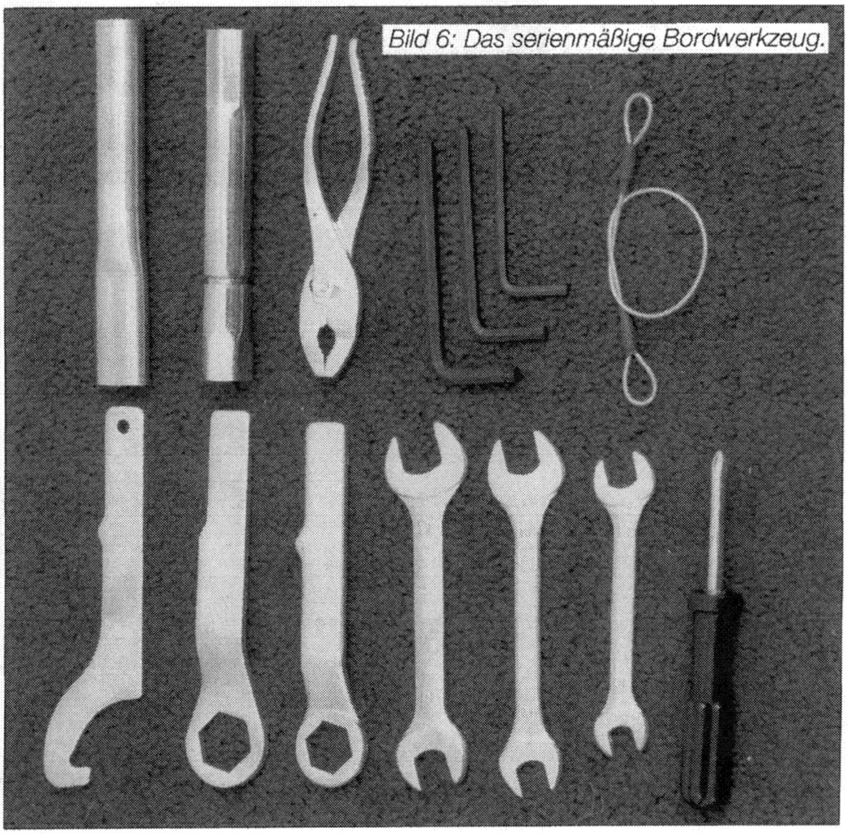

Bild 6: Das serienmäßige Bordwerkzeug.

seres Bordwerkzeug« zusammenstellen möchten, nehmen Sie gute Gabel-Ringschlüssel (Beispiele in Bild 9), damit kann man unterwegs im Notfall am Straßenrand besser und sicherer schrauben als mit dem billigen Bordwerkzeug.

Unabhängig von der Frage, ob Sie besseres Bordwerkzeug nötig finden, sollten zwei Dinge unbedingt dabei sein:

Bild 7

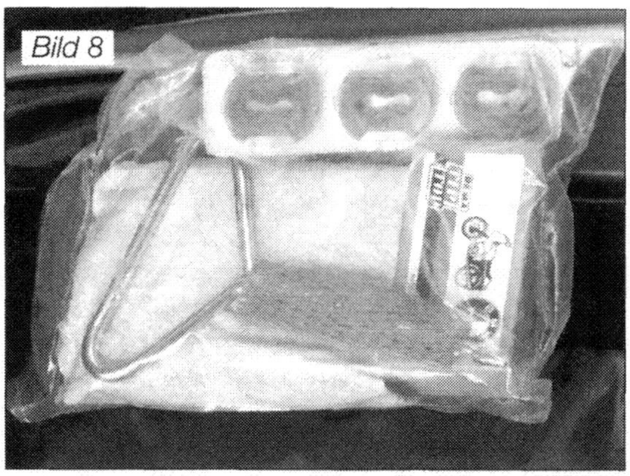
Bild 8

Bild 7: Reifen-Pannenhilfeset zur notdürftigen Reparatur eines Plattfußes.

Bild 8: Flaig-Reifendruckprüfer.

Bild 9: Erweitertes Bordwerkzeug für die Reise.

Reifendruckprüfer: Bitte verwenden Sie KEIN Plastikteil aus dem Baumarkt, sondern ein Präzisionsmessgerät (Bild 7). Das beste Druckmessgerät, das wir kennen und in unserer Werkstatt täglich verwenden, stammt vom deutschen Hersteller Flaig und hat ein stabiles Alu-Gehäuse. Erhältlich ist es in gut sortierten Zubehörläden und bei Motorradhändlern.

Flickzeug: Reifen-Flickzeug für Schlauchlosreifen vom Hersteller »TIP TOP« (Bild 8). Damit lässt sich ein Loch im Schlauchlosreifen bis ca. 4 mm Durchmesser unterwegs zur Not reparieren.

Bordwerkzeug für eine große Reise (Bild 9)
Wenn man mit einer XJ6 eine Reise plant und es soll durch dünn besiedelte Gebiete gehen, wo Motorradwerkstätten (und Abschleppdienste!) rar sind, braucht man entsprechend dem Alter der Maschine und ihrem technischen Zustand mehr oder weniger Werkzeug.

- Maul-Ringschlüssel SW 8, 10, 12, 14, 19, 22
- Inbusschlüssel von SW3 bis SW10 mit Kugelsechskant auf der langen Seite
- Zündkerzenschlüssel
- Schraubenzieher mit Flach- und Kreuzschlitzklinge 5 mm und Elektriker-Schraubenzieher
- Kombizange
- mittelgroße Wasserpumpenzange
- Prüflampe oder kleines Multimeter
- kleiner Schlosserhammer (100 Gramm)
- eine Tube benzin-/ölfestes Silikondichtmittel
- Messingdrahtbürste, Dose Ölspray (WD-40), Schmutzlappen, ein paar Arbeitshandschuhe
- einige mitteldicke Kabelbinder

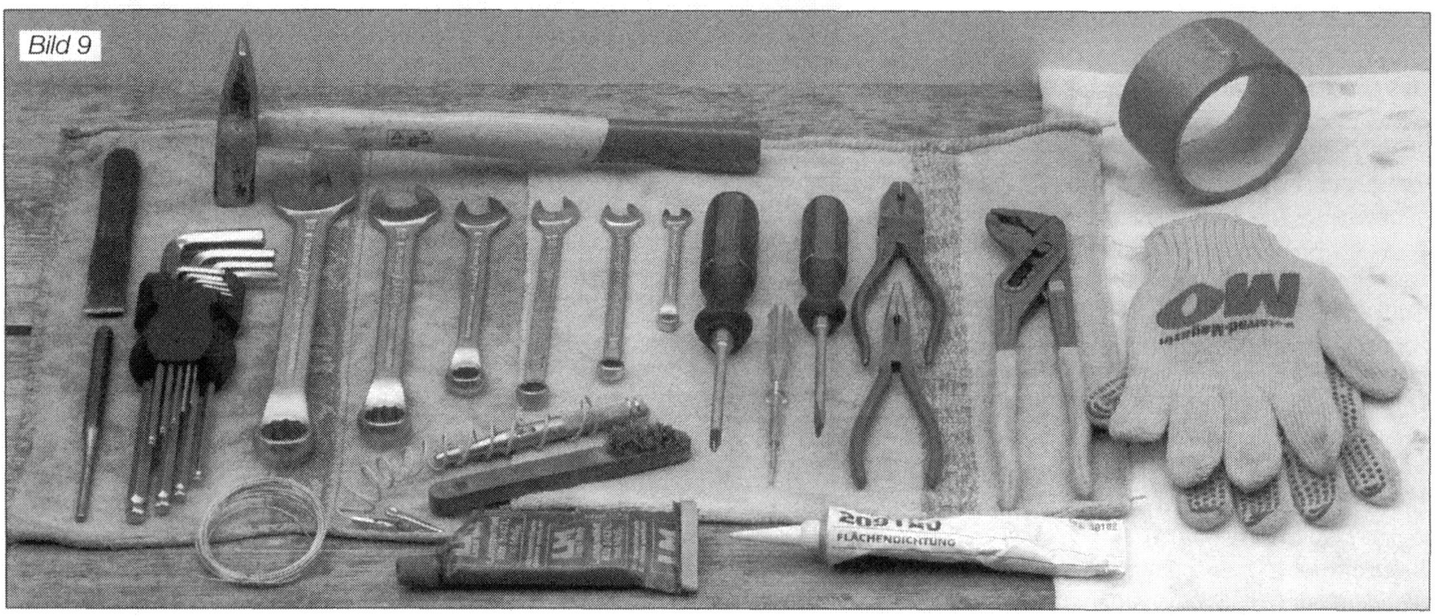

Bild 9

- Rolle Gewebe-Klebeband, damit kann man z. B. zerstürzte Plastikteile flicken.

Wichtig: Unbedingt Qualitäts-Gewebeband nehmen, KEIN durchsichtiger Büro-Tesafilm oder das ekelige, braune Karton-Packband!

Aufbockhilfen, Hebebebühne

Wenn die Maschine keinen Mittelständer hat, sind »Montageständer« für vorne und hinten (Bilder 10a bis 13b) zwingend nötig, denn ohne diese kann man kein Rad ausbauen. Die alten Tricks mit geschichteten Holzklötzen unter dem Motor oder Seitenständer links ausgeklappt und Auto-Wagenheber rechts unter dem Motor sind extrem gefährlich! Aber auch dann, wenn ein Mittelständer angebracht ist, sollte man zum Aus- und Einbau des Vorderrads einen Frontmontageständer benutzen, denn wenn man die Vorderachse auszieht, kippt die Maschine nach vorne und fällt vom Mittelständer. Zum Aus- und Einbau der Gabelbeine braucht man einen Frontständer, wie in Bild 11a zu sehen, dessen Bolzen unten im Lenkkopfrohr angesetzt wird (Bild 11b).

Eine Hebebühne erleichtert alle Schraubarbeiten am Motorrad, man bringt die Maschine in die Arbeitshöhe, braucht sich also nicht zu bücken. Preiswerte Hebebühnen gibt es in den Shops der Motorrad-Zubehörketten.

Werkzeug für die Hobbywerkstatt

Werkzeugempfehlungen für eine Hobby-Motorradwerkstatt, in der Arbeiten und Reparaturen durchgeführt werden, die über die Behebung einer Panne am Straßenrand hinausgehen.

Zwei Drehmomentschlüssel: Man braucht tatsächlich zwei: Einen kleinen mit Einstellbereich 5 bis 40 Nm und großen mit 40 bis 200 Nm. Diese werden zwingend beim Aus- und Einbau der Räder benötigt sowie bei Arbeiten an Kettenrad, Kupplung und Lichtmaschine sowie bei Rahmen, Telegabel, Federbein und Schwinge.

Bilder 10a, 10b, 12a, 12b, 13a und 13b: Front- und Heckständer, die unter den Gabeltauchrohren bzw. den Schwingenholmen angesetzt werden.

Bilder 11a und 11b: Ein solcher Ständer wird beim Aus- und Einbau der Gabelbeine benötigt.

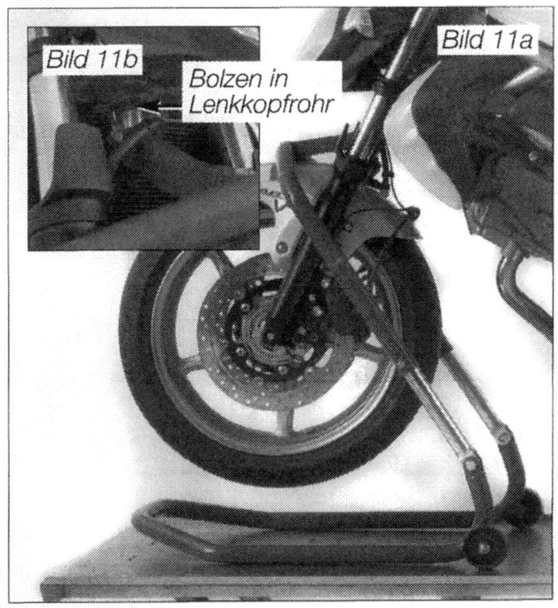

Bild 11a
Bild 11b

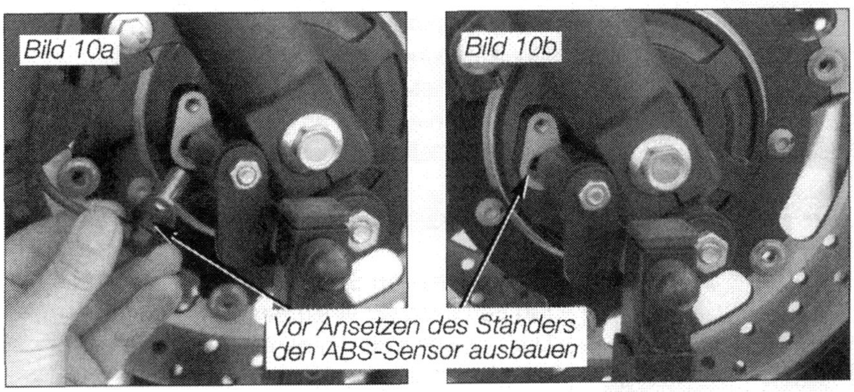

Bild 10a
Bild 10b

Bild 12a
Bild 12b

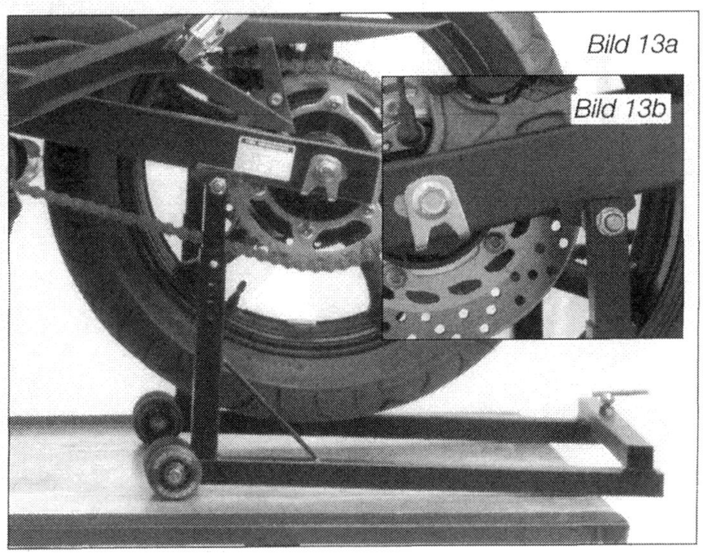
Bild 13a
Bild 13b

Ölauffangwanne mit integriertem Öltank für den Ölwechsel
Fächer-Fühlerlehre von 0,05 bis 1,0 mm zum Prüfen des Ventilspiels
Batterieladegerät 12 Volt, elektronisch geregelt
Kupferpaste (oder Keramikfett) für Dichtungen, Schraub- und Klemmstellen am Auspuff
Silikondichtpaste für Gehäusedichtflächen
Flachspitzzange klein und **Seitenschneider**
Messing- und **Stahldrahtbürsten**

Bild 14

Bild 14: Ein Druckluft-Kompressor mit Luftpistole, Reifenfüller und langem Schlauch ist zwar »Werkstatt-Luxus«. Wenn man solche Teile aber ersteinmal hat, wird man sie nie mehr hergeben.

Bild 15

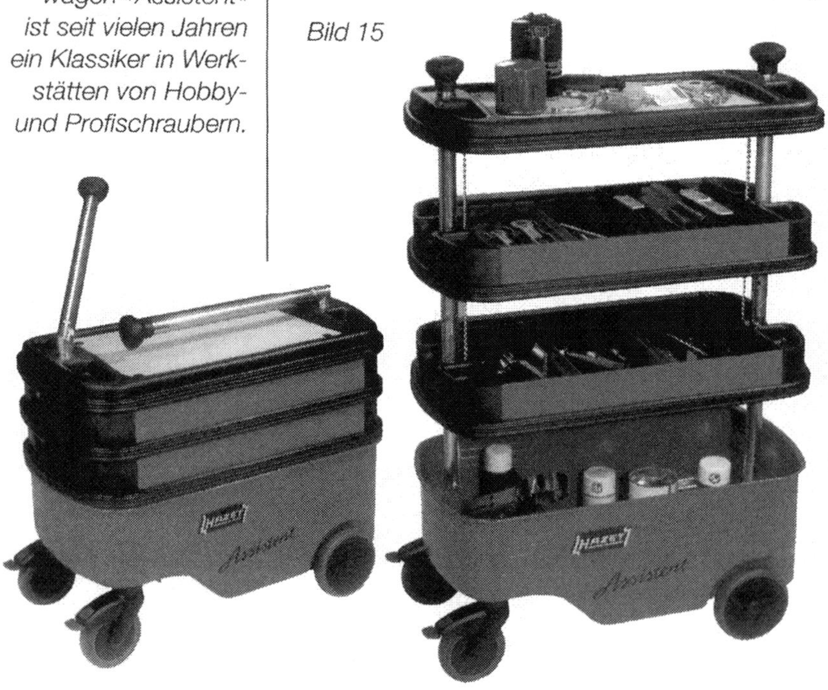

Bild 15: Der fahr- und faltbare Werkstattwagen »Assistent« ist seit vielen Jahren ein Klassiker in Werkstätten von Hobby- und Profischraubern.

Schlosserhammer mit 250 Gramm sowie ein rückschlagfreier **Kunststoffhammer**
Satz **Durchschläge**, auch »Splint-Austreiber« genannt
Isolierter **Seitenschneider** (»Elektro-Knipser«)
Kasten Sechskant- und Inbusnüsse, aus denen man sich für's Bordwerkzeug entsprechende Teile herausholen kann.

Und wenn Sie jetzt noch Geld übrig haben, kaufen Sie sich noch Folgendes:
Schlagschrauber, mit dem lassen sich z. B. große, sehr fest angezogene Schrauben und Muttern (z. B. bei der Kupplungsnabe) einfach öffnen. Es gibt Druckluft- oder Akku-Schlagschrauber.
Druckluft-Kompressor, Druck bis 8 bar, mit Druckluftpistole, Reifenfüllmanometer (Bild 14)
HeliCoil-Gewindereparaturkits M5, M6, M8 und M10 sowie für das Zündkerzengewinde. Weiter hinten in diesem Kapitel zeigen wir die richtige Anwendung von HeliCoil (Bilder 41 bis 49).
Heizplatte mit 25 cm Durchmesser oder einen starken Werkstatt-**Heißluftföhn**
Lötkolben mit 150 Watt Leistung plus Lötzinn
Akkubohrmaschine mit einem Satz bester Qualitätsbohrer von 2 bis 12,5 mm
Schleifbock: Er ist für viele Dinge nützlich, auch wenn man daran nur ab und zu Bohrer scharf schleift und sich am Funkenflug freut.

Ablagen, Werkzeugwagen

Als Ablage beim Schrauben direkt am Motorrad benutzen wir einen Besteckkasten (Bild 3). Darin lassen sich momentan benötigte Werkzeuge und abgebaute Kleinteile wunderbar ablegen. Für kleines Geld gibt es diese Besteckkästen in jedem Haushaltswarenladen (z. B. bei IKEA, dort sind sie besonders billig!). Man kann auch (ausgespülte!) Joghurt-Becher nehmen und darin Muttern, Schrauben und Kleinteile nach Baugruppen geordnet ablegen.

Werkzeug muss nicht nur vorhanden, sondern auch auffindbar sein. Und weil es mit der Ordnung immer so eine Sache ist, empfehlen wir, das am meisten benötigte Werkzeug im fahr- und faltbaren Hazet-Werkzeugwagen »Assistent« aufzubewahren. Dieser ist innen größer, als er von außen aussieht. Das Grundmaß des »Assistent« beträgt 725 mm x 398 mm, aufgezogen ist er etwas mehr als einen Meter hoch, zusammengeschoben kaum noch die Hälfte (Bild 15).

Öl und Fett

Öl: Öl ist das wichtigste Werkstatthilfsmittel. Ein stilvolles Ölkännchen (Bild 16) muss auf jede Werkbank, weil ein Tropfen Öl vor der Montage an Schrauben und Muttern gehört. Natürlich kann man auch Öl-Allzweckspray oder WD-40 verwenden, aber häufige Benutzung von Spray wird mit der Zeit richtig teuer.

In das Ölkännchen gehört gutes Qualitätsöl. Also eine weitere Warnung vor dem Baumarkt: Dort kein »prima Ölkännchen mit 150 ml Allzwecköl für nur 1,95 Euro« kaufen, das ist viel zu teuer für Schmierfusel. Besser ist es z. B. die letzten Reste aus Motoröldosen oder -flaschen zu sammeln, indem man die Ölflasche zum Austropfen kopfüber in einen Becher stellt (Bild 17) und so »Tropföl« sammelt. Das ist nun beileibe kein übertriebener Geiz, aber warum die scheinbar leere Öldose wegwerfen, wenn sich noch ein paar Kubikzentimeter gutes (teueres!) Motoröl darin befinden?

Fett: Schmierfett ist neben Öl ein weiteres wichtiges Grundhilfsmittel in der Motorradwerkstatt. Motorrad-Schmierfett muss (Salz-)wasserresistent sein. Yamaha schreibt für Fett immer »Lithiumseifenfett« vor, das ist übliches Kfz-Fett auf Seifenbasis, das es in verschiedenen Festigkeiten gibt.

Bild 18: In einer Werkstatt werden zwei Grund-Fettarten benötigt:

■ »**Schweres Wälzlagerfett**« ist für langsam drehende Bauteile wie Lenkkopf- und Schwingenlager, Gelenkbolzen von Fußrasten, Schalt- und Bremshebel. Man spürt beim Reiben zwischen den Fingern, dass das schwere Fett ziemlich steif ist. Deswegen ist es für schnell drehende Bauteile wie z. B. Radlager nicht geeignet, hält aber dafür sehr hohe Drücke aus.

■ »**Leichtes Wälzlagerfett**« schmiert man in schnell drehende Bauteile wie Radlager und auch Simmerringe beim Radeinbau. Wie die Bezeichnung »leicht« schon sagt, ist das Fett »leicht« und besonders geschmeidig. Wenn man

Schweres Fett ist für langsam drehende Lager und Bauteile, wie z. B. Lenkkopf- und Schwingenlager. *Bild 18*

Leichtes Fett für schnell drehende Lager (Radlager) und zum Schmieren von Simmerringen.

Bild 16

Bild 17

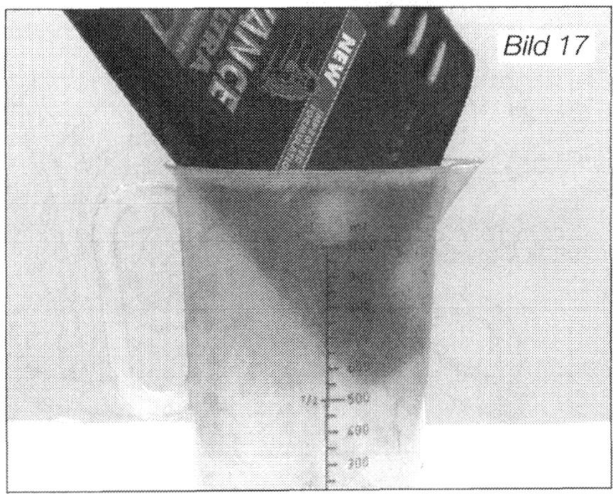

Bilder 16 und 17: Aus scheinbar leeren Öldosen kommt immer noch so viel Öl heraus, dass es als Tropföl im stilvollen Ölkännchen zum täglichen Hilfsmittel wird.

Bild 18: Zur Schmierung verschiedener Lager wird schweres oder leichtes Fett gebraucht.

Bild 19: Wichtige Werkstatthilfsmittel wie Bremsenreiniger (1), Kältespray zum Einbau von Lagern (2), Kontaktspray für Elektrostecker (3), Lagerfett (4), Loctite-Schraubensicherung »mittelfest« (5) und »hochfest« (6), Chrom-Politurpaste (7), Dichtmasse für Gehäusedeckel (8), Molykotefett (9).

Bild 19

es zwischen den Fingern verreibt, wird es extrem glitschig. Man spürt während des Reibens quasi den Schmierfilm, und danach lässt sich das Fett kaum mehr von der Haut abwaschen. Mehr zu Öl und Fett im Kapitelabsatz »Richtig schrauben«.

Werkstatthilfsmittel

Die meisten Werkstatthilfsmittel (Bild 19) werden vom Chemiegiganten Henkel hergestellt, wie z. B. flüssige Schraubensicherung (»Loctite«) und Dichtmittel (*www.loctite.de*). Zu den weiter vorne im Text schon besprochenen Fetten sollte man noch haben: Bremsenreiniger, Kontaktspray, Molykote 111 (Silikonfett), Dichtmittel 3-Bond (Flächendichtmittel), Loctite 243 (Schraubensicherung »mittelfest«).

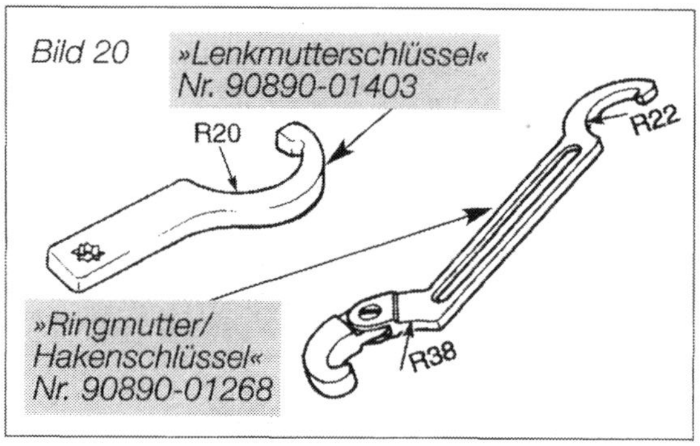

Bild 20: Spezialwerkzeuge »Hakenschlüssel«, sie werden zum Einstellen der Lenklager gebraucht.

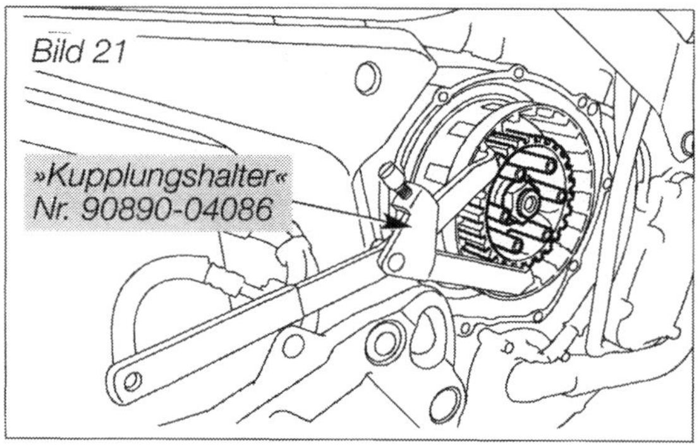

Bild 21: Spezialwerkzeug für die Kupplungsnabe, wird benötigt beim Öffnen und Festziehen der Zentralmutter.

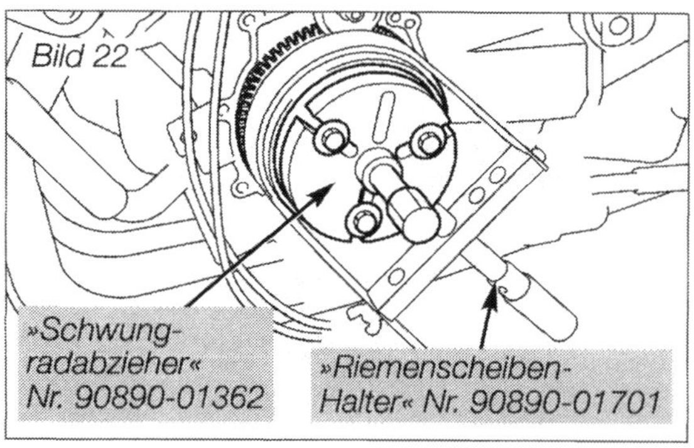

Bild 22: Spezialwerkzeuge zum Abziehen des Schwungrads.

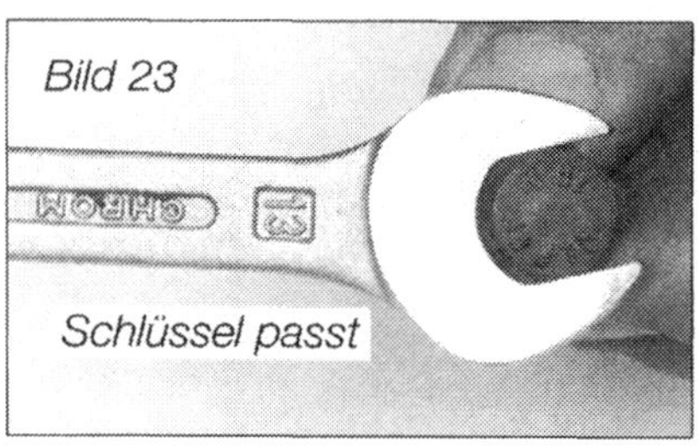

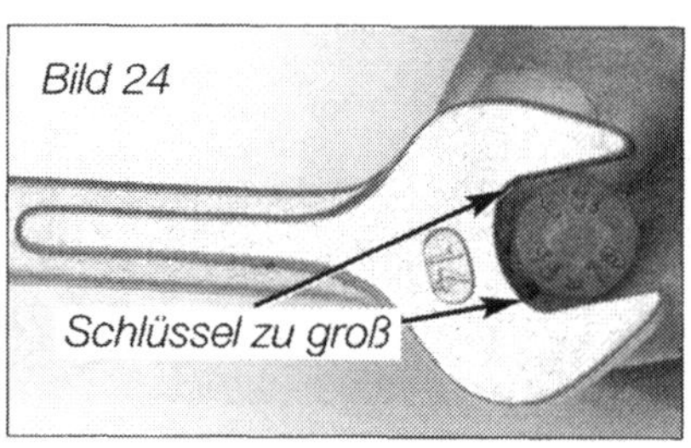

Bilder 23 und 24: Immer passende Schlüssel verwenden: Ein zu großer Schlüssel vermurkst schon beim ersten Ansatz den Schraubenkopf.

Spezialwerkzeuge

Spezialwerkzeug: Für tiefer gehende Arbeiten werden spezielle Werkzeuge benötigt; Beispiele zeigen die Bilder 20 bis 22. Auf verschiedene originale Yamaha-Spezialwerkzeuge sowie selbst herzustellende, preiswerte Alternativwerkzeuge gehen wir in den entsprechenden Kapiteln ein.

Gewindeschneider, HeliCoil: Unter die Rubrik »Spezialwerkzeug« fällt auch ein kompletter Satz Gewinde-Schneid- und Bohrwerkzeuge. Damit lassen sich Außen- wie Innengewinde anfertigen, nachschneiden und auch reinigen, wenn z. B. Reste von Loctite daran hängen, Farbe oder Rost. Am Ende dieses Kapitels zeigen wir den Umgang mit »HeliCoil«.

Richtig schrauben

Gut schrauben zu können ist keine angeborene Gottesgabe, sondern eine Sache der realen Einschätzung: Was habe ich bisher gelernt, kann ich schon, traue ich mir zu, kann ich noch lernen? Und: Von was lasse ich die Finger weg, weil Wissens- und Könnenstand sowie der Werkzeugbestand nicht ausreichend genug sind? Das Wissen um die eigenen Fähigkeiten ist beste Voraussetzung, um ein guter Schrauber zu sein – oder zu werden.

Sicherer Werkzeuggebrauch

Am Anfang dieses Kapitels haben wir es schon gesagt, hier wiederholen wir es: Mit schlechtem Werkzeug kann man keine gute Arbeit machen! Hier ergänzen wir thematisch: Mit gutem Werkzeug muss man auch umgehen können.

- Wenn ein Schraubenkopf oder eine Mutter einen 13er-Schlüssel braucht (Bild 23), dann ist der 14er (Bild 24) das falsche Werkzeug.
- Ein Kreuz- bzw. Schlitz-Schraubenkopf braucht einen passenden Kreuz- oder Schlitz-Schraubenzieher (Bilder 25 und 26). NICHT versuchen, eine Kreuzschlitzschraube mit einem Flachklingen-Schraubenzieher zu öffnen!

Schrauben, Scheiben, Muttern

Stahlschrauben, die in Aluminium wie z. B. Motorgehäuse gedreht werden, müssen mindestens mit der Länge des 1,5-fachen Schraubendurchmessers in das Innengewinde eingeschraubt werden (M6 also 9 mm). In Bild 27 sieht man eine zu kurze Schraube, in Bild 28 eine in der richtigen Länge und zwei zu kurze.

Natürlich ist die serienmäßige Schraube immer die beste Schraube, aber manchmal geht halt eine verloren – deswegen nachstehend einige Grundlagen für die Verwendung von nicht serienmäßigen Schrauben.

- Wenn man keine Schrauben in der passenden Länge bekommt und nur solche, die 5 mm zu kurz oder 20 mm zu lang sind, dann lieber die zu langen kaufen und auf Länge absägen.
- Wenn Schmutz oder Reste von Schraubenkleber an der Schraube haften, diese mit einer Messingbürste reinigen (Bild 29). KEINE Stahlbürste verwenden, denn die scharfen Stahldrähte reißen die Oberflächen des Gewindes auf!
- Bei jeder ausgedrehten Schraube und abgedrehten Mutter vor der Montage das Gewinde begutachten: Bei den in Bild 30 gezeigten Schrauben sind die Gewinde defekt (»überdreht«), und damit sind sie reif für die Mülltonne. Die Begutachtung der Gewinde VOR der Montage (oder gleich nach der Demontage, also dem Ausschrauben!) ist besonders wichtig bei sicherheitsrelevanten Baugruppen wie Fahrwerk mit Rahmen, Federung, Rädern und Bremsen.

Bild 31 zeigt spezielle Scheiben und Muttern:

- **Unterlag- oder Wellenscheiben** sollen zwischen Stahlmuttern und Aluminium gelegt werden, das verbessert die Flächenpressung und schont das Alu.
- Eine **Federscheibe**, auch »Sprengring« genannt, hat zwei »Zacken«, die bis zu einem gewissen Maße das Lösen der Schraube/Mutter verhindern. Nur bei Stahl auf Stahl verbauen!
- In eine **Stoppmutter** ist ein Sicherungsring aus Kunststoff (oder ein mehrteiliges Stahlsegment) eingesetzt, der (das) die Mutter auf dem Gewinde der Schraube »verklemmt« und damit sichert. Eine Stoppmutter mit Kunststoff-Sicherungsring soll nur einmal (zulässige Ausnahme: höchstens zweimal) verwendet werden; eine Stoppmutter mit mehrteiligem Stahlsegment kann mehrmals verbaut werden.
- Eine **Stahlmutter** mit fest angefügter Fein-

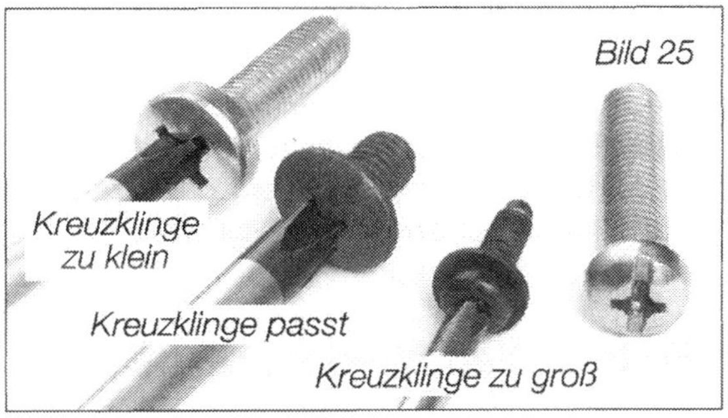

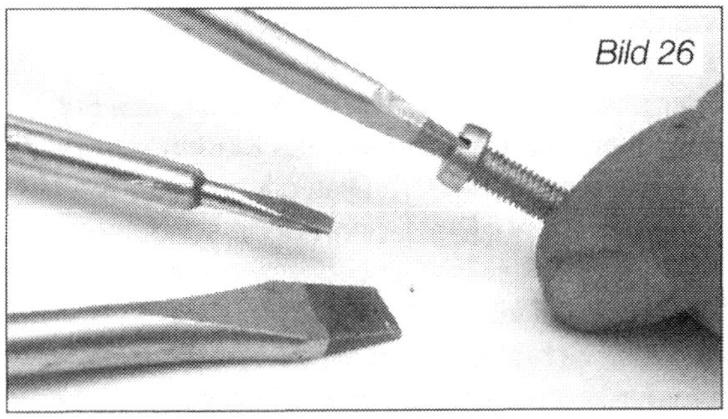

Bilder 25 und 26: Auch für Schraubenzieher gilt die »Muss passen!«-Regel. Ein zu kleiner Schraubenzieher rutscht durch, ein zu großer versaut den Schlitz im Schraubenkopf.

Bilder 27 und 28: Bei Stahlschrauben in Alu auf genügend Einschraublänge achten.

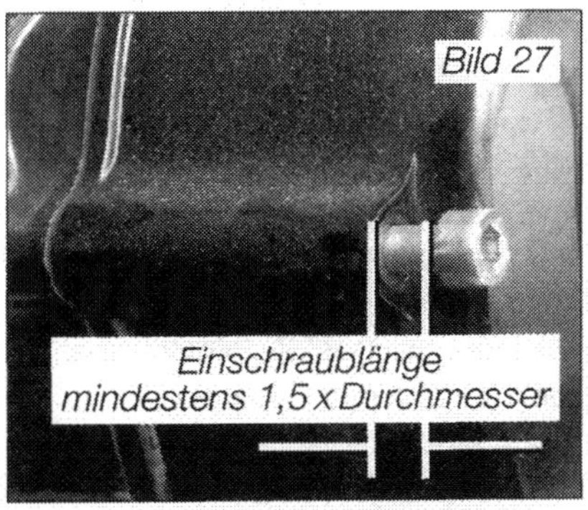

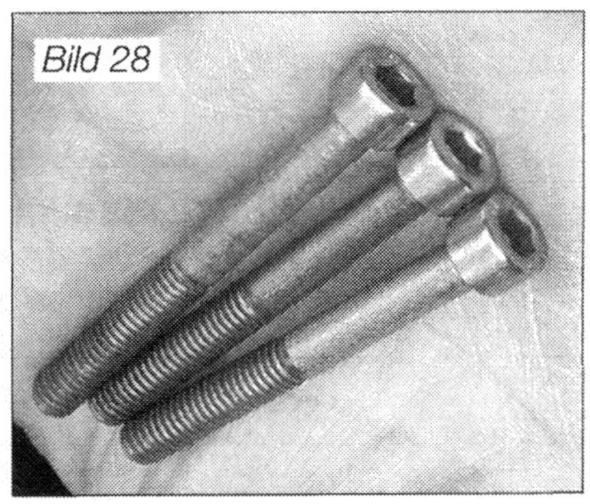

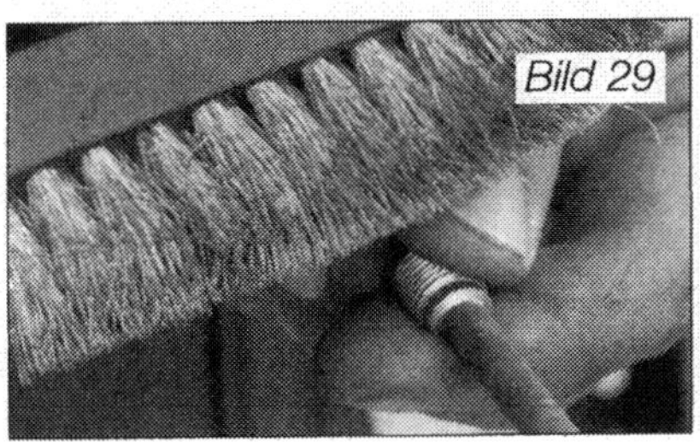

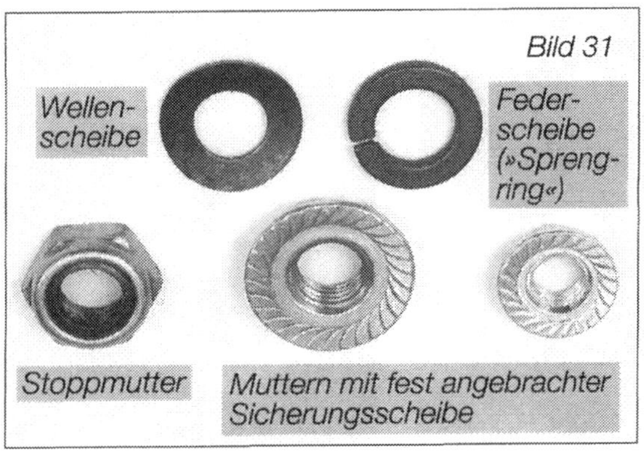

Bilder 29 und 30: Gewinde immer nur mit einer Messingbürste reinigen. Schrauben mit defekten Gewinden.

Bild 31: Verschiedene Scheiben und Muttern.

zahnscheibe wird ohne zusätzliche Unterlegscheibe auf Alu oder Stahl verschraubt. Nach zwei- oder dreimaliger Verwendung ist die Verzahnung »flach« und sichert nicht mehr richtig. Für die Befestigung einer Nummernschildschraube ist eine solche Mutter aber immer noch gut genug!

Fetten, Ölen, Kleben, Sichern

■ Wenn blanke Bauteile miteinander verschraubt werden, die Kontaktflächen beider Teile gut mit etwas Fett einschmieren, dann rosten (bzw. korrodieren) sie nicht zueinander fest, weil Fett zwischen den Passflächen das Eindringen von Feuchtigkeit verhindert. Dies gilt auch für Alu auf Alu oder Alu auf Stahl, denn ohne schützende Fettschicht dazwischen bildet sich mit der Zeit böse Korrosion!
■ Wenn Schrauben und Muttern verarbeitet werden, immer einen Tropfen Öl auf/in ihre (gereinigten!) Gewinde und Anlageflächen geben.
■ Loctite »mittelfest« hält jede Schraubverbindung zuverlässig zusammen. Bei Schrauben einen Tropfen auf (Bild 32), bei Muttern in das Gewinde (Bild 33) geben.
Wichtig: Vor dem Aufbringen von Loctite das Außengewinde der Schraube und das Innengewinde der Mutter sorgfältig von Schmutz, Öl und Fett reinigen, am besten mit Bremsenreiniger und einem (sauberen!) Lappen.

Bilder 32 und 33: Zur Schraubensicherung einen Tropfen Loctite auf das Gewinde der Schraube bzw. in die Mutter geben.

Bild 34: Farbmarkierung zur Sichtprüfung.

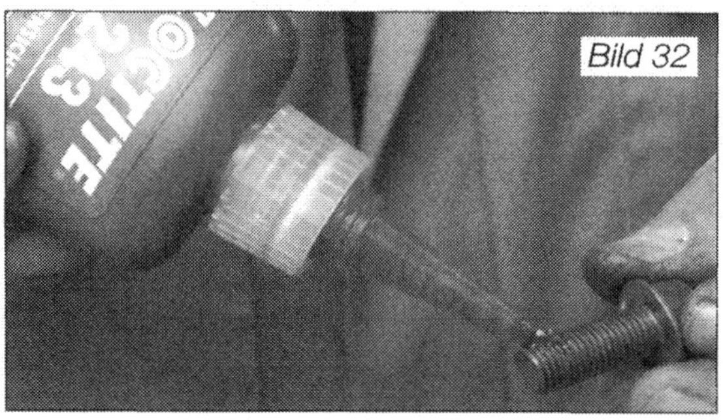

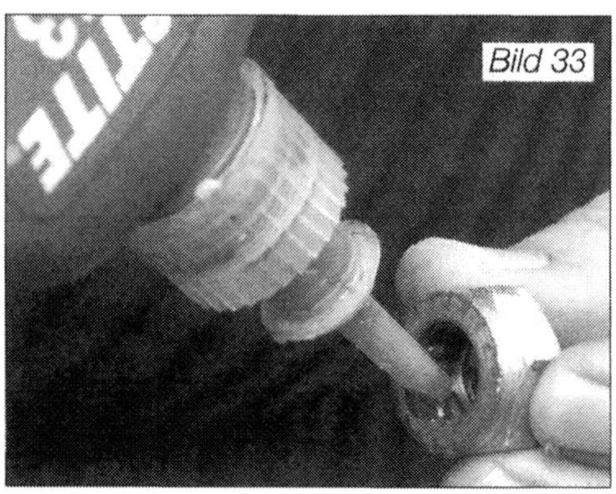

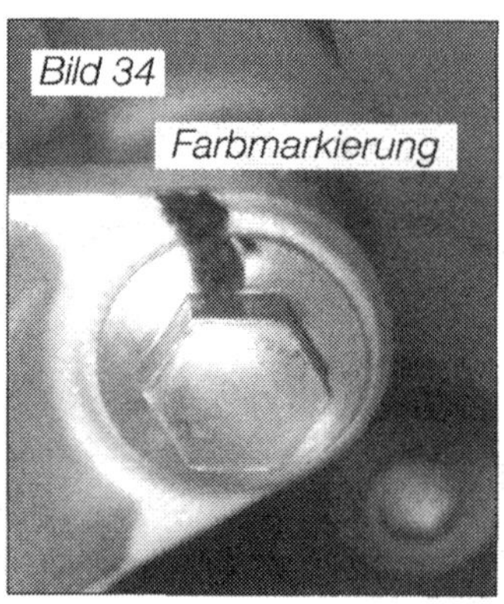

Farbmarkierung: Profis zeichnen jede Schraube (Mutter), die mit dem vorgeschriebenen Anziehdrehmoment angezogen wurde, mit einer Farbmarkierung (Bild 34). Öffnet sich die Schraubverbindung wider Erwarten, sieht man das an den zueinander verdrehten Farbstrichen!

Anziehdrehmomente

Um eine notwendige Verbindungs-Haltekraft ausüben zu können, muss eine Schraube (Mutter) in dem ihr zugeordneten Innengewinde (Außengewinde) mit einem bestimmten Anziehdrehmoment festgezogen werden. Nur damit ist garantiert, dass die durch die Schraube (Mutter) zueinander verspannten Bauteile ausreichend fest sind und sich die Schraubverbindung nicht von alleine löst (z. B. durch Vibrationen).

Wichtig zu wissen:
■ Bei Schrauben/Muttern, die zu leicht angezogen werden, besteht die Gefahr, dass sich die Schraubverbindung lockert.
■ Bei Schrauben/Muttern, die zu fest angezogen werden, werden ihre Gegengewinde »weich«. Zwar erscheint die Schraubverbindung »gefühlt fest«, auch reißt bzw. bricht sie (noch) nicht. Aber bald später lockert sie sich und fällt ab bzw. auseinander.

In den Kapiteln nennen wir die benötigten Anziehdrehmomente. Im Kapitel 30 »Anziehdrehmomente« sind die von Yamaha vorgeschriebenen Anziehdrehmomente aufgelistet.

Seegerringe

Zum Aus- und Einbau von Seegerringen werden spezielle Zangen benötigt: Innenseegerringe werden zusammengedrückt (Zange in Bild 35) und aus der Bohrung gezogen, Außenseegerringe auseinandergezogen (Zange in Bild 36) und von der Welle abgezogen. Ausgebaute Seegerringe sollen durch Neuteile ersetzt werden. Ausnahme: Wenn man den Seegerring ganz vorsichtig ausbaut, damit er dabei nicht bleibend verformt wird, kann man ihn noch einmal verwenden.

Beim Einbau muss die scharfe Kante des Seegerrings in Druckrichtung (also quasi »nach außen«) eingebaut werden (Bilder 37 und 38). Auch muss der Seegerring richtig satt in seiner Nut sitzen – deswegen lieber zwei- als nur einmal nachsehen, ob er wirklich richtig sitzt!

Simmerringe

Ein Simmerring, auch »Wellendichtring« genannt, dichtet drehende (Radlager) oder zueinander gleitende Bauteile (Gabelbeine) zu dem stehenden Bauteil nach außen und/oder innen ab. Ein Simmerring muss mit der Aufschrift nach außen eingebaut werden, egal wie der Simmerring geformt ist!

Wichtig beim Einbau (Bild 39):

- Einmal ausgebauten Simmerring nicht mehr einbauen, also immer Neuteil verwenden.
- Simmerring mit leichtem Wälzlagerfett einfetten (Bilder 39a und 39c), niemals »trocken« über die Welle schieben oder in seinen Sitz einpressen!
- Die dünne Spannfeder (Bild 39b) im Simmerring muss vorhanden sein – sie keinesfalls entfernen in dem Glauben, dass dann die Welle (oder das Rad) leichter läuft!

Flächendichtmittel

Spezielle Kraftfahrzeug-Silikondichtmasse ist öl- und fettverträglich und hat eine Temperaturbeständigkeit von −40 °C bis 250 °C. Sie wird benötigt, wenn Bauteil auf Bauteil ohne zwischengelegte Papierdichtung verbaut wird.

Mit Silikondichtmasse kann man eine normalerweise eingebaute (und vorgeschriebene!) Papierdichtung ersetzen, wenn keine neue zur Hand ist (z. B. bei Nachtarbeit, wie das bei Hobby-Motorradschraubern so üblich ist).

Bei Silikondichtmasse beachten:

- Bei einer *neuen* Papierdichtung keine zusätzliche Silikondichtmasse verwenden.
- Wenn eine *gebrauchte*, ausgehärtete Papierdichtung verwendet werden muss, dann beide Seiten dieser Dichtung leicht und gleichmäßig mit Silikondichtmasse einschmieren (Bild 40).
- Vor dem Zusammenfügen der Bauteile die Silikondichtmasse ca. 10 Minuten »ablüften« lassen.

Gewindereparatur mit HeliCoil

An älteren Motorrädern sind oft Gewinde beschädigt oder zerstört, weil häufiges Lösen und Anziehen zu Verschleiß oder Zerstörung des Gewindes geführt haben. Es kann auch sein, dass Schrauben oder Muttern mit zu großen Anziehdrehmomenten angezogen wurden und deswegen das Gewinde »aus-

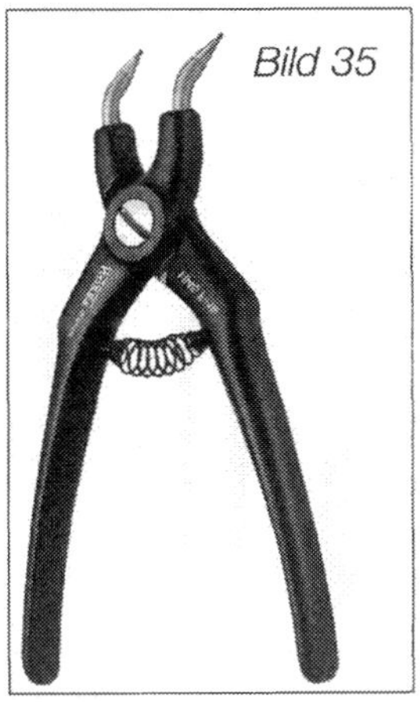
Bild 35

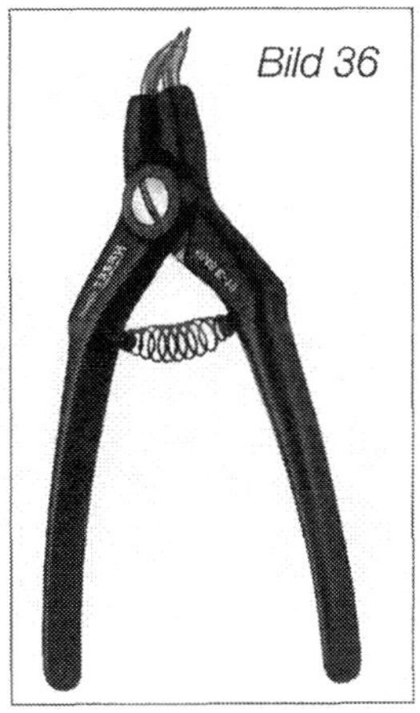
Bild 36

Bilder 35 bis 38: Im Lauftext sind die zu den Bildern gehörenden Arbeitsschritte nummeriert beschrieben.

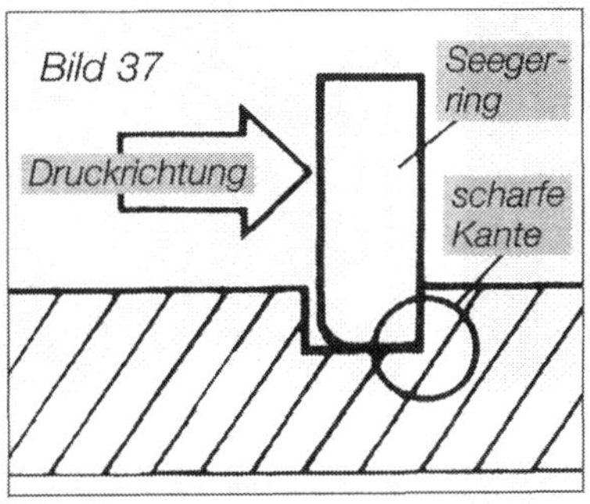

Bild 37

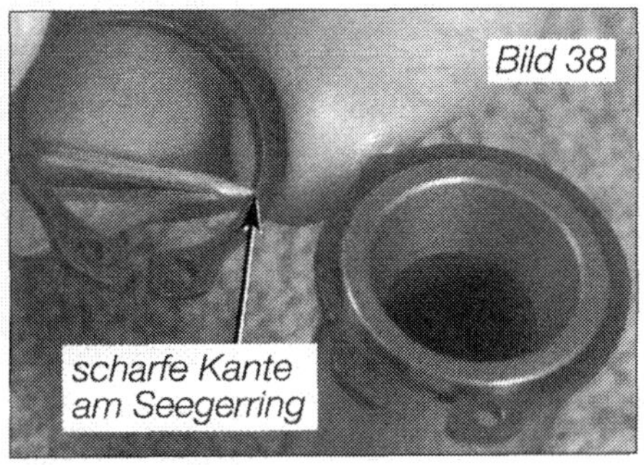

Bild 38

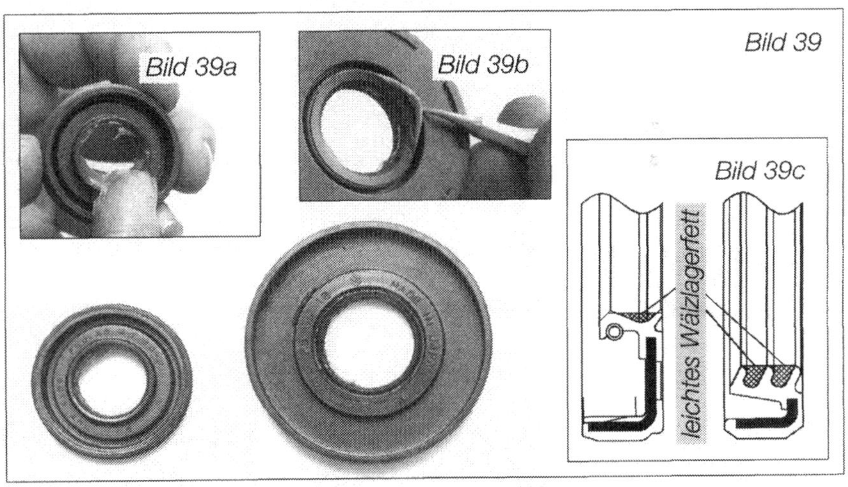

Bild 39

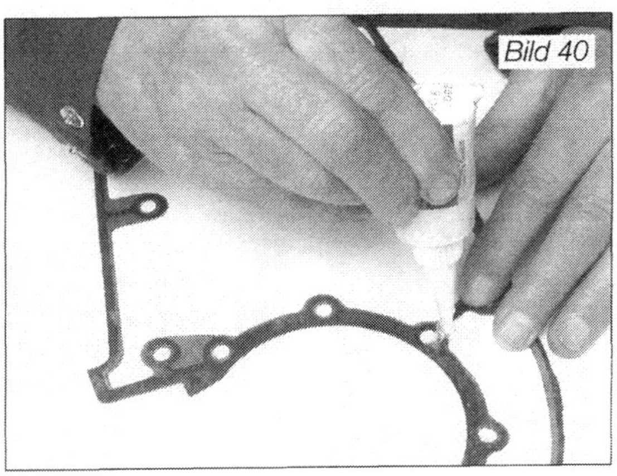
Bild 40

Bild 39: Simmerringe mit der Aufschrift nach außen einbauen. Vor Zusammenbau mit leichtem Wälzlagerfett einschmieren (Bilder 39a und 39c).

Bild 40: Silikondichtmittel verwenden, wenn eine Papierdichtung ein weiteres Mal eingebaut wird.

Bilder 41 bis 49:
■ *41: Kompletter HeliCoil-Reparaturkit.*

■ *42: Defektes Gewinde, überdrehte Schraube.*

■ *43: Schraubenreste ausbohren, sauberes Kernloch erzeugen.*

■ *44: Neues Aufnahmegewinde für den HeliCoil-Gewindeeinsatz schneiden.*

■ *45 und 46: HeliCoil-Gewindeeinsatz mit der Einbauspindel montieren.*

■ *47: Zapfen brechen und entfernen.*

■ *48: Perfekt ist das neue Gewinde mit HeliCoil-Gewindeeinsatz.*

■ *49: Schraube eindrehen und anziehen, fertig!*

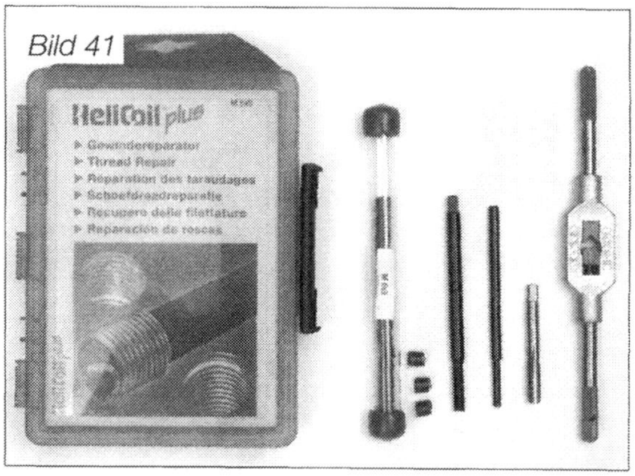

Bild 41

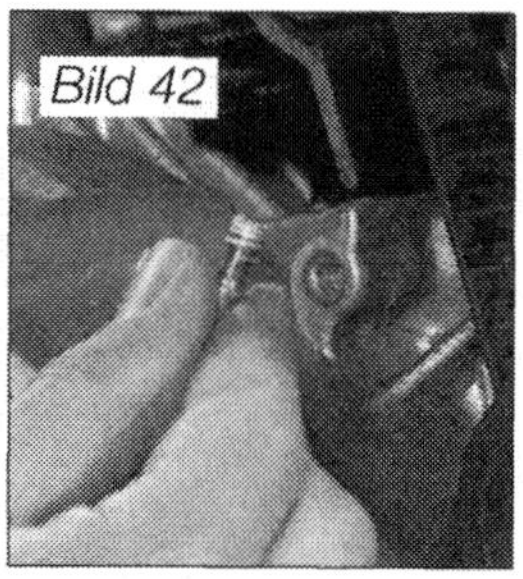
Bild 42

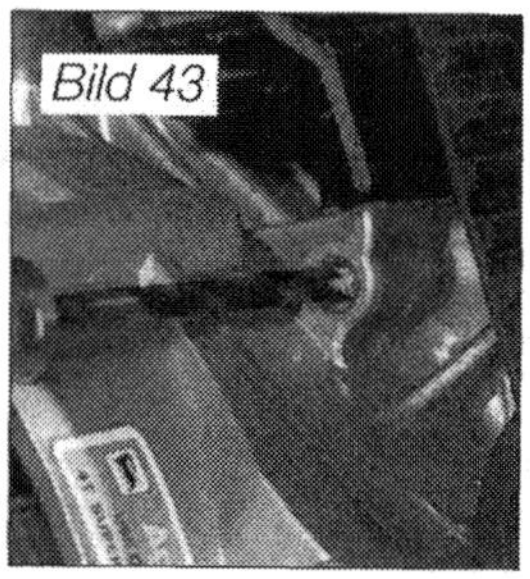
Bild 43

Bild 44

Bild 45

Bild 46

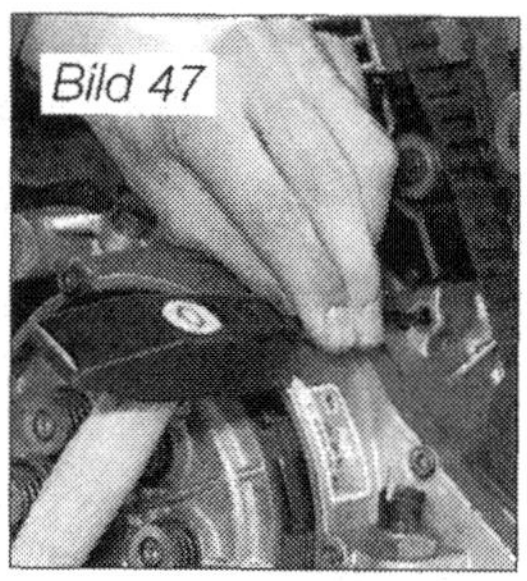
Bild 47

Bild 48

Bild 49

gerissen« ist. Es kann auch durch Korrosion (»Rost«) zwischen Schraube und Bauteilwerkstoff zum »Festbacken« gekommen sein, und beim Versuch die Schraube zu lösen wird das Mutterngewinde zerstört.

Zerstörte Gewinde können mit geringem Aufwand und Kosten einfach und zuverlässig repariert werden, indem das defekte Innengewinde ausgebohrt und ein aus gewickeltem Draht bestehender Gewindeeinsatz eingedreht wird: »HeliCoil« nennt sich dieses Reparaturverfahren, das von der Firma Böllhoff Verbindungstechnik GmbH in Bielefeld hergestellt und weltweit vertrieben wird (*www.helicoil.de*).

HeliCoil bietet so genannte »Repairkits« in den Abmessungen von M2 bis M36 an. Ein HeliCoil-Repairkit (Bild 41) kostet ca. 40 Euro, ist im Fachhandel erhältlich und enthält:
■ Kernlochbohrer mit dem Kernloch-Gewindedurchmesser für das neue Gewinde.
■ HeliCoil-Gewindebohrer.
■ HeliCoil-Einbauwerkzeug, das ist eine Einbau-Gewindespindel mit einem kleinen Ansatz vorne.
■ 20 HeliCoil-Drahtgewindeeinsätze aus hoch korrosionsbeständigem Stahl der Legierung 1.4301 (Festigkeit mehr als 1.400 N/mm²).

Gewinde reparieren

Am Beispiel eines ausgerissenen M6-Gewindes in einem Motorblock (Bilder 42 bis 49) erklären wir die Gewindereparatur mit HeliCoil:
1. Schritt: Wenn der Rest einer abgebrochenen Schraube (Bild 42) im alten Gewinde steckt: Den sichtbaren Schraubenrest exakt mittig ankörnen und mit scharf geschliffenem Bohrer, der 0,5 mm kleiner ist als der alte Gewinde-Nenndurchmesser (Beispiel M6: Bohrer 5,5 mm), das abgebrochene Gewindestück vorsichtig ausbohren.
2. Schritt: Mit dem im HeliCoil-Repairkit befindlichen Bohrer das beschädigte Gewinde komplett ausbohren (Bild 43). Der Bohrerdurchmesser entspricht dem Kerndurchmesser des neuen Aufnahmegewindes für den HeliCoil plus-Drahtgewindeeinsatz.
3. Schritt: Aufnahmegewinde für den HeliCoil-Drahtgewindeeinsatz mit dem beiliegenden Gewindebohrer schneiden (Bild 44).
Wichtig: Damit keine Späne in Gewindebohrungen hineinfallen, den Gewindebohrer vor dem Gewindeschneiden in Fett eintauchen, dann bleiben die Späne am Gewindebohrer haften.

4. Schritt: Gewinde reinigen, z. B. mit Druckluft ausblasen. ALLE Späne entfernen!
5. Schritt: HeliCoil-Drahtgewindeeinsatz mit der Einbauspindel montieren. Dieses ist sehr einfach, der Drahtgewindeeinsatz wird mit der Spindel wie eine Schraube in das vorbereitete Aufnahmegewinde eingedreht (Bilder 45 und 46).
6. Schritt: Nach der Montage des Drahtgewindeeinsatzes dessen Mitnehmerzapfen abbrechen (Bild 47).
■ Zapfenwerkzeug zuvor in etwas Fett tauchen, ganz in den Drahtgewindeeinsatz einführen, mit einem kleinen Hammer einen leichten Schlag auf das Zapfenwerkzeug geben und den abgebrochenen Mitnehmerzapfen aus dem Drahtgewindeeinsatz entfernen.
Wichtig: Bei der Reparatur von Durchgangsbohrungen muss Obacht gegeben werden, dass der abgebrochene Mitnehmerzapfen nicht in den Motor zwischen empfindliche Mechaniken gerät!

Eine solche Gewindereparatur ist innerhalb von zehn Minuten ohne Schweißaufwand erledigt. Nach der Reparatur mit HeliCoil ist das Gewinde um ein Vielfaches belastbarer als das Originalgewinde. Das Gewinde wurde nicht etwa »geflickt«, sondern seine Qualität wurde deutlich verbessert, weil der HeliCoil-Drahtgewindeeinsatz aus Edelstahl das Gewinde verschleißfester und korrosionsbeständiger macht. Zukünftige Schraubarbeiten können einem mit HeliCoil »veredelten« Gewinde nichts mehr anhaben (Bilder 48 und 49).

Bücher

Titel: Fachkunde Kraftfahrzeugtechnik
ISBN-Nummer: 978-3-8085-2239-4
Preis: 37,80 Euro
www.europa-lehrmittel.de

Wer seine Technikkenntnisse erweitern und vervollständigen möchte, dem sei das Buch »Fachkunde Kraftfahrzeugtechnik« aus dem Europa-Lehrmittel-Verlag ans Herz gelegt. Bei dem 688 Seiten starken Werk handelt es sich zwar um ein Übungsbuch und Nachschlagewerk für Auszubildende des Kfz-Handwerks, wozu ja bekanntlich Motorrad- und Automechaniker gehören, dennoch werden auch Laien mit geringen Vorkenntnissen nicht überfordert, wenn sie die klaren Texte lesen und die sehr gut gemachten Zeichnungen auf sich wirken lassen.

Die Themen reichen von Werkstoffkunde über Elektrotechnik bis hin zur genauen Beschreibung der Baugruppen eines Kraftfahrzeugs. Fotos und Zeichnungen sind farbig, außerdem liegt dem Buch eine CD mit über 2000 Prüfungsfragen bei. »Fachkunde Kraftfahrzeugtechnik« legt zwar den Schwerpunkt auf Automobile, doch die Zweiradtechnik kommt nicht zu kurz.

Titel: Motorradtechnik
Autor: Jürgen Stoffregen
ISBN-Nummer: 978-3-8348-0104-3
Preis: 29,95 Euro
www.vieweg.de

Ein Stück tiefer und (vor allem!) motorradspezifischer als das zuvor beschriebene Buch behandelt der langjährige Versuchsingenieur und BMW-Pressesprecher Jürgen Stoffregen die Materie. Das mittlerweile schon in siebter Auflage im Vieweg-Verlag erschienene Werk »Motorradtechnik – Grundlagen und Konzepte von Motor, Antrieb und Fahrwerk« hat 470 Seiten und bietet neben 357 Fotos und Zeichnungen auch 21 Tabellen.

Berechnungsformeln bei vielen Kapiteln vervollständigen das Buch, das unter Spezialisten als Referenzwerk gilt. Aber: Ein gewisser Grundstock technischer Kenntnisse sollte bei der Lektüre vorhanden sein.

Wichtige Adressen:

■ **Gedore** (Werkzeuge)
Gedore Tool Center KG
Remscheider Straße 149
D-42899 Remscheid
www.gedore.de
www.gedore.at
www.omnitool.ch

■ **GL Motorradtechnik**
(Beta-Werkzeug, Montageständer, Messwerkzeuge)
Truchtelfinger Straße 110
D-72458 Albstadt
www.gl-motorradtechnik.de

■ **Hazet** (Spezialwerkzeuge für Kraftfahrzeuge)
Hazet Werk, Postfach 10 04 61
D-42804 Remscheid
www.hazet.de
www.karlernstag.ch

■ **HeliCoil Gewindeeinsätze Böllhoff GmbH & Co. KG**
Archimedesstraße 1–4
D-33649 Bielefeld
www.boellhoff.de

■ **Kern Montagetechnik**
(Montageständer, Hebebühnen)
Gewerbestraße 13–16
D-79364 Malterdingen
www.kern-stabi.de

■ **Loctite Deutschland GmbH**
(Schraubenkleber, Dichtmittel)
Henkel AG & Co. KGaA
Gutenbergstraße 3
D-85748 Garching
www.henkel.de
www.loctite.de
www.loctite.ch

■ **Profi Products** (Kettenfluchttester, Spurprüfsysteme)
Flörsheimer Ring 6
D-67705 Trippstadt
www.profi-products.de
www.faie.at
www.gcg-gering.ch

Bild 50

Bild 51

Bilder 50 und 51: Für spannende und gleichzeitig lehrreiche Leseabende empfehlen wir diese beiden Technikfachbücher ganz besonders.

Bild 1 bis 3: Bezeichnung der Verkleidungsteile an den XJ6-Modellen.

Bilder 4 bis 8b: Im Lauftext sind die in den Bildern gezeigten Verkeidungs-Befestigungselemente nummeriert beschrieben.

Verkleidung · Rahmen · Tank

In diesem Kapitel: Tipps für Arbeiten an Verkleidungsteilen · Verbindungsnippel · Rahmen: Lenkanschlag, Seitenständer und Fußrasten ab- und anbauen · Nummern und Aufkleber · Tank aus- und einbauen · Motor aus- und einbauen.

Verkleidungsteile

■ Bei Demontage und Montage von Verkleidungsteilen sind Geduld und Fingerspitzengefühl gefragt.

■ Bitte schauen Sie die entsprechenden Zeichnungen genau an und vergleichen Sie diese mit den Teilen an Ihrer Maschine, bevor Sie sich an den Abbau von Verkleidungsteilen machen.

■ Achten Sie besonders auf Schrauben, Scheiben, Gummibuchsen und Verbindungsnippel (sie heißen auch »Kunststoffnippel« oder »Druckniet«).

■ Mit den in den Bildern 4 bis 9 gezeigten Schraub- und Klemmteilen sind die Verkleidungsteile an Rahmen, Halterungen sowie zueinander befestigt.

■ Bilder 5a und 5b: So spannt die Schraube eine Gummi-Spannmutter. Die Schrauben des Windschildes werden in solche eingedreht. Mit

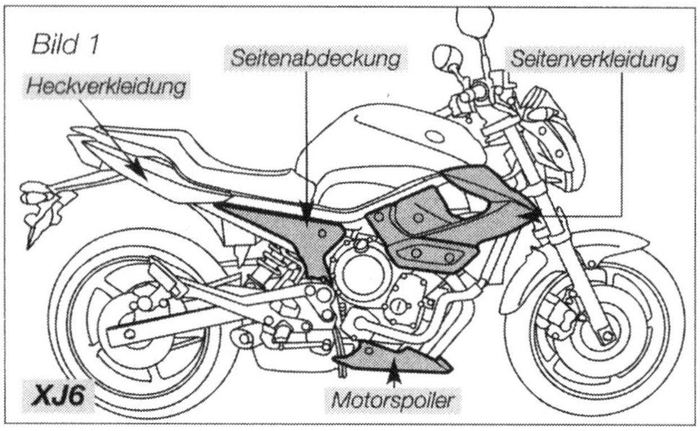

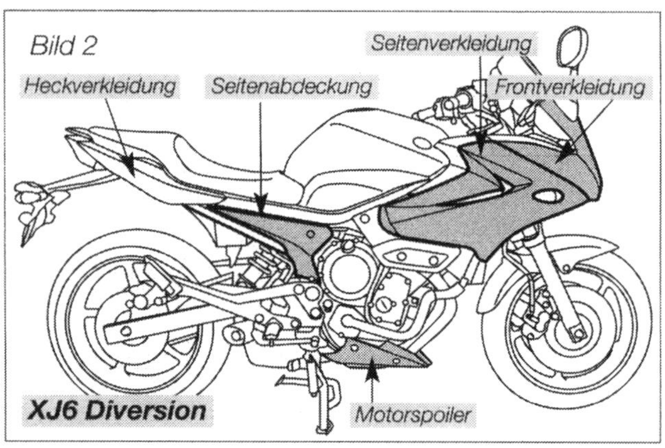

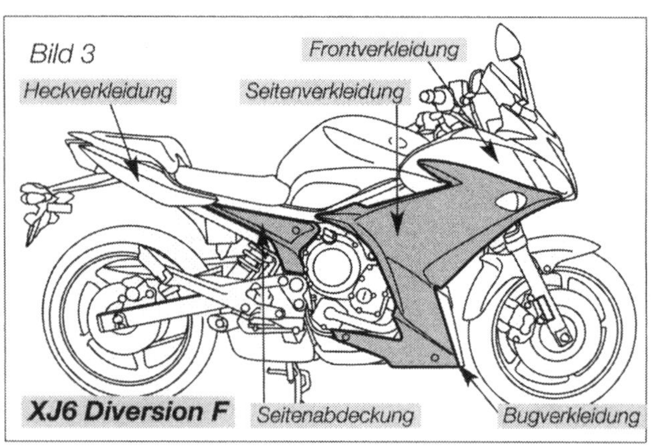

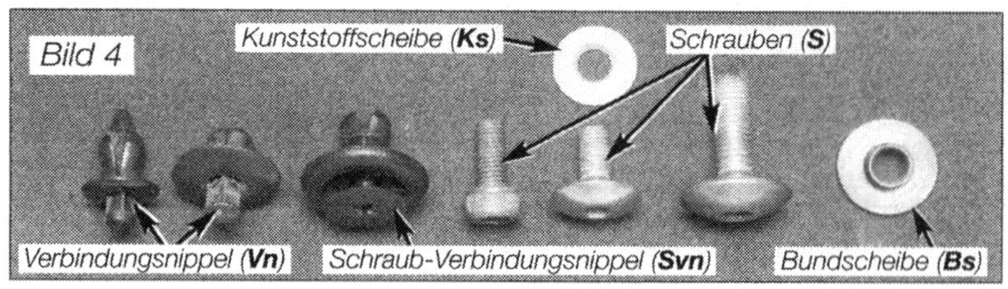

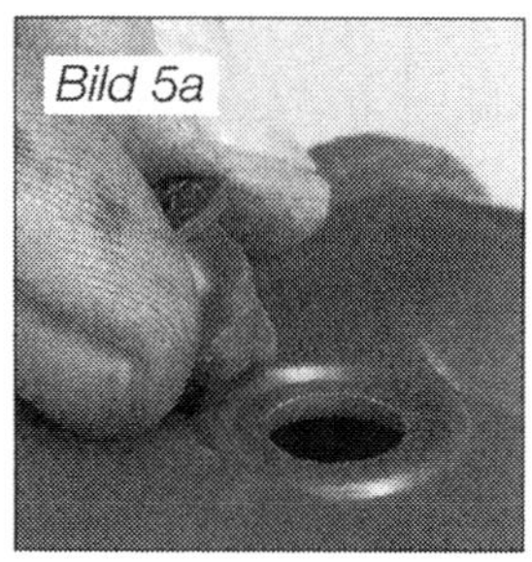

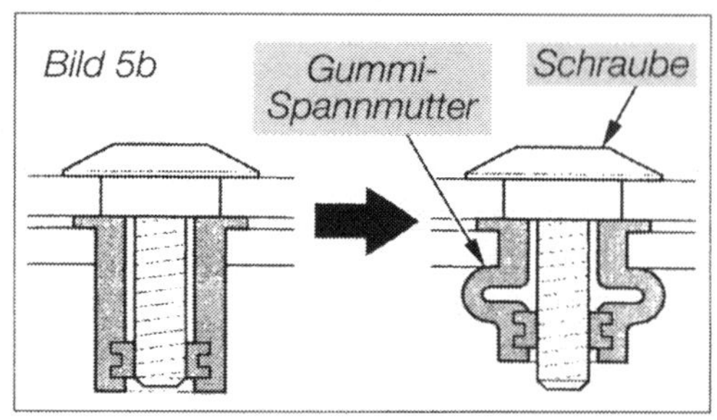

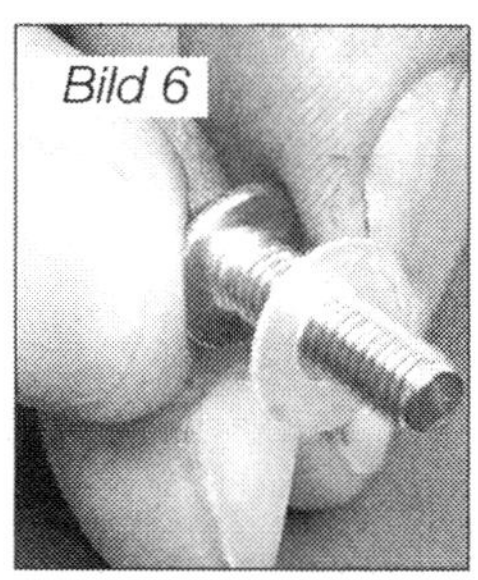

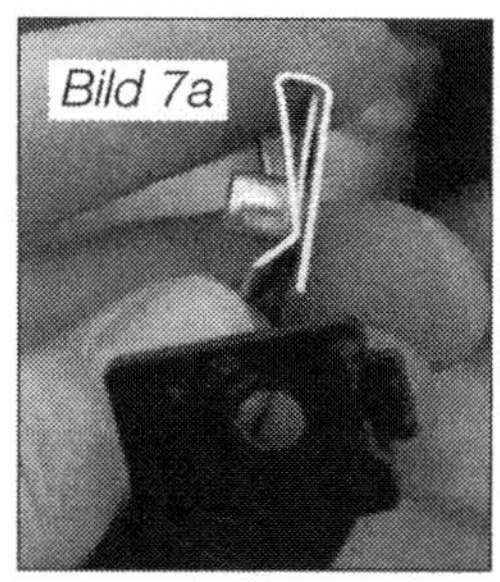

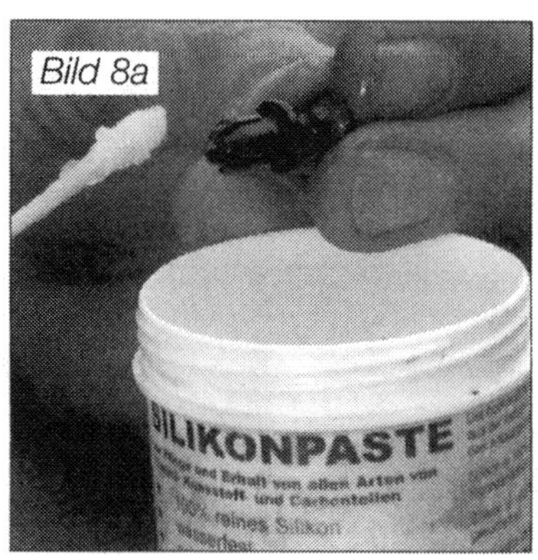

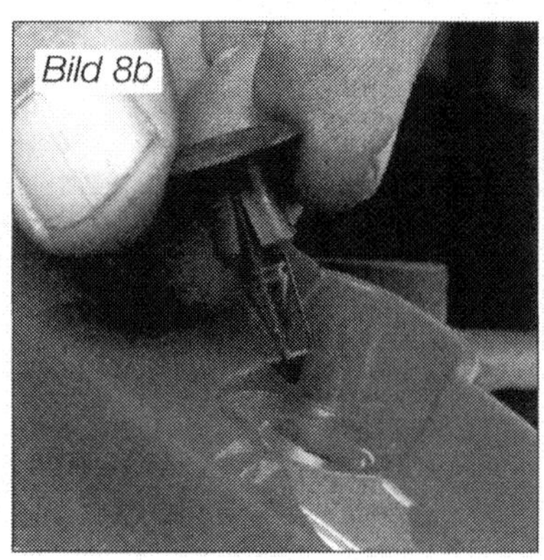

Gefühl anziehen, sonst kann die Scheibe reißen.

■ Bild 6: Kunststoffscheiben unter den Schraubenköpfen schützen die Oberflächen.

■ Bilder 7a und 7b: Klemmenmuttern werden aufgesteckt zur Verbindung von zwei Verkleidungsteilen.

■ Bilder 8a und 8b: An weniger belasteten Stellen sind Verbindungsnippel eingebaut. Wenn diese ausgebaut sind, unter heißem Wasser mit einer Bürste reinigen und anschließend mit etwas Silikonpaste einschmieren, das hält sie gängig. Den Aus- und Einbau der Verbindungsnippel erklären wir weiter hinten in diesem Kapitel.

■ **Wichtig:** Kein Verkleidungsteil mit Gewalt abziehen oder einstecken, denn Kunststoff wird mit fortschreitendem Alter immer spröder und bricht deswegen leicht.

■ Merken Sie sich gut, wie Sie die Teile abgebaut haben. Sie werden in umgekehrter Reihen-

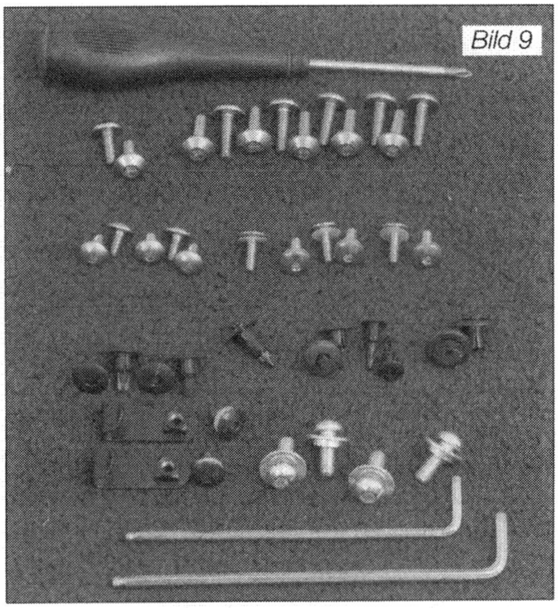

Bild 9: Von unserem Fotomodell XJ6 Diversion sind diese Schrauben mit Kunststoff- und Bundscheiben, Verbindungsnippel und Haken. Zum Beschrauben werden Kreuzschlitzschraubenzieher und zwei Inbusschlüssel benötigt.

Bild 10: Verkleidungsteile der XJ6.

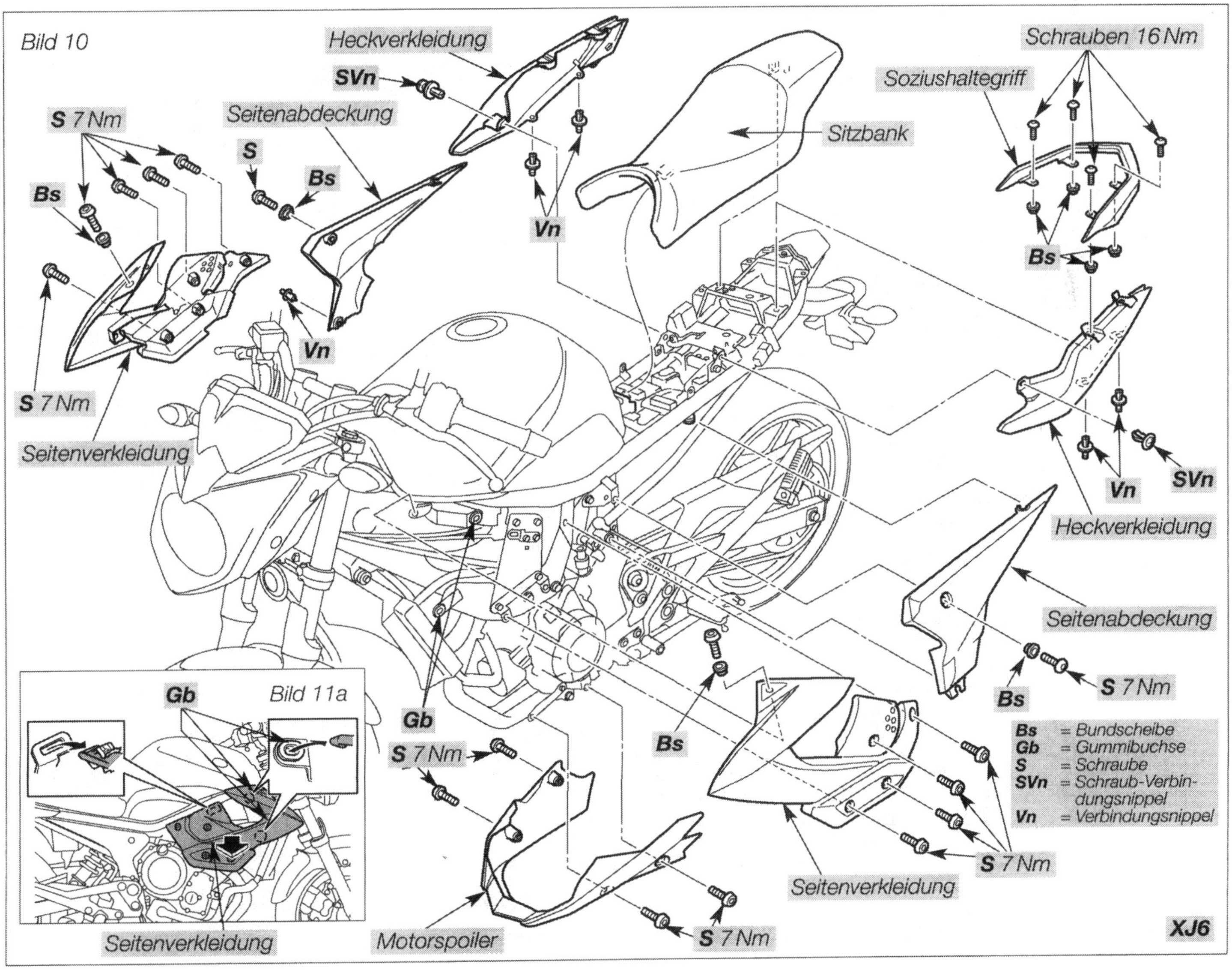

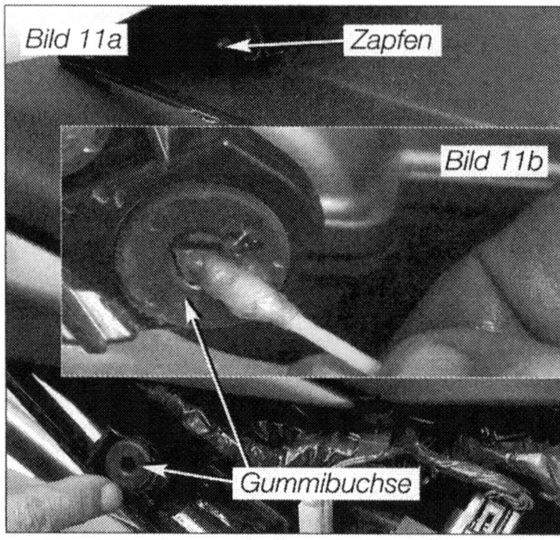

Bilder 11a und 11b: Gummibuchsen mit Silikonpaste fetten, dann bleiben sie elastisch.

Bild 12: Verkleidungsteile der XJ6 Diversion.

folge wieder angebaut. Noch einmal der Ratschlag: Zeichnungen zu Hilfe nehmen.

■ Legen Sie die abgebauten Kunststoffteile auf sauberen Lappen ab (altes Bettzeug) oder hängen Sie sie mit S-Haken an die Wand.

■ Platzieren Sie abgeschraubte Kunststoffteile außerhalb jeglicher Fußreichweite, denn während des Schraubens an der Maschine tritt man rasch auf ein am Boden liegendes Teil. Im Extremfall bricht es, garantiert zerkratzt es.

■ Schrauben Sie immer mit exakt passenden Werkzeugen – wenn Sie Billigwerkzeug nehmen, werden die Schraubenköpfe beschädigt und sehen dann vermurkst und damit hässlich aus.

■ Bei der Montage im Yamaha-Werk werden die Verkleidungsschrauben »trocken« eingeschraubt,

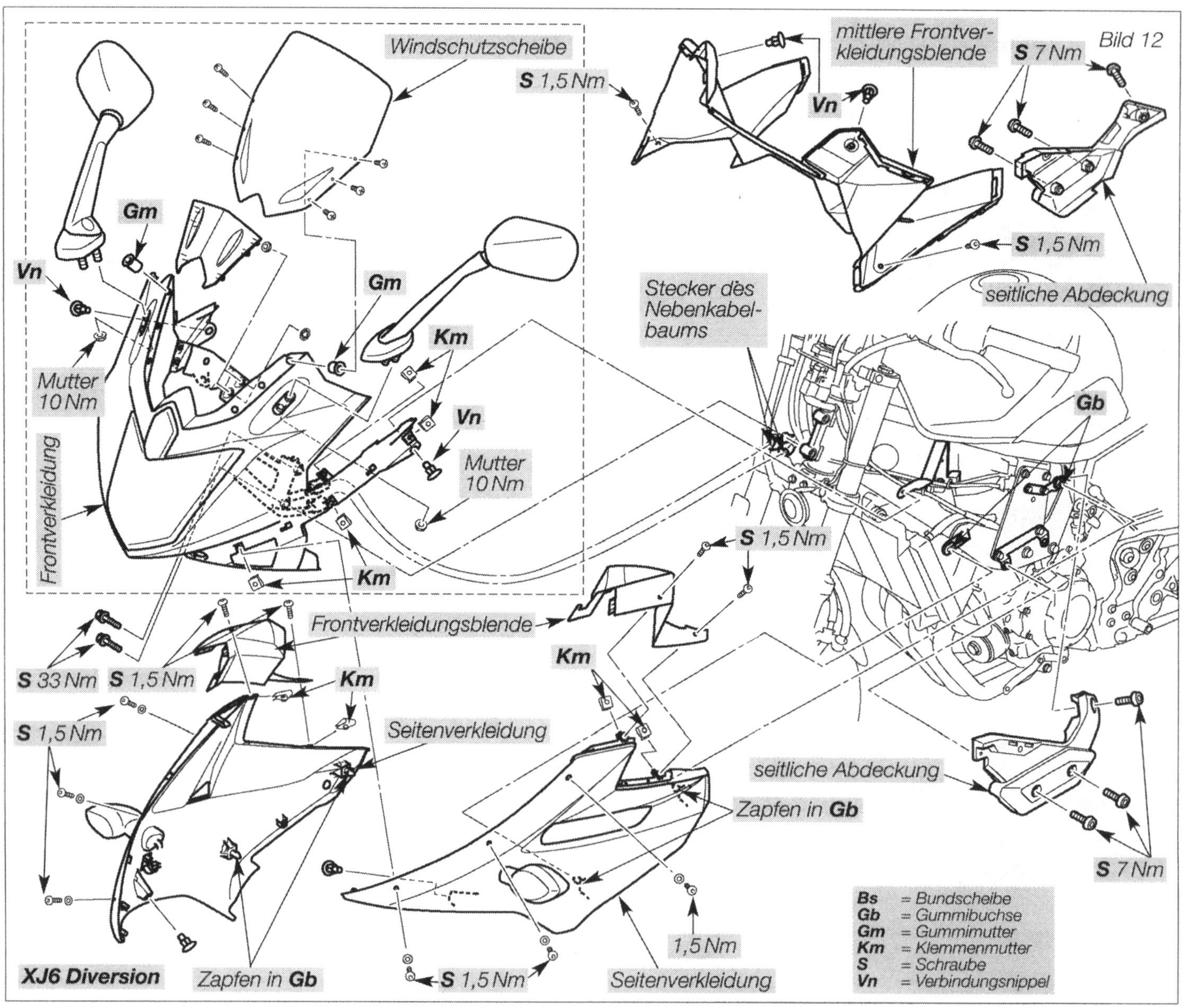

also ohne Öl. Wenn die Maschine einige Zeit auf dem Buckel hat, sind die Schrauben korrodiert. Gönnen Sie ihnen beim Wiedereinschrauben etwas Öl oder Silikonpaste.

■ Bilder 11a und 11b: Wenn man die Gummibuchsen, welche die kleinen Zapfen halten (die an einigen Verkleidungsteilen angebracht sind), vor der Montage reinigt und leicht mit Silikonpaste einstreicht, bleiben sie flexibel und weich.

■ **Wichtig:** Achten Sie beim An- und Zusammenbau aller Teile darauf, dass keine Kabel, Stecker oder Bowdenzüge eingeklemmt werden, dies gilt besonders für die Seitenverkleidungen und Rahmenabdeckungen. Wenn es doch passiert, nehmen Sie das Teil wieder ab und verlegen Kabel, Stecker oder Bowdenzüge sauber und klemmfrei.

Verkleidungsscheibe

Bilder 5a und 5b: Die Schrauben der Verkleidungsscheibe (Bild 12) sind in »Gummi-Spannmuttern« eingeschraubt, die sich beim Festziehen der Schraube in sich spannen. Ziehen Sie die Schrauben mit Gefühl an, sonst wird die Gummimutter zerstört oder die Scheibe reißt.

Bild 13: Verkleidungsteile der XJ6 Diversion.

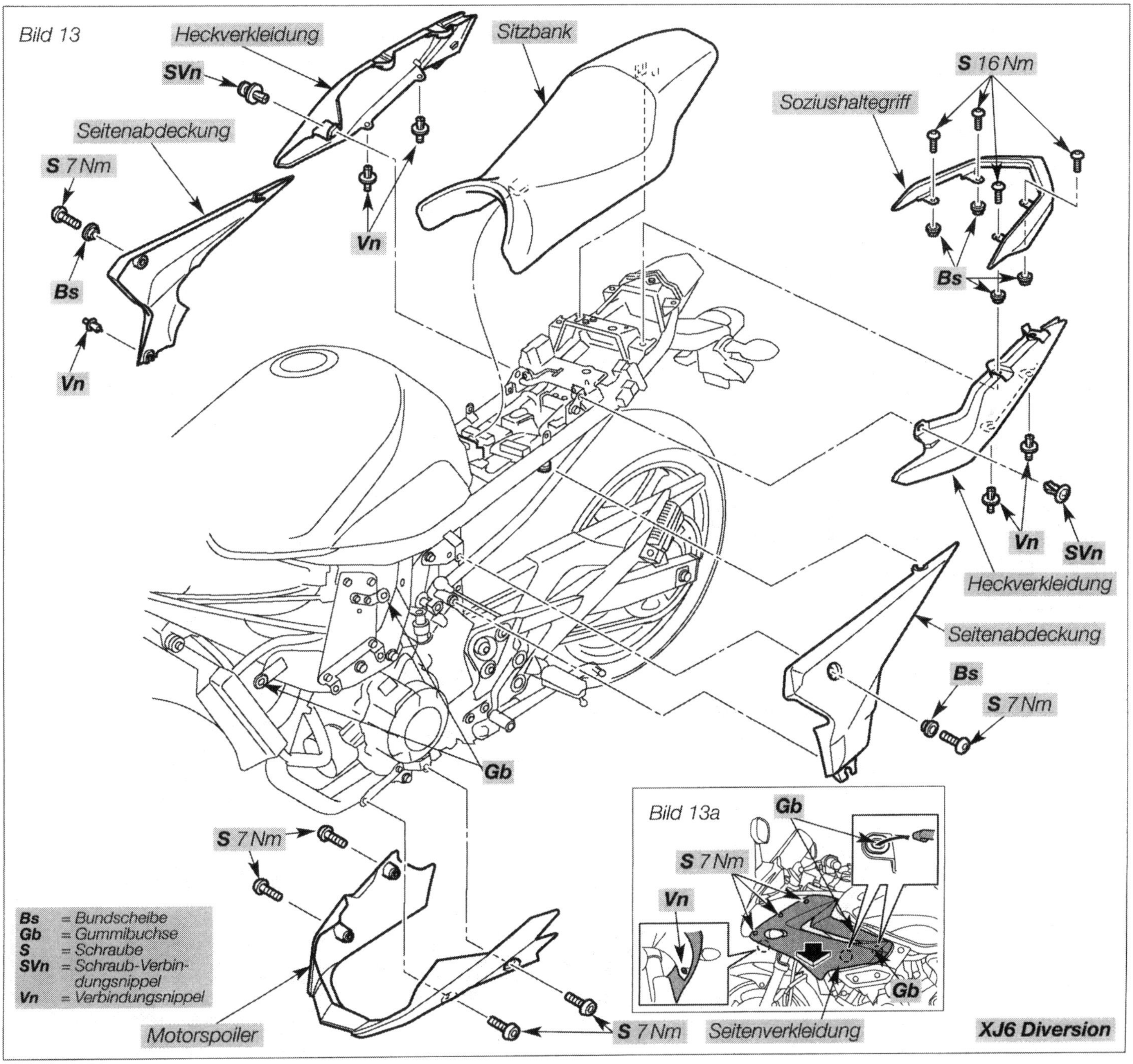

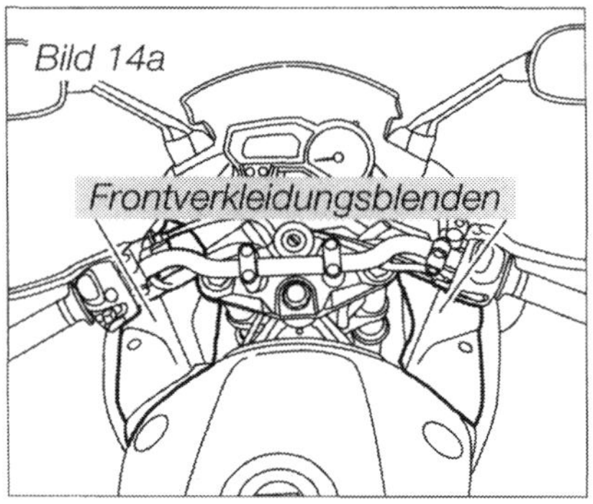

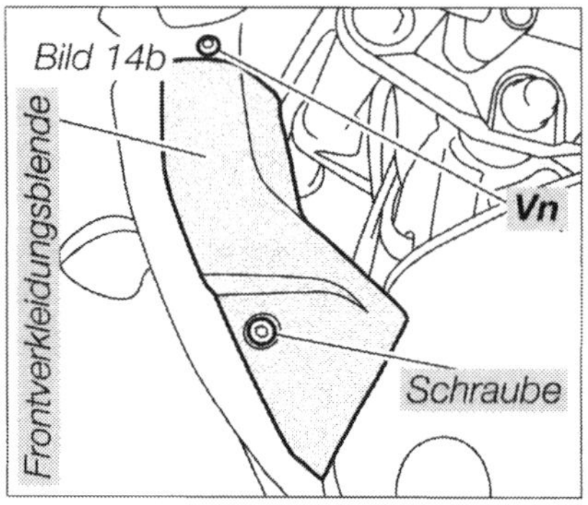

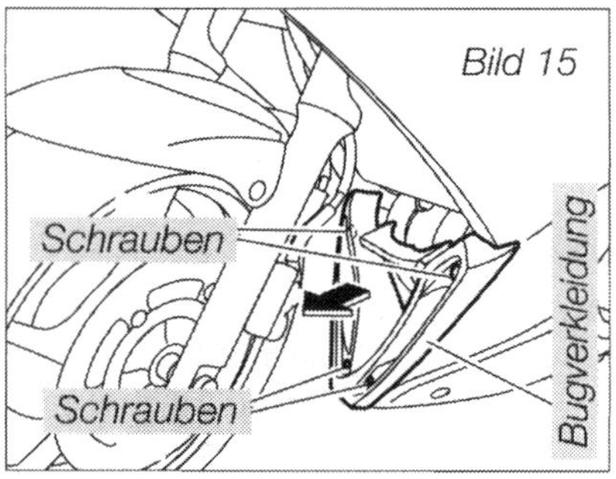

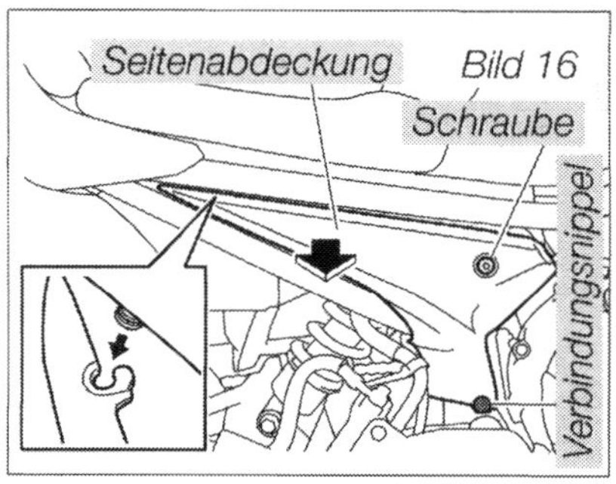

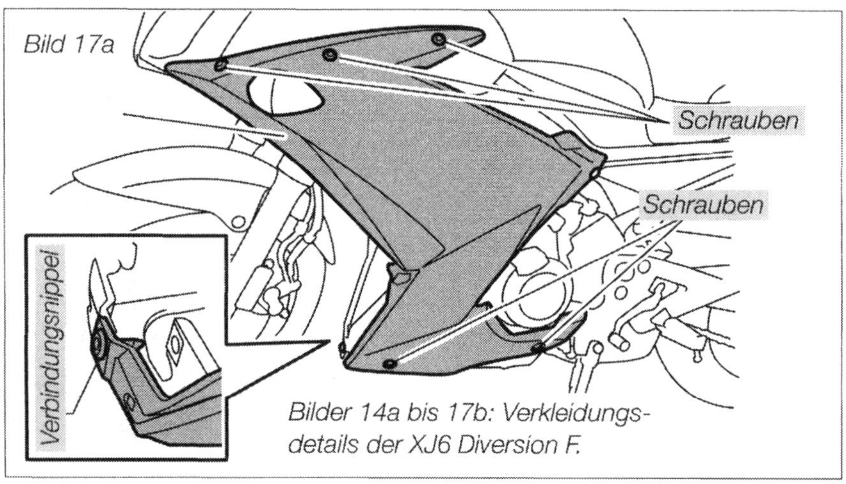

Bilder 14a bis 17b: Verkleidungsdetails der XJ6 Diversion F.

Kunststoff- und Bundscheiben

Unter den Köpfen einiger Schrauben sind Kunststoffscheiben untergelegt (Bilder 4 und 6), sie schützen die Oberflächen vor Kratzern beim Anziehen. Geben Sie bei der Montage etwas Silikonfett an die Scheiben, dann bleiben sie elastisch und werden nicht »hart«. Unter manchen Schrauben sind Bundscheiben, die beim Anbau wieder an diese Stelle gehören. Nie ohne Bundscheiben montieren, sonst bricht das Verkleidungsteil eben an dieser Stelle!

Verbindungsnippel

An der rechten Seitenabdeckung ist ein Verbindungsnippel (»*Vn*« in Bildern 10, 12, 13 und 16) aus Kunststoff eingesetzt. Wenn man aufs Geratewohl an ihm herumdrückt, bricht man leicht überstehende Teile ab – der Verbindungsnippel ist kaputt, aber immer noch nicht draußen. Dabei ist seine Bedienung einfach:

■ **Lösen:** Mit einem spitzen Dorn in der Mitte leicht eindrücken, so dass der Mittelzapfen einschnappt (Bild 18b). Der entspannte Verbindungsnippel kann jetzt herausgezogen werden.

■ **Befestigen:**

1. Ausgebauten Verbindungsnippel mit eingedrücktem Mittelstück zwischen zwei Finger nehmen, mit Daumen der anderen Hand Bolzen ganz zur Oberseite durchschieben, es klickt zweimal (Bild 18c).

2. Jetzt Verbindungsnippel satt in Befestigungsbohrung einsetzen und Mittelstück bis zum Kopf bündig einschieben (Bild 18d); wenn es fühl- und hörbar klickt, ist er richtig befestigt.

■ **Pflege:** Weil diese Verbindungsnippel die Teile nur zusammenhalten, aber nicht fest ver-

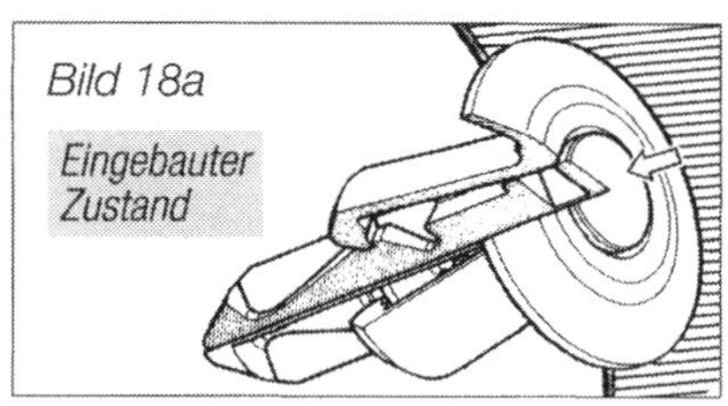

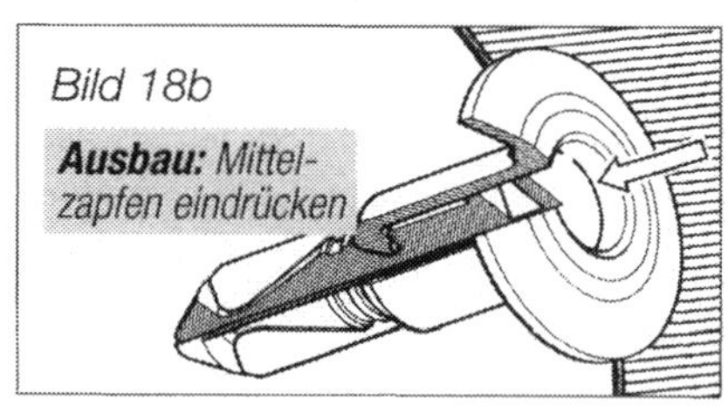

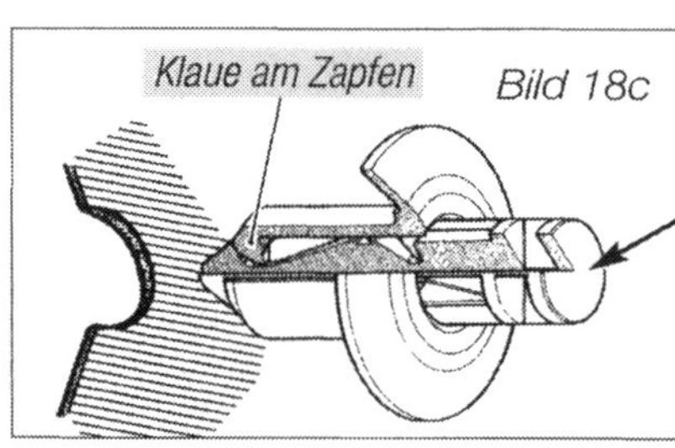

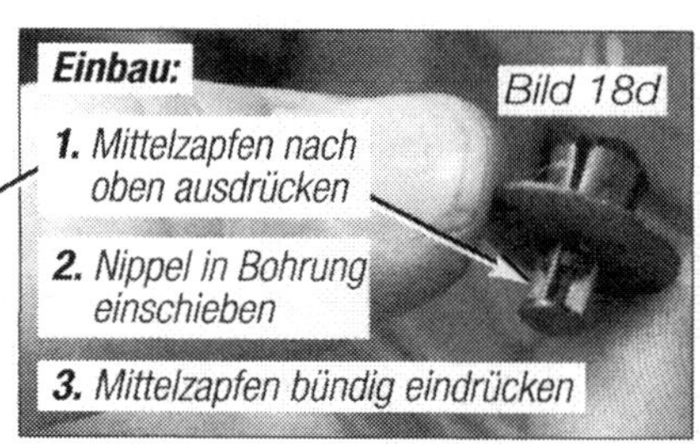

Bilder 18a bis 18d: Kunststoff-Verbindungsnippel, auch »Nietschnapper« oder »Druckniet« genannt und ihre Bedienung beim Aus- und Einbau.

spannen, sind sie während der Fahrt hohen Vibrationen ausgesetzt. Wenn sie ausgebaut sind, sollten sie gepflegt werden, dann behält der innere Spannbolzen mit den Zacken seine Freigängigkeit.

1. Verbindungsnippel mit Bürste in heißem Wasser reinigen.

2. Bild 8a: Zwei Tropfen Silikonpaste auf einen spitzen Schraubenzieher nehmen und in Verbindungsnippel einbringen.

3. Innenteil einige Male hin und her bewegen, um das Silikonfett gleichmäßig zu verteilen – fertig.

Rahmen

Lenkanschlag

Bild 19: Als Lenkanschlag wird der Vorsprung vorne unten am Lenkkopf bezeichnet. Er begrenzt die Lenkbewegung nach rechts und links. Als Gegenstücke sind auf der Oberseite der unteren Gabelbrücke zwei angegossene Vorsprünge, die bei vollem Lenkeinschlag am rahmenfesten Lenkanschlag anschlagen.

Die Anschlagstellen am Rahmen und auf der unteren Gabelbrücke gelegentlich kontrollieren. **Wichtig bei Gebrauchtkauf:** Hat auch nur eine Anschlagstelle Risse oder ist gar abgebrochen, ist dies ein sicherer Hinweis auf einen Sturz oder Unfall der Maschine.

Seitenständer

Der Seitenständer (Bilder 20a und 20b) ist hohen Belastungen ausgesetzt, er hat eine große Last zu tragen, wenn das Motorrad darauf abgestellt wird. Beim Aus- und Einklappen muss er sich leicht bewegen lassen und zuverlässig nach oben an den Anschlag in die Waagerechte schnappen. Die Gelenkstellen müssen regelmäßig geschmiert werden; in zusammengebautem Zustand genügt ab und zu ein Schuss Kettenspray an die Gelenkstellen des Seitenständers sowie an die Haken der Federn.

Wenn der Seitenständer lange Zeit trocken (also ungeschmiert) betätigt wird, dann verschleißt sein Gelenk, die Teile sind eingelaufen und durch Fress- und Kerbstellen stark bruchgefährdet. Buchse, Lagerbolzen, Scheiben und die selbstsichernde Mutter müssen erneuert werden; eventuell sogar der Seitenständer mit seinem am Rahmen angeschraubten Lagerbock.

Die beiden ineinander geschlungenen Ständerfedern gelegentlich kontrollieren, sie dürfen weder gerissen, noch an ihren umgebogenen Enden verschlissen sein. Wenn doch, unbedingt ersetzen. Dies gilt auch für die Federn des Mittelständers (Bilder 21a und 21b)!

Seitenständer ab- und anbauen

1. Motorrad sicher auf Mittelständer oder Heckmontageständer abstellen, Seitenständer muss unbelastet und eingeklappt sein.

■ Der Seitenständerschalter braucht nicht abgebaut zu werden.

2. Kontermutter des Seitenständer-Lagerbolzens lösen und abschrauben, Lagerbolzen dabei gegenhalten.

Bild 19: Lenkanschlag am Rahmen und Gegenstücke auf der Gabelbrücke.

Bilder 20a bis 21b: Schraub- und Schmierstellen an Seiten- und Mittelständer.

■ Nach dem Waschen den Gelenkstellen einen guten Schuss Öl- oder Kettenspray geben, das verhindert Korrosion.

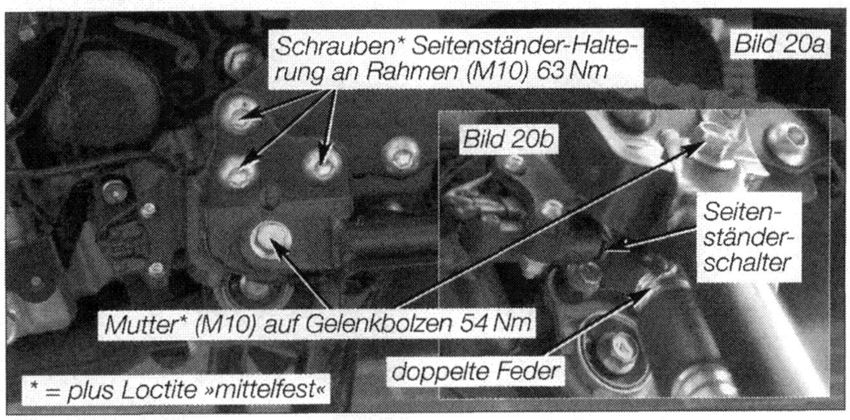

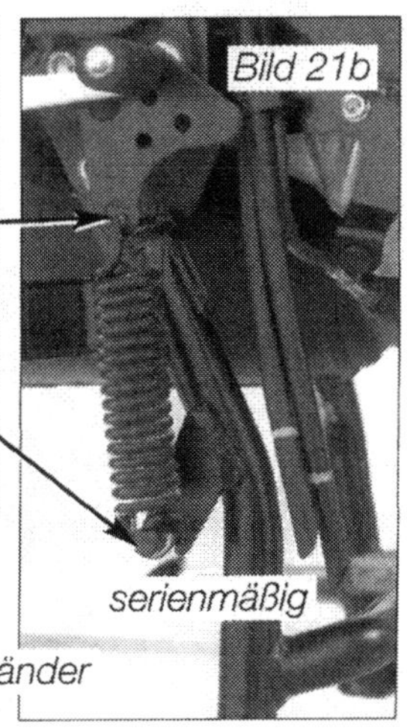

Sichtprüfung Messen

Bilder 22a und 22b: Gelenke der Fahrer- und Soziusfußrasten.

Bilder 23a und 23b: Die Fahrgestellnummer ist in Fahrtrichtung rechts vorne am Lenkkopf eingestanzt und ein zweites Mal im Typenschild zu finden.

Bilder 24b und 24b: Modellcode-Aufkleber.

2.1. Lagerbolzen ausdrehen.
3. Seitenständer mit Feder und Lagerbuchse abnehmen.
4. Alle Teile gut reinigen.

Zusammenbau:
1. Dick einfetten: Bolzen, Gleitstellen am Seitenständer und Haken der Federn.
2. Seitenständer in ungefähre Anbauposition bringen, mit einer Hand festhalten.
2.1. Federn einhängen.
3. Seitenständer so ansetzen, dass die Bohrungen zueinander fluchten.
4. Buchse einsetzen, Bolzen eindrehen.
5. Mutter aufdrehen, Bolzen gegenhalten, Mutter mit 54 Nm festziehen.
■ Seitenständerschalter prüfen ist in Kapitel 1 »Wartung · Pflege« beschrieben.

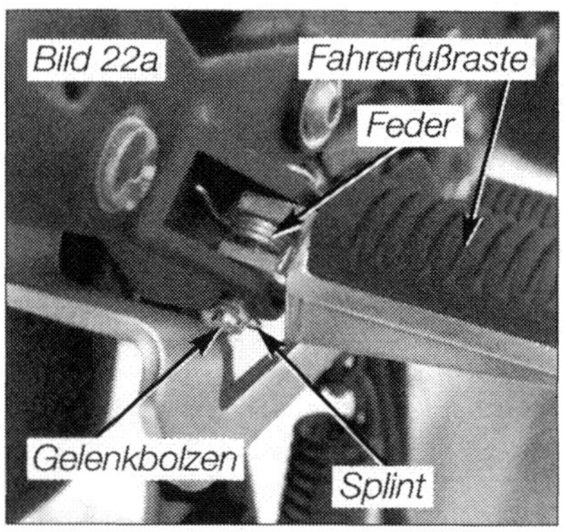

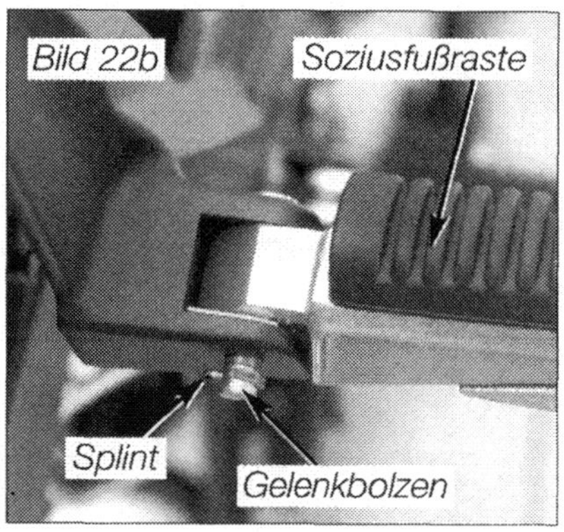

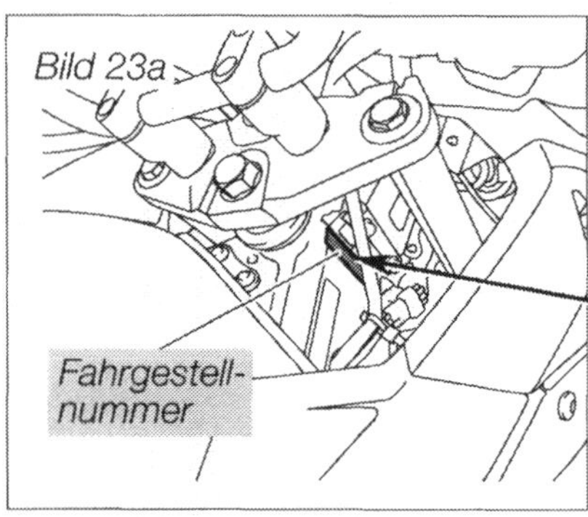

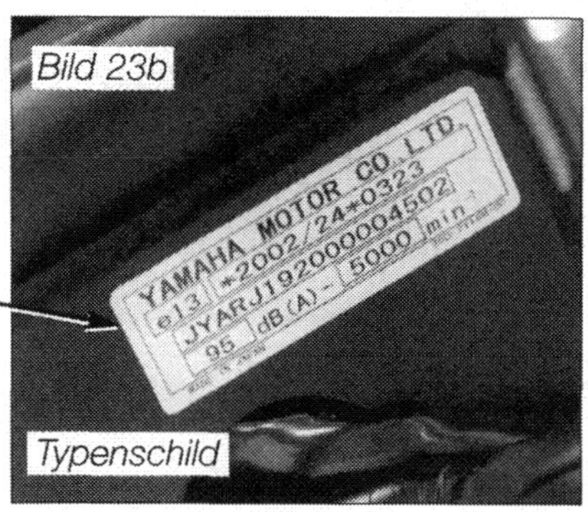

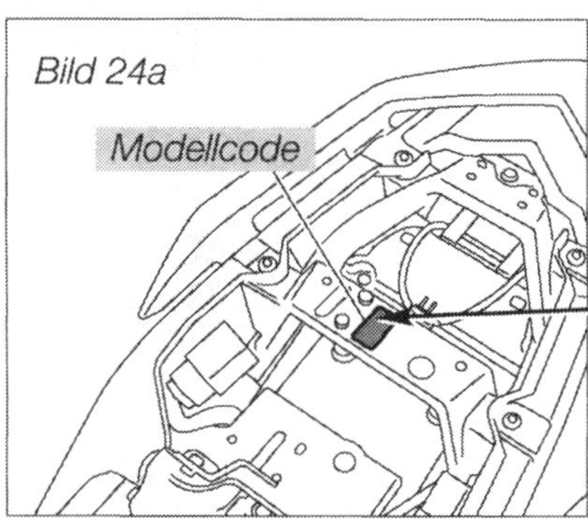

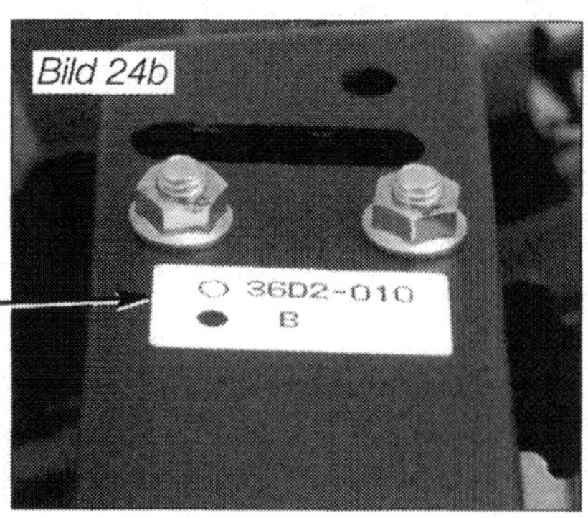

Fußrasten ab- und anbauen
Fahrer-, Soziusfußrasten und Fußrastenplatten sind aus Aluminium. Die U-förmigen Halter der Fußrasten sind an den Fußrastenplatten angegossen. Wenn die Fußrasten durch einen Umfaller oder Sturz abbrechen, können sie einfach erneuert werden.
1. Bilder 22a und 22b: Im Gelenkbolzen ist ein Splint eingesetzt: Diesen mit einer Zange geradebiegen und ausziehen.
2. Fußraste mit einer Hand halten, Gelenkbolzen ausdrücken.
2.1. Bild 22a: Bei Fahrerraste auf Feder achten.
2.2. Bild 22b: Bei Soziusraste auf Rückhalteplatte und Kugel achten.
3. Bolzen, Lagerstelle, Feder, Kugel und Rückhalteplatte reinigen. Satt mit frischem dickem Fett einschmieren.
4. Feder auf neuer Fußraste ansetzen (bzw. Rückhalteplatte bei den Soziusrasten), in Einbauposition in U-Halter einsetzen und halten.
5. Bohrungen zur Deckung bringen, Bolzen einschieben.
6. Splint einschieben, Enden sicher umbiegen.

Nummern, Aufkleber, Ersatzteile

Fahrgestellnummer: Die wichtigste Nummer zur Identifikation der Maschine ist die Fahrgestellnummer (Bild 23a). Sie ist in Fahrtrichtung rechts vorne am Lenkkopf eingestanzt und ein zweites Mal im Typenschild zu finden, das rechts vorne am Lenkkopf aufgeklebt ist (Bild 23b). Beide Nummern müssen gleich sein und mit der Nummer im Fahrzeugbrief und im Fahrzeugschein übereinstimmen.

Aufkleber: Weitere Aufkleber gibt es zum Modellcode (Bilder 24a und 24b), zur Benzinsorte, zum zulässigen Gesamtgewicht, zur Antriebskette, der Kettenspannung und zum Reifenluftdruck.

Ersatzteile kaufen: Kfz-Schein vorlegen. Wenn die Maschine abgemeldet ist: Fahrgestellnummer notieren, dem Ersatzteilverkäufer vorlegen!

Tank ab- und aufbauen

Wenn der Tank abgebaut wird, soll er möglichst leer sein, dann wiegt er weniger und die Gefahr ist geringer, dass Sprit ausläuft.

⚠ **Achtung:** Beim Abbau des Tanks nicht rauchen, keine offenen Flammen und kein Funkenflug in weitem Umkreis der Schraubstelle!

Tank abbauen (Bild 30)

1. Sitzbank abnehmen.

2. Die beiden vorderen Tankschrauben lösen und ausschrauben.

2.1. Die hintere Tankschraube lösen, aber nicht ausdrehen.

3. Bild 25: Tank vorne anheben und mit einem Stück Holz abstützen.

4. Bilder 29a und 29b: Schläuche abziehen, Tank dabei sicher halten: Zuerst die Klemmschelle zusammendrücken und ein Stück vom Tank wegziehen, dann Schlauch mit einem breiten Schraubenzieher abschieben und abziehen.

5. Abdeckung über der Schnellkupplung des Benzinschlauchs abziehen.

5.1. Bilder 31a und 31b: Schnellkupplung an beiden Seiten eindrücken, das Kupplungsstück wird so entsichert. Gleichzeitig die Schnellkupplung vom Stutzen abziehen.

Bilder 25 bis 31b: Arbeitsschritte zum Ausbau des Tanks.

Bild 25

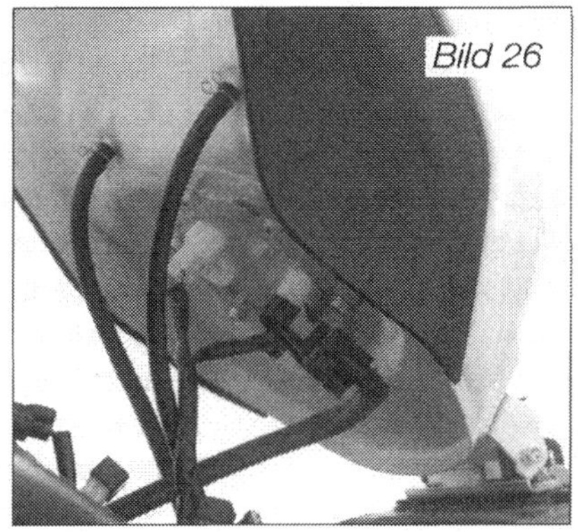
Bild 26

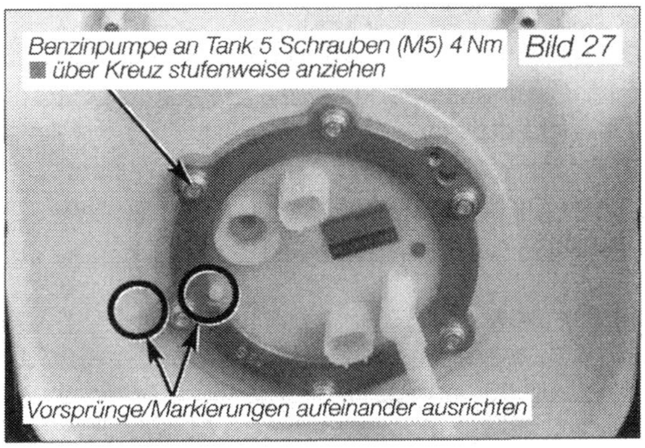

Bild 27

Bild 28

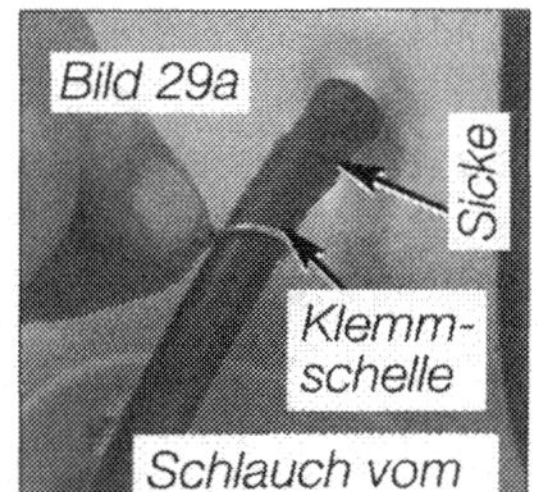

Bild 29a

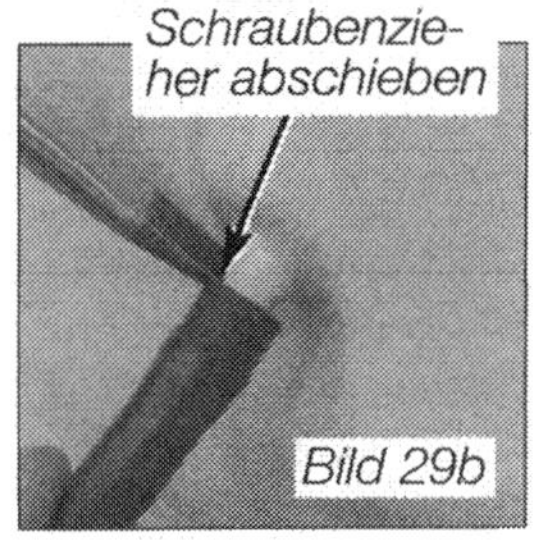

Bild 29b

Bild 29c

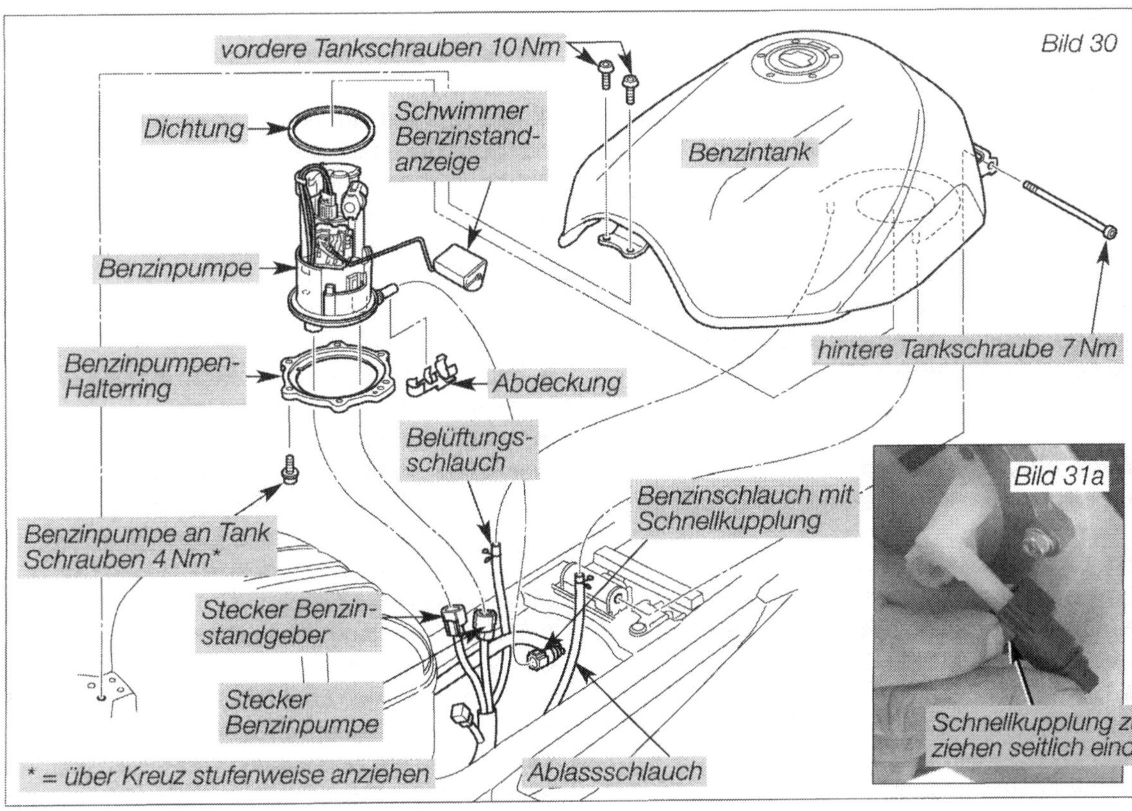

Bild 30

Bild 31a

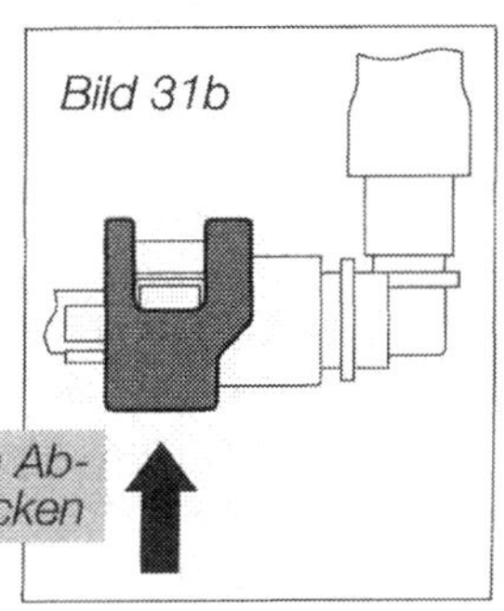
Bild 31b

Wasser im Tank?
Wenn der Motor stottert, nicht rund läuft oder sogar oft ausgeht und man denkt, dass die Drosselklappen sychronisiert werden müssen, kann Wasser im Tank sein. Es kann auf zwei Wegen in den Tank gekommen sein:
1. Bilder 26, 28 und 30: Wenn die Be- und Entlüftungsschläuche nicht richtig verlegt sind, wird bei einer Regenfahrt Spritzwasser durch den Belüftungsschlauch in den Tank angesaugt. Zur richtigen Verlegung der beiden Schläuche sehen Sie sich bitte die Bilder 26, 28 und 30 genau an.
2. Motorrad steht lange Zeit im Regen. Regenwasser sickert am Rand des Tankverschlusses hinein und steht dann unten neben dem inneren Rand des Tankeinfüllstutzens: In dem Moment, wo der Tankverschluss geöffnet wird, läuft dieses Wasser in den Tank.

Lösung des Problems:
■ Wenn Wasser im Tank ist, zuerst »Fuel Guard« in den Tank kippen, und eine Zeit lang fahren.
■ Wenn das nichts hilft, zuerst das Benzin-Wasser-Gemisch aus dem Tank abpumpen und drei Liter frisches Benzin tanken.
■ Wenn auch das nichts hilft, muss man den Tank abbauen und Benzinpumpe ausbauen und alles sorgfältig reinigen.

6. Bild 29c: Elektrische Stecker von Benzinpumpe und Benzinstandsgeber trennen.
7. Bild 30: Hintere Tankschraube ganz ausdrehen, Tank nach oben abnehmen.

Tank aufbauen
1. Tank aufsetzen, hintere Tankschraube einstecken und leicht eindrehen, Tank vorne abstützen (Bild 25).
2. Elektrische Steckverbinder von Benzinpumpe und Benzinstandsgeber zusammenstecken.
3. Belüftungs- und Überlaufschlauch auf Stutzen aufschieben, Klemmschellen überschieben.
■ Klemmschellen sorgfältig anbringen: Sie müssen sauber auf dem Schlauch hinter der Sicke sitzen, damit die Schläuche nicht abrutschen können.
4. Benzinschlauch anbringen: Schnellkupplung in Montageposition bringen (Bild 31a), seitlich eindrücken, auf Stutzen schieben, Druck lösen: Es muss fühlbar klicken, erst dann ist die Schnellkupplung auch wirklich eingerastet.
4.1. Abdeckung über der Schnellkupplung aufsetzen/aufdrücken.
5. Jetzt wird der Tank abgelassen: Dabei druntergucken und kontrollieren, ob alle Schläuche auch garantiert knick- und scheuerfrei verlegt sind.
■ Belüftungs- und Überlaufschlauch unten leicht nachziehen, damit keiner der Schläuche einen Knick hat!
■ Bild 28: Die Farbmarkierungen auf den Schläuchen müssen sich unterhalb der Klemme, die vor dem Fussbremshebel sitzt, befinden.
6. Bild 30: Vordere Tankschrauben eindrehen, mit 10 Nm festziehen, hintere Tankschraube 7 Nm.

Motor aus- und einbauen

Zum Aus- und Einbau des Motors das Motorrad vorne und hinten auf Montageständer stellen oder am Rahmen an Kran aufhängen. Weiterhin wird ein kleiner fahrbarer Wagenheber zum Abstützen des Motors benötigt.

Vorbereitende Arbeiten
1. Sitzbank, Seitenabdeckungen und Tank abbauen.
1.1. Seitenverkleidungen und Motorspoiler bzw. Bugverkleidung abbauen.
2. Auspuffanlage komplett abbauen (Kapitel 22 »Auspuffanlage«).
3. Linke Fussrastenplatte abschrauben: Schrauben lösen und ausdrehen, die Platte »hängt« an der Schaltstange, »hängen« lassen.
4. Links unten am Motor am Kettenritzel: Deckel abschrauben, kleinen Kupplungshebel abschrauben, kleinen Schalthebel mit angeschraubter Schaltstange abschrauben, jetzt kann man die Fußrastenplatte abnehmen. Vorderes Kettenritzel abschrauben (Kapitel 7 »Kette«, 25 »Kupplung« und 26 »Schaltung«).
5. Batterie ausbauen (Kapitel 14 »Batterie«).
5.1. Alle elektrischen Zuleitungen zum Motor trennen. Massekabel abschrauben. Kabel sicher zur Seite hängen, damit man sich später beim Motorausbau nicht daran verheddern kann.
6. Motoröl ablassen (Kapitel 23 »Schmiersystem«). Wegen drohender Ölsauerei die Ölablassschraube eindrehen und »leicht handfest« festziehen. Ölfilter bleibt angebaut.
7. Kühlflüssigkeit ablassen (Kapitel 24 »Kühlsystem«). Kühlschläuche von den Anschlüssen abziehen. Kühler abbauen.
8. Luftfilterkasten abnehmen (Kapitel 20 »Luftfilter«), Drosselklappengehäuse abbauen (Kapitel 19 »Einspritzung«).
9. Jetzt nochmal nachsehen: Sind alle elektrischen Stecker getrennt? Wenn nicht, Stecker abziehen, Kabel zur Seite hängen.

Motor ausbauen (Bild 33)
1. Wagenheber unter den Motor schieben, leicht hochpumpen und am Motorgehäuse unten so »leicht« anlegen, dass später die Motorschrauben leicht ausgezogen werden können.
2. Bild 32a: Auf der linken Motorseite die kurzen Schrauben lösen, ausschrauben und mit Scheiben abnehmen.
3. Bild 32b: Auf der rechten Motorseite die kurzen Schrauben lösen, ausschrauben und mit Scheiben abnehmen.
4. Bild 32d: Auf der rechten Motorseite die Muttern der langen Motorschrauben lösen und abschrauben.
■ Motorschrauben dabei am Kopf auf der anderen Seite gegenhalten.
5. Bild 32c: Jetzt die langen Motorschrauben zur linken Motorseite hin ausziehen.
■ Vorher nachsehen, ob der Wagenheber unter dem Motor noch leicht »auf Druck« ist. Wenn »ja«, vorsichtig am Motor wackeln und gleichzeitig die Schrauben ausziehen. Eventuell von der anderen Seite mit einem dünnen, langen Durchschlag etwas nachhelfen.
6. Wagenheber langsam und vorsichtig ablassen.
6.1. Motor nach unten aus dem Rahmen nehmen (oder Rahmen über den Motor heben).
7. Alle Motoraufhängungspunkte an Rahmen und Motor sowie alle Schrauben und Muttern gut reinigen und auf Verschleiß kontrollieren.

Motor einbauen

Hinweis: Verwenden Sie ausschließlich orginale Yamaha-Schrauben und -Muttern. Keine Bauteile undefinierbarer Herkunft aus einer typischen Werkstatt-Schraubenkiste verwenden!

1. Motor auf Wagenheber platzieren und im Rahmen in Montageposition bringen.

2. Lange Motorschrauben von links einstecken, dabei am Motor wackeln.

2.1. Scheiben aufstecken, Muttern aufdrehen, aber nicht festziehen.

3. Kurze Motorschrauben rechts und links mit Scheiben einschrauben, leicht anziehen.

Anziehreihenfolge:

1. Mutter auf der unteren langen Motorschraube festziehen mit 55 Nm.

2. Mutter auf der oberen langen Motorschraube festziehen mit 55 Nm.

3. Kurze Motorschrauben links mit 55 Nm festziehen.

4. Kurze Motorschrauben rechts mit 55 Nm festziehen.

5. Abmontierte Bauteile wieder anbauen, Kabel und Züge sorgfältig verlegen, Stecker sicher zusammenstecken.

Bilder 32a bis 32d und 33: Zeichnungen zum Aus- und Einbau des Motors mit Teilebezeichnungen, Anziehdrehmomentwerten und Anziehreihenfolge der Schrauben und Muttern.

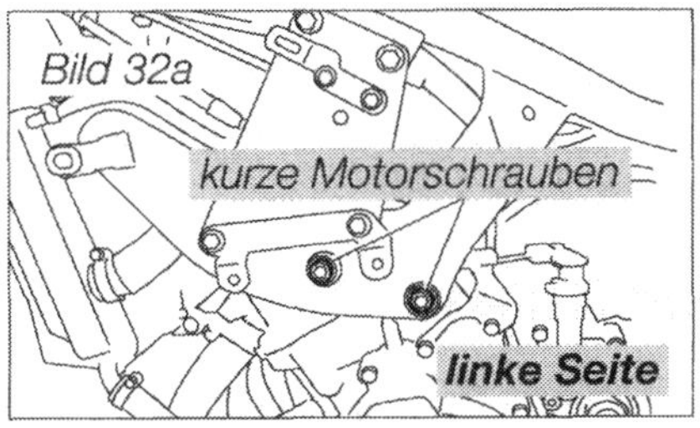

Bild 32a

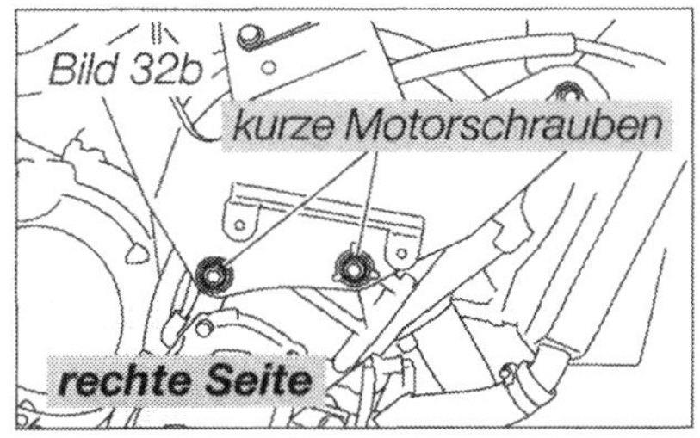

Bild 32b

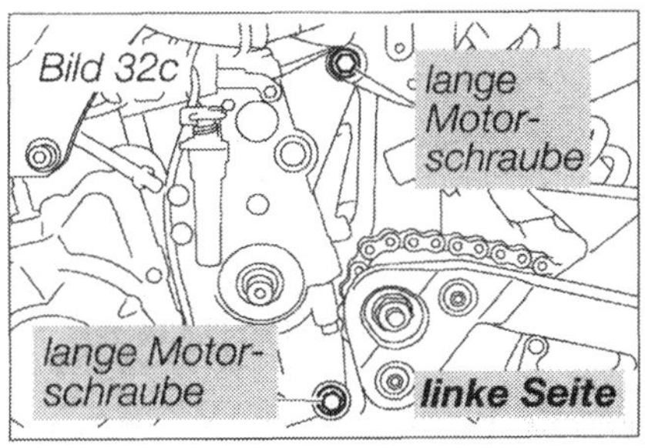

Bild 32c

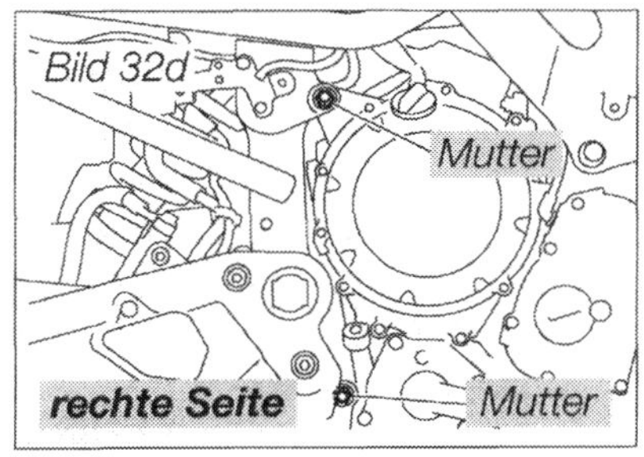

Bild 32d

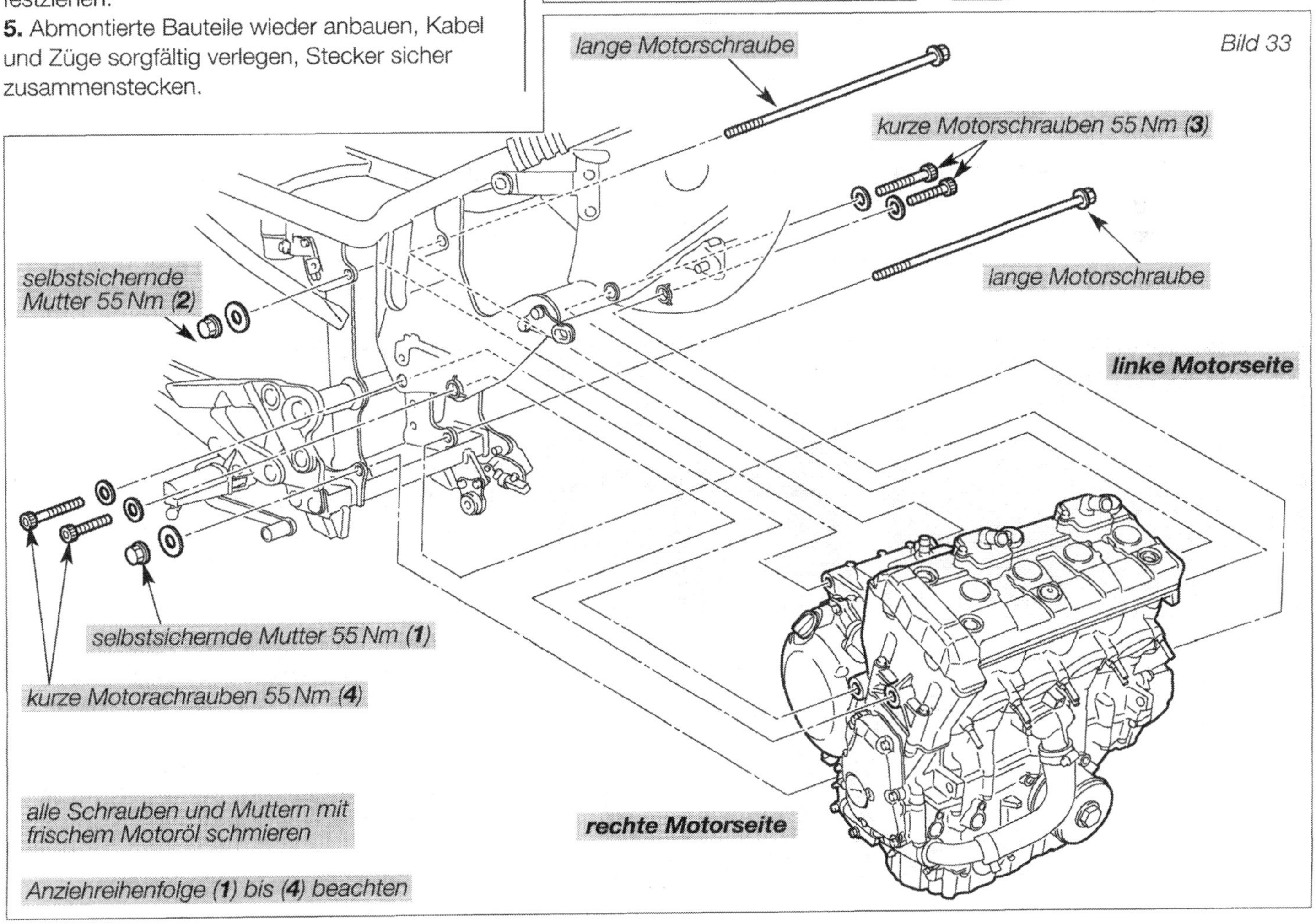

Bild 33

Reifen

In diesem Kapitel: Felgen- und Reifengrößen · Reifenluftdruck · Luftdruckkontrolle · Reifendruckprüfer · Reifenverschleiß · Profiltiefe · Was auf dem Reifen steht · Montage, Auswuchtung · Nachrüstreifen · Reifenlebensdauer, Reifenalter · Adressen der Reifenhersteller und Importeure · Aktuelle Reifenübersicht.

Räder und Reifen

Räder: Leichtmetall-Gussräder mit fünf Speichen, schlauchlose Reifen.

Vorderrad:
Felge .... 17 M/C x MT 3.50
Reifen .... 120/70 ZR17 (58W) TL
Hinterrad:
Felge .... 17 M/C x MT 4.50
Reifen .... 160/60 ZR17 (69W) TL

Mindestprofiltiefe: Yamaha empfiehlt vorne und hinten eine Profiltiefe von mindestens 1,6 mm. Dies entspricht dem in Europa vorgeschriebenen Wert von 1,6 mm (dazu später mehr in diesem Kapitel).

Reifenluftdruck: Achten Sie immer auf korrekten Reifenluftdruck. Dieser soll bei kalten Reifen (20 °C) gemessen werden. Die bei der Reifendruckprüfung maximal zulässige Reifentemperatur beträgt 30 °C (= »handwarm«).

Bild 1: Luftdruck bei kaltem Reifen prüfen: Vorgeschriebene Werte beachten!

Bild 2: Auf das Reifenventil gehört eine Schraubkappe mit einwandfreier Dichtung.

Bild 3: So wirken sich verschiedene Luftdrücke auf den Reifenquerschnitt aus.

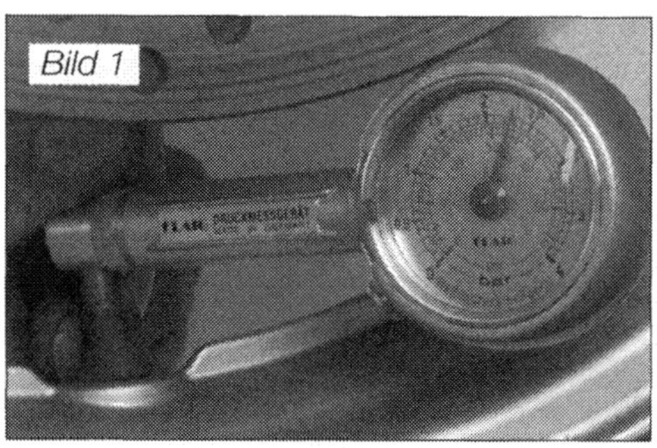

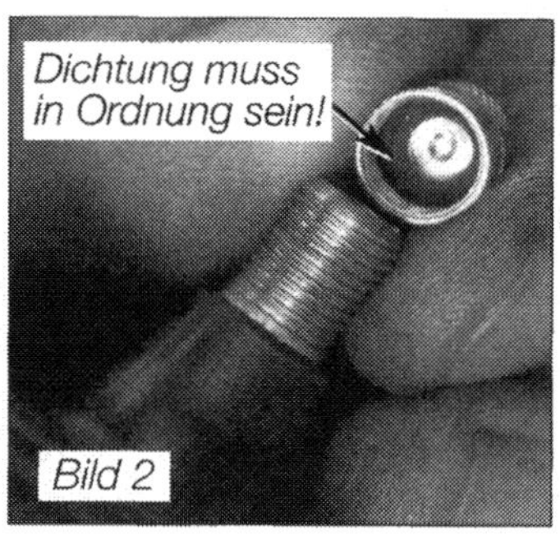

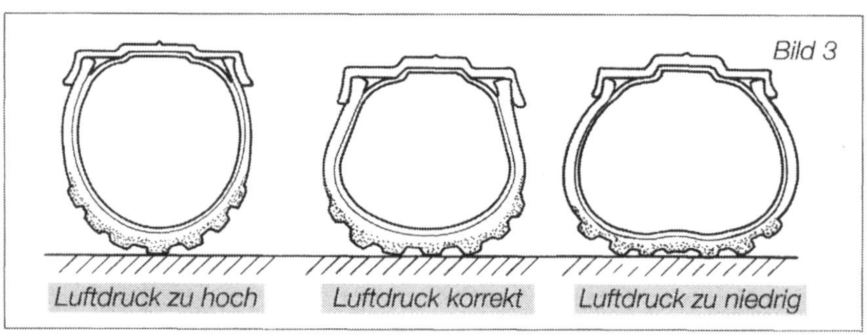

Vorgeschriebene Reifenluftdrücke
Bei Solofahrt (maximal 90 kg Zuladung von Fahrer und Gepäck)
■ vorne 2,25 bar; hinten 2,5 bar
Bei 2 Personen und Gepäck
■ vorne 2,5 bar; hinten 2,9 bar

Reifenluftdruck: Der Reifenluftdruck sollte mindestens alle zwei Wochen geprüft (Bild 1) und ggf. korrigiert werden. Die Reifen dürfen von der Fahrt zur Tankstelle maximal handwarm (30 °C) sein.

Ventilkappen: Immer gut schließende Ventilkappen mit einwandfreier Gummidichtung verwenden (Bild 2). Wenn keine Kappe aufgeschraubt ist, kann Schmutz in das Ventil hinein kommen. Weiterhin kann sich der Ventileinsatz bei hohen Geschwindigkeiten öffnen, dann entweicht Luft – und das ist lebensgefährlich!

Reifendruckprüfer: Verlassen Sie sich bei der Kontrolle des Reifenluftdrucks nicht unbedingt auf die Angabe auf der Skala des Tankstellengeräts, sondern besorgen Sie sich einen ordentlichen Reifendruckprüfer und führen diesen im Motorrad mit.

Kaufen Sie KEIN billiges Plastikteil im Baumarkt, sondern ein Präzisionsmessgerät. Sehr gut ist das Druckmessgerät mit stabilem Alugehäuse vom deutschen Hersteller Flaig (Bild 1). Erhältlich ist es in guten Motorrad- und Zubehörläden.

Reifenverschleiß

Reifen sind Verschleißteile: Die Oberfläche (»Lauffläche«) des Reifens wird mit fortschreitender km-Leistung immer dünner, die Rillen (»Profilrillen«) immer niedriger. Der Gesetzgeber schreibt vorne und hinten eine Mindestprofiltiefe von 1,6 mm vor; dieses Maß deckt sich mit der Empfehlung von Yamaha.

Profiltiefe: In die Profilrillen sind Verschleißanzeiger eingearbeitet; ihre Lage ist außen am Profilrand mit TWI bezeichnet (Bild 4). »TWI« ist die Abkürzung von »Tread Wear Indicator«. Manche Hersteller haben auch nur ein kleines Dreieck angebracht; bei Metzeler ist es ein Elefant (Bild 4).

Ein TWI markiert an der Seitenwand eine Hauptprofilrille, in der diese Erhebungen eingearbeitet sind.

Wichtig: Die TWI-Erhebungen sind je nach Reifenhersteller entweder 0,8 mm oder 1,6 mm hoch:

- 0,8 mm entspricht der in Amerika vorgeschriebenen Mindestprofiltiefe.
- 1,6 mm ist die europaweit gesetzlich vorgeschriebene Mindestprofiltiefe.

Gemessen wird die tatsächliche Profiltiefe _neben_ einer TWI-Erhebung (Bild 5).

Wichtig 1: Wenn bei einer Polizeikontrolle die Profiltiefe weniger als 1,6 mm an einer Stelle des Reifens beträgt (die anderen Messstellen können noch mehr Profiltiefe haben!), wird es ungemütlich, denn neben 50 Euro Bußgeld gibt es auch drei Punkte in Flensburg auf's Konto. Im Zweifelsfall kann das Motorrad sogar am Ort der Kontrolle stillgelegt werden!

Wichtig 2: Weiterhin informiert die Polizei das zuständige Landratsamt und dieses verlangt eine Beseitigung der Mängel innerhalb von zwei Wochen. Wird der Nachweis der »Mängelbeseitigung« nicht erbracht, wird das Motorrad von der Behörde zwangsweise stillgelegt.

Was auf dem Reifen steht

Vorderreifen: 120/70 ZR17 M/C (58W) TL
Hinterreifen: 160/60 ZR17 M/C (69W) TL

Zahlen und Buchstaben bedeuten:

- **120** bzw. **160** = Reifenbreite in mm
- **/70** bzw. **/60** = Querschnittsverhältnis Höhe zu Breite = 70 : 120 bzw. 60 : 160
  Vorderreifen 84 mm hoch (= 70% von 120)
  Hinterreifen 96 mm hoch (= 60% von 160)
- **ZR** = Reifen in Radialbauweise
- **17** = Felgendurchmesser in Zoll
  (1 Zoll = 25,4 mm; 17 Zoll = 431,8 mm)

* = Stand der Recherche zum Redaktionsschluss dieses Buchs im Juni 2011

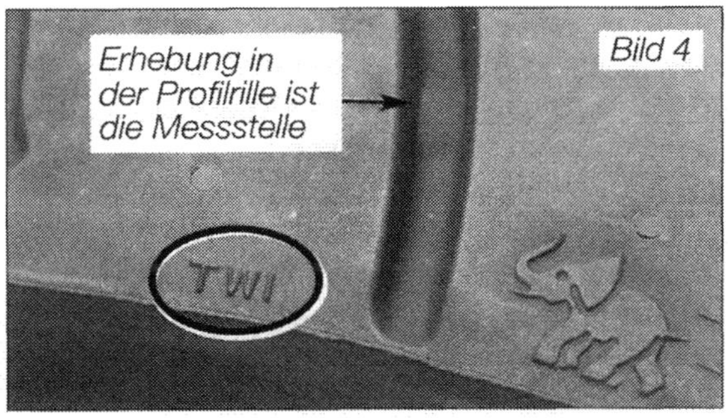

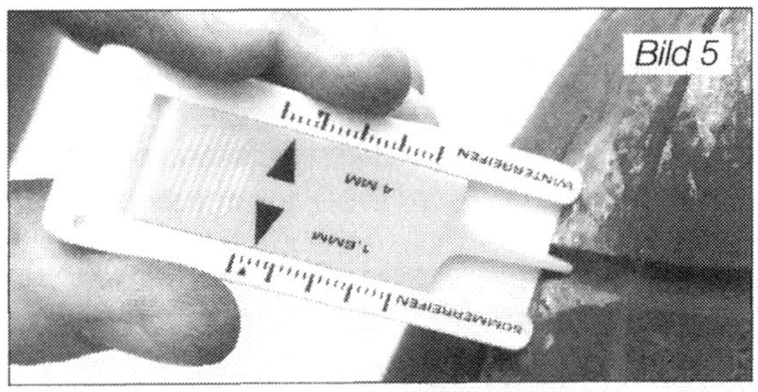

- **M/C** = steht für »Motorcycle Tire« (Motorradreifen)
- **58** bzw. **69** = Tragfähigkeitsindex (Load-Index): Der 58er-Vorderradreifen darf maximal mit 236 kg belastet werden, der 69er-Hinterradreifen mit 325 kg
- **W** = Symbol für die zugelassene Höchstgeschwindigkeit, auch Speed-Index genannt. das W steht für »maximal 270 km/h«. Der Speed-Index muss immer höher sein als das Motorrad schnell ist (damit ist gemeint: »Was an Höchstgeschwindigkeit im Kraftfahrzeugbrief eingetragen ist«).
- **TL** = tubeless = schlauchloser Reifen

Nachrüstreifen

Zum Redaktionsschluss dieses Buchs* waren nur Reifen in den serienmäßigen Größen und Tragfähigkeiten freigegeben:

- vorne 120/70 ZR17 M/C (58W) TL
- hinten 160/60 ZR17 M/C (69W) TL

Die freigegebenen Reifen der großen Reifenmarken Avon, Bridgestone, Continental, Dunlop, Metzeler, Michelin und Pirelli haben wir auf den nächsten Seiten aufgelistet.

Wenn Sie nach diesen Informationen neue Reifen auswählen, dann schauen Sie zu Ihrer eigenen Sicherheit auf der Internetseite des Reifenherstellers nach (siehe Adressenkasten unten auf der nächsten Seite), ob die Reifen im aktuellen Angebot sind oder ob es schon Nachfolgeprofile gibt.

Bild 4: Erhebung in einer Profilrille, TWI-Kennzeichnung am Rand des Profils.

Bild 5: Dies ist zwar kein Präzisionsmessgerät, aber es ist besser als zu schätzen: Dieser Reifen hat noch 2 mm Profiltiefe und sollte bald erneuert werden.

Montage: Die Montage eines neuen Reifens sollte bei einem Yamaha- oder Reifenhändler auf einer Reifenmontagemaschine erfolgen, weil mit normalen Reifenmontiereisen ein Schlauchlosreifen weder ab- noch aufgezogen werden kann. In einer solchen Fachwerkstatt wird das neu bereifte Rad auf einer elektronischen Auswuchtmaschine auch fachgerecht ausgewuchtet.

Unwucht, Auswuchtgewichte: Yamaha macht keine Angabe zum maximal zulässigen Wuchtgewicht. Unsere Empfehlung: Maximal 80 Gramm, anzubringen jeweils zur Hälfte auf beiden Seiten der Felge gleichmäßig. Beispiel:

- ermitteltes Auswuchtgewicht 60 Gramm
- anzubringen in zwei Gewichten zu je 30 Gramm rechts und links auf der Felge.

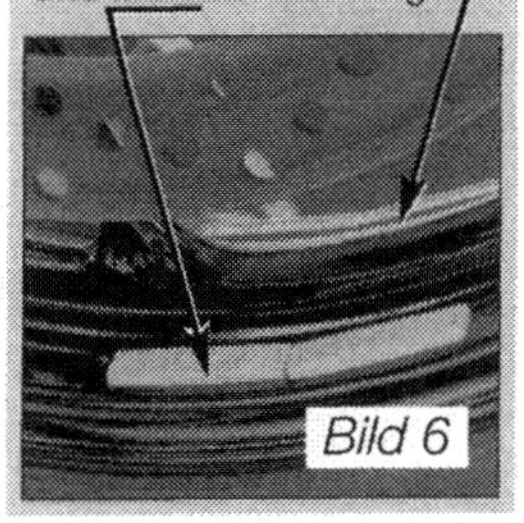

Immer gut über Bereifungsmöglichkeiten informiert sind die Yamaha-Motorradhändler. Verfolgen Sie zum Thema »neue Reifen« auch die aktuelle Motorrad-Fachpresse.

Bei Nachrüstreifen unbedingt beachten:

- Andere Reifenmarken und -typen als die auf der rechten Seite genannten können im Laufe der Zeit von Yamaha und/oder den Reifenherstellern freigegeben werden, sie müssen aber in jedem Fall die entsprechende Größe haben.
- Auch die Bezeichnungen für Tragkraft und Geschwindigkeitsklasse müssen passen: 58W vorne und 69W hinten.
- Vorder- und Hinterradreifen müssen von einem Hersteller sein und vom Profil zusammenpassen.

Bild 7: Die letzten vier Ziffern nach der DOT-Bezeichnung nennen das Produktionsdatum. Dieser Reifen wurde in der 18. Kalenderwoche 2009 gefertigt.

⚠ **Achtung:** Ein Reifen mit der Bezeichnung »TT« (= Tube Type) darf bei den XJ6-Modellen weder mit noch ohne Schlauch montiert werden.

Produktionsdatum: An einer Stelle auf der Seitenwand ist die DOT-Buchstabenkombination einvulkanisiert, danach eine vierstellige Zahl ohne Punkt und Komma (Oval in Bild 7), diese steht für die Produktionswoche und das Produktionsjahr.

Herstellergarantie: Für neue Reifen garantiert jeder Reifenhersteller die von ihm zugesagten Qualitätseigenschaften für den Zeitraum von mindestens fünf Jahren. Ein neuer Reifen, der laut Produktionscode vor drei Jahren produziert wurde, gilt als »frisch«. Dazu gibt es folgende offizielle Erklärung aller namhaften Hersteller von Motorradreifen: *»Ein bis zu maximal 5 Jahren sachgemäß gelagerter Reifen entspricht der Spezifikation eines Neureifens und ist in seiner Verwendungstauglichkeit und Qualität nicht beeinträchtigt und damit neuwertig. Daraus ergibt sich jedoch nicht zwangsläufig, dass Reifen, welche älter als 5 Jahre sind und immer sachgemäß gelagert wurden, nicht mehr verkehrssicher sind oder irgendwelchen qualitativen Einschränkungen unterliegen«.*

Adressen der Reifenhersteller und Importeure in D, A, CH*

Avon

- **Cooper Tire & Rubber Company Deutschland GmbH**
  Breitefeld 13, D-64839 Münster
  www.avon-motorradreifen.de
- **Autoplus GmbH**
  Richard-Strauss-Str. 14, A-1230 Wien
  www.avonmotorcycle.com
- **Cooper Tire & Rubber Company Suisse SA,** Urs Gohl
  Ribistrasse 26, CH-4466 Ormalingen
  www.avontyres.com

Bridgestone

- **Bridgestone Deutschland GmbH**
  Bridgestone Deutschland GmbH
  Justus-von-Liebig-Straße 1
  D-61352 Bad Homburg v.d.H.
  www.bridgestone-mc.de
- **Bridgestone Austria GmbH**
  Laxenburgerstraße 252, A-1230 Wien
  www.bridgestone.at
- **Bridgestone Schweiz**
  Limmatpark
  Pfadackerstrasse 6
  CH-8957 Spreitenbach
  www.bridgestone.ch

Continental

- **Continental Reifen Deutschland GmbH**
  GB Motorradreifen
  Continentalstraße 3–5
  D-34497 Korbach
  www.conti-moto.de

Dunlop

- **Goodyear Dunlop Tires Germany GmbH**
  Abteilung PM-M
  Dunlopstraße 2, D-63450 Hanau
  www.dunlopmotorcycle.de
- **Goodyear Dunlop Tires Austria GmbH**
  Pottendorfer Straße 25, A-1120 Wien
  www.dunlop.at
- **Goodyear Dunlop Tires Suisse SA**
  Industriestrasse 21, CH-8604 Hegnau
  www.dunlop.ch

Heidenau

- **Reifenwerk Heidenau GmbH & Co. KG**
  Hauptstraße 44, D-01809 Heidenau
  www.reifenwerk-heidenau.de
- **Reifen Brawenec GmbH, point-S**
  Goethegasse 61, A-2340 Mödling
  www.reifen-brawenec.at
- **Josef Faber GmbH**
  Carlbergergasse 66 A, A-1230 Wien
  www.faber.at
- **RSD-Jelinek Motorradreifen**
  Hubertsgasse 14, A-1160 Wien
  www.jelinek.at
- **Ofrag Vertriebsgesellschaft**
  Hübelacherstrasse 1, CH-5242 Lupfig
  www.ofrag.ch

Weitere Kooperationspartner:

- **RH Reifen Service AG**
  Amriswilerstrasse 41, CH-8589 Sitterdorf
  www.rh-reifen.ch
- **Hostettler AG**
  Haldenmattstrasse 3, CH-6210 Sursee
  www.hostettler.com

IRC

- **IXS Germany Hostettler GmbH**
  Neuenburger Str. 33
  D-79379 Müllheim
  www.hostettler.com
- **Hostettler AG Pneuservice**
  Haldenmattstrasse 3
  CH-6210 Sursee
  www.pneu-service.ch

Maxxis

- **Maxxis International GmbH**
  Kaddenbusch 31, D-25578 Dägeling
  www.maxxis.de (siehe »reifen-krupp«)

Metzeler

- **Pirelli Deutschland AG Metzeler Motorradreifen**
  Brabanter Straße 4
  D-80805 München
  www.metzelermoto.de
- **Metzeler Motorradreifen**
  Salzburger Straße 196
  A-4600 Wels
  www.metzelermoto.at
- **Hostettler AG Pneuservice**
  Haldenmattstrasse 3
  CH-6210 Sursee
  www.pneu-service.ch

Michelin

- **Michelin Reifenwerke AG & Co. KGaA**
  Michelinstraße 4, D-76185 Karlsruhe
  www.michelin-motorrad.de
- **Michelin Verkaufsgesellschaft**
  Wiegelestraße 10, A-1231 Wien
  www.michelin.at
- **SA des Pneumatiques Michelin**
  Route Jo Siffert 36, CH-1762 Givisiez
  www.michelin.ch

Pirelli

- **Pirelli Deutschland AG Pirelli Motorradreifen**
  Brabanter Straße 4
  D-80805 München
  www.pirellimoto.de
- **Pirelli Austria**
  Salzburger Straße 196
  A-4600 Wels
  www.pirelli.at
- **Hostettler AG Pneuservice**
  Haldenmattstrasse 3
  CH-6210 Sursee
  www.pneu-service.ch

Reifenfreigaben

- **Alpha Technik GmbH & Co. KG**
  Reifenfreigaben, TÜV-Gutachten
  Äußere Salzburger Str. 201
  D-83071 Stephanskirchen
  www.alphatechnik.de
- **D. Theobald M & A Reifenhandel**
  Reifen-Großhändler
  Lindenstraße 4
  D-97892 Kreuzwertheim
  www.dtheobald.de

* = Stand der Recherche zum Redaktionsschluss dieses Buchs im Juni 2011

Reifen länger als fünf Jahre fahren?
Wenn ein neuer Reifen montiert wird, der vor vier Jahren und elf Monaten produziert wurde, ist er in einem Monat fünf Jahre alt (logisch!). Wenn dieser Reifen regelmäßig gefahren wird, bleibt er »frisch«, denn durch die Walkarbeit des Reifens während des Fahrens laufen in seinem Inneren chemische Prozesse ab, die dem Reifen seine zugesicherten Eigenschaften erhalten.

Gebrauchte Reifen: Wenn ein montierter Reifen auf einer Maschine, die regelmäßig gefahren wird, zwar noch genügend Profil hat, aber langsam »blank« wird und älter als fünf Jahre ist, sollte er baldmöglichst erneuert werden (besonders wichtig beim Kauf einer gebrauchten Maschine).
Fazit: Weil Reifen so ziemlich die wichtigsten Fahrwerksbauteile sind, empfehlen wir, auf sie sehr zu achten – und im Zweifelsfall lieber neue Reifen aufzuziehen, als mit alten zu fahren!

Reifen für die XJ6-Modelle*

Zu dieser Reifenliste: Hier sind alle zum Redaktionsschluss dieses Buchs* geeigneten Reifen der großen Reifenmarken aufgelistet; die Angaben basieren auf Angaben der Reifenhersteller.

Bitte beachten: Alle Vorder- und Hinterradreifen haben die serienmäßigen Größen:

vorne: 120/70 ZR17 M/C (58W) TL
hinten: 160/60 ZR17 M/C (69W) TL

Avon

vorne: AV 55 Storm-ST 120/70 ZR17 M/C (58W) TL
hinten: AV 56 Storm-ST 160/60 ZR17 M/C (69W) TL

vorne: AV 59 VP 2, Sport, Supersport 120/70 ZR17 M/C (58W) TL
hinten: AV 60 VP 2, Sport, Supersport 160/60 ZR17 M/C (69W) TL

vorne: AM 43 Distanzia[1] 120/70 R17 M/C 58H TL
hinten: AM 44 Distanzia[1] 160/60 R17 M/C 69H TL

Bridgestone

vorne: BT 021 F G 120/70 ZR17 M/C (58W) TL
hinten: BT 021 R G 160/60 ZR17 M/C (69W) TL

vorne: BT 021 F 120/70 ZR17 M/C (58W) TL
hinten: BT 021 R 160/60 ZR17 M/C (69W) TL

vorne: BT 023 F 120/70 ZR17 M/C (58W) TL
hinten: BT 023 R 160/60 ZR17 M/C (69W) TL

vorne: BT 016 F 120/70 ZR17 M/C (58W) TL
hinten: BT 016 R 160/60 ZR17 M/C (69W) TL

vorne: BT 016 F Pro 120/70 ZR17 M/C (58W) TL
hinten: BT 016 R 160/60 ZR17 M/C (69W) TL

vorne: BT 003 F Street 120/70 ZR17 M/C (58W) TL
hinten: BT 003 R Street 160/60 ZR17 M/C (69W) TL

Continental

vorne: ContiRaceAttack Street 120/70 ZR17 M/C (58W) TL
hinten: ContiRaceAttack Street 160/60 ZR17 M/C (69W) TL

vorne: ContiRoadAttack H 120/70 ZR17 M/C (58W) TL
hinten: ContiRoadAttack H 160/60 ZR17 M/C (69W) TL

vorne: ContiRoadAttack 2 120/70 ZR17 M/C (58W) TL
hinten: ContiRoadAttack 2 160/60 ZR17 M/C (69W) TL

vorne: ContiSportAttack 120/70 ZR17 M/C (58W) TL
hinten: ContiSportAttack 160/60 ZR17 M/C (69W) TL

vorne: ContiMotion 120/70 ZR17 M/C (58W) TL
hinten: ContiMotion 160/60 ZR17 M/C (69W) TL

Dunlop

Modelle XJ6 und XJ6 Diversion

vorne: Sportmax SportSmart 120/70 ZR17 M/C (58W) TL
hinten: Sportmax SportSmart 160/60 ZR17 M/C (69W) TL

vorne: Sportmax Qualifier II 120/70 ZR17 M/C (58W) TL
hinten: Sportmax Qualifier II 160/60 ZR17 M/C (69W) TL

vorne: Sportmax Qualifier RR 120/70 ZR17 M/C (58W) TL
hinten: Sportmax Qualifier RR 160/60 ZR17 M/C (69W) TL

vorne: Sportmax RoadSmart 120/70 ZR17 M/C (58W) TL
hinten: Sportmax RoadSmart 160/60 ZR17 M/C (69W) TL

vorne: Sportmax RoadSmart CQL 120/70 ZR17 M/C (58W) TL
hinten: Sportmax RoadSmart 160/60 ZR17 M/C (69W) TL

vorne: Sportmax RoadSmart 120/70 ZR17 M/C (58W) TL
hinten: Sportmax RoadSmart L 160/60 ZR17 M/C (69W) TL

vorne: Sportmax RoadSmart CQL 120/70 ZR17 M/C (58W) TL
hinten: Sportmax RoadSmart L 160/60 ZR17 M/C (69W) TL

Modell XJ6 Diversion F

vorne: Sportmax SportSmart 120/70 ZR17 M/C (58W) TL
hinten: Sportmax SportSmart 160/60 ZR17 M/C (69W) TL

vorne: Sportmax RoadSmart 120/70 ZR17 M/C (58W) TL
hinten: Sportmax RoadSmart L 160/60 ZR17 M/C (69W) TL

Metzeler

vorne: Roadtec Z6 Interact 120/70 ZR17 M/C (58W) TL
hinten: Roadtec Z6 Interact 160/60 ZR17 M/C (69W) TL

vorne: Roadtec Z8 Interact 120/70 ZR17 M/C (58W) TL
hinten: Roadtec Z8 Interact 160/60 ZR17 M/C (69W) TL

vorne: Sportec M3 120/70 ZR17 M/C (58W) TL
hinten: Sportec M3 160/60 ZR17 M/C (69W) TL

vorne: Sportec M3 120/70 ZR17 M/C (58W) TL
hinten: Sportec M5 Interact 160/60 ZR17 M/C (69W) TL

vorne: Sportec M5 Interact 120/70 ZR17 M/C (58W) TL
hinten: Sportec M3 160/60 ZR17 M/C (69W) TL

vorne: Sportec M5 Interact 120/70 ZR17 M/C (58W) TL
hinten: Sportec M5 Interact 160/60 ZR17 M/C (69W) TL

Michelin

vorne: Pilot Road 2 120/70 ZR17 M/C (58W) TL
hinten: Pilot Road 2/Pilot Road 3 160/60 ZR17 M/C (69W) TL

vorne: Pilot Road 3 120/70 ZR17 M/C (58W) TL
hinten: Pilot Road 3/Pilot Road 2 160/60 ZR17 M/C (69W) TL

vorne: Power Pure 120/70 ZR17 M/C (58W) TL
hinten: Power Pure 160/60 ZR17 M/C (69W) TL

vorne: Power Pure 120/70 ZR17 M/C (58W) TL
hinten: Pilot Power/Pilot Power 2CT 160/60 ZR17 M/C (69W) TL

vorne: Pilot Power 120/70 ZR17 M/C (58W) TL
hinten: Pilot Power 160/60 ZR17 M/C (69W) TL

vorne: Pilot Power 120/70 ZR17 M/C (58W) TL
hinten: Power Pure/Pilot Power 2CT 160/60 ZR17 M/C (69W) TL

vorne: Pilot Power 2CT 120/70 ZR17 M/C (58W) TL
hinten: PPilot Power 2CT 160/60 ZR17 M/C (69W) TL

vorne: Pilot Power 2CT 120/70 ZR17 M/C (58W) TL
hinten: Power Pure/Pilot Power 160/60 ZR17 M/C (69W) TL

Pirelli

vorne: Angel ST 120/70 ZR17 M/C (58W) TL
hinten: Angel ST 160/60 ZR17 M/C (69W) TL

vorne: Diablo Rosso 120/70 ZR17 M/C (58W) TL
hinten: Diablo Rosso 160/60 ZR17 M/C (69W) TL

vorne: Diablo Rosso II 120/70 ZR17 M/C (58W) TL
hinten: Diablo Rosso II 160/60 ZR17 M/C (69W) TL

[1] = Reifen ist frei als wintertauglich.

■ Freigegebene Reifen der großen Reifenmarken Avon, Bridgestone, Continental, Dunlop, Metzeler, Michelin und Pirelli sind auf den nächsten Seiten abgebildet.

* = Stand der Recherche zum Redaktionsschluss dieses Buchs im Juni 2011

Avon

vorne: AV 55 Storm-ST
hinten: AV 56 Storm-ST

Bridgestone

vorne: BT 023 F
hinten: BT 023 R

Continental

vorne: ContiRoadAttack H
hinten: ContiRoadAttack H

Dunlop

vorne: Sportmax Qualifier II
hinten: Sportmax Qualifier II

Avon

vorne: AV 59 VP 2, Sport, Supersport
hinten: AV 60 VP 2, Sport, Supersport

Bridgestone

vorne: BT 016 F/BT 016 F Pro
hinten: BT 016 R

Continental

vorne: ContiRoadAttack 2
hinten: ContiRoadAttack 2

Dunlop

vorne: Sportmax Qualifier RR
hinten: Sportmax Qualifier RR

Avon

vorne: AM 43 Distanzia
hinten: AM 44 Distanzia

Bridgestone

vorne: BT 003 F Street
hinten: BT 003 R Street

Continental

vorne: ContiSportAttack
hinten: ContiSportAttack

Dunlop

vorne: Sportmax RoadSmart (CQL)
hinten: Sportmax RoadSmart (L)

Bridgestone

vorne: BT 021 F/BT 021 F G
hinten: BT 021 R/BT 021 R G

Continental

vorne: ContiRaceAttack Street
hinten: ContiRaceAttack Street

Continental

vorne: ContiMotion
hinten: ContiMotion

Dunlop

vorne: Sportmax SportSmart
hinten: Sportmax SportSmart

Metzeler

vorne: Roadtec Z6 Interact
hinten: Roadtec Z6 Interact

Michelin

vorne: Pilot Road 2
hinten: Pilot Road 2

Pirelli

vorne: Angel ST
hinten: Angel ST

Pirelli

vorne: Diablo Rosso II
hinten: Diablo Rosso II

Metzeler

vorne: Roadtec Z8 Interact
hinten: Roadtec Z8 Interact

Michelin

vorne: Pilot Road 3
hinten: Pilot Road 3

Pirelli

vorne: Diablo Rosso
hinten: Diablo Rosso

Achtung: Wenn Reifen in anderen Dimensionen als den serienmäßigen montiert werden sollen, klären Sie beim Yamaha-Händler unbedingt _vor_ Kauf und Montage der Reifen, ob diese auch wirklich montiert und gefahren werden dürfen. Falls »Ja«, müssen Sie eine Unbedenklichkeitsbescheinigung bzw. Reifenfreigabe vom Hersteller ausstellen lassen und als Teil der Fahrzeugpapiere immer mitführen.

Metzeler

vorne: Sportec M3
hinten: Sportec M3

Michelin

vorne: Pilot Power/Pilot Power 2CT
hinten: Pilot Power/Pilot Power 2CT

Raum für Notizen

Metzeler

vorne: Sportec M5 Interact
hinten: Sportec M5 Interact

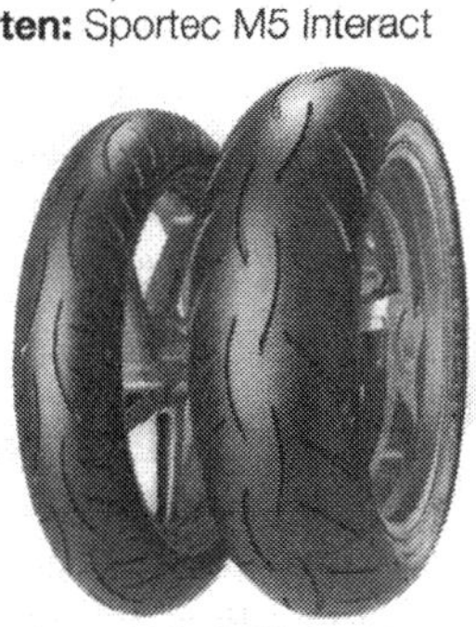

Michelin

vorne: Power Pure
hinten: Power Pure

Bilder 2a und 2b: Werkzeuge zum Aus- und Einbau von Vorderrad (2a) und Hinterrad (2b).

Bild 3: Farbmarkierung an einer mit dem richtigen Drehmomentwert angezogenen Schraube.

Räder

In diesem Kapitel: Zum Radaus- und -einbau benötigte Ständer, Werkzeuge, Hilfsmittel · Der Trick mit dem Holzklotz · Anziehdrehmomente · Vorderrad und Hinterrad aus- und einbauen · Radlager, Räder, Radachsen prüfen · Radlager wechseln, Bremsscheiben ab- und anschrauben · Explosionszeichnungen von Vorder- und Hinterrad.

Ständer, Werkzeuge, Hilfsmittel

Montageständer (Bilder 1a und 1b)
Egal, ob die XJ6 nur mit einem Seitenständer oder auch mit einem Mittelständer ausgerüstet ist, man sollte Front- und Heckmontageständer benutzen beim Aus- und Einbau von Vorder- und Hinterrad, das ist die beste Montagevoraussetzung. Wenn die Maschine nur auf dem Seitenständer abgestellt ist, kann man überhaupt kein Rad ausbauen. Wenn sie auf dem Mittelständer steht: Sie kippt nach vorne, sobald die Vorderachse ausgezogen ist und hinten ist zu wenig Platz zum problemlosen Herausnehmen des Hinterrads.

Aufbocken im Notfall: Wenn keine Montageständer vorhanden sind, muss man die auf den Mittelständer aufgebockte Maschine mit Holz-

Bilder 1a und 1b: Vor dem Aufbocken den ABS-Sensor ausbauen.

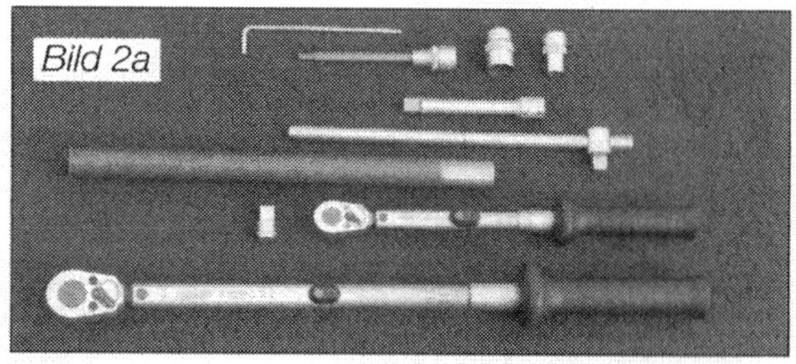

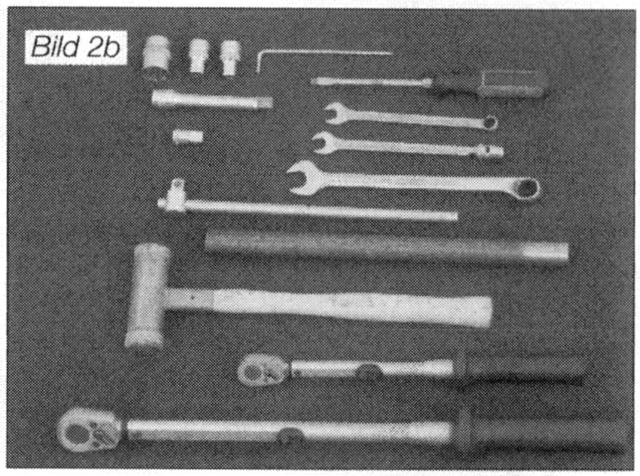

Sicherheitshinweise ⚠ Achtung und ☞ Tipps für dieses Kapitel

⚠ Hand- bzw. Fußbremshebel nicht betätigen, wenn Vorder- oder Hinterrad ausgebaut ist. Sonst werden die Bremsklötze weit in den Sattel gedrückt und man bringt die Bremsscheibe nicht mehr dazwischen. ■ Lappen so dick um den Gasgriff wickeln, dass er den Handbremshebel blockiert.

⚠ Wenn die Vorder- bzw. Hinterradachse wegen Korrosion festsitzen sollte, NICHT mit einem Eisenhammer oder einem Rohrstück auf das Ende der Achse bzw. auf deren Gewinde klopfen, um die Achse auszutreiben! Falls die Achse festsitzen sollte, was bei einem älteren Motorrad schon mal vorkommen kann, Kriechöl (»Rostlöser«) satt auf die Stellen sprühen, wo die Achse durch die Aufnahmen der Gabel, Schwinge und Radlager führt. Einige Minuten einwirken lassen und erneut versuchen. Gummi- oder Kunststoffhammer zu Hilfe nehmen.

⚠ Nach jeder Radmontage alle Schrauben und Muttern nochmals auf Festsitz kontrollieren! Ganz penible Menschen machen sich Farbmarkierungen an die Schraubenköpfe und Muttern (Bild 3), die mit dem richtigen Drehmomentwert angezogen sind.

⚠ Beim Zusammenbau nur originale Schrauben und Muttern verwenden – nie Schrauben/Muttern undefinierbarer Herkunft aus einer typischen Schraubenkiste benutzen!

⚠ Niemals versuchen, krumme Räder oder krumme Achsen geradezurichten, sondern Neuteile verwenden.

⚠ Nach der Radmontage alles überschüssige Fett von den Radlager-Simmerringen sauber abwischen, damit es nicht auf die Bremsscheiben gelangt!

⚠ Vor der ersten Fahrt die Bremsklötze durch Pumpen am Bremshebel in Position bringen.

klötzen so unter dem Motor unterbauen, dass das Vorderrad vom Boden frei kommt. Zum Hinterradausbau muss man die beiden Beine des Mittelständers so mit Brettern unterbauen, dass die Maschine insgesamt höher steht und zum Herausnehmen des Hinterrads genügend Platz ist.

Benötigte Werkzeuge

Vorderradmontage (Bild 2a)
- Inbus SW6 für die M8-Achsklemmschraube
- Nuss SW 12 für die Bremssattel-Befestigungsschrauben
- Nuss SW 19 für den Sechskantkopf der Achse

Hinterradmontage (Bild 2b)
- Nuss SW 22 für die Achsmutter
- Ringschlüssel SW 19 für den Sechskantkopf der Hinterachse
- zwei Gabelschlüssel für die Einstell- und Kontermuttern auf den Kettenspanngewinden (oder eine lange Sechskantnuss, um die Kontermutter mit dem vorgeschriebenen Anziehdrehmoment von 16 Nm festziehen zu können)
- Nuss SW10 für die hintere Kettenschutzschraube

für vorne und hinten
- Knebel (Querknauf) für die Nüsse
- Großer und kleiner Drehmomentschlüssel

Der Trick mit dem Holzklotz (Bild 4)
Wenn man beim Aus- und Einbau eines Rades alleine arbeiten muss, kann das zu einer nervigen Frickelei ausarten, bis Distanzbuchsen und hinterer Bremssattel korrekt eingebaut sind; eigentlich bräuchte man drei oder vier Hände. Organisieren Sie sich vor dem Radausbau einen Holzklotz, der knapp so dick ist, dass er bei aufgebockter Maschine zwischen Rad und Boden passt. Dann knallt das Rad in dem Moment, wo die Achse ausgezogen ist, nicht plötzlich auf den Boden und lässt sich auch einfacher wieder einbauen.

Anziehdrehmomente Vorderrad

Vorderachse	65 Nm
Klemmschraube der Vorderachse	19 Nm
Schrauben Bremssättel an Gabelholme	40 Nm

Anziehdrehmomente Hinterrad

Hinterachsmutter	90 Nm
Mutter M8 auf Kettenspanngewinde	16 Nm
Schrauben Kettenschutz an Schwinge	7 Nm

Hinweis: Zum Aus- und Einbau des Hinterrads den Bremssattel nicht abschrauben.

Bauteile reinigen und schmieren
Yamaha schreibt vor, dass Achsen, Hinterachsmutter und Radlager-Simmerringe vor der Montage gereinigt und mit »Lithiumseifenfett« leicht eingefettet werden – das ist nichts anderes als »gutes Kraftfahrzeug-Wälzlagerfett« in »leichter Qualität« (siehe dazu entsprechenden Absatz im Kapitel 2 »Werkstatt«).

Vorderrad aus- und einbauen

Wichtig bei ABS-Maschinen: Es wird dringend empfohlen, vor dem Aufbocken des Vorderbaus der Maschine den ABS-Sensor auszubauen (Bilder 5a, 5b und 5c), denn wenn man den Vorderbau mit einem üblichen Frontmontageständer hochbockt, dessen Stützrollen unter den Gabelbeinen angreifen (Bilder 1a und 1b), besteht die Gefahr, dass der ABS-Sensor beschädigt wird!
■ **Weiterhin wichtig:** NICHT am Sensorkabel ziehen, der ABS-Sensor darf keinen harten Schlag abbekommen!

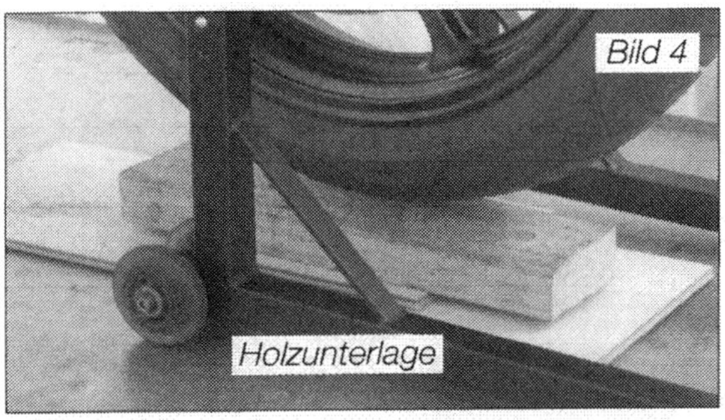

Bild 4: Vor dem Radaus- und -einbau eine entsprechende Holzunterlage unter das Rad legen erleichtert die Radmontage.

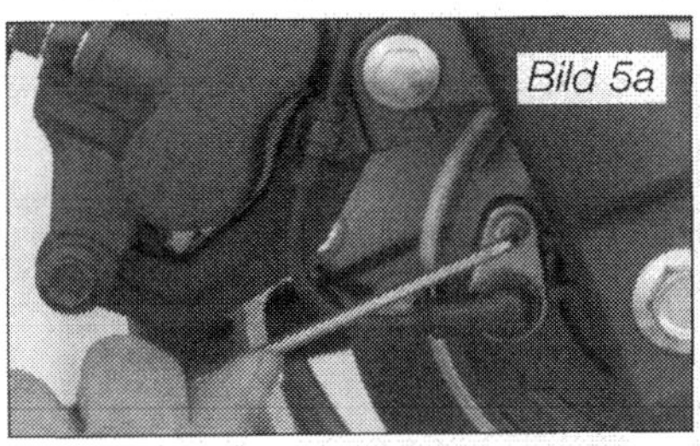

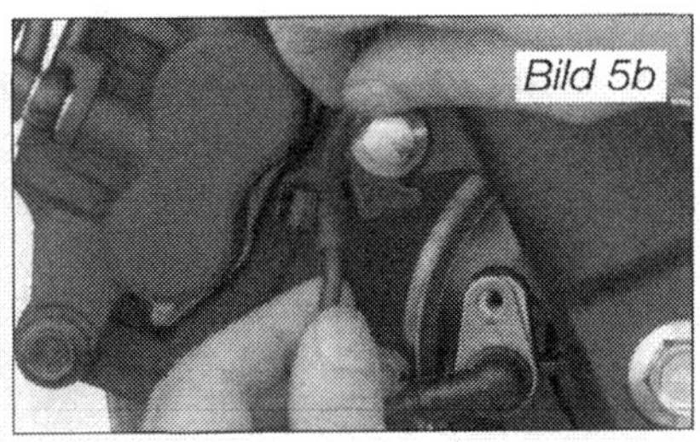

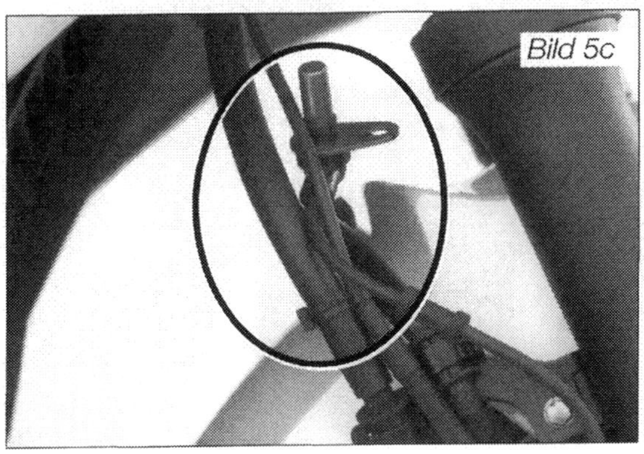

Bilder 5a bis 5c: Beim Ausbau des ABS-Sensors auch das Kabel aus der Klammer lösen und den Sensor oben zwischen Kabel und Bremsschlauch so »aufräumen«, dass er bei der Montage nicht stört.

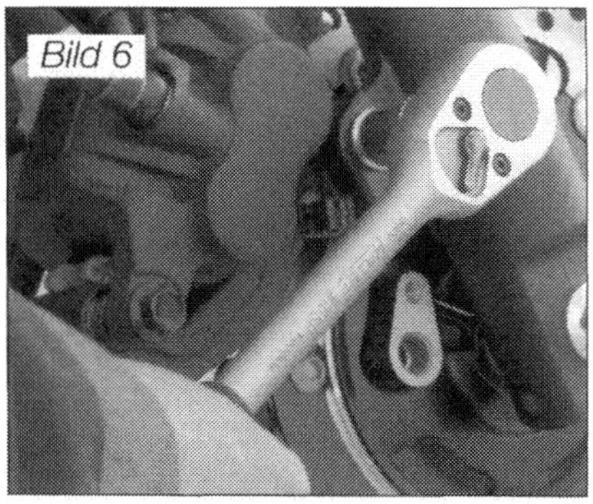
Bild 6

Bild 7

Bild 8

Bild 9

Bild 10

Bilder 6 bis 14: Vorderrad aus- und einbauen.
■ Im Lauftext sind die zu den Bildern gehörenden Arbeitsschritte nummeriert beschrieben.

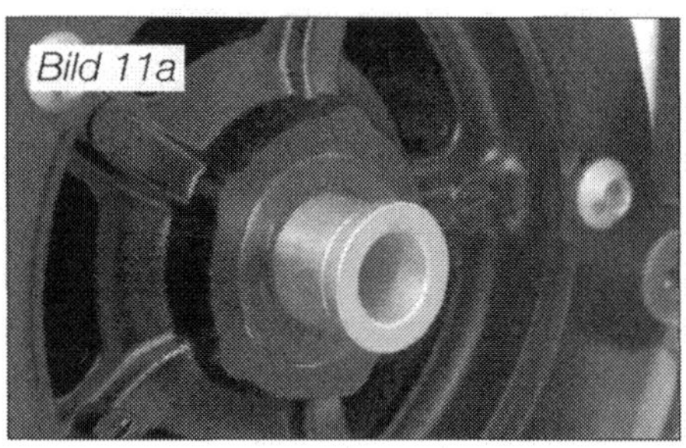
Bild 11a

Bild 11b

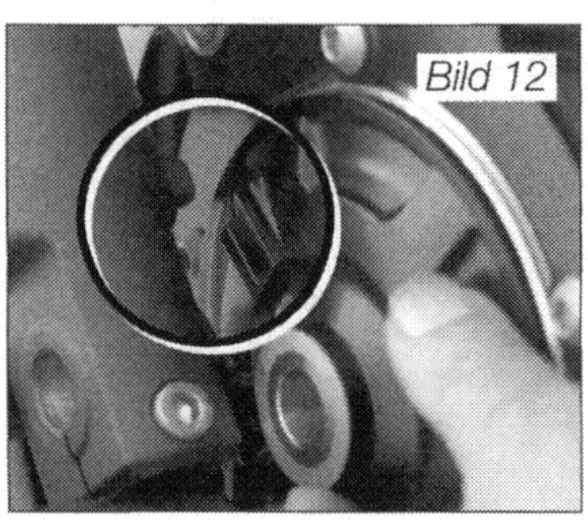
Bild 12

Bild 13

Vorderrad ausbauen

1. Motorrad aufbocken wie weiter vorne in diesem Kapiel beschrieben (Bilder 1a und 1b).

2. Bild 6: Beide Bremssättel abschrauben, von den Bremsscheiben ziehen.

2.1. Bild 7: Bremssättel mit Gepäckgummis vom Rad weg rechts und links aufhängen.

3. Bild 8: Achsklemmschraube an rechter Achsfaust lösen, zwei Umdrehungen aufdrehen.

4. Bilder 9 und 10: Achse mit Nuss SW 22 lösen, ausschrauben und ausziehen. Rad dabei mit einer Hand halten, nach unten absetzen.

5. Rad nach vorne herausrollen.

■ **Bei ABS:** Das scheibenförmige ABS-Sensorring-Gehäuse (Bild 12) abnehmen.

6. Bilder 11a und 11b: Distanzbuchsen links und rechts herausnehmen.

Bauteile reinigen, prüfen

1. Mit Ölspray und Lappen reinigen: Ausgebaute Achse, Distanzbuchse, Radlager-Simmerringe, Achsbohrung und Achsgewinde in den Gabelfäusten reinigen.

2. Radlager prüfen: Zeigefinger in den Innenring des Lagers stecken und drehen. Man spürt mit dieser »Fingerprobe«, wie das Lager läuft.

■ Wenn die Lager spielfrei sind, ohne Knacken und Rubbeln laufen, sind sie in Ordnung.

■ Wenn die Lager beschädigt sind, also Luft haben oder laut, knackend oder schwer laufen, müssen sie ersetzt werden (wie das geht, steht weiter hinten in diesem Kapitel).

3. Bild 13: Achse, Distanzbuchsen und Achsgewinde dünn mit Fett einschmieren. Eine kleine Menge Fett in die Simmerringe schmieren.

4. Bremssättel mit Bremsenreiniger und mit nicht fusselnden Lappen säubern.

4.1. Dicke der Bremsbeläge kontrollieren (siehe dazu auch Kapitel 6 »Bremsen«).

Vorderrad einbauen (siehe auch Bild 44 bis 46)

1. Rad von vorne in die Telegabel einschieben.

2. Bild 11b: Distanzbuchsen in die Simmerringe einsetzen.

Bild 14

2.1. Bild 12: Bei ABS das Sensorring-Gehäuse ansetzen.
2.2. Rad so anheben, dass Distanzbuchsen und Radlager mit Achsbohrung und Achsgewinde in den Gabelfäusten in Flucht zueinander sind.
2.3. Bild 12: Bei ABS muss der Ausschnitt am ABS-Sensorring-Gehäuse auf Nase innen am Gabelbein ausgerichtet werden (Kreis in Bild 12).
3. Achse von rechts einführen, durchschieben, in Gewinde eindrehen.
4. Bild 14: Achse mit Drehmomentschlüssel mit 65 Nm festziehen.
■ Achsklemmschraube noch nicht festziehen.
5. Bremsscheiben mit Bremsenreiniger reinigen.
5.1. Bild 15: Bremssättel auf Bremsscheiben schieben, gereinigte und leicht eingeölte Schrauben eindrehen, mit 40 Nm festziehen.
6. Motorrad von Frontmontageständer abbocken, senkrecht stellen und mit nicht betätigter Vorderradbremse einige Male ein- und ausfedern.
■ Dadurch »setzt« sich die Achse in der rechten Gabelfaust, Verspannungen werden ausgeglichen bzw. vermieden.
7. Bild 16: Jetzt die Achsklemmschraube in der rechten Gabelfaust mit 19 Nm festziehen.
8. Maschine wieder auf Frontständer aufbocken, Bremse einige Male betätigen, ganz lösen, Rad durchdrehen und prüfen, ob es leicht und frei läuft.
Wichtig: Überschüssiges Fett und Öl von Distanzbuchsen, Simmerringen, Achse und den anderen Schraubstellen gut abwischen.
9. Bilder 5a und 5b: ABS-Sensor in Bohrung einsetzen, Schraube eindrehen, mit 7 Nm festziehen. ABS-Kabel sauber in Halter einsetzen.

Hinterrad aus- und einbauen

Hinterrad ausbauen
Bild 17: Auch beim Hinterrad von ABS-Maschinen soll man den ABS-Sensor ausbauen. Er kollidiert zwar nicht mit dem Montageständer, aber wenn man beim Aus- und Einbau grob herumwerkt, kann man am ABS-Sensor anstoßen und/oder zu heftig am Kabel ziehen.

1. Bild 20: Achsmutter links mit Sechskantnuss SW 22 lösen und abschrauben.
1.1. Bild 18: Wenn sich die Achse mitdreht: Kopf der Achse auf der rechten Seite mit 19er-Schüssel gegenhalten.
1.2. Bild 19: Mutter, Scheibe und L-Scheibe abnehmen.

Bilder 15 und 16: Schrauben der Bremssättel und Achsklemmung mit vorgeschriebenem Anziehdrehmoment festziehen.

Bilder 17 bis 21: Hinterrad aus- und einbauen.
■ *Im Lauftext nummeriert beschrieben.*

Bild 15

Bild 16

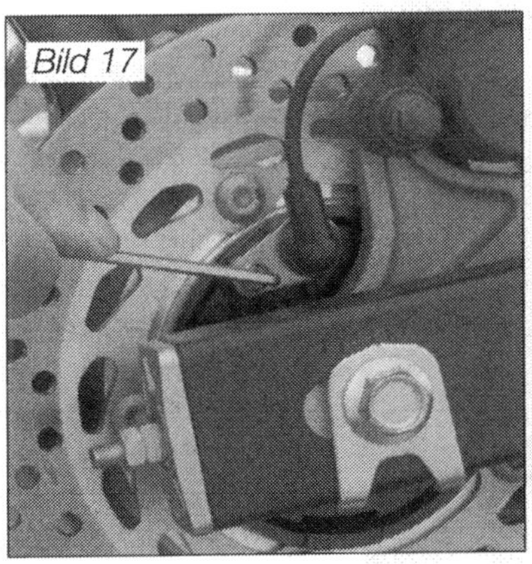
Bild 17

Bild 18

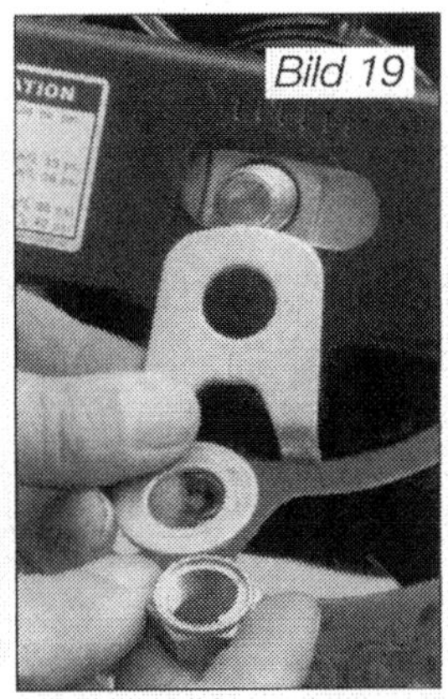
Bild 19

Bild 20

Bild 21

Sichtprüfung Messen

2. Bild 21: Achse mit Kunststoffhammer etwas ausschlagen.
3. Bild 22: Achse am Sechskantkopf packen und ganz ausziehen. Holzklotz unterm Rad wegnehmen, Rad ablassen, nach vorne rollen.
4.1. Hintere Schraube der Kettenabdeckung ausschrauben, Kettenabdeckung hinten etwas hochbiegen.
4.2. Rad weiter nach vorne rollen.
4.3. Bild 23: Kette nach außen herunternehmen, auf Schwinge ablegen. Lappen zwischenlegen!
5. Bild 25: Rad so weit nach hinten ziehen, bis Bremsscheibe aus Bremssattel ist.
■ **Bei ABS:** Rad sehr langsam nach hinten aus der Schwinge rollen, damit das ABS-Sensorkabel nicht auf Zug belastet wird. Das scheibenähnliche ABS-Sensorring-Gehäuse abnehmen. NICHT am Sensorkabel ziehen, der ABS-Sensor darf keinen harten Schlag abbekommen!
6. Rad weiter nach hinten rollen, Distanzbuchsen links und rechts aus Simmerringen ziehen, Rad nach hinten herausnehmen.
6.2. Bild 26: Bremssattelhalter mit dem daran angeschraubten Bremssattel auf dem Widerlager, das rechts innen am Schwingenholm angebracht ist, stecken lassen.
7. Bild 24: Achsaufnahmen mit Kettenspannern aus den Schwingenholmen ziehen.

Bild 22

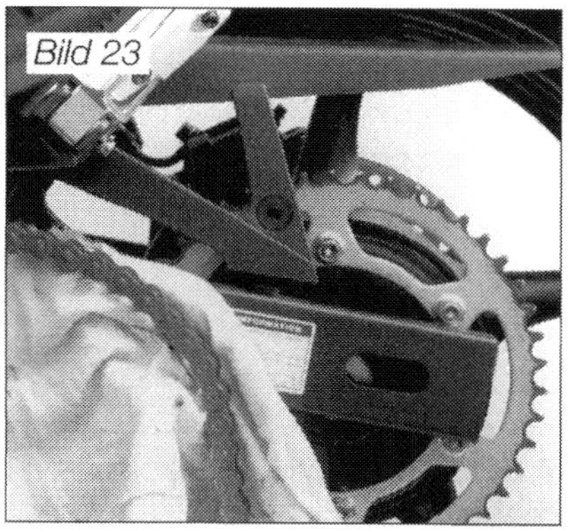
Bild 23

Bild 24

Bilder 22 bis 29: Hinterrad einbauen. ■ Im Lauftext sind die zu den Bildern gehörenden Arbeitsschritte nummeriert beschrieben.

Bild 25

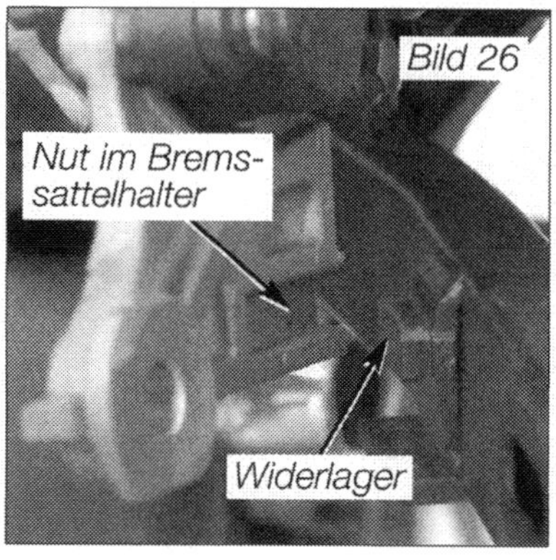

Bild 26

Räder zum Reifenwechsel vorbereiten

Wenn das Hinterrad zum Reifenwechsel gebracht wird, unbedingt Folgendes tun:
1. Bild 27: Kettenblattträger abziehen. Die Ruckdämpfer-Gummieinsätze sitzen ziemlich lose auf den Rippen der Nabe (Bild 29).
■ Wenn der Verbindungssteg von zwei Gummistücken gebrochen ist (Bild 28), braucht man diese nicht zu erneuern, sondern kann sie einzeln wieder einsetzen.
2. Hinterrad zum Reifenwechsel bringen: Ruckdämpfer herausnehmen und das Rad ohne sie (und damit auch ohne Kettenblattträger) zum Reifenwechsel geben.
3. Auch das Vorderrad ohne Distanzbuchsen zum Reifenwechsel bringen.

Bild 27

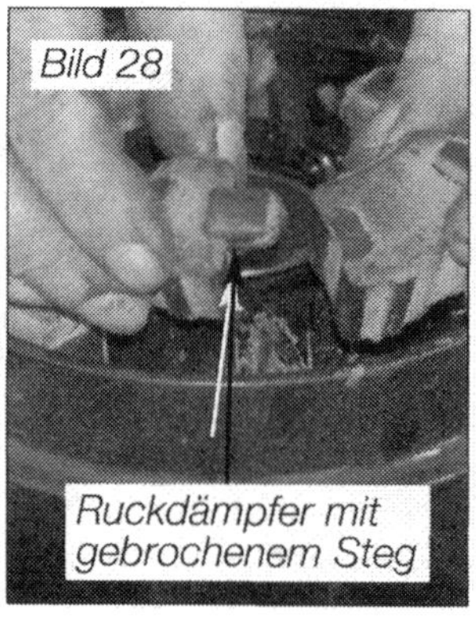

Bild 28

Bild 29

Bauteile reinigen, prüfen
Arbeits- und Prüfschritte wie vorne im Text »Vorderrad ausbauen« beschrieben.

Zusätzlich beim Hinterrad:
1. Bild 29: Ruckdämpfer-Gummieinsätze auf Verschleiß prüfen. Sie dürfen weder porös sein noch eingerissen oder anderweitig verformt.
2. Kettenblattträger gründlich mit Ölspray reinigen, trocken abputzen.
3. Lager im Kettenblattträger kontrollieren, ob es in Ordnung ist (»Fingerprobe« wie bei Radlagern machen).

Hinterrad einbauen (siehe auch Bild 47 bis 51)
1. Bild 30: Ruckdämpfer-Gummieinsätze in Hinterradnabe einsetzen. Wenn man sie leicht mit Silikonpaste einschmiert, bleiben sie formstabil und elastisch. Kettenblattträger aufschieben. **Wichtig:** Distanzbuchse im Lager des Kettenblattträgers muss eingebaut sein (Bild 27).
2. Rad von hinten in die Schwinge einfädeln und nach vorne schieben.
2.1. Bild 31: Distanzbuchse außen in Simmerring des Kettenblattträgers einsetzen.
3. Rad langsam weiter nach vorne schieben.
3.1. Bei ABS: ABS-Sensorring-Gehäuse ansetzen.
3.2. Bilder 32a und 32b: Rad weiter nach vorne schieben, Bremsscheibe in Bremssattel zwischen Bremsklötze einschieben.
4. Bild 33: Kette auf Kettenrad legen, Rad zurückziehen.
5. Bild 24: Achsaufnahmen einfetten und in Schwingenholme einschieben.
6. Rad etwas zurückziehen und hochheben.
6.1. Bohrungen von Radager, Bremssattelhalter und rechter Achsaufnahme zueinander ausrichten.
6.2. L-Scheibe mit abgewinkelter Seite nach unten-innen auf Achse schieben. Achse von rechts ansetzen und einschieben: Dabei das Rad etwas hin und her kippeln.
7. L-Scheibe mit abgewinkelter Seite nach unten-innen auf Achsgewinde schieben (Bild 19). Scheibe aufschieben.
7.1. Achsmutter aufdrehen, NICHT festziehen.
8. Endplatten der Achsaufnahmen/Kettenspanner korrekt in die Enden der Schwinge einsetzen, Rad so weit es geht nach vorne drücken.
8.1. Bild 34: Schraubenzieher zwischen Kette und Kettenblatt einstecken, Rad etwas rück-

Bild 30

Bild 31

Bilder 30 bis 35: Hinterrad einbauen. ■ Im Lauftext sind die zu den Bildern gehörenden Arbeitsschritte nummeriert beschrieben.

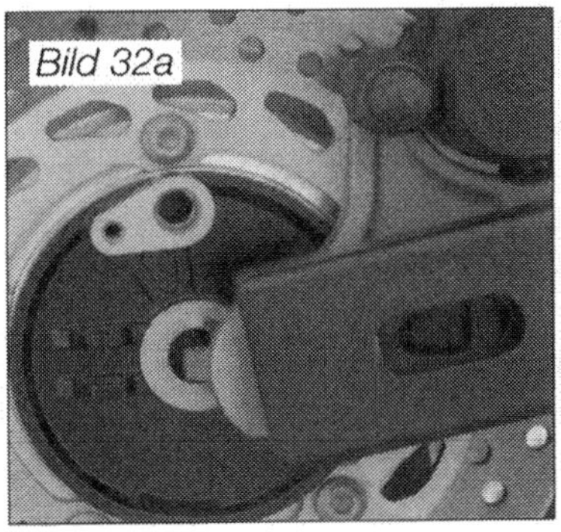
Bild 32a

Bild 32b

Bild 33

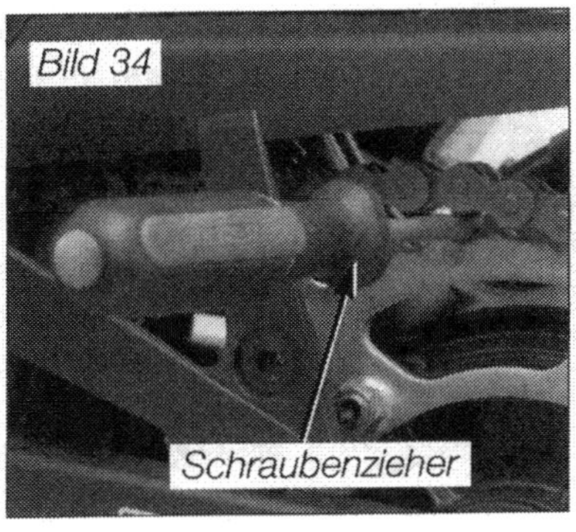

Bild 34

Bild 35

Bild 36: Spezialwerkzeug zum Ausbau der Radlager.

Bilder 37 und 38: Zum Wechsel der Radlager benötigte Heizplatte, Werkzeuge und Hilfsmittel. Radnabe auf 80 °C bis 100 °C erwärmen.

wärts drehen: Kette spannt sich und zieht die Achse so weit es geht nach vorne.

9. Bild 35: Achsmutter mit 90 Nm festziehen: **Wichtig:** Unbedingt darauf achten, dass die Achse bzw. die Achsaufnahmen nicht nach hinten rutschen, beide Endplatten müssen in Enden der Schwinge sitzen!

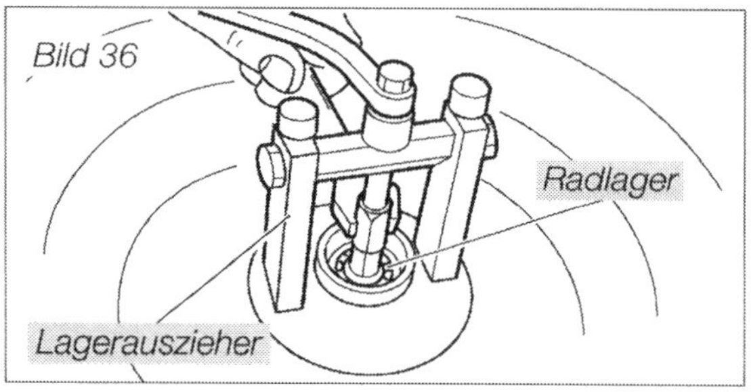

10. Bremse einige Male betätigen, damit sich die Bremsbeläge an der Bremsscheibe anlegen.

10.1. Bremse lösen, Rad durchdrehen und prüfen, ob es leicht und frei läuft. Überschüssiges Fett von Buchsen, Simmerringen und Achse gut abwischen.

11. Kettenabdeckung anschrauben.

12. Kettenspannung kontrollieren, ggf. einstellen.

12.1. Bild 49: Auch wenn die Kette nicht gespannt werden muss: Muttern auf den Gewinden der Kettenspanner »gut handfest« festziehen.

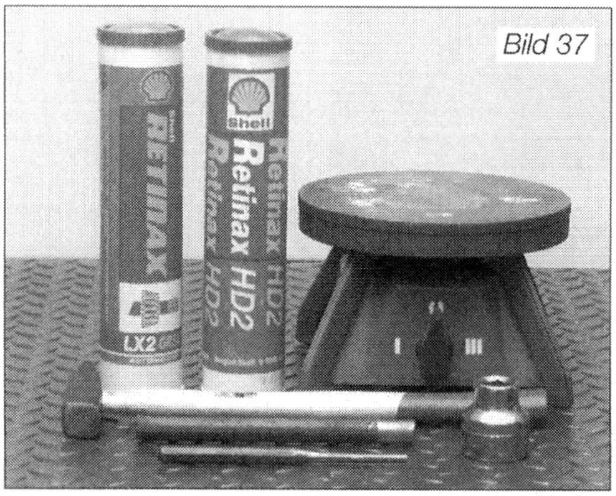

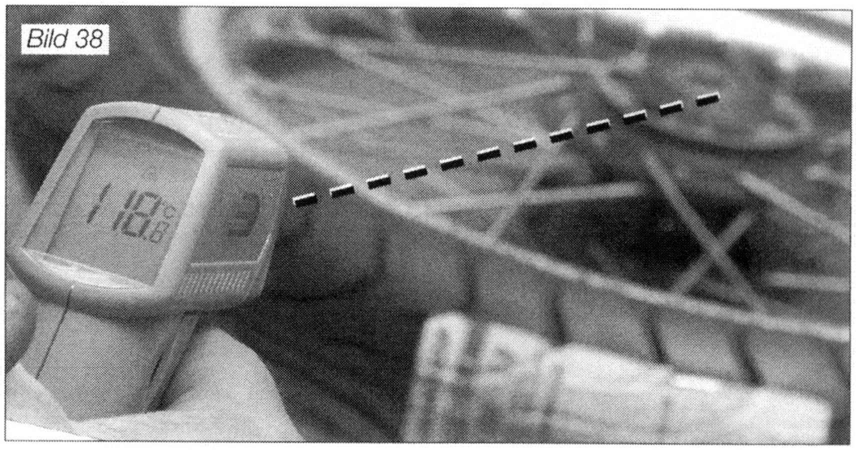

Radlager, Räder und Radachsen prüfen

Bild 39a: Vermessen des Rads auf Seiten- und Höhenschlag.

Bild 39b: Vermessen der Radachse.

Radlager prüfen

Zur Prüfung der Lager steckt man den Zeigefinger in den Innenring des Lagers, dreht diesen und spürt im Finger, wie das Lager läuft.

■ Wenn die Lager spielfrei sind und ohne fühlbares Knacken und Rubbeln laufen, sind sie o.k.

■ Wenn die Lager beschädigt sind, also »Luft« haben oder laut und knackend laufen, Lager ausbauen und durch Neuteile ersetzen.

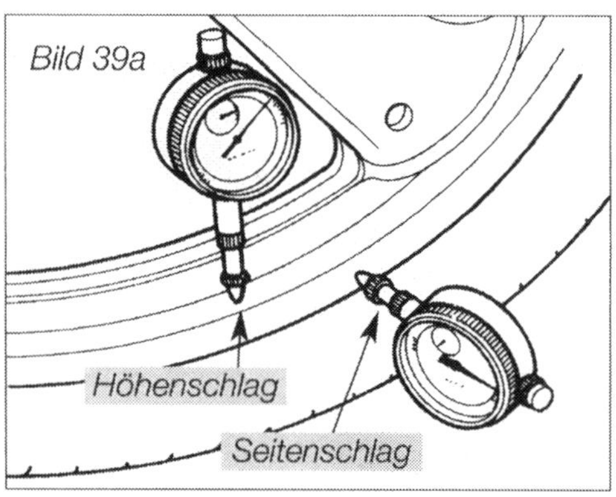

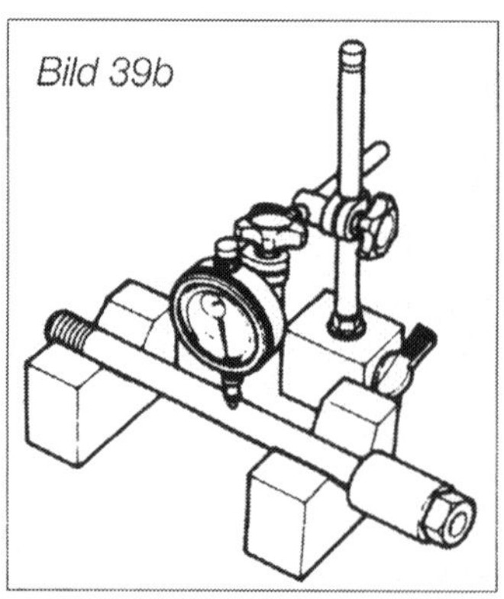

Rad auf Rundlauf prüfen

1. Wenn das Rad ausgebaut ist, Rad in Zentrierständer einhängen.

1.1. Wenn keiner zur Verfügung steht, das Rad in eingebautem Zustand prüfen: Messuhr an Gabelholm (Vorderrad) oder Hinterradschwinge (Hinterrad) befestigen.

2. Felgenrand putzen, mit Allzweckspray einsprühen, Messspitze der Messuhr anführen:

■ Zum Messen des Höhenschlags innen am Felgenhorn auf der bearbeiteten Fläche (Bild 39a). Maximaler Höhenschlag 1,0 mm.

■ Zum Messen des Seitenschlags außen am Felgenhorn (muss unbeschädigt sein, Bild 39a).

3. Maximaler Seitenschlag 0,5 mm.

Radachse auf Schlag prüfen: Radachse in Prismenblöcke legen (Bild 39b), Achsschlag mit Messuhr feststellen: Laut Werksangabe muss er bei »0« liegen. Tolerierbar sind 0,2 mm.

Beachten: Der tatsächliche Schlag ist nur halb so groß wie der von Messuhr angezeigte Wert.

Radlager wechseln

Ab einer Laufleistung von ca. 40 000 km besteht die Gefahr, dass die Radlager zu viel Spiel bekommen. Deswegen speziell bei älteren Maschinen bei jedem Radausbau die Radlager prüfen (siehe Text weiter vorne in diesem Kapitel und im Kasten auf der linken Seite).

Achtung: Aus- und Einbau von Radlagern mit Hammer und Dorn erfordert fachliches Können und Fingerspitzengefühl. Besser ist ein Lagerauszieh-/Lagereinbau-Spezialwerkzeug (Bild 36) aus dem Kfz-Werkzeughandel. Damit ist die Gefahr, dass sich die Lagersitze beim Ausschlagen der alten Lager durch falsche Behandlung aufweiten oder die neuen Lager beim Einbau beschädigt werden, gering.

Wenn keine Spezialwerkzeuge zur Verfügung stehen, sollte man zumindest eine Heizplatte haben (Bild 37): Zum Ausbau der Lager das Rad mit der Nabe einige Minuten lang auf die kalte Heizplatte legen, Schalter auf mittlere Stufe stellen, Heizplatte und Radnabe zusammen langsam aufheizen bis auf mindestens 80 °C, maximal 100 °C (Bild 38). Dann fallen die Lager fast alleine heraus, wenn das Rad von der Heizplatte heruntergenommen wird. Ist keine Heizplatte vorhanden, kann man auch mit einem Heißluftföhn die Radnabe erwärmen.

Zum Lagerwechsel Bremsscheiben und ABS-Sensorring abbauen
Zum Lagerwechsel sollte man die Bremsscheiben und den ABS-Sensorring abbauen, damit sie nicht versehentlich einen Schlag bekommen.

Bremsscheiben und ABS-Sensorring abschrauben
1. Beachten: Die Schrauben von Bremsscheiben und ABS-Sensorring gehen schwer heraus, denn sie sind mit Loctite eingeklebt.
■ Schrauben mit Heißluftföhn am Kopf etwas anwärmen, das löst die Verklebung.
2. Schrauben über Kreuz Schritt für Schritt lösen und ausdrehen, Bremsscheibe bzw. ABS-Sensorring vom Rad abnehmen.

Bremsscheiben und ABS-Sensorring anschrauben
1. Anlageflächen von Bremsscheiben und ABS-Sensorring an Rad sowie den Bremsscheibenadapter sowie Gewinde der Schrauben mit Bremsenreiniger und Messingbürste reinigen.
2. Bremsscheibe auf Bund an Radnabe aufsetzen, etwas hin und her drehen, Bohrungen zu Gewinden in Deckung bringen.
3. Auf Gewinde der Bremsscheibenschrauben etwas Loctite »mittelfest« auftragen.
4. Schrauben eindrehen und nacheinander über Kreuz Schritt für Schritt in mehreren Schritten festziehen:
■ Bremsscheiben Vorderrad .... 18 Nm
■ Bremsscheibe Hinterrad .... 20 Nm
5. Bremsscheiben vor Radeinbau mit Bremsenreiniger reinigen.
6. ABS-Sensorring ebenso anschrauben, Schrauben mit 8 Nm festziehen.

Radlager aus- und einbauen

Wenn die Radlager erneuert werden müssen, und Sie verwenden andere als die serienmäßig eingebauten Yamaha-Lager:
■ Einseitig offene Lager gut einfetten und mit der offenen Seite nach innen einbauen.
■ Bei geschlossenen Lagern auf Bezeichnung auf dem Lageraußenring achten, dies ist die äußere Seite.

Radlager ausbauen
1. Hinterrad: Kettenblattträger abziehen. Ruckdämpfer-Gummieinsätze herausnehmen.

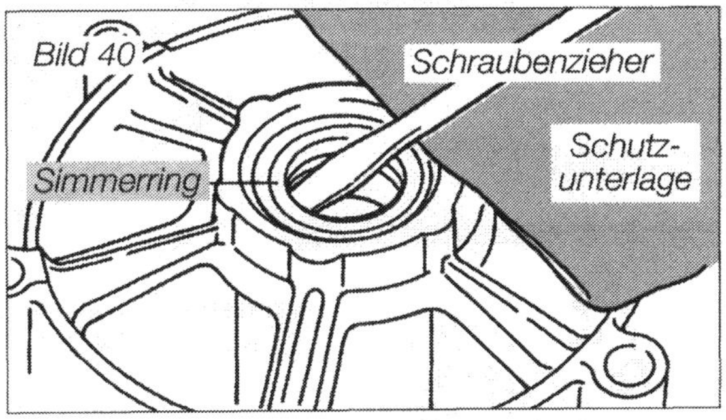

Bild 40: Aushebeln des Simmerrings mit einem breiten Schraubenzieher.

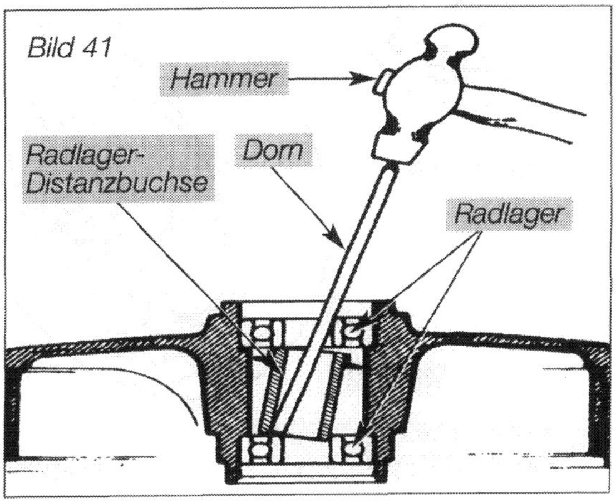

Bild 41: Austreiben der Radlager mit Hammer und einem langen Dorn.

Sichtprüfung Messen

Bilder 42 und 43: Eintreiben des neuen Lagers und Simmerrings mit einer Nuss bzw. speziellen Buchse.

Die weiteren Arbeitsschritte gelten für Vorder- und Hinterrad.

2. Bremsscheiben und ABS-Sensorring abschrauben.

3. Simmerring mit Reifenmontierhebel oder breitem Schraubenzieher aushebeln (Bild 40).

4. Bild 41: Rad auf feste Unterlage legen, die unten so weit offen ist, dass das auszutreibende Lager Platz hat und beim Herausschlagen nach unten herausfallen kann.

■ Am besten die Backen eines Schraubstocks weit genug öffnen und das Rad unter Zwischenlegen von Hölzern darauf ablegen.

5. Bild 41: Radlager mit einem mindestens 1 cm dicken und mindestens 20 cm langen Dorn schrittweise mit trockenen, bedachten Hammerschlägen am Innenring über Kreuz austreiben. Schrittweise und über Kreuz deswegen, weil dadurch das Lager immer ein kleines Stück weiter ausgetrieben und ein Aufweiten der Lagersitze vermieden wird.

6. Nach dem Austreiben der Lager die Lagersitzbohrungen gut reinigen.

Wichtig: Wenn beim Austreiben der Lager Grate entstanden sind, diese mit sehr feinem Schmirgelleinen (»Läpppapier« oder »Polierleinen«) vorsichtig und punktgenau entfernen. KEINE Rundfeile dazu nehmen!

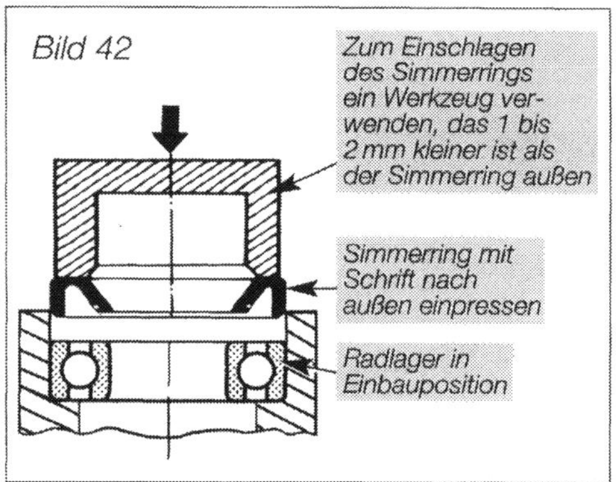

Bild 42

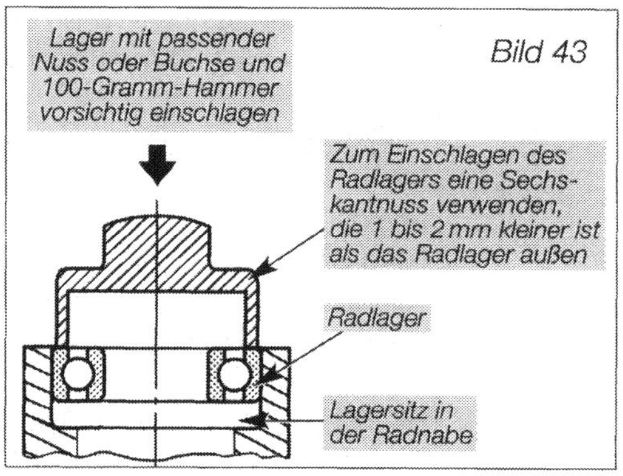

Bild 43

Radlager einbauen

1. Bild 38: Radnabe auf der Heizplatte auf maximal 100 °C anwärmen.

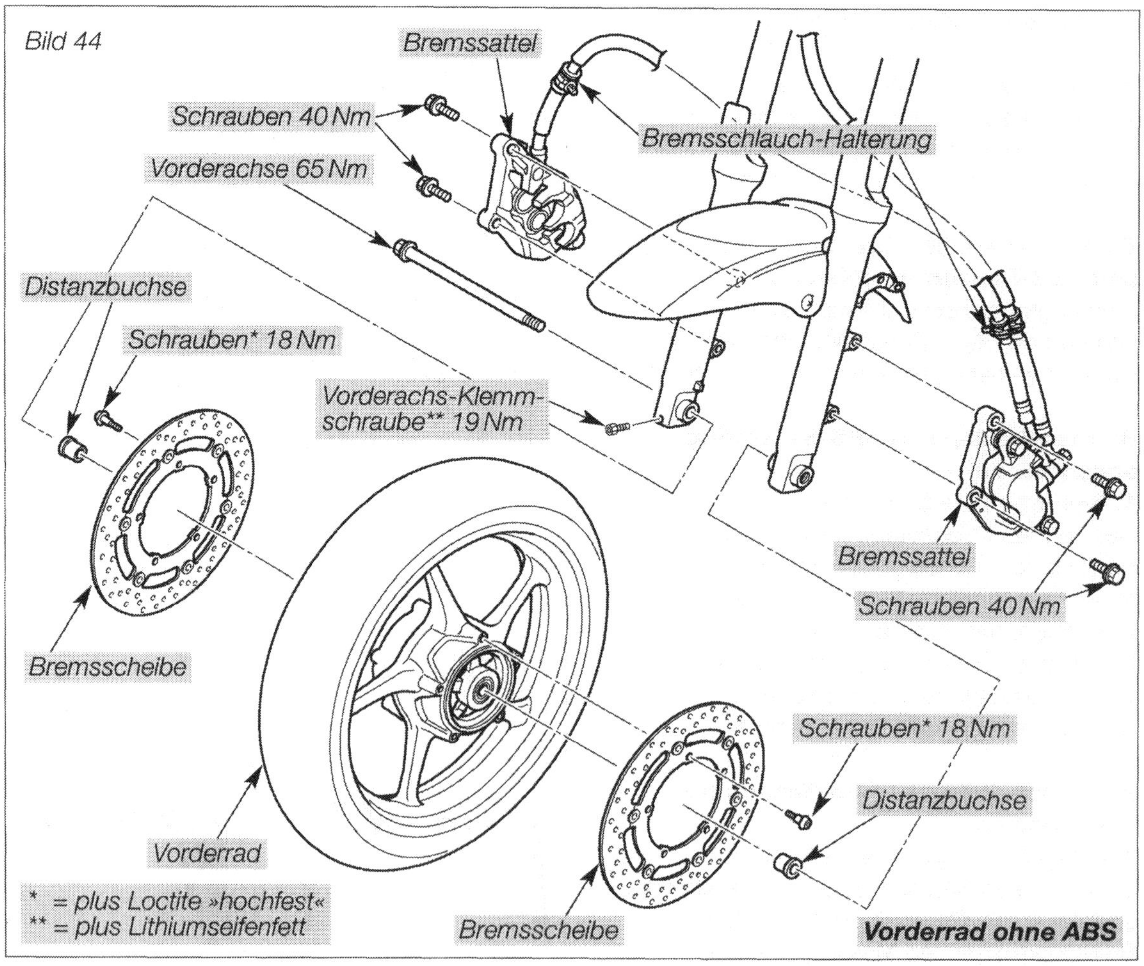

Bild 44

Bild 44: Vorderrad ohne ABS mit Bremssätteln mit Teilebezeichnungen und Anziehdrehmomentwerten.

2. Lager in erwärmten Lagersitz einschieben, es fällt fast von alleine hinein. Lager mit Aufschrift (beidseitig geschlossen) bzw. Abdeckung (einseitig geschlossen) nach außen weisend einbauen.
2.1. Bild 42: Mit passender Nuss, deren Außendurchmesser 1 bis 2 mm geringer ist als der des Lagers (bzw. Passbohrung), und 100-Gramm-Hammer sanft nachklopfen, bis das Lager im Grund der Bohrung aufsitzt.
■ Wenn keine passende Nuss vorhanden ist: Dorn nehmen, aber diesen unbedingt nur am Lageraußenring (!) ansetzen.
2.2. Rad umdrehen.
3. Distanzbuchse einsetzen. Lager auf anderer Seite einschieben, mit Dorn oder passender Nuss und Hammer am Lageraußenring sanft (sanft!) nachklopfen.
4. Jetzt mit dem Zeigefinger prüfen, ob die Distanzbuchse zwischen den Lagerinnenringen fluchtet, nicht zu viel Spiel hat, aber auch nicht zu fest sitzt: Sie muss satt zwischen den Lagerinnenringen sitzen und darf sich nur ganz leicht seitlich bewegen!

5. Bild 43: Neue Simmerringe sauber ansetzen und mit einer Nuss einschlagen, deren Außendurchmesser ca. 1 bis 2 mm geringer ist als der Durchmesser der Ringe (bzw. Passbohrung).
Wichtig 1: Simmerringe rutschen oft schon

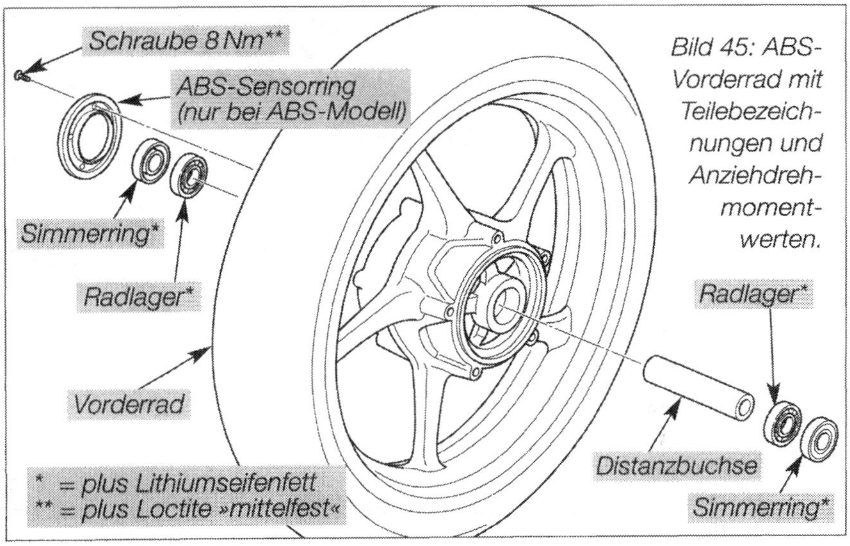

Bild 45: ABS-Vorderrad mit Teilebezeichnungen und Anziehdrehmomentwerten.

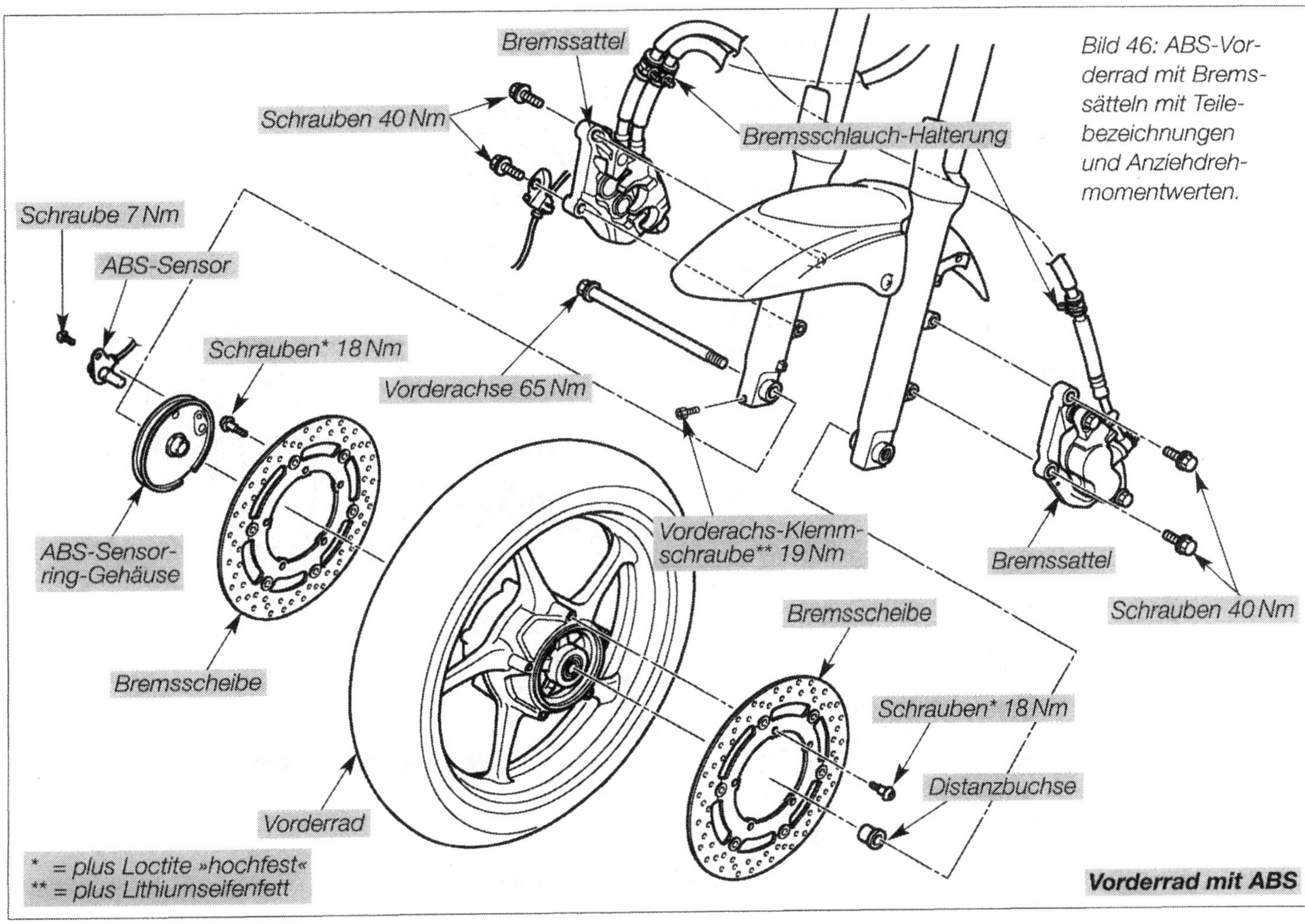

Bild 46: ABS-Vorderrad mit Bremssätteln mit Teilebezeichnungen und Anziehdrehmomentwerten.

Sichtprüfung Messen

Bild 47: Hinterrad ohne ABS mit Teilebezeichnungen und Anziehdrehmomentwerten.

Bild 48: Hinterrad ohne ABS mit Kettenspanner und Bremssattel mit Teilebezeichnungen und Anziehdrehmomentwerten.

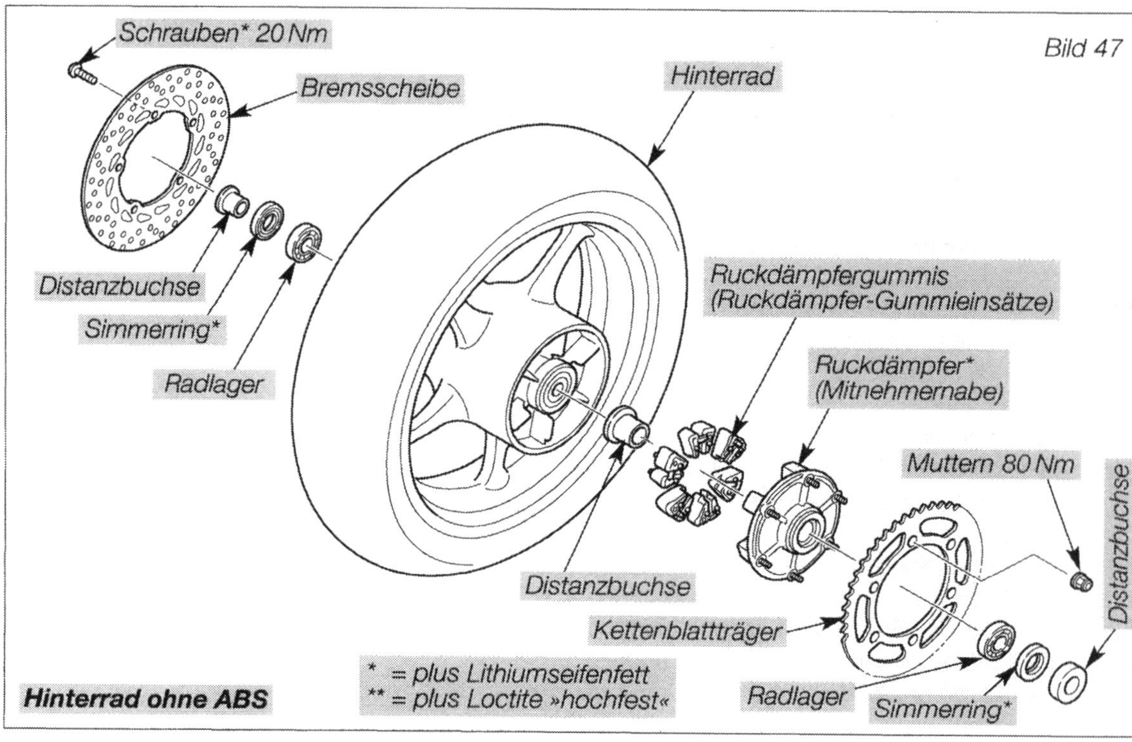

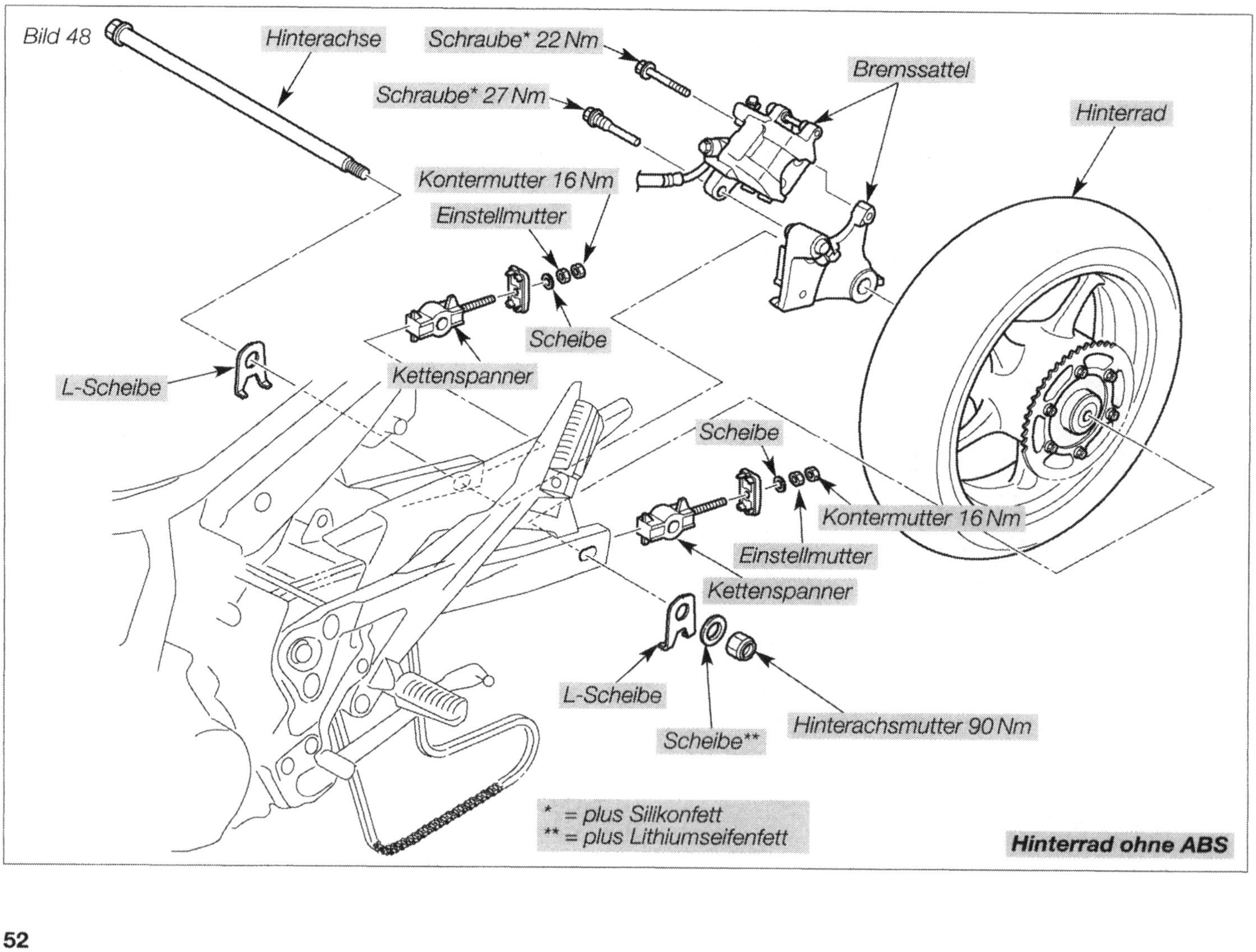

durch starken Fingerdruck in ihre Passbohrung. Bevor Sie also den großen Hammer nehmen, zuerst mal mit starkem Daumendruck versuchen. **Wichtig 2:** Simmerringe nur so weit eindrücken, bis die Außenseite mit dem Rand der Radnabe fluchtet.

6. Bremsscheiben und ABS-Sensorring anbauen siehe Text weiter vorne.

7. Bremsscheiben vor Radeinbau mit Bremsenreiniger reinigen.

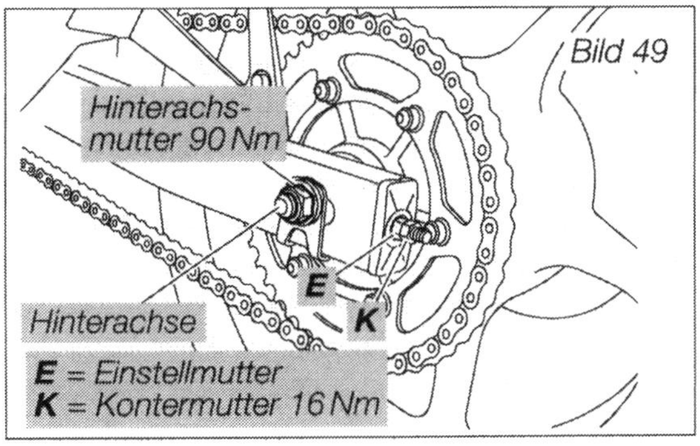

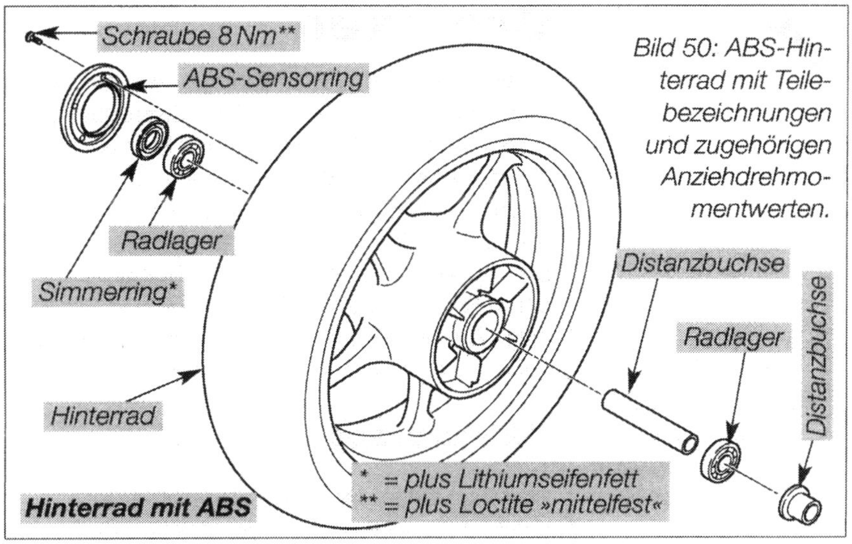

Bild 50: ABS-Hinterrad mit Teilebezeichnungen und zugehörigen Anziehdrehmomentwerten.

Bild 49: Hinterradeinbau linke Seite.

Bilder 51a und 51b: ABS-Hinterrad mit Kettenspanner und Bremssattel mit Teilebezeichnungen und Anziehdrehmomentwerten.
■ Distanzbuchse in Simmerring des Kettelblattträgers beachten!

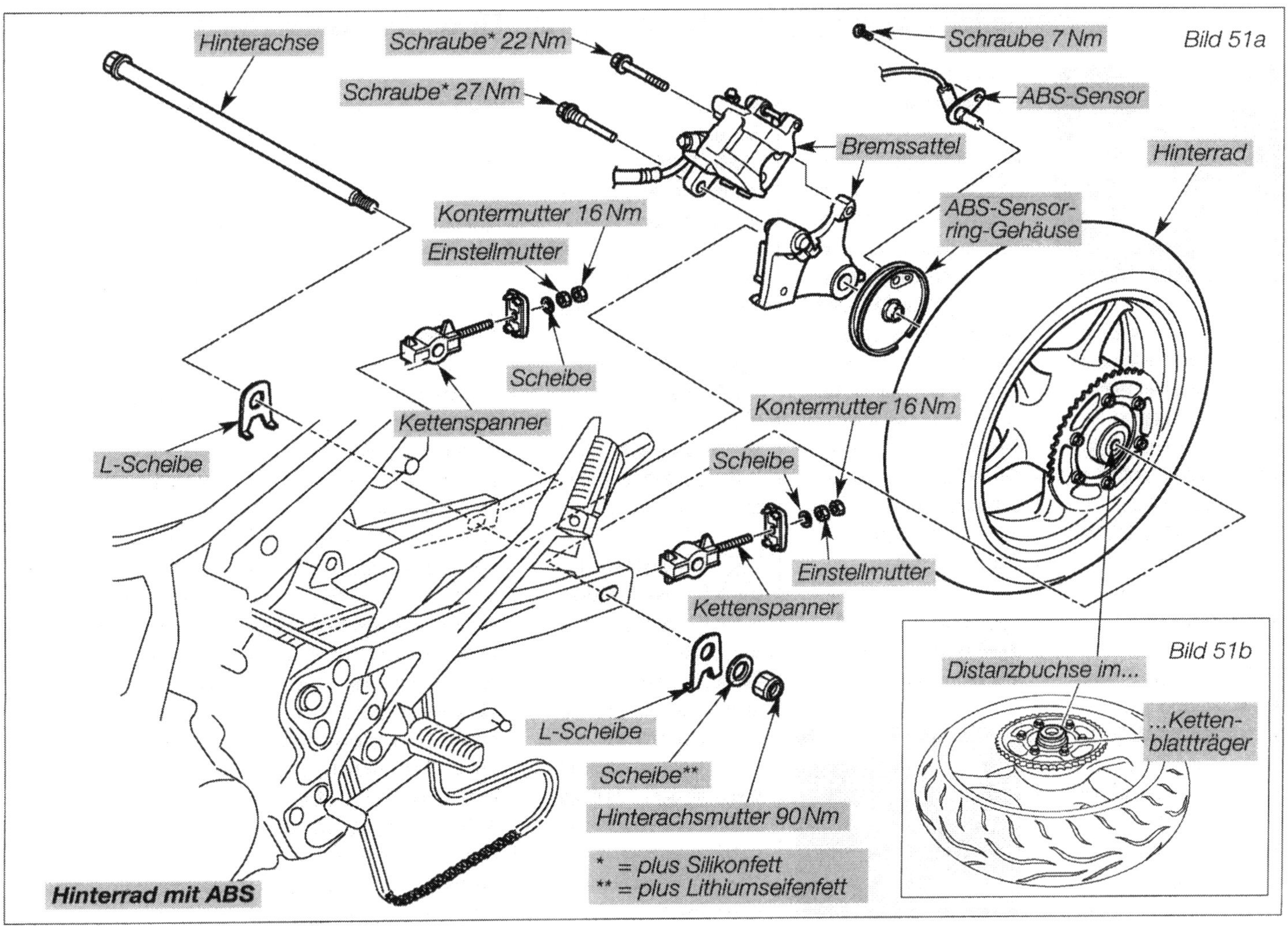

Bremsen

In diesem Kapitel: Bremsanlage · Anziehdrehmomente · Bremsanlage prüfen · Bremsflüssigkeit prüfen, auffüllen · Bremspedal und Bremslichtschalter einstellen · Bremsklötze vorne/hinten wechseln · Bremsflüssigkeit wechseln, Bremshydraulik entlüften · Bremssättel und Bremspumpen zerlegen, zusammenbauen · Probleme mit dem ABS? · Übersicht ABS-Bauteile und Schaltplan · Bremsschläuche · Bremsschläuche ab-/anbauen · Stahlflexleitungen · Wichtige Adressen.

Bild 1: Professionelles Bremsflüssigkeitswechsel- und Entlüftungsgerät (Lucas/Schüller).

Bild 2: Farbmarkierung an einer mit dem richtigen Drehmomentwert angezogenen Schraube.

Bremsanlage

Man mag einem Motorrad kurzzeitig einen defekten Auspuff oder ein durchgebranntes Blinkerlämpchen zugestehen, doch beim Thema »Bremsen« gibt es keine Kompromisse: Die hundertprozentige Leistungsfähigkeit und Sicherheit der Bremsanlage muss auf jedem Meter Fahrstrecke zur Verfügung stehen.

An der Bremsanlage selbst arbeiten?
Arbeiten an der Bremsanlage erfordern hochwertige Werkzeuge und qualifizierte Kenntnisse; sie sollten deswegen ausgebildeten Mechanikern vorbehalten bleiben. Wer an der Bremse schrauben möchte und wenig Ahnung von Kfz-Mechanik hat, der gibt seine Maschine besser in eine Yamaha-Fachwerkstatt. Diese verfügt über notwendige Prüf- und Einstellgeräte sowie in speziellen Schulungen beim Yamaha-Importeur entsprechend ausgebildete Mechaniker.

Einfache Arbeiten, z. B. Kontrolle des Bremsflüssigkeitsstandes, Nachfüllen von Bremsflüssigkeit, Prüfung auf Dichtheit und Bremsbelagstärke können leicht selbst ausgeführt werden. Höhere Qualifikation wird bei Ab- und Anbau der Bremssättel, Reinigung und Wechsel der Bremsklötze verlangt, wozu ordentliches Werkzeug notwendig ist und ein Drehmomentschlüssel. Beim Wechsel der Bremsflüssigkeit muss sorgfältigst gearbeitet werden.

Sicherheitshinweise ⚠ Achtung und ☞ Tipps für dieses Kapitel

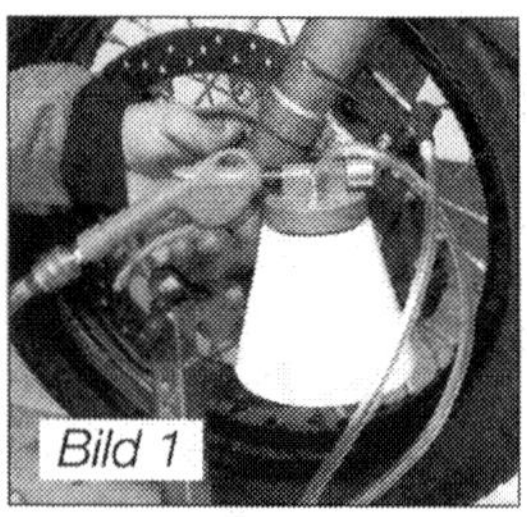

Bild 1

☞ Im Motorrad-Zubehörhandel sowie im Kfz-Werkzeughandel gibt es Bremsentlüftungs-Vakuumpumpen, mit denen man ohne Kontakt zur Bremsflüssigkeit und ohne Gefahr des Verschüttens die Bremsen entlüften bzw. Bremsflüssigkeit wechseln kann (Bild 1).

⚠ Nach jeder Bremssattelmontage Schrauben und Muttern nochmals auf Festsitz kontrollieren! Ganz penible Mechaniker setzen Farbmarkierungen an die Schraubenköpfe und Muttern (Bild 2), die sie mit dem richtigen Drehmomentwert angezogen haben.

☞ Gebirgstouren mit Passabfahrten, Reisen in besonders staubige Gebiete oder Rennstreckenfahrten bedeuten extreme Belastungen für die Bremsen, der Verschleiß ist dabei sehr hoch. Bevor Sie mit der Maschine in den Jahresurlaub, auf Passtour oder zum Rennstreckentraining fahren, rechtzeitig vorher einen umfangreichen Check der Bremsanlage machen (lassen).

⚠ Bremsflüssigkeit ist giftig. Hautkontakt vermeiden. Nicht in die Augen, nicht in die Atemwege, nicht auf die Schleimhäute kommen lassen. Nicht trinken! Immer nur geeignete Gefäße verwenden. Bremsflüssigkeit umweltgerecht beseitigen (bei einer Entsorgungsstelle abgeben).

Bild 2

⚠ Wenn ein Bremsflüssigkeitsbehälter offen ist, unbedingt darauf achten, dass kein Schmutz in den Behälter und in die Bremsflüssigkeit gelangt.

⚠ Bei abgebautem Bremssattel bzw. entfernten Belägen den Bremshebel nicht betätigen! Sonst fahren die Kolben ungehindert aus und müssen mühsam wieder in den Sattel gedrückt werden. Wenn sie ganz aus ihren Zylindern im Sattel herausrutschen, verursacht das eine üble Bremsflüssigkeitssauerei!

⚠ Bremsenreiniger ist meist in Spraydosen erhältlich und ziemlich aggressiv. Nur im Freien oder in gut gelüfteten Werkstatträumen verwenden. Nicht rauchen! Nicht auf die Haut, in die Augen oder Atemwege sprühen! Einatmen vermeiden!
■ Zur Reinigung von Bremsenbauteilen nur Bremsenreiniger oder Aceton verwenden, KEIN Benzin, Dieselöl, Motorenöl oder Ölspray!
■ Bremsenreiniger sparsam und ganz gezielt einsetzen, Sprühkopf direkt auf die zu reinigende Stelle richten und nicht länger als zwei Sekunden betätigen.
■ Teile nach Besprühen mit Bremsenreiniger sofort mit weichem, nicht fusselndem Lappen durchputzen.
■ Druckluft bei Reinigung und anderen Arbeiten am Bremssattel nur sehr sparsam und gezielt einsetzen.

⚠ Nicht mit scharfkantigen Gegenständen wie Schraubenzieher oder Schraubenschlüssel im Bremssattel herumwerken, sonst können die Gleitflächen der Bremskolben zerkratzt werden!

⚠ Niemals unterschiedlich dicke Bremsklötze oder solche von verschiedenen Herstellern in einem Bremssattel verwenden! Niemals einen neuen und einen alten Bremsklotz in einen Sattel einsetzen!

☞ Riefige Bremsscheiben, die noch nicht ihre Minimaldicke erreicht haben, können nachgeschliffen werden. Solche Arbeiten erledigen Spezialbetriebe zum Preis von etwa 30 bis 50 Euro pro Bremsscheibe. Eine neue Originalbremsscheibe kostet etwa 150 bis 200 Euro.

Yamaha schreibt vor, dass alle zwei Jahre neben der Bremsflüssigkeit auch »die inneren Bauteile der Hauptbremszylinder und der Bremssättel« erneuert werden. Dazu müssen Bremspumpen und Bremssättel zerlegt werden. Solche Arbeiten setzen meisterliche Fähigkeiten voraus. Weil sie im Wartungsheft der Maschine abgestempelt werden müssen, sind sie eigentlich Sache des Yamaha-Händlers; dennoch beschreiben wir in diesem Kapitel diese Arbeiten.

Anziehdrehmomente

Vorderradbremse (Bild 3b):
Schrauben Bremssattel (bzw. Bremssattelhalter) an Gabeltauchrohr .... 40 Nm
Gleitstifte im Bremssattel .... 27 Nm
Schrauben Bremsscheiben an Rad .... 18 Nm
■ *Loctite »mittelfest« auf gereinigte Gewinde*
Hohlschrauben Bremsschlauchanschlüsse .... 32 Nm
Entlüfterventil im Bremssattel .... 6 Nm

Hinterradbremse (Bild 4a):
Bremssattel an Bremssattelhalterung:
vordere Schraube/Gleitstift M12 ....27 Nm
hintere Schraube M8 .... 22 Nm
Kontermadenschraube M10 an Bremsklotz-Haltestift........................... 2,5 Nm
Bremsklotz-Haltestift M10 .... 17 Nm
Entlüfterventil M7 im Bremssattel .... 5 Nm
Bremsschlauch-Anschlüsse
Hohlschrauben M10 .... 30 Nm
■ *Neue Dichtscheiben verwenden*
Bremsscheibe an Rad Schrauben M8 .... 20 Nm
■ *Loctite »mittelfest« auf gereinigte Gewinde*

Vorder- und Hinterradbremse:
Schraube ABS-Sensor an Sensorring-Gehäuse.............................. 7 Nm
Schrauben Sensorring an Rad .... 8 Nm
■ *Loctite »mittelfest« auf gereinigte Gewinde*

Bremsanlage prüfen

1. Alle Bremsschläuche und Bremsleitungen auf Risse, Knicke und Scheuerstellen überprüfen.
2. Alle Hydraulikanschlüsse der Bremsleitungen sowie Dichtmanschetten der Bremspumpen und Bremssättel müssen in einwandfreiem Zustand sein, also staubtrocken.
3. Verglaste, riefige und abgenutzte Bremsbeläge reduzieren die Bremswirkung, deshalb entsorgen und durch Neuteile ersetzen.
4. Bremsscheiben ausschließlich mit Bremsenreiniger reinigen, NICHT mit Allzwecköl oder ölhaltigen Reinigungsmitteln.
5. Ältere Bremsscheiben haben Riefen (Bild 7), die man beim Drüberfahren mit dem Fingernagel spürt. Bis zu einer gewissen Tiefe ist das ganz normal. Wenn die Riefen sehr tief sind und der Nagel von Riefe zu Riefe deutlich stolpert, ist die Bremsscheibe verschlissen.
6. Weisen die Bremsscheiben im Übergang zur Fläche, die nicht vom Bremsbelag berührt wird (außen am Rand und innen zu den Befestigungsbohrungen hin), tiefe Riefen oder Absätze auf, ist die Bremsscheibe verschlissen.

Bild 3a: Ausgebauten ABS-Sensor nach oben wegstecken.

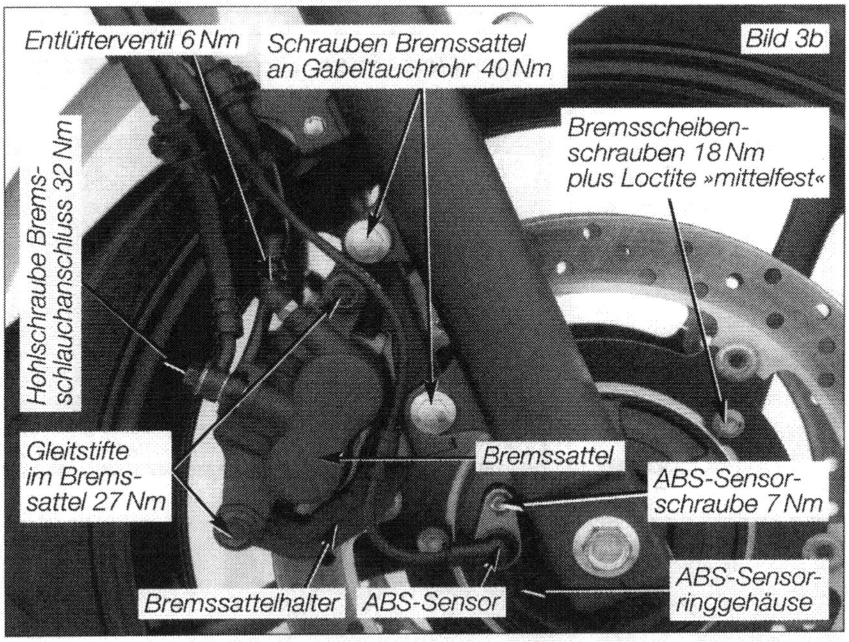

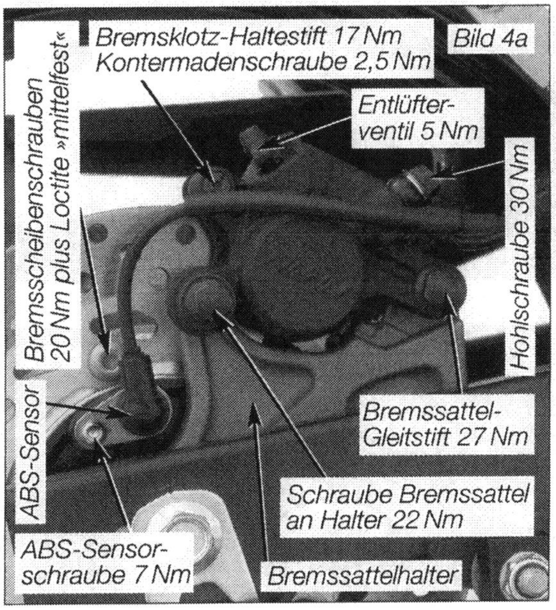

Bilder 3b und 4a: Bremssättel vorne und hinten.

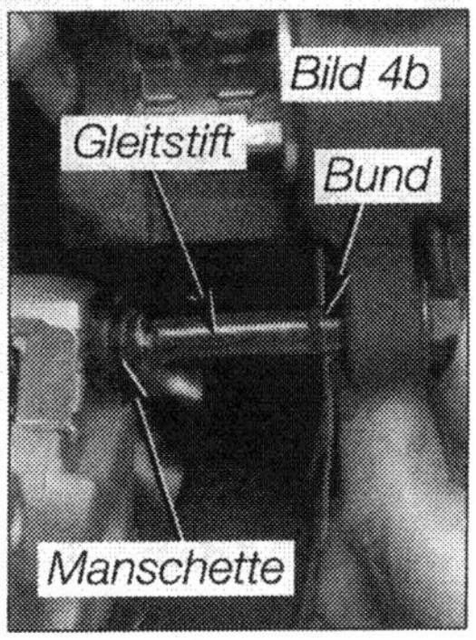

Bild 4b: Manschette muss über dem Bund sitzen.

7. Dicke der Bremsscheiben mit Mikrometer an mehreren Punkten messen, Verschleißgrenze vorne 4,0 mm, hinten 4,5 mm (Bild 6).
8. Verzug (Schlag) der Bremsscheiben mit Messuhr ermitteln. Er sollte möglichst nicht messbar sein, darf aber vorne bis zu 0,1 mm, hinten bis zu 0,15 mm betragen.

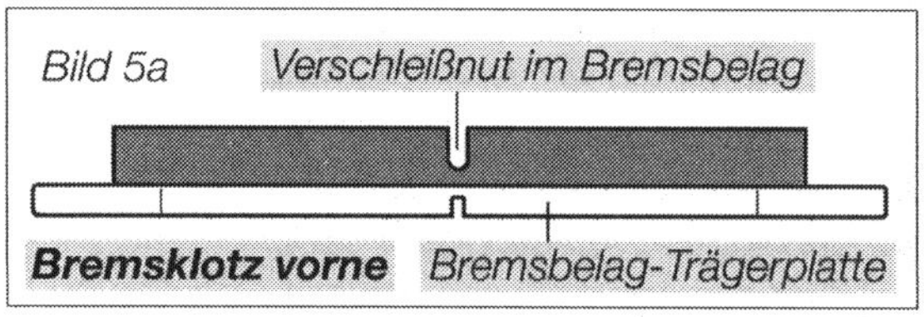

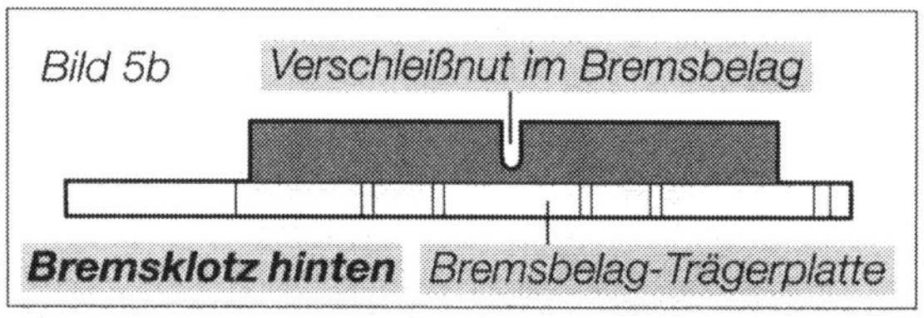

Bilder 5a und 5b: In die Bremsbeläge sind Nuten als Verschleißmarkierungen eingearbeitet.

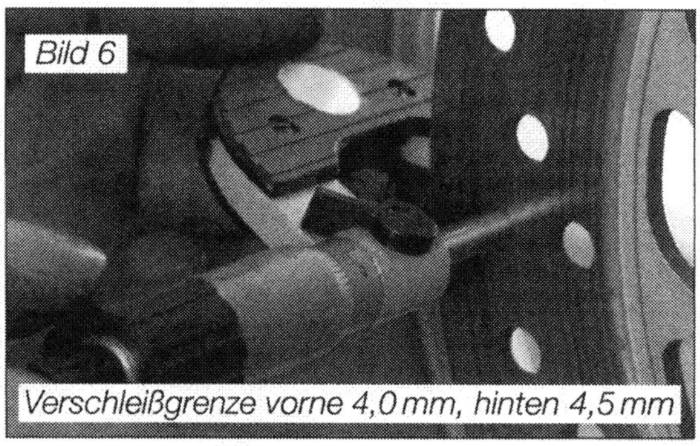

Bild 6: Dicke der Bremsscheiben an mehreren Stellen messen.

Bild 7: Im Bild unten eine nachgeschliffene Bremsscheibe, oben eine mit deutlichen Gebrauchsspuren.

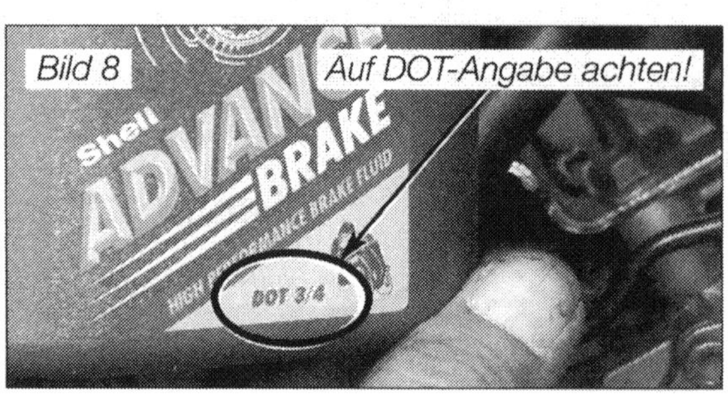

Bild 8: Die Angaben über die DOT-Qualität der Bremsflüssigkeit sind auf dem Etikett vermerkt.

Bremsbeläge prüfen

In die Bremsbeläge sind Nuten als Verschleißmarkierungen eingearbeitet (Bilder 5a und 5b): Wenn die Bremsbeläge bis zu den Nuten abgefahren sind, dann sind die vorderen Bremsbeläge noch ca. 0,8 mm (oder weniger!) dick und die hinteren noch ca. 1,5 mm und es ist höchste Zeit für neue Bremsklötze.

Für Vorder- und Hinterradbremse gilt Folgendes:
- Am Vorderrad sind zwei Bremssättel mit jeweils zwei Bremsklötzen montiert, für eine Neubestückung der Vorderradbremse braucht man also zwei Sätze Bremsklötze, denn ein Satz Bremsklötze enthält zwei Bremsklötze pro Bremssattel.
- Immer beide Bremsklötze erneuern, keinesfalls einen neuen und einen gebrauchten Bremsklotz in einen Bremssattel einbauen.
- Beim Vorderrad immer beide Bremssättel mit neuen Bremsklötzen bestücken.
- Wenn ein Bremsbelag stärker verschlissen ist als der andere, liegt möglicherweise ein Fehler im Bremssattel vor: Entweder sitzen die Bremskolben fest oder der Bremssattel ist auf den Gleitstiften (Bild 4b) nichtmehr gängig. Das muss schnellstmöglich behoben werden, wozu der Bremssattel in Ordnung gebracht werden muss.

Bremsflüssigkeit

Bei Betätigung des Bremshebels wird vom Kolben im Hauptbremszylinder ein Druck auf die Bremsflüssigkeit aufgebaut, der von dieser auf die Kolben in den Bremssätteln weitergegeben wird. Diese Kolben fahren aus ihren Bohrungen aus und pressen die Beläge gegen die sich drehende Bremsscheibe. Dadurch wird eine Reibkraft aufgebaut, das Rad bremst ab.

Um den Betrag, den die Bremsbeläge verschleißen, wandern die Kolben immer weiter aus ihren Bohrungen hinaus. Dementsprechend läuft Bremsflüssigkeit nach, wodurch der Pegelstand im Flüssigkeitsbehälter sinkt. Eben deswegen muss der Stand der Bremsflüssigkeit regelmäßig überprüft und ggf. ergänzt werden. Bremsflüssigkeit gibt es in kleinen, preiswerten Gebinden. Zu einem Wechsel der Bremsflüssigkeit wird ungefähr ein halber Liter benötigt.
- Bild 8: Vorgeschriebene Qualität der Bremsflüssigkeit ist DOT 4.

■ Keinesfalls dürfen Verunreinigungen, Schmutz oder Wasser in die Bremsflüssigkeit gelangen.
■ Keine Flüssigkeiten anderer Art verwenden oder dazumischen und nie ältere Bremsflüssigkeitsreste einfüllen.

Wichtig: Immer neue Bremsflüssigkeit aus einer neuen, ungeöffneten Dose benutzen. Bremsflüssigkeit ist hygroskopisch, sie zieht also Wasser aus der Luft an, das sich mit der Bremsflüssigkeit vermischt. Dadurch sinkt der Siedepunkt und die Temperaturbeständigkeit der Bremse wird schlechter.

Stand der Bremsflüssigkeit prüfen

1. Motorrad steht senkrecht auf ebenem Untergrund.

■ **Bremse vorne**

2. Vorderrad steht gerade in Fahrtrichtung, Bremsflüssigkeits-Vorratsbehälter rechts am Lenker steht waagerecht.

2.1. Bild 9: Vorne am Bremsflüssigkeitsbehälter ist ein rundes Schauglas angebracht. Stand der Bremsflüssigkeit darf nicht unter Markierung LOWER stehen, sondern leicht darüber.

■ **Bremse hinten**

3. Bild 11: Bremsflüssigkeitsbehälter sitzt rechts am Rahmen unter der Sitzbank hinter der Seitenabdeckung, es muss die Seitenabdeckung abgebaut werden, damit man einen Blick auf den transparenten Behälter werfen kann: Die Bremsflüssigkeit muss über der unteren Markierung LOWER stehen, darf aber die obere Markierung UPPER nicht überschreiten.

Bremsflüssigkeit auffüllen

■ **Bremse hinten**

1. Sitzbank und Seitenabdeckung rechts abbauen, damit man an den Behälter gelangt.

■ **Bremse vorne und hinten**

2. Behälter mit weichem, saugfähigem Lappen umwickeln, damit eventuell ausschwappende Hydraulikflüssigkeit aufgesaugt wird und nicht an Lackteile kommen kann.

■ **Bremse vorne**

3. Bild 10: Kreuzschlitzschrauben im Deckel ausdrehen, Deckel abnehmen, Stützplatte und Membrane vorsichtig herausnehmen.

■ **Bremse hinten**

3. Bild 11: Deckel abschrauben.

3.1. Bild 12: Stützplatte und Membrane vorsichtig herausnehmen.

■ **Bremse vorne und hinten**

4. Bremsflüssigkeit langsam auffüllen, bis der Maximalstand erreicht ist:

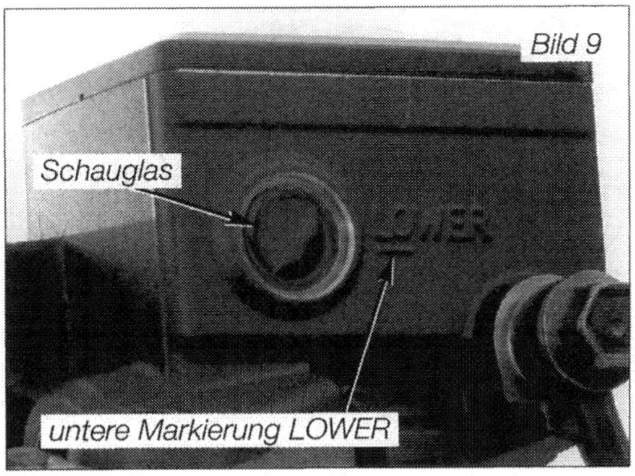

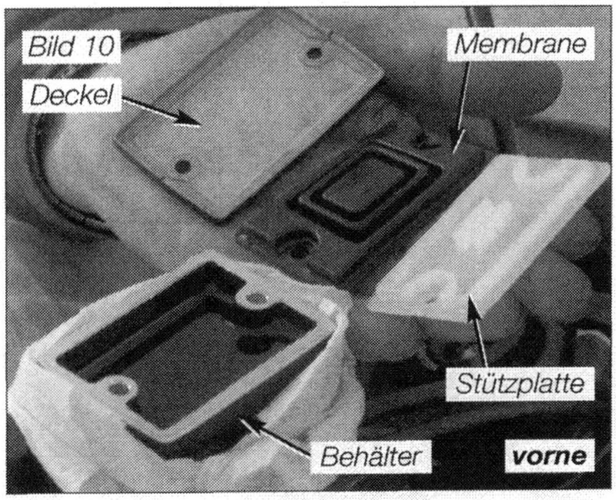

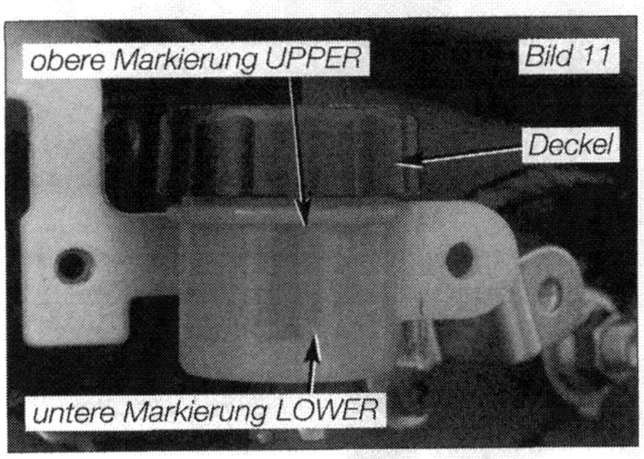

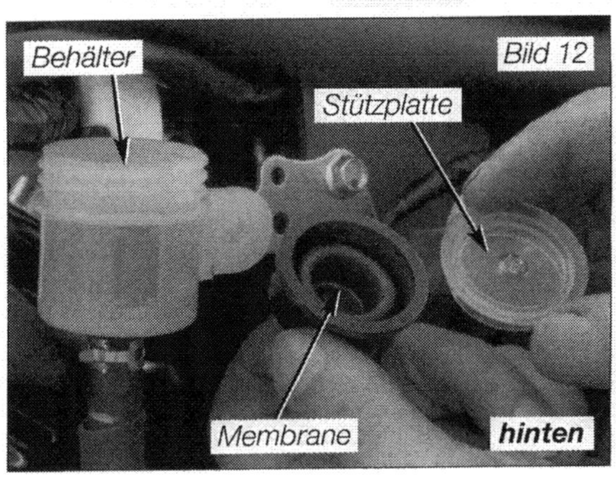

Bilder 9 bis 12: Bremsflüssigkeits-Vorratsbehälter vorne und hinten mit Markierungen.

■ *Stand der Bremsflüssigkeit regelmäßig prüfen und wenn nötig nachfüllen.*

■ *Wenn die Flüssigkeit dunkel ist, ist sie älter als zwei Jahre und es ist höchste Zeit, sie zu wechseln.*

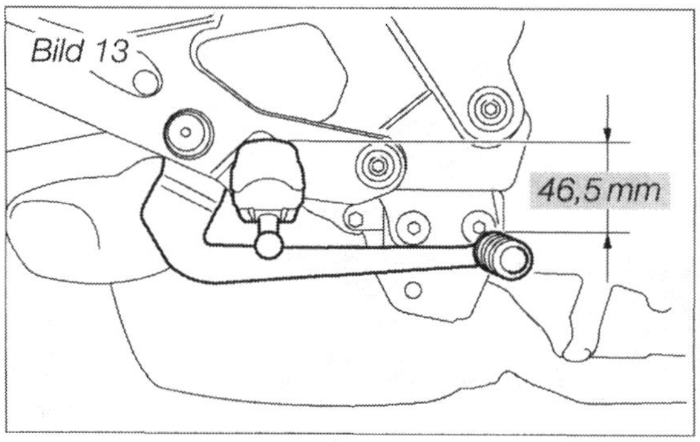

Bild 13: Mit Wasserwaage und Maßstab den Abstand vom Fußbremshebel zur Fahrerfußraste messen.

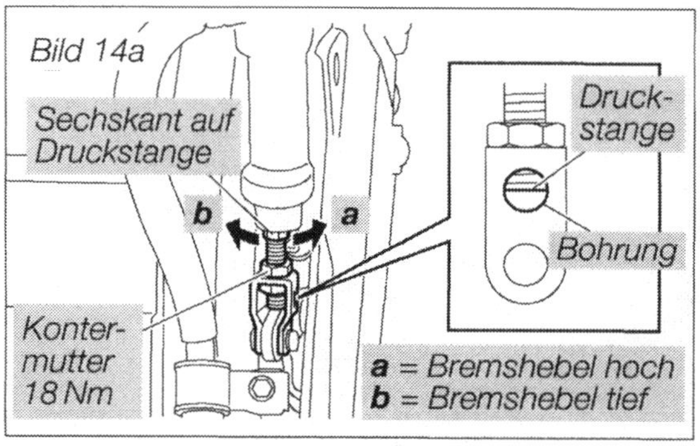

Bilder 14a, 14b und 14c: Schraubstellen beim Einstellen des Fußbremshebels.

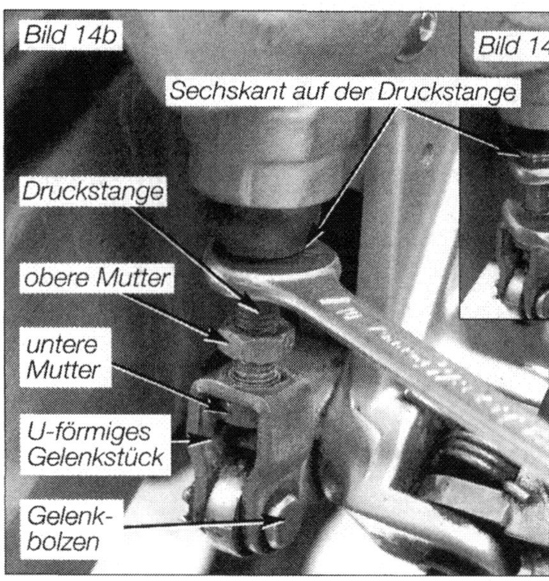

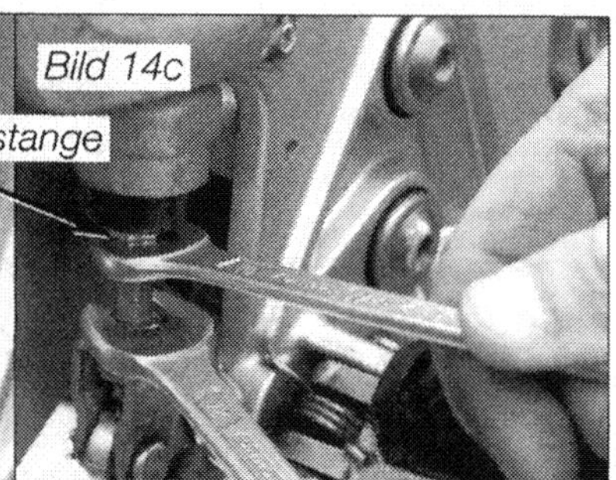

Bilder 15a und 15b: Zum Einstellen des Bremslichtschalters diesen festhalten und die Sitzmutter entsprechend ein- oder ausdrehen.

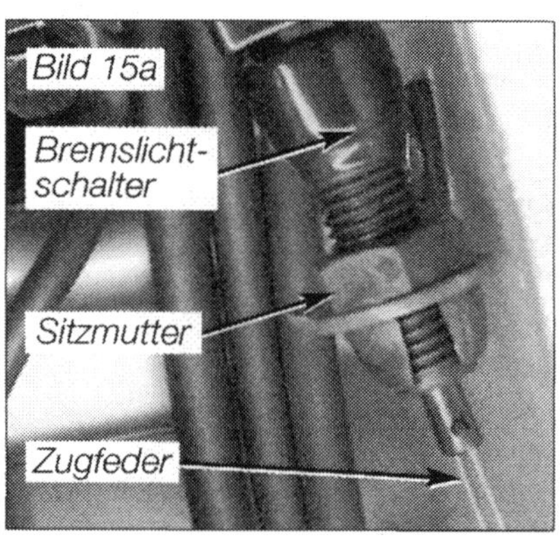

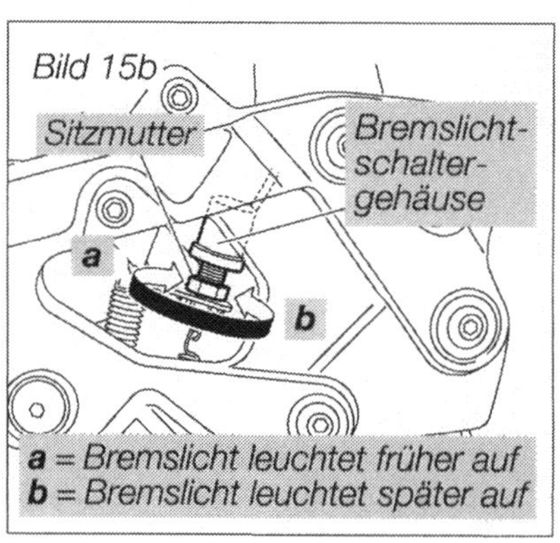

■ **Vorderer Behälter:** Bild 10: Das Auge muss knapp voll sein, es darf noch eine kleine Luftblase vorhanden sein.
■ **Hinterer Behälter:** Bild 11: Maximalstand UPPER muss knapp erreicht sein.
5. Bilder 10 und 12: Membrane reinigen und in korrekte Form bringen.
5.1. Membrane langsam einsetzen.
■ **Bremse vorne:**
5.2. Stützplatte und Deckel aufsetzen. Schrauben eindrehen, abwechselnd rechts-links-rechts handfest anziehen.
■ **Bremse hinten:**
5.2. Stützplatte aufsetzen, Deckel aufschrauben.
Wichtig: Eventuell herausgespritzte oder übergelaufene Bremsflüssigkeit mit reichlich klarem (warmem) Wasser abspülen und gut abtrocknen.

Bremspedal

Bremspedal und Fußschalthebel sollten sich auf gleicher Höhe befinden. Bild 13: Wasserwaage auf Fußraste waagerecht anlegen und Maß nehmen nach unten zum Bremshebel. Die »vorgeschriebene Höhe« des Bremspedals beträgt 46,5 mm, das Maß bezieht sich auf die Oberkante der Fahrerfußraste bis nach unten auf die Oberseite des Bremshebelgummis.

Bremspedal einstellen

Bilder 14a, 14b und 14c: Die Einstellung des Bremspedals wird über das Sechskant auf der Druckstange vorgenommen, weil je nach eingestellter Länge dieser Druckstange das Bremspedal entsprechend hoch steht:
1. Bild 14b: Am U-förmigen Gelenkstück die obere Mutter mit 12er-Gabelschlüssel lösen und vom Gelenkstück wegdrehen.
2. Bild 14c: Mit 10er-Gabelschlüssel am Sechskant der Druckstange diese verdrehen, bis die gewünschte Hebelhöhe erreicht ist.
■ **Wichtig:** Bild 14a: Gewinde an der Druckstange muss durch die Bohrung im U-förmigen Gelenkstück voll zu sehen sein.
3. Bild 14c: Obere Mutter am U-förmigen Gelenkstück festziehen mit 18 Nm, Druckstange mit 10er-Gabelschlüssel auf Zug gegenhalten.
4. Nach Abschluss der Bremspedal-Einstellarbeiten prüfen, ob das Bremslicht richtig funktioniert: Bei halb bis zwei Drittel gedrücktem Pedal muss die Bremslichtlampe aufleuchten.

Bremslichtschalter prüfen und einstellen

Bilder 15a und 15b: Der Bremslichtschalter sitzt hinter der rechten Fußrastenplatte und ist nicht besonders gut erreichbar. Er wird von einer Feder auf Zug betätigt, die auf der einen Seite am Fußhebel und auf der anderen Seite am Zugstück des Bremslichtschalters eingehängt ist: Bei halb bis zwei Drittel gedrücktem Bremspedal muss das Bremslicht aufleuchten.

Bild 15b: Einstellung des Bremslichtschalters korrigieren:

1. Sitzmutter mit der Hand entsprechend aus- oder eindrehen.

1.1. Wichtig: Bremslichtschalter dabei unbedingt mit der anderen Hand gegenhalten, damit er sich nicht mitdreht.

2. Bild 15b: Bremslichtschalter wird durch Verdrehen der Sitzmutter nach unten oder oben verschoben und schaltet dadurch früher oder später das Bremslicht ein (bzw. wieder aus).

Achtung: Nie den Bremslichtschalter als Ganzes verdrehen! Sonst bricht die Feder ab und das Anschlusskabel verdrillt sich.

Bremsklötze wechseln

Wichtig 1: Zum Einsetzen neuer Bremsklötze muss man die Bremskolben zurückdrücken, wobei der Flüssigkeitsstand im Vorratsbehälter ansteigt: Flüssigkeitsstand im Auge behalten! Steigt dieser bis zur Oberkante, mit einer kleinen Spritze etwas Bremsflüssigkeit absaugen.

Wichtig 2: Neue Bremsbeläge müssen eingefahren werden. Deswegen neue Bremsbeläge auf den ersten 100 bis 150 Kilometern sanft einfahren und der Bremse nicht die maximale Leistung abfordern.

Vordere Bremsklötze ausbauen

1. Bild 16: Bremssattel-Gleitstifte lösen und ausschrauben.

2. Bild 17: Bremssattel nach hinten abziehen.

3. Bild 19a: Bremsklötze herausnehmen.

4. Alten Bremsklotz einsetzen und mit festem Fingerdruck den Bremskolben zurückdrücken, um Platz für die neuen Bremsklötze zu schaffen.

Vordere Bremsklötze einbauen

1. Bild 18: Anlagekanten und Rückflächen der neuen Bremsklötze leicht mit Kupferpaste einschmieren.

2. Bild 17: Bremsklötze mit den Belägen zur Scheibe (!) in den Bremssattelhalter einsetzen.

■ Bilder 17, 19a und 19b: Darauf achten, dass die kleinen Anlagebleche oben und unten am Bremssattelhalter richtig sitzen.

3. Bild 20: Etwas Silikonpaste in die Gummitüllen im Bremssattelhalter geben.

4. Bild 17: Bremssattel aufschieben.

4.1. Bild 21: Darauf achten, dass die Bremsbelagfeder innen-oben im Bremssattel richtig sitzt.

5. Bild 22: Bremssattel-Gleitstift oben und unten eindrehen, mit 27 Nm festziehen.

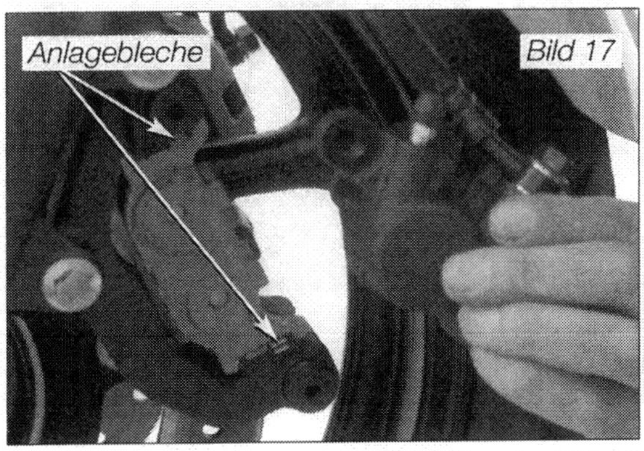

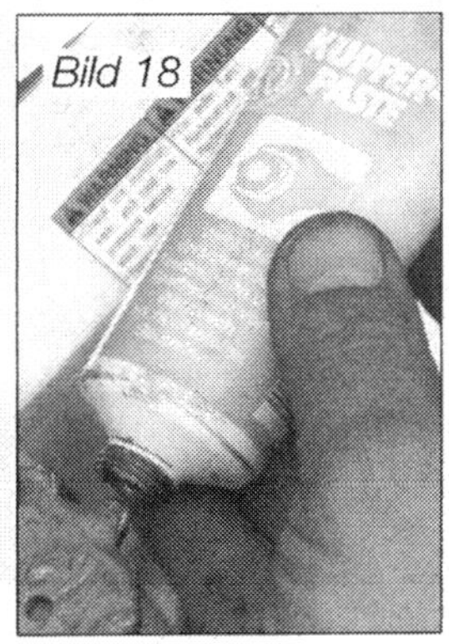

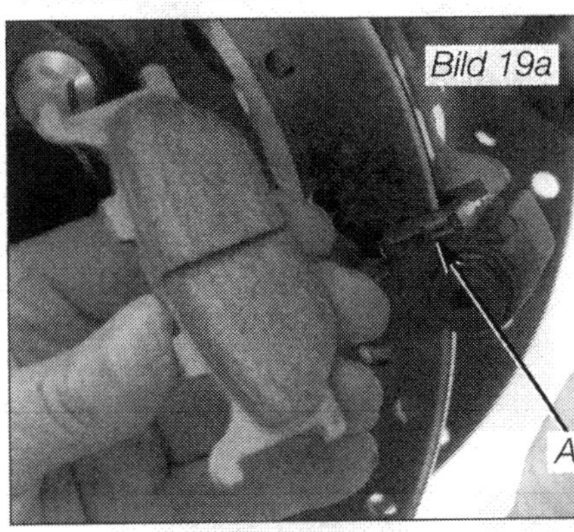

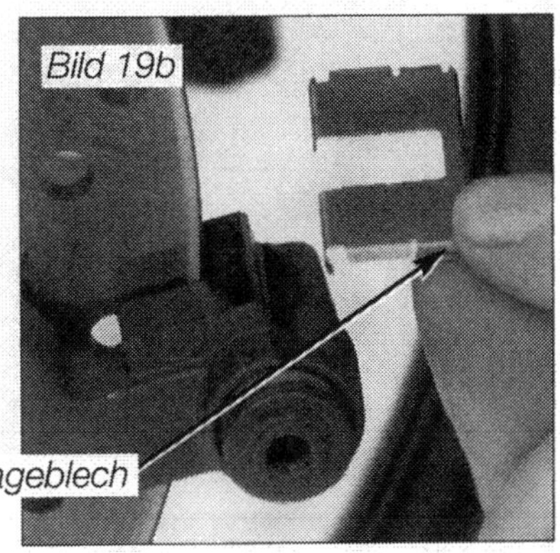

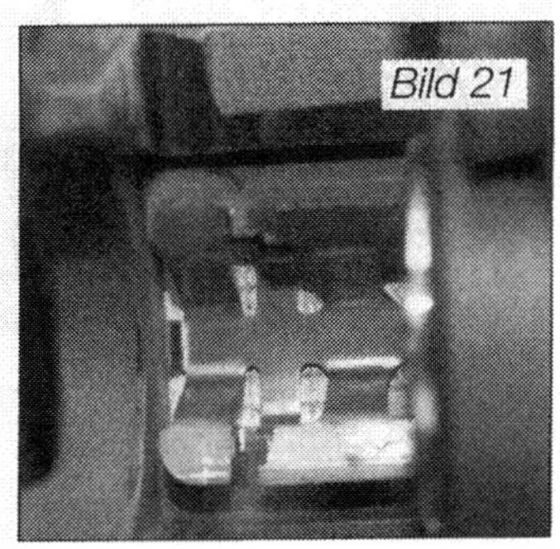

Bremsscheiben ab- und anschrauben
Im Kapitel 5 »Räder« ist das Ab- und Anschrauben der Bremsscheiben erklärt.

Bilder 16 bis 21: Im Lauftext sind die zu den Bildern gehörenden Arbeitsschritte nummeriert beschrieben.

Bilder 22 bis 30: Bildbeschreibung siehe Lauftext.

Bild 22

Bild 23a

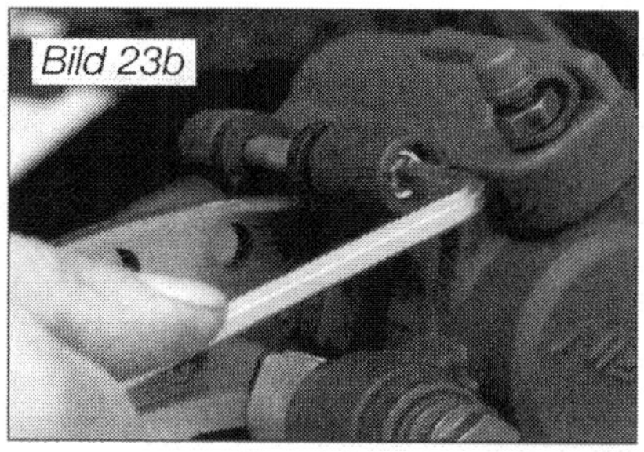
Bild 23b

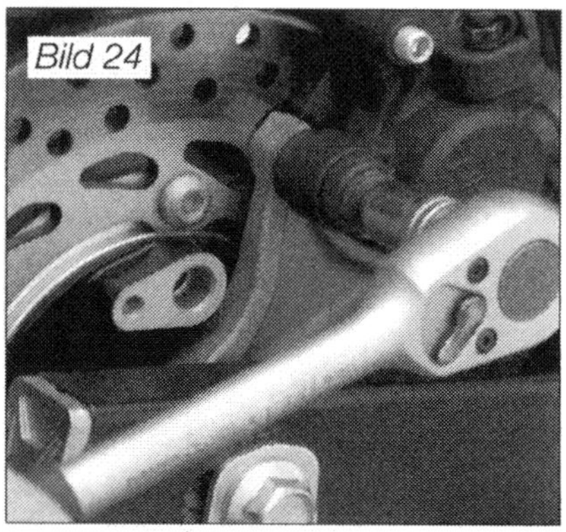
Bild 24

Bild 25

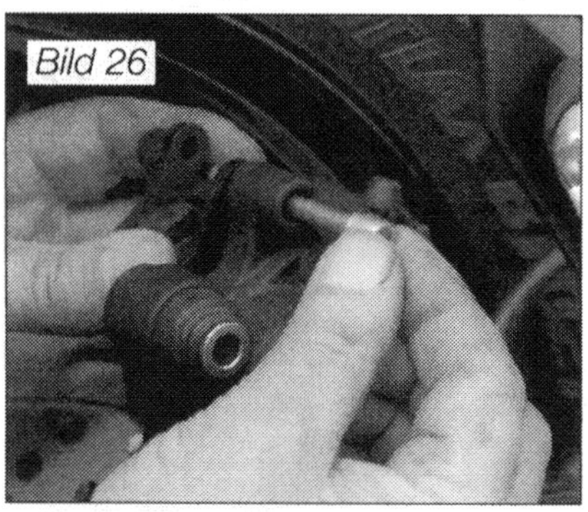
Bild 26

Bild 27

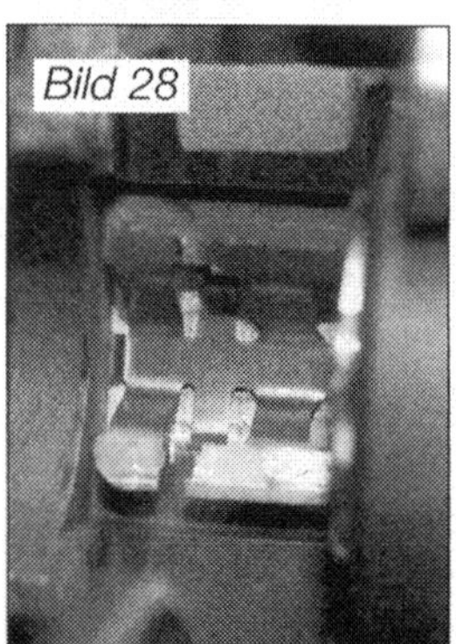
Bild 28

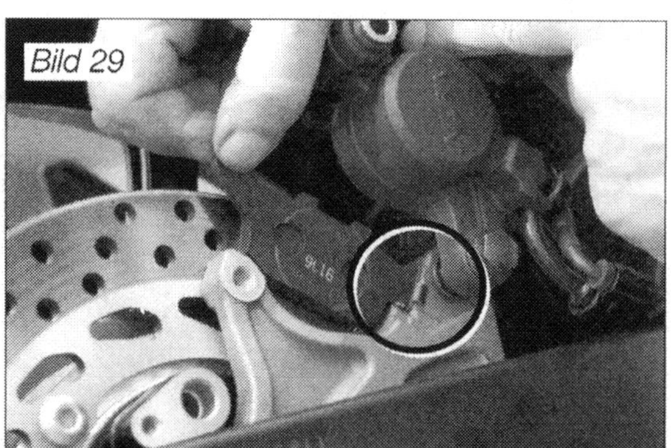
Bild 29

6. Durch Pumpen am Bremshebel Druck im System aufbauen, bis die neuen Bremsbeläge an der Scheibe anliegen. Bremsflüssigkeitsstand im Behälter kontrollieren!

■ Erst bei deutlich fühlbarem Druckpunkt ist die Bremse betriebsbereit!

7. Rad von Hand durchdrehen und prüfen, ob es frei läuft oder etwas schleift. Ganz leichte Schleifgeräusche können zu hören sein. Handbremshebel zwei-, dreimal betätigen, loslassen und Rad drehen: Alles in Ordnung?

Bremsklötze hinten wechseln

1. Bild 23a: Kontermadenschraube ausschrauben.

2. Bild 23b: Bremsklotz-Haltestift lösen und ausschrauben, aber noch nicht ausziehen.

3. Bild 24: Hintere Bremssattel-Befestigungsschraube ausschrauben.

4. Bild 25: Bremssattel hochschwenken.

5. Bild 26: Bremsklotz-Haltestift ganz ausschrauben/ausziehen, dabei beide Bremsklötze an ihren Enden nach oben drücken.

6. Bild 27: Bremsklötze aus Bremssattel herausziehen.

7. Bremssattel außen und innen mit Bremsenreiniger und sauberem Lappen reinigen. Bremsklotz-Haltestift mit Messingbürste reinigen.

8. Alten Bremsklotz einsetzen und mit festem Fingerdruck den Bremskolben zurückdrücken, um Platz für die neuen Bremsklötze zu schaffen.

9. Neue Bremsklötze einbauen. Der Bremssattel ist immer noch hochgeklappt wie in Bild 25:

9.1. Bild 28: Sicherstellen, dass die Feder innen-oben im Bremssattel richtig sitzt.

9.2. Bild 29: Äußeren Klotz in den Bremssattelhalter einsetzen. Seine Vorderseite muss im Anlageblech sitzen (Kreis in Bild 29).

9.3. Bild 30: Bremssattel nach unten schwenken. Hintere Schraube provisorisch eindrehen.

9.4. Bild 31a: Bremsklotz-Haltestift ein Stück weit einstecken bis durch die Bohrung des äußeren

Bild 30

Bremsklotzes und über die Bremsscheibe.
9.5. Bild 31b: Jetzt den zweiten Bremsklotz einsetzen, auch seine Vorderseite muss in das Anlageblech eingesetzt werden.
9.6. Bild 31c: Beide Bremsklötze hinten mit dem Finger nach oben drücken, Bremsklotz-Haltestift ganz durchschieben und lose in sein Gewinde eindrehen.
10. Bild 32: Hintere Schraube mit 23 Nm festziehen.
10.1. Bild 33: Bremsklotz-Haltestift mit 17 Nm festziehen.
10.2. Bild 23a: Kontermadenschraube eindrehen und mit 2,5 Nm festziehen.
11. Bremsbeläge durch mehrmaliges Pumpen am Fußbremshebel an Scheibe anlegen.
11.1. Stand der Bremsflüssigkeit im Vorratsbehälter prüfen, ggf. etwas absaugen oder auffüllen.
12. Rad von Hand durchdrehen und prüfen, ob es frei läuft oder etwas schleift. Ganz leichte Schleifgeräusche können zu hören sein, das ist normal. Fußbremshebel zwei-, dreimal betätigen, loslassen und Rad drehen: Alles in Ordnung?

Bremsflüssigkeit wechseln

Spätestens nach zwei Jahren muss die Bremsflüssigkeit erneuert werden. Denn je älter Bremsflüssigkeit wird, desto mehr Wasser aus der Luft hat sie aufgenommen, ihre Temperaturstabilität ist gesunken und deswegen beginnt sie entsprechend früher zu kochen. Wenn die Bremsflüssigkeit extrem mit Wasser versetzt ist, bilden sich bei Hitze regelrechte Dampfblasen in ihr und es besteht die Gefahr, dass die Bremsen bei extremem Einsatz, etwa bei Passabfahrten oder Rennstreckenbetrieb, plötzlich versagen, weil die auftretenden Dampfblasen komprimierbar sind und verhindern, dass der vom Bremshebel aufgebaute Druck an die Bremskolben weitergegeben wird: Der Bremshebel »fällt« durch.

Schnelle Fahrer oder pässebegeisterte Biker wechseln die Bremsflüssigkeit alle 12 Monate, weil die Bremsflüssigkeit durch den ständigen Wechsel von Erhitzen und Abkühlen besonders stark belastet wird.

Nachstehend erklären wir die mit einfachen Mitteln durchzuführende Handwerkermethode mit Schlauch, durchsichtigem Behälter (Glas) und Ringschlüssel.

Anmerkung: Bei allen XJ6-Modellen ohne oder mit ABS wird beim Bremsflüssigkeitswechsel die gesamte Bremsflüssigkeit erneuert, weil beim Durchpumpen der neuen Bremsflüssigkeit die alte ausgedrückt wird.

Bremsflüssigkeit wechseln, Bremshydraulik entlüften
Dieser Text gilt für das Entlüften der vorderen und hinteren Bremse, die Arbeitsschritte sind gleich.
■ **Ohne ABS:** Am Vorderrad zuerst den linken, dann den rechten Bremssattel entlüften.
■ **Mit ABS:** Am Vorderrad zuerst den rechten, dann den linken Bremssattel entlüften.

Bilder 31a bis 33: Siehe Lauftext.

Bilder 34a und 34b: Systemanordnung für Bremsentlüftung »per Hand« mit Glas, durchsichtigem Schlauch und Ringschlüssel.

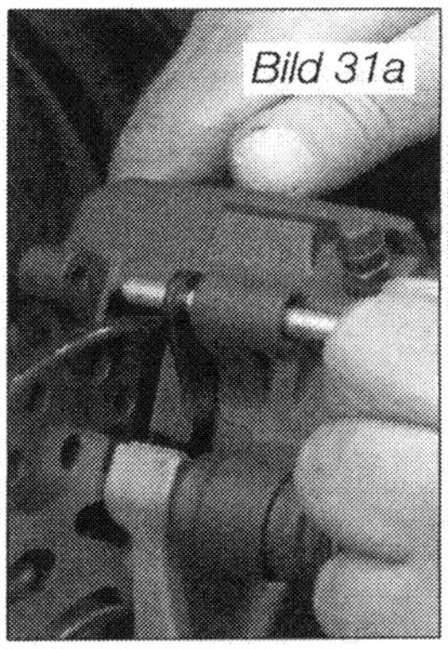

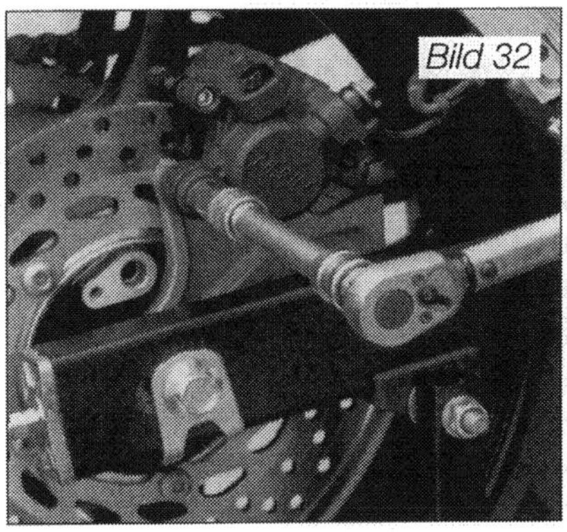

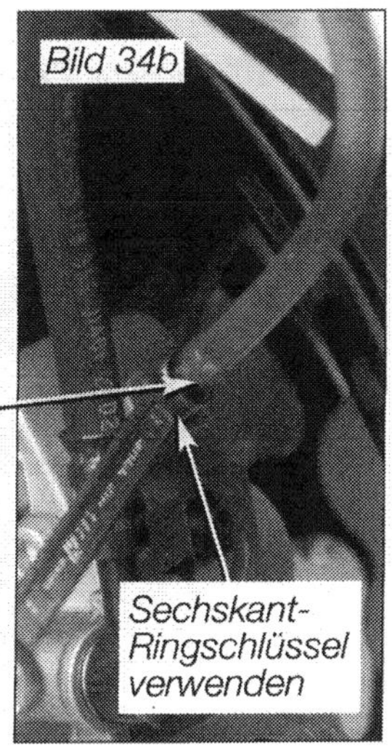

Arbeitsschritte für vordere und hintere Bremse

1. Vom Bremsflüssigkeits-Vorratsbehälter Deckel, Stützplatte und Membrane ausbauen.

2. Alte Bremsflüssigkeit aus Behälter absaugen z. B. mit Einwegspritze. Behälter innen und außen mit sauberem, nicht fusselndem Lappen reinigen.

3. Frische Bremsflüssigkeit einfüllen.

4. Entlüfterventil am Bremssattel: Gummikappe abziehen.

4.1. Bild 34b: Exakt passenden Sechskant-Ringschlüssel auf Sechskant des Entlüfterventils aufstecken.

■ Keinen 12-Kant-Ringschlüssel nehmen oder gar einen Gabelschlüssel, damit werden die Ecken des Sechskants am Entlüfterventil nur »rund gedreht«.

4.2. Bild 34a: Einen passenden, durchsichtigen Schlauch über das Entlüfterventil stülpen und mit Kabelbinder sichern. Anderes Ende in sauberem Gefäß enden lassen.

5. Bild 34a: Einen guten Schuss Bremsflüssigkeit in das Gefäß geben, Schlauchende in die Bremsflüssigkeit eintauchen.

5.1. Bild 34a: Gefäß so aufhängen, dass das Niveau der Bremsflüssigkeit etwas höher steht als das Entlüfterventil.

6. Bremshebel bzw. Bremspedal ein paar Mal anziehen/runterdrücken, bis Widerstand spürbar ist. Schön langsam pumpen und den Hebel/das Pedal zwischendurch immer einige Sekunden in Ruhestellung lassen, um zu gewährleisten, dass Bremsflüssigkeit luftfrei nachläuft.

7. Hebel/Pedal betätigen und am Widerstandspunkt gezogen/gedrückt halten.

8. Entlüfterventil 1/4 bis 1/3 Umdrehung öffnen, Hebel/Bremspedal ganz durchziehen/durchdrücken, Entlüfterventil schließen.

9. Hebel langsam wieder loslassen. Einige Male pumpen, Hebel in Druckposition halten, Entlüfterventil aufdrehen, Hebel durchziehen, halten und Entlüfterventil schließen. Hebel loslassen.

10. Schritte 6. bis 9. so lange wiederholen, bis nur noch saubere Bremsflüssigkeit ohne Luftblasen aus dem Schlauch kommt.

10.1. Dazwischen immer wieder nachsehen, ob im Vorratsbehälter noch genügend Bremsflüssigkeit ist: Pegelstand darf nicht unter Minimum- (»Lower«) Markierung fallen. Rechtzeitig nachfüllen, damit keine Luft ins System gelangt.

11. Tritt am Entlüftungsschlauch nur noch frische Bremsflüssigkeit ohne Luftbläschen aus, Bremshebel nochmals durchziehen/durchdrücken, Entlüfterventil zudrehen:

■ Vorderradbremse.................................... 6 Nm

■ Hinterradbremse .... 5 Nm

11.1. Umgebung mit reichlich Wasser reinigen, trocknen. Einen Tropfen Silikonfett in das Entlüfterventil schmieren, Gummikappe aufdrücken.

12. Abschließend Bremsflüssigkeitsstand nochmals prüfen und ggf. bis zur Markierung auffüllen.

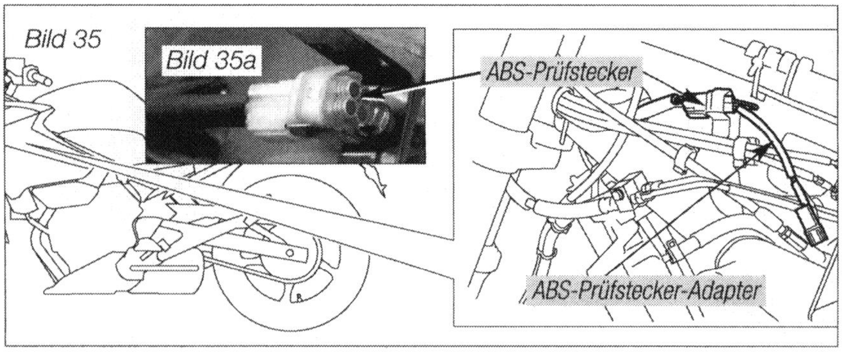

Bild 35: Lage des ABS-Prüfsteckers und Anschluss des ABS-Prüfstecker-Adapters.

Funktionstest ABS-Steuergerät

Bei Modellen mit ABS muss nach dem Entlüften ein Funktionstest des ABS-Steuergeräts durchgeführt werden. Dazu wird das Yamaha-Spezialwerkzeug »Prüfstecker-Adapter« benötigt (Nr. 90890-03149). Wenn man dieses nicht hat, geht man besser zum Yamaha-Händler.

1. Batteriespannung prüfen, Spannung muss mindestens 12,8 Volt betragen. Wenn nicht, Batterie laden.

2. Bild 35: Spezialwerkzeug »Prüfstecker-Adapter« an ABS-Prüfstecker anschließen.

3. Handbremshebel ziehen und gleichzeitig Fußbremshebel drücken, dabei Zündschlüssel im Zündschloss auf »ON« stellen.

4. Handbremshebel gezogen, Fußbremshebel gedrückt halten: Jetzt pulsiert zuerst der Handbremshebel, dann der Fußbremshebel, dann wieder der Handbremshebel.

4.1. Wenn das Pulsieren in dieser Reihenfolge und gleich stark erfolgt, ist das System in Ordnung.

4.2. Wenn nichts pulsiert oder es ungleichmäßig ist, muss man das Bremssystem auf Undichtigkeit odere Lufteinschlüsse prüfen.

5. Fehlercodes löschen (bzw. beim Yamaha-Händler löschen lassen).

6. Probefahrt: Dabei prüfen, ob beim Fahren die ABS-Kontrollleuchte erlischt.

Bremssättel, Bremspumpen

Laut Wartungsplan sollen alle zwei Jahre neben der Bremsflüssigkeit auch »die inneren Bauteile von Hauptbremszylinder und Bremssattel« erneuert werden. Es handelt sich um folgende Teile:

■ **Bremspumpen** (Bilder 36 und 37): Komplette Bremskolben, denn die Gummimanschetten sind auf die Metallkolben fest aufgezogen und können nicht für sich gewechselt werden. Seegerringe nach Ausbau entsorgen, beim Zusamenbau Neuteile verwenden.

■ **Bremssättel** (Bilder 38 und 39): Kolbendichtringe und Staubschutzringe sitzen in entsprechenden Nuten der Kolbenbohrungen.

■ **Dichtscheiben:** Weil zur Montage die Bremssättel abgebaut werden müssen, wozu man die Hohlschrauben der Bremsschlauch-Anschlüsse abschrauben muss, sind zum Anbau auch neue Dichtscheiben nötig.

Sonst noch etwas?

Bei einem alten oder schlecht gewarteten Motorrad kann es vorkommen, dass die Bremskolben durch starke Verschmutzung festsitzen, Manschetten und Dichtungen undicht sind oder Dreck in der Bremsanlage steckt und dadurch die Bremse nicht mehr einwandfrei funktioniert. Auch dann müssen die Bremssättel zerlegt und die defekten Teile gegen neue getauscht werden.

Allgemein wichtige Tipps für Bremssättel:

■ Schon beim Lösen der Bremsschlauchanschlüsse reichlich frische Lappen bereithalten und unterlegen.

■ Bremsklotzschacht im Bremssattel nur mit Bremsenreiniger reinigen, NIEMALS mit Ölspray!

■ Warnhinweise zum Bremsenreiniger siehe Anfang dieses Kapitels.

■ Bei Benutzung von Bremsenreiniger alle Teile im Umkreis des einzusprühenden Bremssattels mit Lappen großflächig abdecken.

■ Bremsenreiniger sparsam und gezielt einsetzen, Sprühkopf direkt auf zu reinigende Stelle richten, maximal zwei Sekunden betätigen.

■ Teile nach Benässen mit Bremsenreiniger sofort mit weichem, nicht fusselndem Lappen durchputzen.

■ Druckluft am Bremssattel nur sehr sparsam und ganz gezielt einsetzen.

Bremsschläuche ab- und anbauen

■ Wenn die Hohlschraube, mit der der Bremsschlauch am Bremssattel befestigt ist, zur Abnahme des Bremssattels abgeschraubt werden soll, öffnet man diese Hohlschraube am besten schon, wenn der Bremssattel noch an seiner Halterung festgeschraubt ist.

■ Beim Anbringen der Bremsschläuche unbedingt neue Dichtringe verwenden und darauf achten, dass die Bremsschläuche nirgends anstehen und ohne Knicke von ihrer Anschlussstelle wegführen.

■ Anziehdrehmoment der Hohlschrauben an Bremszylinder und Bremssättel vorne 32 Nm.

■ Anziehdrehmoment Hohlschrauben an Bremszylinder und Bremssattel hinten 30 Nm.

Bilder 36 und 37: Explosionszeichnungen der vorderen und hinteren Bremspumpe.

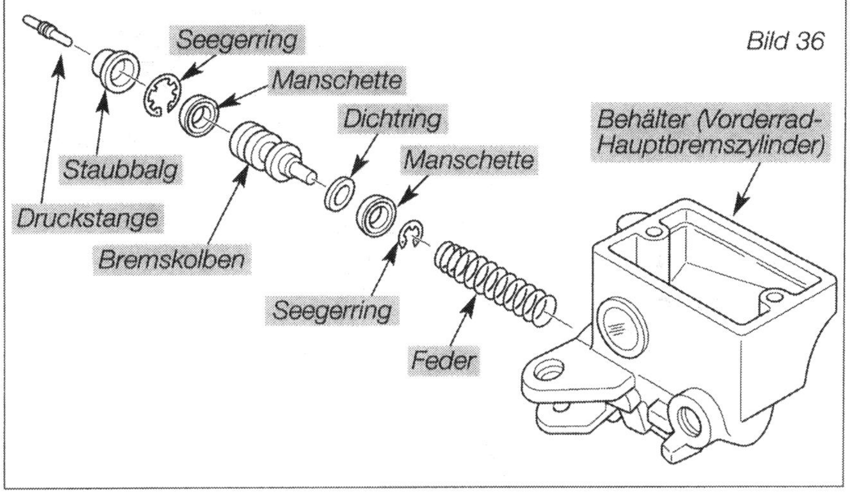

Bild 36

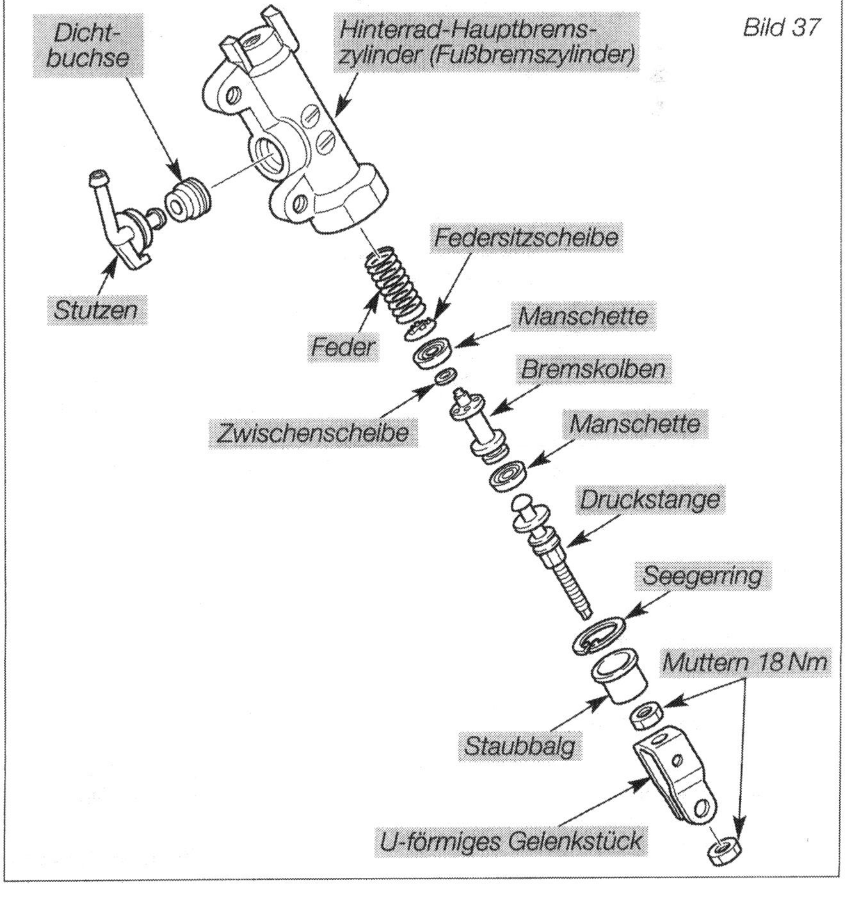

Bild 37

Bilder 38 und 39: Explosionszeichnung des vorderen und hinteren Bremssattels.

Bremssattel zerlegen

Vorderer und hinterer Bremssattel sind Faustsättel aus einem Stück. Die vorderen Bremssättel haben je zwei, der hintere Bremssattel einen Kolben. Die Arbeitsschritte zu Zerlegung, Prüfung und Zusammenbau von vorderem und hinterem Bremssattel sind gleich.

1. Bremsflüssigkeits-Vorratsbehälter öffnen, Bremsflüssigkeit absaugen.

Bild 38

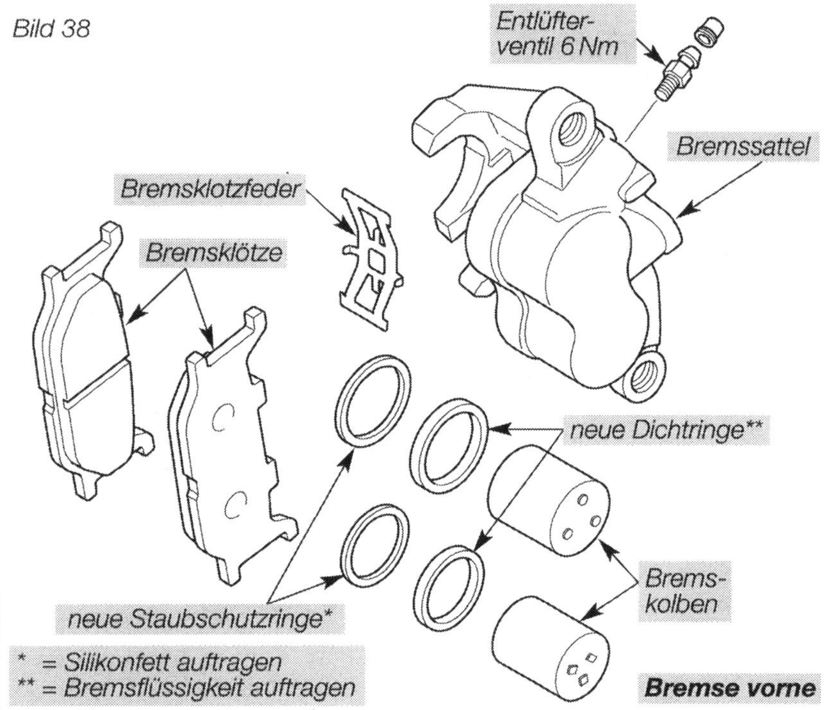

Bild 39

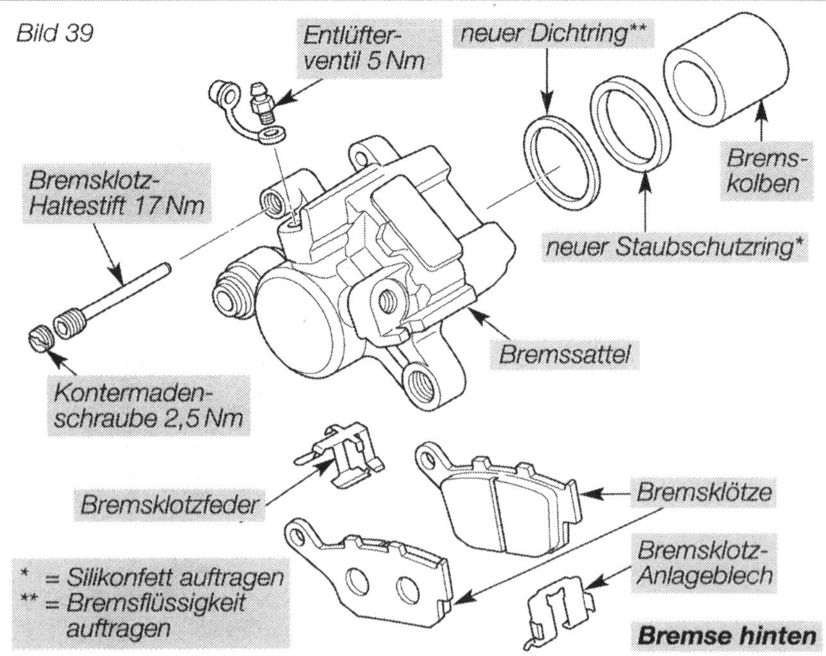

2. Bremsschlauch-Hohlschraube am Bremssattel lösen und abnehmen: Reichlich Lappen unterlegen, alte Bremsflüssigkeit in die Lappen ablaufen lassen!

3. Bremssattel abbauen, Bremsbeläge ausbauen. Alle Teile gut reinigen.

4. Holzstück in den Bremssattel über die Bremskolben legen, ganzes Teil mit der Hand festhalten, Druckluft in Bremsflüssigkeitsbohrung blasen, Kolben damit herausstoßen.

5. Staubschutz- und Kolbendichtringe mit einem kleinen stumpfen Schraubenzieher heraushebeln.

6. Entlüfterventil lösen und ausdrehen.

Bremssattel zusammenbauen

Umgekehrt zur Zerlegung. Speziell beachten:

- Alle Kolbendicht- und Staubschutzringe durch neue ersetzen.
- Kolben begutachten: Beim geringsten Zweifel am einwandfreien Zustand müssen diese erneuert werden.
- Nuten der Kolbvendichtringe müssen ganz sauber sein. Jeden noch so kleinen Dreck aus den Nuten herauspulen. Dazu einen abgewinkelten Messing- oder Kupferdraht nehmen, keinen harten Stahldraht!
- Vor dem Einsetzen der Kolbendicht- und Staubschutzringe diese mit Silikonfett oder »Paste für Bremsmanschetten« einschmieren und sorgfältig in ihre Nuten einsetzen.
- Kolben so einbauen, dass ihre offene Seite nach außen zu den Bremsbelägen gerichtet ist.
- Dichtungsnuten, Bremssattelzylinder und Kolben mit sauberer Bremsflüssigkeit reinigen und anfeuchten.
- Bremskolben beim Einbau nicht verkanten. Ganz tief in ihre Sackbohrungen eindrücken.
- Dichtlippen der Kolbendicht- und Staubschutzringe dürfen sich beim Einsetzen der Kolben nicht umwenden!
- Gummimanschetten in den Befestigungsbohrungen herausnehmen, reinigen, mit Silikonfett wieder einsetzen.
- Beim Anbau des Bremsschlauchs neue Dichtringe verwenden: Hohlschrauben vorne mit 32 Nm, Hohlschraube hinten mit 30 Nm festziehen.

Bremspumpen zerlegen

Vorderrad-Hauptbremszylinder

1. Bremsflüssigkeit absaugen, Hohlschrauben der Bremsleitung lösen und ausschrauben.

2. Bremshebel abmontieren: Mutter der Lagerbolzenschraube lösen und abdrehen, Lagerbolzen herausdrehen.

3. Schrauben in der Schelle, mit der die Bremspumpe auf dem Lenker geklemmt ist, lösen und ausdrehen, Klemmschelle abnehmen, Bremszylinder abnehmen.
3.1. Bremslichtschalter-Stecker abziehen.
4. Bremspumpe mit der Bremszylinderöffnung nach oben an der Klemmschelle in Schraubstock einspannen, Staubbalg aus Bremszylinder mit kleiner Spitzzange vorsichtig herausziehen.
5. Seegerring mit einer abgewinkelten Seegerringzange ausbauen: Dabei mit dem Daumen den Kolben gegen die Feder drücken. Kolben und Feder herausziehen.

Hinterrad-Hauptbremszylinder
1. Bremsflüssigkeit absaugen, Bremsleitung abmontieren.
2. Inbusschrauben der Bremszylinder-Befestigung herausdrehen.
3. Splint am Gelenk zum Bremspedal aufbiegen und ausziehen, Scheibe abnehmen, Bolzen ausziehen. Bremspumpe abnehmen.
4. Bremspumpe an den Befestigungsaugen in einen Schraubstock spannen, offene Seite oben.
5. Staubbalg aus Bremszylinder mit kleiner Spitzzange vorsichtig herausziehen.
6. Seegerring mit einer abgewinkelten Seegerringzange entfernen, dabei den Kolben mit dem Daumen gegen die Feder drücken. Kolben und Feder herausziehen.

Bremspumpe zusammenbauen
Montage in umgekehrter Reihenfolge:
1. Konische Feder mit dem großen Durchmesser nach innen weisend einsetzen.
2. Kolbensatz in Pumpe eindrücken, Seegerring einbauen, Staubbalg einschieben.
3. Bremspumpe anbringen:
■ Vorderradpumpe: Kontaktflächen mit etwas Fett einstreichen.
■ Lenkerschelle montieren – Kennzeichnung »UP« beachten! Obere Schraube zuerst festziehen, dann untere (mit 10 Nm).
■ Bei der Montage des Handhebels Lagerbolzen etwas einfetten, einstecken und Mutter mit 6 Nm festziehen.

Bremspumpe am Fußrastenausleger
Montage in umgekehrter Reihenfolge der Demontage, Schrauben mit 23 Nm festziehen.
■ Hohlschrauben mit neuen Dichtringen montieren, mit 30 Nm festziehen.

Befüllen des Hydrauliksystems und Bremse entlüften siehe Text weiter vorne in diesem Kapitel.

Probleme mit dem ABS?

Wenn das ABS nicht funktioniert, wird dies durch Blinken oder konstantes Leuchten der ABS-Anzeige (Bild 40) während der Fahrt im Cockpit angezeigt. Beim Anhalten der Maschine geht die Lampe nicht aus. Um festzustellen, ob die Lampe fehlerhaft arbeitet oder ein echtes Problem mit dem ABS vorliegt, gehen Sie folgendermaßen vor:
1. Wenn die ABS-Lampe während der Fahrt aufleuchtet, halten Sie an und schalten den Motor aus, indem die Zündung am Zündschlüssel AUSgeschaltet wird.
2. Nach einer Pause von etwas mehr als einer Minute den Motor starten und losfahren.

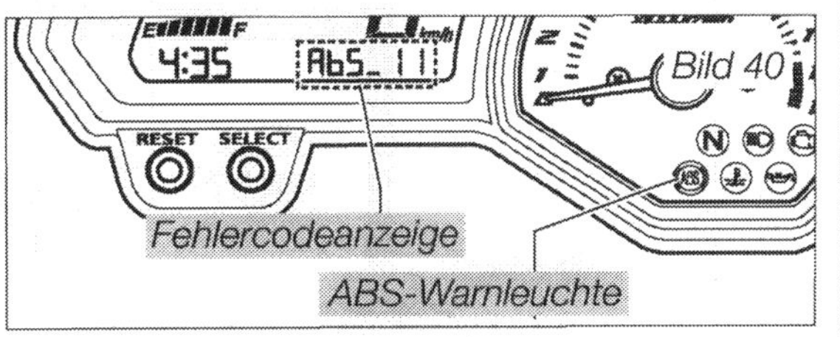

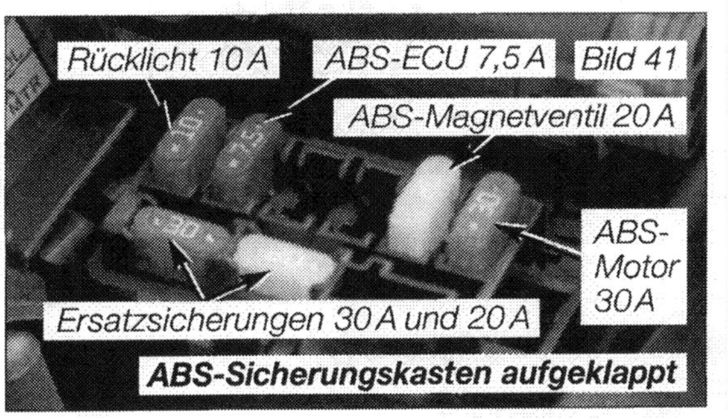

Bild 40: Wenn das ABS nicht funktioniert, wird dies durch Blinken oder Dauerleuchten der ABS-Anzeige im Cockpit angezeigt.

Bild 41: Sicherungskasten mit ABS-Sicherungen.

*Bilder 42a und 42b: Abstand **a** zwischen ABS-Sensorring und ABS-Sensorring-Gehäuse mit Messschieber messen:*
■ vorne: 29,13 bis 29,55 mm
■ hinten: 29,43 bis 29,85 mm

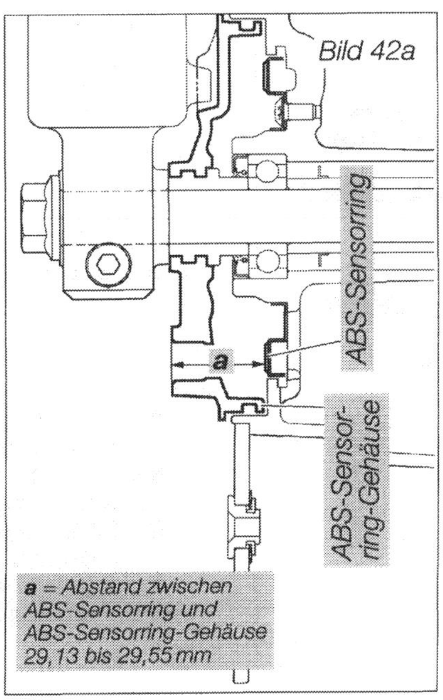

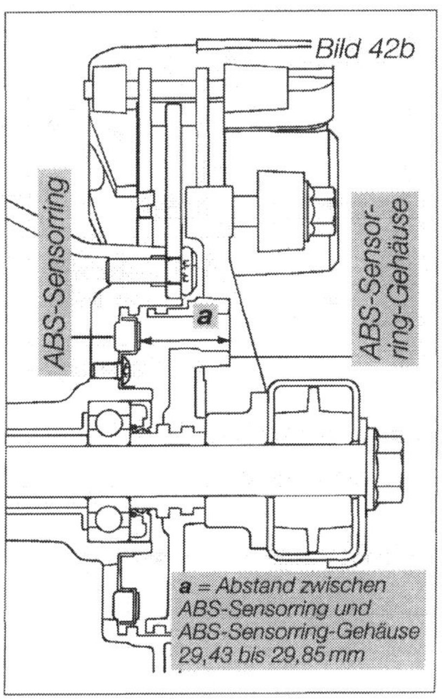

3. Wenn die ABS-Anzeige weiter leuchet und nicht ausgeht, funktioniert das ABS nicht.
Anmerkung: Bei einem Ausfall des ABS bleibt die Bremswirkung selbst erhalten; die Bremsen funktionieren dann wie eine normale Bremse ohne ABS.

4. Bild 41 zeigt die Sicherungen »ABS-Magnetventil«, »ABS-Motor« und »ABS-Steuereinheit« und ihre Einbaulage am Fahrzeug (siehe dazu auch Kapitel 13 »Sicherungen · Relais · Stecker«). Wenn das ABS nicht funktioniert, zuerst prüfen, ob diese Sicherungen durchge-

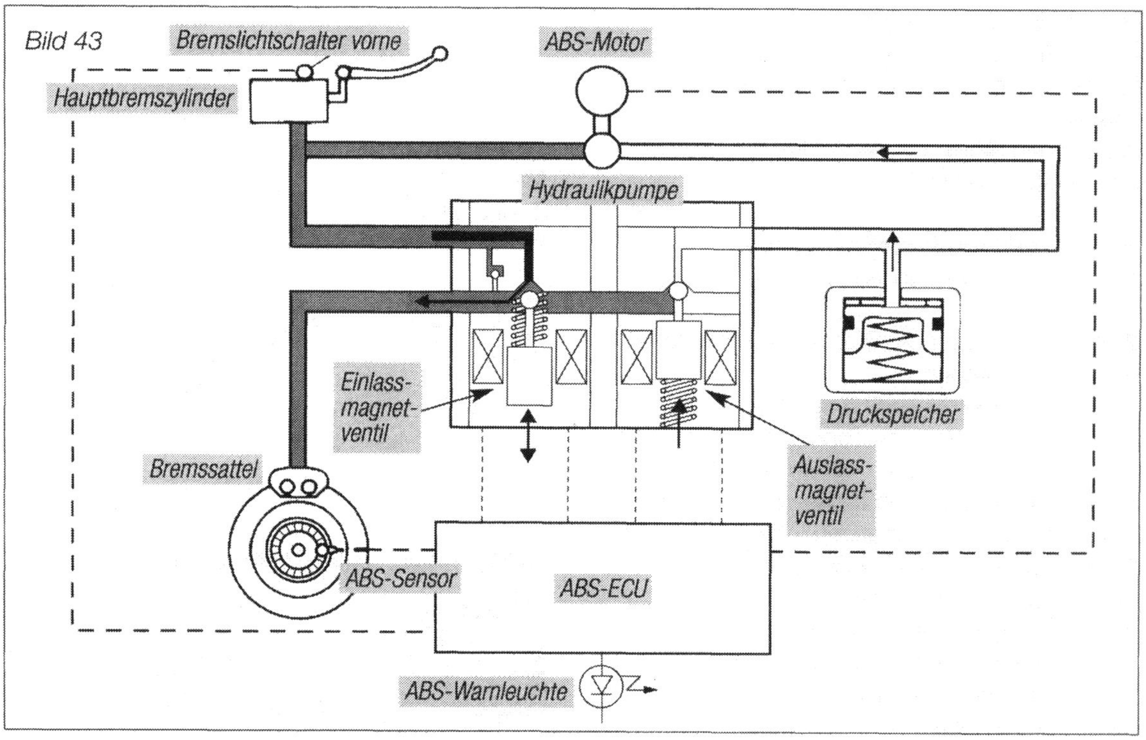

Bild 43: Systemzeichnung der ABS-Hydraulikeinheit (HU).

Bild 44: ABS-Schaltschema. ***Beachten:*** *Die Linien symbolisieren ausschließlich die Elektrokabel, nicht jedoch die Verlegung der Bremsschläuche.*

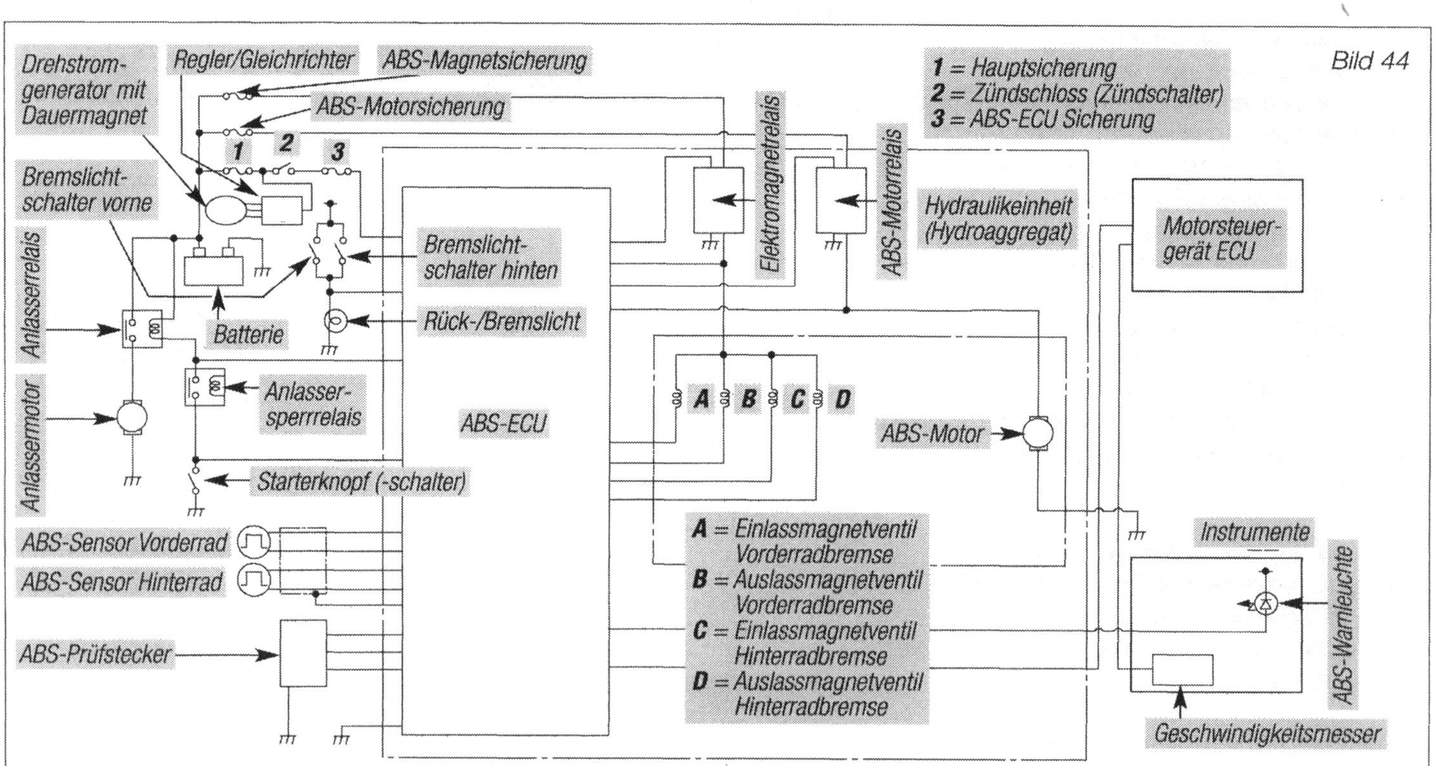

brannt oder ihre Steckverbindungen korrodiert sind: Defekte Sicherung erneuern, Korrosion mit feinem Schmirgelpapier und Kontaktspray beseitigen.

5. Bilder 42a und 42b: Prüfen Sie auch das Maß »a« zwischen der Anlagefläche des ABS-Sensors im Sensorring-Gehäuse und dem Sensorring.

- Maß vorne 29,13 bis 29,55 mm
- Maß hinten 29,43 bis 29,85 mm

Anmerkung: Dieses Maß soll auch genommen werden nach einem Wechsel der Radlager oder des Sensorrings.

6. Alle Sensoren müssen sauber sein, ihre Kabelstecker ebenso (siehe dazu Bild 45).

7. Der 18-polige Zentralstecker muss sicher in die ABS-Steuereinheit (ABS-Steuergerät) eingesteckt sein.

8. Batterie muss ok sein, ihre Spannung muss mindestens 12,6 Volt (oder mehr) betragen!

Kabel an den ABS-Sensoren

Die korrekte Verlegung der ABS-Sensorkabel muss bei der Begutachtung einer gebrauchten Maschine geprüft werden und auch dann, wenn das ABS unterwegs ausfällt. Denn es kann durchaus sein, dass durch grobes Herumwerken an den Sensoren und den Kabeln ein Wackelkontakt entstanden ist oder ein Kabel innerhalb der Isolierung abgedrückt ist.

Wenn das ABS nach Beachtung all unserer »Hausmann-Schraubertipps« immer noch nicht funktioniert, bleibt nur noch der Gang zum Yamaha-Händler, der mit dem Computer Fehler auslesen, Fehlerquellen eingrenzen und Fehler beheben kann.

Bremsschläuche

Ohne ABS: Die Bremsschläuche bei Maschinen ohne ABS sind aus speziellem Gummimaterial gefertigt. Auf beiden Enden sind so genannte »Ringösen« angebracht zur Befestigung mit Hohlschrauben an Bremspumpen und Bremssätteln. Die Bremsschläuche sollen laut Yamaha alle vier Jahre erneuert werden. Das Gummimaterial wird durch den permanenten Kontakt mit Bremsflüssigkeit mit der Zeit »weich«, der Bremsschlauch »quillt auf«, wodurch sein innerer Durchmesser kleiner wird. Dass dieses »Zuwachsen« den Durchfluss der Bremsflüssigkeit behindert und dadurch die Bremse immer weniger betriebssicher wird, bis sie irgendwann gar nicht mehr funktioniert, ist eine klare Folge.

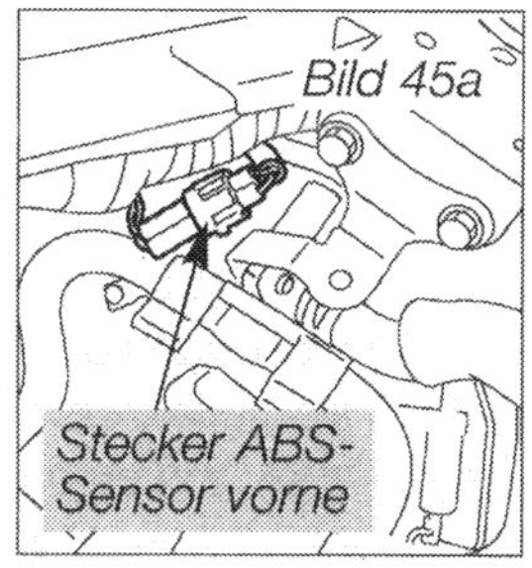

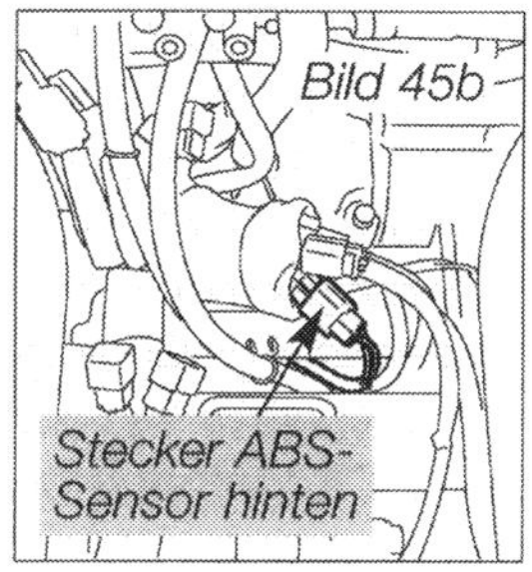

Bilder 45a bis 45d: Übersicht zur Lage der ABS-Bauteile.

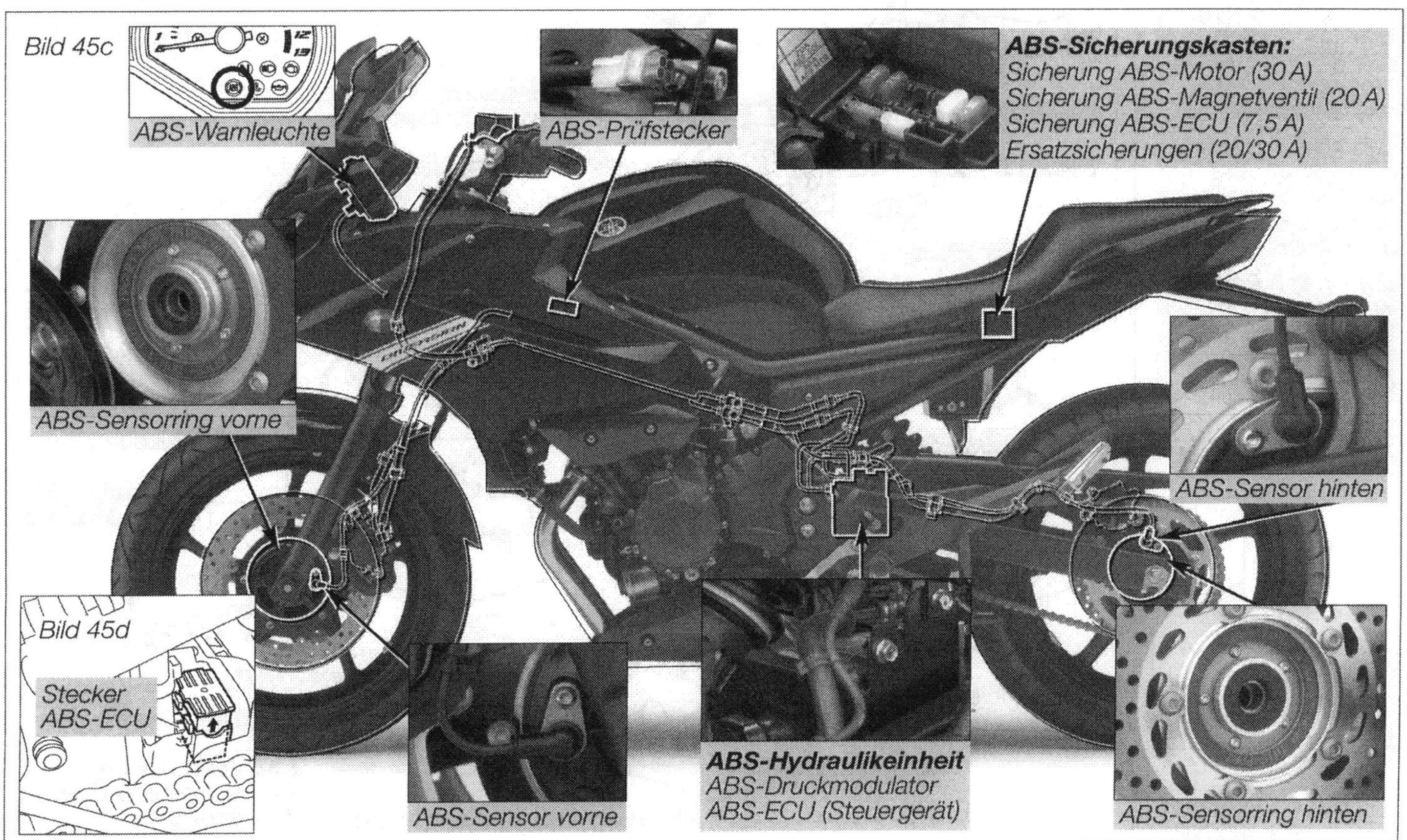

Sichtprüfung Messen

Mit ABS: Die Bremsschläuche der XJ6 mit ABS sind keine durchgehenden Schläuche im Sinne des Wortes, sondern aus verschiedenen Gummischlauch- und Metallrohr-Stücken zusammengesetzte Bremsleitungen. Umgangssprachlich werden auch sie »Bremsschläuche« genannt. Für ihre Alterungsbeständigkeit gilt das Gleiche wie bei den durchgehend aus Gummi hergestellten Bremsschläuchen der Modelle ohne ABS.

Bei den ABS-Modellen ist das Erneuern der Bremsschläuche mit großem schrauberischem und finanziellem Aufwand verbunden. Deswegen raten wir Ihnen rechtzeitig vor Ablauf der 4-Jahres-Frist (und somit vor Beginn einer eventuellen Eigenarbeit!) beim Yamaha-Händler nachzufragen, ob die Erneuerungsanweisung »alle 4 Jahre« noch gilt oder ob Yamaha eventuell neue bzw. längere Wechselintervalle vorschreibt.

Der Besuch beim Yamaha-Händler soll auch dazu dienen, dass dieser die Bremsschläuche begutachtet und seine Meinung zu ihrem technischen Zustand abgibt – also ob sie gewechselt werden müssen oder weiterhin an der Maschine bleiben können.

Wechsel der Bremsschläuche

■ Für eine Maschine ohne ABS raten wir zum Wechsel auf Stahflexschläuche.

■ Für Maschinen mit ABS raten wir dringend, den Bremsschlauchwechsel beim Händler machen zu lassen, weil die Leitungen zur ABS-Steuereinheit und von ihr weg sehr kompliziert verlegt sind und das Neubefüllen und Entlüften der ABS-Bremsanlage spezielle Werkzeuge und viel schrauberische Erfahrung voraussetzen.

Stahlflexleitungen anbauen

■ Kapitelabsatz »Stahlflexleitungen anbauen« gilt für Maschinen ohne ABS; bei ABS sollen die Bremsleitungen nicht auf Stahlflex gewechselt werden. Eine Stahlflexleitung besteht aus einem

Bild 46

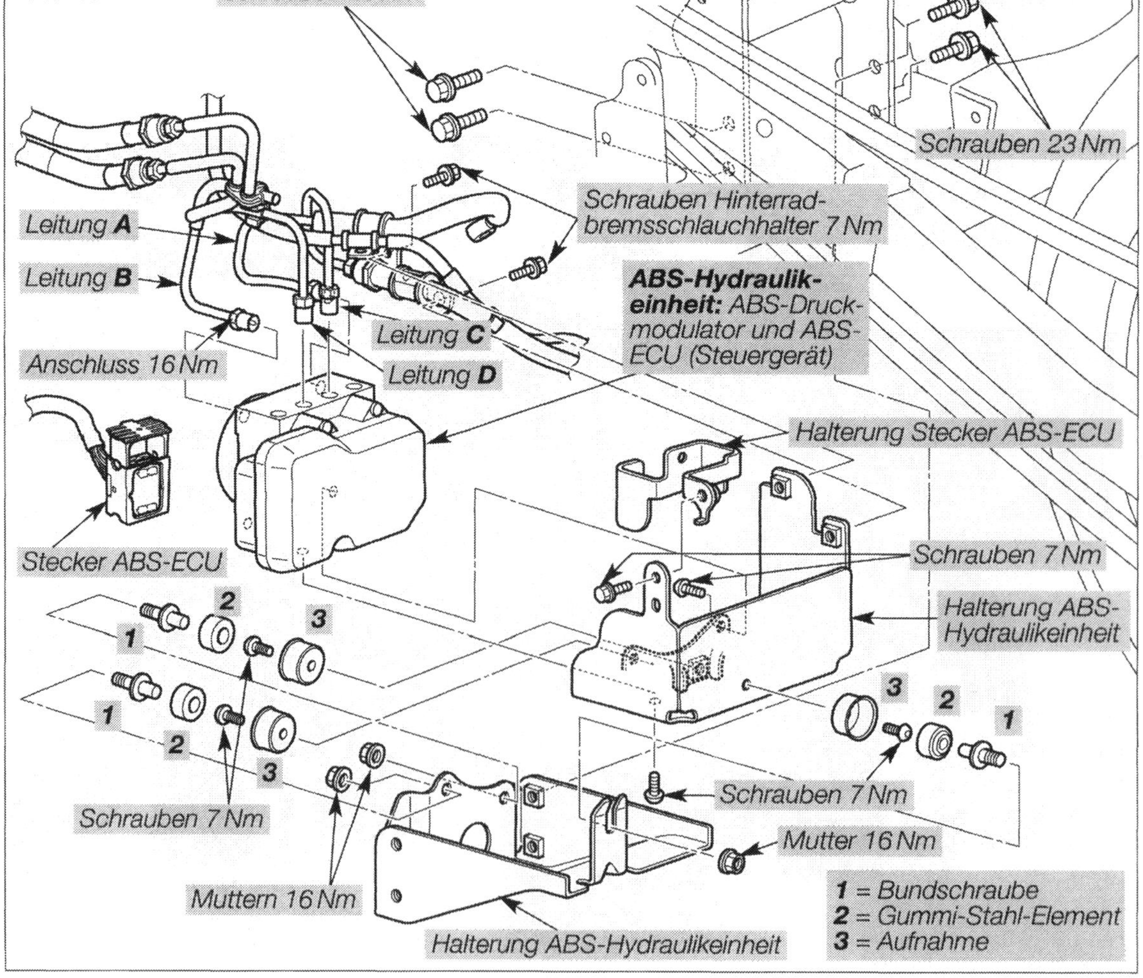

Bild 46: Halter und Abdeckungen der ABS-Hydraulikeinheit; sie befindet sich unten im Heckrahmen. Das ABS-ECU (Steuergerät) berechnet den Signaleingang von den ABS-Sensoren, überwacht die Schlupfbedingungen der Räder und sendet gleichzeitig Steuersignale zum ABS-Druckmodulator.

*Leitung **A** = Bremsleitung/Anschluss von Hinterrad-Hauptbremszylinder zu ABS-Hydraulikeinheit*

*Leitung **B** = Bremsleitung/Anschluss von Vorderrad-Hauptbremszylinder zu ABS-Hydraulikeinheit*

*Leitung **C** = Bremsleitung/Anschluss von ABS-Hydraulikeinheit zu Hinterrad-Bremssattel*

*Leitung **D** = Bremsleitung/Anschluss von ABS-Hydraulikeinheit zu Vorderrad-Bremssätteln*

Bild 47

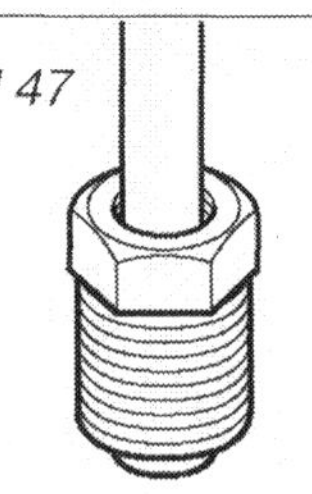

Bild 47: Überwurfmutter Bremsleitung.

Teflonschlauch, der mit einem flexiblen Geflecht aus Edelstahl ummantelt ist. Der Teflonschlauch übernimmt den Flüssigkeitstransport, während die Drahtumflechtung die Druckkräfte aufnimmt. Teflon altert nicht, weil es (im Gegensatz zu Gummi) weder Luft noch Wasser aufnimmt.

Neben dem Vorteil der Alterungsbeständigkeit dehnt sich eine Stahlflexleitung unter Bremsdruck nicht aus, die Bremse spricht direkter an. Sportlich ambitionierte Motorradfahrer schwören auf den Einsatz von Stahlflexleitungen.

Qualitativ hochwertige Stahlflexleitungen sind zusätzlich mit einem Kunststoffüberzug versehen, der andere Teile des Motorrads wie z. B. Gabel und Verkleidung vor Beschädigung schützt. Denn das äußere, sehr harte Edelstahlgewebe neigt im Laufe der Zeit durch die Bewegungen des Fahrzeugs dazu, sich in weichere Teile, an denen es auf- oder anliegt, einzuarbeiten wie ein Sägeblatt; es kann auch der Stahlflexschlauch selbst beschädigt werden.

Der Kunststoffüberzug wird in verschiedenen Farben angeboten, so dass man seinem Motorrad über die Bremsleitungen einen zusätzlichen individuellen Farbtouch geben kann. Stahlflexleitungen sind im Motorrad- und Zubehörhandel erhältlich. Sie müssen fachgerecht angebaut werden:

- Die Leitungen dürfen nirgends scheuern oder gar geknickt werden.
- Je nach verwendeter Stahlflexleitung empfiehlt es sich, sie auch an anderen Stellen als den serienmäßigen Gummischlauch-Halterungen mit Kabelbindern zu fixieren. Dabei dürfen die Kabelbinder nicht zu fest angezogen werden.
- Im Bereich der Gabel ist es besonders wichtig, den Einfederweg und den Negativfederweg zu berücksichtigen: Die Bremsleitungen müssen beim vollen Eintauchen der Gabel und beim vollständigen Ausfedern genügend Spiel haben, sie dürfen dabei keinesfalls spannen, also auf Zug belastet werden. Sonst können Beschädigungen an der Leitung auftreten, der Schlauch kann an der Anschlussstelle abknicken; im schlimmsten Fall bricht das Fitting (Ringanschluss) ab.

Hinweis: Zur hinteren Bremsschlauchverlegung verweisen wir auf die Zeichnungen am Ende des Kapitels 11 »Federbein · Schwinge«.

Bremsschläuche ab- und anbauen
Wir empfehlen dringend, das Erneuern der ABS-Bremsschläuche dem Yamaha-Händler zu überlassen, weil sehr viele elektrische und mechanische Bauteile abgeschraubt werden müssen.

Abbau
1. Bremsflüssigkeit aus Behälter aussaugen.
2. Schlauch auf Entlüfterventil am Bremssattel schieben, Ende in geeigneten Behälter stecken.
2.1. Entlüfterventil öffnen, restliche Flüssigkeit abpumpen oder durch die Schwerkraft ablaufen lassen.
3. Hohlschrauben an Bremssätteln abschrauben: Reichlich Lappen bereithalten!
4. Hohlschraube an Bremspumpe abschrauben, Befestigungsstellen der Bremsschläuche abschrauben.
5. Anschlüsse mit Bremsenreiniger putzen.

Einbau: Bremsschläuche verlegen und Anziehdrehmomente siehe Bilder und Zeichnungen in diesem Kapitel. Neue Dichtscheiben verwenden! Bremsflüssigkeit einfüllen, Bremsen entlüften.

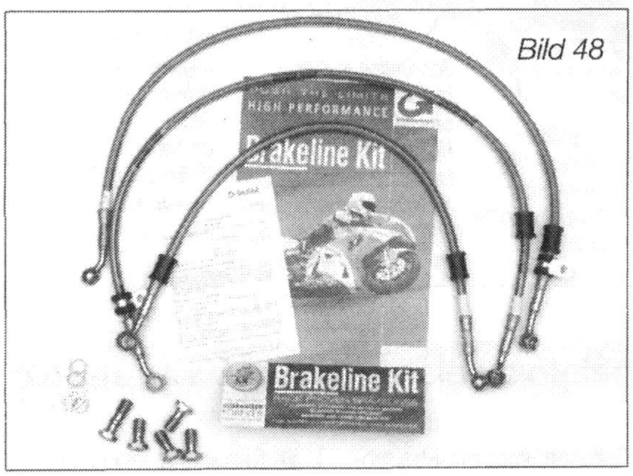

Bild 48: Stahlflex-Kit von Goodridge mit neuen Hohlschrauben und Dichtringen.

Wichtige Adressen

Alpha Technik
(Stahlflexleitungen, Bremsbeläge)
Alpha Technik GmbH & Co. KG
Äußere Salzburger Straße 201
D-83071 Stephanskirchen
www.alphatechnik.de

Import A:
Scooterfactory
Ferdinand Porsche Ring 13
A-2700 Wiener Neustadt
www.scooterfactory.at

Import CH:
Maute Motos
Industriestrasse 1
CH-9542 Münchwilen
www.maute.ch

BRAKING
(Bremsscheiben, Bremsbeläge)
Import D: Uwe Keszler
Import u. Vertriebs GmbH
Mühlenweg 1
D-24796 Bredenbek
www.braking.de

Import CH: Moto Mader
Ausserfeld 2
CH-5036 Oberentfelden
www.moto-mader.ch

Brembo (Bremsen, Ersatzteile, Bremsbeläge)
Import D und A:
Brune Motorradsport GmbH
Wöste 6, D-48291 Telgte
www.brunegmbh.de

Import CH: Hostettler AG
Haldenmattstrasse 3
CH-6210 Sursee
www.hostettler.com

Carbone Lorraine
(Bremsbeläge)
Import D: K-F-Z GmbH
Lise-Meitner-Ring 6
D-89231 Neu-Ulm
www.motorradbremse.de

France Equipement
(Bremsscheiben, Bremsbeläge)
D: France Equipement GmbH
Beinheimer Straße 25
D-76437 Rastatt-Wintersdorf
www.france-equipement.de

Goodridge Deutschland
(Bremsleitungen)
Talstraße 227
D-67434 Neustadt
www.goodridge.de

Lucas Girling
(Bremsscheiben, Bremsbeläge, Bremsleitungen)
D: TRW Kfz-Ausrüstung GmbH
Rudolf-Diesel-Straße 7
D-56566 Neuwied
www.trwmoto.com

Import A:
MB Bike Performance
Inselweg 2
A-2492 Eggendorf
www.wilbers.at

Import A:
M. Müller Importe
Josef Perger Straße 2/B1
A-3031 Pressbaum
www.muellerimporte.at

Import CH:
Freidig Moto-Active GmbH
Dorf 5H, CH-3456 Trachselwald
www.freidigmotoactive.ch

Import CH:
Meier & Lutziger AG
Kesselstrasse 2
CH-8957 Spreitenbach
www.motoport.ch

Spiegler Bremstechnik GmbH (Bremsscheiben, Bremsbeläge, Bremsleitungen, Bremssättel, Bremspumpen)
Krummholzstraße 5
D-79206 Breisach
www.spiegler.de

Import A: BRS Bremstechnik
Perfektastraße 6 – 8
A-1230 Wien
www.bremstechnik.at

Import CH: at Tec GmbH
Bucherstrasse 62
CH-8585 Happerswil
www.atec.ch

Bilder 1, 2 und 3: Aufbau einer hochwertigen Kette (Enuma) mit O- oder X-Ringen zwischen den Laschen. Eine X-Ring-Kette ist teurer als eine O-Ring-Kette, hält aber auch länger. In Bild 2 die Kettenlängen.

Kette

In diesem Kapitel: Hinterrad-Antriebskette · Kettenverschleiß · Werkzeuge · Kette und Kettenräder reinigen, kontrollieren, schmieren · Kettenspannung messen und einstellen · Kette und Kettenräder wechseln, vernieten.

Hinterrad-Antriebskette

Bei den XJ6-Modellen ist eine endlose Rollenkette mit O-Ringen zwischen den Laschen verbaut: DID 520 VP2, 118 Rollen lang. Diese Kette kann bei normaler Belastung und sehr guter Pflege eine Lebensdauer von 40 000 bis 50 000 km haben. Entscheidend für eine so lange Lebensdauer von Kette, Kettenritzel und Kettenrad ist, dass sie immer gut und richtig gepflegt werden, was nicht nur regelmäßige Reinigung und Schmierung bedeutet, sondern auch, dass die Kette immer korrekt gespannt ist.

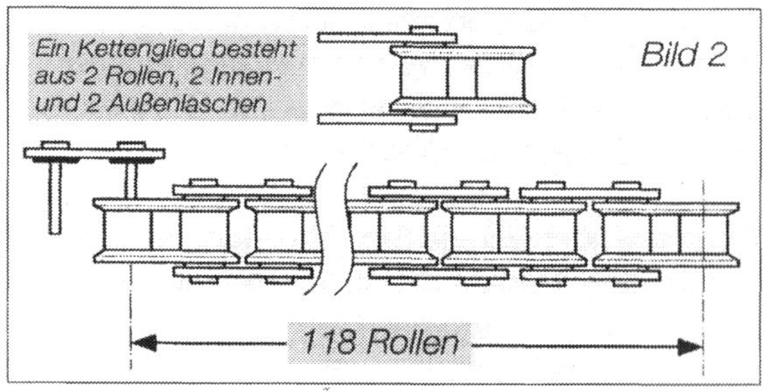

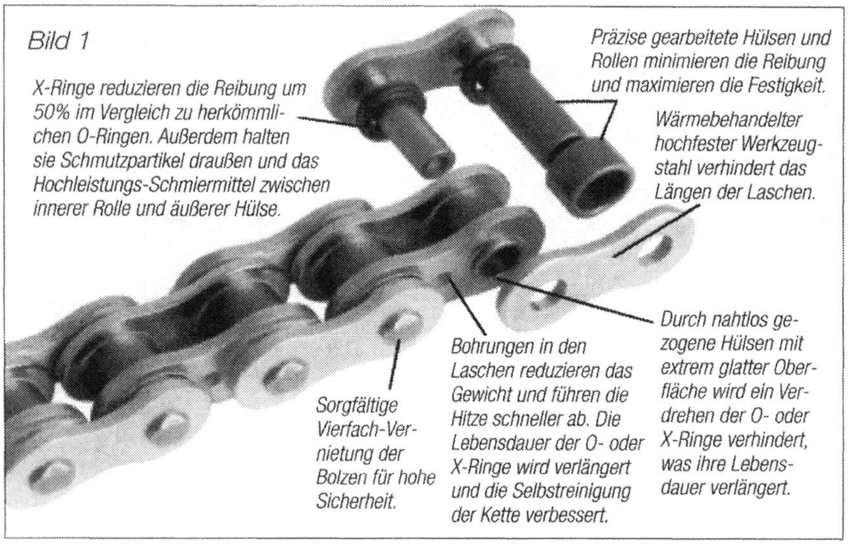

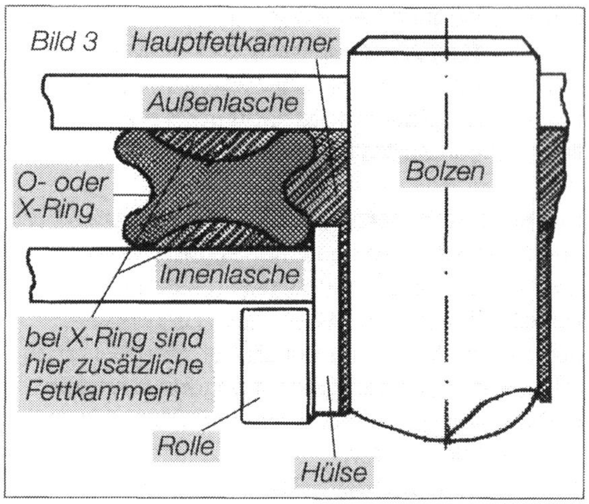

Sicherheitshinweise Achtung und Tipps für dieses Kapitel

Bei allen Arbeiten an der Kette gilt:

- Motor ist ausgeschaltet, Zündschlüssel abgezogen.
- Leerlauf einlegen.
- Wenn kein Mittelständer an der Maschine ist, sie auf Heckmontageständer aufbocken, so lässt sich besser daran arbeiten, als wenn sie schräg nach links geneigt auf dem Seitenständer abgestellt ist.

Im vorderen Bereich der Kette unter der Abdeckung sammelt sich abgeschleudertes Kettenfett vermischt mit Straßendreck, das zu festen Klumpen zusammenbäckt. Bei jeder größeren Reinigung der Maschine mit anschließender Kettenpflege ist es zu empfehlen, die vordere Kettenritzelabdeckung abzubauen, um den darin sitzenden Dreck herausputzen und alles gut reinigen zu können.

Beim Aufflexen der Kette unbedingt folgende Sicherheitsmaßnahmen beachten:

- Schutzbrille aufsetzen.
- Genügend Sicherheitsabstand zu Behältern mit brennbaren Flüssigkeiten oder Materialien einhalten (eventuell abgebauten Tank weit weg legen!).
- Weiter Abstand von der Schleifstelle zu brennbaren Materialien (auch Sägespäne gehören dazu, nicht nur offenes Waschbenzin!).
- Schild gegen den Funkenflug aufstellen, speziell gegen Lack- und Verkleidungsteile des Motorrads, damit diese durch Funkenflug oder herumfliegende Teile der aufgeflexten Kette nicht beschädigt werden.

Von der Kettenmarke Enuma (Importeur Schüller, *www.enuma.de*) gibt es Ketten mit Niet- oder Schraubschloss (Bild 4) für die Yamaha XJ6 sowie Kettenräder und Ritzel in Erstausrüstungsqualität. Das Enuma-Schraubschloss kann ohne Spezialwerkzeug montiert werden, es gilt in Fachkreisen als sehr betriebssicher und langlebig. Ebenfalls bei Enuma-Importeur Schüller gibt es ein qualitativ hochwertiges Spezialwerkzeug zum Trennen und Vernieten von Ketten, es nennt sich »Roller Chain Cutter/Reviter«. Enuma-Produkte sind ausschließlich im Motorrad-Fachhandel erhältlich.

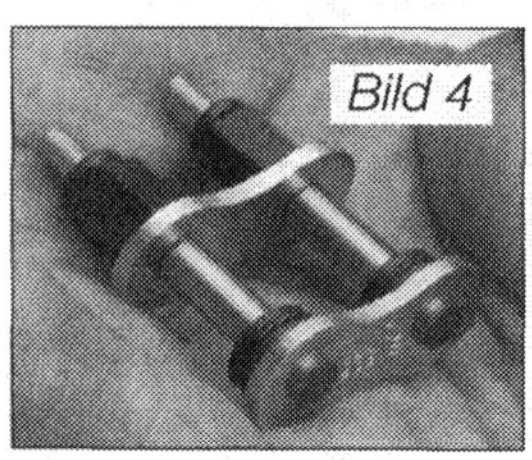

Bild 4: Schraubschloss von Enuma.

Laut Yamaha-Wartungsplan soll die Kette alle 1000 km geprüft, geschmiert und, falls es notwendig sein sollte, gespannt werden. Bei Einsatz unter großer Motorbelastung oder bei schlechtem Wetter soll die Kette öfter gewartet werden. Bei normaler Belastung und Fahrt bei schönem Wetter genügt es, vor der Fahrt die Kette anzusehen, ob sich noch Schmiermittel auf den Rollen befindet und die Spannung (»Kettendurchhang«) in Ordnung ist. Vorgeschrieben sind 45 bis 55 mm Kettendurchhang (»Kettenspannung«, Bild 5); wenn er größer ist, muss er korrigiert werden (siehe »Kettenspannung einstellen« weiter hinten in diesem Kapitel).

Wenn die XJ6 keinen Hauptstäder hat, empfehlen wir zum Reinigen, Schmieren und Spannen sowie zu allen anderen Arbeiten an der Kette die Maschine auf einem Heckmontageständer aufzubocken, denn wenn das Motorrad auf dem Seitenständer abgestellt ist, werden schon kleine Wartungsarbeiten an der Kette zu mühseligen Angelegenheiten.

Kettenverschleiß

Kettenverschleiß messen

Kettenverschleiß-Maßangabe von Yamaha lautet: *»Max. Länge von 15 Kettengliedern 239,3 mm«* und wird folgendermaßen gemessen:

1. Hinterachsmutter lösen, ungefähr zwei Umdrehungen aufdrehen.

2. Hinterrad mit den beiden Kettenspannern rechts und links gleichmäßig nach hinten ziehen, bis die Kette straff gespannt ist.

3. An einer beliebigen Stelle der Kette 16 (!) Nietbolzen abzählen. Mit einer großen Schieblehre oder einem Maßstab das Maß von Mitte des 1. Nietbolzens zur Mitte des 16. Nietbolzens nehmen (Bild 6): Wenn das Maß 239,3 mm beträgt oder größer ist, dann ist die Kette verschlissen und muss zusammen mit den Kettenrädern erneuert werden.

Weitere Verschleißindizien

Das Lebensende der Kette deutet sich an, wenn die Zähne der Kettenräder stark verschlissen sind und übermäßig »spitz« werden (Bilder 7 und 8) und sich die Kette am hintersten Punkt des hinteren Kettenrads mit den Fingern um mehr als eine halbe Zahnhöhe vom Kettenrad abheben lässt (Bild 8a).

Eine schlecht gepflegte Kette ist meistens »trocken«, also ungeschmiert, weil sich auch das beste Kettenschmiermittel mit der Zeit verflüchtigt: Es wird entweder abgeschleudert und/oder vom Regen abgewaschen. Wenn eine Kette über mehrere tausend Kilometer trocken gefahren wird, dann verschleißen die Rollen der Kette und die Zähne der Kettenräder übermäßig schnell, sie werden rau, glänzen metallisch und die Kette »hängt durch«. Dann werden in nächster Zeit 150 bis 250 Euro für einen neuen Kettensatz fällig.

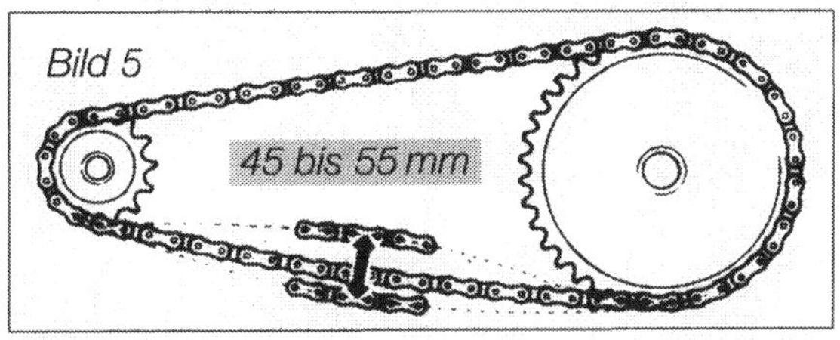

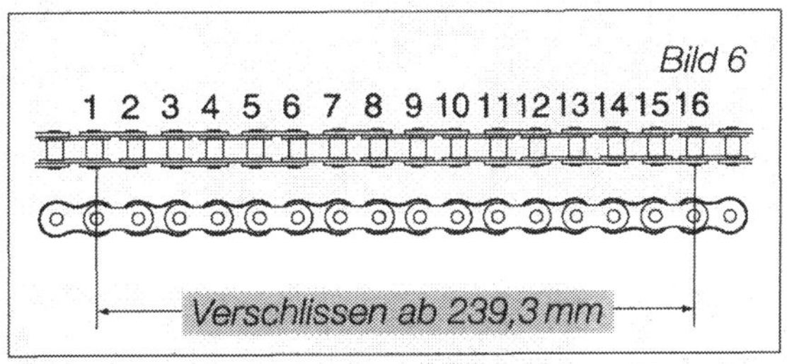

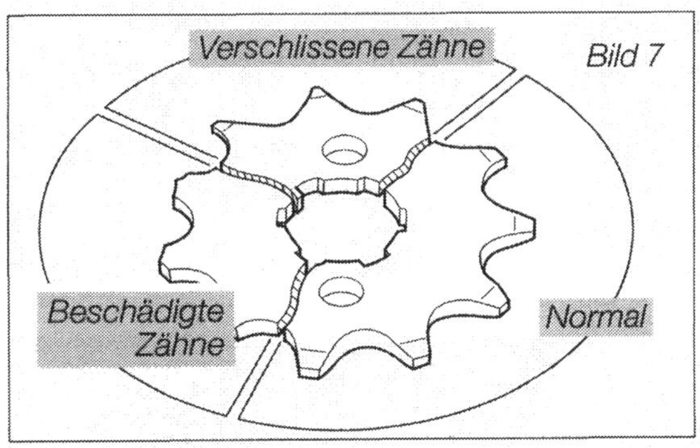

Bild 5: Kettendurchhang 45 bis 55 mm.

Bild 6: Verschleißgrenze der Kette 239,3 mm, sie wird über 15 Kettenglieder (= 16 Nietbolzen) gemessen.

Bilder 7 und 8: Verschleißbilder von Kettenritzel und Kettenrad.

Bild 8a: Lässt sich die Kette am hinteren Punkt des hinteren Kettenrades um mehr als eine halbe Zahnhöhe anheben, sind Kettenräder und Kette verschlissen.

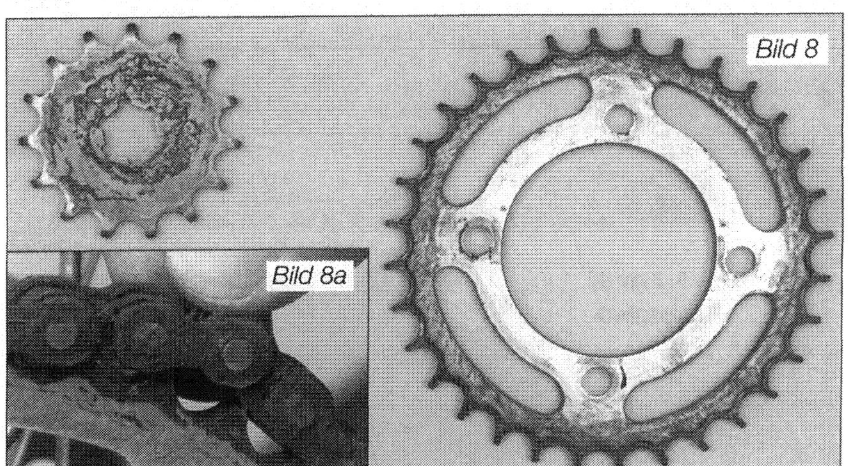

Kette reinigen und schmieren

Wenn man sich im Rahmen einer intensiven Motorrad-Waschaktion zu einer Kettenreinigung entschließt, sollte man auch die vordere Abdeckung am Getriebeausgang abnehmen und den dort sitzenden Dreck herausputzen: Die Abdeckung ist mit drei M6-Inbus-Schrauben befestigt (SW5) und rasch abgeschraubt.

Bilder 9 bis 12:

■ Zur intensiven Kettenreinigung die vordere Ritzelabdeckung abbauen.

■ Reifen zur Kette hin mit einem Stück Pappe abdecken.

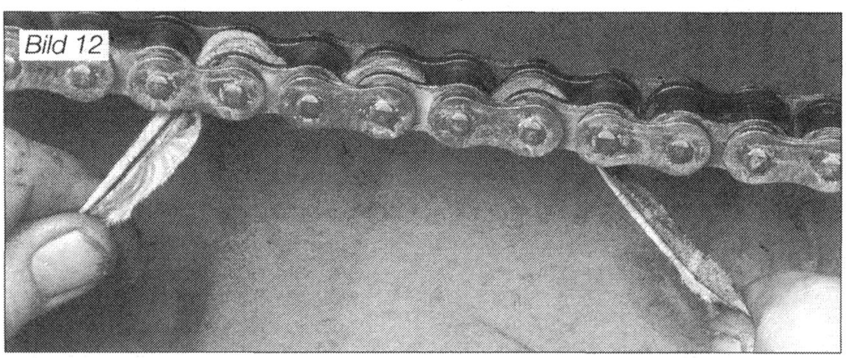

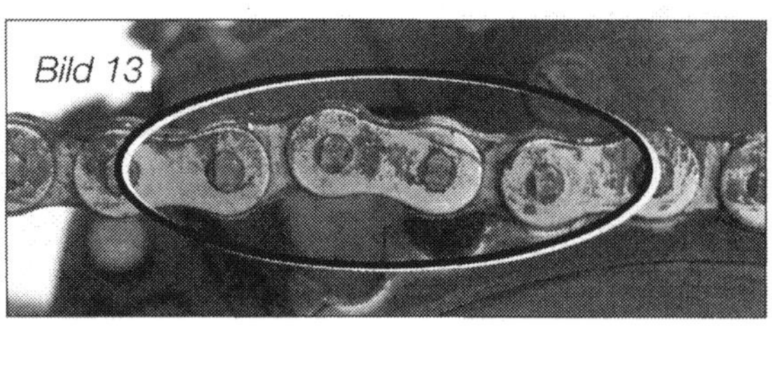

Bild 13: Festes Kettenglied.

■ Zwischen Kette und Reifen ein Stück feste Pappe einstecken, damit weder Reinigungsmittel, Dreck oder Kettenfett auf den Reifen gerät.
■ Kein zu scharfes Reinigungsmittel verwenden, dieses kann die O-Ringe in der Kette zerstören.
■ Bild 10: Ausdrücklich geeignet zur Kettenreinigung ist der Metall-Schnellreiniger von Enuma, er greift die O-Ringe nicht an.
■ Man kann auch Allzwecköl nehmen zur Reinigung der Kette; WD 40 bewährt sich auch hier. Auch Dieselöl eignet sich zur Kettenreinigung.

Kette reinigen

1. Motorrad ist so aufgebockt, dass sich das Hinterrad frei drehen lässt.
2. Bilder 10 und 11: Kette mit Reiniger und hartem Pinsel reinigen, gut mit nicht fusselndem Lappen abputzen und trocknen lassen.
3. Bild 12: Wenn die Kette stark verdreckt ist, weil sie lange Zeit nicht richtig gepflegt wurde, dann nehmen Sie sich die Zeit und reinigen alle Zähne von Ritzel und Kettenrad sorgfältig sowie die Kettenrollen mit einem Lappenstreifen.
■ Das mag zwar im ersten Moment mühsam erscheinen, aber der festgebackene Dreck in den Zähnen der Kettenräder und auf den Rollen der Kette muss ab, weil er wie Schmirgelpaste wirkt und damit den Verschleiß fördert.

Kette kontrollieren

1. Kette sorgfältig Glied für Glied auf lockere Nieten, beschädigte Rollen, trockene, verrostete, geknickte, verklemmte Glieder (Bild 13), übermäßige Abnutzung und fehlende O-Ringe überprüfen.
2. Kettenräder auf übermäßig abgenutzte, z. B. spitz zulaufende, abgebrochene oder beschädigte Zähne kontrollieren (Bild 7).
3. Muttern am hinteren Kettenrad und am vorderen Kettenritzel an der Getriebewelle auf festen Sitz prüfen. Im Normalfall lösen sich diese Schraubverbindungen nicht. »Normalfall« bedeutet: Kettenritzel und Kettenrad sind serienmäßig (Erstausrüstung) oder beim Wechsel der Kette/Kettenräder wurde sorgfältig gearbeitet.
4. Prüfen, ob das Kettenschleif-Führungsteil (wird auch »Kettengleitstück« oder »Kettenschleifschutz« genannt) links vorne auf der Schwinge genügend dick und an keiner Stelle durchgeschliffen ist.

Wichtig: Wenn der Kettenschleifschutz beschädigt ist, muss er unbedingt erneuert werden, sonst wird die Schwinge von der Kette angeschliffen (bringt zusätzlichen Verschleiß!).

Kette schmieren

Zur Schmierung der Kette eignet sich dickes Motoren- oder Getriebeöl (SAE 80 oder 90). Besser ist natürlich ein spezielles Kettenschmiermittel (»Kettenspray«, Bild 15), wie man es überall kaufen kann. Noch besser ist Kettenfett in der Dose, das mit einem Pinsel oder aus einer Flasche mit Auslaufpipette auf die Kette Rolle für Rolle aufgebracht wird. Das dauert allerdings länger als einfaches Aufsprühen des Schmiermittels, aber ein solches Kettenschmiermittel ist preiswert und effektiv.

Bild 14: Beispielhaft erwähnen wir die »HKS Hochleistungs-Ketten-Schmiere« von Ing. Czech (*www.hks-czech.de*). Das ist ein synthetisches Schmiermittel mit Festschmierstoffen. Auf den Rollen der Kette erzeugt es einen nahezu dauerhaft dicken, wasserfesten Schmierfilm ähnlich einer Kunststoffversiegelung.

Wichtig ist sowohl beim Schmieren mit Öl, Kettenspray oder Kettenfett, dass die Kette nach dem Reinigen frei von Reinigungsmittelrückständen und absolut trocken ist.

■ Bild 15: Schmiermittel immer von innen auf die Kette auftragen.

■ Nach dem Schmieren nicht gleich losfahren, sondern gut zehn Minuten warten, denn die im Kettenschmiermittel enthaltenen Lösungsmittel müssen sich erst verflüchtigen.

■ Alles Schmiermittel abputzen, das außen auf der Kette hängt (weil auf der Außenseite der Kette aufgebrachtes Schmiermittel nichts nutzt, sondern davonfliegt und die Maschine versaut!).

Kettenspannung

Als Kettenspannung wird der Durchhang der Kette an der straffsten Stelle bezeichnet. Er soll 45 bis 55 mm betragen (Bild 5). Die Kettenspannung wird am unteren Kettentrum zum Schwingenholm gemessen, ungefähr in der Mitte zwischen vorderem Kettenritzel und hinterem Kettenrad (Bilder 17a und 17b).

Benötigte Werkzeuge

■ Großer und kleiner Drehmomentschlüssel
■ Hinterachsmutter .... Nuss SW 22
■ Hinterachskopf .... Schlüssel SW 19
■ Kettenspannmuttern .... Schlüssel SW 12
■ Kettenfluchttester »Laser Cat« (Empfehlung)
■ 5er-Inbusschlüssel für Schrauben der Abdeckung des Kettenritzels

Wenn Kette und Kettenräder erneuert werden müssen, braucht man zusätzlich zu den Kettenspann-Werkzeugen:
■ 10er-Steckschlüssel (Nuss) für Schrauben der Kettenabdeckung
■ 5er-Inbusschlüssel (Nuss) für Klemmschraube im kleinen Schalthebel und die Schrauben, mit denen das Gehäuse des kleinen Kupplungshebels am Motorgehäuse befestigt ist
■ 30er-Nuss für Ritzelmutter

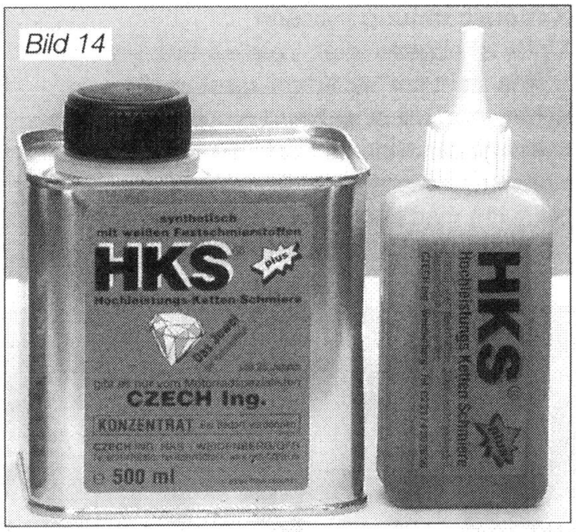

Wichtige Adressen:

■ **H.G. Czech Ing.** (Spezialschmiermittel für Motorräder)
Gyrhofstraße 28, D-50931 Köln
www.hks-czech.de

■ **Motorrad Schüller**
(Enuma-Ketten, Kettenzubehör)
Jahnstraße 10
D-68649 Groß-Rohrheim
www.enuma.de

■ **Profi Products** (Kettenfluchttester, Spurprüfsysteme)
Flörsheimer Ring 6
D-67705 Trippstadt
www.profi-products.de
www.faie.at
www.gcg-gering.ch

Bild 14: HKS-Kettenschmiermittel in Vorratsdose und Plastikflasche mit Spitze.

Bild 15: Kettenspray innen auf die Kette auftragen.

Bild 16: Mit dem Kettenfluchttester »Laser-CAT« kann man beim (und nach dem) Spannen der Kette prüfen, ob das hintere Kettenrad in Flucht zum vorderen Kettenritzel ist. Wenn »ja«, ist auch gesichert, dass das Hinterrad in Flucht zum Vorderrad läuft – eine wichtige Voraussetzung für gute und sichere Straßenlage!

Bilder 17a, 17b, 18a und 18b: Kettenspannung:
■ Kette nach unten ziehen, Maß nehmen (ca. 72 mm in Bild 17a).
■ Kette nach oben drücken, Maß nehmen (ca. 23 mm in Bild 17b).
■ Die Differenz (ca. 49 mm) ist der Kettendurchhang.

■ Verlängerung für Drehmomentschlüssel
■ 14er-Nuss für selbstsichernde Muttern am hinteren Kettenrad
■ kombiniertes Kettentrenn- und Vernietwerkzeug sowie einen 250-Gramm-Hammer
■ kleinen Meißel oder spitzen Durchschlag zum Entstemmen der Ritzelmutter
■ Reinigungsmittel (Bremsenreiniger), reichlich Lappen und schweres Wälzlagerfett zum Einfetten der Keilnuten in der Getriebeausgangswelle.

Kettenspannung messen

Motor ist abgeschaltet, Leerlauf eingelegt, Maschine steht auf Heckmontageständer:
■ Hinterrad mit einer Hand drehen und gleichzeitig mit der anderen Hand die Kette am unteren Kettentrum wippend leicht nach oben drücken. So sucht man die straffste Stelle, weil sich eine Kette mit der Zeit unregelmäßig verzieht.

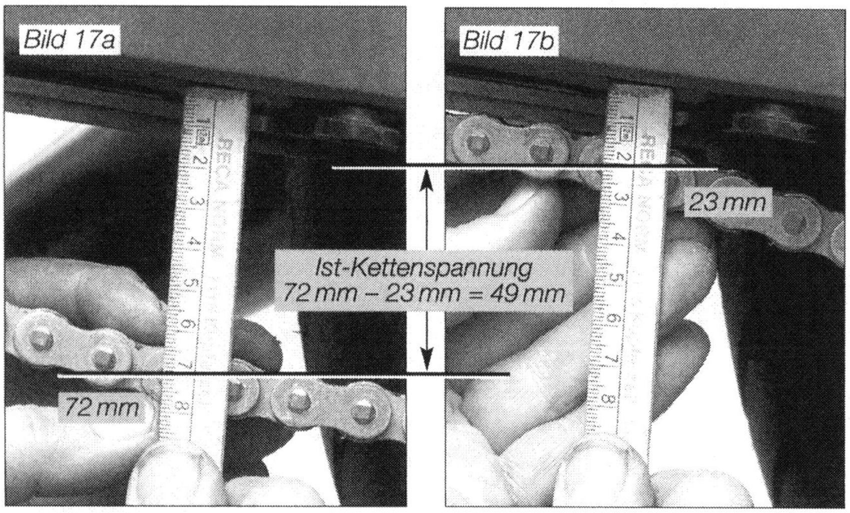

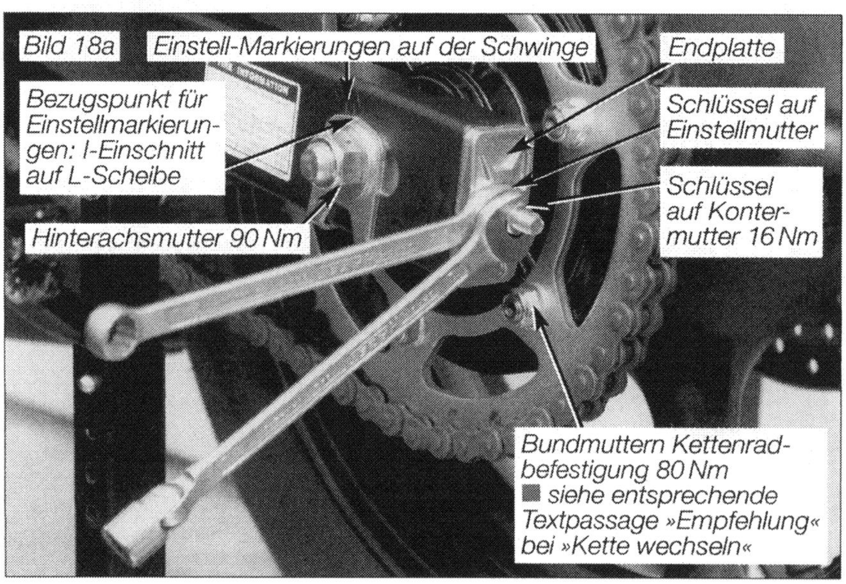

Kettenspannung einstellen

1. Achsmutter zwei Umdrehungen lösen, damit sich die Hinterachse leicht verschieben lässt.
1.1. Einstell- und Kontermuttern auf den Gewinden der Kettenspanner voneinander lösen (»entkontern«).
2. Bild 18b: Einstellmuttern gegen die Endplatten rechts herum drehen. In Vierteldrehungen rechte Einstellmutter – linke Einstellmutter – rechte Einstellmutter – linke Einstellmutter vorgehen, bis Kette korrekten Durchhang hat.
2.1. Bild 18a: Dabei kann man sich grob an den Markierungen orientieren, die auf der Schwinge angebracht sind.
■ Bezugspunkte zu diesen Markierungen sind die kleinen I-Einschnitte oben auf den L-Scheiben, sie müssen sich rechts und links mit dem jeweiligen Strich auf der Schwinge decken.
3. Achsmutter mit 90 Nm festziehen.
4. Kettenspann-Einstellmuttern gegen die Endplatten »gut handfest« festziehen.
4.1. Bild 18a: Kontermuttern mit 16 Nm festziehen. Dabei die Einstellmutter mit einem Gabelschlüssel auf Zug festhalten.
■ Kettendurchhang erneut prüfen.

Kette wechseln

Bei normalem Verschleiß sind Kettenräder und Kette zugleich verschlissen und müssen gemeinsam erneuert werden. Nie Neu- und Altteile kombinieren, denn diese nutzen sich gegenseitig extrem schnell ab.

Neue Kette kaufen

Wenn eine neue Kette notwendig wird und Sie sich keine Yamaha-Originalkette kaufen können (oder möchten), haben Sie im Zubehörhandel die Wahl zwischen drei verschiedenen Ketten: endlos vernietete, solche mit Nietschloss oder mit Federclipschloss.
■ Um eine **endlos vernietete Kette** zu montieren, muss die Schwinge ausgebaut werden.
■ Am besten eine **offene Kette mit Nietschloss** kaufen. Ein neues Nietschloss ist bei

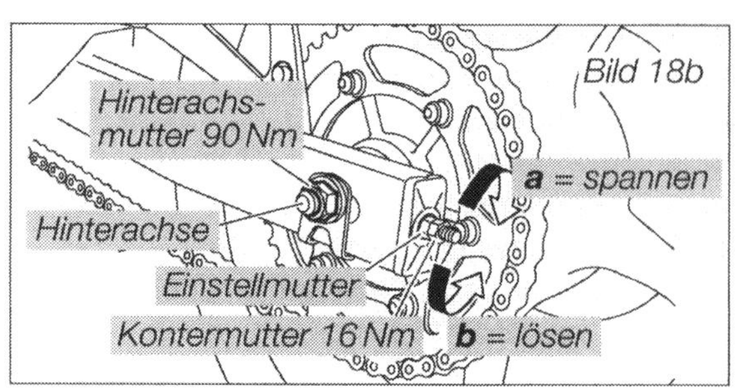

der neuen Kette in der Packung. Zum Vernieten ist allerdings ein Spezialwerkzeug erforderlich.
■ **Kaufen Sie in keinem Fall eine Billigkette mit Federclipschloss!**

Falls Sie keine Möglichkeit haben, eine neue Kette mit Nietschloss fachgerecht zu vernieten, können Sie die neue Kette mit einem Schraubschloss montieren (siehe Bild 4 mit zugehörigen Textabsatz in »Achtung und Tipps« am Anfang dieses Kapitels).

Sowohl zum Trennen der alten Kette wie auch zum fachgerechten Zusammenbau und Vernieten der neuen zeigen wir beispielhaft in diesem Kapitel das kombinierte Kettentrenn-/Vernietwerkzeug von Enuma. Sollte ein solches Spezialwerkzeug nicht zur Hand sein, kann man die alte Kette zum Abnehmen auch an den Laschen oder den Nietköpfen mit einer Flex durch- bzw. aufschleifen (»aufflexen«). Allerdings verlangt das (nach dem Aufziehen der neuen Kette) »freihändige« Vernieten der Niet-Überstände der Kettengliedbolzen eine geübte Hand, die den Hammer zielsicher führen kann, was nicht jedermanns Sache ist. Deswegen ist ein Kettentrenner-/Vernietwerkzeug immer die beste Wahl.

Alte Kette abbauen
Motorrad steht sicher aufgebockt auf einem Heckmontageständer.
1. Ritzelabdeckung abschrauben. Dreck herausspülen und sauber putzen.
2. Bild 19a: Gehäuse des kleinen Kupplungshebels abschrauben: Die drei Inbusschrauben ausdrehen, Kupplungshebelgehäuse abnehmen, Kupplungszugnippel aus Lasche ausfädeln.
2.1. Bild 19b: Kupplungsdruckstange ausziehen.
2.2. Kettenführung abnehmen.
3. Bild 20: Mit kleinem Meißel oder dünnem Durchschlag die Verstemmung der Ritzelmutter auf der Getriebewelle lösen.
4. Hinterrad durch Druck auf den Fußbremshebel blockieren. KEINEN Gang einlegen und die Ritzelmutter so öffnen wollen!
4.1. Mit exakt passender 30er-Sechskantnuss und Verlängerung die Ritzelmutter öffnen (Bild 22). **NICHT** versuchen, die Ritzelmutter mit einem Gabelschlüssel zu öffnen, das geht schief und ist sehr gefährlich, weil man mit Sicherheit abrutscht und sich die Hände verletzt!
4.2. Falls sich das Hinterrad mitdreht, weil die Mutter extrem fest ist und die Bremskraft zum Gegenhalten beim Öffnen der Schraube nicht ausreicht, einen Hammerstiel (Bild 21) oder ein Holzstück durch das Rad stecken und eine Speiche gegen die Schwinge blockieren.
■ Dabei weder die Bremsleitung noch das ABS-Kabel drücken.
4.3. Am einfachsten kann man die Mutter mit einem Druckluft-Schlagschrauber lösen.
5. Nach dem Öffnen der Ritzelmutter alle Kettenrad-Befestigungsmuttern am Hinterrad lösen und zwei Umdrehungen öffnen.
6. Kette mit dem Kettentrennwerkzeug durchtrennen:
6.1. Nietglied suchen (Bild 23).
6.2. Kettentrenner ansetzen, Gewindebuchse mit Zange festziehen, Durchschlag einschieben, Kettentrenner mit einer Hand festhalten und mit

Bilder 19a bis 22: Im Lauftext sind die zu den Bildern gehörenden Arbeitsschritte nummeriert beschrieben.

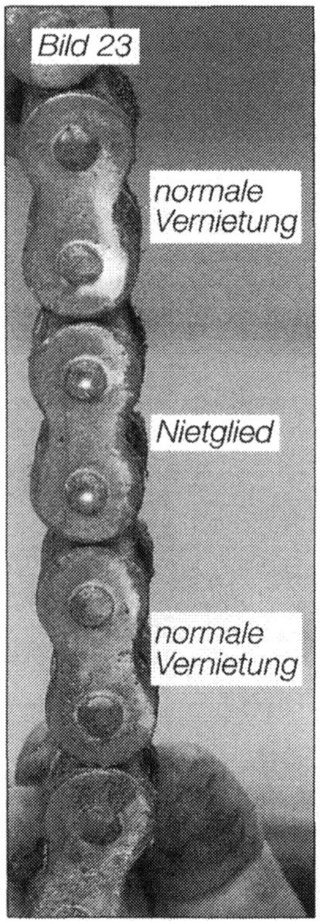

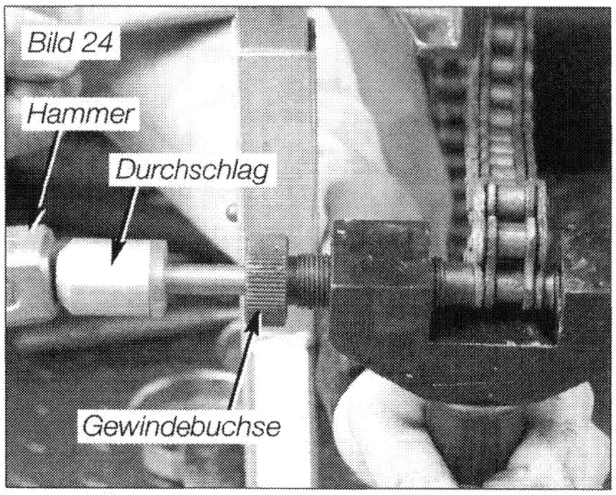

Bilder 23 bis 27: Im Lauftext sind die zu den Bildern gehörenden Arbeitsschritte nummeriert beschrieben.

dem Hammer in der anderen Hand kräftig auf den Durchschlag klopfen (Bild 24): Bolzen wird entnietet (Bild 25).

7. Kette trennen (Bild 26) und von Kettenrädern abziehen.

Neue Kette und Kettenräder montieren

1. Altes Kettenritzel vorne abziehen. Getriebeabtriebswelle mit Bremsenreiniger reinigen. Keilnuten mit dickem Fett schmieren.

2. Neues Ritzel mit der Aufschrift nach außen aufschieben.

2.1. Es soll eine neue Ritzelmutter verwendet werden: Mutter handfest aufdrehen, aber NOCH NICHT festziehen.

3. Kettenrad hinten wechseln:

3.1. Hinterrad ausbauen, Kettenradmuttern abdrehen, altes Kettenrad abnehmen.

3.2. Anlageflächen am Kettenblattträger und Gewinde der Stehbolzen gut reinigen, Anlageflächen des Kettenrads etwas einfetten oder einölen, neues Kettenrad mit der Aufschrift nach außen weisend aufstecken, eingeölte Muttern aufdrehen und handfest anziehen.

3.3. Kettenspann-Einstellmuttern ganz weit lösen (nach hinten drehen), Hinterrad einbauen, Hinterachse möglichst weit nach vorne schieben.

4. Neue Kette auf Kettenräder aufziehen.

4.1. Nietglied gut mit Kettenfett einfetten, neue Dichtringe auf Bolzen schieben (Bild 27).

4.2. Enden der Kette mit Nietglied verbinden, Kette muss sicher auf Kettenrädern sitzen.

4.3. Neue Dichtringe auf herausstehende Bolzen des montierten Nietglieds aufsetzen, Kettenlasche gleichmäßig ansetzen, aufschieben und mit Kettenwerkzeug etwas aufpressen.

5. Abstandslehren auf beiden Seite der Kette einstecken (Bild 28): Damit werden die Dichtringe fixiert und die Kettenlasche mit dem vorgeschriebenen Maß aufgepresst.

Wichtig: Bei Nachrüstketten ohne beigelegte Abstandslehren ist das exakte Maß für die Außenbreite des Nietglieds im Beipackzettel der neuen Kette vermerkt.

6. Kette vernieten:

6.1. Verniet-Gewindebolzen in Kettenwerkzeug montieren.

6.2. Kettenwerkzeug ansetzen und mit der Gewindebuchse die Kettenlasche gleichmäßig auf beide Bolzen aufpressen, bis Kettenlasche mit Abstandslehre Kontakt hat.

6.3. Mit Nietwerkzeug die Bolzenüberstände vernieten (Bild 29). Abstandslehren herausziehen.

6.4. Bilder 30 und 30a: Vernietung kontrollieren: Nietkopf soll bei Enuma-Kette

einen Durchmesser von 5,5 bis 5,8 mm haben; bei anderen Ketten im Beipackzettel nachsehen!
7. Bild 31: Ritzelmutter festziehen:
7.1. Ritzelmutter wieder abdrehen, fettfrei reinigen, einen Tropfen Loctite »mittelfest« in ihr Gewinde geben, Mutter aufdrehen.
7.2. Hinterrad mit Bremse blockieren. Wenn die Bremskraft nicht ausreicht, den Hammerstiel gegen eine Radspeiche unter der Schwinge durchstecken (Bild 31).
7.3. Ritzelmutter festziehen mit 85 Nm.
7.4. Bild 32: Mit einem kleinen Meißel oder dünnen Durchschlag den Rand der Ritzelmutter in eine Nut der Getriebewelle verstemmen.
8. Bundmuttern der hinteren Kettenblatt-Befestigung schrittweise über Kreuz festziehen.
Wichtige Anmerkung: Bild 18a: Yamaha gibt ein Anziehdrehmoment von 80 Nm für die Bundmuttern des hinteren Kettenrads an. Dies ist nach Erfahrungen von Yamaha-Spezialisten zu hoch, denn es besteht die Gefahr, dass die Stehbolzen aus dem Aluminium-Kettenblattträger herausgezogen werden!
Empfehlung: Muttern mit 60 Nm festziehen und mit einer Farbmarkierung zum Kettenrad hin versehen. Nach 100 bis 250 km den Festsitz aller Muttern überprüfen, ggf. nachziehen.
9. Kette spannen (siehe Text weiter vorne). Hinterachsmutter festziehen nicht vergessen!
10. Kupplungsbetätigung montieren:
10.1. Kupplungsdruckstange reinigen, zugehörigen Simmerring im Motorgehäuse und Antriebskettenführung mit Ölspray und Wattestäbchen reinigen, leichtes Wälzlagerfett in die Simmerringe schmieren, Kupplungsdruckstange einschieben.
10.2. Loctite »mittelfest« an gereinigte Gewinde der Schrauben von Kupplungshebelgehäuse und Ritzelabdeckung geben, Nippel des Kupplungszugs in Lasche am kleinen Kupplungshebel einfädeln, Kupplungszuggehäuse montieren, Ritzelabdeckung anbauen. Alle M6-Schrauben mit 10 Nm festziehen.

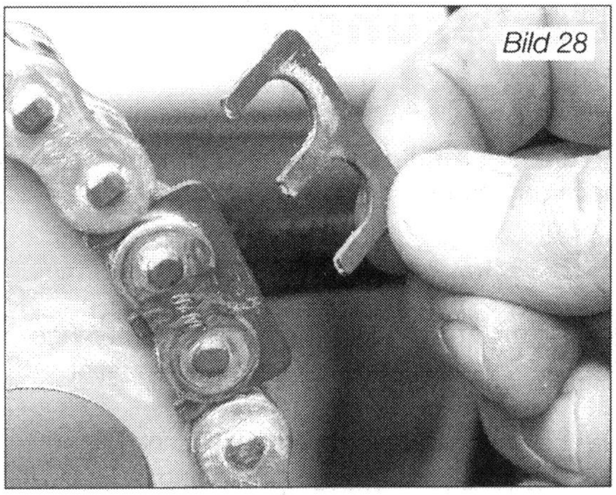

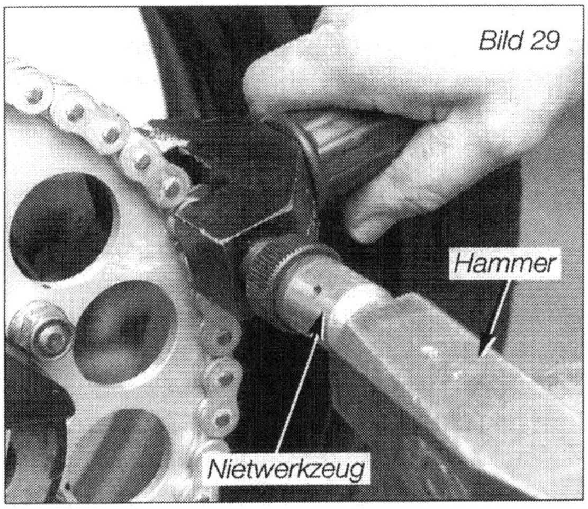

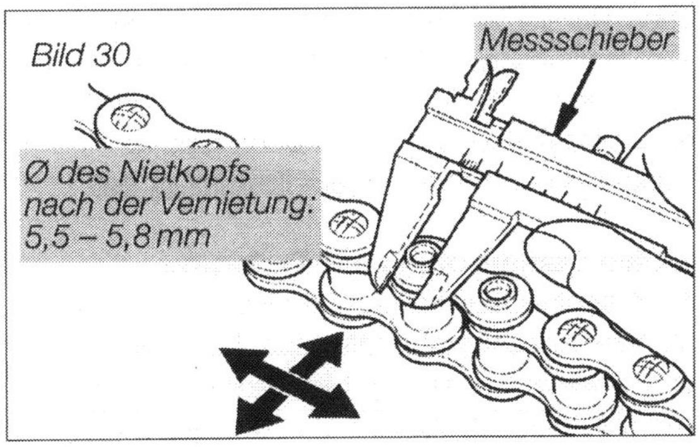

Bilder 28 bis 32: Im Lauftext sind die zu den Bildern gehörenden Arbeitsschritte nummeriert beschrieben.

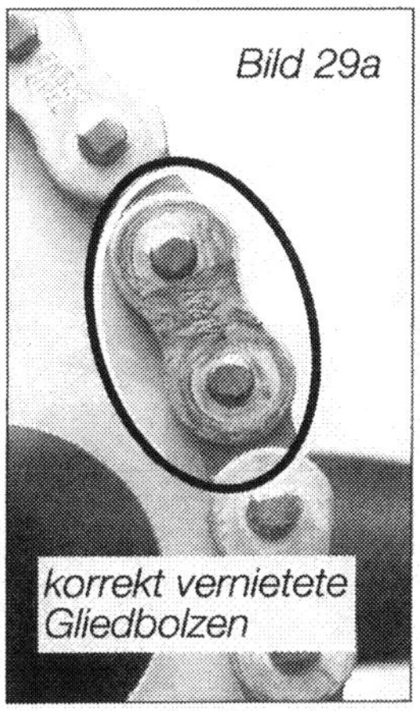

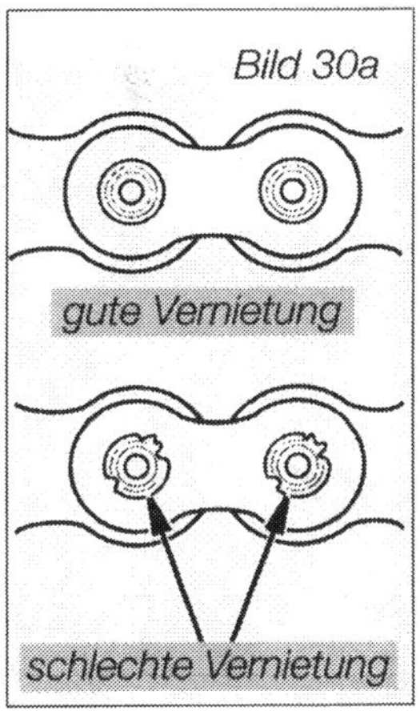

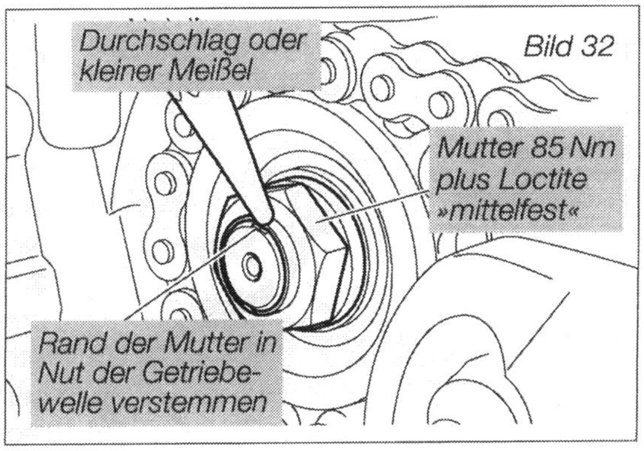

Bilder 1 bis 3: Im Lauftext sind die zu den Bildern gehörenden Arbeitsschritte nummeriert beschrieben.

Federung · Dämpfung

In diesem Kapitel: Vorder- und Hinterradfederung prüfen · Federbein einstellen.

Federung und Dämpfung prüfen

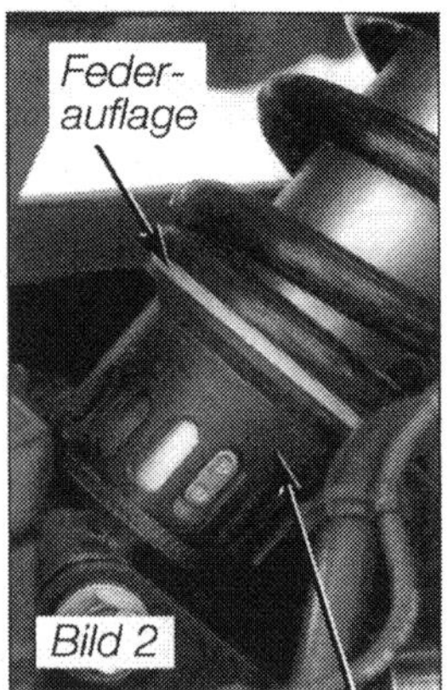

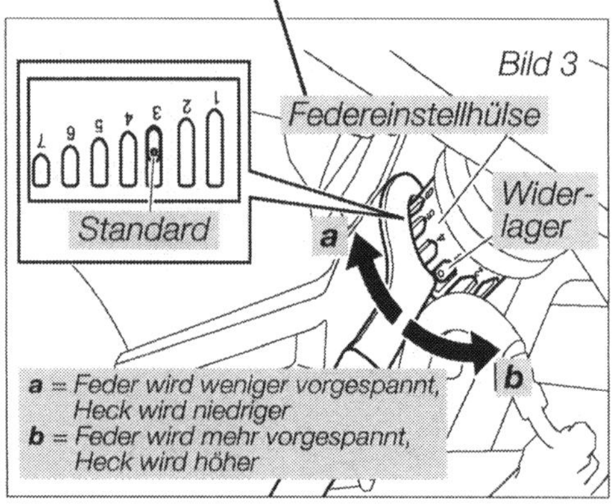

Vorderradfederung: Bild 1: Simmerringe in den Gabeltauchrohren müssen dicht sein, es darf kein Öl auslaufen.

■ Bild 1: Gabelstandrohre dürfen keine Riefen, Kratzer oder Steinschlagmacken haben.

■ Defekte Simmerringe oder ausgeschlagene Gabelbuchsen können erneuert werden.

■ Wenn bei einem Unfall die Gabelstand- und Tauchrohre sowie die Gabelbrücken verbogen werden, müssen sie erneuert werden.

Hinterradfederung: Bild 2: Aus dem Federbein darf an keiner Stelle Öl auslaufen.

■ Dämpferstange darf weder Riefen noch Kratzer aufweisen.

■ Feder, Widerlager, Federauflage und Federeinstellhülse müssen formstabil vorhanden sein.

■ Schwinge darf kein seitliches Spiel haben, Befestigung des Federbeins darf kein Spiel haben: Zur Prüfung die Maschine so aufbocken, dass das Hinterrad frei ist, hinter der Maschine stehen, mit beiden Händen das Hinterrad packen und versuchen, die Schwinge ruckartig auf/ab sowie rechts/links zu bewegen. Man spürt, ob Federbeinbefestigung und Schwingenlager »Luft« haben.

■ Alle Befestigungs- und Klemmstellen an Telegabel und Federbein auf Festsitz prüfen.

Aktive Standprüfung der Federung

1. Maschine steht frei auf den Rädern, Seitenständer eingeklappt, Motor aus, Leerlauf drin.

2. Vorderradfederung: Mechaniker steht über der Sitzbank, beide Füße platt auf der Erde, umfasst fest beide Lenkerenden, betätigt die Vorderradbremse und gibt Druck auf die Vordergabel.

■ Mit stoßenden Bewegungen den Vorderbau nach unten drücken und frei ausfedern lassen.

3. Hinterradfederung: Mechaniker steht hinter die Maschine, nimmt sie vom Seitenständer, stellt sie frei senkrecht und drückt dann mit den Händen wippend auf den Sozius-Haltegriff.

4. Vorne wie hinten muss Einfedern schneller gehen als Ausfedern (ca. 1:3).

■ Beim Ausfedern dürfen weder Vorder- noch Hinterbau nachschwingen, Telegabel und Federbein müssen über den gesamten Einfederweg »saugend« wieder ausfedern.

5. Bei dieser Prüfung zeigt sich, ob Telegabel und Hinterradschwinge leicht und frei einfedern und die Dämpfung auch dämpft.

5.1. Man kann dabei feststellen, ob die Gabeltauchrohre in ihrer Beweglichkeit behindert sind, etwa durch verspannten Einbau der Vorderachse oder der Gabelbeine in den Gabelbrücken.

5.2. Dabei zeigt sich auch, ob sich die Schwinge frei bewegen kann oder in ihrer Beweglichkeit eingeschränkt ist, etwa durch festgefressene Schwingenlager.

Aktive Fahrprüfung

1. Wenn Telegabel oder Hinterradfederung beim Betätigen der Vorderradbremse oder beim Überfahren einer Bodenwelle schnell durchschlagen, sind die Federn in den Gabelbeinen bzw. die Feder des Stoßdämpfers ermüdet, was bei einer alten Maschine gelegentlich vorkommt.

2. Wenn Fahrzeugfront oder Heck nach dem Überfahren von Bodenwellen nachschwingen und sich die Maschine »weich« anfühlt, hat die Dämpferwirkung nachgelassen. Dann sollte schleunigst das Dämpferöl der Telegabel gewechselt werden.

3. Wenn das Federbein schneller einfedert als im Neuzustand und bei Bodenwellen durchschlägt, ist es defekt und muss erneuert werden.

Federbein einstellen

Im Bordwerkzeug ist ein Hakenschlüssel mit Verlängerung zur Einstellung der Federvorspannung. Vor dem Verdrehen der Einstellhülse einen Schuss Ölspray daran geben, dann das Motorrad auf den Mittelständer stellen oder über den Seitenständer hinten etwas anheben, damit das Hinterrad möglichst frei ist, also keinen Bodenkontakt mehr hat: Denn je weniger die Feder unter Spannung steht, desto leichter lässt sich die Einstellhülse drehen. Man(n) sollte also zum Einstellen des hinteren Federbeins eine(n) Helfer(in) haben.

- **Standardeinstellung:** Bilder 2 und 3: Federeinstellhülse auf 3. Position.
- **Feder weniger vorspannen:** Einstellhülse nach »*a*« »von der Feder wegdrehen«.
- **Feder stärker vorspannen:** Bild 3: Einstellhülse nach »*b*« »gegen die Feder drehen«.

Lenkung

In diesem Kapitel: Spiegel · Handhebel · Lenker · Armaturen · Lenklagerung: Einstellung, Prüfung, Nachstellung · Lenklager erneuern.

Spiegel

Spiegel an der XJ6

Bilder 1a und 1b: Die Rückspiegel sind an Kupplungs- und Bremsarmatur verschraubt. Jeder Spiegel kann an zwei Schraubstellen eingestellt werden:

1. Bild 1b: Unter der Gummitülle unten am Spiegelarm ist eine Einstellmutter. Über sie wird die Neigung der Spiegel zur Senkrechten eingestellt:

■ Gummitülle abschieben, Mutter lösen, Spiegel in Position bringen, Mutter gut handfest anziehen.

2. Bild 1b: Die verstemmte Mutter im Spiegelgelenk muss gut festgezogen sein, damit sich der Spiegel durch den Druck des Fahrtwindes nicht nach hinten verdreht.

■ Wenn das Gelenk lose ist, Mutter mit einer passenden Nuss gefühlvoll festziehen.

3. Der Spiegelarm ist mit einem Gewindestück in die Armatur eingeschraubt. Das Gewindestück muss gut festgeschraubt sein.

Wenn das Gewinde im Aluminium der Hebelarmatur verschlissen oder ausgerissen ist, kann man es mit HeliCoil reparieren. Wie das geht steht im Kapitel 2 »Werkstatt«. Wenn das Gewinde noch »halbgut« ist und man kein HeliCoil hat, kann man sich zur Not damit helfen, das Gewindestück mit Loctite »mittelfest« einzukleben.

Spiegel an XJ6 Diversion, XJ6 Diversion F

Bilder 2a und 2b: Am Spiegelarm unten ist ein Arretiergelenk, oben ein selbsthemmendes Kugelgelenk. Wenn diese Gelenke wegen altersbedingtem Verschleiß nicht mehr selbst halten, müssen neue Spiegel angebaut werden.

Handhebel einstellen

Hebelspreizung: Der **Handbremshebel** ist mit einem Einsteller versehen (Bild 3a). Über diesen Einsteller kann die Hebelspreizung in fünf Stufen eingestellt werden: Wenn Sie lange Finger haben,

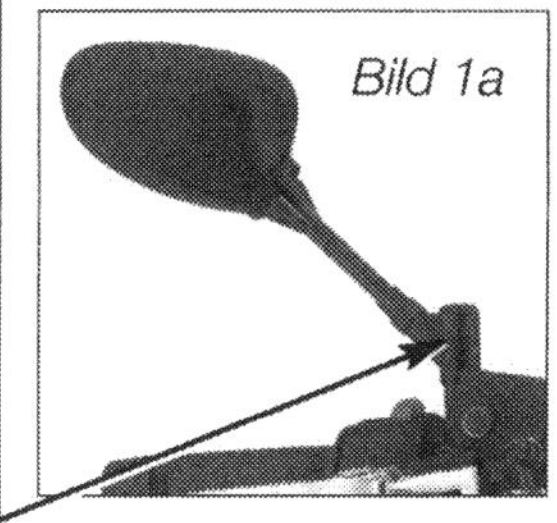

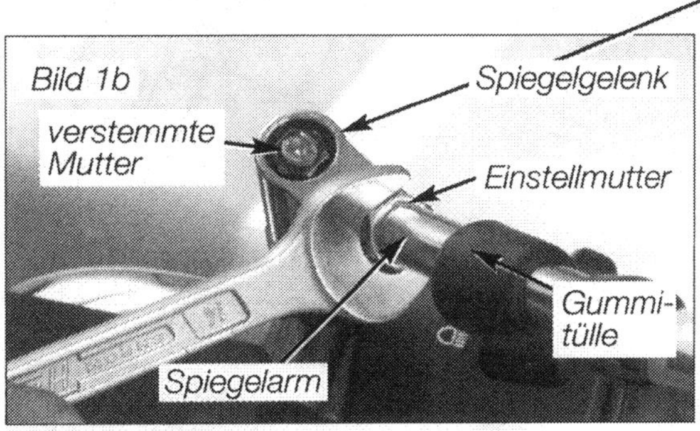

Bilder 1a und 1b: Korrekt angebauter Rückspiegel und Schraubstellen am Spiegelarm der XJ6.

Bilder 2a und 2b: Rückspiegel an der XJ6 Diversion und XJ6 Diversion F.

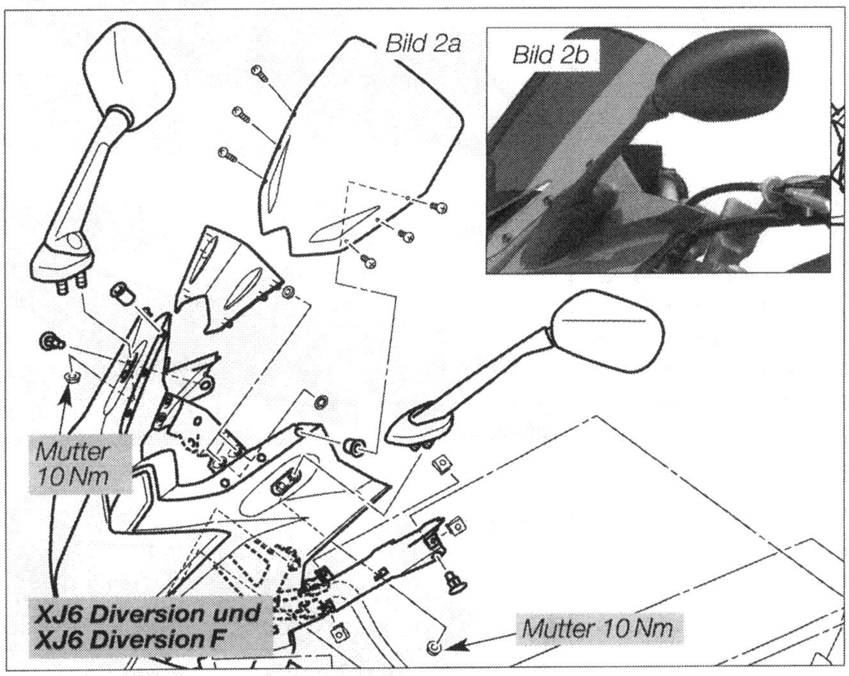

Bilder 3a, 3b und 3c: Einstellen des Bremshebels auf Länge der Finger. Hebel am Ende vom Lenker wegdrücken, gleichzeitig den Einsteller so drehen, dass der gewünschte Hebelabstand erreicht wird.

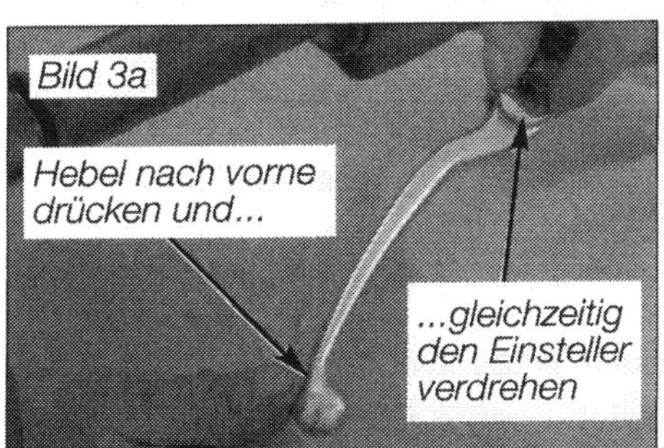

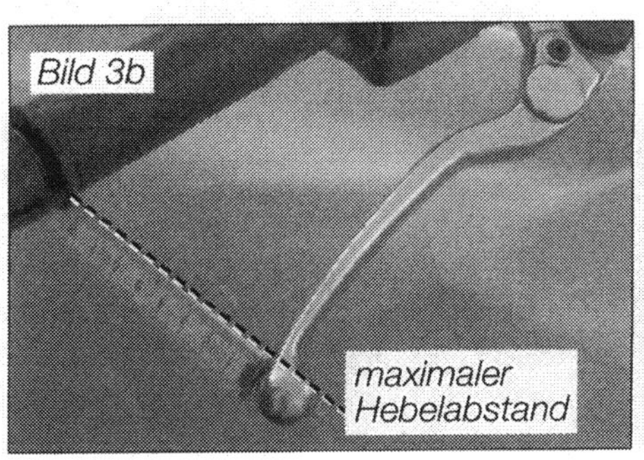

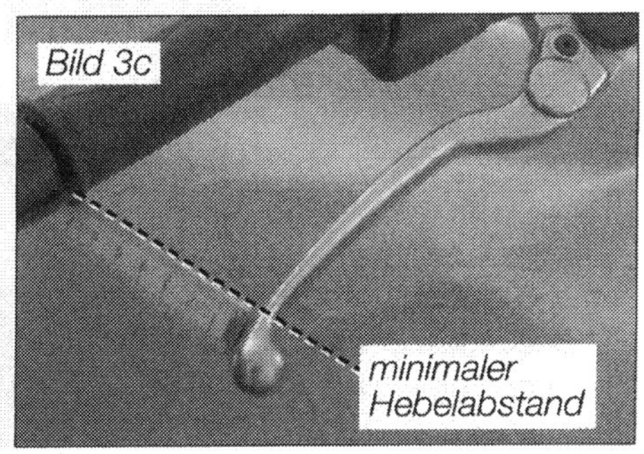

stellen Sie den Hebel auf einen weiten Abstand ein (Position 1 oder 2 auf dem Einsteller, Bild 3b), mit kurzen Fingern auf einen kurzen Abstand (Position 5 oder 4, Bild 3c).

Hebelspreizung einstellen (Bilder 3a bis 3c)
1. Bremshebel außen packen, nach vorne ziehen.
2. Einsteller entsprechend um eine oder zwei Ziffern nach links oder rechts drehen.

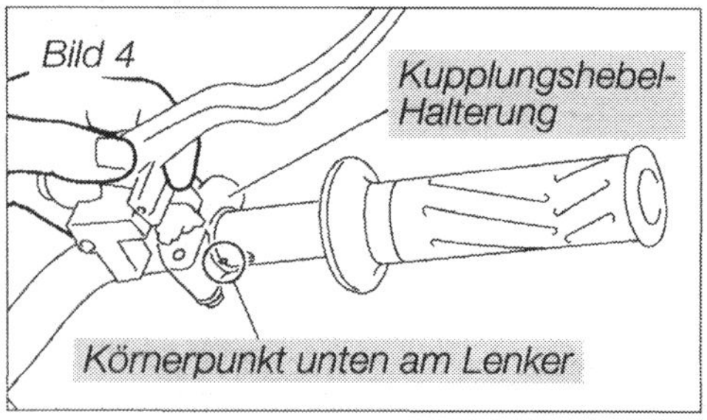

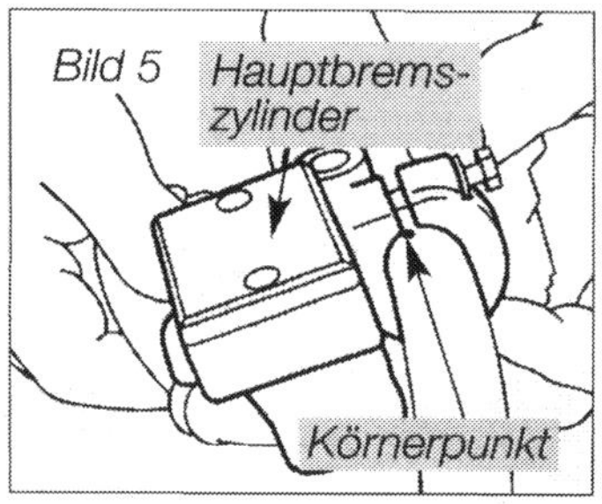

Bilder 4 und 5: Körnerpunkte auf Lenker für Hebelschrägstellung.

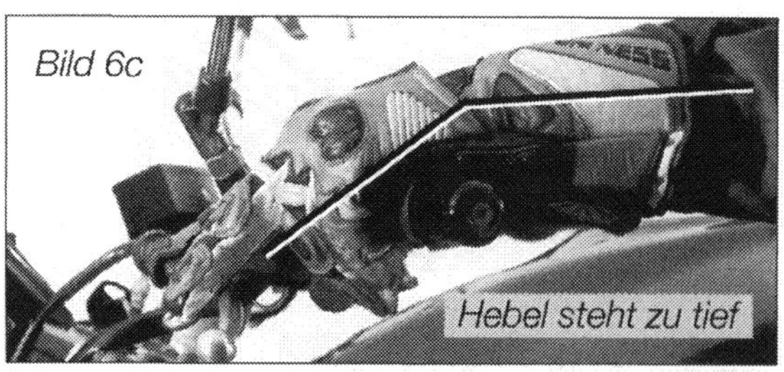

Bilder 6a, 6b und 6c: Brems- und Kupplungshebel müssen so stehen, dass die gedachte Linie durch Unterarm, Lenker und Hebel möglichst gerade ist.

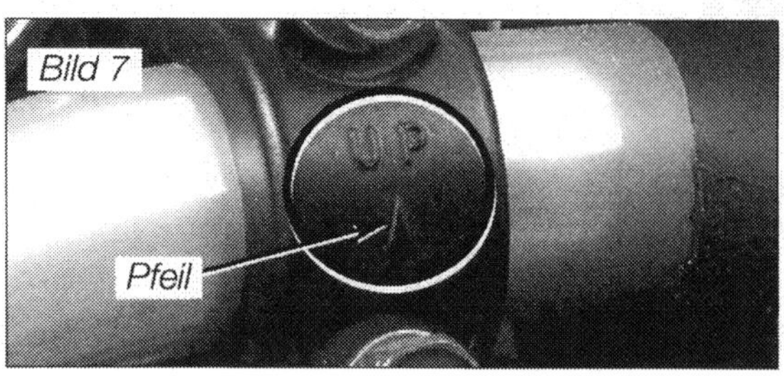

Bild 7: Wenn die Handbremsarmatur abgeschraubt war, beim Ansetzen der Befestigungshalbschale den Pfeil mit der Bezeichnung UP beachten: Er muss nach oben zeigen (Kreis in Bild 7).

3. Hebel loslassen und prüfen, ob die Fläche innen im Einsteller exakt anliegt: Leicht versuchen am Einsteller zu drehen – wenn er sich nicht bewegen lässt, liegt die Fläche an.

Der **Kupplungshebel** kann nicht eingestellt werden. Wenn Sie sehr kurze Finger haben und deswegen Probleme mit der Dosierung der Kupplung, begehen Sie nicht den Fehler, dem Kupplungszug viel Spiel zu geben, damit der Hebel »näher« an den Lenker kommt – denn bei zu viel Seilzugspiel trennt beim Ziehen der Kupplung diese nämlich nicht richtig und es kracht beim Schalten, was mit der Zeit aufs Getriebe geht! Fragen Sie Ihren Yamaha-Händler, vielleicht hat er einen Zubehör-Kupplungshebel mit eingebauter Verstellmöglichkeit.

Schrägstellung der Handhebel

Grundeinstellung: Yamaha gibt eine Grundeinstellung der Handhebel-Schrägstellung vor.
- **Kupplungshebel:** Körnerpunkt unten am Lenker und Kerbe im Kupplungshebelhalter sollen sich decken (Bild 4).
- **Bremshebel:** Körnerpunkt oben auf dem Lenker (Bild 5) soll sich mit Trennfläche der Bremszylinder-Befestigung decken.

Schrägstellung der Handhebel prüfen
Wenn die von Yamaha vorgegebene (oder vom Vorbesitzer eingestellte) Einstellung nicht zu Ihnen passt, prüfen Sie die momentane Einstellung folgendermaßen:
1. In Fahrposition aufsitzen, die offenen Hände umfassen die Lenkergriffe locker. Finger auf Kupplungs- bzw. Bremshebel auflegen.
2. Bild 6a: Die gedachte Linie durch Unterarm, Handgelenk, über den Lenker zu den Fingerspitzen soll möglichst gerade sein.
2.1. Bild 6b: Wenn die Handhebel so stehen, dass die gedachte Linie im Handgelenk nach oben abgeknickt ist, stehen die Hebel zu hoch.
2.2. Bild 6c: Ist die Linie nach unten abgebogen, stehen die Hebel zu tief. Beides ist zum entspannten Fahren wenig geeignet.

Handhebel einstellen
1. Klemmschrauben der Hebelarmatur mit 5er-Inbus lockern.
2. Komplette Armatur in die richtige Position drehen.
3. Schrauben festziehen:
3.1. Kupplungshebel: Klemmschraube mit 11 Nm festziehen.

3.2. Bremshebel: Zuerst obere Schraube, dann untere Schraube mit jeweils 10 Nm anziehen.
4. Beachten: Bild 7: Wenn die Hebelklemmschelle des Bremshebels aus irgendeinem Grund ganz abgeschraubt ist und wieder angebaut wird, müssen kleiner Pfeil und UP auf Oberfläche der Klemmschelle nach oben zeigen.

Lenkerstellung

Der Lenker sitzt in zwei Lagerböcken, die mit je einer Mutter mit der oberen Gabelbrücke verschraubt sind. Mit Lenkerklemmschalen wird der Lenker geklemmt und am Verdrehen gehindert (Bilder 8a und 8b).

Achtung: Die Lenkerklemmschrauben müssen jederzeit korrekt angezogen sein (24 Nm). Wenn sie locker sind, kann sich der Lenker nach hinten wegdrehen, wenn das Motorrad stark beschleunigt wird, oder nach vorne wegdrehen, wenn stark gebremst wird.

■ **Lenkerstellung:** Standard-Lenkerposition: Auf dem Lenker hinten ist ein Körnerpunkt (Bild 8b), der sich mit der Passfläche der Lenkerklemmung decken soll.
■ **Lenker verstellen:** Je nach Länge der Arme des Fahrers bzw. seiner Größe kann man den Lenker nach hinten oder vorne montieren. Die Lenkerenden sollen weder schräg nach oben (Bild 10a) oder unten (Bild 10b) stehen, sondern möglichst waagerecht. Wenn die Lenkerstellung

Bilder 8a und 8b: Lenkerklemmung und Markierung (Körnerpunkt) am Lenker zur Grundeinstellung.

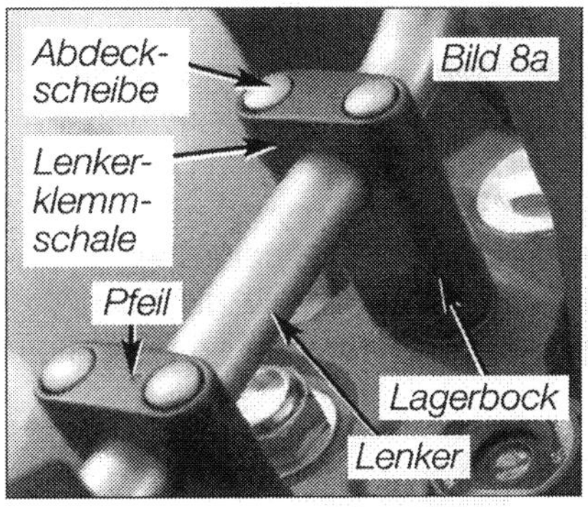

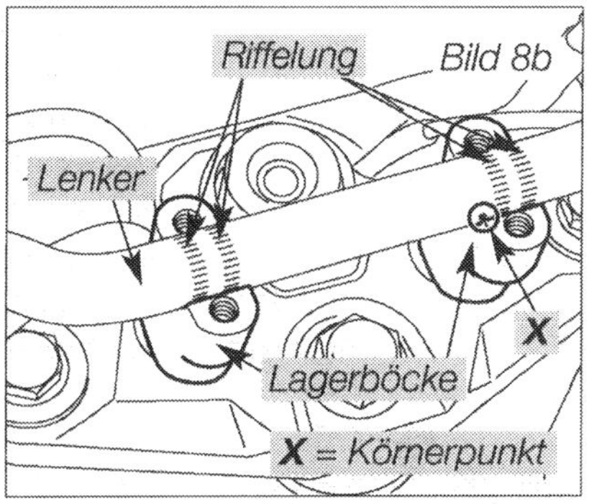

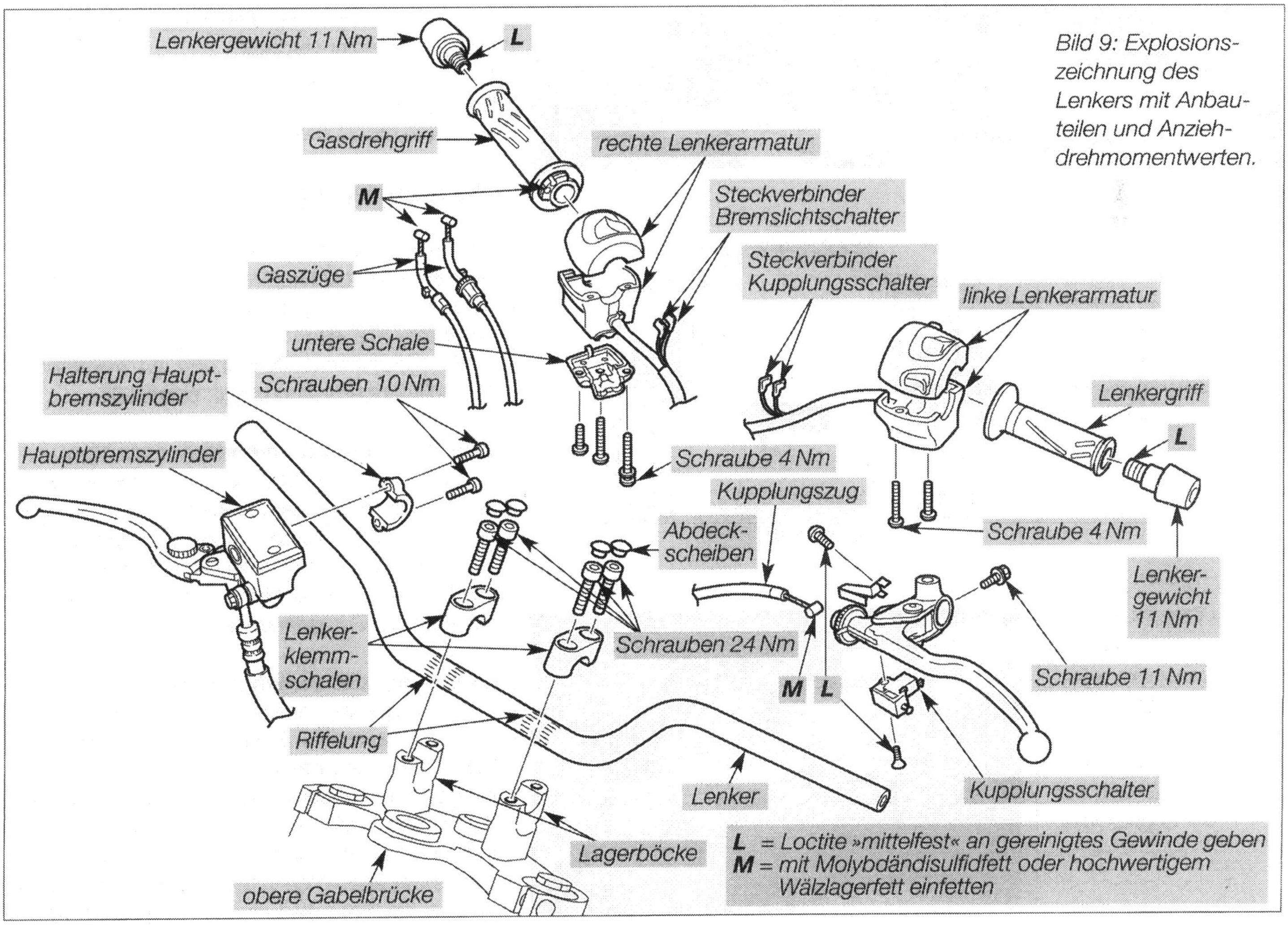

Bild 9: Explosionszeichnung des Lenkers mit Anbauteilen und Anziehdrehmomentwerten.

korrigiert werden soll, müssen alle vier Lenkerklemmschrauben gelöst werden.

■ **Beachten:** Wenn der Lenker eingestellt ist, die Inbusschrauben festziehen: Zuerst beide vorderen mit 24 Nm, Vorderseiten der Klemmschalen müssen auf Lagerböcken aufliegen (Bild 11a). Dann hintere Schrauben mit 24 Nm festziehen.

Lenkerabstand einstellen: Der Lenker kann durch Umdrehen der Lagerböcke näher zum Fahrer hin oder weiter vom Fahrer weg angebaut werden (Bilder 11a und 11b):

1. Lenker abschrauben (siehe nächster Absatz).
2. Muttern der Lagerböcke unter der oberen Gabelbrücke lösen.
3. Lagerböcke um 180 Grad drehen.
4. Muttern der Lagerböcke leicht anziehen.
5. Lenker anschrauben (siehe nächster Absatz).
6. Muttern der Lagerböcke mit 32 Nm festziehen.

Bilder 10a und 10b: Verschiedene Lenkerstellungen.

*Bild 11a und 11b: Lagerböcke umdrehen. **x** = Vorderseite der Lenkerklemmschalen müssen auf Lagerböcken aufliegen, hinten bleibt ein Spalt.*

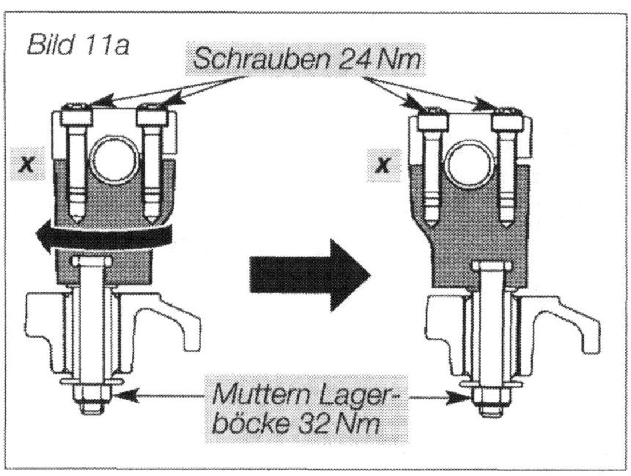

Bild 11b: Phantom-Darstellung der beiden verschiedenen Lenkerstellungen (Pfeile) »nach vorne« und »weiter hinten« durch Umdrehen der Lagerböcke.

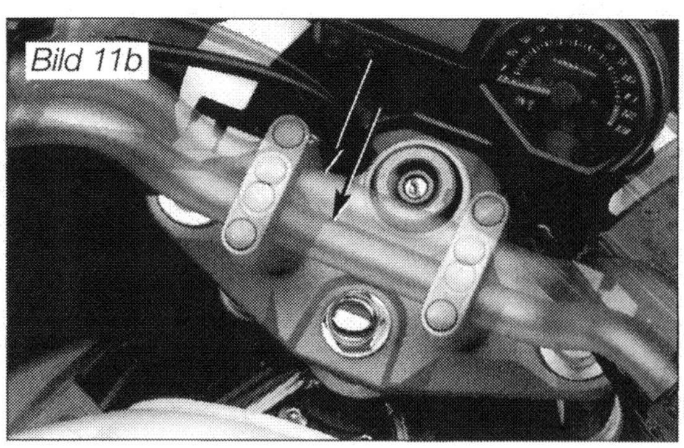

Lenker ab- und anschrauben

Achtung: Wenn der Lenker mit angebauter Bremsarmatur abgebaut wird, unbedingt so ablegen, dass die Bremsarmatur nicht »auf dem Kopf« steht, sonst gelangt Luft in das Hydrauliksystem der Bremse.

Lenker abschrauben (Bilder 8a und 8b)

1. Abdeckscheiben aus Lenkerklemmschrauben mit kleinem Schraubenzieher aushebeln.
2. Klemmschrauben lösen, ausdrehen.
3. Lenker halten, Klemmschalen abnehmen, Lenker aus Aufnahmen herausnehmen und sicher nach vorne ablegen.

Lenker anschrauben

1. Lenker in untere Aufnahmen einsetzen.
2. Bild 8a: Lenkerklemmschalen aufsetzen, Pfeile müssen nach vorne weisen.
3. Lenkerklemmschrauben lose eindrehen.
4. Körnerpunkt auf Lenker mit Passfläche der Klemmung zur Deckung bringen.
■ Lenker mit einer Hand festhalten, damit er sich nicht wieder verdreht.
5. Lenkerklemmschrauben festziehen:
■ vordere mit 24 Nm,
■ hintere mit 24 Nm.

Lenklagerung

Die Lenklagerung setzt sich zusammen aus dem rahmenfesten Lenkkopfrohr, dem unteren und oberen Lenkkopflager und dem inneren Lenkschaftrohr. Sie wird laut Wartungsplan bei der ersten Inspektion (1000 km) und alle weiteren 10 000 km überprüft und ggf. eingestellt.

Lenklager reinigen, einfetten, erneuern

Alle 20 000 km schreibt Yamaha eine Reinigung und Neueinfettung der Lenklager, wozu die Lenklagerung zerlegt werden muss. Zerlegen zur Reinigung und Schmierung der Lenklager sowie das Erneuern der Lenklager wird weiter hinten in diesem Kapitel beschrieben.

Einstellung der Lenklagerung

Die Lenklagerung muss so eingestellt sein, dass sicheres Fahren gewährleistet ist. Wenn die Maschine in lang gezogenen Kurven nicht mehr die gewohnt saubere Linie halten will (sofern die Reifen vom Profil her in Ordnung sind und der Luftdruck stimmt!) und es beim kurzen Anziehen der Vorderradbremse verdächtig in der Lenkung knackt, hat meist die Lenklagerung zu viel Spiel.

■ Eine _zu lockere_ Einstellung der Lenklagerung führt zu instabilem Fahrverhalten bei niedrigen Geschwindigkeiten und kann zu Flattern des Vorderrads bei höheren Geschwindigkeiten führen.
■ Eine _zu straffe_ Einstellung der Lenklagerung erschwert die Lenkbewegungen und verursacht Pendelbewegungen bei niedrigen und hohen Geschwindigkeiten.

Lenklagerung prüfen
Zur Überprüfung der Lenklagerung das Motorrad auf dem Mittelständer aufbocken und unter dem Motor mit einem kleinen hydraulischen Wagenheber unterbauen, dass Vorderrad und Lenkung frei beweglich sind.
■ Wenn kein Mittelständer an der Maschine ist: Rahmen vorne mit Riemen umschlingen und mit einem Werkstattkran so weit hochziehen, dass Vorderrad und Lenkung frei beweglich sind. Das Hinterrad behält Bodenkontakt.
1. Lenkung von Anschlag zu Anschlag schwenken und dabei auf ungleichmäßige Bewegung, Rastung oder Knacken im Bereich des oberen und unteren Lenkkopflagers achten. Seilzüge und Kabel dürfen den Lenkeinschlag nicht behindern.
2. Falls die Schwenkbewegung der Lenkung ungleichmäßig verläuft, etwas schleift oder die Lenkung Spiel hat, die Lenklagerung nachstellen.
3. Rastet die Lenkung in Mittelstellung ein, sind die Lenklager defekt, müssen erneuert werden.
4. Falls die Lager Spiel aufweisen, die Lenkung sich aber ohne Knacken der Lager und ohne an einem Punkt einzurasten von Lenkanschlag zu Lenkanschlag bewegen lässt, muss die Lenklagerung nachgestellt werden.

Prüfung der Lenklagerung nach:
Mechaniker-Methode 1 (Bild 13)
1. Motorrad ist so aufgebockt, dass der Vorderbau frei ist.
2. Mechaniker kniet vor dem Vorderrad, packt bei gerader Radstellung beide Gabelholme unten

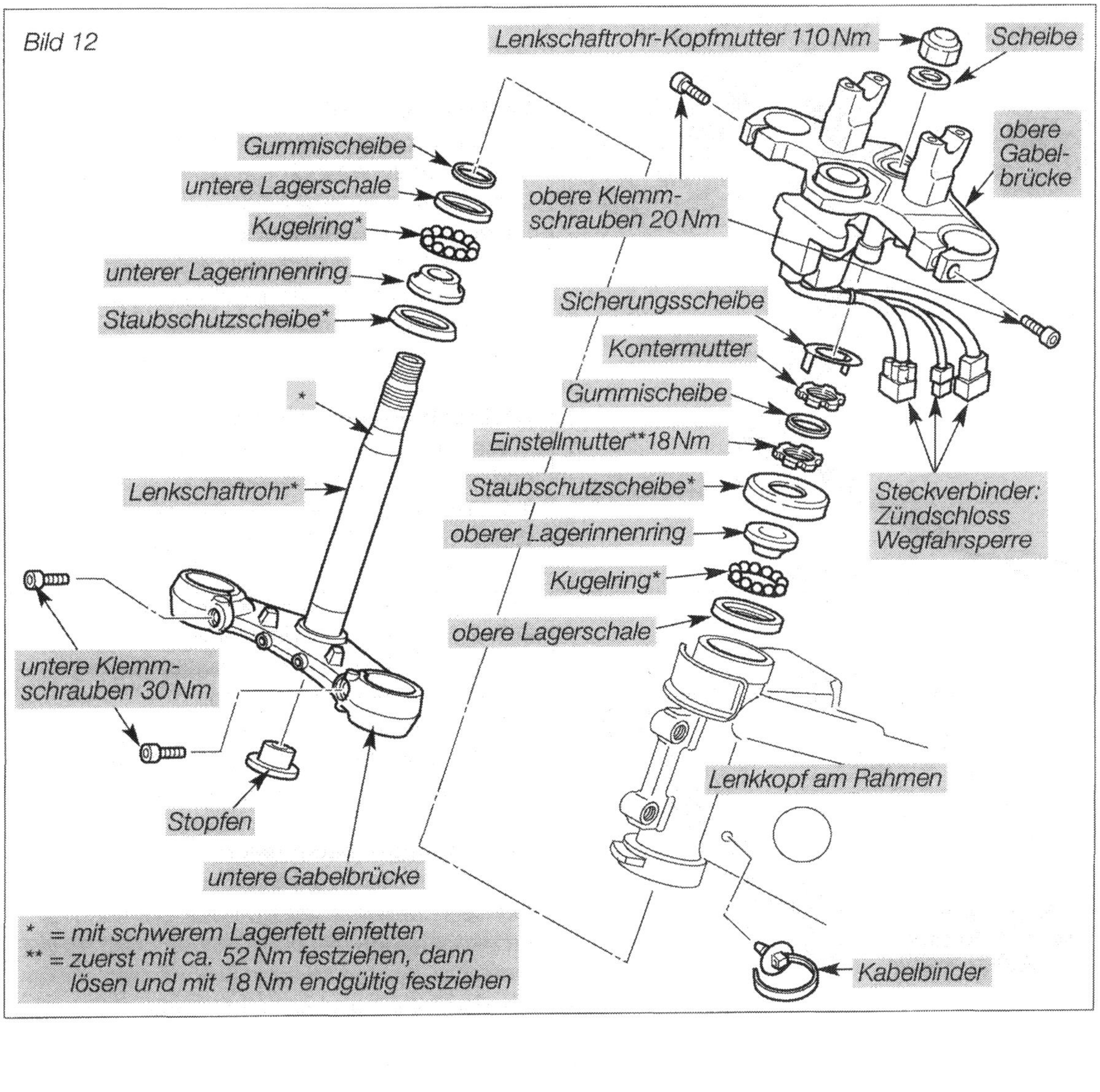

Bild 12: Explosionszeichnung der Lenklagerung mit Teilebezeichnungen und Anziehdrehmomentwerten.

und versucht, die Telegabel ruckartig nach vorne und hinten zu bewegen.

■ Wenn das Lenkkopflager Luft hat, spürt man das ganz deutlich.

Bild 13
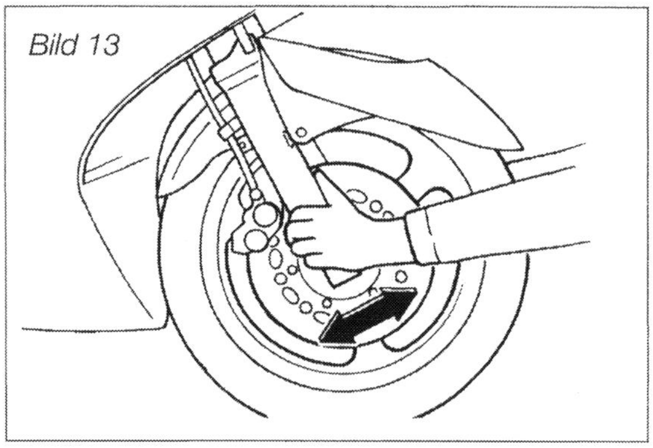

Bild 13: Prüfen der Lenklagerung durch Hin- und Herrütteln der Telegabel.

■ Dazu muss das Motorrad so aufgebockt sein, dass die Lenkung frei ist und das Vorderrad keinen Bodenkontakt hat.

Bild 14
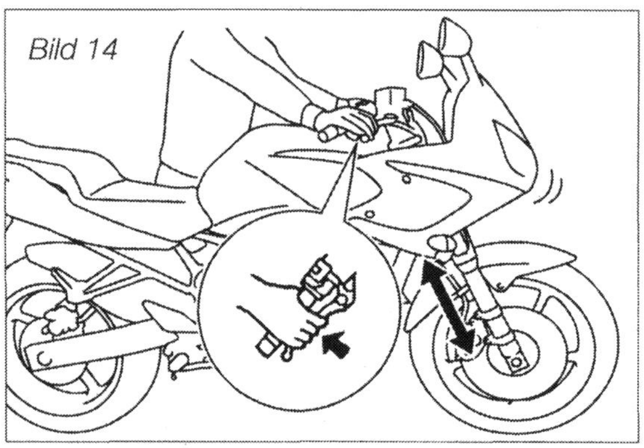

Bild 14: Prüfen der Lenklagerung bei abgebocktem Motorrad: Vorderradbremse betätigen, Zeigefinger und Daumen der linken Hand an Lenkkopf und obere Gabelbrücke, einige Male kräftig einfedern, eventuelles Spiel ist zu spüren.

Bild 15
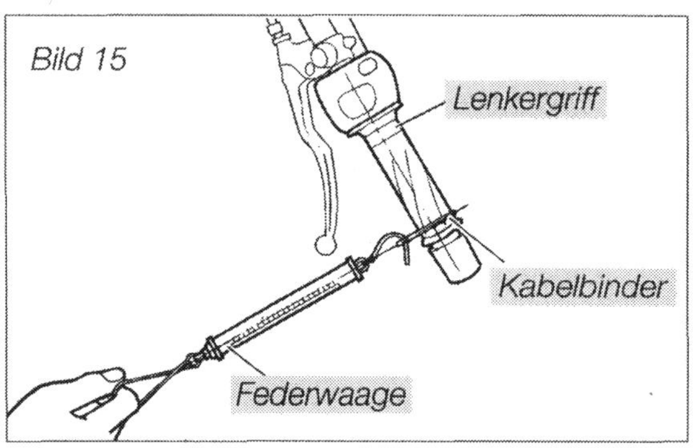

Bild 15: Messen des Losbrechmoments mit einer Federwaage.

Bild 16
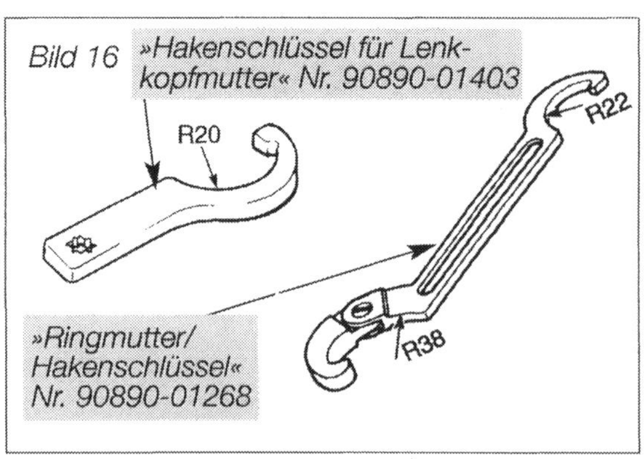

Bild 16: Yamaha-Spezialwerkzeuge.

Mechaniker-Methode 2 (Bild 14)

1. Motorrad abgebockt auf dem Boden. Mechaniker steht im Sitzbereich über der Maschine.

2. Rechte Hand betätigt die Vorderradbremse.

3. Linke Hand: Daumen liegt an der linken Seite der oberen Gabelbrücke, Zeigefinger am Rahmen in Höhe des oberen Lenklagers.

4. Maschine mit gezogener Bremse kräftig mehrmals nach vorne stoßen und zurückziehen.

■ Wenn die Lenklagerung Luft hat, spürt man dieses Spiel in Daumen und Zeigefinger der linken Hand. Es muss dabei nicht unbedingt hörbar knacken!

Wichtig 1: Das »Erspüren« eines Spiels in der Lenklagerung hat viel mit Erfahrung zu tun.

Wichtig 2: Wenn die Lenklagerung im Rahmen einer Inspektion nachgestellt werden muss, ist das Lagerspiel in der Regel zu groß, weil sich die Lagerbauteile »gesetzt« haben. Auch sind die Lagerbauteile einem gewissen Verschleiß unterworfen und bekommen deswegen mit der Zeit »Luft« zueinander.

Losbrechmoment

Falls die Lenklagerung Spiel aufweist, sich die Lenkung aber dennoch von Lenkanschlag zu Lenkanschlag bewegen lässt, ohne dass die Lager knacken oder an einem Punkt einrasten, muss die Lenklagerung nachgestellt werden. Vorher und nachher das Lenklager-Losbrechmoment nach Yamaha-Anweisung prüfen, wozu eine kleine Federwaage nötig ist.

Losbrechmoment messen (Bild 15)

1. Motorrad ist so aufgebockt, dass Vorderrad und Lenkung frei beweglich sind.

1.1. Vorderrad in Geradeausstellung, Federwaage mit Kabelbinder außen an einem Lenkergriff (90 Grad zum Lenker und 90 Grad zum Lenkkopf bzw. den Gabelbeinen) anbringen.

2. Langsam an der Federwaage ziehen. Sobald sich die Lenkung zu bewegen beginnt, den angezeigten Wert ablesen.

2.1. Die Anfangskraft der Lenkerbewegung soll 200 Gramm bis 500 Gramm betragen.

3. Auf der anderen Seite ebenso verfahren.

Lenkkopflager nachstellen

Yamaha empfiehlt zum Bearbeiten der Nutmuttern das Spezialwerkzeug »Hakenschlüssel für Lenkkopfmutter« (Nr. 90890-01403, Bild 16) mit Vierkantaufnahme für einen Drehmomentschlüssel, damit kann die Lenkkopflager-Einstellmutter

nach Yamaha-Vorschrift angezogen werden.
1. Motorrad so aufbocken, dass sich der Vorderbau frei bewegen kann.
2. Lenkschaftrohr-Kopfmutter lösen und abdrehen: Exakt passende Sechskantnuss verwenden, sonst kann die verchromte Mutter beschädigt werden. Scheibe herausnehmen.
3. Lenker abmontieren wie weiter vorne in diesem Kapitel beschrieben.
4. Obere Standrohr-Klemmschrauben mindestens zwei Umdrehungen lösen.
5. Steckverbinder von Zündschloss und Wegfahrsperre trennen.
5.1. Obere Gabelbrücke abnehmen: Wenn diese fest sitzen sollte, die Kontaktstellen mit Kriechöl einsprühen, kurz einwirken lassen und die Gabelbrücke mit leichten Schlägen (Plastikhammer) von unten nach oben abtreiben.
6. Bild 18: Sicherungsscheibe abnehmen.
7. Bild 19: Mit Hakenschlüssel die untere Nutmutter (»Einstellmutter«) festhalten und mit einem anderen Hakenschlüssel die Kontermutter lösen, dann ganz abschrauben.
7.1. Gummischeibe abnehmen.

Jetzt beginnt die Nachstellung:
1. Bild 20: Einstellmutter mit Haken- und Drehmomentschlüssel auf 52 Nm festziehen.
1.1. Lenkung einige Male hin und her bewegen.
2. Einstellmutter wieder etwas lösen, dann endgültig mit 18 Nm festziehen.
3. Gummischeibe aufsetzen. Kontermutter mit der Hand aufdrehen.
3.1. Mit Hakenschlüssel die untere Nutmutter verdrehsicher festhalten und mit dem anderen Hakenschlüssel die Kontermutter festziehen auf »gut handfest«, bis sich die Nuten von Konter- und Einstellmutter decken (wie in Bild 18).
4. Bild 18: Sicherungsscheibe aufstecken, Laschen müssen satt in den Nuten sitzen. Wenn eine neue Sicherungsscheibe verwendet wird, ihre Laschen in die Nuten einbiegen.
5. Gabelbrücke aufstecken, Scheibe aufschieben, Lenkschaftrohr-Kopfmutter aufdrehen und »gut handfest« anziehen.
6. Lenker in Lagerböcke setzen, Lenkerklemmschalen mit Pfeil nach vorne aufsetzen (Bild 17), Schrauben eindrehen.
■ Lenker einstellen: Körnerpunkt rechts hinten (Bild 8b) am Lenkerrohr auf die Trennfuge einstellen. Festziehen: Vordere Schrauben zuerst auf 24 Nm, dann hintere ebenfalls mit 24 Nm.
7. Jetzt die Lenkung einige Male hin und her schwenken und dabei prüfen, ob sie sich leicht und ohne zu »sperren« bewegen lässt.

■ Losbrechmoment noch einmal messen.
■ Wenn die gemessenen Werte zu hoch liegen, ist die Lenklagerung zu stramm angezogen; liegen sie zu niedrig, hat sie zu viel Spiel. Dann heißt es: Einstellung wiederholen!

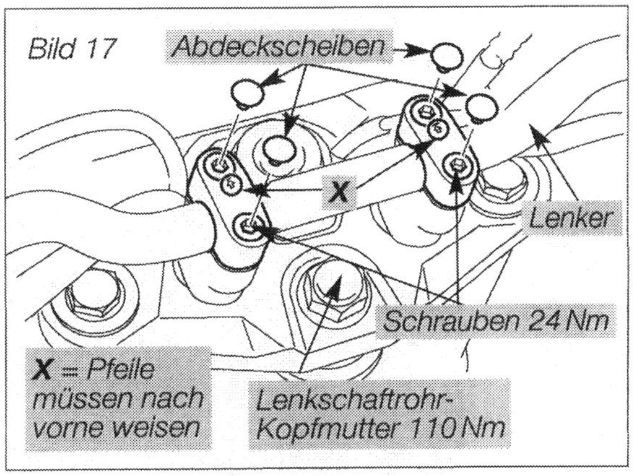

Bild 17: Lenkerklemmung und Lenkschaftrohr-Kopfmutter.

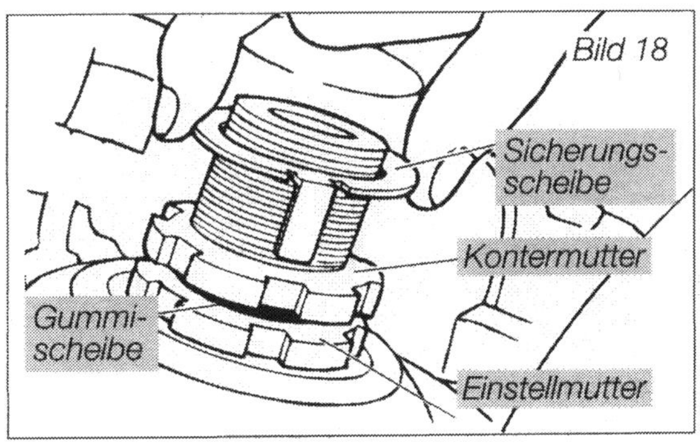

Bild 18: Bauteile der Lenklager-Einstellung auf dem Gewinde des Lenkschaftrohrs.

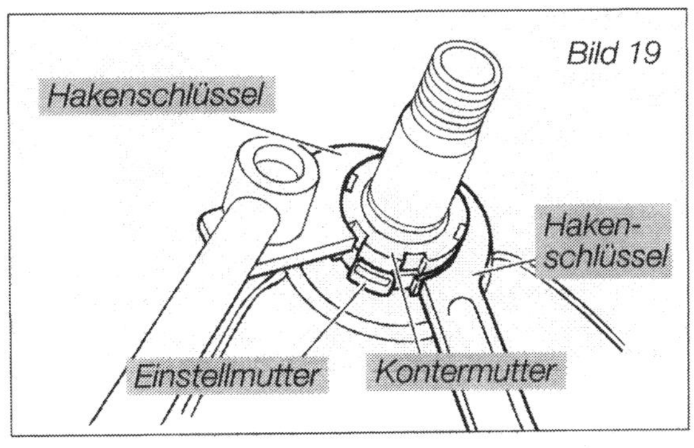

Bild 19: Entkontern von Einstell- und Kontermutter mit zwei Hakenschlüsseln.

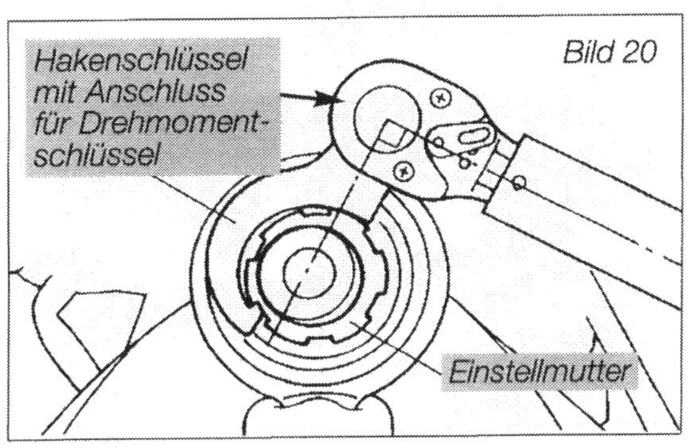

Bild 20: Festziehen der Lenklager-Einstellmutter nach Yamaha-Vorschrift mit Spezialwerkzeug und Drehmomentschlüssel.

Sichtprüfung Messen

Bild 21a: Kugelring mit fehlender Kugel.

Bild 21b: Kugelring auf Lenklagerinnenring.

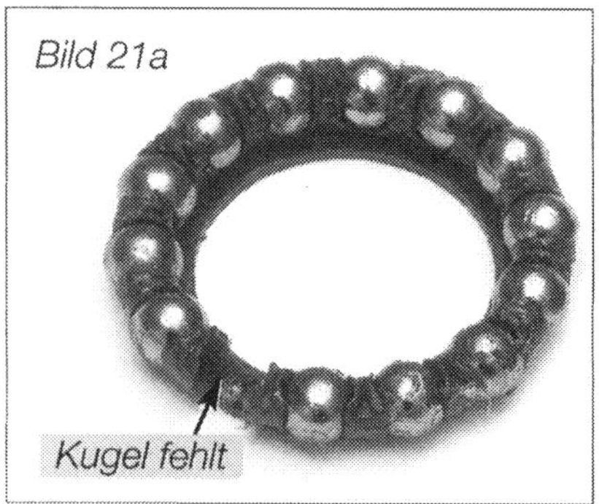

Bild 22 bis 24: Nach der Reinigung die Laufbahnen der Kugeln auf den Lagerschalen und die Kugeln selbst prüfen: Die Oberflächen müssen gleichmäßig glatt sein.

- *Wenn eine Lagerschale sichtbar defekt ist, alle Bauteile erneuern, auch die, an denen man noch nichts sieht.*
- *Natürlich müssen zur Sichtprüfung die Lagerschalen weder aus dem Lenkkopf ausgeschlagen noch vom Lenkschaftrohr abgezogen werden; dieses ist nur nötig, wenn die Lenklager erneuert werden müssen.*

8. Wenn die Einstellung stimmt, alle handfest angezogenen Schraubverbindungen in folgender Reihenfolge festziehen:

- Klemmschrauben in oberer Gabelbrücke mit 20 Nm.
- Lenkschaftrohr-Kopfmutter mit 110 Nm.
- Die Klemmschrauben in der unteren Gabelbrücke wurden zwar nicht geöffnet, sollten zur Sicherheit allerdings gelöst und erneut festgezogen werden mit 30 Nm.

9. Restliche Teile anbringen: Zündschloss- und Wegfahrsperre-Stecker zusammenstecken, Abdeckscheiben in die Inbusköpfe einstecken.

- Vorher einen Schuss Ölspray in die Inbusköpfe geben, das schützt vor Rost!

Lenklager neu einfetten

Laut Wartungsplan müssen die Lenklager alle 20 000 km gereinigt und neu gefettet werden. Dazu (sowie zum Erneuern der Lenklager) muss das Lenkschaftrohr ausgebaut werden. Es bildet zusammen mit der unteren Gabelbrücke ein Bauteil.

Lenkschaftrohr ausbauen

1. Motorrad ist so aufgebockt oder an einem Werkstattkran aufgehängt, dass der Vorderbau frei ist. Gabelbeine ausbauen siehe Kapitel 10 »Telegabel«, obere Gabelbrücke abbauen siehe weiter vorne in diesem Kapitel.

2. Bilder 17, 18 und 19: Kontermutter lösen und abschrauben. Gummischeibe abnehmen.

3. Mit einer Hand die untere Gabelbrücke nach oben halten, mit anderer Hand die Einstellmutter vom Lenkschaftrohr abdrehen.

4. Lenkschaftrohr nach unten herausziehen.

5. Staubschutzscheibe, oberen Lagerinnenring und oberen Kugelring herausnehmen.

6. Vom Lenkschaftrohr den unteren Kugelring abziehen. Alle Teile sorgfältig reinigen.

Lagerbauteile prüfen (Bilder 21a bis 24)

1. Kugelringe und Lagerschalen mit Petroleum reinigen und trocknen.

2. Lager begutachten: Sie dürfen nicht beschädigt, eingelaufen, punktuell eingedrückt oder anderweitig beschädigt sein (z. B. Korrosion).

3. Wenn die Lagerschalen innen matt sind, ist dies ein Zeichen für Verschleiß der Hartschicht: Lager müssen erneuert werden.

4. Lagersitzringe und Lagerinnenringe müssen fest und spielfrei in ihren Passbohrungen oben und unten im Rahmen bzw. auf dem Lenkschaftrohr sitzen.

5. Alle Lagerkugeln müssen kugelrund sein und dürfen weder flache Stellen, Vertiefungen (»Krater«), Materialausbrüche, eingelaufene oder eingeschlagene Stellen haben.

5.1. Die Kugelkäfige müssen zur Gänze vorhanden sein, dürfen nirgendwo ausgebrochen oder gerissen sein und müssen alle Kugeln so halten, dass diese sich leicht bewegen, aber nicht herausfallen können.

Bild 25: Wenn keine Möglichkeit zum Erwärmen des Lenkkopfs besteht, Lagerschalen mit einer passenden Nuss eintreiben.

Lenkschaftrohr einbauen

Ausgangslage für den Zusammenbau:
Lagerstellen sind penibel gereinigt und geprüft, sie haben keine mechanischen oder korrosionsbedingten Schäden oder Verformungen.

1. Gereinigte Lagerschalen, Lagerinnenringe und Kugelringe satt mit schwerem Wälzlagerfett einfetten.
2. Unteren Kugelring über das Lenkschaftrohr fädeln und auf den unteren Lagerinnenring setzen.
2.1. Lenkschaftrohr von unten in Rahmenkopf einführen, mit der Hand gut festhalten!
3. Oberen Kugelring einsetzen, Lagerinnenring und Staubschutzscheibe aufschieben, gereinigte Einstellmutter einölen, aufschrauben und handfest anziehen.
4. Lenklager einstellen und obere Gabelbrücke aufbauen siehe Text weiter vorne in diesem Kapitel. Gabelbeine einbauen siehe Kapitel 10 »Telegabel«.

Lenklager erneuern

Wenn die Lagerschalen Riefen (Bild 24) oder eingelaufene Stellen haben, oder die Kugeln defekt (»mehreckig«) sind, müssen oben und unten komplett neue Lagersätze eingebaut werden.

Lager ausbauen

1. Bild 26: Lageraußenringe oben und unten im Lenkkopf mit langem Dorn unter leichten Schlägen (Stahlhammer) über Kreuz austreiben.
2. Bild 27: Unten auf dem Lenkschaftrohr sitzt der Innenring des unteren Lagers. Diesen fettfrei reinigen, mit einem Heißluftföhn kurz und heftig anwärmen, das ganze Teil auf einer stabilen Holzunterlage ablegen und den Innenring mit Hammer und Meißel ringsum von seinem Sitz treiben.
3. Lagersitze gut reinigen.
4. Beim Ausschlagen entstandene Grate mit feinem Schmirgel punktgenau entfernen.

Lager einbauen

1. Staubschutzscheibe auf Lenkkopfrohr schieben und ganz nach unten drücken.
2. Unteren Lagerinnenring mit Heißluftföhn (oder auf Heizplatte oder im Ölbad) erwärmen, so dass man ihn gerade eben nicht mehr in die Hand nehmen kann (80 bis 100 °C).
■ Nur mit Hitzeschutz-Handschuhen anfassen!
3. Den warmen Lagerinnenring auf das (kalte) Lenkschaftrohr auffädeln, nach unten auf den Sitz schieben, mit passendem Rohrstück und kurzen Hammerschlägen in den Sitz drücken (Bild 28).
4. Oberen und unteren Lagersitz am Rahmen mit dem Heißluftföhn kurz und heftig erwärmen.
5. Lagerschalen oben in Lagerstelle im Lenkkopf einsetzen bzw. von unten einschieben.
5.1. Noch halten die Lagerschalen nicht von alleine: Deswegen sie vom Helfer mit zwei Hammerstielen ganz nach unten bzw. oben drücken und so lange am Anschlag halten lassen, bis Lagerschalen und Lagerstellen des Rahmens gleiche Temperatur haben und fest sitzen.
5.2. Oder eine Gewindestange (M10 oder M12) durch den Lenkkopf schieben, oben und unten eine sehr große Scheibe aufsetzen, mit zwei Muttern leicht handfest anziehen und so lange festgeschraubt lassen, bis die Lagerschalen kalt geworden sind und fest im Lenkkopf sitzen.
■ Zusammenbau siehe Text weiter vorne.

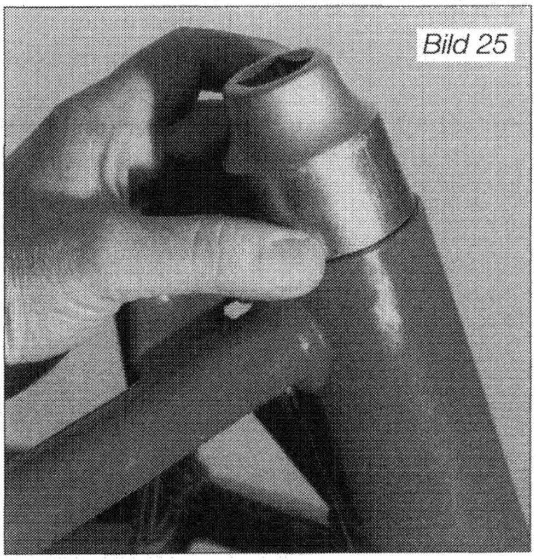

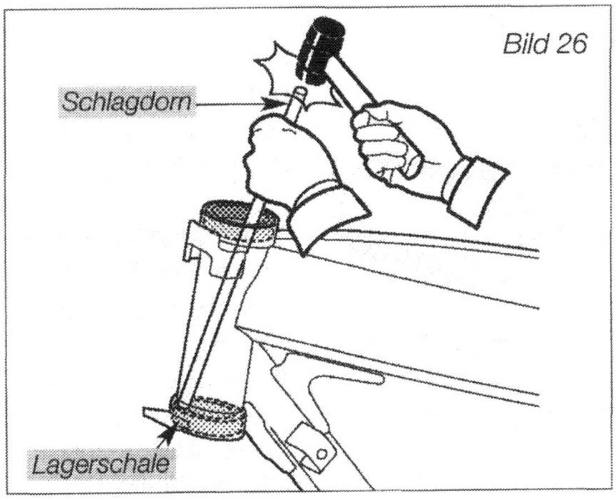

Bild 26: Austreiben der Lagerschalen über Kreuz mit Hilfe eines langen Schlagdornes.

Bild 27: Ausbau des unteren Lagerinnenrings mit Hammer und Meißel.

Bild 28: Unteres Lager mit Rohrstück in seinen Sitz drücken.

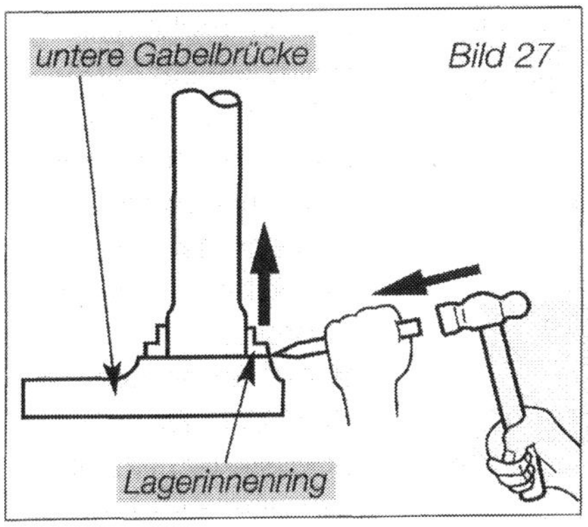

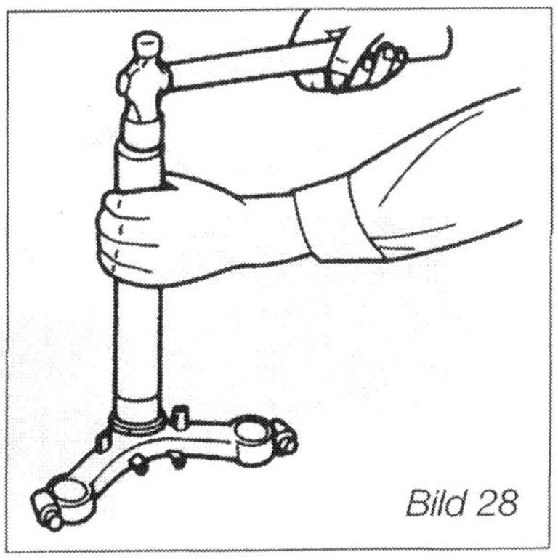

Anziehdrehmomente
Klemmschrauben M8 für Gabelstandrohre in oberer Gabelbrücke .... 20 Nm
Klemmschrauben M10 für Gabelstandrohre in unterer Gabelbrücke .... 30 Nm
Gabeldeckelschraube M37 (»Standrohrstopfen«) oben in Gabelstandrohr .... 24 Nm
Innensechskantschraube M10 unten in Gabeltauchrohr an Dämpfereinheit .... 23 Nm
■ Loctite »mittelfest« auf gereinigtes Gewinde auftragen
■ Dichtscheibe erneuern
Muttern M6 auf Schrauben Vorderradschutzblech an Gabelbeine .... 6 Nm

Bilder 1 und 2: Spezialwerkzeuge zum Einbau von Gabelsimmerringen und Gabelbuchsen.

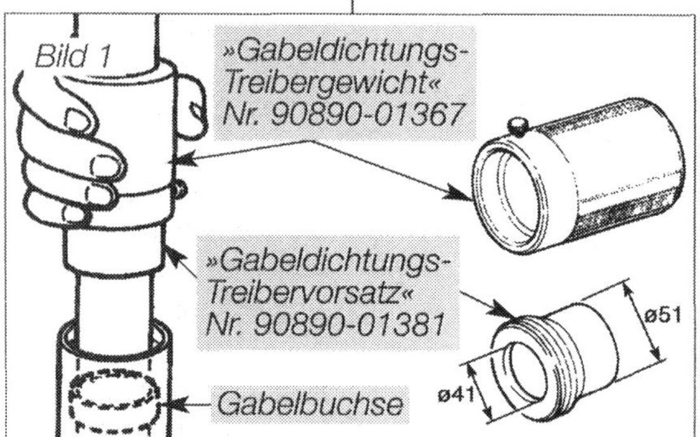

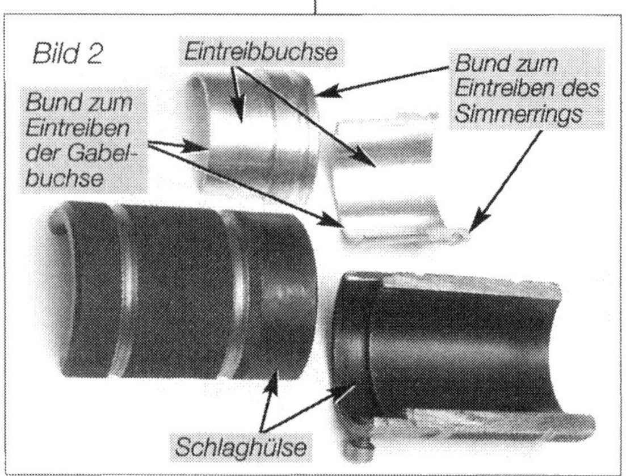

Telegabel

In diesem Kapitel: Maße, Anziehdrehmomente · Spezialwerkzeuge · Warum Gabelöl wechseln · Gabelbeine aus- und einbauen · Gabelöl wechseln · Gabelbein zerlegen, zusammenbauen.

Maße

Gabelstandrohr-Durchmesser .... 41 mm
Federweg .... 130 mm
Oberflächen der Standrohre .... hartverchromt
Maximal zulässiger Schlag .... 0,2 mm
Gabelöl .... Yamaha-Gabelöl 01 oder SAE 5
Füllmenge pro Holm .... 473 cm^3
Ölstand, gemessen von Oberkante des Gabelstandrohrs: Gabelstandrohr ganz in Tauchrohr eingeschoben, Feder und Distanzhülse nicht eingebaut .... 115 mm
Länge der Gabelfeder .... 365,1 mm
Verschleißgrenze .... 357,8 mm

Spezialwerkzeuge

Ein Wechsel des Dämpferöls erfordert kein Spezialwerkzeug. Doch zum fachgerechten Einbau neuer Gabelsimmerringe und/oder Gabelbuchsen sind folgende Yamaha-Spezialwerkzeuge nötig, Bild 1: »Gabeldichtungs-Treibergewicht« (Nr. 90890-01367) und »Gabeldichtungs-Treibervorsatz Ø41« (Nr. 90890-01381).

Bild 2: Man kann sich ein solches Spezialwerkzeug auch selbst machen:
■ Die beiden kleineren Teile in Bild 2 sind die »Eintreibbuchse«; ihr Innendurchmesser ist mit 41,5 mm um 0,5 mm größer als das Gabelstandrohr.
■ Der Rand auf der dünnen Seite ist auf 2,5 mm Wandstärke gedreht, damit wird die Gabelbuchse eingepresst.
■ Auf der anderen Seite der »Eintreibbuchse« ist der untere innere Rand um 45 Grad nach innen 2 mm tief angefast, damit beim Eintreiben des neuen Gabelsimmerrings dessen Dichtlippe nicht auf Druck beansprucht und beschädigt wird.
■ Die »Schlaghülse« ist ein entsprechend massives Rohrstück mit 41,5 mm Innendurchmesser. Damit wird die »Eintreibbuchse« beim Einbau des Gabelsimmerrings behämmert.

Der richtige Umgang damit wird weiter hinten in diesem Kapitel gezeigt beim Einpressen des Simmerrings bzw. der Gabelbuchse (Bilder 18 und 20).

Wenn man ein solches Spezialwerkzeuge nicht hat, ist es besser, die Gabelbeine auszubauen und zum Gabelölwechsel oder Einbau neuer Gabelsimmerringe in die Werkstatt zu geben, anstatt mit anderen schlecht geeigneten Werkzeugen herumzuprobieren. Mit »Fachwerkstatt« meinen wir Yamaha-Motorradhändler oder freie Werkstätten, die sich auf Federung und Dämpfung spezialisiert haben.

Warum Gabelöl wechseln?

Im Wartungsplan sind weder Kilometer- noch Zeitangaben zum Thema »Gabelöl wechseln«, weil das Gabelöl als Dauerfüllung ausgelegt ist, so wie beim hinteren Federbein, dessen Dämpferöl nicht gewechselt werden kann, weil das Stoßdämpfergehäuse verpresst ist.

Tatsache ist, dass mit zunehmendem Alter der Maschine Gabelöl verschleißt, ebenso wie Motoröl. Altes (bzw. »verbrauchtes«) Dämpferöl wird dünnflüssig und verliert einen großen Teil seiner Schmierfähigkeit, was erhöhten Verschleiß der an- und aufeinander gleitenden Gabelbauteile nach sich zieht.

Wann also Dämpferöl wechseln?
■ Wenn bei einer Prüfung der Telegabel (siehe Kapitel 8 »Federung · Dämpfung«) die Telegabel zu schnell ausfedert, ist dies ein erstes Indiz für verschlissenes, weil altes und dünnflüssig gewordenes Dämpferöl.
■ Es kann auch sein, dass die Gabel wegen eines defekten Sinmerrings »leckt«, Gabelöl ausgelaufen ist und sich deswegen zu wenig Gabelöl in der Gabel befindet.
■ Auch wenn die Gabelbeine zerlegt werden, um neue Gabelsimmerringe oder Gabelbuchsen einzubauen, muss neues Dämpferöl eingefüllt werden.

Welches Dämpferöl nehmen?
Yamaha schreibt vor »Yamaha-Gabelöl 01 oder Entsprechung«. Man kann auch Marken-Gabelöl der Viskosität SAE 5 verwenden (Bild 3). Die Menge beim Ölwechsel beträgt pro Holm 473 cm^3. Für einen Dämpferölwechsel wird also ein knapper Liter (exakt 946 cm^3) frisches Telegabelöl für beide Gabelbeine benötigt.

Gabelbeine aus- und einbauen

Die Gabelbeine müssen sowohl zum Wechsel des Gabelöls als auch zum Austausch undichter Simmerringe ausgebaut werden.

Gabelbeine ausbauen
1. Motorrad so aufbocken, dass das Vorderrad frei und die Gabel entlastet ist: Entweder einen Montageständer verwenden, dessen Tragzapfen unten ins Lenkkopfrohr eingeschoben wird (Bilder 4a und 4b), oder die Maschine vorne an einen Werkstattkran aufhängen.
2. Ab- bzw. ausbauen: Bremssättel, Bremsschlauch-Halterungen, ABS-Sensor und Kabel (Kapitel 6 »Bremsen«), Radabdeckung (»Vorderradkotflügel«, Bild 5), Vorderrad (Kapitel 5 »Räder«). Der Lenker kann auf der Gabelbrücke aufgeschraubt bleiben und auch die Lampe kann angebaut bleiben.
2.1. Bei den verkleideten Modellen XJ6 Diversion und XJ6 Diversion F die Seitenverkleidungen abschrauben, damit man Zugang bekommt zu den Standrohr-Klemmschrauben in der oberen und unteren Gabelbrücke.
3. Bild 5: Standrohr-Klemmschrauben in der oberen und unteren Gabelbrücke öffnen und mindestens drei Umdrehungen aufdrehen. Gabelbein dabei mit einer Hand halten, damit es nicht herausfällt.
4. Wenn die Klemmschrauben geöffnet sind, Standrohr fest anpacken, drehen und nach unten herausziehen.
5. Schraub- und Klemmstellen gut reinigen, leicht einölen.

Gabelbeine einbauen
In umgekehrter Reihenfolge des Ausbaus. Dabei auf Folgendes achten:
- Klemmaugen in unterer und oberer Gabelbrücke einfetten oder einölen.
- Gabelstandrohr unter leichtem Drehen von unten in die untere Gabelbrücke einstecken, durchschieben, nach oben schieben und so weit durch die obere Gabelbrücke durchstecken, dass die Oberkante des Standrohres bündig

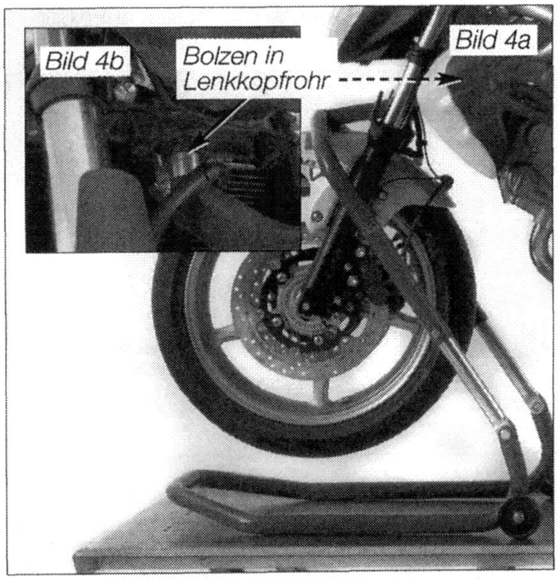

Bild 3: Gabelöl SAE 5.

Bilder 4a und 4b: Ein solcher Ständer wird zum Aus- und Einbau der Gabelbeine benötigt.

Bild 5: Zeichnung zum Aus- und Einbau der Gabelbeine mit Bauteilen und Anziehdrehmomentwerten.

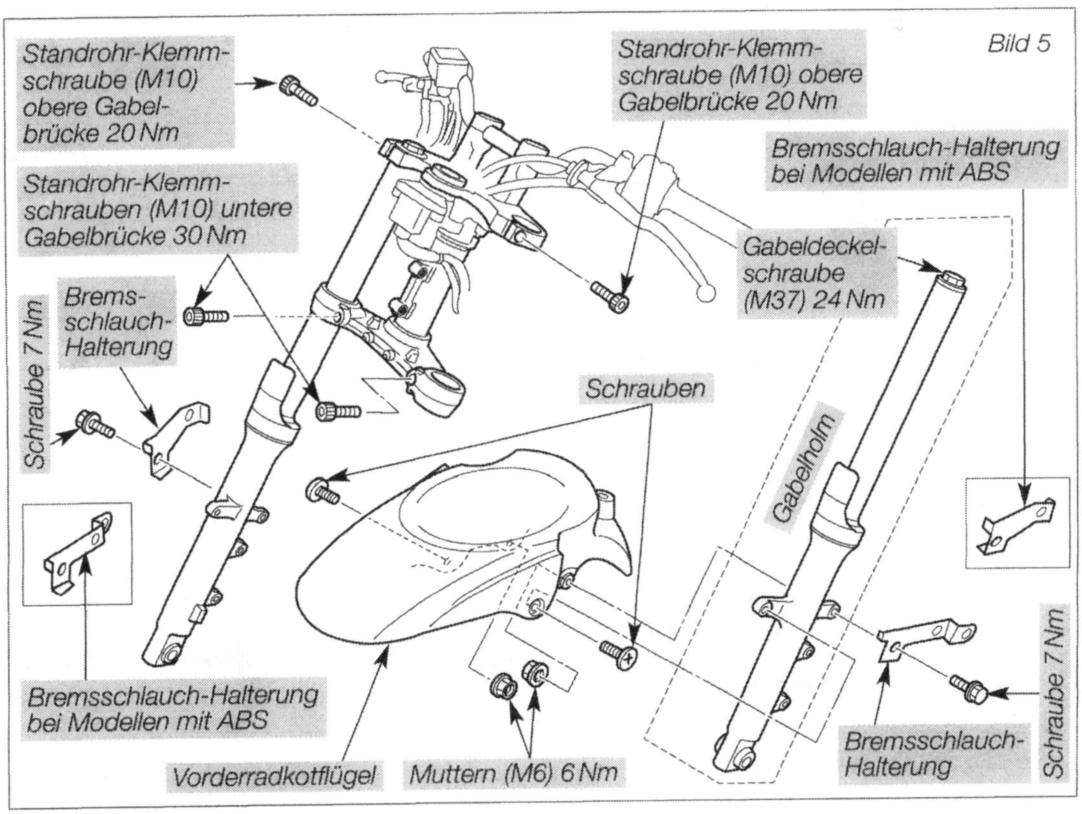

ist mit der Oberkante der Gabelbrücke (siehe Pfeil in Bild 6).

■ Schrauben leicht festziehen.

■ Anderes Gabelbein einbauen.

■ Schrauben festziehen: Zuerst beide untere Standrohr-Klemmschrauben mit 30 Nm festziehen, danach die oberen mit 20 Nm.

Wichtig: Klemmschrauben nicht zu fest anziehen, sonst verbiegen sich die Gabelbrücken, die Gewinde in den Gabelbrücken reißen aus; es können auch die Klemmaugen selbst aufreißen.

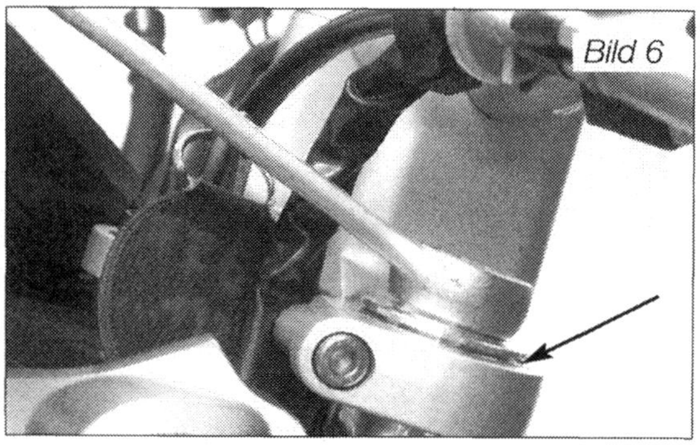

Bild 6: Gabeldeckelschraube schon nach dem Losschrauben der oberen Klemmschraube lösen.

Bild 7: Explosionszeichnung der Telegabel mit Teilebezeichnungen und Anziehdrehmomenten.

Gabelöl wechseln

Gabelbein zerlegen, Gabelöl ablassen

1. Bild 6: Nach dem Lösen der oberen Standrohr-Klemmschraube die untere festgezogen lassen und die Gabeldeckelschraube mit einem exakt passenden Schlüssel lösen.

1.1. Erst jetzt die untere Standrohr-Klemmschraube lösen und das Gabelbein herausziehen.

2. Gabelbein an den Befestigungsaugen der Bremssättel senkrecht in einen Schraubstock einspannen.

■ Alubacken zum Schutz dazwischenlegen und Schraubstock nur so stark wie nötig anziehen!

3. Gabelstandrohr mit der Hand festhalten, Gabeldeckel aus Standrohr ausdrehen.

Auf den letzten Gewindegängen vorsichtig arbeiten, denn die Gabelfeder drückt von innen gegen den Gabeldeckel: Während des Ausschraubens etwas Druck auf das Ausdrehwerkzeug geben.

4. Standrohr in Gabeltauchrohr einschieben. Distanzhülse, Stützscheibe und Gabelfeder herausnehmen.

5. Gabelbein ausspannen und kopfüber in geeigneten Behälter kippen. Dämpferöl ablaufen lassen.

6. Gabelbein in die Hand nehmen, Tauchrohr im Standrohr einige Male hin und her bewegen, damit das Gabelöl herausgepumpt wird und ausläuft. Lange austropfen lassen.

7. In das Gabelbein einen guten Schuss (ca. 100 cm³) Benzin oder Waschbenzin einfüllen. Tauchrohr im Standrohr einige Male hin und her bewegen, die Dämpferinnereien werden von altem Dämpferöl und Schmutz gereinigt. Ausschütten, lange genug austropfen lassen.

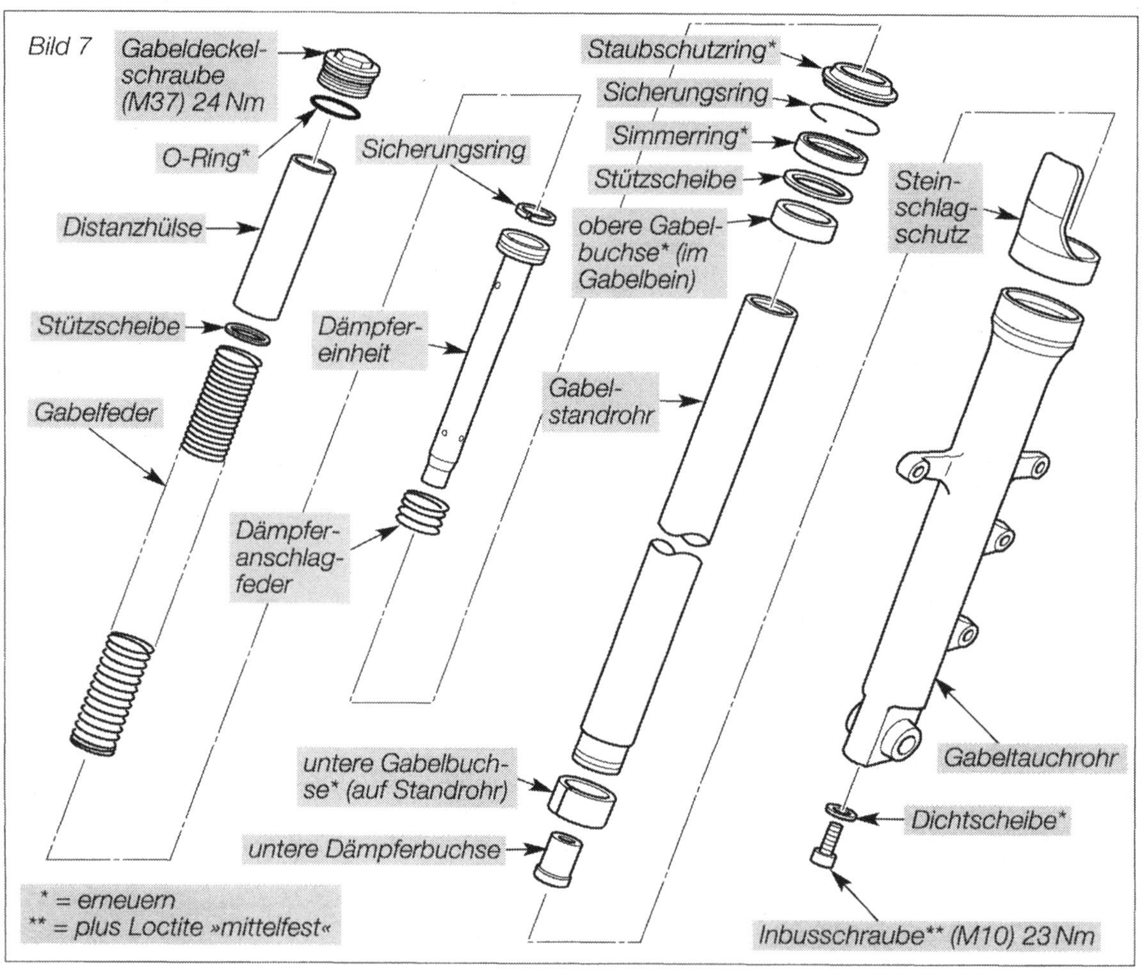

Gabelöl einfüllen, Gabelbein zusammenbauen

1. Gabelbein an den Befestigungsaugen der Bremssättel senkrecht in Schraubstock spannen, Alubacken und Lappen zum Schutz dazwischenlegen, Schraubstock mit Gefühl festziehen.

1.1. Standrohr aus Tauchrohr bis ganz nach oben an den Anschlag ziehen.

2. Bild 9: Frisches Gabelöl in vorgeschriebener Menge langsam (!) einfüllen: 473 cm³ Gabelöl SAE 5.

2.1. Während des Einfüllens das Standrohr einige Male langsam ganz einschieben und ausziehen. Dadurch wird das frische Gabelöl gleichmäßig im Gabelbein verteilt und eventuell eingeschlossene Luft herausgedrückt.

3. Bilder 8a, 8b und 10: Gabelölstand messen. Standrohr in Tauchrohr einschieben, mit Maßstab nach unten auf Ölspiegel fahren.

4. Bild 8a: Maß zu Standrohroberkante nehmen. Wenn sich zu viel Öl im Gabelbein befindet, mit Absaugflasche absaugen (Bild 10).

■ Zu niedrigen Ölstand auffüllen (Bild 9).

5. Gabelfeder mit der engeren Wicklung nach oben einschieben. Stützscheibe und Distanzhülse auf Feder setzen.

6. O-Ring auf Gabeldeckel kontrollieren: Wenn in Ordnung, eingebaut lassen.

■ Wenn beschädigt, neuen O-Ring aufziehen, mit Gabelöl einstreichen.

7. Gabelstandrohr bis zum Anschlag aus dem Tauchrohr ziehen und mit der Hand festhalten.

7.1. Gabeldeckel in Standrohr einschrauben: Dabei Federdruck überwinden, die ersten Gewindegänge vorsichtig arbeiten!

8. Beachten: Gabeldeckel erst später beim Einbau der Gabelstandrohre festziehen, und zwar dann, wenn die Klemmschrauben der Gabelbeine in der unteren Gabelbrücke mit 30 Nm festgezogen sind, Gabeldeckel mit 24 Nm festziehen.

8.1. Dann die Klemmschrauben der Gabelbeine in der oberen Gabelbrücke mit 20 Nm festziehen.

9. Gabelbeine einbauen siehe Text weiter vorne.

Simmerringe und/oder Gabelbuchsen wechseln

Zum Einbau neuer Simmerringe sind die Gabelbeine ausgebaut und so weit zerlegt, wie weiter vorne unter »Gabelöl wechseln/Gabelbein zerlegen« beschrieben ist, das Öl ist abgelassen.

1. Gabel quer in Schraubstock spannen, Alubacken und Lappen dazwischenlegen.

2. Bild 11: Mit einem Inbussteckschlüssel von unten durch die Achsfaust einfahren, Dämpferhalteschraube lösen und ausdrehen, Dichtscheibe ab- bzw. herausnehmen.

Tipp: Wenn sich die Schraube nicht ausdrehen lässt, weil sich die Dämpfereinheit mitdreht, die Gabel zusammenbauen: Gabelfeder, Stützscheibe und Distanzhülse einsetzen, Gabeldeckel einschrauben. Durch den Federdruck wird die Dämpfereinheit unten verspannt und die Schraube kann ausgedreht werden.

3. Steinschlagschutz vom Sitz abziehen. Wenn er sich nicht freiwillig bewegen will: Mit einem Werk-

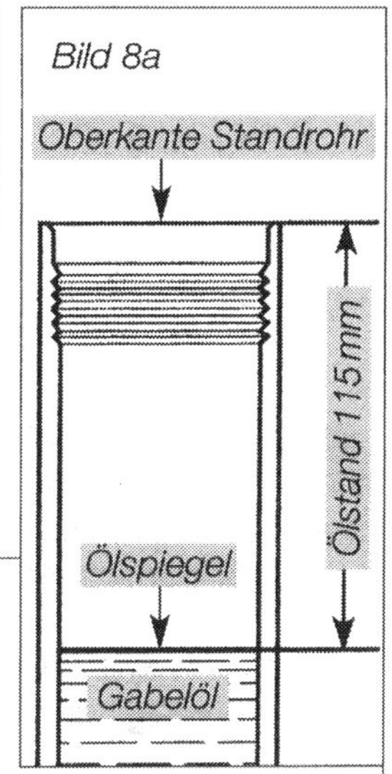

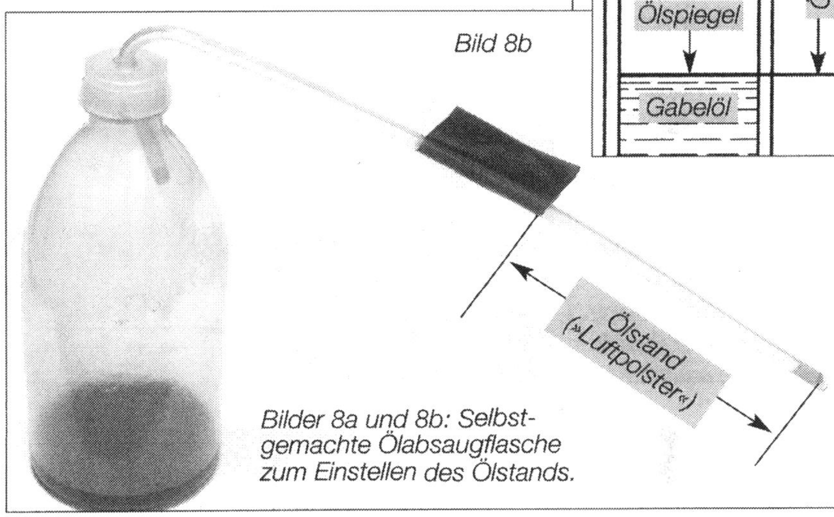

Bilder 8a und 8b: Selbstgemachte Ölabsaugflasche zum Einstellen des Ölstands.

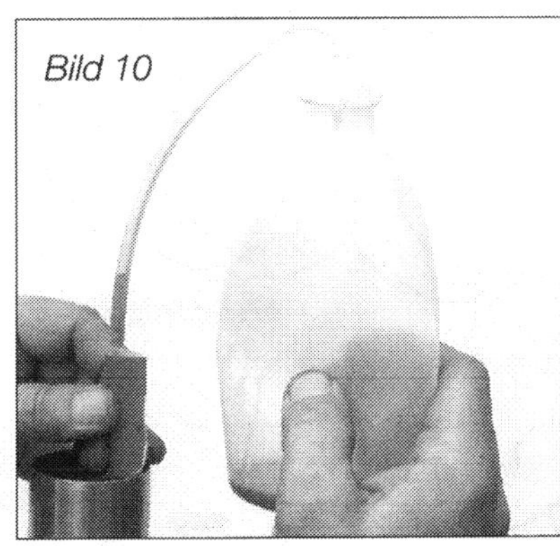

Bilder 9 und 10: Ölstand auffüllen bzw. absaugen.

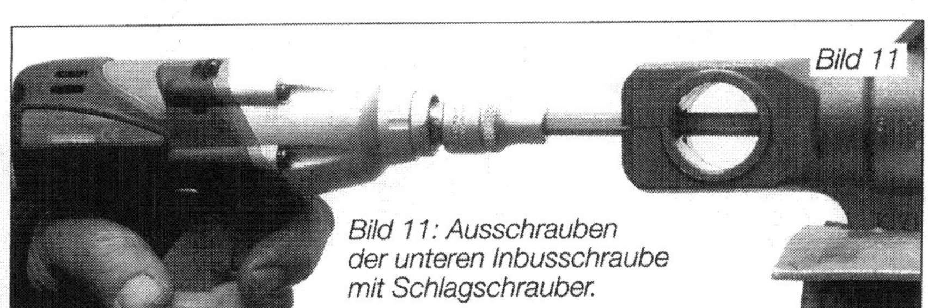

Bild 11: Ausschrauben der unteren Inbusschraube mit Schlagschrauber.

stattföhn ringsum leicht anwärmen, mit einem kleinen Schraubenzieher von unten aus seinem Sitzbund lösen und gleichzeitig mit der Hand ziehen.

3.1. Bilder 12 und 12a: Staubschutzring mit einem kleinen Schraubenzieher ringsum aushebeln und nach oben vom Standrohr abschieben.

4. Bilder 13a und 13b: Sicherungsring mit einem kleinen Schraubenzieher herausnehmen.

5. Mit einem Werkstattföhn den oberen Rand des Tauchrohrs ringsum etwas erwärmen, damit obere und untere Gabelbuchse beim Auseinanderziehen des Gabelbeins nicht beschädigt werden.

6. Bild 14: Standrohr mit beiden Händen packen und ruckartig aus dem Tauchrohr ziehen.

■ Bild 15: Aus dem Sitz im oberen Teil des Gabeltauchrohres werden herausgezogen: Simmerring, Stützscheibe, obere Gabelbuchse.

7. Gabelstandrohr ganz herausziehen.

8. Bilder 16a und 16b: Untere Gabelbuchse vom Standrohr abbauen: Dazu ihre Enden mit den Fingernägeln vorsichtig auseinanderziehen, Buchse aus Nut nehmen und gleichzeitig vom Rohr abziehen.

Bilder 12 bis 13b: Mit einem kleinen Schraubenzieher den Staubschutzring ausbauen und den Sicherungsring aus seiner Nut herausnehmen.

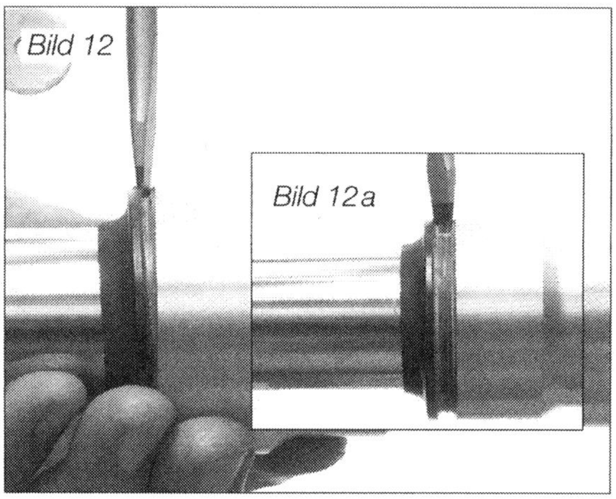

Bild 12 / *Bild 12a*

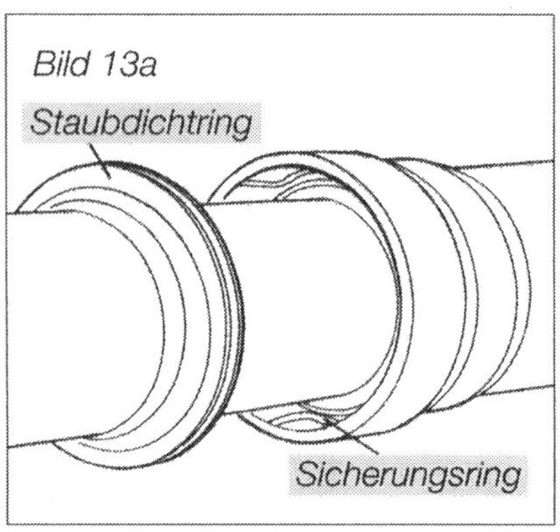

Bild 13a

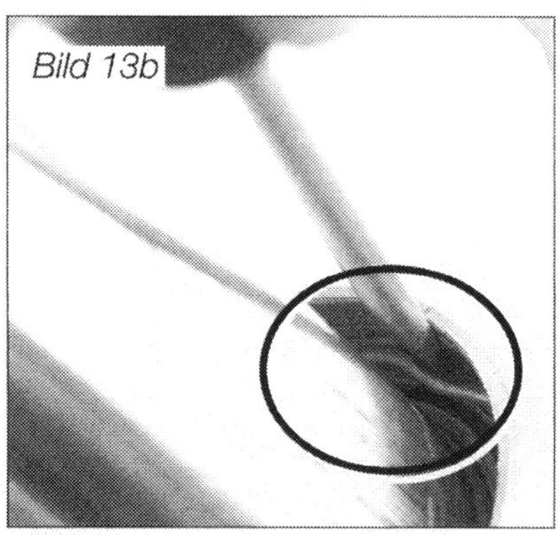

Bild 13b

Bilder 14 und 15: Mit kurzen harten Ruckbewegungen Standrohr mit Gabelsimmerring, Stützscheibe und oberer Gabelbuchse austreiben.

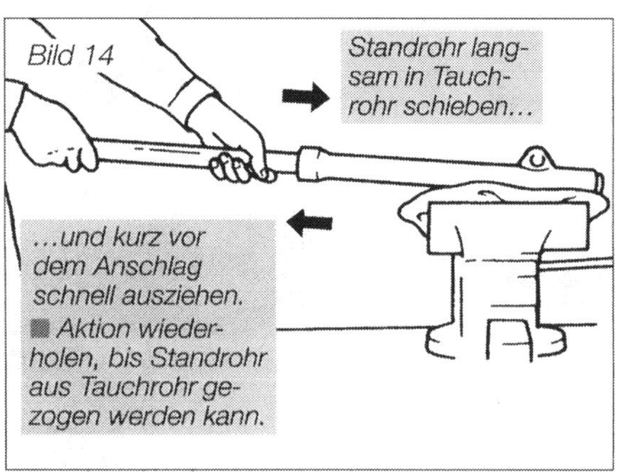

Bild 14

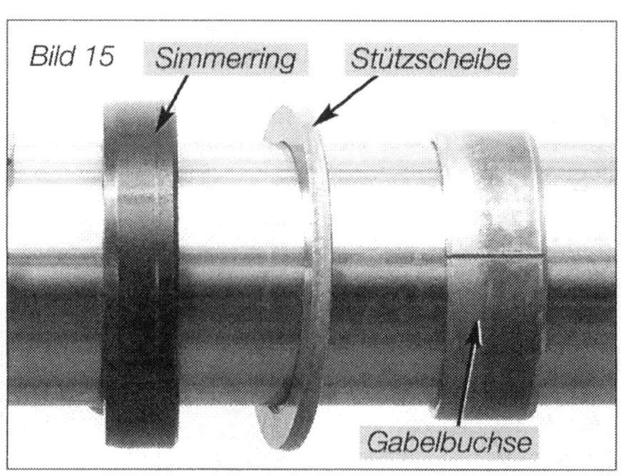

Bild 15

Gabelbein zusammenbauen

Vor dem Zusammenbau alle Gabelteile sorgfältig mit Lösungsmittel reinigen (z. B. Bremsenreiniger oder Aceton). Zusammenbau in umgekehrter Reihenfolge der Zerlegung.

Hinweis: Wenn die Gabel wegen undichter Simmerringe komplett zerlegt wurde, empfehlen wir, auch neue Gabelbuchsen einzubauen. Dann ist die Gabel wieder fit für die nächsten -zigtausend Kilometer.

1. Bild 16a: Gabelbuchse in ihre Nut im Standrohr einsetzen: Buchse mit zwei Fingernägeln an ihrer Nut aufbiegen und über das Standrohr schieben.

2. Standrohr mit frischem Gabelöl einölen, in Tauchrohr einschieben. Senkrecht stellen.

■ **Hinweis:** Das Bauteil »untere Dämpferbuchse« (siehe Zeichnung in Bild 7) sitzt üblicherweise fest in seinem Sitz unten im Tauchrohr.

3. Dämpfereinheit von oben in das Standrohr einfallen lassen. Etwas wackeln am Standrohr, damit die Dämpfereinheit sauber in ihren Sitz einfällt. Ggf. mit einem Besenstiel nachdrücken.

4. Bild 14: Untere Inbusschraube mit neuer Dichtscheibe bestücken, einen Tropfen Loctite »mittelfest« an gereinigtes Gewinde geben.

4.1. Inbusschraube eindrehen und festziehen mit 23 Nm.

5. Tauchrohr an den Befestigungen der Bremssättel quer in Schraubstock einspannen.

6. Obere Gabelbuchse einölen, über das Standrohr schieben bis ganz nach unten an seinen Sitz und mit den Fingern so weit es geht eindrücken.

7. Bild 18: Spezialwerkzeug ansetzen und damit die Gabelbuchse eintreiben.
8. Stützscheibe aufschieben.
9. Bild 19: Neuen Gabelsimmerring mit Silikonfett einschmieren, seine Dichtlippen von innen mit den Fingern vorsichtig (!) aufbiegen, mit der markierten Seite nach oben zeigend auf das Standrohr aufschieben und nach unten bis zum Sitzbund am Tauchrohr schieben.
10. Bild 20: Spezialwerkzeug ansetzen und Gabelsimmerring einpressen.
10.1. Mit der Taschenlampe auf den Simmerring leuchten und prüfen, ob er ganz unten sitzt bzw. ob Nut für Sicherungsring frei ist.
■ Wenn »nein«, das Schlagwerkzeug ansetzen und mit gezielten Schlägen den Simmerring bis ganz nach unten eintreiben.
■ Wenn »ja«, Bild 13: Sicherungsring einbauen. In jedem Fall auch seinen korrekten Sitz im Schein der Taschenlampe prüfen.
11. Staubschutzring leicht mit Silikonfett einschmieren, auf das Standrohr aufschieben bis nach unten an seinen Sitzbund, dann mit den Fingern ringsum in seinen Sitz im Tauchrohr eindrücken.
12. Steinschlagschutz aufschieben und an der Nase am Bund des Standrohres ausrichten.

Wichtige Adressen:

■ **H.G. Czech Ing.**
(Spezialschmiermittel für Motorräder, GGV-Gabel-Gleit-Verbesserer)
Gyrhofstraße 28
D-50931 Köln
www.hks-czech.de

■ **Öhlins** (Federelemente)
Öhlins DTC
Gottlieb-Daimler-Straße 25
D-53520 Meuspath
www.ohlins.eu
www.öhlins.ch

■ **Racetech Hubert Hofmann**
(Service von Gabeln, Federbeine)
Bellinostraße 22
D-72108 Rottenburg
www.hh-racetech.de

■ **Wilbers Products** (Federelemente, Lenkungsdämpfer)
Wilbers Products GmbH
Frieslandstraße 10
D-48527 Nordhorn
www.wilbers.de
www.wilbers.at
www.urechproducts.ch

■ **Wirth** (Gabelfedern)
Wirth Federn
Osterdiecksfeld 23
D-21274 Undeloh
www.wirth-federn.de

■ **WP** (Federelemente, Lenkungsdämpfer)
WP Suspension Germany
Waldkraiburger Straße 14
D-93073 Neutraubling
www.wp-germany.com
www.haslacher.at
www.motocenterschwyz.ch

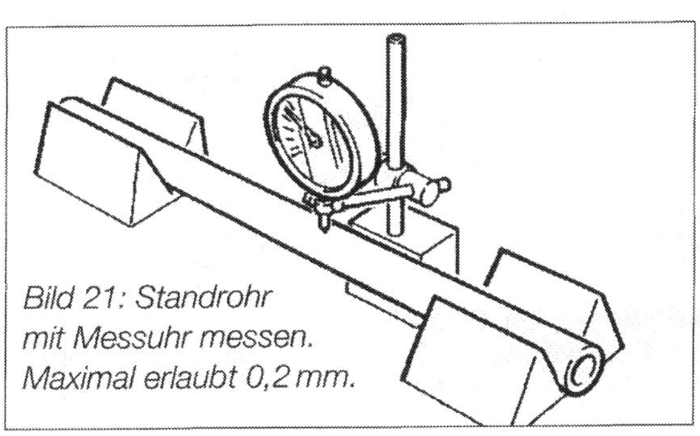

Bild 21: Standrohr mit Messuhr messen. Maximal erlaubt 0,2 mm.

13. Gabelbein an den Befestigungsaugen des Bremssattels senkrecht in Schraubstock einspannen. Gabelöl einfüllen, Gabelfeder, Federsitzscheibe, Distanzhülse und Gabelstopfen einbauen sowie Gabelbeine einbauen siehe entsprechende Texte und Bilder weiter vorne in diesem Kapitel.

Bilder 16a und 16b: Ab- und Aufbau untere Gabelbuchse.

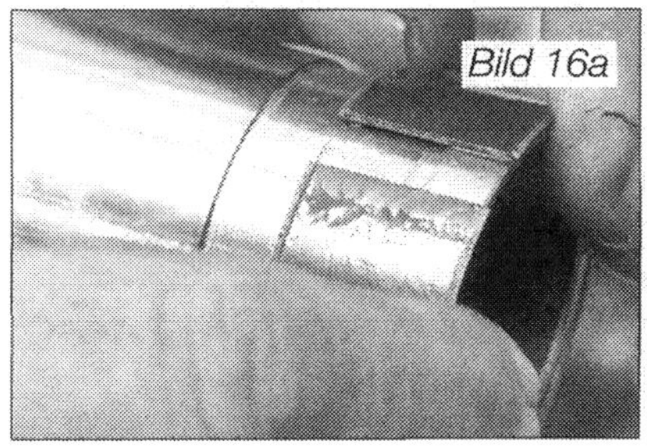

Bild 16a

Bild 16b

Bild 17

Bild 17: Obere und untere Gabelbuchse.

Bild 19: Simmerring einfetten.

Bilder 18 und 20: Eigenbau-Spezialwerkzeug zum Eintreiben von Gabelbuchse und Simmerring.

Bild 18

Bild 19

Bild 20

Sichtprüfung · Messen

Federbein · Schwinge

In diesem Kapitel: Beim Montieren beachten · Federbein aus- und einbauen · Hinterradschwinge aus- und einbauen, prüfen.

Beim Montieren beachten

Schrauben und Muttern: An Federbeinbefestigung und Schwinge nur originale Schrauben und Muttern verwenden! NIEmals beliebige Schrauben undefinierbarer Festigkeit und Herkunft aus einer typischen Werkstatt-Schraubenkiste verwenden!

Reinigen: Zum Reinigen der Nadellager keinen Bremsenreiniger verwenden, sondern nur Waschbenzin oder Petroleum (Dieseltreibstoff geht auch). Pinsel und Flaschenbürste zu Hilfe nehmen, mit weicher Druckluft trocken blasen.

Federbein prüfen: Siehe Kapitel 8 »Federung · Dämpfung«. Beim ausgebauten Federbein Folgendes prüfen:

■ Gummi-Stahlbuchse im oberen Federbeinkopf, das Gummi muss formstabil vorhanden und darf nicht brüchig oder aufgequollen sein.

■ Lager, Bundbuchsen und Dichtringe im unteren Federbeinkopf: Lager und Bundbuchsen herausnehmen und prüfen, sie dürfen weder verschlissen sein noch Fresssspuren haben, die Dichtringe dürfen nicht brüchig sein.

Tipp: Ein defektes Originalfederbein kann nur von Spezialisten repariert werden. Wenn das originale Federbein defekt ist: Ein Nachrüstfederbein ist billiger als ein neues Originalteil (Adressen siehe Kapitel 10 »Telegabel«).

Federbein aus- und einbauen

Zum Aus- und Einbau des Federbeins muss das Fahrzeugheck frei sein, das Hinterrad darf keinen Bodenkontakt haben: Wenn ein Mittelständer vorhanden ist, Motorrad auf diesem abstellen. Wenn kein Mittelständer an der Maschine ist, Motorrad über Riemen, die um die oberen Rahmenrohre geschlungen werden, an Werkstattkran oder »Galgen« aufhängen (Bild 1). Darauf achten, dass keine Plastikteile oder Elektrokabel gedrückt werden.

Federbein ausbauen

1. Hinterrad mit passenden Holzstücken so unterlegen, dass das Federbein entlastet wird.

Bild 1: Beispiel zum Aufhängen der Maschine zum Aus- und Einbau des Federbeins und der Schwinge.

Bild 2: Explosionszeichnung des Federbeins mit Anziehdrehmomenten.

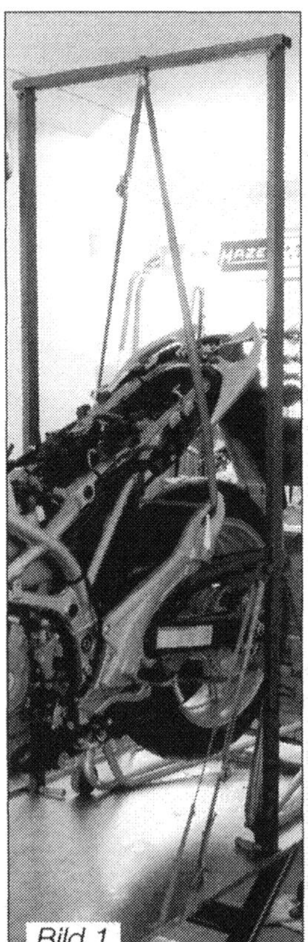

Bild 1

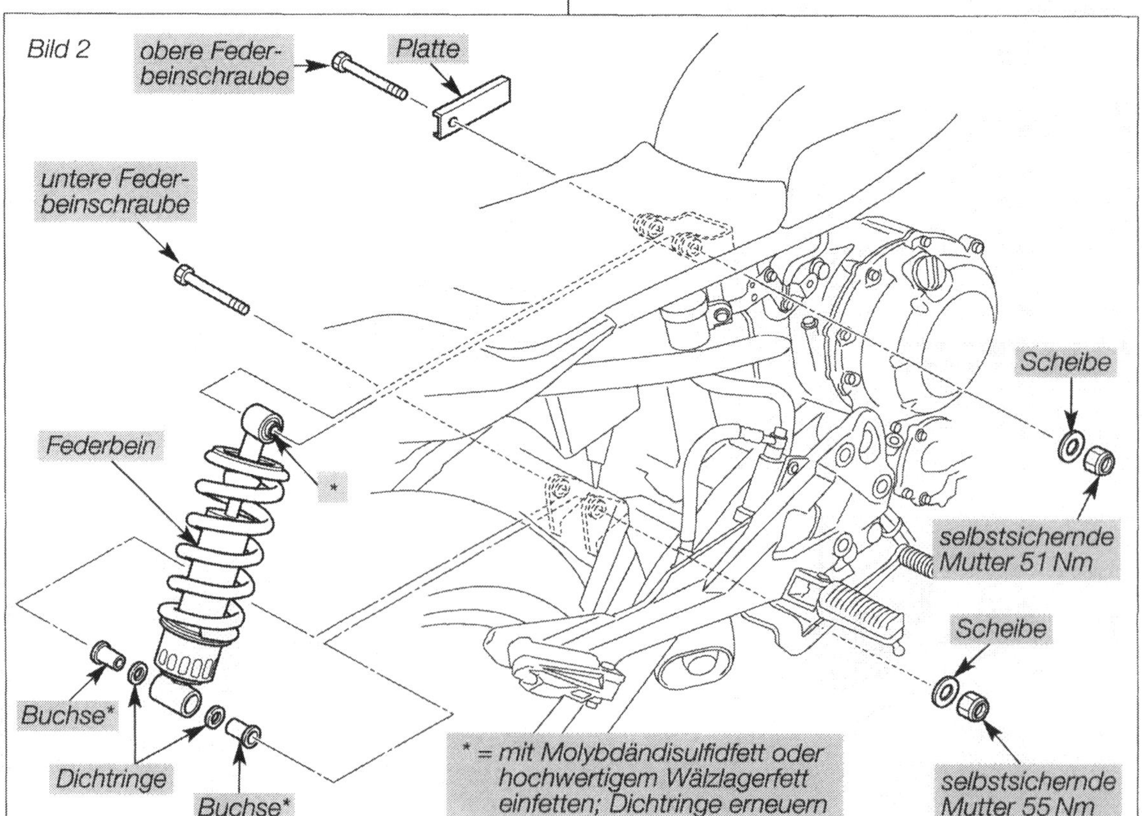

Bild 2

2. Bilder 2, 4a und 4b: Mutter auf unterer Federbeinschraube lösen und abdrehen, mit Scheibe abnehmen, Schraube herausziehen.
■ Schwinge dabei mit einer Hand etwas auf und ab bewegen, Federbeinschraube ausziehen, Schwinge langsam ablassen.
3. Bilder 2, 3a und 3b: Mutter auf oberer Federbeinschraube lösen und abdrehen, mit Scheibe abnehmen, Schraube mit Platte herausziehen.
■ Federbein dabei mit einer Hand halten, damit es nicht herunterfällt.
4. Federbein rechts über die Fußrastenplatte herausheben.
5. Federbein kontrollieren und reinigen wie weiter vorne beschrieben.

Federbein einbauen

Einbau des Federbeins in umgekehrter Reihenfolge des Ausbaus. Beachten:
■ Lager, Buchsen und Dichtringe mit Molybdändisulfidfett oder anderem hochwertigen Kfz-Wälzlagerfett satt einfetten.
■ Bild 2: Platte auf oberer Federbeinschraube: Sie verhindert, dass sich die Schraube beim Festziehen der Mutter mitdreht. Platte auf die Schraube so aufschieben, dass der Schraubenkopf im Ausschnitt sitzt. Beim Einschieben der Schraube die Platte korrekt am Rahmen ansetzen, Kabelstrang vorsichtig zur Seite drücken und dann die Schraube ganz ein- bzw. durchschieben.

Anziehdrehmomente

■ Mutter obere Federbeinschraube 51 Nm
■ Mutter untere Federbeinschraube 55 Nm

Schwinge aus- und einbauen

Bild 1: Motorrad so aufbocken oder aufhängen wie zum Aus- und Einbau des Federbeins.

Hinweis: Zum Ausbau der Schwinge muss das Federbein an seiner unteren Lagerstelle abgeschraubt werden (Bilder 4a und 4b), oben kann es am Rahmen bleiben.

Hinterradschwinge ausbauen

1. Aus- bzw. abbauen: Hinterrad, Hinterradbremssattel, Kettenschutz, Halterungen für Bremsschlauch und ABS-Sensorkabel (Bilder 10a und 10b).
1.1. Oberen kleinen Fußschalthebel: Klemmschraube lösen und ausdrehen, von Schaltwelle abziehen. Linke Fußrastenplatte abschrauben.
2. Linke Seite, Bilder 5a und 5b: Mutter auf Schwingenachse lösen und abschrauben.
3. Mit einem Kunststoffhammer die Schwingenachse nach rechts ausschlagen, bis man auf der rechten Seite den Kopf der Schwingenachse (Bilder 6a und 6b) packen und sie daran ausziehen kann.

Bilder 3a bis 4b: Obere und untere Federbeinbefestigung.

Bilder 5a bis 6b: Schwingenachse mit Zweikantkopf und Sechskantmutter.

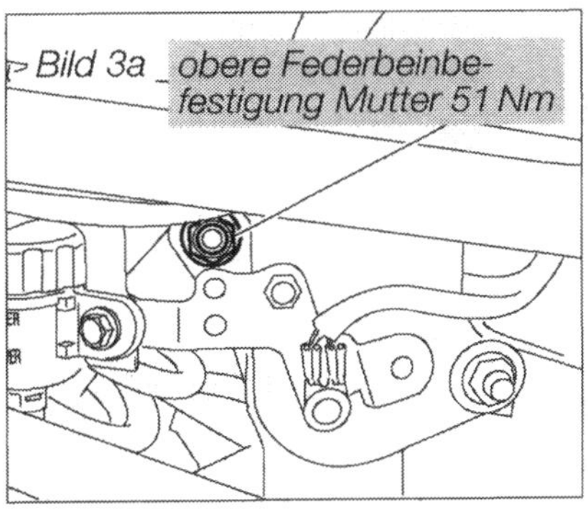

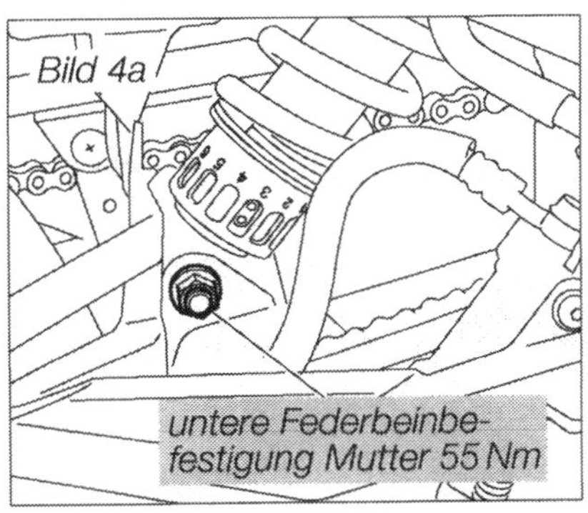

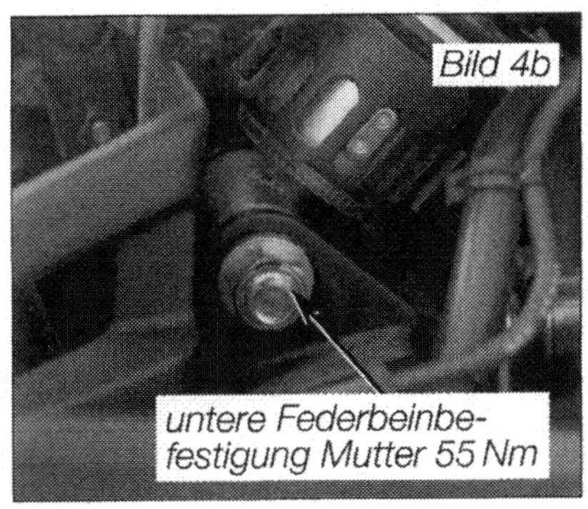

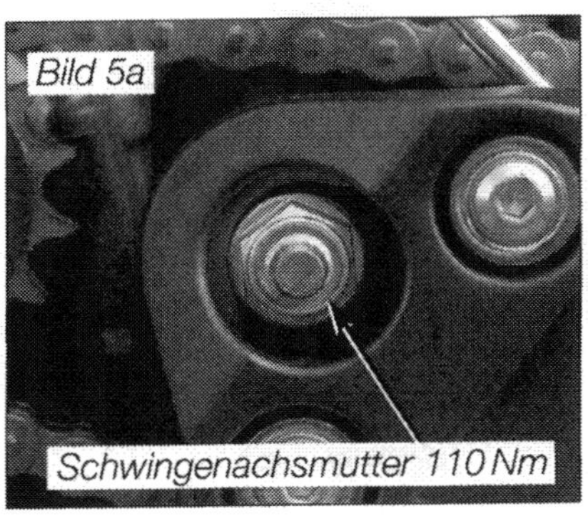

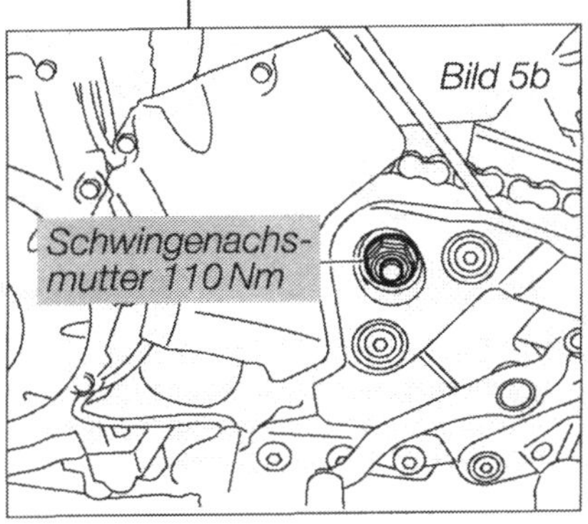

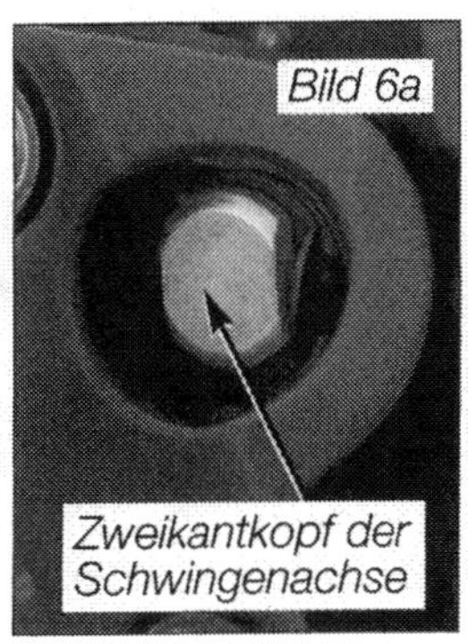

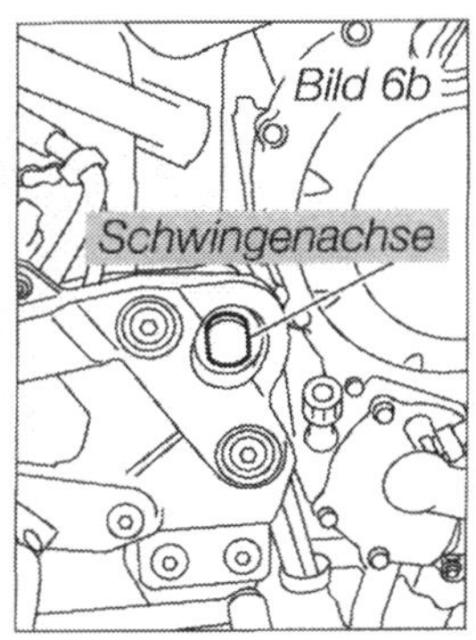

Bild 7: Eingebaute Schwinge muss sich bei ausgebautem Federbein gleichmäßig weich auf und ab bewegen lassen.

Bild 8: Explosionszeichnung der Schwinge und ihrer Lagerung.

■ Dabei die Schwinge festhalten und ein wenig an ihr nach rechs und links wackeln.
4. Bild 8: Schwinge nach hinten herausnehmen.
5. Wenn nötig, Kettenschleifschutz und Spritzschutz abmontieren.

Sind neue Lager nötig?
Wenn die Nadellager in der Schwinge defekt sind, müssen die alten Nadelhülsen mit Spezialwerkzeugen aus- und neue eingebaut werden. Wir raten Ihnen dringend, dieses entweder beim Yamaha-Händler oder einem Lagerfachbetrieb machen zu lassen, denn ohne Spezialwerkzeuge ist eine fachgerechte Montage der dünnen Nadelhülse nicht möglich. Einbaumaße siehe Bild 9.

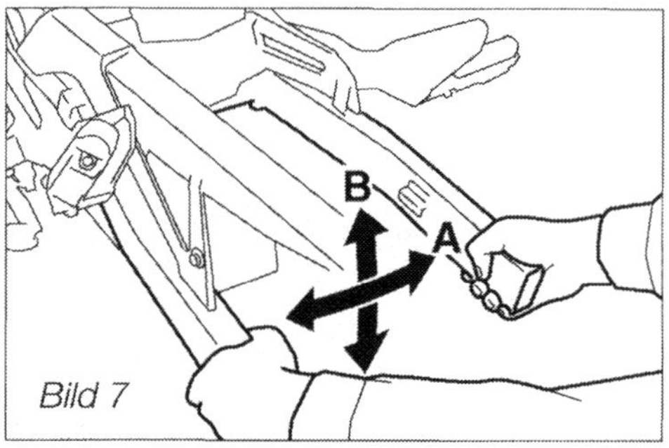

Bild 7

Hinterradschwinge prüfen
1. Bild 7: Eingebaute Schwinge muss sich bei unten abgebautem Federbein gleichmäßig weich auf und ab bewegen lassen.
2. Ausgebaute Schwinge auf Verzug und Risse untersuchen.
3. Schwingenachse reinigen, auf Beschädigung wie Klemm- oder Fressstellen oder Ähnliches untersuchen.
3.1. Nadellager reinigen (siehe Text am Anfang des Kapitels).
3.2. Gereinigte Buchsen in gereinigte und trockene Nadellager einsetzen, durch Hin- und Herbewegung das Spiel erfühlen. Falls es übermäßig groß ist (Erfahrungssache!), müssen die Lager erneuert werden.
4. Kettenschleifschutz auf ungewöhnliche Abnutzung und Beschädigung untersuchen. Falls abgeschürft oder zerfleddert, erneuern.

Hinterradschwinge einbauen
1. Kettenschleifschutz und Spritzschutz anbauen.
2. Nadellager, Distanzbuchsen, Simmerringe und Deckel der Schwinge gut mit Molybdändisulfidfett oder einem anderen Kfz-Lagerfett satt einfetten.
2.1. Distanzbuchsen einschieben, Simmerringe und Deckel anbringen.
3. Bild 8: Schwinge im Rahmen in Einbauposition bringen, Schwingenachse von rechts einführen und ganz durchschieben.
4. Bilder 5a, 5b und 8: Mutter links aufdrehen, mit 110 Nm festziehen.

Bild 8
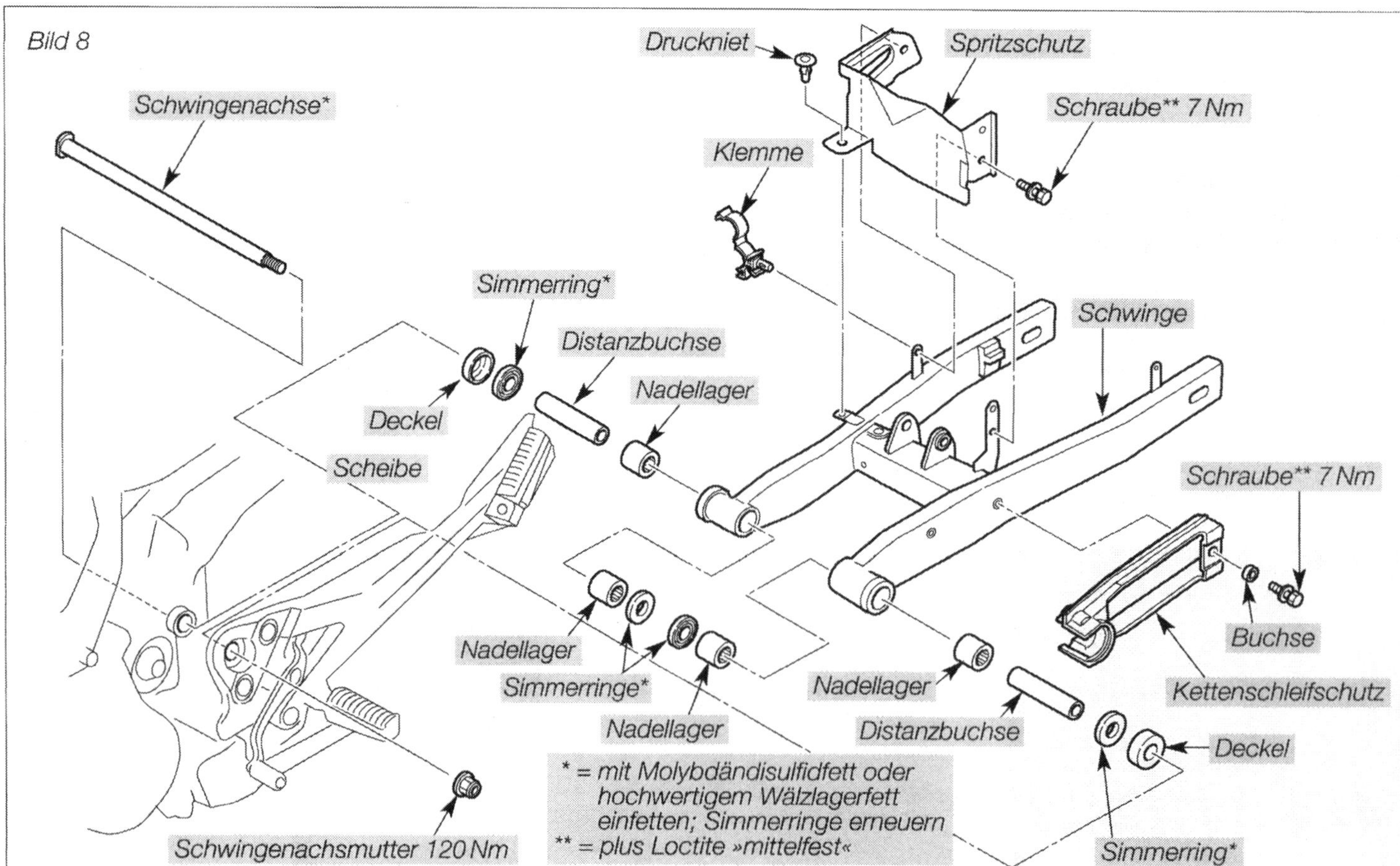

5. Federbein oben an Rahmen und unten an Schwinge befestigen wie weiter vorne in diesem Kapitel beschrieben.
6. Hinterrad einbauen, Kettenspannung einstellen.
7. Bilder 10a und 10b: Bremsschlauch und ABS-Kabel exakt verlegen, Halterungen und Kettenschutz anbringen.
Wichtig: Unbedingt prüfen, ob die Bremse nach dem Einbau einwandfrei Druck hat oder entlüftet werden muss (siehe dazu Kapitel 6 »Bremsen«)!

Bild 9: Einpresstiefen der Nadellager.

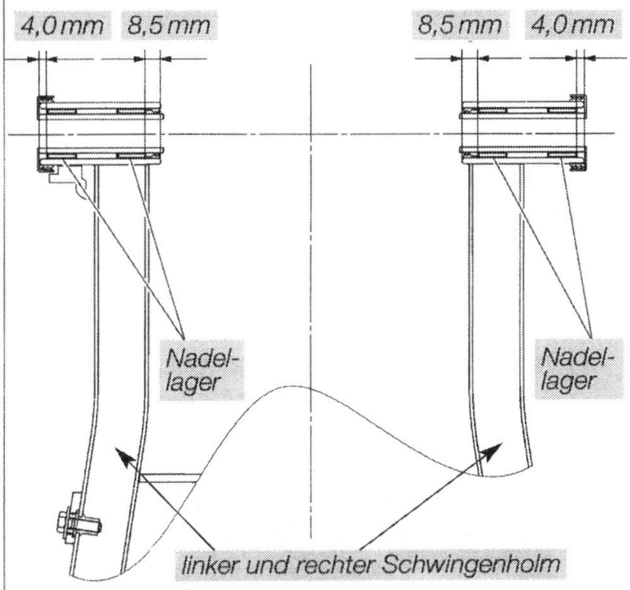

Bild 10a

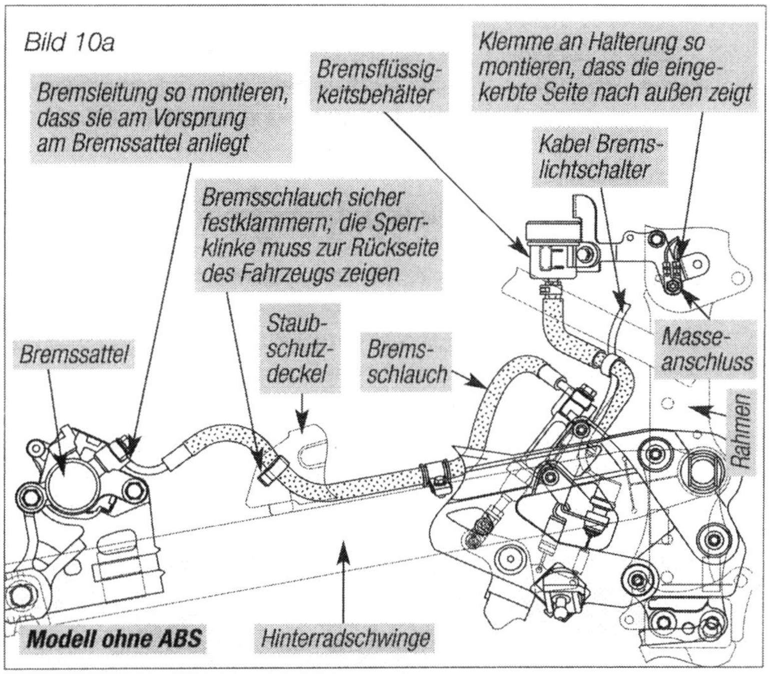

Bilder 10a und 10b: Zum Ausbau der Schwinge Bremsschlauchhalterungen abschrauben. Beim Anschrauben die Angaben in den Zeichnungen unbedingt beachten.

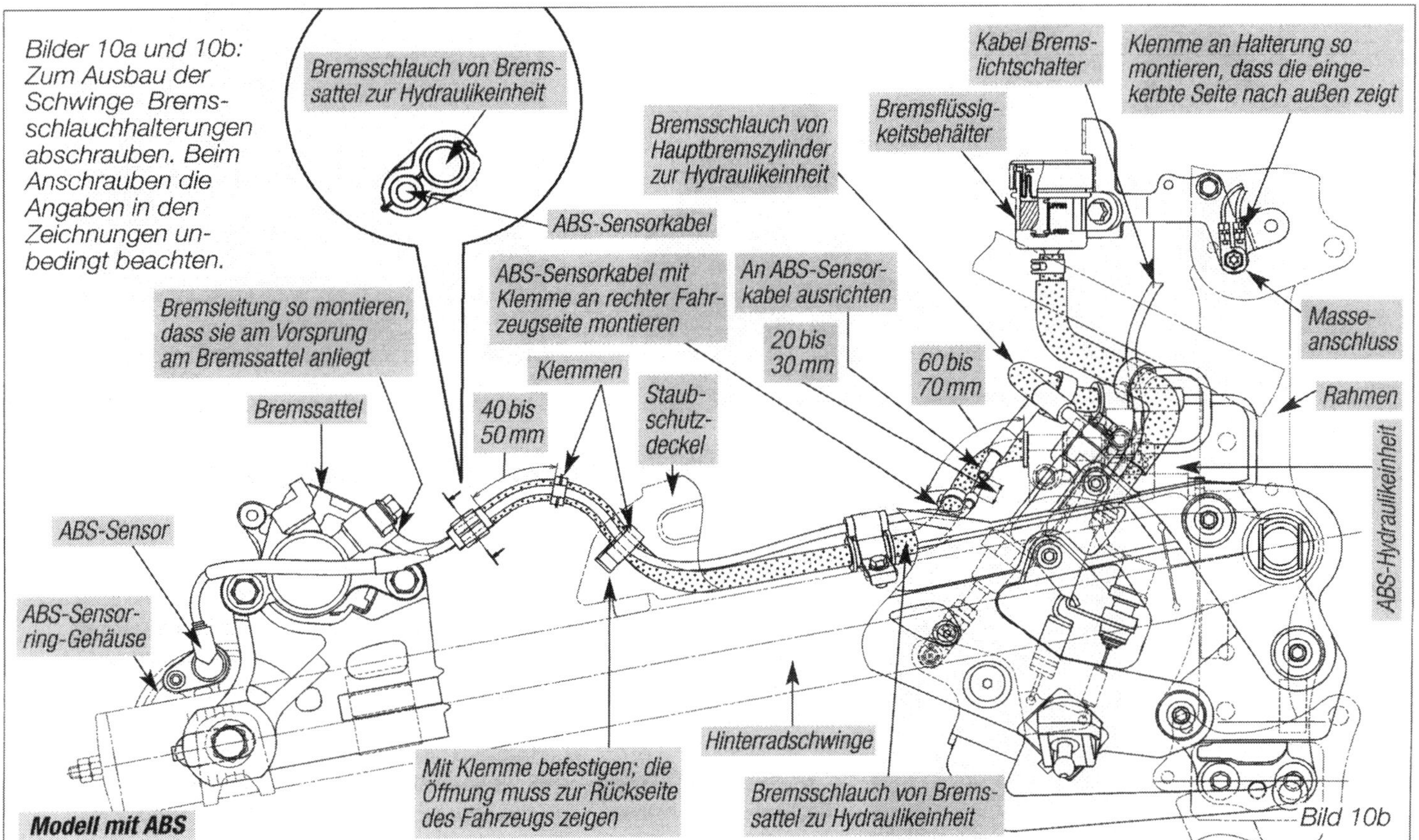

Licht · Blinker · Hupe

In diesem Kapitel: Beleuchtung kontrollieren · Lampen an der XJ6 · Lampen wechseln: Scheinwerferlampe, Rück-/Bremslicht-, Kennzeichen- und Blinklampen · Leuchteinheit innen feucht? · Scheinwerfereinstellung · Scheinwerfer ab- und anbauen · Lichthupe und Hupe prüfen · Instrumenteneinheit.

Beleuchtung

Die Kontrolle der Beleuchtungs- und Signalanlage ist keine periodische Wartungsarbeit starr nach Wartungsplan, sondern gehört zu den sicherheitsrelevanten Tätigkeiten, die man regelmäßig selbst erledigen sollte. Ein Check der Beleuchtung ist schnell gemacht, Aufwand und Nutzen stehen in günstiger Relation und bringen ein hohes Maß an Fahrsicherheit.

Lichtkontrolle im Schaufenster

Wenn Sie an einer roten Ampel zufällig vor einem Schaufenster stehen und darin Ihr Spiegelbild betrachten: Hand- und Fußbremse betätigen und das Bremslicht im Spiegelbild abchecken.

Lampen

Fern-/Abblendlampe .... 12 V 60/55 W (H4)
Standlicht .... 12 V 5 W
Blinklampen .... 12 V 10 W (4 Stück)
Kennzeichenlampe .... 12 V 5 W
Brems-/Rücklichtlampe .... 12 V 21/5 W
Instrumentenbeleuchtung .... LED
Kontrolllampen .... LED

Reservelampen

Es ist sinnvoll, einige Reservelampen mitzuführen, damit man beim Ausfall einer Lampe auf der Stelle eine neue einbauen kann, was speziell bei einer Nachtfahrt von Vorteil ist. Folgende Lampen sollte man »an Bord« haben.

Bild 1: Scheinwerfer und Blinker an der XJ6.

Bild 2: Blick auf die Rückseite des Scheinwerfers; hier eingebaut im Verkleidungsoberteil der XJ6 Diversion. Die Einsteller sind gut erreichbar. Rechts und links die Scheinwerfer-Befestigungsschrauben.

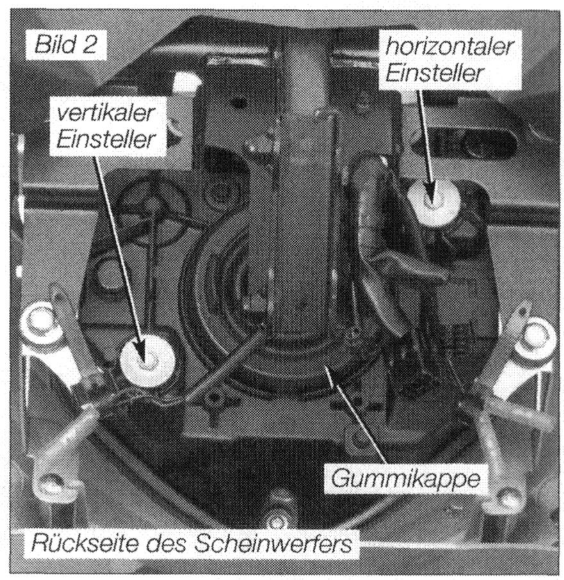

Bild 3: Laschen am Lampensockel sind verschieden breit, Lampe kann nur in einer Stellung eingebaut werden.

■ Glaskolben und Kontaktanschlüsse nicht mit bloßen Fingern berühren!

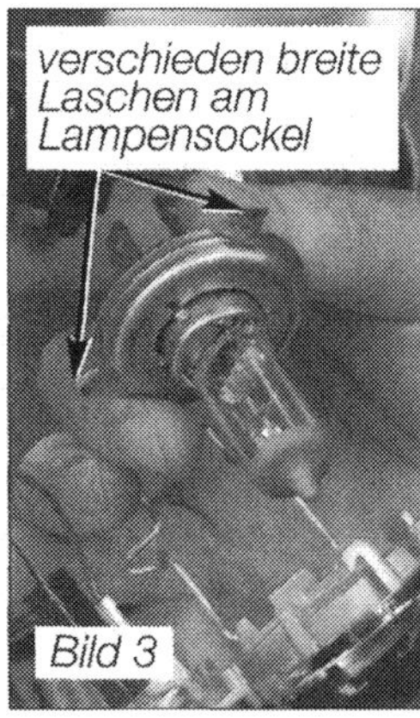

Sicherheitshinweise ⚠ Achtung und ☞ Tipps

⚠ Wenn Lampen ersetzt werden, müssen grundsätzlich Motor und Zündung ausgeschaltet sein! Dies gilt auch für alle anderen Arbeiten an der Lichtanlage.

⚠ Brennende Halogenlampen werden bis einschließlich Metallsockel sehr heiß. Bevor eine Lampe herausgenommen wird, sicherstellen, dass sie genügend abgekühlt ist.

☞ Beim Einbau einer Lampe unbedingt Folgendes beachten:
■ Steckkontakte und Glaskörper einer Lampe nicht mit bloßen Fingern anfassen! Sonst setzen sich Hautfette ab und brennen sich ins Glas ein, was Leuchtkraft und Lebensdauer mindert.
■ Lampe immer nur mit einem sauberen Lappen in die Hand nehmen (Bild 3). Schmutz oder Fingerabdrücke mit Spiritus abwischen.

- 1 Stück Fern-/Abblendlichtlampe
- 1 Stück Brems/Rücklichtlampe
- 2 Stück Blinklampen

Diese Reservelampen in eine vibrations- und stoßsichere, mit Schaumstoff ausgepolsterte kleine Box packen und unter der Sitzbank verstauen. Die LED's in der Instrumenteneinheit gehen praktisch nie kaputt, man kann sie nicht ersetzen.

Lampen wechseln

Scheinwerferlampe (Bilder 1, 4a, 4b und 4c)
XJ6: Weil es im Bereich hinter dem Scheinwerfer sehr eng zugeht, muss man zum Wechseln der Lampe den Scheinwerfer abbauen (siehe weiter hinten in diesem Kapitel).
XJ6 Diversion: Linke Seitenverkleidung abbauen (Kapitel 3 »Verkleidung · Rahmen · Tank«).
XJ6 Diversion F: Bugverkleidung und rechte Seitenverkleidung abbauen (Kapitel 3 »Verkleidung · Rahmen · Tank«).

Bei allen XJ6-Modellen:
1. Bild 4a: Stecker von Lampenkontakten abziehen.
2. Bild 4b: Gummikappe abziehen.
3. Bild 4c: Haltebügel zusammendrücken und zur Seite schwenken, Lampe herausnehmen.

Einbau einer neuen Lampe in umgekehrter Reihenfolge. Dabei besonders beachten:
- Laschen am Lampensockel in zugehörige Nuten einsetzen (Bild 3).
- Lampe nicht mit bloßen Fingern, sondern nur mit sauberem Tuch anfassen.
- Haltebügel sicher einrasten lassen.

Standlichtlampe (Bild 1)
Die Standlichtlampe sitzt oben im Scheinwerfer. Auch zu ihrem Wechsel müssen der Scheinwerfer (XJ6), die linke Seitenverkleidung (XJ6 Diversion) bzw. die Bugverkleidung und rechte Seitenverkleidung (XJ6 Diversion F) abgebaut werden.

1. Fassung etwas links herum drehen, bis es leicht klickt, dann herausziehen.
2. Defekte Lampe aus Fassung ziehen, neue Lampe einstecken.
3. Fassung in ihre Aufnahme einsetzen und im Uhrzeigersinn festdrehen.
- Etwas Silikonpaste auf den Rand der Lampenfassung geben, dann lässt sie sich beim nächsten Mal leichter öffnen.

4. Scheinwerfer bzw. Verkleidungsteil(e) anbauen.

Rück-/Bremslichtlampen (Bilder 5a und 5b)
Im Heckbürzel ist die kombinierte Rücklicht-/Bremslichtlampe untergebracht. Zum Wechsel muss die Sitzbank abgenommen werden.

Wie bei der Standlichtlampe ist auch die Rück-/Bremslichtlampe in einer Drehfassung montiert; Aus- und Einbau erfolgt wie Punkt 1. bis 3. der Standlichtlampe.

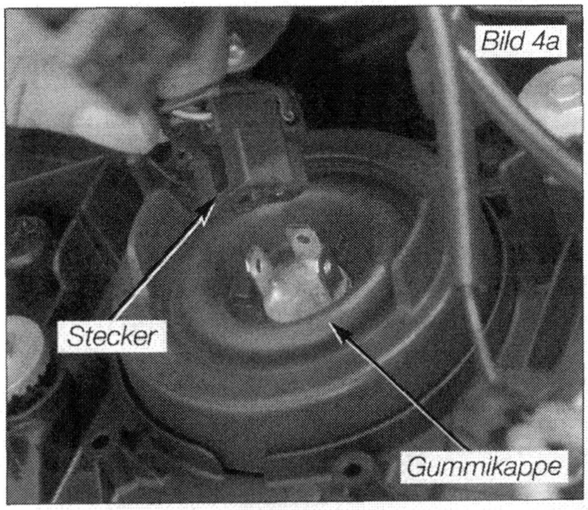

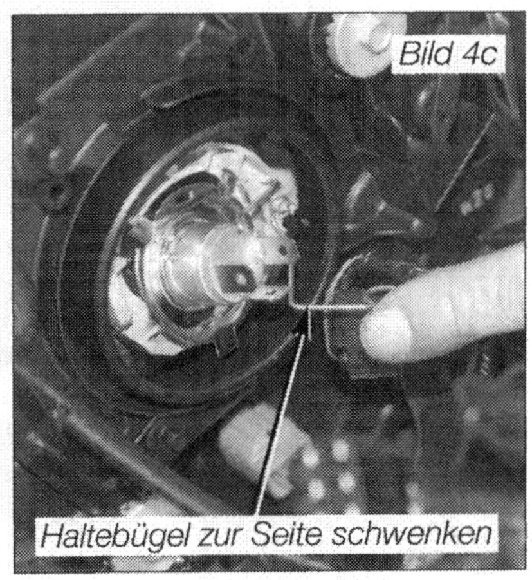

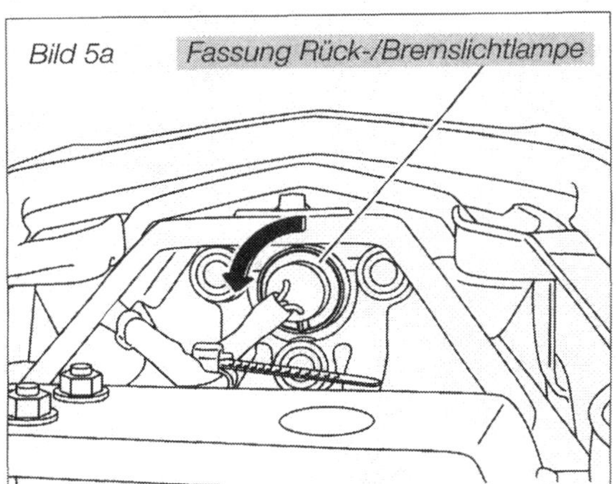

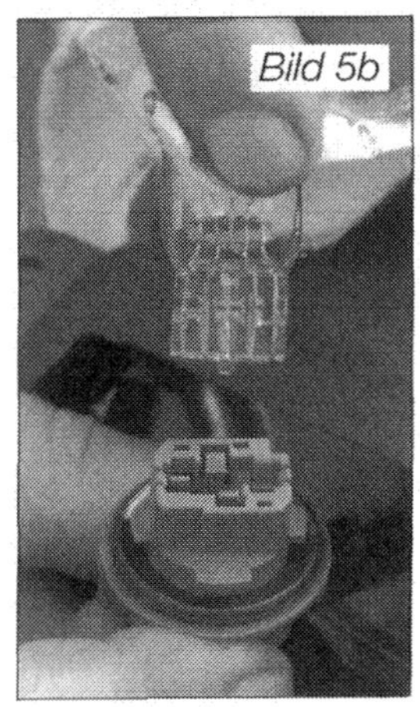

Bilder 4a und 4b: Stecker und Gummikappe sorgfältig abziehen bzw. aufdrücken.

Bild 4c: Sicherungsbügel zum Lampenwechsel lösen.

Bilder 5a: Die Rück-/Bremslichtlampe im Heckbürzel.

Bild 5b: Ausziehen der Rück-/Bremslichtlampe.

Ganz wichtig:
Lampe immer nur mit einem sauberen Lappen anfassen.

Sichtprüfung Messen

Kennzeichenbeleuchtung (Bilder 6a und 6b)
1. Bild 6a: Beide Schrauben des Leuchtenblocks ausdrehen und ihn aus seiner Aufnahme herausziehen.
2. Bild 6b: Fassung mit Lampe aus Leuchtenblock ausziehen.
3. Lampe aus Fassung ziehen.
■ Einbau in umgekehrter Reihenfolge. Auf die Fassung etwas Silikonfett geben, dann rutscht sie leichter ein.

Bilder 6a und 6b: Beide Schrauben des Leuchtenblocks ausdrehen, Block abnehmen und Fassung mit Lampe ausziehen.

Blinklampen (Bilder 7a bis 7c)
1. Blinkerglas abbauen: Kreuzschlitzschraube im Blinkergehäuse unten ausdrehen (Bild 7b), Blinkerglas vorsichtig herausnehmen.
■ Bild 7c: Gummidichtung beim Abnehmen des Glases nicht zerreißen.
2. Lampe ausbauen: Lampe leicht in ihre Bajonettfassung eindrücken, bis Haltenippel entriegelt sind, Druck halten, Lampe nach links bis Anschlag drehen, aus Fassung ziehen.
3. Neue Lampe einsetzen, Blinkerglas exakt einführen, Gummidichtung sauber am Gehäuse anlegen.
4. Befestigungsschraube mit Gefühl und nicht zu fest anziehen, sonst reißt das Glas ein.

Bild 7a: Korrodierte Lampenfassung und Kontakt (Kreis). Korrosionsschicht mit feinem Schleifpapier entfernen, mit Kontaktspray behandeln.

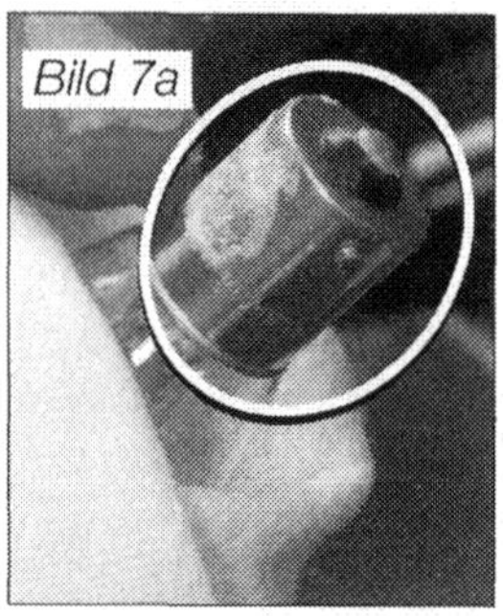

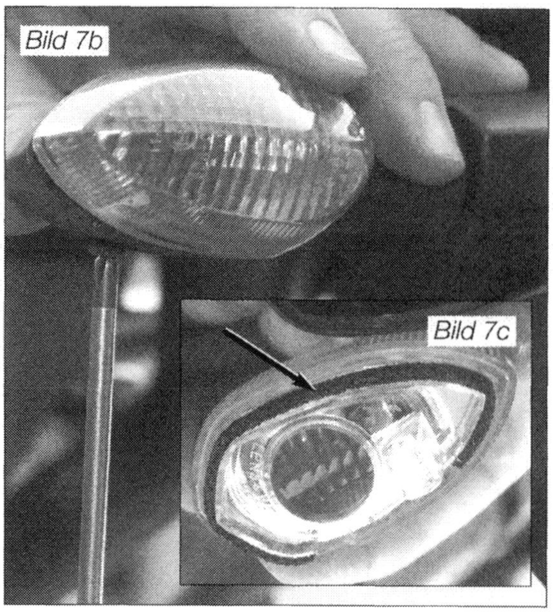

Bilder 7b und 7c: Darauf achten, dass die Dichtung (Pfeil) beim Abnehmen des Glases nicht reißt.

Leuchteinheit innen feucht?

Feuchtigkeit in Leuchteinheiten entsteht durch Schwitzwasser, das sich bildet, wenn die Lampe brennt, deswegen heiß ist und am Ende der Fahrt beim Ausschalten des Lichts wieder abkühlt. Schwitzwasser ist gefährlich, denn es kriecht in jede Ritze und sorgt für Korrosion der Kontakte: Im Laufe der Zeit wird das Licht immer dunkler und erlischt schließlich ganz, obwohl die in die Fassung eingesteckte Lampe nicht defekt ist. Wenn man bei der Lichtkontrolle oder beim Wechsel einer defekten Lampe feststellt, dass Feuchtigkeit innen im Lampen-, Blinker- oder Rücklichtglas sitzt, ist dies ein Zeichen dafür, dass die Leuchteinheit nicht be- bzw. entlüftet wird.

Bei Schwitzwasserbefall müssen die Lampengläser abgebaut und ausgetrocknet werden. Kontrollieren Sie dann auch, ob der nach unten weisende Schlitz im Lampengehäuse eventuell durch Schmutz zugesetzt ist und legen Sie diesen frei.

Scheinwerfereinstellung

Fachbegriff »Vertikale Einstellung«: Lichtstrahl mehr oder weniger nach oben oder unten (»Leuchtweite«), Straße wird weiter oder weniger weit ausgeleuchtet.

Auswirkungen:
■ **Zu *niedrig* eingestellter Lichtstrahl:** Fahrer verliert entscheidende Meter an Sichtweite.
■ **Zu *hoch* eingestellter Lichtstrahl:** Motorrad wird zum gefährlichen Blender – und zwar sowohl für den Gegenverkehr als auch für den Vorausfahrenden: Blendung erfolgt über Spiegel; bei Autos besonders durch deren Innenspiegel.

Fachbegriff »Horizontale Einstellung«: Lichtstrahl mehr oder weniger nach rechts oder links, Straße oder Straßenrand werden mehr oder weniger hell ausgeleuchtet.

Auswirkungen:
■ **Zu *weit nach links* eingestellter Lichtstrahl:** Gegenverkehr kann geblendet werden, auch wenn die vertikale Einstellung stimmt.

■ **Zu *weit nach rechts* eingestellter Lichtstrahl:** Straße vor der Maschine wird zu wenig ausgeleuchtet, Straßengraben dafür umso mehr (»Licht schielt«).

Voraussetzungen zu Prüfung und Einstellung
Prüfung und Einstellung des Scheinwerfers muss mit korrektem Reifenluftdruck erfolgen sowie mit der Federeinstellung am hinteren Federbein, mit der am meisten gefahren wird (»Standardeinstellung«). Vor der Einstellung kräftig auf die Maschine setzen und sie wieder ausfedern lassen: Gewicht über die Füße also nur leicht aus dem Sitz nehmen.

Wichtig: Einstellung der Feder im Federbein beeinflusst die Höhe des Hecks und damit die Leuchtweite (»vertikale Einstellung«). Wenn ein anderes Federbein oder andere Gabelfedern eingebaut werden, muss die Leuchtweite überprüft und ggf. neu eingestellt werden.
■ Weiterhin hat die Zuladung mit zwei Personen und Gepäck großen Einfluss auf die Leuchtweite, weil die Maschine hinten tiefer in die Feder sinkt als vorne. Deswegen sollte die Leuchtweite vor einer Urlaubsfahrt mit der Urlaubs-Gepäck-Zuladung und dem Sozius auf der Sitzbank (!) überprüft und ggf. eingestellt werden, damit die Straße gut ausgeleuchtet und eine Blendung des Gegenverkehrs vermieden wird.

Einstellung prüfen (Bild 8)
1. Motorrad in 10 Metern Abstand vor einer Wand auf ebenem Boden aufstellen: Maschine steht abgebockt auf den Rädern, Fahrer hat sein Gewicht im Sitz, stützt sich mit den Füßen nur leicht auf dem Boden ab.
2. Abstand vom Boden bis zur Mitte des Scheinwerfers messen. Dieses Maß mit einem Kreidekreuz auf die Wand übertragen.
3. Unter dieses Kreuz im Abstand von 10 cm ein weiteres Kreuz anzeichnen.
4. Motor starten, Abblendlicht einschalten.
5. Die Hell-/Dunkelgrenze soll in der Mitte des unteren Kreuzes beginnen, bis zur Höhe des oberen Kreuzes nach rechts ansteigen und dann wieder abfallen. Falls nicht, einstellen.

Tipp: Wenn Sie zu Hause nicht genug Platz und keine geeignete Wand haben, gehen Sie in ein Parkhaus: Ein idealer Ort, um die Scheinwerfer zu überprüfen und ggf. einzustellen; mit ebenen Böden, dunklen Wänden und es herrscht genau das diffuse Licht, das man braucht, um das Motorradlicht auf der Wand und die Einsteller am Motorrad sehen zu können.

Scheinwerfer einstellen
Bilder 9a und 9b: Der Einsteller für die Vertikal-Einstellung befindet sich hinten am Scheinwerfergehäuse links unten. Durch Drehen nach links wird der Lichtkegel nach oben verstellt, durch Drehen nach rechts nach unten.

Bilder 10a und 10b: Der Einsteller für die Horizontal-Einstellung befindet sich hinten am Scheinwerfergehäuse rechts oben. Durch Drehen nach links wird der Lichtkegel nach links verstellt, durch Drehen nach rechts nach rechts.

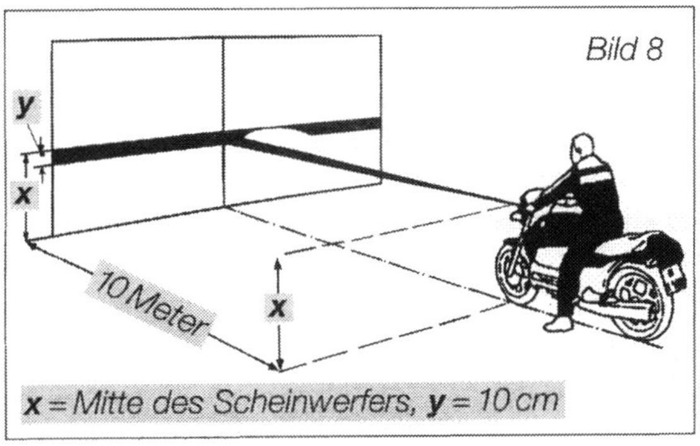

Bild 8: Schemazeichnung Scheinwerfereinstellung.

Bilder 9a und 9b: Vertikaler Einsteller des Scheinwerfers.
■ ***a*** *= Lichtkegel wird nach oben verstellt.*
■ ***b*** *= Lichtkegel wird nach unten verstellt.*

Bilder 10a und 10b: Horizontaler Einsteller des Scheinwerfers.
■ ***a*** *= Lichtkegel wird rechts verstellt.*
■ ***b*** *= Lichtkegel wird links verstellt.*

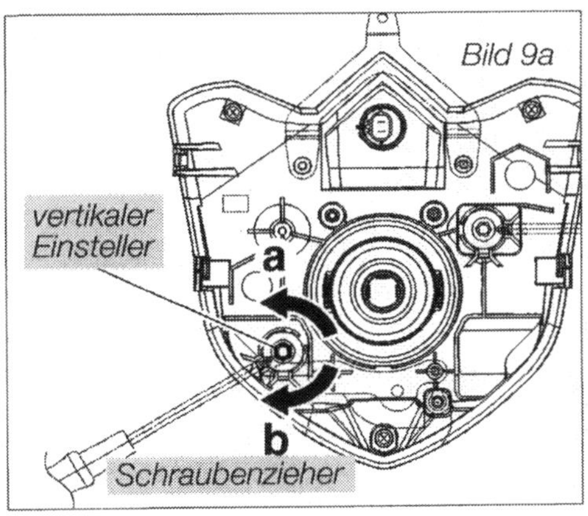

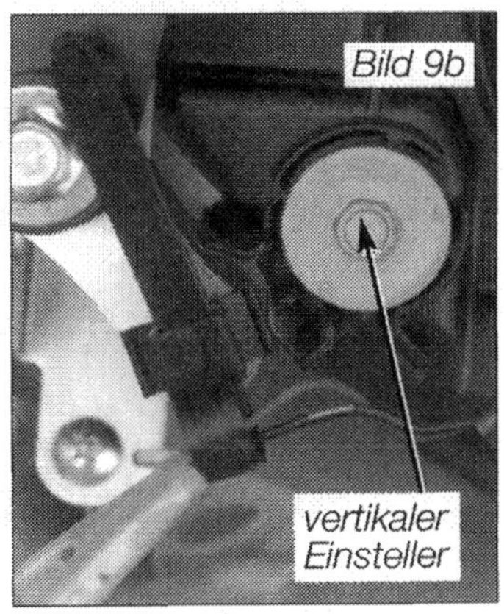

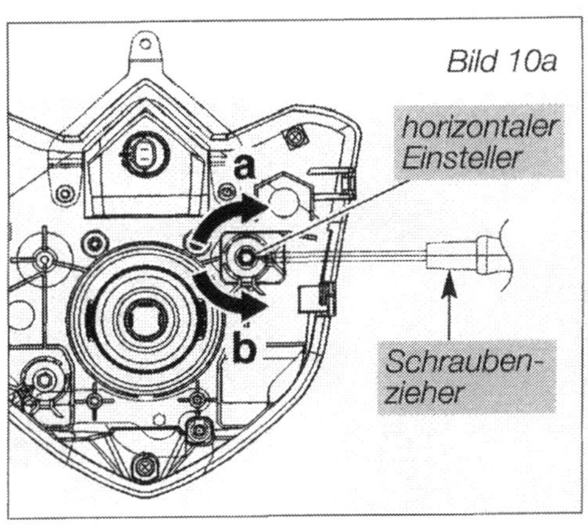

Bilder 11a bis 11d: Ab- und Anbau des Scheinwerfers an der XJ6.

Bild 12: Wenn Hupe nicht funktioniert, zuerst Kabelanschlüsse auf festen Sitz und Korrosion prüfen. Der Hupenton lässt sich durch Ein-/Ausdrehen der Kreuzschlitzschraube einstellen.

Bild 13: Die LED -Kontrollleuchten der Instrumenteneinheit gehen praktisch nicht kaputt.

Scheinwerfer ab- und anbauen

XJ6 (Bilder 11a bis 11d)
1. Bild 11a: Seitenabdeckungen des Scheinwerfers links und rechts abschrauben.
2. Bild 11b: Befestigungsschrauben der Instrumenteneinheit ausschrauben.
3. Bild 11c: Instrumenteneinheit nach hinten oben ziehen und dabei die Befestigungsnasen aus ihren Aufnahmen ziehen.
4. Bild 11d: Scheinwerfer-Befestigungsschrauben oben und links unten ausschrauben.
5. Bild 4a: Stecker der Scheinwerferlampe und Lampenfassung der Standlichtlampe ausziehen.
6. Scheinwerfer nach vorne abnehmen.

XJ6 Diversion und XJ6 Diversion F (Bild 2)
1. Frontverkleidung abbauen (siehe Kapitel 3 »Verkleidung · Rahmen · Tank«).
2. Scheinwerferhalter von der Frontverkleidung abschrauben, Scheinwerfer abnehmen.
■ Anbau jeweils umgekehrt zum Abbau.

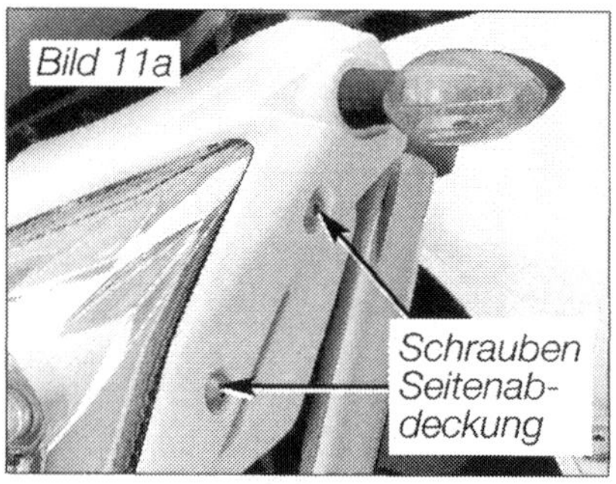

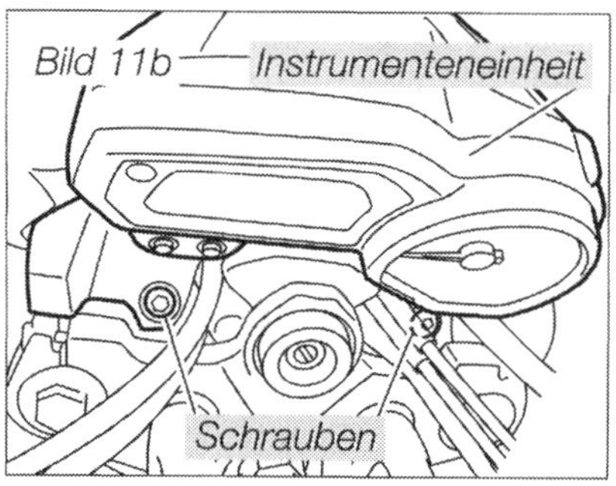

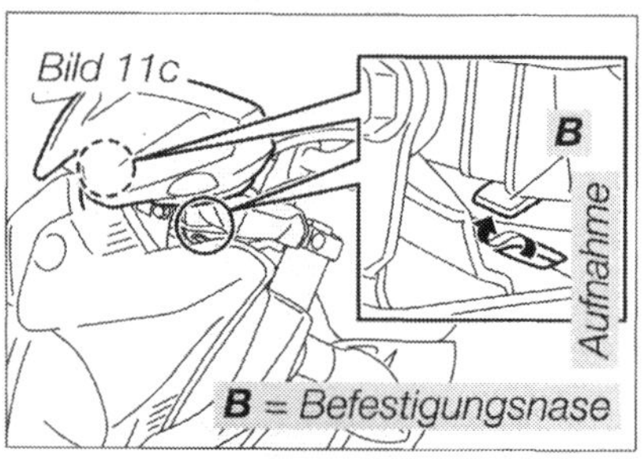

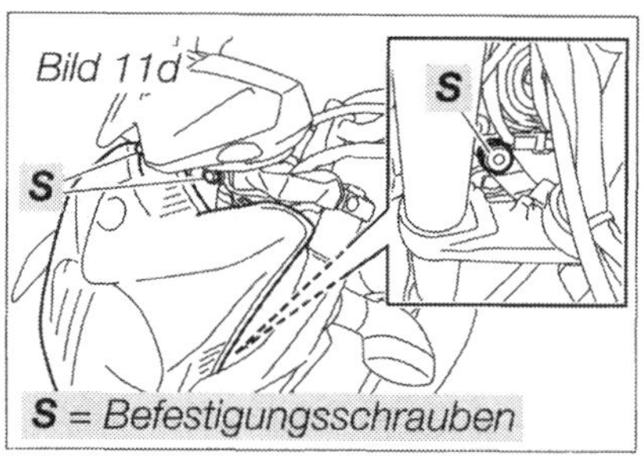

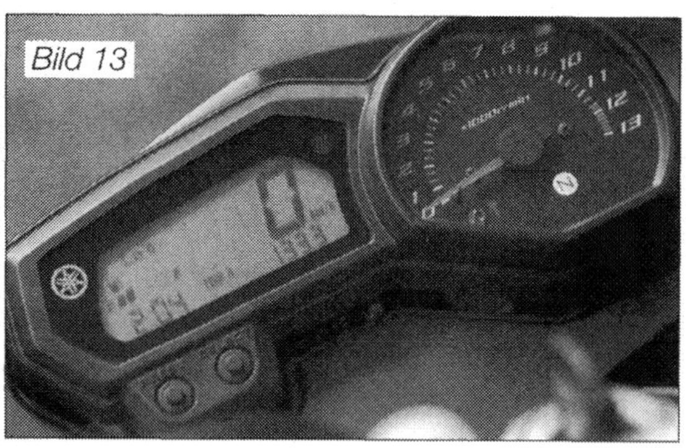

Lichthupe und Hupe

Lichthupe prüfen
Die Lichthupe wird betätigt, indem der Schalter vorne an der linken Lenkerschaltereinheit gedrückt wird: Das Fernlicht muss so lange aufleuchten, wie der Schalter gedrückt bleibt.

■ Falls das Fernlicht nicht aufleuchtet, zuerst die Lampe überprüfen: Auf Fernlicht schalten und nachsehen, ob die Lampe überhaupt brennt.
■ Ist die Lampe in Ordnung, Kabel und Steckverbindungen kontrollieren.
■ Sind Kabel und Steckverbindungen in Ordnung, die Schaltereinheit am Lenker öffnen und nachsehen, ob beim Drücken des Schalters innen einwandfreier Kontakt hergestellt wird.

Hupe (Signalhorn) prüfen, einstellen
Die Lautstärke der Hupe kann man einstellen: Auf der Rückseite der Hupe ist links außen ein Kreuzschlitzkopf (Kreis in Bild 12) zu sehen: Durch Rechts- oder Linksdrehen wird der Hupton lauter, leiser, klarer oder unklarer. Einfach versuchen, Schraube allerdings nicht hektisch, sondern sehr (!) langsam (!!) drehen!

Wenn die Hupe dann immer noch nicht richtig funktioniert, liegt es meist an defekten Kabeln oder Steckverbindungen.
■ Kabel zwischen Hupenknopf und Hupe auf Bruch und durchgescheuerte Stellen kontrollieren.
■ Steckverbindungen säubern, Kontakte mit feinem Schleifpapier von Korrosionsschicht befreien, ggf. mit Kontaktspray behandeln.
■ Steckverbindung der Hupe prüfen, dazu Zündung einschalten, Spannungsmesser an kabelbaumseitige Kontakte anlegen: Bei Betätigung des Hupenschalters muss Batteriespannung anliegen.
■ Falls die Hupe trotz funktionierender Stromversorgung keinen Laut von sich gibt, Bauteil ersetzen: Stecker abziehen, Befestigungsschraube lösen und Hupe abnehmen.

Instrumenteneinheit

Instrumenteneinheit besteht aus Digitalanzeige und Drehzahlmesser (Bild 13): Ist bei unverkleideten Modellen an oberer Gabelbrücke befestigt (Bild 11b), bei Maschinen mit Verkleidung in die Frontverkleidung eingebaut.
Bei Defekt: Die Instrumenteneinheit kann nicht zerlegt werden, einzelne Komponenten können nicht ausgetauscht werden.

Sicherungen · Relais · Stecker

In diesem Kapitel: Übersicht der elektrischen Bauteile · Sicherungen · Relais · Elektrische Stecker trennen · Aufgescheuerte Kabel · Übersichtsbilder Einbaulage elektrischer Bauteile.

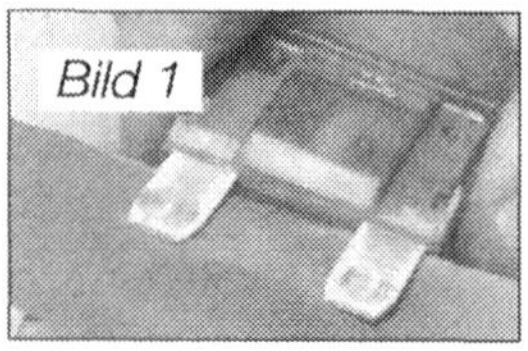

Bild 1: Korrosion an den Zungen der Sicherung mit Schmirgelpapier abziehen.

Bilder 3 bis 5: Anbaulage und Belegung des allgemeinen Sicherungskastens.

Sicherungen

Beim Arbeiten an Sicherungen beachten:

■ Vor Sicherungswechsel die Zündung sicher ausschalten, Zündschlüssel abziehen.

■ Defekte Sicherungen nicht reparieren, etwa mit alubeschichtetem Papier aus der Zigarettenschachtel: Die Gefahr, dass die Maschine anfängt zu brennen, ist ziemlich hoch!

■ In den Sicherungskästen sind Ersatz-/Reservesicherungen 7,5 A, 10 A, 20 A und 30 A sowie für ABS 20 A und 30 A vorhanden. Wenn eine davon benötigt wird, sie umgehend ersetzen.

■ Nur vorgeschriebene Sicherungen verwenden!

■ Bild 1: Wenn man den Verdacht hat, dass an den Zungen der Sicherung durch Korrosion kein zuverlässiger Kontakt vorhanden ist, die Zungen mit feinem Schmirgelpapier abziehen.

Achtung: Falls eine Sicherung wiederholt durchbrennt, den Fehler suchen und beheben. Auf keinen Fall eine Sicherung mit einem höheren Ampere-Wert einsetzen.

Die **Hauptsicherung** 30 A (plus Ersatzsicherung) ist im Anlasserrelais eingebaut (Bilder 3 und 31d). Dies ist zusammen beim Sicherungskasten neben der Batterie eingebaut. Zum Ausbau der Sicherung den Stecker vom Anlasserrelais abziehen.

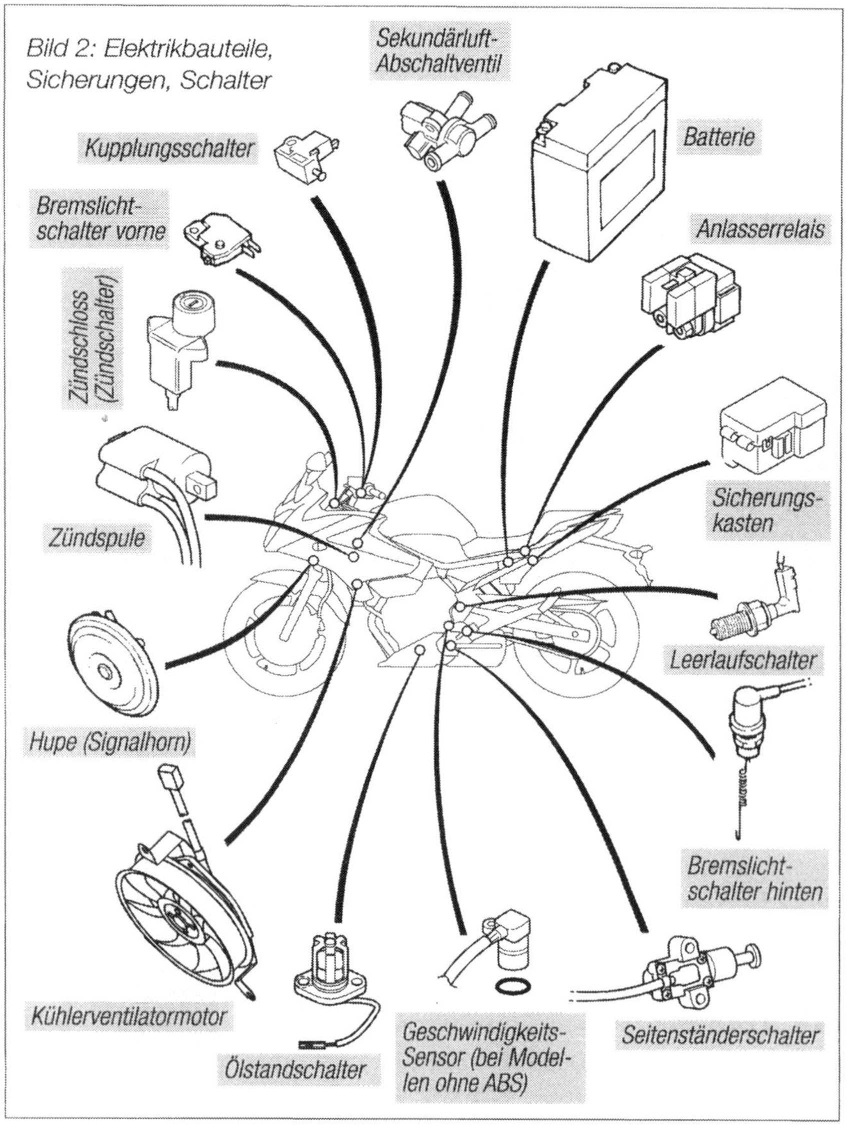

Bild 2: Elektrikbauteile, Sicherungen, Schalter

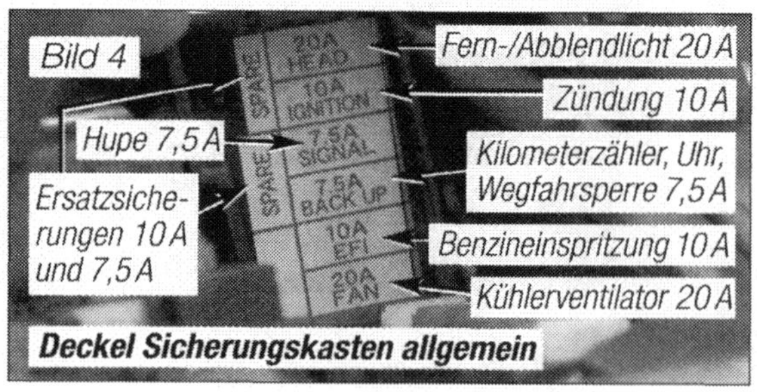

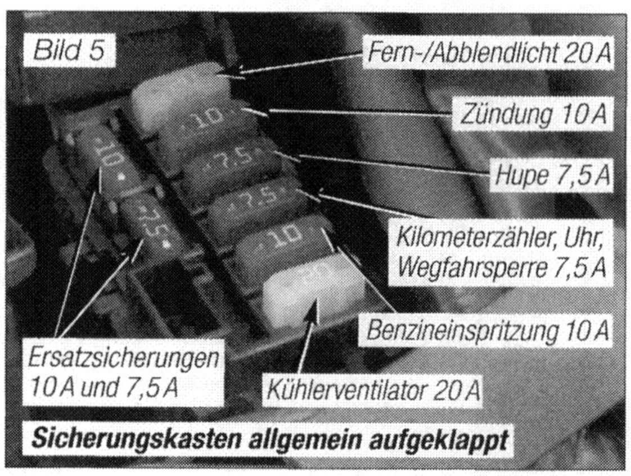

Sicherungskasten Bilder 4, 5 und 31e: Befindet sich unter der Sitzbank, neben dem Anlasserrelais. Die zu den entsprechenden Baugruppen gehörenden Sicherungen sind in Bild 5 bezeichnet.

Sicherungen ABS-ECU, ABS-Magnetventil und ABS-Motor Bilder 6, 7 und 31f: Die drei Einzelsicherungen für ABS-ECU (7,5 Ampere), ABS-Magnetventil (20 Ampere) und ABS-Motor (30 Ampere) befinden sich in einem separaten Sicherungskasten zwischen Anlasserrelais bzw. Sicherungskasten allgemein.

Wichtig bei ABS: Bei ABS-Ausstattung sind auch die Sicherung für das Rücklicht sowie zwei Ersatzsicherungen im ABS-Sicherungkasten untergebracht.

Bilder 6 und 7: Belegung des ABS-Sicherungskastens.

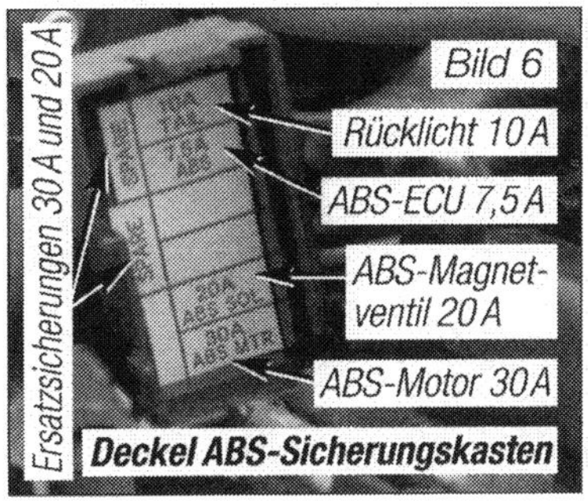

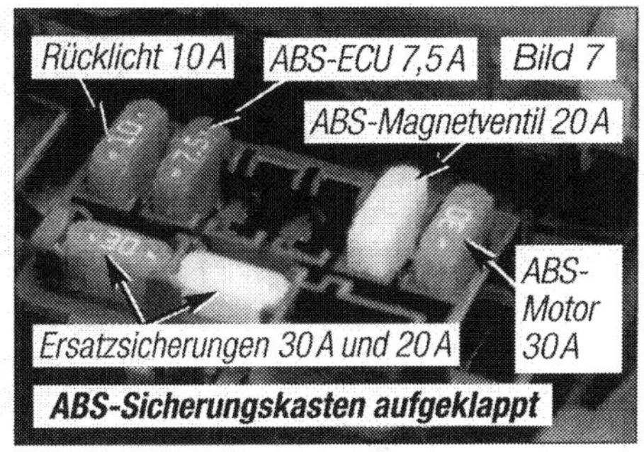

Übersicht der elektrischen Bauteile, Sensoren, Relais, Steuerventile und Schalter (Bilder 30a bis 33q)

Elektrische Bauteile
- ABS-Hydraulikeinheit: ABS-ECU (Steuergerät) mit ABS-Druckmodulator (Hydroaggregat, Bilder 8 und 32c)
- ABS-Prüfstecker (Bilder 23, 24 und 30g)
- ABS-Sicherungskasten: Sicherungen für ABS-ECU, ABS-Magnetventil und ABS-Motor (Bilder 6, 7 und 31f)
- Anlasser (Elektrostarter, Bild 30m)
- Batterie (Bilder 2, 3 und 31b)
- Benzinpumpe/Benzinstandgeber (-schalter, Bilder 8 und 30e)
- Hauptsicherung 30 A (Bilder 3 und 31d)
- Hupe (Signalhorn, Bilder 2 und 30h)
- Instrumenteneinheit (Bild 33g)
- Lichtmaschine (Generator, Bild 30n)
- Kühlerventilatormotor (Bilder 2 und 33l)
- Motorsteuergerät ECU (Bilder 8 und 31c)
- Regler/Gleichrichter (Bilder 8 und 31k)
- Sicherungskasten (Bilder 2, 3, 4, 5 und 31e)
- Zündkerzen, Kerzenstecker (Bild 30c)
- Zündrotor (Impulsgeberrotor, Bild 33k)
- Zündspulen (Bilder 2, Zylinder Nr. 1/4: 30f und Nr. 2/3: 33b)

Sensoren
- ABS-Sensor mit Sensorring Vorderrad (Bilder 8, 33p und 33q)
- ABS-Sensor mit Sensorring Hinterrad (Bilder 8, 32g und 32h)
- Ansaugluftdruck-Sensor (Bilder 8 und 33f)
- Ansauglufttemperatur-Sensor (Bilder 8 und 30i)
- Drosselklappenpositions-Sensor (Bilder 8 und 33n)
- Geschwindigkeits-Sensor (bei Modellen ohne ABS, Bild 31a)
- Kühlmitteltemperatur-Sensor (Bilder 8 und 32e)
- Kurbelwellenpositions-Sensor (Zündgeber, Bilder 9 und 33m)
- Lambdasonde (Bilder 8 und 32m)
- Umkipp-Sensor (Bilder 3, 8 und 32b)

Relais
- Anlasserrelais (Bilder 2, 3 und 31d)
- Anlassersperrrelais (in Relaiseinheit, Bilder 8 und 32a)
- Benzineinspritzrelais (in Relaiseinheit, Bilder 8 und 32a)
- Blinker-/Warnblinkerrelais (Bilder 8 und 31g und 31h)
- Kühlerventilatorrelais (Bilder 8 und 32f)
- Relaiseinheit mit Diode (Bilder 8 und 32a)
- Scheinwerferrelais (Bilder 8 und 31h)

Steuerventile
- Einspritzventile (Bilder 8 und 30k)
- Sekundärluft-Abschaltventil (Bilder 2 und 33a)
- Sekundärluft-Membranventile (Bild 30d)

Schalter
- Benzinstandgeber (-schalter, Bilder 8 und 30e)
- Bremslichtschalter vorne (Bilder 2 und 30a)
- Bremslichtschalter hinten (Bilder 2 und 32i)
- Kupplungsschalter (Bilder 2 und 33d)
- Leerlaufschalter (Bilder 2 und 32d)
- Lichthupen-, Abblend-, Warnblink-, Blinker- und Hupenschalter (Bild 30b)
- Ölstandschalter (Bilder 2 und 30p)
- Motorstoppschalter (»Killschalter«, Bild 33c)
- Seitenständerschalter (Bilder 2 und 31i)
- Starterschalter (Anlasserknopf, Bild 33c)
- Zündschalter (Zündschloss, Bilder 2 und 33e)
- Wegfahrsperreneinheit (Ringantenne, Bilder 2 und 33h)

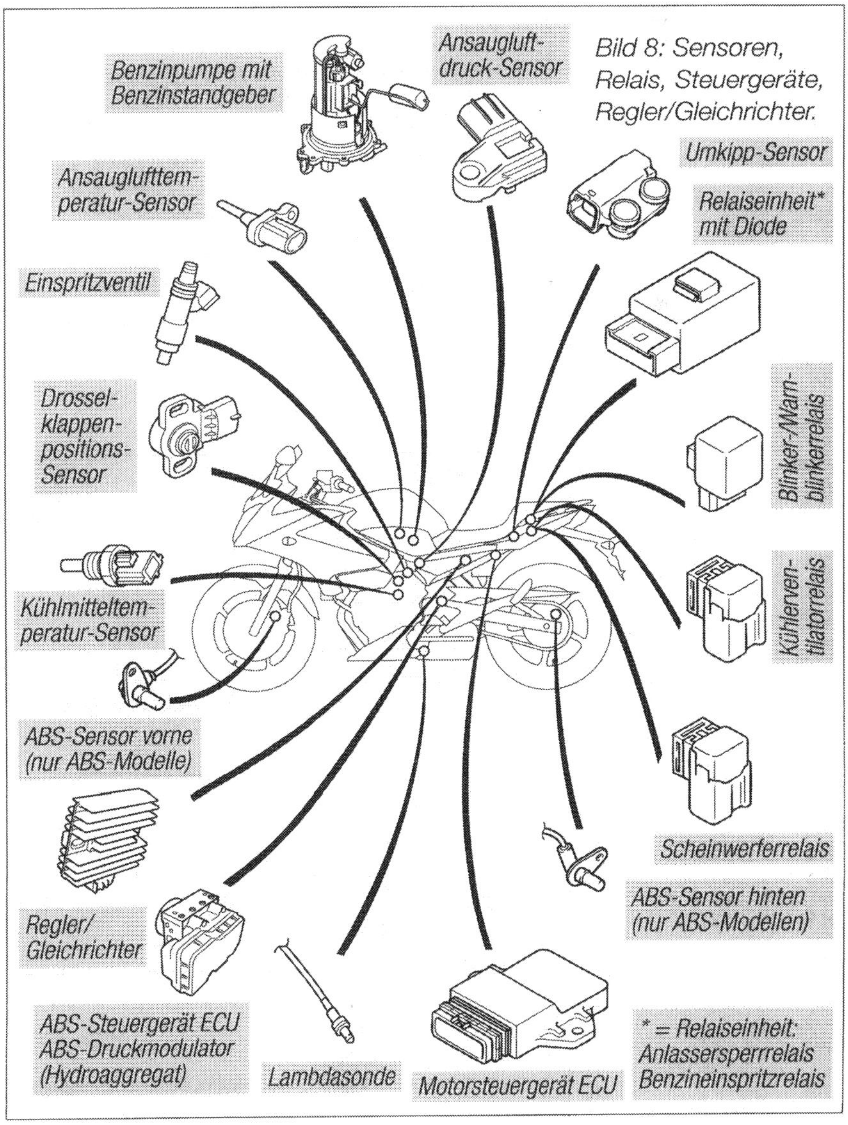

Bild 8: Sensoren, Relais, Steuergeräte, Regler/Gleichrichter.

Sichtprüfung   Messen

Bild 9: Zündgeber im rechten Motordeckel.

Bilder 10 bis 14: Zur Relaisprüfung je ein Kabel an (+) und (–) zur Batterie legen, Multimeter auf Ω einstellen.

Bilder 15 und 16: Blinker-/Warnblinkrelais prüfen.

Kabelfarben	
B	= schwarz
Br	= braun
Ch	= schokobraun
Dg	= dunkelgrün
G	= grün
Gy	= grau
L	= blau
Lg	= hellgrün
O	= orange
P	= rosa
R	= rot
Sb	= himmelblau
W	= weiß
Y	= gelb
B/G	= schwarz/grün
B/L	= schwarz/blau
B/R	= schwarz/rot
B/W	= schwarz/weiß
B/Y	= schwarz/gelb
Br/B	= braun/schwarz
Br/L	= braun/blau
Br/R	= braun/rot
Br/W	= braun/weiß
G/B	= grün/schwarz
G/L	= grün/blau
G/R	= grün/rot
G/W	= grün/weiß
G/Y	= grün/gelb
Gy/B	= grau/schwarz
Gy/G	= grau/grün
L/B	= blau/schwarz
L/R	= blau/rot
L/W	= blau/weiß
L/Y	= blau/gelb
O/B	= orange/schwarz
P/B	= rosa/schwarz
P/W	= rosa/weiß
R/B	= rot/schwarz
R/G	= rot/grün
R/L	= rot/blau
R/W	= rot/weiß
R/Y	= rot/gelb
W/L	= weiß/blau
W/R	= weiß/rot
W/Y	= weiß/gelb
Y/B	= gelb/schwarz
Y/G	= gelb/grün
Y/L	= gelb/blau
Y/R	= gelb/rot

Sicherungen allgemein (Bilder 3, 4 und 5)

Hauptsicherung .... 30 Ampere
Fern-/Abblendlicht .... 20 Ampere
Zündung .... 10 Ampere
Kühlerventilator .... 20 Ampere
Hupe .... 7,5 Ampere
Benzineinspritzung .... 10 Ampere

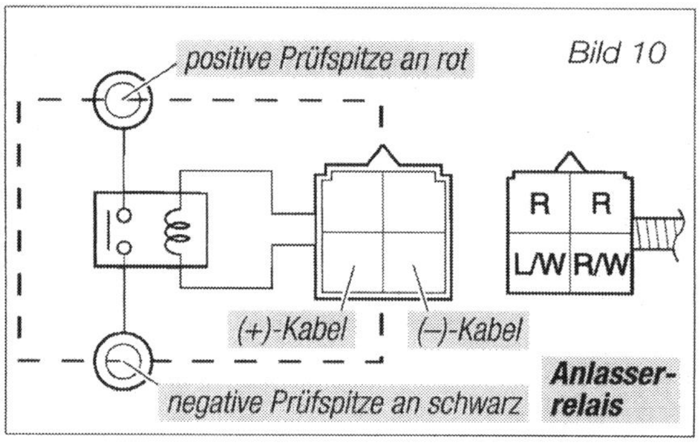

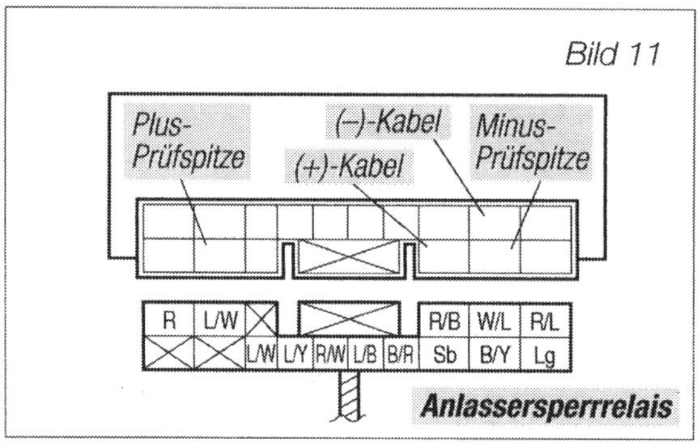

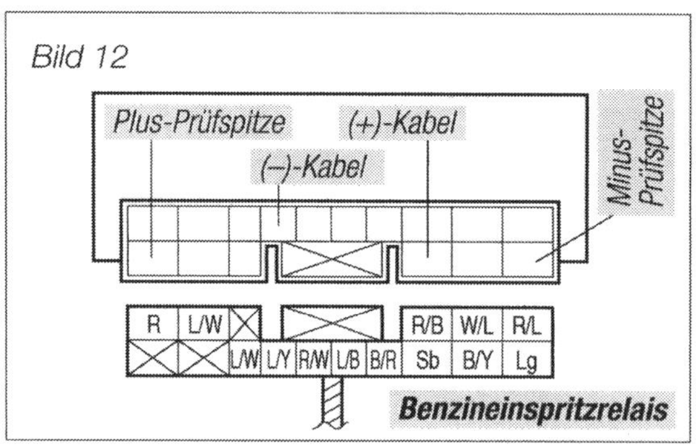

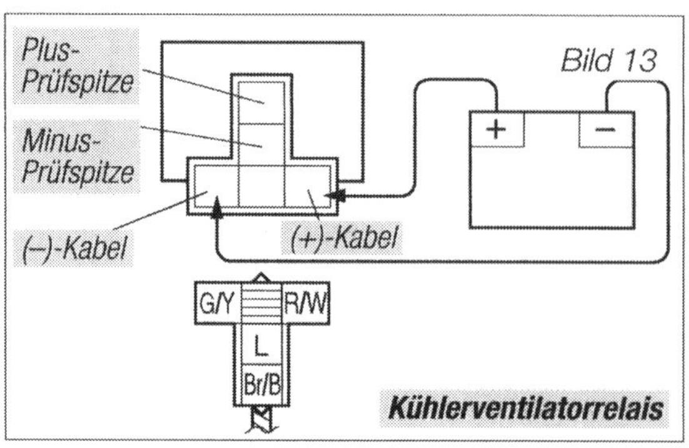

Rücklicht .... 10 Ampere
Kilometerzähler, Uhr, Wegfahrsperre .. 7,5 Ampere
Ersatz .... 7,5/10/30 Ampere

Zusätzlich bei ABS-Modellen (Bilder 6 und 7)

ABS-Motor .... 30 Ampere
ABS-Magnetventil .... 20 Ampere
ABS-ECU .... 7,5 Ampere
Ersatz .... 20/30 Ampere

Sicherungsstärke: Welche Sicherung zu welcher Baugruppe gehört und welche Stärke sie hat, ist im Deckel des Sicherungskastens bzw. auf der Oberseite der Sicherungen vermerkt (Bilder 4 bis 7: Sicherungen mit Stärken und Einbaulage).

Defekte Sicherung auswechseln:

- Deckelriegel mit kleinem Schraubenzieher oder leichtem Fingerdruck lösen, Deckel aufklappen.
- Defekte Sicherung mit Spitzzange aus der Steckklemme ziehen.
- Neue Sicherung mit identischem Ampere-Wert einsetzen. Deckel schließen.

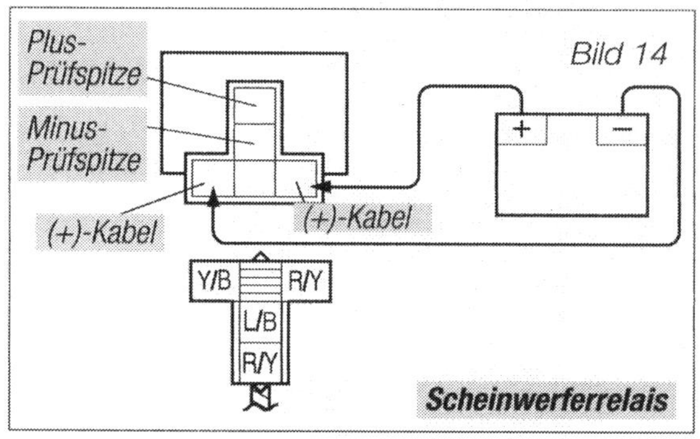

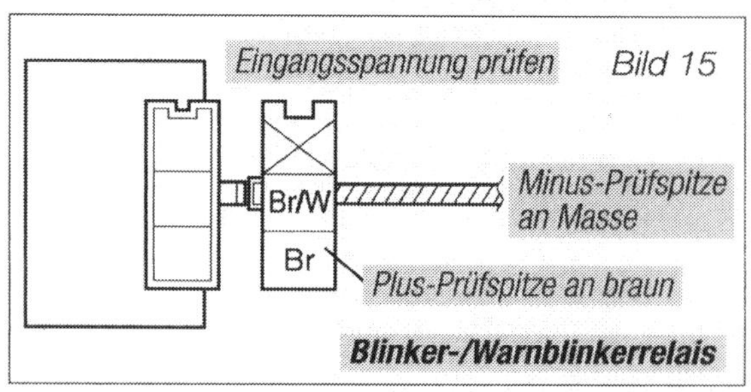

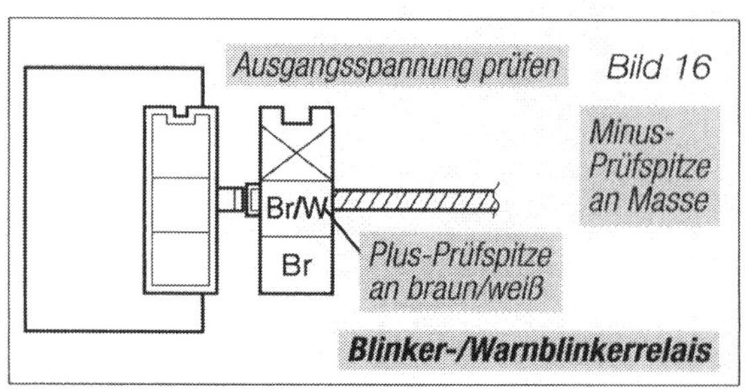

Relais

Blinker-/Warnblinkerrelais (Bilder 15, 16, 31g, 31h) und **Scheinwerferrelais** (Bilder 14, 31h) sind am linken hinteren Rahmenheck zu finden, **Kühlerventilatorrelais** (Bilder 13, 32f) sowie die **Relaiseinheit** (Bild 32a) bestehend aus **Anlassersperr-** (Bild 11) und **Benzineinspritzrelais** (Bild 12) am rechten hinteren Rahmenheck. Das **Anlasserrelais** (Bilder 10, 31d) ist neben der Batterie.

Tipp zur Fehlersuche:
- Falls eine elektrische Baugruppe nicht funktioniert, die zugehörige Sicherung jedoch in Ordnung ist und die stromzuführenden Kabel ebenfalls, kann das Relais »hängen«: Leicht gegen das Relais klopfen und erneut versuchen.
- Falls immer noch nichts geht, ein erwiesenermaßen funktionstüchtiges Relais einsetzen.
- Bilder 10 bis 16: Mess- und Prüfmöglichkeiten.

Elektrische Stecker trennen

Bilder 17, 18 und 19: Bei Wartungsarbeiten oder Auswechseln elektrischer Bauteile müssen Stecker getrennt werden.

Achtung: Niemals versuchen, durch Ziehen an den Kabeln einen Stecker zu trennen, sonst reißen die Kabel aus!

Beim Trennen von Steckern beachten:
- Bei einfachen Steckern sind Kabelschuhe auf Kontakte aufgeschoben: Gummikappe anheben (Bild 17), Kabelschuh packen und abziehen.
- Bei den meisten Steckern sind kleine Zapfen angebracht: Eindrücken, entriegeln, Steckerhälften auseinanderziehen (Bilder 18 und 19).
- **Generell gilt:** Jeden Stecker vor dem Trennen genau ansehen, wie er zusammengesteckt ist, dann sorgsam trennen.

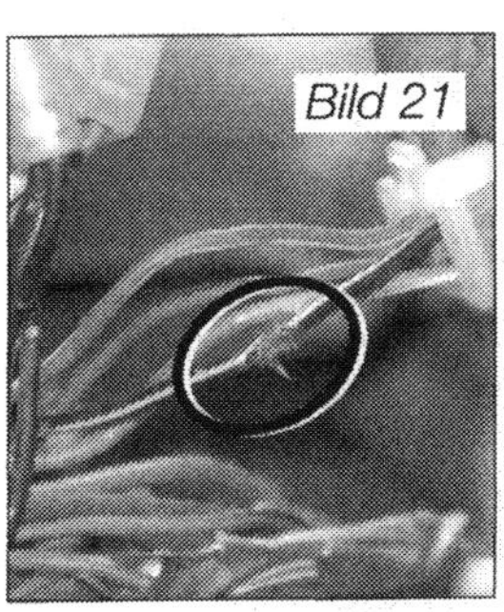

Bild 21: Beschädigte Isolierung, die blanke Kupferlitze ist zu sehen.

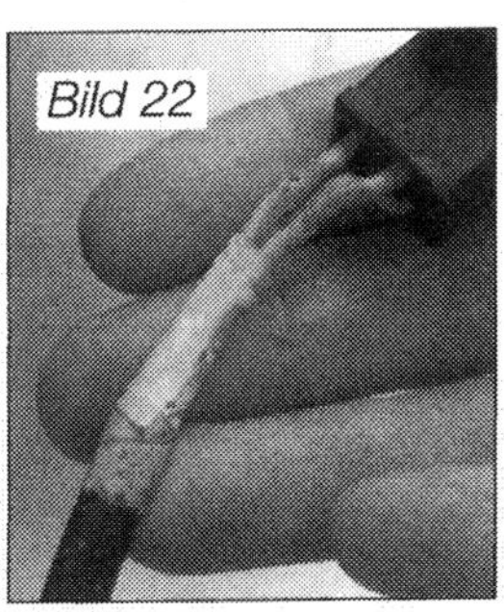

Bild 22: Aufgescheuertes Kabel mit Isolierband reparieren.

Aufgescheuerte Kabel

Problem: Elektrische Kabel weisen einen Gummimantel (»Isolierung«) auf, der die im Kabelinnern liegenden Drähte bzw. Kupferlitzen vor Beschädigungen schützen soll. Falls ein Kabel eingeklemmt war oder über längere Zeit unglücklich an einem Bauteil oder dessen Kante (das ist ganz schlimm!) gescheuert hat, kann die Isolierung beschädigt und der blanke Draht zu sehen sein (Bild 21). Wenn der Draht nicht durchgescheuert ist, muss man solche Stellen mit einem Isolierband abkleben (Bild 22), damit kein Kurzschluss entstehen kann, was wiederum zum Durchbrennen der Sicherung führt.
Lösung: Isolierband so weit um die Scheuerstelle herum kleben, bis es ca. zwei Zentimeter davor und dahinter anliegt. Die Kupferlitze ist jetzt geschützt, es kann kein Wasser mehr eindringen oder bei Kontakt an einem Metallteil (Rahmen, Motor) keinen Kurzschluss auslösen.

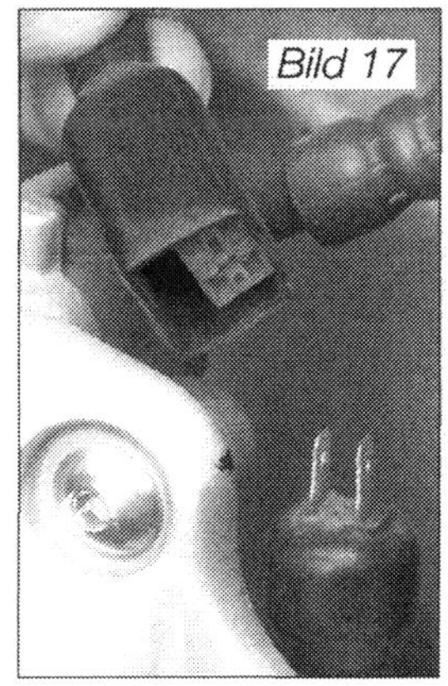

Bilder 17 bis 19: Verschiedene Stecker und Verriegelungen.

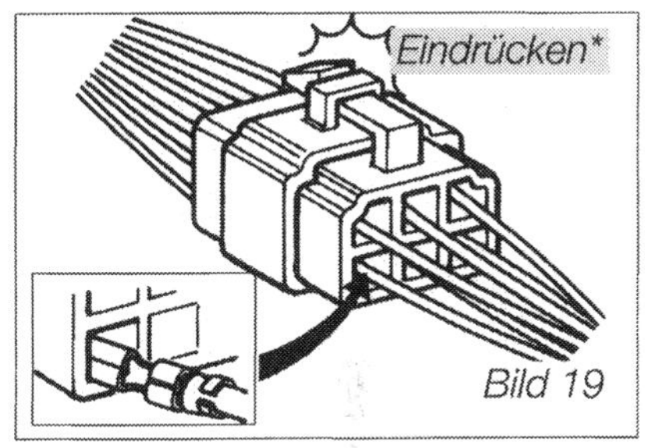

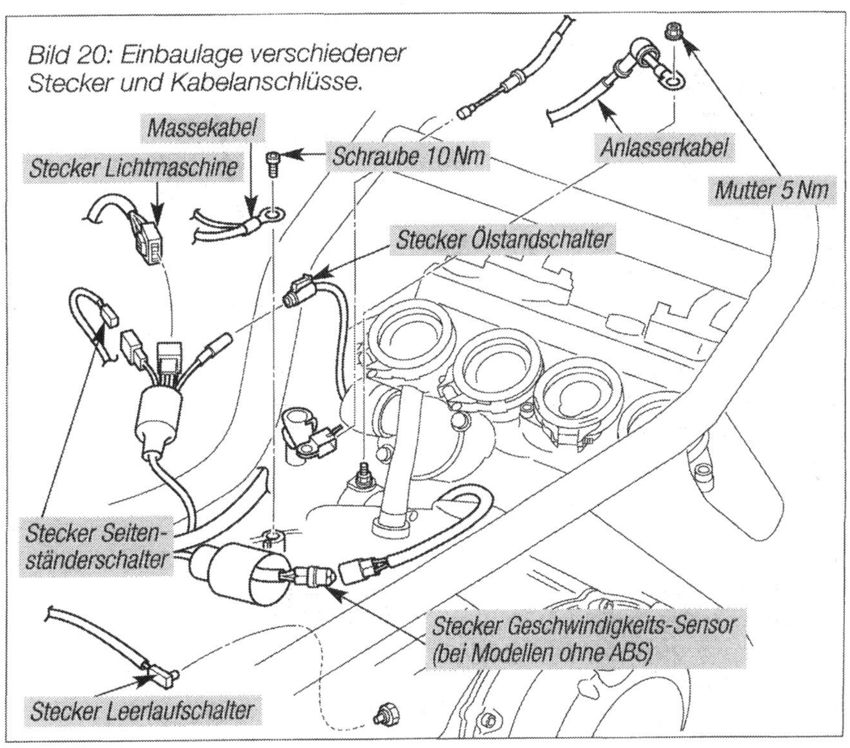

Bild 20: Einbaulage verschiedener Stecker und Kabelanschlüsse.

Sichtprüfung | Messen

Wichtig: Ursache der Beschädigung herausfinden und abstellen, denn der Einsatz von Isolierband ist keine Dauerlösung.

Wegfahrsperre: Die XJ6-Modelle sind mit einer elektronischen Wegfahrsperre ausgestattet, die neben einem roten Hauptschlüssel über zwei »normale« Standardschlüssel verfügt. Näheres dazu siehe auch Kapitel 18 »Zündanlage«.

Bilder 23 und 24: Einbaulage des ABS-Prüfsteckers, zu dessen Anschluss ein Adapter benötigt wird.

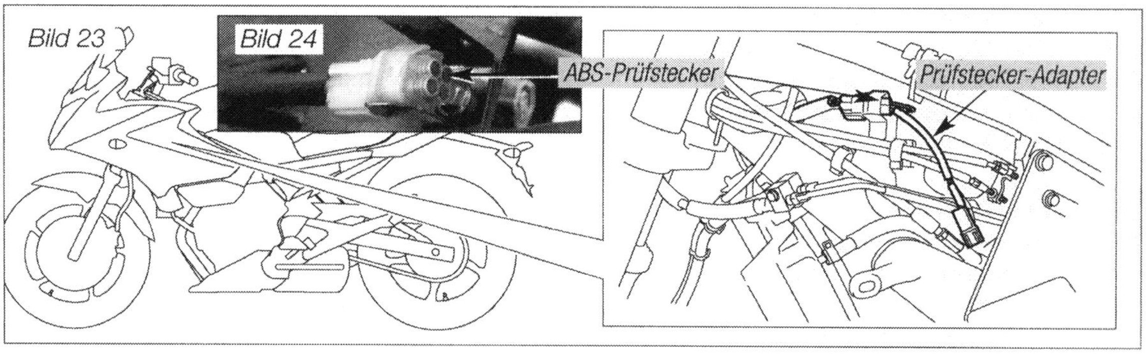

Bild 25: Übersicht der bei ABS eingebauten Sensoren, Kabelfarben und Stecker.

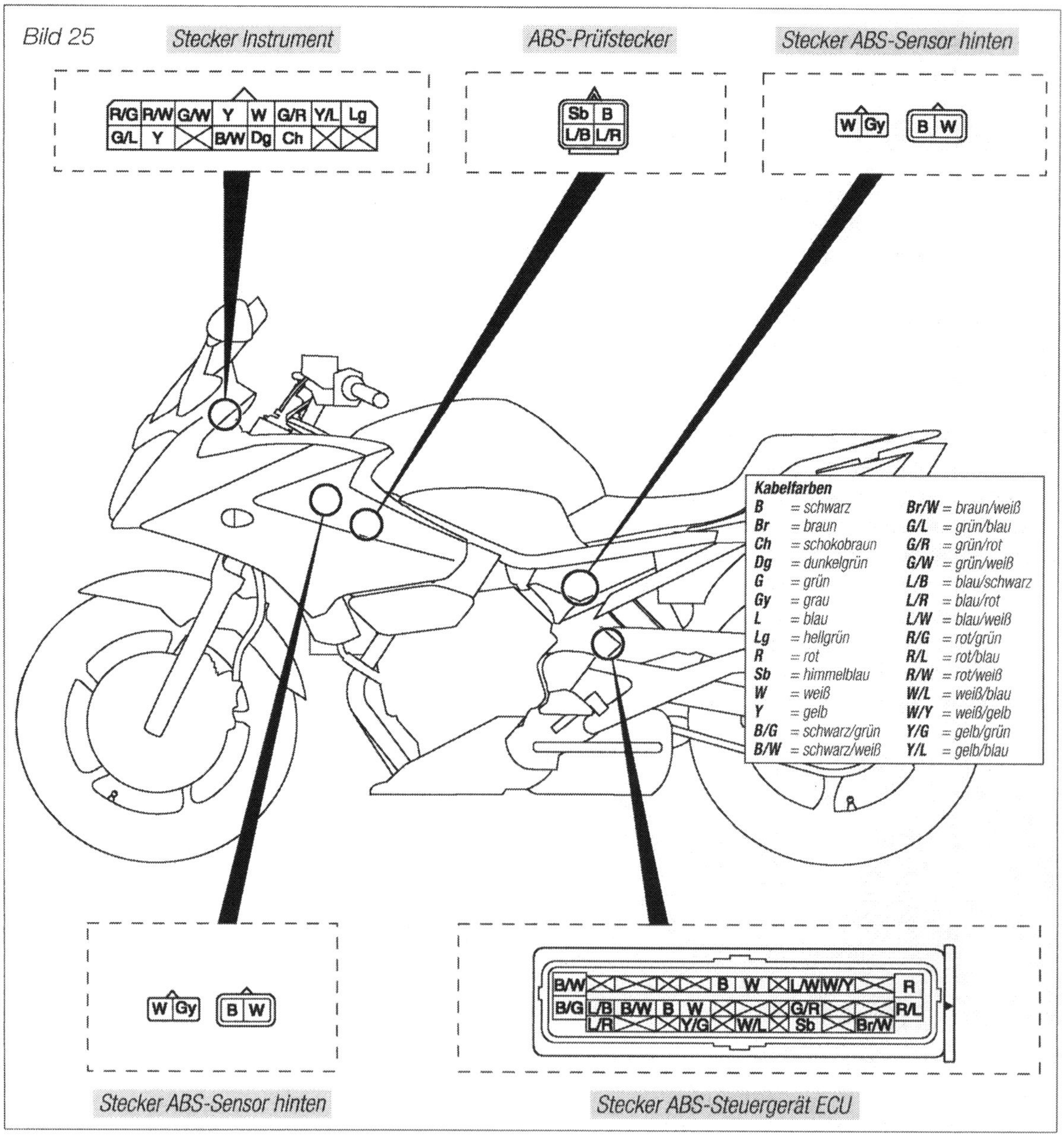

Fehler erkennen und beheben

Wenn an einem elektrischen Bauteil oder am Kraftstoff-Einspritzsystem ein Fehler auftritt, eine Sicherung immer wieder durchbrennt oder ein Fehlercode in der Instrumenteneinheit angezeigt wird, raten wir Ihnen ganz generell, umgehend eine Yamaha-Fachwerkstatt aufzusuchen. Die dortigen, gut ausgebildeten Mechaniker sind in der Lage, die Motor- und Bordelektrik systematisch nach Fehlern zu durchsuchen, Fehlerquellen zu finden und zu beheben.

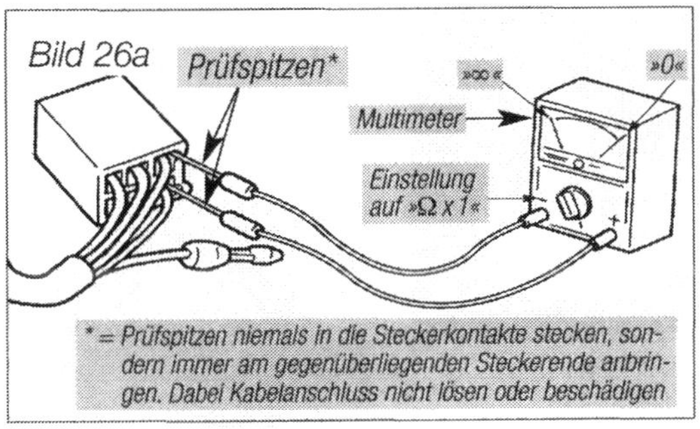

Bild 26a

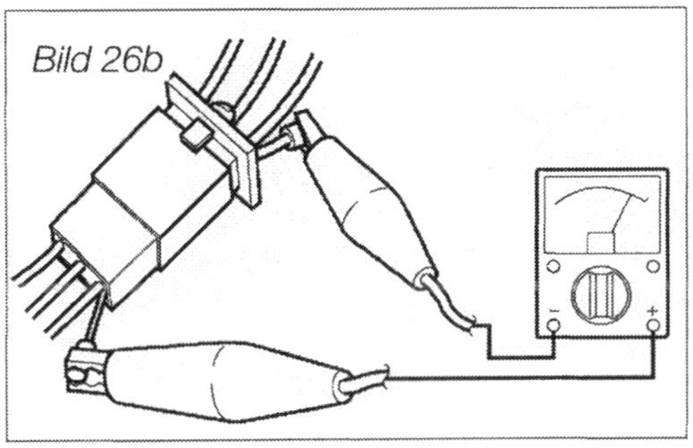
Bild 26b

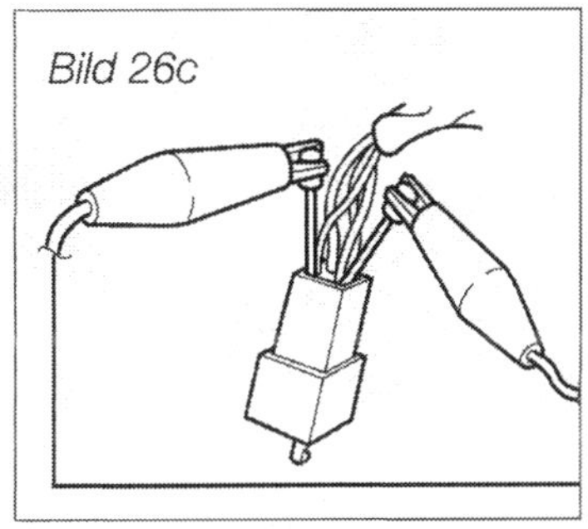
Bild 26c

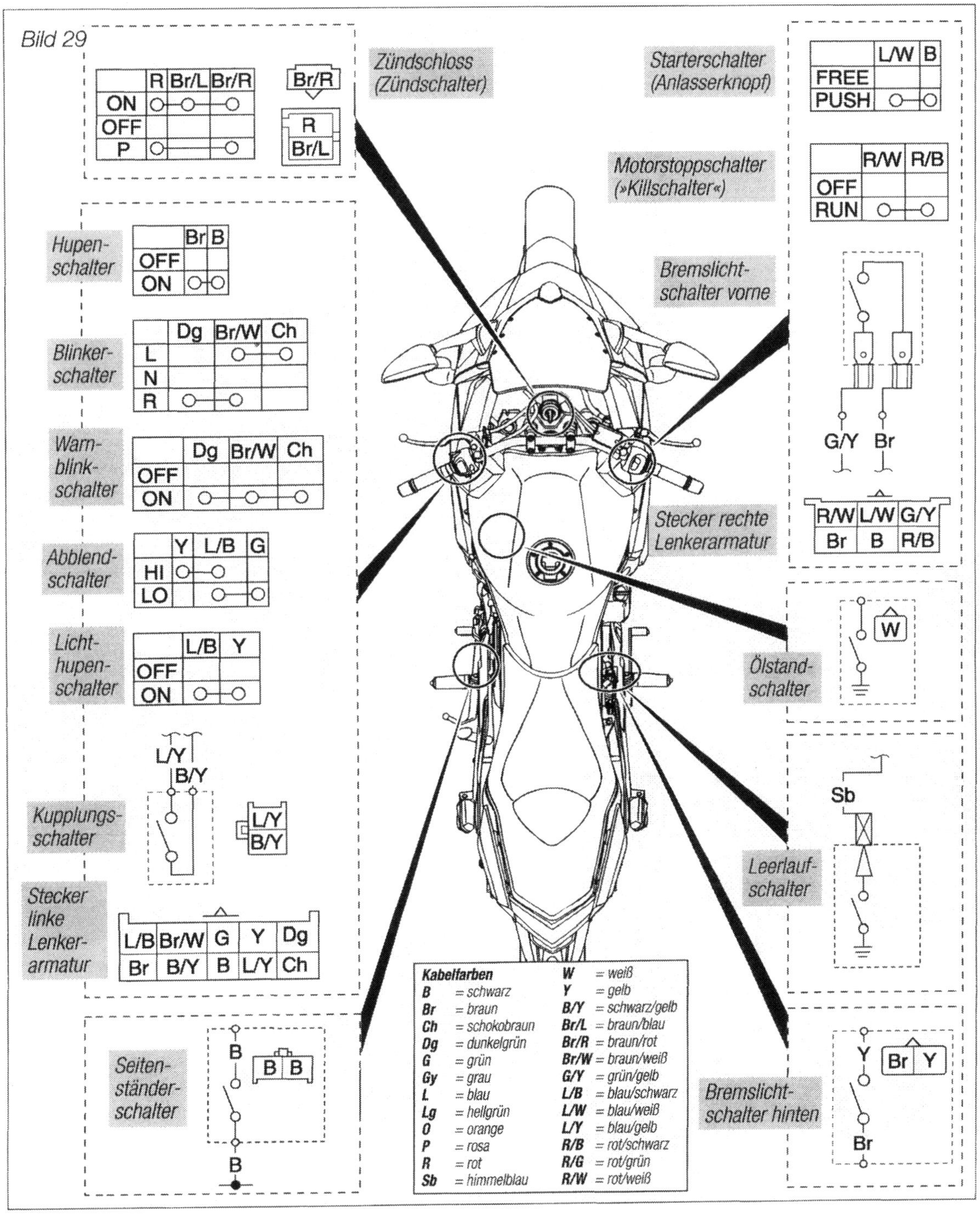

Kabelfarben

B	= schwarz	W	= weiß
Br	= braun	Y	= gelb
Ch	= schokobraun	B/Y	= schwarz/gelb
Dg	= dunkelgrün	Br/L	= braun/blau
G	= grün	Br/R	= braun/rot
Gy	= grau	Br/W	= braun/weiß
L	= blau	G/Y	= grün/gelb
Lg	= hellgrün	L/B	= blau/schwarz
O	= orange	L/W	= blau/weiß
P	= rosa	L/Y	= blau/gelb
R	= rot	R/B	= rot/schwarz
Sb	= himmelblau	R/G	= rot/grün
		R/W	= rot/weiß

Bild 29

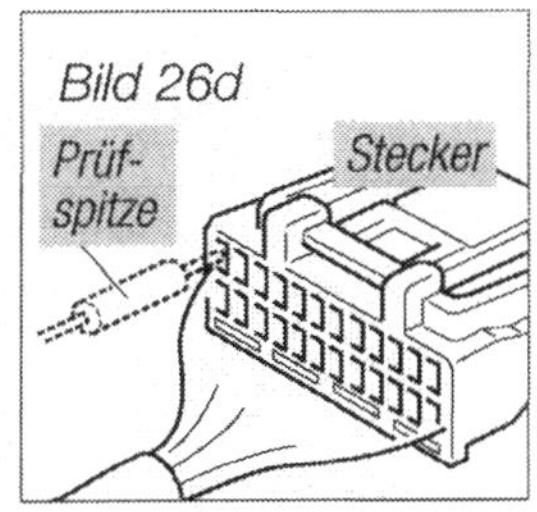

Bild 26d

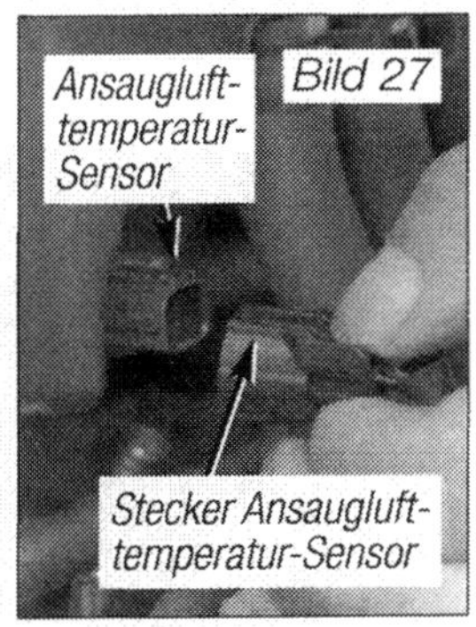

Bild 27

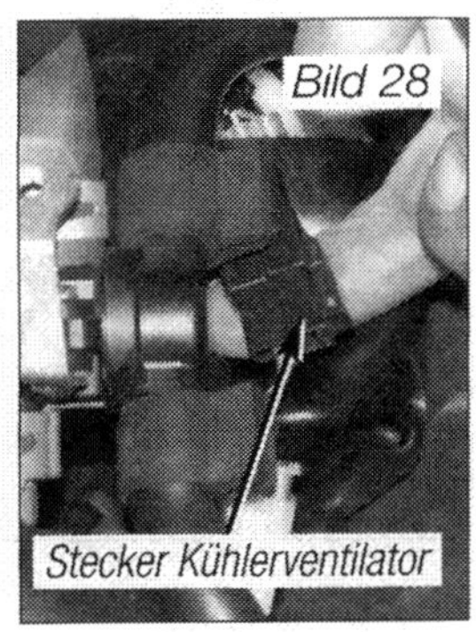

Bild 28

Bilder 26a bis 26c: Beispiele zur Überprüfung von Steckern.

Bilder 27 und 28: Stecker Ansaugluft-temperatur-Sensor und Kühlerventilator.

Bild 29: Schalter der XJ6-Modelle.

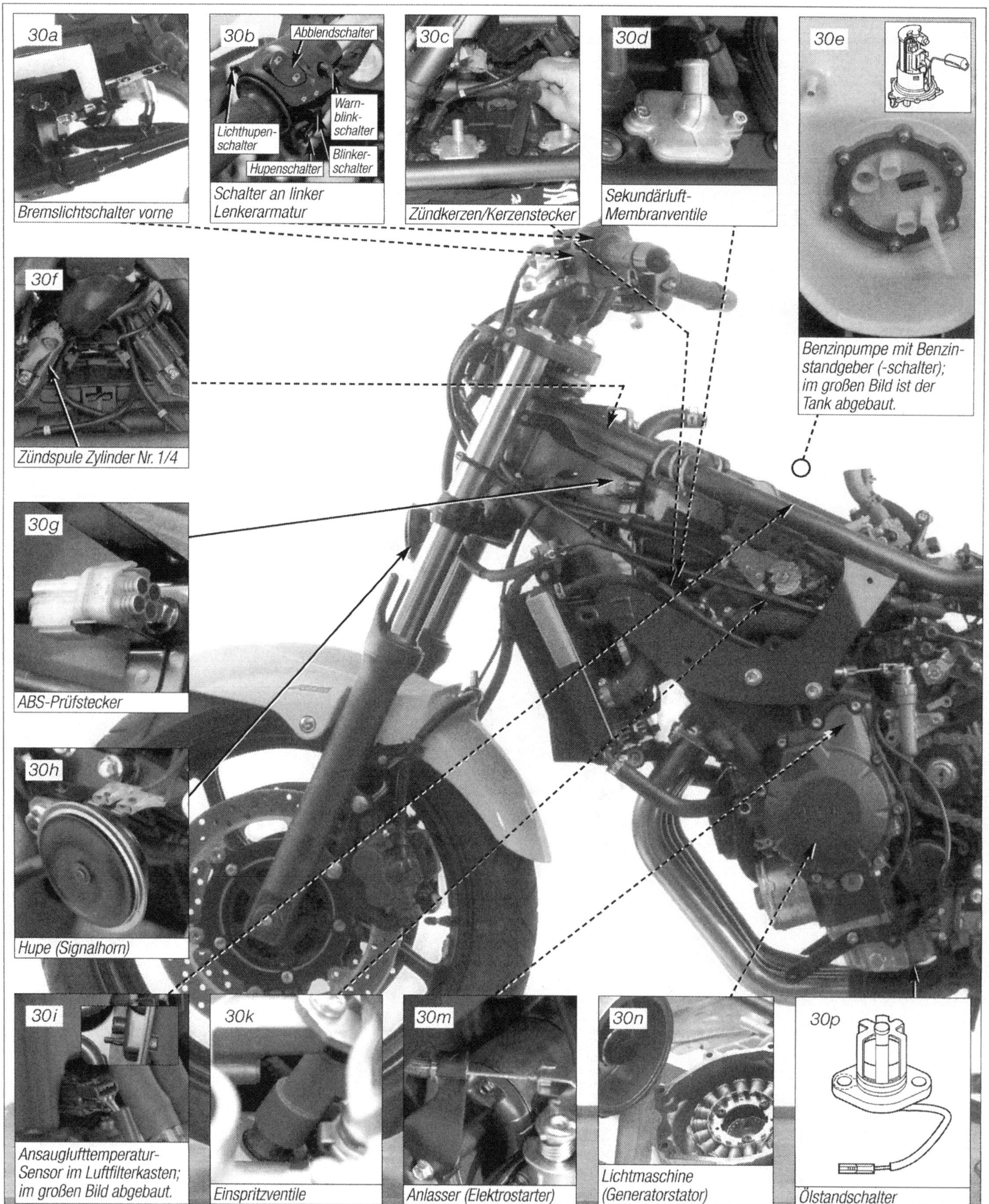
30a
Bremslichtschalter vorne
30b
Abblendschalter
Lichthupen-schalter
Warn-blink-schalter
Blinker-schalter
Hupenschalter
Schalter an linker Lenkerarmatur
30c
Zündkerzen/Kerzenstecker
30d
Sekundärluft-Membranventile
30e
Benzinpumpe mit Benzinstandgeber (-schalter); im großen Bild ist der Tank abgebaut.
30f
Zündspule Zylinder Nr. 1/4
30g
ABS-Prüfstecker
30h
Hupe (Signalhorn)
30i
Ansauglufttemperatur-Sensor im Luftfilterkasten; im großen Bild abgebaut.
30k
Einspritzventile
30m
Anlasser (Elektrostarter)
30n
Lichtmaschine (Generatorstator)
30p
Ölstandschalter

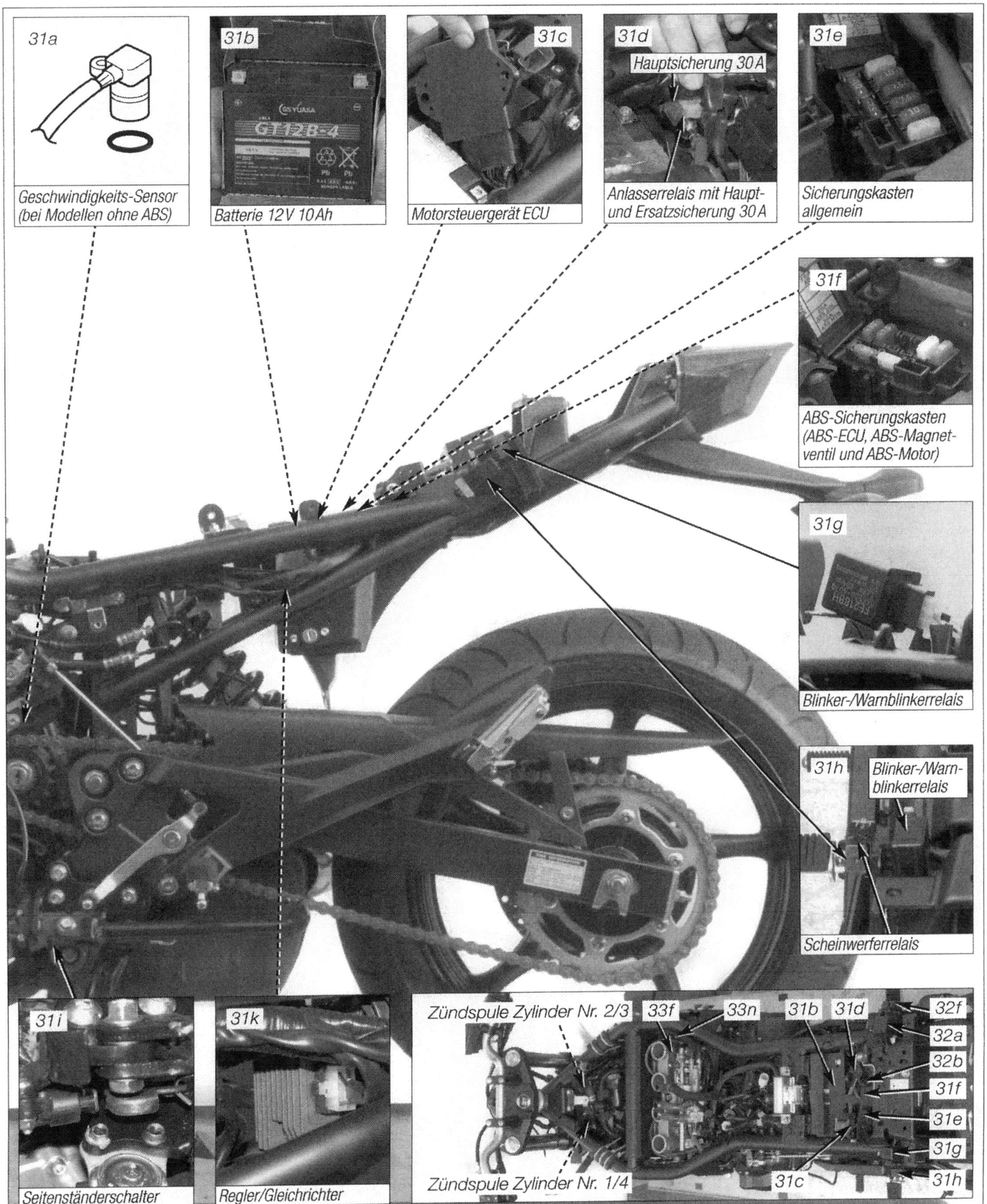
31a
Geschwindigkeits-Sensor (bei Modellen ohne ABS)
31b
GT12B-4
Batterie 12 V 10 Ah
31c
Motorsteuergerät ECU
31d
Hauptsicherung 30 A
Anlasserrelais mit Haupt- und Ersatzsicherung 30 A
31e
Sicherungskasten allgemein
31f
ABS-Sicherungskasten (ABS-ECU, ABS-Magnetventil und ABS-Motor)
31g
Blinker-/Warnblinkerrelais
31h
Blinker-/Warnblinkerrelais
Scheinwerferrelais
31i
Seitenständerschalter
31k
Regler/Gleichrichter
Zündspule Zylinder Nr. 2/3
33f
33n
31b
31d
32f
32a
32b
31f
31e
31g
31c
31h
Zündspule Zylinder Nr. 1/4

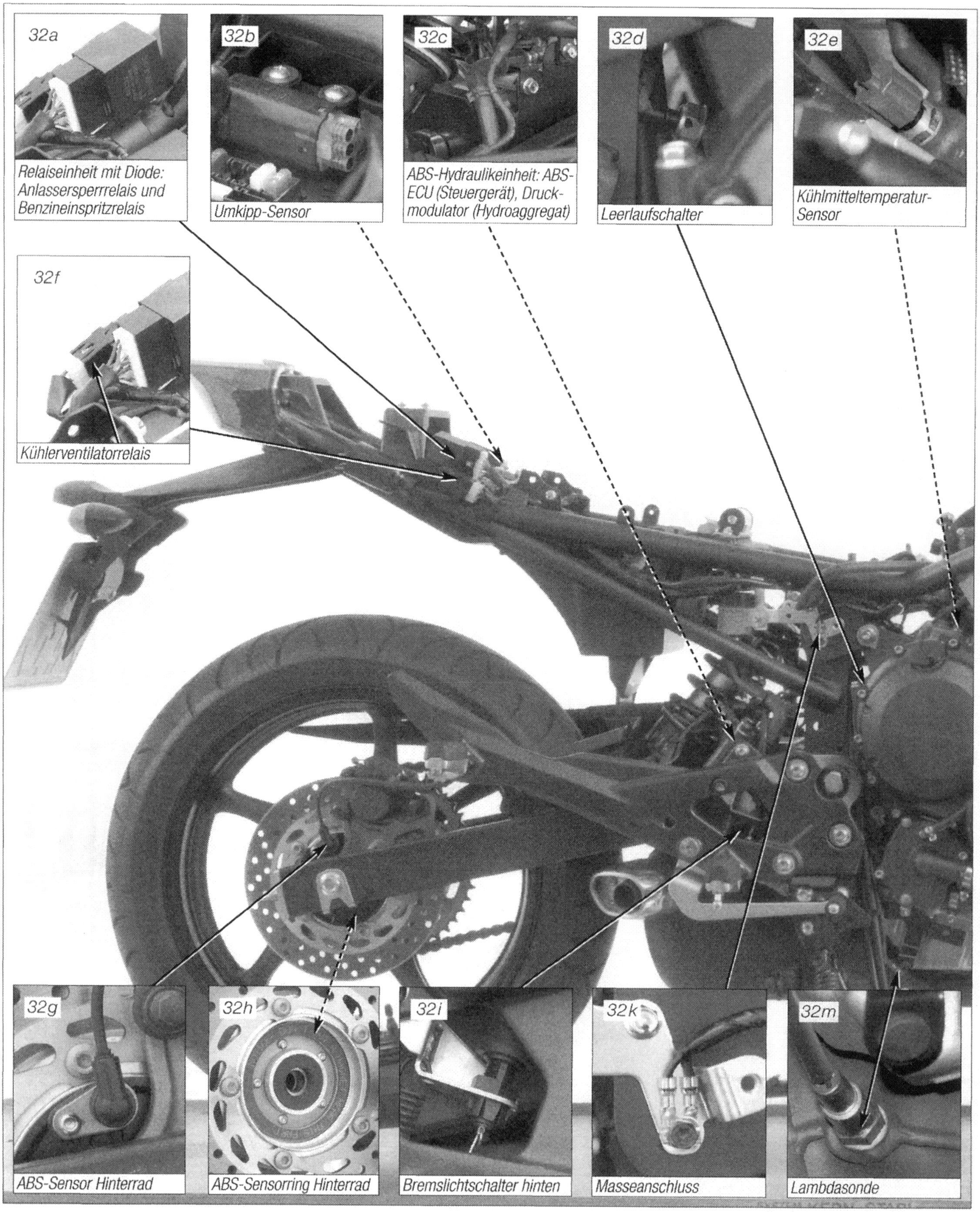
32a
Relaiseinheit mit Diode: Anlassersperrrelais und Benzineinspritzrelais
32b
Umkipp-Sensor
32c
ABS-Hydraulikeinheit: ABS-ECU (Steuergerät), Druckmodulator (Hydroaggregat)
32d
Leerlaufschalter
32e
Kühlmitteltemperatur-Sensor
32f
Kühlerventilatorrelais
32g
ABS-Sensor Hinterrad
32h
ABS-Sensorring Hinterrad
32i
Bremslichtschalter hinten
32k
Masseanschluss
32m
Lambdasonde

33a
Sekundärluft-Abschaltventil
33b
Zündspule Zylinder Nr. 2/3
33c
Motorstoppschalter (»Killschalter«)
Starterschalter (Anlasserknopf)
Schalter an rechter Lenkerarmatur
33d
Kupplungsschalter
33e
Zündschalter (Zündschloss) mit Ringantenne
33f
Ansaugluftdruck-Sensor
33g
Instrumenteneinheit: Digitalanzeige, Drehzahlmesser; im großen Bild abgebaut.
33h
Wegfahrsperreneinheit unter dem Zündschloss
33i
Kühlerventilatormotor
33k
Zündrotor
33m
Kurbelwellenpositions-Sensor (Zündgeber)
33n
Sensorstecker
Drosselklappen-positions-Sensor
33p
ABS-Sensor Vorderrad; im großen Bild abgebaut.
33q
ABS-Sensorring Vorderrad

Batterie

In diesem Kapitel: Basisinformationen zur Batterie · Batterie prüfen, ausbauen, laden, einbauen.

Batterie

Die Batterie muss immer in bestem Zustand sein, damit sie besonders für den Startvorgang ausreichend Energie liefern kann, wenn der Anlasser betätigt wird. In der Yamaha XJ6 ist serienmäßig eine wartungsfreie Batterie 12V/10Ah eingebaut (Bild 1) mit der Bezeichnung GT12B-4.

Im Gegensatz zu einer herkömmlichen Blei-Säure-Batterie hat die GT12B-4-Batterie keinen Entlüftungsschlauch. Man braucht auch kein destilliertes Wasser nachzufüllen, weil bei normaler Ladung nur Sauerstoff entsteht (beim Laden einer herkömmlichen Batterie wird auch Wasserstoff freigesetzt). Der Sauerstoff reagiert an der Minusplatte mit dem dort gebundenen Wasserstoff und verwandelt sich wieder in Wasser, weswegen der Flüssigkeitsstand in der Batterie immer konstant bleibt.

Bild 1

Bild 1: Serienmäßige Batterie. Sie ist in eine Temperatur-Dämmfolie eingepackt.

Hinweis: Wenn eine wartungsfreie Batterie mit einem falschen, weil zu »großen« (Auto-)Ladegerät geladen wird, besteht die Gefahr des »Überladens«. Dabei entsteht auch Wasserstoff und die Batterie kann während des Ladens platzen!

Was bedeutet »wartungsfrei«?
Der Begriff »wartungsfreie Batterie« bezieht sich nur auf die Tatsache, dass kein destilliertes Wasser nachgefüllt werden muss. Weil bei den großen Inspektionen empfohlen wird, die Batterie auszubauen, zu reinigen und sorgfältig zu laden, passt der Begriff »wartungsarm« besser als »wartungsfrei«.

Geeignete Ersatzbatterien
Wenn eine neue Batterie notwendig wird, unbedingt eine AGM- oder Gel-Batterie kaufen und keine billige Blei-Säurebatterie mit Entlüftungsschlauch. Für die Yamaha XJ6 sind folgende Batterien geeignet:

- AGM-Batterie (»Absorbend Glass Mat«): Bei ihr ist der Elektrolyt in Matten aus Glasfaservlies gebunden, sie ist »wartungsfrei«.
- Gel-Batterie: Bei ihr ist der Elektrolyt (flüssige Schwefelsäure) durch Zusatz von Kieselsäure in einer gelartigen Masse gebunden. Auch sie ist »wartungsfrei«, aber etwas teuerer als eine AGM-Batterie, und bietet dafür höhere Startstrom-Reserven. Auch hält sie länger, wenn sie richtig gepflegt wird.

Batterie prüfen, laden

Am »müden« Anlasser (Elektrostarter) ist zu spüren, wenn die Batterie »in die Knie geht«

Sicherheitshinweise ⚠ Achtung und ☞ Tipps für dieses Kapitel

⚠ Zu allen Arbeiten an der Batterie muss die Zündung ausgeschaltet sein! Zündschlüssel am besten abziehen.

⚠ Sollten Sie einmal gezwungen sein, eine nicht wartungsfreie Bleibatterie mit einem Entlüftungsschlauch einzubauen, muss dieser am Rohrstutzen der Batterie angeschlossen werden.

- Schlauch knickfrei nach unten verlegen, Ende muss so ins Freie ragen, dass die aus der Batterie austretenden Dämpfe mit keinem Teil der Maschine in Berührung kommen, sonst gibt es an der Maschine in kürzester Zeit hässliche Säureschäden, was bis zum Bruch tragender Rahmenbauteile führen kann!
- Eine »nicht wartungsfreie« Bleibatterie sollte nur im echten Notfall eingebaut und umgehend durch eine wartungsfreie Batterie in serienmäßiger Spezifikation ersetzt werden.

⚠ Beim Laden der Batterie können explosive Gase in der Batterie entstehen und aus ihr entweichen.

- Für ausreichende Belüftung des Raumes sorgen, in dem die Batterie geladen wird!
- Offenes Feuer, Funkenflug und brennende Zigaretten in weitem Umkreis von der am Ladegerät hängenden Batterie fernhalten.

☞ Kaufen Sie sich ein Ladegerät speziell für wartungsfreie Motorradbatterien, bei dem sich kleine Ladespannungen und die maximale Ladezeit einstellen lassen. Wenn das zu teuer ist, dann lassen Sie die Batterie beim Yamaha-Händler laden.

⚠ Hängen Sie eine Gel-Batterie nicht an ein so genanntes »Frischhalte-Ladegerät«, bei dem die Batterie fortwährend im Wechsel geladen und entladen wird. Das schadet einer Gel-Batterie mehr als es ihr nutzt.

☞ Vor dem Überwintern Ihrer Maschine die Batterie ausbauen, laden und in einem kühlen, frostsicheren Raum lagern. Im Frühjahr vor dem ersten Start die Batterie erneut laden, 30 Minuten ruhen lassen und einbauen.

- Dies gilt auch für eine neue Batterie.

und an Spannung verloren hat. Meist springt der Motor aber trotzdem noch an – »gerade noch eben so«. Wenn man Glück hat, ist die Batterie noch nicht kaputt, sondern kann durch Laden wieder in betriebssicheren Zustand gebracht werden.

Batteriespannung prüfen
Zur Prüfung der Batteriespannung braucht man einen Multimeter. Der Motor soll vor der Prüfung mindestens 20 Minuten nicht gelaufen haben.

1. Sitzbank abnehmen.
2. Haltegummi über der Batterieabdeckung aushängen, Abdeckung abnehmen.
2.1. Rote Abdeckung über dem Pluspol etwas zur Seite knuddeln (Bild 5).
3. Multimeter einschalten und auf richtige Voltzahl einstellen.
3.1. Prüfspitzen fest an die Batteriepole anlegen:
■ Plus-Prüfspitze an Pluspol der Batterie.
■ Minus-Prüfspitze an Minuspol der Batterie.
4. Ergebnis ablesen und werten:
■ Ausreichend geladene Batterie hat 12,8 Volt und mehr.
■ Eine nicht ausreichend geladene Batterie hat nur 12,5 Volt oder noch weniger.

Batterie ausbauen
1. Sitzbank, Batterie-Haltegummi und Abdeckung abbauen.
2. Die Batterie ist in eine Temperatur-Dämmfolie »eingepackt«: Diese oben aufklappen und die Folienstücke hochstellen (Bild 6).
3. Zuerst das Kabel vom Minuspol (Bilder 2 und 4) abschrauben, dann vom Pluspol (Bild 5).
4. Bild 7: An den beiden gegenüberliegenden langen Folienstücken anpacken und die Batterie nach oben herausnehmen.

Batterie laden
1. Batterie aus Temperatur-Dämmfolie auspacken. Unter fließend warmem Wasser reinigen, mit weichem Lappen abtrocknen.
2. An Ladegerät anschließen, Ladegerät muss sicher AUSgeschaltet sein:
■ Zuerst Pluspol anklemmen, dann Minuspol.
3. Batterieladegerät EINschalten.
4. Batterie mit maximal 10 % der Nennkapazität laden: 1,0 Ampere für längstens 10 Stunden.
Sehr wichtig: Die auf der Batterie angegebenen Ladeströme und Ladezeiten nicht überschreiten, sonst wird die Batterie beschädigt, was bis zum Platzen der Batterie führen kann.
■ Von Schnellladung wird abgeraten!

Neue Batterie laden
Eine neue Batterie ist vorgeladen und wird als »sofort einbaufertig« angeboten. Weil man jedoch nicht weiß, wie lange die neue Batterie schon auf Lager steht, sollte man sie vor dem Einbau laden.

Auch bei der Erstladung die allgemeine Laderegel beachten: Ladestrom A (in Ampere) gleich 10% der Nennkapazität (in Amperestunden, Ah), Ladezeit 5 bis 10 Stunden.

Batterie einbauen
1. Batteriepole und Anschlussösen mit Batteriepolfett einstreichen.
2. Batterie einpacken: Die lange Seite in Temperatur-Dämmfolie muss hinten sein an der Rückseite der Batterie.
3. Bild 7: Batterie in ihren Schacht einsetzen.
■ Pluspol links (in Fahrtrichtung)
■ Minuspol rechts (in Fahrtrichtung)
3.1. Enden der Temperatur-Dämmfolie an Batterie anlegen.
4. Pluskabel zuerst anschließen (Bilder 3 und 4), dann Massekabel (minus). Schrauben der Polklemmen »handfest« anziehen (2,5 Nm). Rote Gummikappe (Bild 5) überstülpen.
5. Bild 4: Batterieabdeckung mit Haltegummi befestigen.

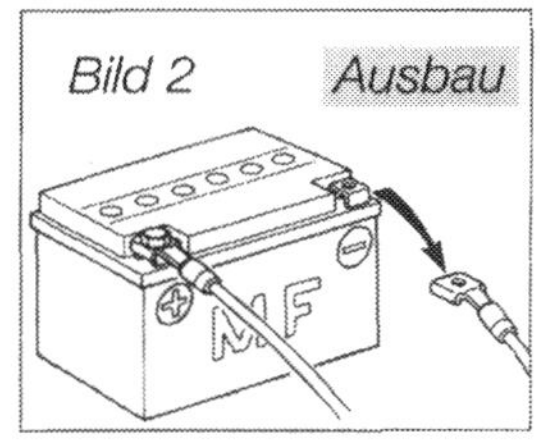

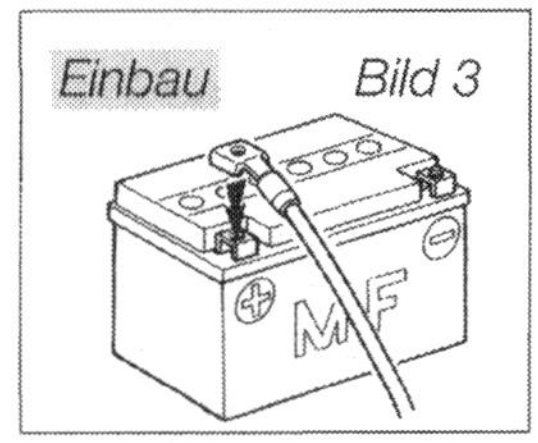

Bilder 2 bis 7: Aus- und Einbau der Batterie.
■ Nach dem Abnehmen der Kabelklemme die Schraube wieder eindrehen, damit weder sie noch die lose eingesetzte Mutter verloren geht.

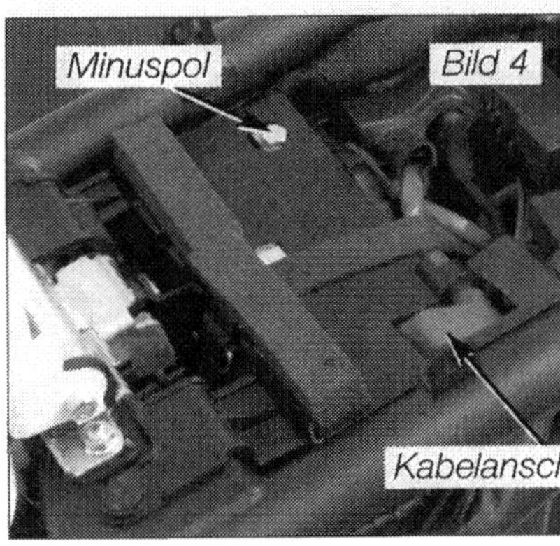

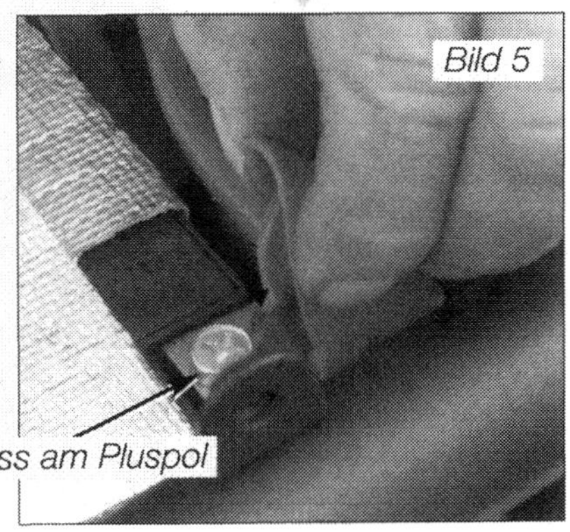

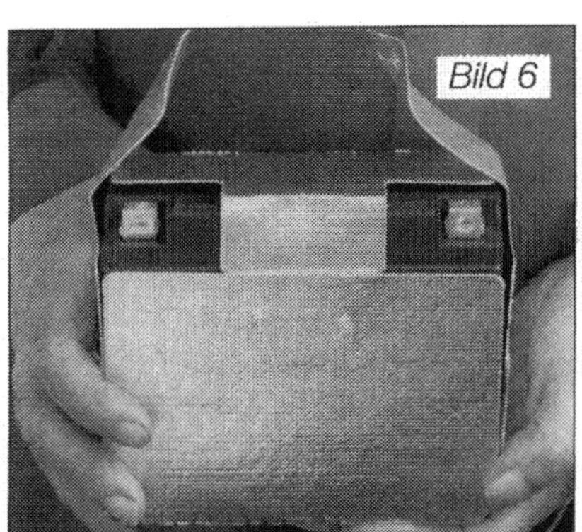

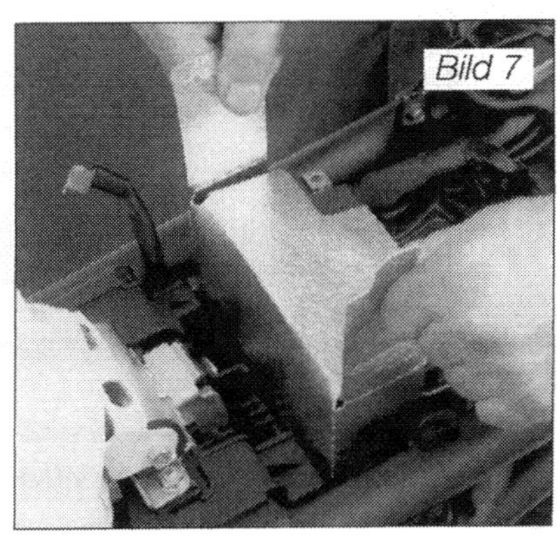

Sichtprüfung Messen

Ladesystem

In diesem Kapitel: Batterie wird immer wieder leer · Ladespannung prüfen · Generatorstator prüfen und auswechseln.

Bild 1: Leckstrom der Batterie messen: ■ Multimeter auf Ampere-Messung einstellen. ■ Massekabel von Batterie abklemmen, mit Plusklemme des Multimeters verbinden. ■ Minusklemme des Multimeters auf Minuspol der Batterie anklemmen.

Bild 2: Stecker des Lichtmaschinenkabels an Regler/Gleichrichter.

Bild 3: Blockschaltbild Lichtmaschine, Regler/Gleichrichter, Batterie. ■ Der Regler/Gleichrichter sitzt unter der Sitzbank im Rahmen vor der Batterie. Wenn die Ladekontrollleuchte im Cockpit brennt und »Lichtmaschine lädt nicht« signalisiert, zuerst Steck- und Masseverbindung prüfen.

Batterie wird immer wieder leer

Wenn die Batterie nicht richtig geladen wird und deswegen z. B. das Licht flackert, der Motor stottert oder nach dem Abschalten nicht mehr anspringt, kann eine Störung im Ladesystem vorliegen. Zur Überprüfung der Batterie und des Lichtmaschinen-Ladesystems ist ein Multimeter notwendig. Die Messtemperatur beträgt 20 °C.

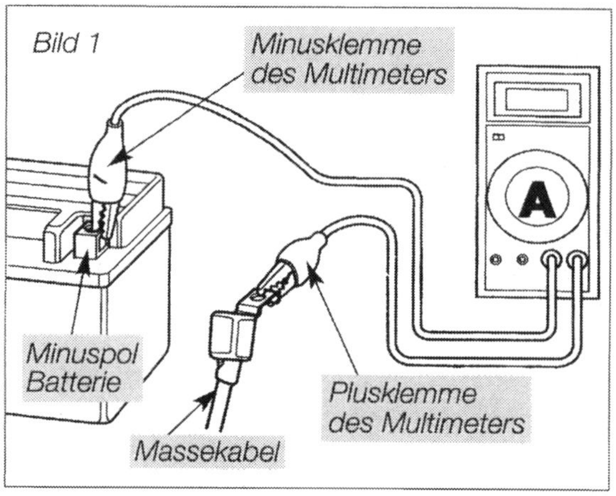

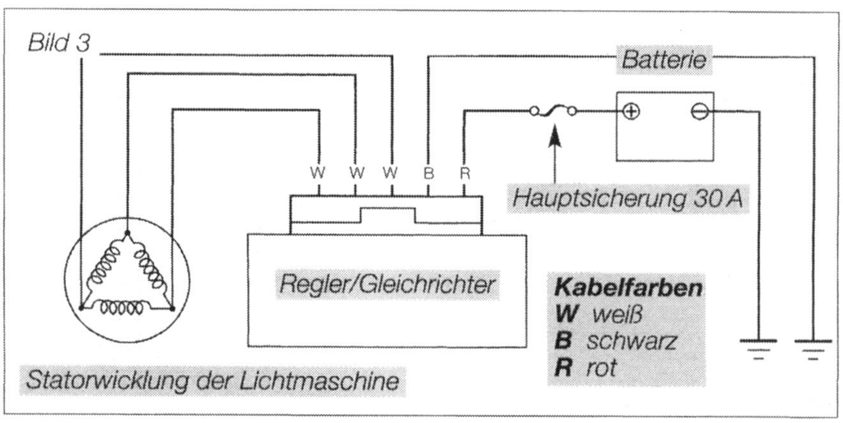

Polanschlüsse an der Batterie überprüfen

Wenn die Batterie immer wieder leer wird, obwohl sie zweifelsfrei in Ordnung ist, dann wird sie bei laufendem Motor von der Lichtmaschine nicht geladen. Überprüfen Sie zuerst, ob Plus- und Minuskabel an den Batteriepolen fest genug angeschlossen sind (Schraube lose?) und die Kabelösen frei sind von Korrosion (siehe dazu Kapitel 14 »Batterie«).

Stecker von Lichtmaschine und Regler

Im Kapitel 13 »Sicherungen · Relais · Stecker« sind Bilder von den Anschraubstellen elektrischer Bauteile, man sieht auch die Verlegung der Kabel und Stecker. Prüfen Sie, ob der Stecker an dem aus der Lichtmaschine kommenden weißen Kabel und die Kabelstecker am Regler fest sitzen und korrosionsfrei sind.

Leckstrom (Kriechstrom) messen (Bild 1)

Wichtig: Wenn die Batterie aufgrund eines Defekts im Ladesystem leer ist, muss man zur Prüfung des Ladesystems eine voll geladene Batterie einbauen. Alle in Frage kommenden Steck- und Masseverbindungen müssen sauber, korrosionsfrei und ohne Wackelkontakte sein.

1. Zündung AUS. Zündschlüssel abziehen.
2. Massekabel von der Batterie abschrauben.
3. Multimeter auf Amperemessung einstellen und anschließen:
3.1. Krokodilklemme am schwarzen Kabel (Minuskabel) des Multimeters an Minuspol der Batterie anklemmen.
3.2. Krokodilklemme am roten Kabel (Pluskabel) des Multimeters an das von der Batterie abgeschraubte Massekabel anklemmen.
3.3. Weil Leckstrom sehr hoch sein kann, Multimeter auf hohen Ampere-Bereich einstellen und entsprechend herunterregeln. Multimeter ganz genau beobachten, bis die Anzeige nicht mehr weiter absinkt.
Wichtig: Zündung während der Leckstromprüfung NICHT einschalten.
4. Der maximal zulässige Leckstrom liegt bei nur 0,1 mA.
Wenn der Leckstrom höher ist, liegt womöglich ein Kurzschluss in der Fahrzeugelektrik oder im Zündschloss vor. Auch Schmutz an der Batterie sowie in und bei den Kabelanschlüssen erhöht den Leckstromwert.

Ladespannung prüfen

Zur Durchführung der nun folgenden Messschritte müssen Batterie und Hauptsicherung in Ordnung sein. Ist die Batterie Ihrer Maschine leer wegen des Problems mit der Ladespannung, zu den Prüfungen eine voll geladene Batterie einbauen. Nach dem Batteriewechsel die Sitzbank abgebaut lassen.

Plus- und Minuskabel bleiben an die Batterie angeschlossen.
1. Motor starten, warm laufen lassen (ca. 80 °C).
2. Motor AUSschalten, Multimeter anschließen: Plusklemme auf Pluspol der Batterie, Minusklemme auf Minuspol.
3. Batteriespannung ablesen (Beispiel: 13,1 Volt).
4. Zündung EIN, Motor starten und auf 5000/min hochdrehen: Die vom Multimeter angezeigte Spannung muss 14 Volt betragen.
4.1. Bild 4: Motor AUS, Stecker vom Regler/Gleichrichter abziehen, Motor starten, Prüfspitzen des Multimeters wie in Bild 4 gezeigt anlegen: Spannung muss 14 Volt betragen.
5. Messwerte bewerten:
5.1. Liegt die Ladespannung im Bereich von 14 Volt, ist sie in Ordnung, man kann sicher sein, dass Lichtmaschine und Regler/Gleichrichter in Ordnung sind. Es ist wahrscheinlich die alte (zuvor ausgebaute) Batterie defekt – oder sie war nur nicht richtig angeschlossen!
5.2. Ist die angezeigte Spannung dagegen kleiner oder gleich der zuvor gemessenen Batteriespannung, können Lichtmaschine oder Regler/Gleichrichter defekt sein.
5.3. Ist die angezeigte Spannung viel höher als 14 Volt, können folgende Störungen vorliegen: Masseanschluss am Regler schlecht, Batterie defekt, Regler/Gleichrichter defekt.
6. Bei den von 5.1. bis 5.3. beschriebenen Schäden kann aber auch sein, dass Defekte in den Kabeln oder Kabelsteckern vorliegen (Bilder 5 und 6): Auf Bruch und einwandfreie Kontakte überprüfen.
■ Kontakte der Steckverbindungen auf lose Anschlüsse und Korrosion prüfen.
■ Lockere Kontakte beseitigen, Stecker der Kabel richtig befestigen (z. B. anlöten).
■ Korrodierte Steckkontakte mit feinem Schmirgelpapier abziehen.

Fazit: Sind die gemessenen Bauteile des Ladesystems in Ordnung, die Steckkontakte fest sitzen und nicht korrodiert, scheint der Regler/Gleichrichter defekt zu sein. Doch bevor ein neuer gekauft wird, zuerst ein erwiesenermaßen funktionierendes Teil einbauen (von der XJ6 des Freundes ausleihen!) und die Ladespannung erneut prüfen.

Generatorstator prüfen
Zur Prüfung des Stators und seines dreiadrigen Kabels bleibt er eingebaut.
1. Bild 2: Stecker am Kabel der Lichtmaschine vom Regler/Gleichrichter abziehen und mit Multimeter durchmessen: Zwischen jeder der Klemmen im Stecker zueinander darf kein Stromdurchgang bestehen.
2. Bild 7: Widerstand zwischen den drei Klemmen im Stecker messen:
■ Sollwert 0,24 bis 0,36 Ohm.
3. Bilder 7: Jede der drei weißen Klemmen zur Masse hin überprüfen.
■ Es darf kein Stromdurchgang bestehen.
Fazit: Wenn die Messwerte außerhalb der Toleranz liegen oder bei einem Kabel Massekontakt besteht, den Stator auswechseln.

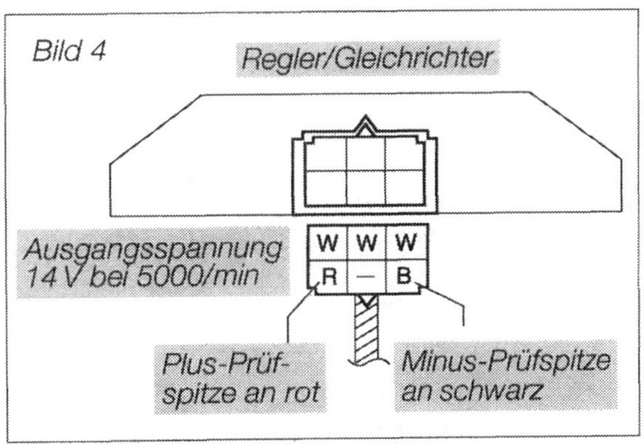

Bild 4: Stecker abziehen vom Regler/Gleichrichter, Motor starten, Laderspannung messen: Sie muss 14 Volt bei 500/min betragen.

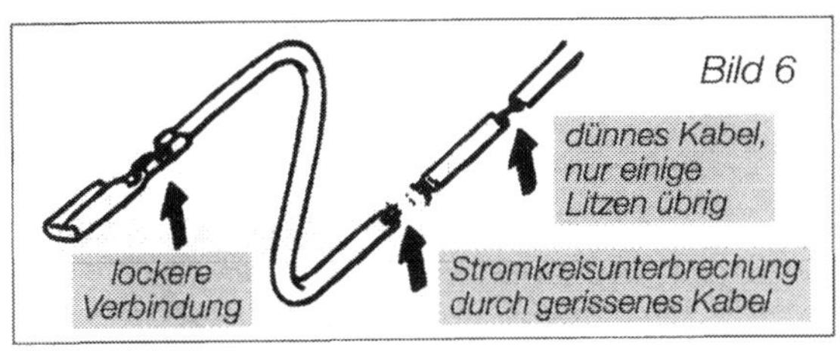

Bilder 5 und 6: Stecker müssen korrosionsfrei sein und fest sitzen, kein Kabel darf gebrochen oder geknickt sein.

Bild 7: Widerstand der Statorwicklung mit einem Multimeter prüfen.

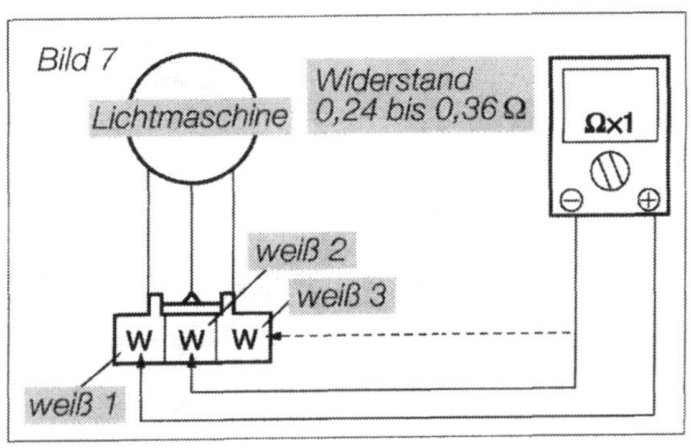

■ 1. Prüfschritt: Plus-Prüfspitze an weiß 1, Minus-Prüfspitze an weiß 2.
■ 2. Prüfschritt: Plus-Prüfspitze an weiß 1, Minus-Prüfspitze an weiß 3.
■ Widerstand muss 0,24 bis 0,36 Ω betragen.

Sichtprüfung Messen

Generatorstator auswechseln

Bilder 8 und 9: Der Generatorstator ist in den linken Gehäusedeckel eingebaut und mit drei Inbusschrauben befestigt. Vor dem Abbau des Deckels das Motoröl ablassen. Oder die Maschine schräg nach rechts geneigt abstellen (oder vorsichtig hinlegen!), dann läuft beim Schrauben kein Öl aus. Linke Seitenverkleidung abnehmen.

Bild 8: Die Ladespule der Lichtmaschine (»Generatorstator«) sitzt im linken Motordeckel und ist mit drei Schrauben befestigt.

1. Stecker vom Statorkabel zum Regler/Gleichrichter trennen.
2. Deckel abschrauben: Die Schrauben über Kreuz in 1/3-Schritten lösen und dann ausdrehen.
3. Deckel abnehmen, auf Passbuchsen achten.
■ Wenn sich der Deckel nicht löst, klebt er über die Dichtung am Gehäuse fest: Leichte Schläge mit einem Plastikhammer auf den Deckel lösen die Klebeverbindung.
4. Kabelhalter abschrauben.
5. Halteschrauben des Stators ausdrehen, Stator herausnehmen (müsste leicht gehen).
6. Neuen Stator einsetzen, Schraubenlöcher müssen mit den Gewindebohrungen fluchten, Kabel exakt verlegen.
7. Befestigungsschrauben des Stators gut reinigen, etwas Loctite »mittelfest« auf ihre Gewinde geben, eindrehen, über Kreuz zuerst handfest, dann Schritt für Schritt bis auf 10 Nm festziehen.
8. Kabelhalter ansetzen, Schraube eindrehen und mit 10 Nm festziehen.
9. Gummitülle mit etwas Silikondichtmittel bestreichen und in den Ausschnitt des Deckels eindrücken.
10. Deckel anbringen: Dichtfläche sehr sauber reinigen, Passbuchsen einsetzen, neue Deckeldichtung auflegen, Deckel aufsetzen, Schrauben eindrehen, über Kreuz Schritt für Schritt auf 12 Nm festziehen.
11. Stecker vom Statorkabel in Regler/Gleichrichter einstecken. Sitzbank aufbauen, Ölstand kontrollieren, ggf. nachfüllen!
■ Auswechseln des Rotors siehe Kapitel 16 »Anlasser«.

Bild 9: Explosionszeichnung der Lichtmaschine im linken Motordeckel mit Teilebezeichnungen und Anziehdrehmomenten.

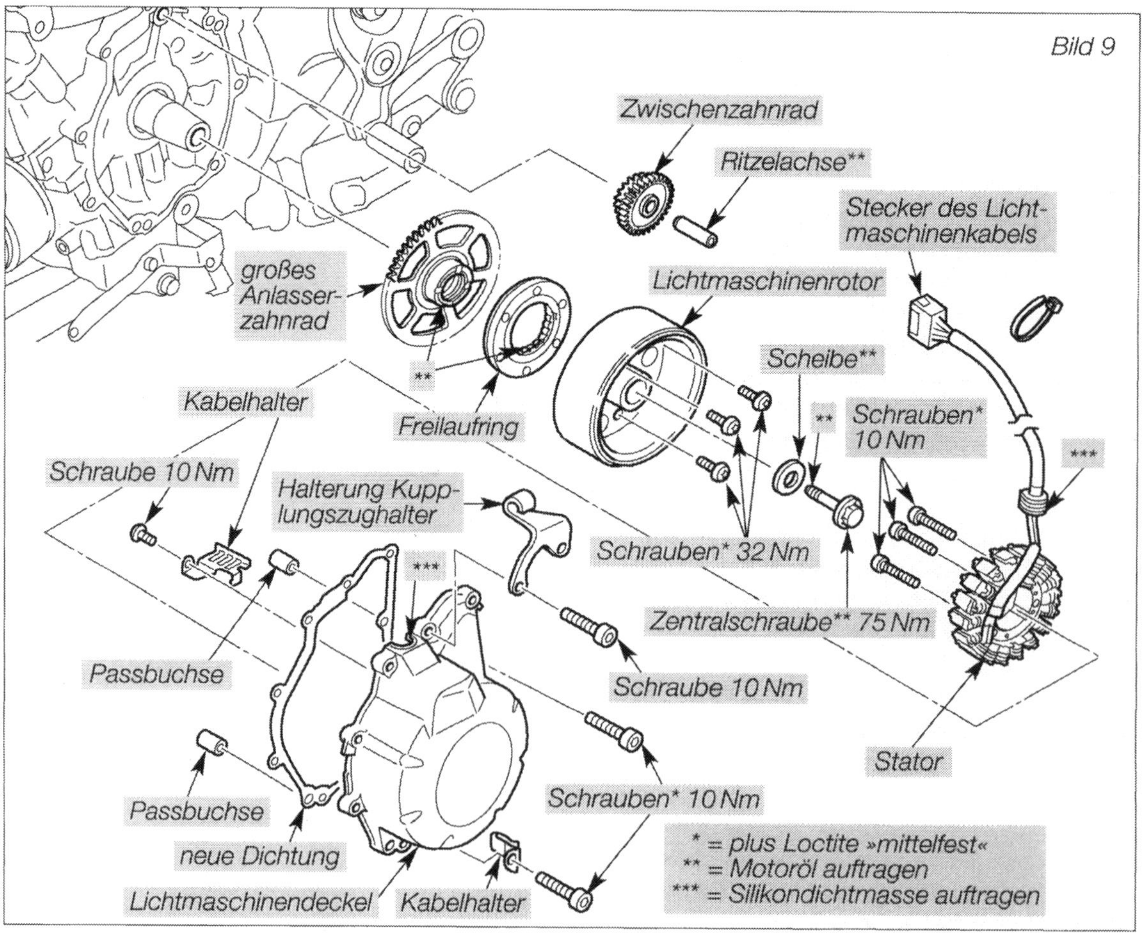

Korrespondenzkapitel:
■ 13 »Sicherungen · Relais · Stecker
■ 14 »Batterie«
■ 16 »Anlasser«
■ 31 »Schaltpläne«

Motor fremdstarten
Wenn die Batterie nicht genügend Strom zum Starten liefert, kann man den Motor mit Hilfe einer externen Stromquelle fremdstarten, z. B. mit der Batterie eines anderen Motorrades oder eines Autos. Der Strom wird über zwei Starthilfekabel zwischen den Batterieanschlüssen übertragen. Wichtig ist, dass die Stromquelle 12 Volt liefert. Ein Lkw mit 24-Volt-System taugt nicht zum Fremdstarten.

1. Minuspole der fremden Stromquelle und der XJ6-Batterie mit schwarzem Starthilfekabel verbinden.
2. Gummikappen über Pluspolanschlüssen beider Batterien zurückschieben. Mit rotem Starthilfekabel beide Pluspole verbinden.
3. Motor der Starthilfe gebenden Maschine mit erhöhter Leerlaufdrehzahl laufen lassen (3000 bis 4000/min).
4. Motor der XJ6 starten. Wenn er läuft, Starthilfekabel abnehmen: Erst Pluskabel abklemmen, dann Minuskabel. Gummikappen aufschieben.

Hinweis 1: Motor der XJ6 nicht sofort ausschalten, Batterie bringt noch nicht wieder genug Strom auf, um den Motor aus eigener Kraft starten zu können. Deswegen den Motor mit etwas erhöhter Leerlaufdrehzahl laufen lassen und möglichst bald losfahren.
Hinweis 2: Wenn die Batterie zwar leer, aber sonst funktionstüchtig ist, wird sie bei laufendem Motor von der Lichtmaschine geladen. Dennoch sollte sie bei nächster Gelegenheit ausgebaut, an ein Ladegerät gehängt und fachgerecht geladen werden (siehe Kapitel 14 »Batterie«).

Anlasser

In diesem Kapitel: Motor fremdstarten · Anlasser auf Funktion prüfen · Motor durch Anschieben starten · Anlasserrelais und Anlassersperrrelais prüfen · Anlasser reparieren: ausbauen, zerlegen, prüfen, zusammenbauen · Anlasserfreilauf reparieren.

Anlasser defekt?

Wenn beim Druck auf den Anlasserknopf nichts passiert, obwohl der Zündschlüssel auf ON geschaltet ist und die entsprechenden Kontrollleuchten brennen, kann dies verschiedene Ursachen haben. Die häufigste ist sicherlich eine Batterie, die nicht mehr genügend Spannung hat. Wenn diese jedoch in Ordnung ist, können Anlasserrelais, Anlassersperrrelais oder der Anlasser selbst defekt sein. Auch der Seitenständerschalter kann defekt sein; Prüfung siehe Kapitel 1 »Wartung · Pflege«.

Anlasser auf Funktion prüfen

Falls der Anlasser nicht reagiert, wenn der Starterknopf betätigt wird, zuerst Folgendes prüfen:

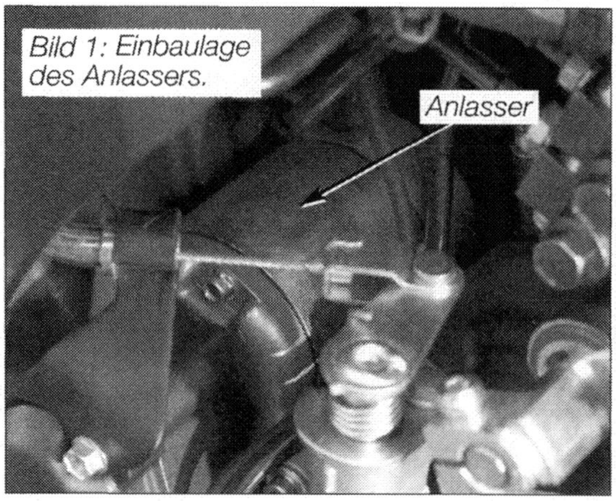

Bild 1: Einbaulage des Anlassers.

Vier wichtige Punkte zum Fremdstarten:
Kabel: Verwenden Sie zum Fremdstarten Ihrer XJ6 niemals Auto-Fremdstartkabel mit dicken Zangen, sondern besorgen Sie sich spezielle Motorrad-Starthilfekabel mit kleinen Zangen.
Zener-Diode: Achten Sie darauf, dass in die Starthilfekabel ein Überspannungsschutz eingebaut ist (»Z-« oder »Zener-Diode«), der die elektronischen Bauteile der Zünd- und Einspritzelektronik vor Überspannung schützt.
Kurzschluss: Beim Fremdstarten mit den Pluszangen keine metallischen Bauteile eines der Fahrzeuge oder die Minuszangen berühren: Kurzschluss ist die Folge.
Starterknopf: Maximal 10 Sekunden den Starterknopf betätigen, sonst läuft der Anlasser heiß und brennt durch!

■ Ist der Zündschlüssel im Zündschloss zuverlässig auf ON geschaltet?
■ Steht der Motorabstellschalter (»Killschalter«) rechts am Lenker auf ON?
■ Ist der Leerlauf sicher eingelegt? Nicht immer ist der Leerlauf auch drin, wenn das grüne Licht im Armaturenbrett leuchtet! Mit dem Fußschalthebel etwas nach oben und unten »spielen«.
■ Ist der Seitenständer richtig hochgeklappt?

Wenn der Motor gestern noch problemlos ansprang und heute nicht mehr will, ist möglicherweise die Batterie hinüber. Das kann ziemlich plötzlich passieren und ist unabhängig von der Jahreszeit, also Kälte oder Hitze.

Es kann aber auch sein, dass der Strom irgendwo auf seinem Weg von der Batterie zum Anlasser unten am Motor (rotes Kabel führt von der Batterie weg, siehe dazu Bild 4) bzw. über den Anlasserschalter oben am Lenker schlechten Kabelkontakt hat. Alle entsprechenden Steckverbindungen auf satten Sitz, Korrosion an den Kontaktzungen und Steckverbindungen, Kabelanschlüsse an Batterie, sichere Verbindung der Massekabel zum Rahmen sowie Sicherungen überprüfen. Nehmen Sie sich dazu bitte das Kapitel 13 »Sicherungen · Relais · Stecker« zu Hilfe.

Motorrad anschieben

Je nachdem, wie heftig die Batterie hinüber ist, kann der Motor möglicherweise durch Anschieben gestartet werden (Fremdstarten siehe Textkasten links). Wichtig ist dabei, dass eine funktionstüchtige Batterie eingebaut ist, die sogar beinahe »leer« sein kann, aber ohne Batterie lässt sich der Motor durch Anschieben nicht starten.

■ Zündung ein, Motorabstellschalter (»Killschalter) auf ON, Seitenständer einklappen.
■ Zweiten Gang einlegen, Kupplung ziehen, Motorrad mit gezogener Kupplung etwas zurückschieben, um sicherzugehen, dass die Kupplung auch wirklich trennt.
■ Fahrer am Lenker, hinten hilft ein Freund: Gleichzeitig schieben!
■ Fahrer springt in den Sitz und lässt gleichzeitig die Kupplung los – Motor müsste kommen.
■ Falls »ja«, Motor mit kurzen Gasstößen am Leben halten und nicht unter 2000/min kommen lassen. Falls »nein«: nochmals versuchen!
Hinweis: Motor der XJ6 nicht sofort wieder ausschalten. Die Batterie bringt noch nicht wieder genug Strom auf, den Motor aus eigener Kraft

zu starten – die Prozedur war dann umsonst. Ist die Batterie funktionstüchtig, wird sie von der Lichtmaschine geladen. Dennoch sollte die Batterie bei nächster Gelegenheit an ein Ladegerät gehängt und fachgerecht geladen werden (siehe Kapitel 14 »Batterie«).

Relais prüfen

Bild 2a: Das Anlasserrelais ist neben der Batterie unter der Sitzbank angebaut. Hörprobe: Bei eingeschalteter Zündung den Anlasserknopf betätigen und genau darauf achten, ob ein Klicken aus dem Relais zu hören ist. Falls ja, ist das Relais in Ordnung, falls nein, ist es entweder defekt oder bekommt keinen Strom.

Anlasserrelais prüfen (Bild 2b)

Stecker des Relais abziehen. Mit zwei Kabeln eine provisorische Verbindung zu einer 12-Volt-Batterie schaffen, mit Mulitimeter prüfen.

1. Kabel von Batteriepluspol an rot/weiß.
2. Kabel von Batterieminuspol an blau/weiß.
3. Plus-Prüfspitze des Multimeters an rot.
4. Minus-Prüfspitze an schwarz.
5. Multimeter auf Ω x 1 stellen: Besteht Durchgang zwischen roter und schwarzer Klemme?
■ Falls »ja«, ist das Anlasserrelais in Ordnung.
■ Falls »nein«, Anlasserrelais erneuern.

Anlassersperrrelais prüfen (Bild 3b)

Das Anlassersperrrelais (Bild 3a) sitzt rechts hinten am Rahmen in der Relaiseinheit. Steckverbinder abziehen. Mit zwei Kabeln eine provisorische Verbindung schaffen zu einer 12-Volt-Batterie, mit Multimeter prüfen.

1. Kabel von Batteriepluspol an rot/schwarz.
2. Kabel von Batterieminuspol an schwarz/gelb.
3. Plus-Prüfspitze des Multimeters an blau/weiß.
4. Minus-Prüfspitze an weiß/blau.
5. Multimeter auf Ω x 1 stellen: Besteht Durchgang zwischen blau/weißer und weiß/blauer Klemme?
■ Falls »ja«, ist das Anlassersperrrelais in Ordnung.
■ Falls »nein«, Anlassersperrrelais erneuern.

Weitere Prüfungen

Folgende Schalter auf Durchgang überprüfen: Zündschloss, Motorstoppschalter (»Killschalter) rechts am Lenker, Leerlaufschalter, Seitenständerschalter, Kupplungsschalter am Kupplungshandgriff, Anlasserknopf (»Starterschalter«) am rechten Lenkergriff.

Anlasser reparieren

Anlasser ausbauen

1. Bilder 1 und 4: Der Anlasser sitzt links hinter dem Zylinderblock. Wenn er ausgebaut werden muss, folgende Teile ab- und ausbauen, denn es ist eng da unten: Verkleidungsseiten- und Unterteil, Ritzelabdeckung, Kupplungszughalter, kleiner Kupplungshebel.
2. Batteriemassekabel abschrauben und sicher zur Seite hängen.
3. Gummikappe über der Pluskabelbefestigung am Anlasser abziehen, Mutter abdrehen, Kabelklemme abnehmen.
4. Befestigungsschrauben des Anlassers lösen und ausdrehen.
5. Anlasser aus dem Motorgehäuse herausziehen und abnehmen.

Anlasser zerlegen

Beim Zerlegen des Anlassers unbedingt auf die verschiedenen Scheiben auf beiden Seiten der Ankerwelle achten, sie in der Reihenfolge des Ausbaus sicher ablegen, damit sie so wieder eingebaut werden können (siehe dazu auch Zeichnung in Bild 8).

1. Die langen Gehäuseschrauben ausdrehen.
2. Hinteren Gehäusedeckel und Beilagscheiben von Lagerzapfen abnehmen.
3. Vorderen Gehäusedeckel, Sicherungsscheibe und Scheiben von der Ankerwelle abnehmen.

Bilder 2a und 3a: Einbaulage von Anlasserrelais und Anlassersperrrelais; dieses ist in der Relaiseinheit untergebracht.

Bilder 2b und 3b: Anlasserrelais und Anlassersperrrelais auf Durchgang prüfen.

Kabelfarben	
Lg	= hellgrün
R	= rot
Sb	= himmelblau
B/R	= schwarz/rot
B/Y	= schwarz/gelb
L/B	= blau/schwarz
L/W	= blau/weiß
L/Y	= blau/gelb
R/B	= rot/schwarz
R/L	= rot/blau
R/W	= rot/weiß
W/L	= weiß/blau

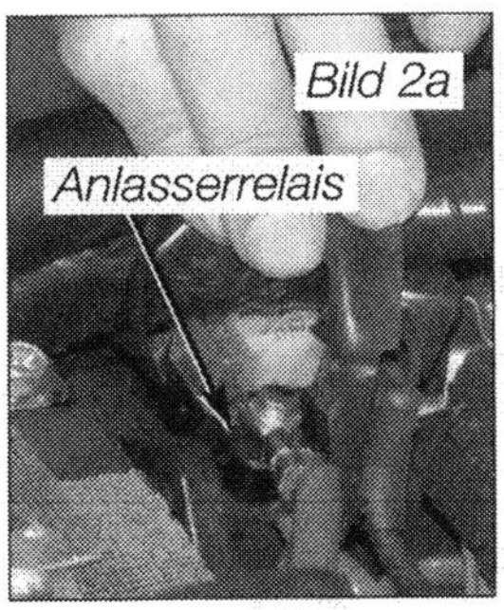

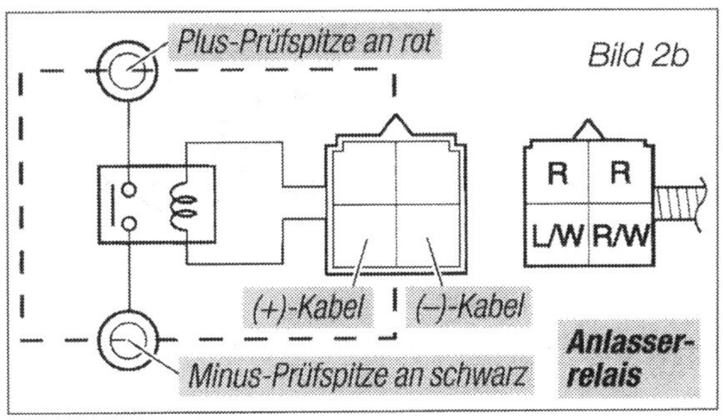

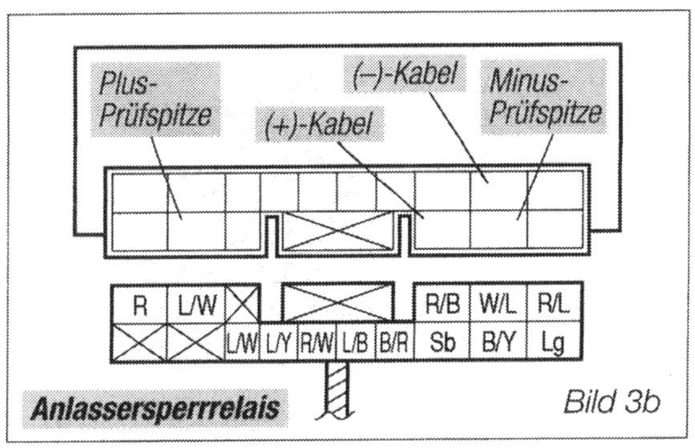

4. Anker aus dem Gehäuse herausziehen.
5. Klemmenmutter abdrehen, Unterlag- und Isolierscheiben abnehmen.
6. Bürstenhaltereinheit herausnehmen.

Anlasser prüfen

Die nachfolgende Prüfung des Anlassers bezieht auch Prüfpunkte ein, die bei nur teilweise zerlegtem Anlasser vorgenommen werden.

1. Am hinteren Gehäusedeckel zwischen Anschluss des Anlasserkabels und der Bürste auf Stromdurchgang prüfen.

■ Es muss Stromdurchgang bestehen.

2. Am hinteren Gehäusedeckel zwischen Anschluss des Anlasserkabels und Deckel auf Stromdurchgang prüfen.

■ Es darf kein Stromdurchgang bestehen.

3. Stromdurchgang zwischen positiver und negativer Bürstenklemme prüfen:

■ Es darf kein Stromdurchgang bestehen.

4. Die großen Rechteckringe, die auf dem Anlassergehäuse aufgezogen sind, sowie den O-Ring im Bund auf Form, Risse, poröse Stellen, Quetsch- und Druckstellen prüfen.

Bild 4: Einbaulage des Anlassers und Anziehdrehmomente.

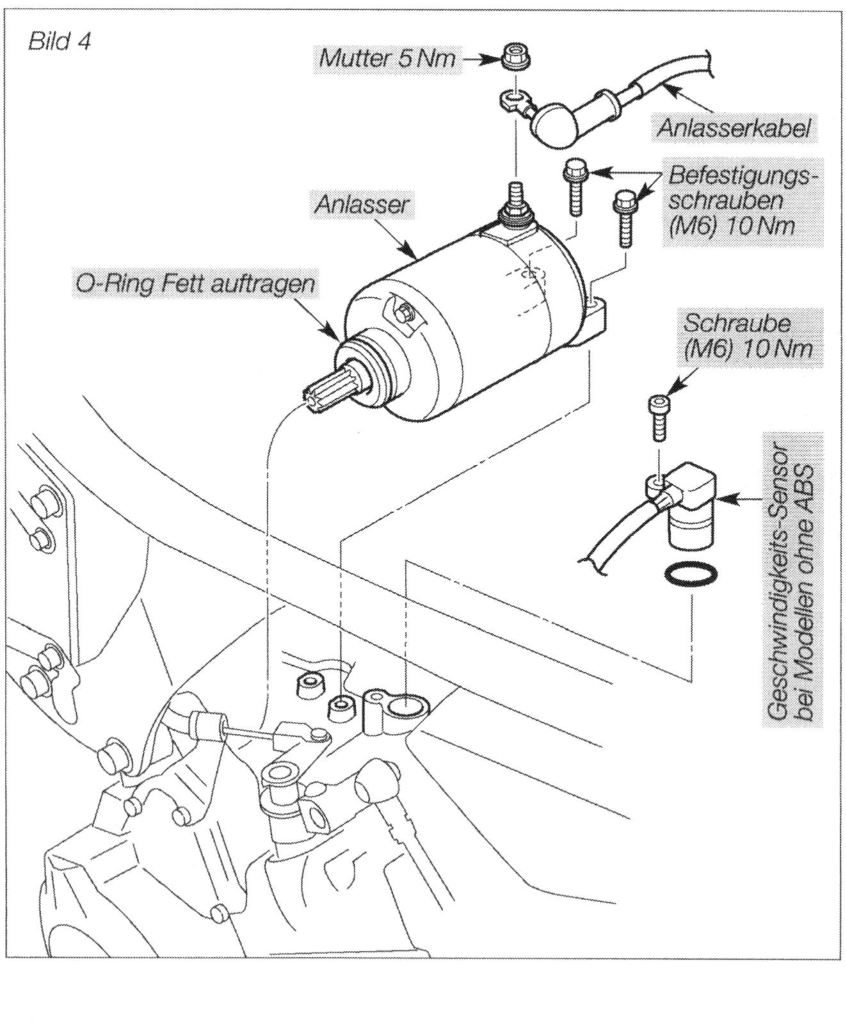

Wenn defekt: Neue Ringe verwenden!

5. Simmerring und Nadellager im vorderen Gehäusedeckel auf Alterung, unbeschädigte Dichtlippe, blaue Verfärbung oder Bruch der Nadeln untersuchen, Lagerstelle der Kollektorwelle ebenfalls. Wenn defekt: Bauteile erneuern!

■ Neuen Simmerring mit Lippe zum Nadellager hin einbauen.

6. Buchse im hinteren Gehäusedeckel auf ausgelaufene, blanke oder riefige Stellen (Fressspuren) untersuchen, Lagerzapfen der Ankerwelle ebenfalls. Wenn defekt, Bauteile erneuern!

7. Kollektor auf Verfärbung und ungewöhnliche Abnutzung überprüfen. Die Spalttiefe zwischen den einzelnen Kollektoren (»Glimmerunterschneidung«) sollte 0,7 mm betragen (Bild 5). Gegebenenfalls mit einem Metallsägeblatt ausschaben. Anschließend (oder auch dann, wenn die Oberfläche des Kollektors etwas verfärbt ist), mit 400er-Schleifpapier sauber abziehen und einem trockenen Tuch säubern.

■ Anker auswechseln, sofern der Kollektor über Gebühr abgenutzt ist.

8. Kollektordurchmesser messen, Verschleißgrenze 27 mm (Neuteil hat 28 mm).

9. Die Kollektorlamellen dürfen keine Verfärbungen aufweisen. Paarweise Verfärbung deutet auf geerdete Ankerwicklungen hin (Masseschluss): Bauteile erneuern!

10. Bild 6: Ankerwicklung auf Widerstand prüfen:

■ Isolierungswiderstand über 1 MΩ.

■ Kollektorwiderstand 0,0012 bis 0,0022 Ω.

11. Bild 6: Zwischen Kollektorstegen und Ankerwelle auf Stromdurchgang prüfen:

■ Es darf kein Stromdurchgang bestehen.

12. Bürsten aus Halterung herausziehen, Bürsten auf ungewöhnliche Abnutzung, Risse und Unebenheit im Bürstenhalter überprüfen.

13. Bürstenlänge messen: Verschleißgrenze 3,5 mm (neue Bürste ist 10,5 mm lang). Wenn auch nur eine der Bürsten die Verschleißgrenze erreicht hat oder nur noch geringfügig länger ist, alle Bürsten erneuern.

14. Bild 7: Federkraft der Bürstenlänge messen: Federdruck 7,16 bis 9,52 N.

Anlasser zusammenbauen (Bild 8)

1. Bürsten in die Bürstenhaltereinheit einsetzen, Bürstenhaltereinheit in den hinteren Gehäusedeckel einsetzen.

2. Scheiben auf die Ankerwelle setzen, Bürsten mit Kollektor zurückdrücken und gleichzeitig

den Lagerzapfen in die Buchse im hinteren Gehäusedeckel einführen.
3. Anlassergehäuse aufsetzen: Dabei den Anker gut festhalten, damit er durch den Gehäusemagneten nicht plötzlich gegen das Anlassergehäuse schlägt und beschädigt wird.
■ Bild 10: Markierungen aufeinander ausrichten.
4. Auf die Ankerwelle dieselbe Anzahl an Beilag- und Isolierscheiben schieben wie zuvor herausgenommen, Sicherungsscheibe aufschieben, die vier Laschen müssen zum Deckel gerichtet sein.
5. Eine dünne Schicht Lagerfett in das Nadellager und den Simmerring geben.

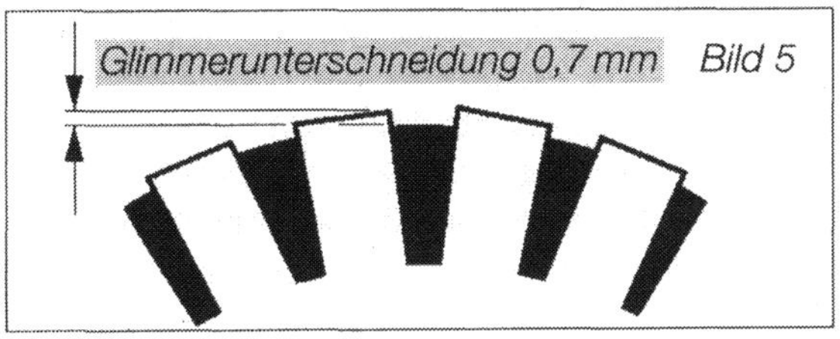

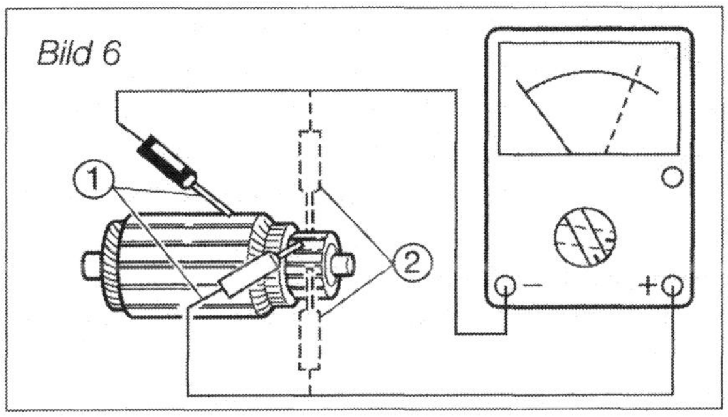

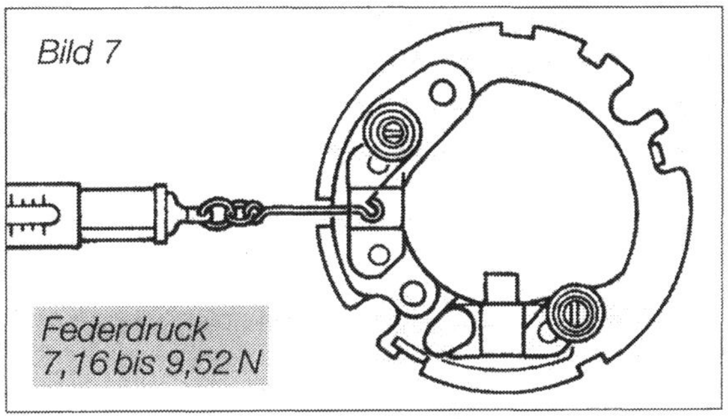

Bild 5: Glimmerunterschneidung 0,7 mm.

Bild 6: Widerstände bei 20 °C messen:
■ (1) Isolierungswiderstand über 1 MΩ.
■ (2) Kollektorwiderstand 0,0012 bis 0,0022 Ω.

Bild 7: Federkraft der Bürstenfedern messen.

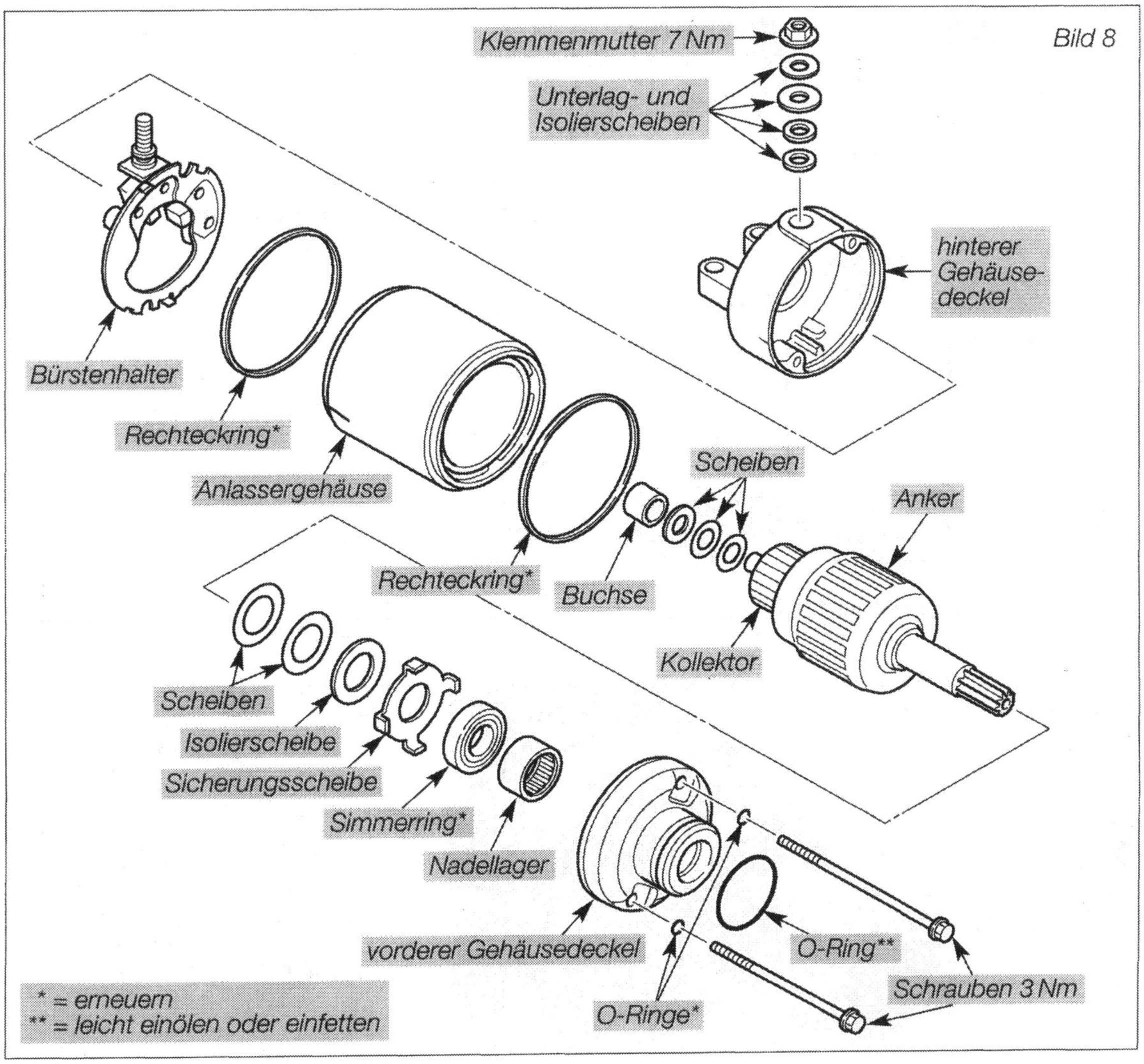

Bild 8: Explosionszeichnung des Anlassers. Alle Einzelteile befinden sich in »fliegender Einbaulage«.

Anlasser reparieren, Neu- oder Gebrauchtteil einbauen?
Moderne japanische Anlassermotoren halten ein »Motorradleben« lang. Wenn der Anlasser Ihres Motorrads wider Erwarten kaputt gehen sollte, besorgen Sie sich entweder ein Neuteil oder einen gebrauchten Anlasser auf dem Gebrauchtteilemarkt. Falls Sie ihn reparieren wollen, finden Sie in diesem Kapitel die nötigen Text-Arbeitsschritte und die erklärenden Zeichnungen.

6. Vorderen Gehäusedeckel aufsetzen, Markierungen aufeinander ausrichten.
7. Bild 10: Stimmen Markierungen an Anlassergehäuse und Gehäusedeckel? Lange Schrauben einschrauben, handfest anziehen (3 Nm).

Anlasser einbauen

1. Neuen O-Ring eingeölt in die Nut im vorderen Gehäusedeckel einsetzen.
2. Anlasser in Einbauposition bringen.
3. Befestigungsschrauben eindrehen und »gut handfest« anziehen (10 Nm).
4. Anlasserkabel an Anlasser, Minuskabel an Batterie anschließen, Mutter und Schraube mit 7 Nm festziehen. Gummikappen satt aufsetzen.

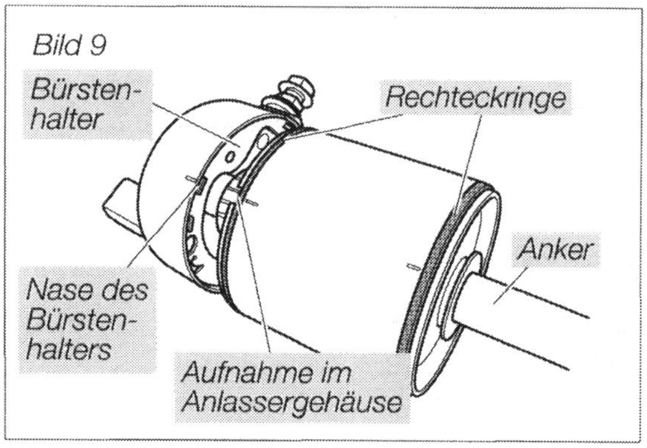

Bild 9: Bürstenhalter auf Nase setzen.

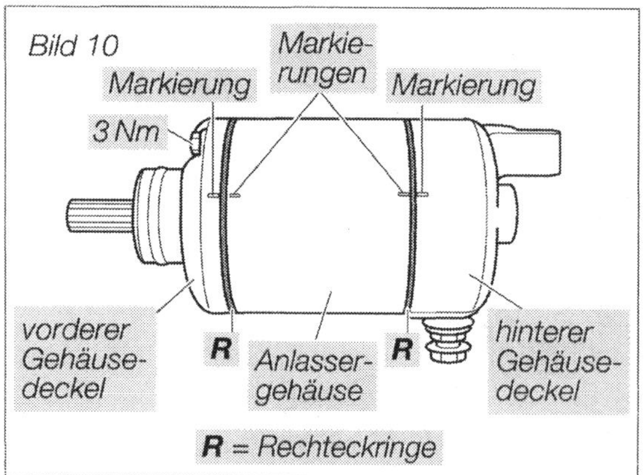

Bild 10: Beim Zusammenbau des Anlassers die Markierungen exakt aufeinander ausrichten.

Anlasserfreilauf

Bild 14: Der Anlasserfreilauf ist am Lichtmaschinenrotor (»Schwungrad«) befestigt, der auf der Kurbelwelle hinter dem linken Motorseitendeckel sitzt. Unter normalen Umständen geht am Anlasserfreilauf und den Teilen, die zur Übertragung der Drehbewegung des Anlassermotors zum Anlasserfreilauf nötig sind, nichts kaputt.

Falls doch etwas am Anlasserfreilauf kaputt gehen sollte, kündigt sich dies durch eine schlecht greifende Anlasserfreilaufkupplung an. Der Anlasser dreht alleine durch, wenn der Starterknopf gedrückt wird: erst einmal leer, dann greift er wieder, dann zwei- bis dreimal leer, dann greift er wieder, bis bald darauf überhaupt nichts mehr geht und der Anlasser nur noch hohl dreht. Dies ist ein deutliches Indiz dafür, dass der Anlasserfreilauf defekt ist. Dann haben sich die Freilaufrollen in die Oberfläche des am großen Anlasserzahnrad angebrachten, dicken Mitnehmerbundes eingearbeitet und es haben sich so genannte »Rattermarken« gebildet. Es können natürlich auch die Zahnräder gebrochen sein, aber das kommt eher nicht vor.

Anlasserfreilauf ausbauen

Nötige Spezialwerkzeuge (Bilder 11, 11a, 12):
- Schwungradhalter (Nr. 90890-01701)
- Schwungradabzieher (Nr. 90890-01362)
- Adapter (Nr. 90890-04089)

1. Motoröl ablassen. Lichtmaschinenkabel am Stecker trennen. Linken Motordeckel abschrauben.
2. Schwungradhalter auf Schwungrad aufbauen (Bilder 11 und 11a), Zentralschraube mit Sechskantnuss und langem Hebelarm öffnen und ausdrehen.
3. Schwungradabzieher mit Adapter (Bild 12) aufbauen, Schwungrad abziehen.

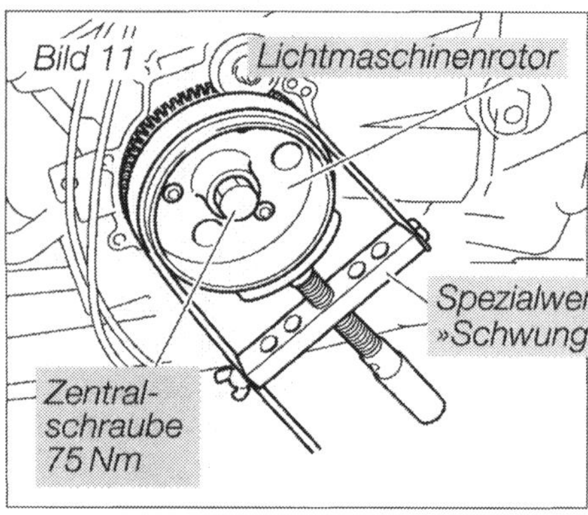

Bild 11: Zum Öffnen bzw. Festziehen der Zentralschraube das Schwungrad mit dem Schwungradhalter sorgfältig und nicht zu fest spannen und gegenhalten.

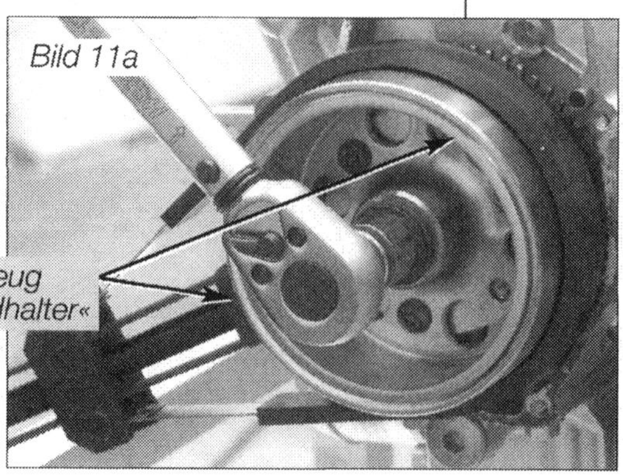

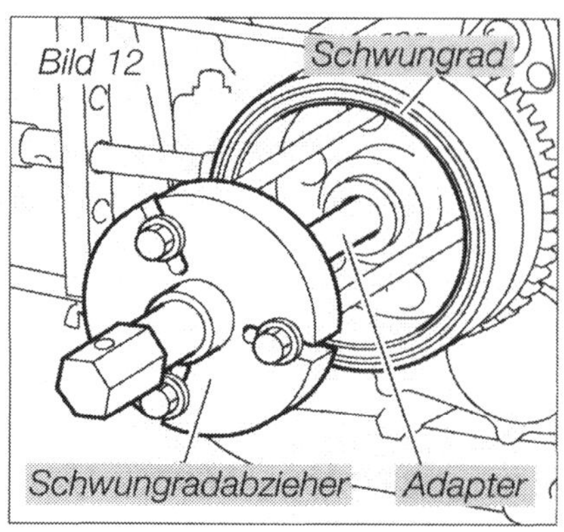

Bild 12: Spezialwerkzeug Schwungradabzieher mit Adapter.

4. Lichtmaschinenrotor mit Schwungradhalter festhalten und die drei Halteschrauben des Anlasserfreilaufs lösen und ausdrehen.
5. Anlasserfreilauf vom Schwungrad abnehmen.

Anlasserfreilauf prüfen

1. Bild 13: Wenn das große Anlasserzahnrad mit dem Bund in den Anlasserfreilauf von oben einge-setzt wird, muss sich das Zahnrad...
- ...im Uhrzeigersinn (rechts herum) sperren und
- ...entgegen dem Uhrzeigersinn (links herum) gleichmäßig drehen lassen. Wenn nicht, Teile ersetzen.

2. Bund des großen Zahnrads und die Rollen des Freilaufs auf Abnutzung, eingelaufene Druckstellen, Bruch, verfärbte (blaue) Stellen kontrollieren, gegebenenfalls ersetzen.

Anlasserfreilauf einbauen

1. Rollen des Freilaufs gut mit Motoröl einölen.
2. Freilauf so in den Freilaufring einsetzen, dass der Flansch nach außen zeigt.
3. Freilaufring an den Lichtmaschinenrotor ansetzen, Gewinde der Torxschrauben mit Loctite »mittelfest« bestreichen und eindrehen.
3.1. Schwungradhalter auf Lichtmaschinenrotor aufbauen, Torxschrauben mit 32 Nm festziehen.
4. Konus auf der Kurbelwelle ölfrei reinigen.
5. Innenkonus des Lichtmaschinenrotors ölfrei reinigen.
6. Lichtmaschinenrotor auf den Konus ansetzen und unter leichtem Druck aufschieben.
7. Wenn möglich: Neue Zentralschraube und neue Unterlagscheibe verwenden, mit frischem Motoröl einölen, Scheibe aufschieben, eindrehen.
8. Lichtmaschinenrotor mit Schwungradhalter gut festhalten, Zentralschraube mit 75 Nm festziehen.
9. Deckel anbringen: Passbuchsen einsetzen, Dichtfläche gut reinigen, neue Deckeldichtung aufsetzen, Deckel aufsetzen (Achtung: Magnetkraft!).
9.1. Schrauben reinigen, einen Tropfen Loctite »mittelfest« an ihre Gewinde geben, eindrehen und über Kreuz Schritt für Schritt bis auf 10 Nm anziehen.
10. Stecker des Lichtmaschinenkabels zusammenstecken. Motoröl einfüllen. Restliche Teile anbauen.

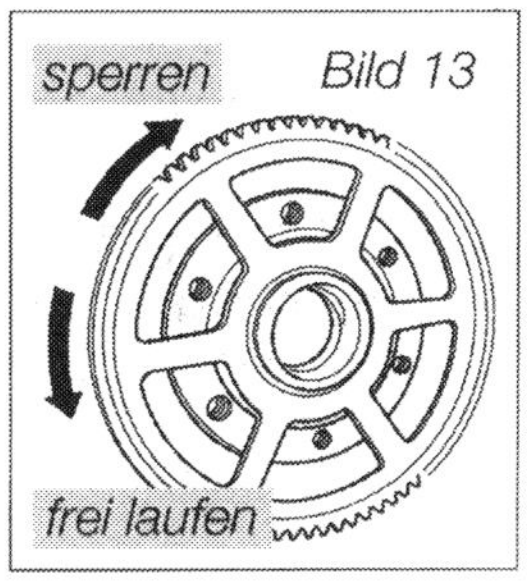

Bild 13: Schemaskizze zur Prüfung des Anlasserfreilaufs.

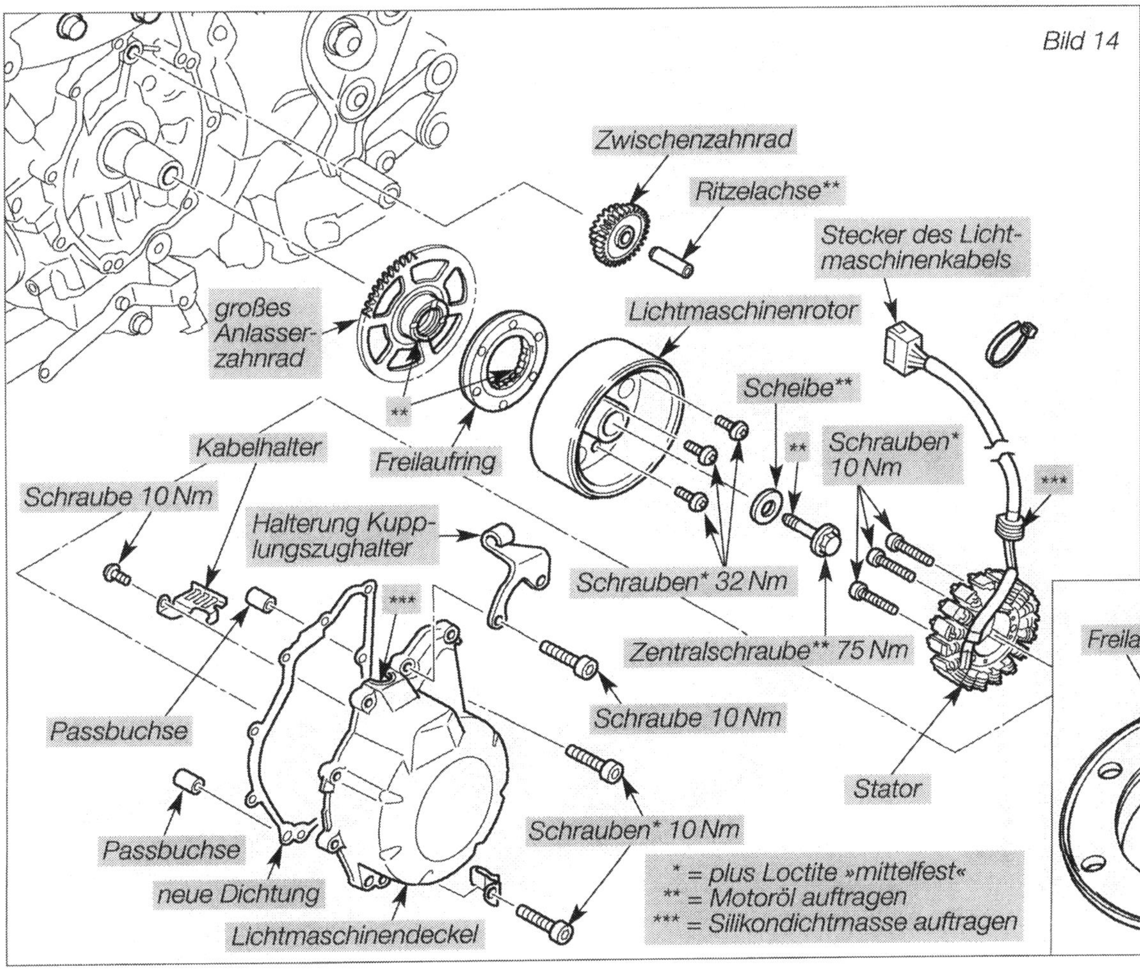

Bild 14: Explosionszeichnung der Lichtmaschine und des Anlasserfreilaufs, welcher hinten auf dem Lichtmaschinenrotor montiert ist.

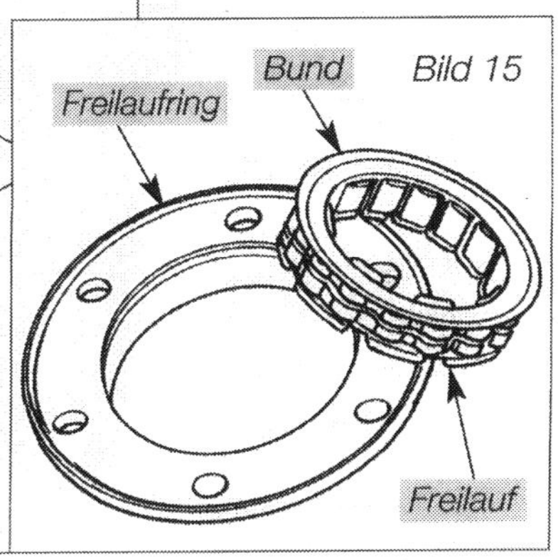

Bild 15: Freilauf mit Bund nach außen in Freilaufring einsetzen.

Zündkerzen

In diesem Kapitel: Konstruktionsmerkmale, Funktion, Prüfung · Zum Thema »kalte« oder »heiße« Zündkerze · Zündkerzen aus- und einschrauben · Elektrodenabstand messen und korrigieren · Zündkabel · Zündkerzengesicht beurteilen.

Bild 1: Aufbau einer modernen Motorrad-Zündkerze.

Bilder 2a und 2b: Vergleich der Mittelelektroden von Iridium- und Standardzündkerze.

Bild: 3: Beispiel einer Iridium-Zündkerze von NGK.

Zündkerzen

Die Zündkerzen müssen laut Wartungsplan alle 10 000 km geprüft und gereinigt werden; alle 20 000 km soll man sie erneuern. Übrigens ist das Alter einer Zündkerze nicht ausschlaggebend, ob sie ersetzt werden muss; es zählen in erster Linie Laufleistung, Belastung und (daraus resultierend) ihr technischer Zustand.

- Serienmäßige Zündkerzen: NGK CR9E
- Elektrodenabstand 0,7 bis 0,8 mm

Die serienmäßig eingebauten Zündkerzen sind für alle in Mitteleuropa vorkommenden Temperaturen und Betriebsbedingungen ausgelegt. Ihre Elektroden werden bei normalen Verbrennungstemperaturen (ca. 400 bis 800 °C) so heiß, dass etwaige Rußablagerungen stets verbrennen, bleiben aber auch so kühl, dass Motor und Kerze nicht beschädigt werden.

»Bessere« Zündkerzen?

Die serienmäßigen Zündkerzen sind qualitativ hochwertig und betriebssicher. Wer es gut meint mit dem Motor, kann ihm höherwertige Zündkerzen spendieren mit Iridiumelektrode, bei NGK heißen diese CR9EIX.

Das »IX« in der Zündkerzenbezeichnung steht für »Iridium-Mittelelektrode«, diese ist viel dünner (Bilder 2a und 3) als die Stahl-Mittelelektrode einer »normalen« Zündkerze (Bilder 1 und 2b). Eine Iridiumelektrode wird schneller heiß und aufgrund der geringeren Oberfläche können sich keine Ablagerungen ansetzen. Sollte sich doch etwas ansetzen wollen, wird es durch die heiße Mittelelektrode rasch verbrannt.

Eine Iridiumkerze kostet rund 20 Euro und ist damit rund doppelt so teuer wie die Serienkerze. Sie bietet aber auch viele Vorteile wie noch sicherere Funkenbildung und geringere Empfindlichkeit gegen Verschmutzungen, wie sie zum Beispiel bei überwiegender Stadt- und Kurzstreckenfahrt auftreten können. Die NGK-Iridium besitzt eine doppelt so hohe Lebenserwartung und sollte nach 40 000 km erneuert werden.

Zündkerzen prüfen

Der im serienmäßigen Bordwerkzeug vorhandene Zündkerzenschlüssel zum Aus- und Einbau der Zündkerzen ist bedingt geeignet. Wenn Sie sich einen Profi-Zündkerzenschlüssel (Bild 7) besorgen, achten Sie darauf, dass er eine Schlüs-

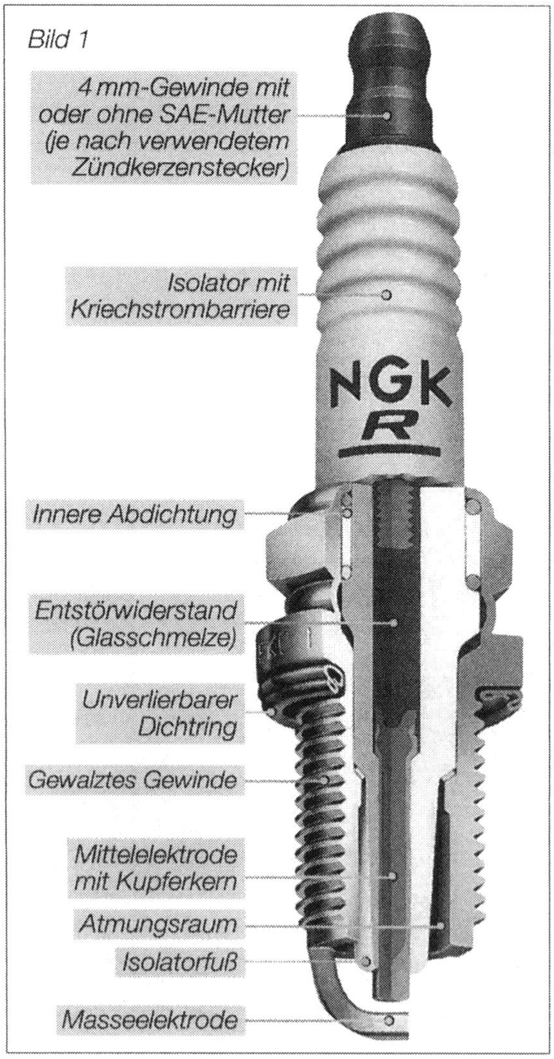

Bild 1

Bild 2a

Bild 2b

Bild 3

selweite von 16 mm (5/8 Zoll) hat, lang genug ist und innen einen Gummiring hat, der die Zündkerze beim Aus- und Einbau sicher hält.

Zündkerzen ausschrauben

1. Zündung ist AUSgeschaltet, Zündschlüssel am besten abziehen!
2. Sitzbank abnehmen.
3. Tank abbauen (siehe Kapitel 3 »Verkleidung · Rahmen · Tank«).
4. Bilder 5a und 5b: Luftfilterkasten und Kunststoff-Abdeckung des Sekundärluftsystems abbauen (siehe Kapitel 20 »Luftfilter · Sekundärluftsystem«).
5. Bilder 6a und 6b: Kerzenstecker abziehen.
5.1. Bild 6c: Wenn sich der Zündkerzenstecker sehr schwer abziehen lässt, notfalls ein Reifenmontiereisen unter Kerzenstecker schieben und ganz vorsichtig (vorsichtig!) abhebeln.
6. Nach Abziehen der Kerzenstecker die Zündkerzenschächte mit Druckluft reinigen, eventuell darin gesammelter Schmutz wird ausgeblasen.
7. Zündkerze mit dem Kerzenschlüssel lösen und ausdrehen, herausnehmen.
8. Offene Zündkerzenbohrungen mit einem nicht fusselnden, kleinen Lappen verstopfen, damit kein Schmutz oder Fremdteile (Schrauben, Muttern, Unterlegscheiben) in den Motor gelangen und dort Beschädigungen verursachen können.

Achtung: Kerzenstecker und Zündkerzen nicht fallen lassen! Dadurch können Teile innen oder außen brechen oder Risse bekommen, wodurch Stromkreisunterbrechungen oder Kurzschlüsse verursacht werden.

Zündkerzen einbauen

1. Bei gebrauchten Zündkerzen sollte man einen kleinen Tropfen Keramik- oder Kupferpaste auf das Gewinde geben (Bild 4), sie schmiert das Gewinde und verhindert ein Festbacken (»Fressen«) der Zündkerze im Aluminiumgewinde des Zylinderkopfs.
2. Zündkerze in Kerzenschlüssel stecken, in Bohrung im Zylinderkopf einführen, von Hand gefühlvoll ans Gewinde ansetzen und einschrauben.

Achtung: Dabei unbedingt darauf achten, dass schon der erste Gewindegang richtig greift, das Kerzen-Außengewinde also richtig am Innengewinde im Zylinderkopf angesetzt ist. Denn eine schräg angesetzte Kerze ruiniert mit ihrem harten Stahlgewinde das Zylinderkopf-Alugewinde garantiert schon nach einer halben Umdrehung.

3. Zündkerze von Hand (also ohne Nutzung des Hebelarms des Schlüssels!) ganz hineinschrauben. Erst wenn das Kerzengewinde ganz eingeschraubt ist und ein Widerstand spürbar wird, den Hebel am Zündkerzenschlüssel nutzen.
4. Zündkerzen festziehen mit 13 Nm.
4.1. Neue Zündkerze mit neuem Dichtring: Zündkerze nach Aufsitzen des Gewindebundes »leicht handfest« anziehen, wieder lösen und endgültig festziehen mit 13 Nm.
4.2. Eine gebrauchte Zündkerze, bei der sich der Dichtring schon »gesetzt« hat, wird in einem Schritt bis auf 13 Nm festgezogen.
5. Kerzenstecker aufstecken und bis zum Anschlag aufschieben, dabei auf korrekten Sitz des Gummirands achten.
6. Wieder anbauen: Abdeckung des Sekundärluftsystems, Luftfilterkasten und Tank, Sitzbank aufstecken.

Bild 4: Ein Tropfen Kupferpaste verhindert Festbacken.

Bilder 5a und 5b: Abdeckung abbauen.

Bilder 6a, 6b und 6c: Zündkerzenstecker abziehen. Wenn er sich schwer abziehen lässt, Reifenmontiereisen zu Hilfe nehmen.

Bild 7: Profi-Zündkerzenschlüssel.

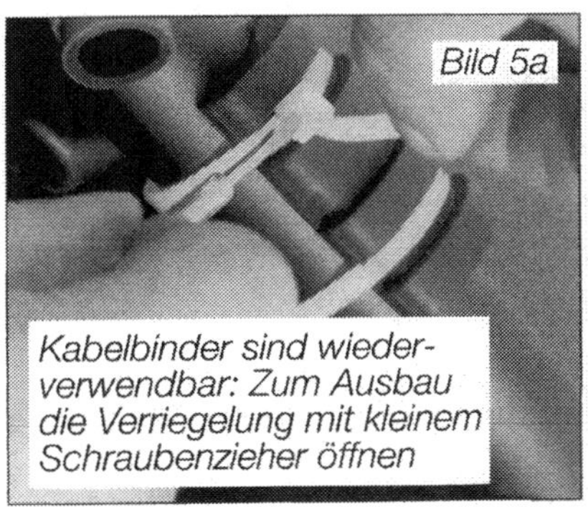

Kabelbinder sind wiederverwendbar: Zum Ausbau die Verriegelung mit kleinem Schraubenzieher öffnen

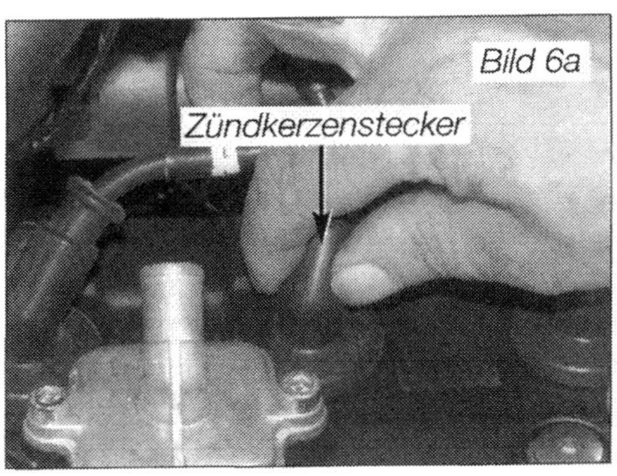

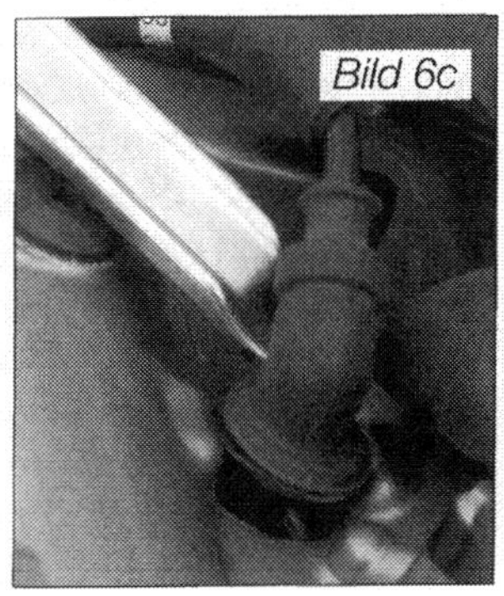

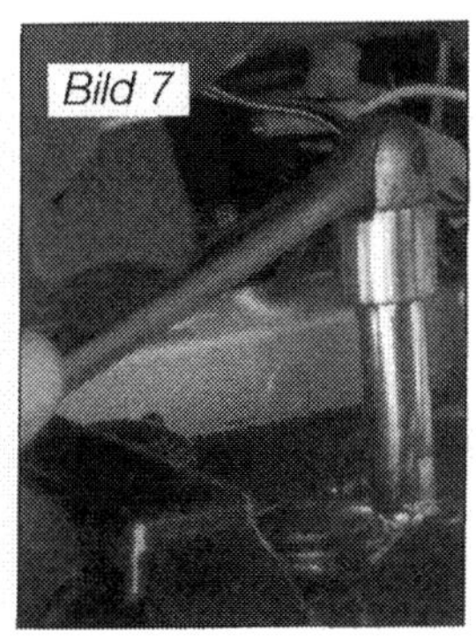

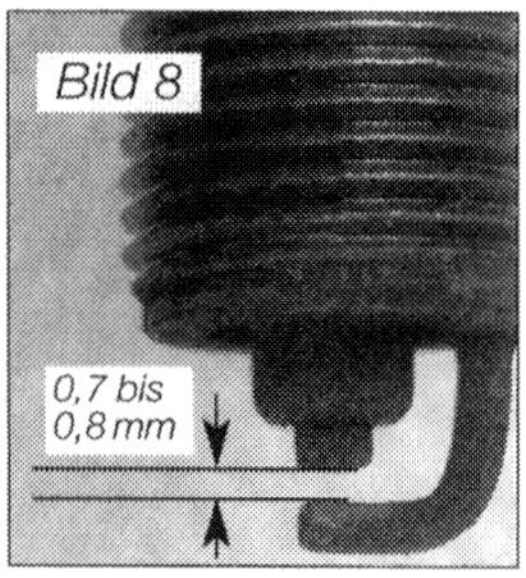

Bild 8: Der Elektrodenabstand bei der serienmäßigen Zündkerze muss 0,7 bis 0,8 mm betragen. Er wird zwischen Mittel- und Außen-(Masse-)elektrode gemessen.

Elektrodenabstand

Wichtig für ordnungsgemäße Funktion der Zündkerze ist der korrekte Elektrodenabstand. Stimmt dieser nicht, muss er korrigiert werden.

Bitte beachten: Eine Masseelektrode sollte eigentlich überhaupt nicht nachgebogen werden, weil die Gefahr groß ist, dass die Elektrode abbricht. Für eine zu stark oder zu oft verbogene Elektrode besteht im Betrieb höchste Bruchgefahr! Im Zweifelsfall lieber eine neue Kerze einbauen! Denn wenn eine Masseelektrode abbricht und in den Motor fällt, gibt es einen kapitalen Motorschaden. Doch wenn es nicht möglich ist, eine neue Kerze zu kaufen, kann man gefühlvoll den Elektrodenabstand korrigieren.

Elektrodenabstand messen und korrigieren
1. Bild 8: Elektrodenabstand mit Fühlerlehre messen. Sollwert des Elektrodenabstands beträgt 0,7 bis 0,8 mm.
2. Ist der Elektrodenabstand zu weit, was bei einer alten Zündkerze meist der Fall ist, muss die äußere Elektrode nachgebogen werden. Zündkerze kopfüber in der einen Hand halten und mit der anderen Hand einen Schraubenzieher verkehrt herum nehmen und mit dem Griff des Schraubenziehers gaaaanz leicht auf die Elektrode klopfen. Gaaaanz leicht heißt: Lieber einen Hau zu wenig als einen zu viel!
3. Wenn die Außenelektrode aus Versehen zu stark zusammengeklopft wurde, der Elektrodenabstand also zu eng ist, vorsichtig mit einem kleinen Elektroschraubenzieher wieder aufbiegen. Besser noch ist es, die Elektrode mit einer ganz kleinen Spitzflachzange hochzubiegen. In jedem Falle gilt: Beim Einstellen des Elektrodenabstandes viel Gefühl walten lassen!

Zündkabel

Achten Sie unbedingt darauf, dass die Zündkabel korrekt in die Kerzenstecker eingeschraubt sind sowie die Gummidichtung zum Kerzenstecker richtig sitzt und unbeschädigt ist. Prüfen Sie auch den Zustand der Zündkabel. Wenn diese rissig sind, müssen die kompletten Zündspulen erneuert werden, weil die Zündkabel fest mit den Zündspulen vergossen sind! Wem das zu teuer ist, für den gibt es im Fachhandel »Zündkabelverbinder«: Altes Zündkabel wird bis auf ein kurzes Stück an der Zündspule abgeschnitten und durch Zündkabelverbinder mit neuem Zündkabel verbunden.

Zündkerzengesicht

Aufschluss über den Verbrennungsablauf im Motor gibt das Erscheinungsbild der Zündkerze (»Zündkerzengesicht«). Im Normalfall zeigt die Kerze eine rehbraune Färbung und kaum Abbrand der Elektroden. Wenn das Zündkerzengesicht anders aussieht (siehe dazu Bilder 9 bis 18), ist im Motor möglicherweise etwas nicht in Ordnung.

Zu diesem Zweck Motor im mittleren Drehzahlbereich etwa zehn Kilometer warm fahren und möglichst ohne Zwischenstopp zur Werkstatt zurück. Dort den Motor sofort abstellen, also nicht längere Zeit im Leerlauf nachlaufen lassen.

Zündkerzengesicht beurteilen
1. Zündkerzen herausschrauben.
2. Sind Keramikisolation und Elektrode sauber und ohne Rußbelag und zeigt das innere Keramikbauteil rehbraunen Farbton (Bild 10), passt der Wärmewert der Zündkerze, das Luft-Benzingemisch ist korrekt zusammengesetzt.
3. Zu mageres Gemisch:
3.1. Bei weißem bis aschgrauem Bild ist das Luft-/Kraftstoff-Gemisch zu mager. Dieses Zündkerzenbild deutet auf mögliche Falschluft im Ansaugsystem hin. So können z. B. die Ansaugstutzen lose oder gerissen, der Luftfilterkasten nicht richtig auf dem Drosselklappengehäuse sitzt oder die Schellen nicht festgezogen sein.
3.2. Eine zu helle, fast weiße Zündkerze beobachtet man auch, wenn der Motor ohne Luftfilter betrieben wird.
4. Zu fettes Gemisch:
4.1. Bilder 9 und 13: Bei dunkelbrauner bis schwarzer Verfärbung ist das Kraftstoff/Luft-Gemisch zu fett. Dieses Zündkerzenbild weist auch auf einen zugesetzten Luftfilter hin.
5. Bild 9: Ölrückstände an der Zündkerze:
5.1. Eine schwarz verrußte, feucht glänzende Kerze deutet auf verschlissene Ventilführungen oder abgenutzte Kolbenringe hin, durch die Motoröl in die Brennräume gelangt. Deswegen nennt man ein solches Kerzengesicht »verölte Zündkerze«.
6. Bild 13: Verrußte Zündkerze:
6.1. Wenn die Zündkerzen verrußt sind, dreht der Motor nur stotternd hoch und zieht nicht richtig. Starke Rußablagerungen an der Kerze entstehen durch zu fettes Gemisch plus Öl (aus internen Lecks, wie z. B. verschlissene Ventilspitze oder Kolbenringe); es entsteht besonders dann, wenn der Motor permanent mit Choke gefahren wurde und/oder untertourig sowie meist im Kurz-

streckenverkehr, bei dem er nie richtig warm werden konnte. Ruß verhindert einen korrekten Funken zwischen äußerer und innerer Elektrode. Ruß und andere Ablagerungen an der Zündkerze führen nach kurzer Zeit zu einer Kurzschlussbrücke (»Faden«) zwischen den Elektroden oder auf der Keramikisolation.

6.2. Trockene Rußablagerungen lassen die Elektroden glühen, es gibt unkontrollierte Fehlzündungen. Diese machen durch »Klopfen« (gut hörbar bei niedrigen Drehzahlen und starkem Beschleunigen) oder »Klingeln« (bei hoher Drehzahl und deshalb kaum zu hören) auf sich aufmerksam. Fehlzündungen führen oft auch zum Durchbrennen des Kolbenbodens oder einem Verbrennen (Verschmoren) von Ventilen und Ventilsitzen.

Zündkerzen reinigen und prüfen

1. Sofern die Kerze nicht allzu sehr verrußt ist, nur mit einer Nylonbürste reinigen. Diese besitzt

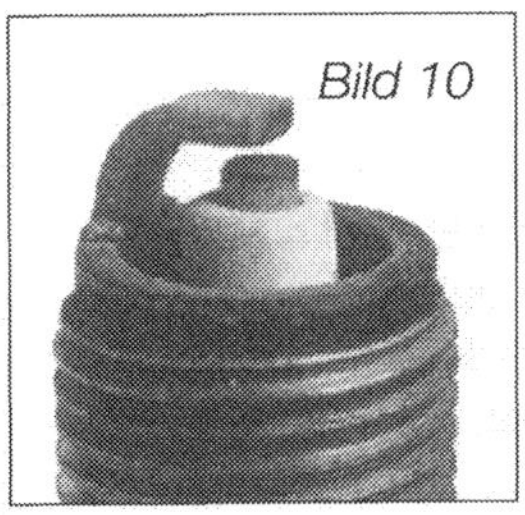
Bild 10

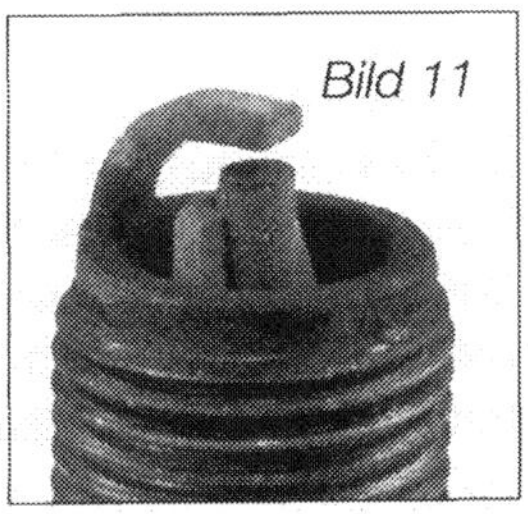
Bild 11

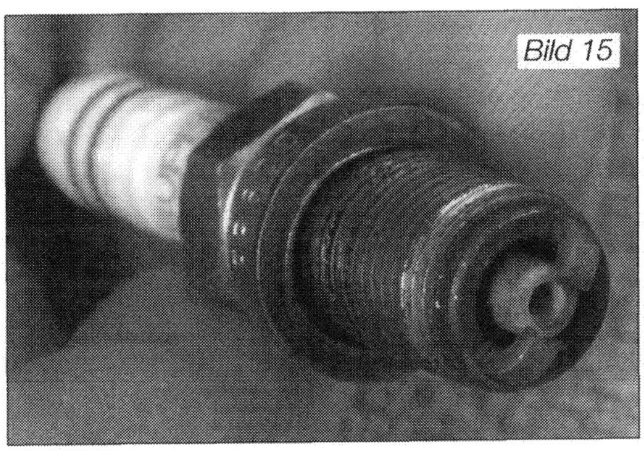
Bild 15

engmaschige, zu kleinen Büscheln zusammengefasste Nylonstränge.

2. Stärker verschmutzte Zündkerze mit einer speziellen Zündkerzen-Messingbürste reinigen. **Wichtig:** Keine Stahlbürste zum Reinigen der Zündkerze verwenden, diese beschädigt die Elektroden und das Keramik-Mittelteil!

3. Isolator auf Risse oder Absplitterungen untersuchen. Planflächen des Dichtrings müssen einwandfrei sein.

4. Eine Zündkerze muss ausgewechselt werden, wenn sie schwerwiegende Mängel aufweist, beispielsweise Mittelelektrode stark abgenutzt oder verbrannt, Isolator gebrochen (Bild 11), Gewinde beschädigt oder anderes (Bilder 15 und 16).

Bild 9

Bild 12

Bild 13

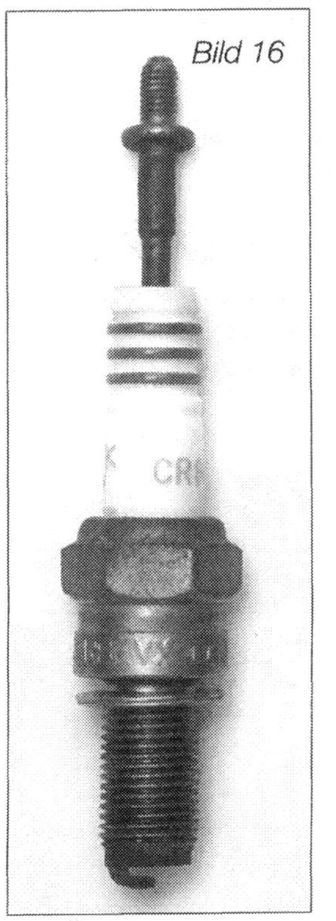
Bild 16

Bild 17

Bilder 9 bis 18:
9 Öl- und Verbrennungsrückstände
10 normales Zündkerzengesicht
11 Isolator abgebrochen
12 Isolator beschädigt, starke Ablagerungen
13 verrußte Kerze
14 Anschmelzungen
15 Mittelelektrode herausgefallen
16 Mittelelektrode stark abgenutzt, gebrochen
17 Koronafleck zwischen Isolator und Metallkörper...
18 ...Ursache ist Gas- und Flamm-Durchgang

Bild 14

Bild 18

Sichtprüfung Messen

Zündanlage

In diesem Kapitel: Konstruktionsmerkmale der Zündanlage: Zündspulen, Zündkabel · Tipps und Tricks zur Zündfunkensuche · Zündanlage prüfen · Bauteile prüfen: Zündspule, Widerstand Zündkerzenstecker, Zündfunkenstrecke, Relaiseinheit (Diode), Kurbelwellen-positions-Sensor (Zündgeber) · Wegfahrsperre.

Zündanlage

Die elektronische Zündanlage der Yamaha XJ6 arbeitet sehr zuverlässig. Sie wird durch das Motorsteuergerät ECU gesteuert. Auftretende Störungen werden in der Instrumenteneinheit durch einen Störungscode angezeigt. Die XJ6 verfügt über eine digital gesteuerte Einspritzanlage, die zusammen mit der Lambdasonde und dem Dreiwege-Katalysator die Abgasnorm EURO 3 sicherstellt.

Zündspulen

Bild 1: Die XJ6 ist mit zwei Zündspulen ausgestattet, die links und rechts im Rahmen vorne zu finden sind. Von den Zündspulen gehen jeweils zwei Zündkabel an die entsprechenden Zündkerzen...

- ...Zündspule 1 bedient Zylinder 1 und 4.
- ...Zündspule 2 bedient Zylinder 2 und 3.

Tipps und Tricks zur Zündfunkensuche

Folgende Symptome deuten auf eine nicht richtig arbeitende Zündanlage hin:

- Motor läuft nicht
- Motor läuft nicht auf allen Zylindern
- Motor patscht und knallt aus dem Auspuff
- Motor läuft unrund und ruckelt
- Schlechte Leistungsabgabe bzw. Motor zieht nicht richtig

Bild 1: Lage der Zündspulen im Rahmen hinter dem Lenkkopf.

Bild 2: Bei einer Prüfung der ausgebauten Zündkerze diese in Kerzenstecker einstecken und mit ihrem Sechskant an Masse anlegen, wie z. B. dem blanken Schraubenkopf am Masseanschluss. Dann Starterknopf betätigen (Motor dreht sich!) und genau hinsehen, ob die Zündkerze satt und blau funkt.

■ Wenn sie nicht funkt: Test der Zündkerze in einem anderen Kerzenstecker und/oder mit einer anderen Zündkerze wiederholen.

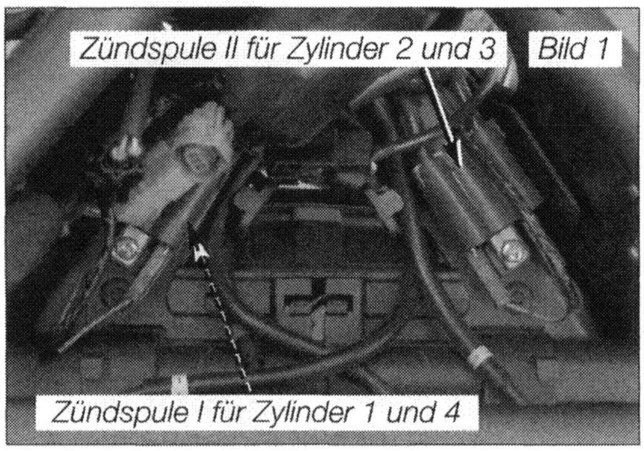

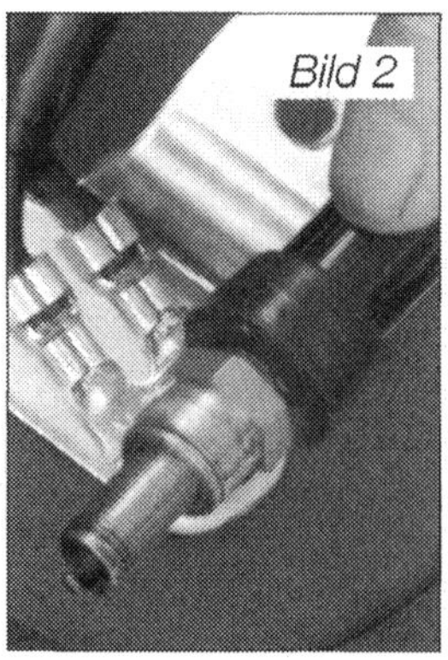

Wenn Sie vermuten, dass der Motor Zündfunken-Probleme hat, raten wir Ihnen als Erstes zu folgender Hausmittelprüfung:

1. Zündung ausschalten.

2. ALLE Zündkerzen ausdrehen.

3. Jetzt eine Zündkerze nach der anderen auf Funken prüfen:

3.1. Zündkerze in den zugehörigen Kerzenstecker sicher einstecken.

3.2. Bild 2: Zündkerze mit dem Sechskant an Masse anlegen: an blanken Schraubenkopf des Massanschlusses.

Wichtig 1: Zündkerze muss sicheren Massekontakt haben.

Wichtig 2: Es darf KEIN Körperkontakt stattfinden, sonst droht ein (schmerzhafter!) elektrischer Schlag – also nur den Kerzenstecker anfassen, NICHT die Zündkerze!

3.3. Zündung einschalten, Starterknopf drücken (Motor dreht sich also) und genau hinsehen, ob die Zündkerze funkt. Dabei KEIN Gas geben!

Achtung: Bei dieser Prüfung unbedingt einen Feuerlöscher betriebsbereit halten! Wenn der Motor »ersoffen« war und bei der Zündkerzenprüfung mit ausgebauten Zündkerzen sich das aus einem Zündkerzenloch austretende Gemisch entzündet, steht die Maschine sofort in Flammen.

4. Ergebnisse werten:

4.1. Zeigt die Zündkerze keinen Funken, sie in einen anderen Zündkerzenstecker einstecken und erneut prüfen. Funkt sie jetzt, ist vielleicht der zuvor benutzte Zündkerzenstecker defekt.

4.2. Funkt die Zündkerze auch im zweiten Zündkerzenstecker nicht, sie im Zündkerzenstecker der anderen Zylinder überprüfen:

- Funkt sie dann, ist entweder die zuvor getestete Zündspule defekt oder der Fehler sitzt tiefer.
- Funkt sie auch jetzt nicht, kann natürlich auch die Zündkerze selbst defekt sein – Zündkerzen deswegen untereinander austauschen.

Zündkabel und Stecker auf Sicht prüfen

Wenn die Zündkerze unregelmäßig funkt, gar nicht oder sich nur ein sehr schwacher Funke zeigt, dann untersuchen Sie Zündkabel und Zündkerzenstecker ganz genau: Wenn während des Tests von diesen Bauteilen ein Funke auf Masse (Zylinder oder Zylinderkopf) überspringt, sind sie defekt (»Durchschlag«) und müssen erneuert werden.

- Wenn die Zündkabel rissig (porös) sind, unbedingt erneuern (siehe dazu Textabsatz »Zündkabel« in Kapitel 17 »Zündkerzen«).

■ Die Zündkabel müssen fest in den Zündspulen und im Zündkerzenstecker sitzen.

■ Die Zündkabel-Anschlüsse an Zündspulen und Kerzensteckern müssen staubtrocken sein, schon geringste Feuchtigkeit ist oft Ursache für fehlerhafte Zündfunken.

Weitere Hausmittel-Prüfungen

Alle Kabel und Anschlüsse der Zündanlage auf einwandfreie Isolierung und korrekten Sitz überprüfen. Schon ein kleiner Fehler in der Isolierung eines (durchgescheuerten) Kabels kann das gesamte Zündsystem lahm legen.

■ Etwaige Korrosion an den Steckverbindungen mit feinem Schmirgelpapier beseitigen.

■ Seitenständerschalter prüfen: Ist dieser defekt, ist die Zündung unterbrochen. Dann dreht sich allerdings auch der Anlasser nicht. Der Motor springt dann auch nicht durch Anschieben an.

Wenn sich überhaupt kein Funke zeigt: Motorsteuergerät ECU gegen ein erwiesenermaßen intaktes Gerät tauschen (von der XJ6 des Freundes ausleihen!).

Zündanlage prüfen

Primärwiderstand der Zündspulen messen (Bild 3)

Benzintank anheben und abstützen, Zündkerzenstecker von den Zündkerzen abziehen. Multimeter auf Widerstand einstellen.

1. Plus-Prüfklemme des Multimeters an rot/schwarzen Kabelanschluss der Zündspule.

2. Minus-Prüfklemme des Multimeters an orange/schwarzes oder grau/schwarzes Kabel der Zündspule (siehe Text in Bild 3).

■ Widerstand muss 1,53 bis 2,07 Ω betragen.

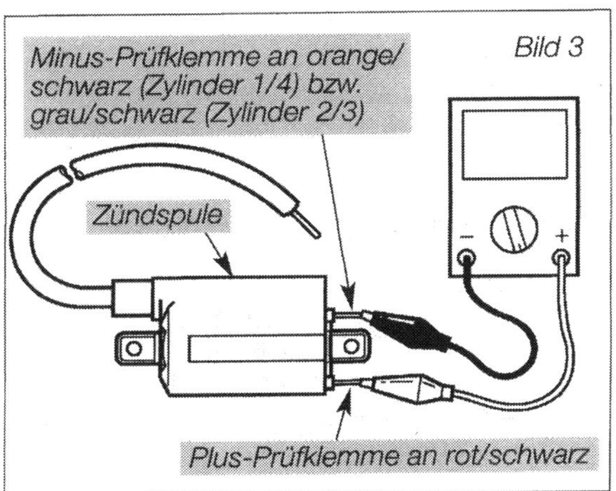

Bild 3: Messen des Primärwiderstands der Zündspulen.

Sekundärwiderstand der Zündspulen messen (Bild 4)

Vorarbeiten wie oben. Zündkabel aus den Bohrungen der Zündspulen ausdrehen. Multimeter auf Widerstand einstellen.

1. Plus-Prüfspitze des Multimeters in die eine Bohrung für das Zündkabel.

2. Minus-Prüfspitze des Multimeters in die andere Bohrung des Zündkabels.

■ Widerstand muss 12 bis 18 kΩ betragen.

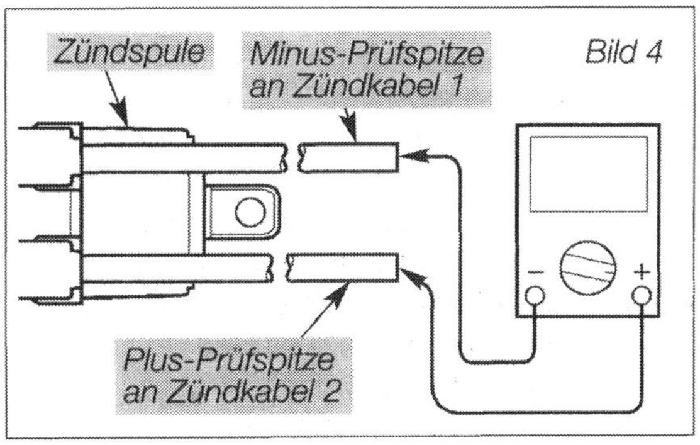

Bild 4: Messen der Sekundärspitzenspannung der Zündspulen.

Widerstand der Zündkerzenstecker messen (Bild 5)

Zündkerzenstecker von Zündkerze abziehen, Kerzenstecker vom Zündkabel abdrehen, Multimeter auf Widerstand einstellen.

1. Plus-Prüfspitze des Multimeters in den Zündkabelanschluss.

2. Minus-Prüfspitze des Multimeters in den Zündkerzenanschluss (Bild 5).

■ Widerstand muss 10 kΩ betragen.

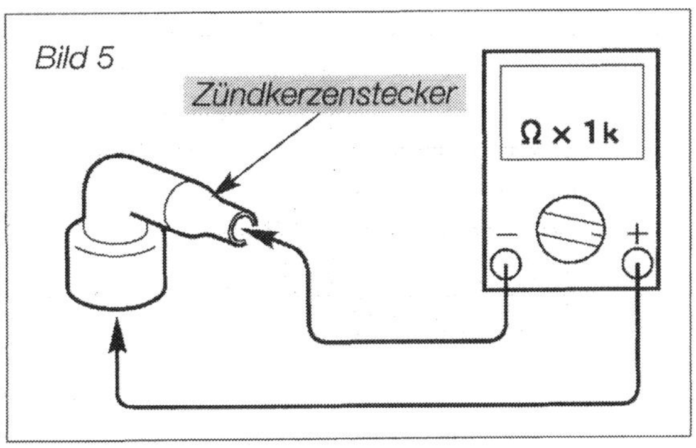

Bild 5: Widerstand der Zündkerzenstecker messen.

Zündfunkenstrecke prüfen (Bild 6)

Das Prüfen der Zündfunkenstrecke ist von großer Bedeutung, weil bei ordnungsgemäßer Länge des Zündfunkens (»Zündfunkenstrecke« muss mindestens 6 mm betragen) der Schaltkreis der Zündanlage ohne Probleme funktioniert. Yamaha empfiehlt zum Prüfen einen »Zündungsprüfer« (Nr. 90890-06754). Zur Prüfung so vorgehen:

Bild 6: Zündfunkenstrecke prüfen.

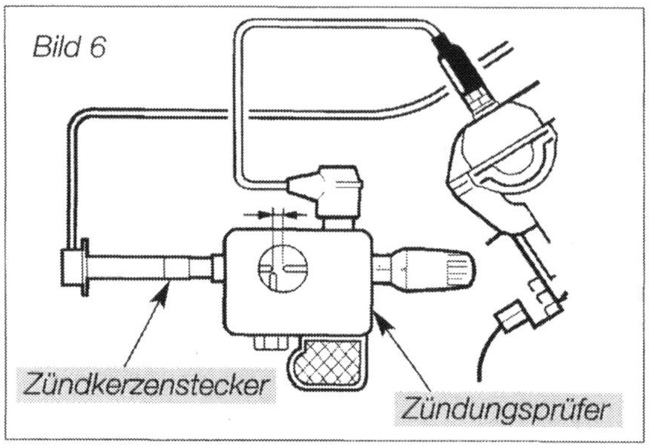

1. Benzintank anheben und abstützen.
2. Bild 6: Zündungsprüfer bei dem zu prüfenden Zylinder montieren
3. Zündschlüssel im Zündschloss und Motorstoppschalter (»Killschalter«) auf »ON« stellen.
4. Länge des Zündfunkens messen: Motor starten und die Zündfunkenstrecke langsam vergrößern, bis es zu Fehlzündungen kommt.
■ Erst ab einer Zündfunkenlänge von 6 mm (oder mehr) darf es zu Fehlzündungen kommen.

Relaiseinheit (Diode) auf Leitungsdurchgang überprüfen (Bild 7)
Zum Prüfen der Diode (und somit auf »Leitungsdurchgang«) die Steckverbinder der Relaiseinheit am hinteren rechten Rahmenheck vom Kabelbaum abziehen und den Multimeter nach folgendem Muster an Relaisklemmen anschließen.

Bild 7: Relaiseinheit (Diode) auf Leitungsdurchgang prüfen.

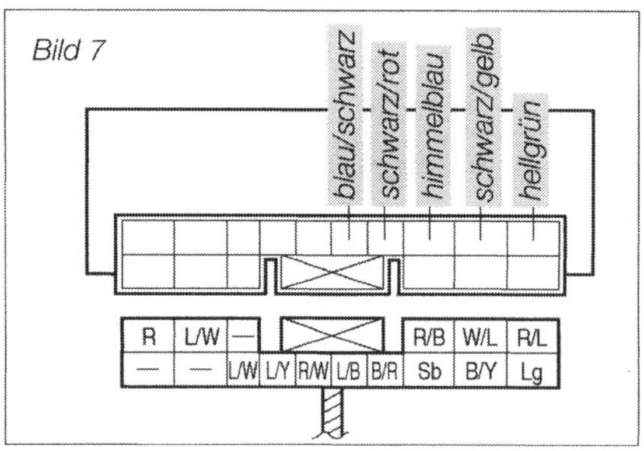

Bild 8: Prüfen des Widerstands des Kurbelwellenpositions-Sensors (Zündgebers).

1. Plus-Prüfspitze des Multimeters an himmelblaues Kabel anlegen.
2. Minus-Prüfspitze an schwarz/gelbes Kabel anlegen.
■ Durchgang muss sein.
3. Plus-Prüfspitze des Multimeters an schwarz/gelbes Kabel anlegen.
4. Minus-Prüfspitze an himmelblaues Kabel anlegen.
■ Es darf kein Durchgang sein.
5. Plus-Prüfspitze des Multimeters an himmelblaues Kabel anlegen.
6. Minus-Prüfspitze an schwarz/rotes Kabel anlegen.
■ Durchgang muss sein.
7. Plus-Prüfspitze des Multimeters an schwarz/rotes Kabel anlegen.
8. Minus-Prüfspitze an himmelblaues Kabel anlegen.
■ Es darf kein Durchgang sein.
9. Plus-Prüfspitze des Multimeters an himmelblaues Kabel anlegen.
10. Minus-Prüfspitze an hellgrünes Kabel anlegen.
■ Durchgang muss sein.
11. Plus-Prüfspitze des Multimeters an hellgrünes Kabel anlegen.
12. Minus-Prüfspitze an himmelblaues Kabel anlegen.
■ Es darf kein Durchgang sein.
13. Plus-Prüfspitze des Multimeters an blau/schwarzes Kabel anlegen.
14. Minus-Prüfspitze an schwarz/rotes Kabel anlegen.
■ Durchgang muss sein.
15. Plus-Prüfspitze des Multimeters an schwarz/rotes Kabel anlegen.
16. Minus-Prüfspitze an blau/schwarzes Kabel anlegen.
■ Es darf kein Durchgang sein.

Widerstand des Kurbelwellenpositions-Sensors überprüfen (Bild 8)
■ Die Messtemperatur beträgt 20 °C
1. Gehäusedeckel über Zündgeberrotor abschrauben (Lage ist in Kapitel 13 »Sicherungen · Relais · Stecker« beschrieben).
2. Sensorstecker trennen. Widerstand zwischen den Kabeln und Masse messen:
2.1. Plusklemme (+) des Multimeters an graues Kabel anlegen.
2.2. Minusklemme (–) an schwarzes Kabel anlegen.
3. Widerstand muss 248 bis 372 Ω betragen.
■ Bei anderen Werten den Sensor erneuern.

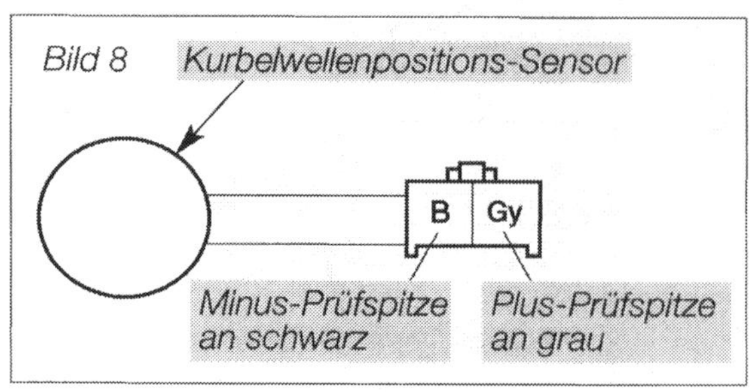

Wegfahrsperre

Die Yamaha XJ6 ist mit einer elektronischen Wegfahrsperre ausgerüstet, die Dieben das Leben schwer macht: mit einem Schraubenzieher das Lenkschloss knacken, Kabel abzwicken und Zündung kurzschließen funktioniert nicht. Die Sicherheits-Zündschlüssel (Bild 9) sind mit einem Code so programmiert, dass nur durch Einstecken des Schlüssels die Wegfahrsperreneinheit entriegelt und der Motor gestartet werden kann. Der Schlüssel schickt dabei codierte Signale an den Empfänger (Ringantenne) am Zündschloss. Von dort aus werden sie an das Motorsteuergerät ECU weiterleitet. Die Kontrolleinheit am Zündschloss entscheidet, ob der Motor gestartet werden darf. Wird der Zündschlüssel auf »OFF« gestellt, beginnt die Kontollleuchte nach 30 Sekunden kontinuierlich zu blinken. Nach Abstellen des Motors blinkt die Kontrollleuchte im Bereitschaftsmodus bis zu 24 Stunden weiter.

Sehr wichtig: Die Yamaha XJ6 wird mit zwei schwarzen und einem roten Zündschlüssel ausgeliefert. Diese sind auf die Wegfahrsperre der Maschine codiert. Die beiden schwarzen Schlüssel sind die »normalen« Zündschlüssel, der rote der »Code-Neuregistrierungsschlüssel«, er ist mit einem Transponder ausgerüstet. Diesen Schlüssel am besten nicht benutzen, sondern an einem sicheren Ort aufbewahren. Wenn einer der beiden schwarzen Schlüssel verloren geht, wird der rote Schlüssel zur Neuregistrierung eines Ersatzschlüssels benötigt.

Vorsichtsmaßnahmen

- Bild 9: Zündschlüssel immer nur alleine ins Zündschloss stecken. Weder einen zweiten Schlüssel noch einen dicken Hausschlüsselbund oder gar einen dicken, schweren Schlüsselanhänger anhängen. Denn dadurch kann auch die innere Schlossmechanik beschädigt werden.
- Zündschlüssel immer voneinander getrennt aufbewahren, also z. B. nicht zusammen an einen Schlüsselbund hängen oder aufeinander legen, sonst kann es zu Störungen des Codesignals kommen, das System blockiert.
- Momentan nicht verwendete Zündschlüssel weiter als 5 cm vom Wegfahrsperren-Empfänger am Zündschloss entfernt halten.
- Zündschlüssel dürfen nicht längere Zeit mit Wasser in Kontakt kommen. Mitwaschen in der Waschmaschine kann das Todesurteil des im Zündschlüssel eingearbeiteten Transponders bedeuten.
- Zündschlüssel nicht fallen lassen, nicht gegen harte Gegenstände schlagen und niemals hohen Temperaturen aussetzen, wie z. B. unter praller Sonne liegen lassen.
- Zündschlüssel von Magneten fern halten.
- Zündschlüssel nicht nachschleifen oder sonstwie verändern.

Schlüssel ersetzen

Geht einer der schwarzen Schlüssel verloren, kann dieser beim Yamaha-Händler gegen Vorlage des roten Schlüssels ersetzt werden. Sind allerdings beide schwarzen und der rote Schlüssel verschwunden, werden eine neue Wegfahrsperren-Kontrolleinheit, ein neues Zündschloss und ein neues Motorsteuergerät nötig. Die neuen Schlüssel müssen darauf codiert werden, was ausschließlich beim Yamaha-Händler gemacht werden kann. Deswegen auf die Zündschlüssel gut aufpassen – und dafür sorgen, dass immer ein codierter Ersatzschlüssel vorhanden ist.

Probleme?

Wenn trotz richtigem Schlüssel die Wegfahrsperren-Kontrollleuchte im Cockpit nicht aufleuchtet, sich die Zündung beim Drehen des Zündschlüssels nicht einschalten und der Motor nicht starten lässt: Mit dem zweiten schwarzen und/oder roten Schlüssel versuchen, vielleicht liegt ein Fehler am Schlüssel vor? Wenn dies nichts nützt: Alle in Frage kommenden elektrischen Anschlüsse auf gebrochene Kabel und korrekte Anschlüsse überprüfen. Oft steckt der Teufel nur in einem nicht richtig sitzenden, teilweise vom Kontakt abgerutschten Stecker.

Auch Korrosion kann die Ursache sein: Diese mit einer harten Zahnbürste unter Zuhilfenahme von Kontaktspray beseitigen und erneut versuchen. Hilft dies alles nichts, muss die Maschine zum Yamaha-Händler gebracht werden.

Bild 9: Der Sicherheits-Zündschlüssel ist mit einem Code so programmiert, dass nur durch Einstecken des Schlüssels die Wegfahrsperreneinheit entriegelt und der Motor gestartet werden kann.

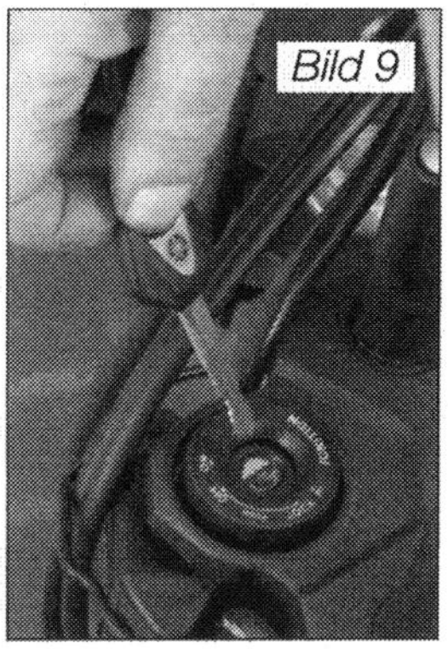

Bild 10: In die Wegfahrsperreneinheit ist die Ringantenne integriert. Die Einheit sitzt unterhalb des Zündschlosses.

Korrespondenzkapitel:
- 13 »Sicherungen · Relais · Stecker«
- 18 »Zündanlage«

Bild 1: Das Motorsteuergerät ECU befindet sich im Rahmen unter dem Fahrersitz.

Bilder 2 und 3: Steuergerät auf Diagnosemodus einstellen: Dazu Zündschloss in OFF-Stellung bringen, die Tasten SELECT und RESET gleichzeitig gedrückt halten und die Zündung einschalten (ON-Stellung). Multifunktionsdisplay zeigt die verschiedenen Modi an (siehe Bilder 4 bis 7).

Einspritzung

In diesem Kapitel: Kraftstoffsystem · Eigendiagnosesystem · Störungsdaten aus dem Speicher auslesen · Fehlercodes · Diagnosecodes · Messen der Einzelkomponenten · Drosselklappen synchronisieren · Benzindruck prüfen · Benzinpumpe aus- und einbauen.

Einspritzanlage

Die Elektronik der Benzin-Einspritzanlage arbeitet im Verbund mit der Zündanlage. Aus einer Vielzahl von Daten errechnet das Motorsteuergerät ECU die optimale Benzinmenge pro Zylinder für jeden Arbeitstakt sowie die Zeitpunkte für Einspritzung und Zündung. An das Motorsteuergerät ECU werden Messdaten geliefert, die erfasst werden von Sensoren für Drosselklappenposition, Kurbelwellenposition, Ansaugluftdruck, Ansauglufttemperatur, Kühlmitteltemperatur sowie der Lambdasonde.

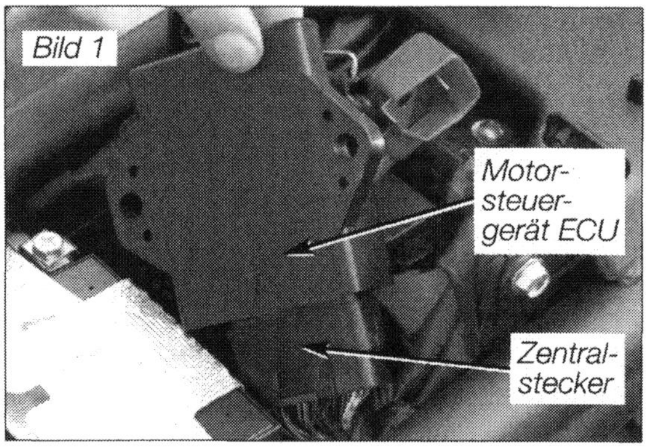

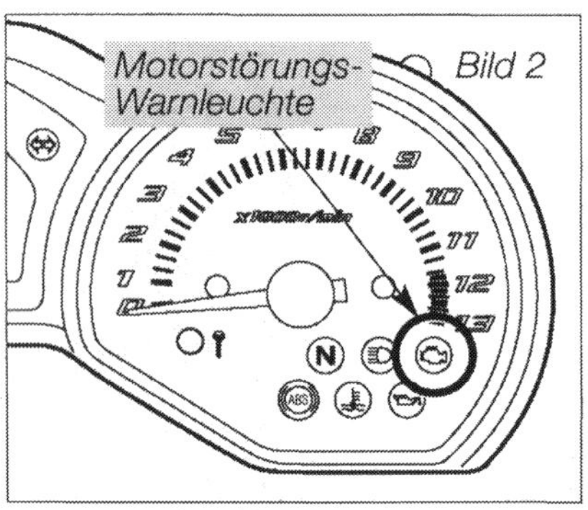

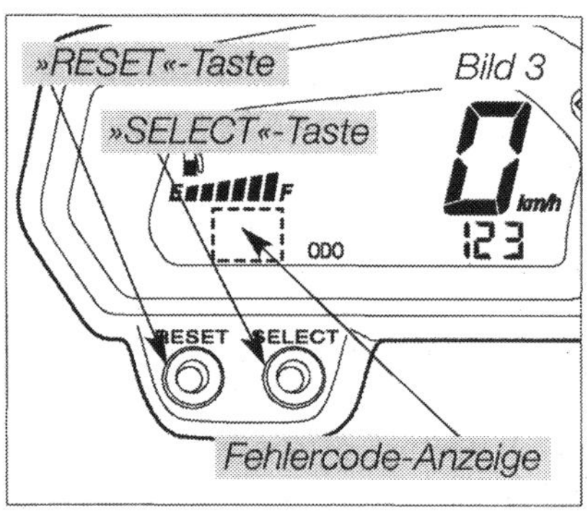

Das Motorsteuergerät ECU befindet sich unter der Sitzbank (Bild 1). Zu dessen Hauptfunktionen zählt die Steuerung von Einspritzung und Zündung. Das Motorsteuergerät kann eine Eigendiagnose durchführen und überprüft regelmäßig und selbsttätig die einwandfreie Funktion von Einspritzung und Zündung.

Fehler in der Einspritzung

Weil alle elektronischen Bauteile sehr zuverlässig und haltbar sind, treten Fehler in der Einspritzanlage extrem selten auf. Und wenn, sind sie meistens auf korrodierte oder nicht richtig angeschlossene Steckverbindungen oder auf poröse oder gequetschte Schläuche und Leitungen zurückzuführen. Deswegen empfiehlt es sich im Schadensfall, erst einmal die in Frage kommenden Stecker zu checken, ihre Kontakte zu reinigen und auf Festsitz zu prüfen sowie Schläuche und Leitungen auf Brüche, Knicke oder Quetschungen zu kontrollieren.

Im Kapitel 13 »Sicherungen Relais Stecker« sind alle für Einspritzung und Zündung relevanten Bauteile aufgeführt und ihre Lage beschrieben. Hier in diesem Kapitel gehen wir speziell auf die Bauteile, Fehler und Besonderheiten der Einspritzung ein. Doch schon hier an dieser frühen Stelle des Kapitels raten wir jedem, dessen Motorrad

Sicherheitshinweise ⚠ Achtung und ☞ Tipps für dieses Kapitel

⚠ Für dieses Kapitel gilt der generelle Warnhinweis: Vorsicht beim Umgang mit Benzin! Es ist äußerst gesundheitsschädlich und höchst explosiv. Nicht rauchen und keine offenen Flammen in weitem Umkreis des Arbeitsplatzes, an dem mit Benzin hantiert wird! Arbeitsräume müssen gut gelüftet sein.

⚠ Darauf achten, dass der Luftfilter immer in gutem Zustand ist. Betrieb des Motors ohne Luftfilterelement oder -kasten oder mit gerissenem bzw. beschädigtem Luftfilterkasten oder Luftfilterelement führt zu besonders schnellem Motorverschleiß.

⚠ Zur Synchronisierung der Drosselklappen muss der Motor laufen. Bei Arbeiten mit laufendem Motor in geschlossenen Räumen für ausreichende Belüftung sorgen! Abgase enthalten giftiges und geruchloses Kohlenmonoxid, das Bewusstlosigkeit verursachen und zum Tod führen kann. Alle Fenster und Türen öffnen! Am sichersten ist eine Abgas-Absauganlage, die die giftigen Abgase ins Freie führt. Dieser Warnhinweis gilt für alle Einstellarbeiten, bei denen der Motor laufen muss. Wenn keine Belüftungs- und Entlüftungsmöglichkeit der Werkstatträume möglich ist, im Freien arbeiten!

☞ Zur Synchronisierung (»Gleichlauf der Zylinder«) gibt es im Zubehörhandel entsprechende Prüf- und Einstellgeräte. Wir empfehlen den Boehm-Synchrontester (Bild 20).

⚠ Arbeiten an der Einspritzanlage erfordern viel Erfahrung. Wenn Sie nicht fit sind im Umgang mit elektronischen Bauteilen, wenden Sie sich besser an eine offizielle Yamaha-Vertragswerkstatt.

Fehlersymptome zeigt, die auf die Benzinversorgung zurückzuführen sind (oder sein können): Scheuen Sie sich nicht, Ihre Maschine einem Yamaha-Händler anzuvertrauen, denn bei ihm gibt es nicht nur einen auf dem neuesten Stand befindlichen Service-Computer mit der aktuellsten Yamaha-Software, sondern auch alle systemrelevanten Fehlersuch-Möglichkeiten.

Eigendiagnosesystem

Notlaufprogramm: Einspritz- und Zündanlage sind mit einem Ausfallsicherheitssystem ausgestattet, das gewährleistet, dass der Motor selbst dann, wenn eine Störung im System vorliegt, betriebsfähig bleibt. Will heißen: Wenn die Eigendiagnose-Funktion einen Fehler feststellt, läuft der Motor in einem Notlaufprogramm weiter. Statt der realen Werte der verschiedenen Sensoren verwendet das Motorsteuergerät dann fest im Speicher einprogrammierte Daten und gewährleistet einen Weiterbetrieb des Motors.

Ausnahmen vom Notprogramm: Wenn Unregelmäßigkeiten beim Seitenständerschalter, dem Kurbelwellenpositions-Sensor, dem Umkipp-Sensor oder am Steuergerät selbst festgestellt werden, schaltet das Steuergerät den Motor ab, um ihn vor möglichen schweren Schäden zu bewahren.

Eigendiagnose: Beim Einschalten der Zündung leuchtet die Warnleuchte mit dem Motorsymbol (Bild 2) für 1,4 Sekunden auf. Während dieser Zeit führt das Steuergerät eine Eigendiagnose durch. Das Erlöschen der Warnleuchte bedeutet, dass im System alles in Ordnung ist.

Fehleranzeige

■ Blinkt die Warnleuchte, zeigt dies einen Fehler an, der einen Betrieb des Motors unmöglich macht. Das Steuergerät blockiert in diesem Fall jeglichen Betrieb.

■ Leuchtet die Warnleuchte kontinuierlich, hat das Steuergerät ebenfalls einen Fehler entdeckt. Ein Starten und Fahren ist je nach Fehler möglich oder auch nicht. Die Codenummer des Fehlers kann im Cockpit-Display über die Diagnosefunktion ausgelesen werden.

■ Entdeckt das Steuergerät während der Fahrt ein anormales Signal von einem der Sensoren, leuchtet die Warnleuchte auf. Der Motor wird mit Ersatzwerten, die von den Sensoren zur Verfügung gestellt werden, weiterbetrieben, so weit dies möglich ist. Ebenfalls kann ein Aktuator (elektrisch angesteuertes Stellglied) aktiviert werden. Falls ein Weiterbetrieb nicht möglich ist, wird der Motor gestoppt und lässt sich dann auch nicht mehr starten.

■ Leuchtet die Warnlampe beim Einschalten der Zündung überhaupt nicht auf, ist die Lampe bzw. deren Fassung oder Zuleitung schadhaft.

Störungsdaten aus dem Speicher auslesen
Bild 3: Die Störungsdaten können über das Multifunktionsdisplay im Kombiinstrument ausgelesen werden.

1. Steuergerät auf den Diagnosemodus einstellen: Zündschloss auf OFF-Stellung und Motorstoppschalter auf ON-Stellung bringen.
2. Kabelbaum-Steckverbinder von der Benzinpumpe abziehen.
3. »SELECT«- und »RESET«-Taste (Bild 3) gleichzeitig gedrückt halten und die Zündung einschalten (ON-Stellung).
3.1. Weiterhin die Tasten »SELECT«- und »RESET« acht Sekunden gedrückt halten.
4. Sämtliche Anzeigen mit Ausnahme von Uhr und Tageskilometerzähler gehen aus.
4.1. Tasten loslassen (nicht mehr drücken).
5. »SELECT« drücken, um Diagnosemodus »d I« zu wählen. Es erscheinen die Buchstaben »d I« (für »Diagnose«, Bild 4) auf dem Display der Uhr.
5.1. Diese Auswahl durch gleichzeitiges Drücken der »SELECT«- und »RESET«-Tasten für zwei Sekunden bestätigen.
6. Motorstoppschalter auf »OFF« stellen.
7. Je nach vorliegendem bzw. angezeigtem Fehlercode mit den Tasten »SELECT« und »RESET« den entsprechenden Diagnosecode auswählen: Mit den Tasten »SELECT« und »RESET« können die Diagnosecodes nach oben (»SELECT«) und unten (»RESET«) durchgeschaltet werden (siehe Tabellen auf den folgenden Seiten).
■ Bilder 4 bis 7: Die verschiedenen Displayanzeigen sind auf der linken Seite dargestellt.
8. Anzeige von Sensor oder Aktuator (Stellglied) sicherstellen: Die Angaben der Sensor-Betriebsbedingungen erscheinen in der Kilometeranzeige, während zum Betrieb des Aktuators der Motorstoppschalter auf »ON« gestellt werden muss.
■ Stand er auf »ON«, dann zuerst auf »OFF« und dann wieder auf »ON« stellen.

Anhand der Erklärungen (Tabelle auf der nächsten Seite) kann den meisten Fehlern, die im Display angezeigt werden, ein Code für die Diagnose per Diagnosemodus zugeordnet werden.
■ Diagnosemodus beenden: Zündung aus.

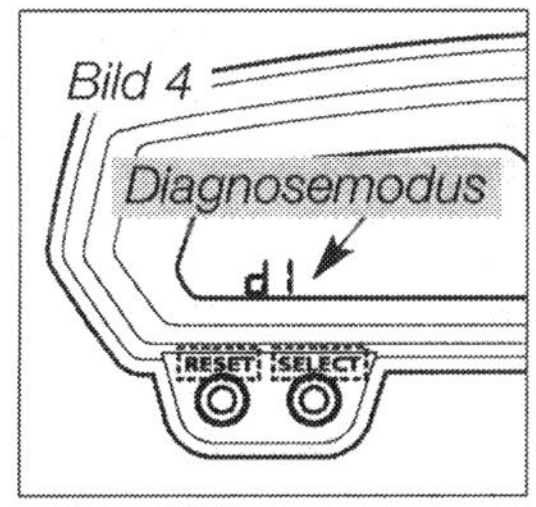

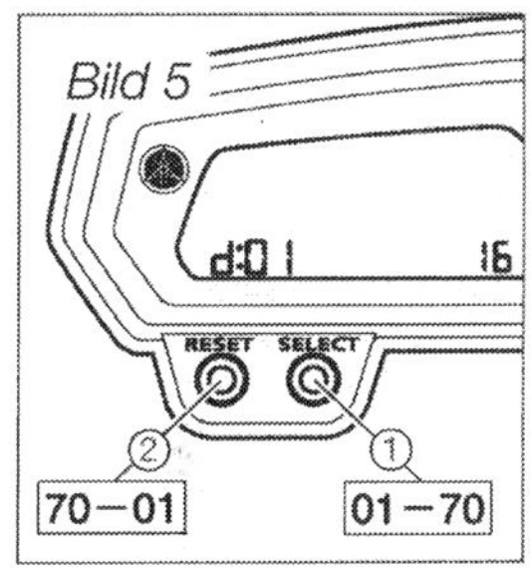

Bilder 4 und 5: Diagnose-Überwachungsmodus; Beispiel in Bild 5: d01 = Code »01«. ① = Mit »SELECT« höhere Codes wählen. ② = Mit »RESET« niedrigere Codes wählen. Fehlercodes Er-1 bis Er-4 = Kommunikationsstörung zwischen ECU und Display (Yamaha-Werkstatt).

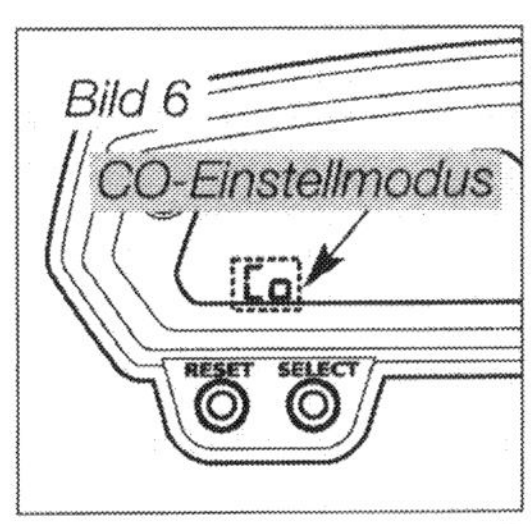

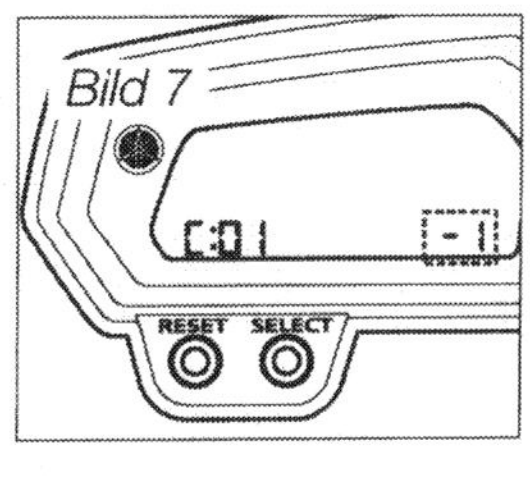

Bilder 6 und 7: CO-Einstellmodus.

Fehlercodes

Fehlercode 12: Kurbelwellenpositions-Sensor.
Reaktion: Motor stoppt (geht aus).
Start- und Fahrfähigkeit: Nein
Kommentar: Wenn der Kurbelwellenpositions-Sensor kaputt geht, läuft nichts mehr, der Motor bleibt dauerhaft aus.
Überprüfen auf: Verkabelung des Kurbelwellenpositions-Sensors, defekter oder falsch eingebauter Kurbelwellen-Sensor, Fehler im Zündrotor, Fehler im Steuergerät, Steckerverbindungen, Kurzschluss im Kabelbaum.

Fehlercode 13 und 14: Ansaugluftdruck-Sensor.
Start- und Fahrfähigkeit: Ja
Kommentar: Luft-Benzin-Gemisch stimmt nicht mehr, Motor zeigt schlechte Leistung und verändertes Verbrauchsverhalten. Stromkreis des Ansaugluftdruck-Sensors ist kurzgeschlossen oder unterbrochen, der angeschlossene Schlauch ist verstopft, geknickt oder hat sich gelöst.
Diagnosecode: 03
Instrumentenanzeige: Wenn Motor aus: Überprüfen, dass der Luftdruck angezeigt wird.
Überprüfungsmethode: Wenn Motor läuft: Der Anzeigewert ändert sich, weil sich der Ansaugluftdruck ändert.
Überprüfen auf: Ansaugluftdruck-Sensor, Verkabelung, Steckerverbindung, Fehler im Steuergerät, Schlauchverbindung, Zwischenspannung des Ansaugluftdruck-Sensors oder Drosselklappenpositions-Sensors.

Fehlercode 15 und 16: Drosselklappenpositions-Sensor.
Reaktion: Motor läuft weiter.
Start- und Fahrfähigkeit: unter bestimmten Bedingungen möglich.
Diagnosecode: 01
Instrumentenanzeige: Drosselklappenöffnung anzeigen: zwischen 0 bis 125 Grad, Drosselklappe vollständig geschlossen. 14 bis 20 Grad, Drosselklappe vollständig geöffnet: 91 bis 95 Grad.
Überprüfungsmethode: Die Werte überprüfen, wenn die Drosselklappe vollständig geschlossen oder geöffnet ist.
Überprüfen auf: Unterbrechung oder Kurzschluss im Kabelbaum, Sensorverkabelung locker, Nockenwellenpositions-Sensor defekt oder falsch montiert, Steuergerät defekt.

Fehlercode 19: Seitenständerschalter hat Unterbrechung im Stromkreis zum Steuergerät: Kurzschluss im Kabel zum ECU.
Reaktion: Motor stoppt (geht aus).
Start- und Fahrfähigkeit: Nein
Kommentar: Tritt dieser Fehler auf, läuft nichts mehr, der Motor bleibt dauerhaft aus.
Diagnosecode: 20
Instrumentenanzeige: Seitenständer eingeklappt: ON angezeigt, Seitenständer ausgeklappt: OFF angezeigt.
Überprüfungsmethode: Überprüfen, dass die Anzeige ON und OFF umschaltet, wenn der Seitenständer ein- und ausgeklappt wird.

Fehlercode 21: Kühlmitteltemperatur-Sensor
Start- und Fahrfähigkeit: Ja
Kommentar: Motor startet schlecht. In kaltem Zustand läuft der Motor zu mager, im heißen Zustand zu fett. Schlechte Gasannahme.
Diagnosecode: 06
Instrumentenanzeige: -30 bis 120 °C: Bei Kaltstart: Eine Temperatur, die ungefähr der Umgebungstemperatur entspricht, wird angezeigt. Bei Warmstart: Die aktuelle Temperatur der Kühlflüssigkeit wird angezeigt.
Überprüfungsmethode: Überprüfen, dass die Instrumentenanzeige beim Kaltstart ungefähr der Umgebungstemperatur entspricht.
Überprüfen auf: defekten oder falsch eingebauten Kühlmitteltemperatur-Sensor, Verkabelung, Fehler im Steuergerät, Steckerverbindung.

Fehlercode 22: Ansauglufttemperatur-Sensor.
Start- und Fahrfähigkeit: Ja
Kommentar: Motor startet schlecht. In kaltem Zustand läuft der Motor zu mager, im heißen Zustand zu fett. Schlechte Gasannahme.
Diagnosecode: 05
Instrumentenanzeige: –30 bis 120 °C: Bei Kaltstart: Temperatur, die etwa der Umgebungstemperatur entspricht, wird angezeigt. Bei Warmstart: Umgebungstemperatur plus ca. 20 °C (Verschiebung durch Strahlungswärme) wird angezeigt.
Überprüfungsmethode: Überprüfen, dass die Instrumentenanzeige beim Kaltstart ungefähr der Umgebungstemperatur entspricht.
Überprüfen auf: defekten oder falsch eingebauten Ansauglufttemperatur-Sensor, Verkabelung, Fehler im Steuergerät, Steckerverbindung.

Fehlercode 24: Lambda-Sonde.
Start- und Fahrfähigkeit: Ja
Kommentar: Schaltkreis des Umgebungsdruck-Sensors ist unterbrochen.
Überprüfen auf: Verkabelung der LambdaSonde, defekte oder falsch eingebaute Lambda-Sonde, Fehler im Steuergerät, Steckerverbindungen, Benzindruck kontrollieren.

Fehlercode 30 und 41: Umkipp-Sensor.
Reaktion: Motor geht aus, springt nicht an.
Start- und Fahrfähigkeit: Nein
Kommentar: Umkipp-Sensor schaltet das Relais der Einspritzanlage aus und sorgt für Motorstopp, wenn das Motorrad auf der Seite liegt. Unterbrechung oder Kurzschluss im Schaltkreis.
Diagnosecode: 08
Instrumentenanzeige: Der Wert des Umkipp-Sensors von 0 bis 5 Volt wird angezeigt. Das Motorrad steht senkrecht: 0,4 bis 1,4 Volt. Das Motorrad wird geneigt: 3,7 bis 4,4 Volt.
Überprüfungsmethode: Den Neigungswinkel vergrößern, das Motorrad um mindestens 65 Grad kippen und den Anzeigewert auf dem Instrument überprüfen.
Überprüfung auf: Motorrad wieder senkrecht stellen, Umkipp-Sensor, fehlerhaftes Steuergerät, Verkabelung, Steckerverbindung.

Fehlercode 33 und 34: Zündspulen Primärwicklung
Start- und Fahrfähigkeit: Möglich, je nach Anzahl der schadhaften Zylinder.
Kommentar: Unterbrechung in der Primärwicklung der Zündspulen. Die Benzinzufuhr zur kompletten Zylindergruppe wird unterbrochen.
Diagnosecode: 30, 31
Instrumentenanzeige: Jede Zündspule schaltet sich 5 Mal pro Sekunde ein bzw. aus. Die Motor-Warnleuchte blinkt entsprechend der Ein-/Ausschaltvorgänge.
Überprüfungsmethode: Überprüfen, dass die Motor-Warnleuchte entsprechend den Ein-/Ausschaltvorgängen der Zündspulen blinkt.
Überprüfung auf: Zündspulen und Widerstand der Primärwicklung, Verkabelung, Steckerverbindung, fehlerhaftes Steuergerät, Komponenten des Startsystem-Schaltkreises.

Fehlercode 42: Geschwindigkeits-Sensor/Leerlaufschalter.
Start- und Fahrfähigkeit: Ja
Reaktion: Vom Geschwindigkeits-Sensor werden keine normalen Signale empfangen. Unterbrechung oder Kurzschluss im Schaltkreis des Leerlaufschalters.
Kommentar: Motor zieht nicht mehr richtig.
Diagnosecode: 07 (Geschwindigkeits-Sensor), 21 (Leerlaufschalter)
Instrumentenanzeige: Fahrgeschwindigkeitsimpulse von 0 bis 999.
Überprüfungsmethode: Der Anzeigewert muss zunehmen, wenn die Drehzahl des Hinterrads erhöht wird. Der Anzeigewert steigt auch weiter und wird auch dann nicht zurückgestellt, wenn das Hinterrad angehalten wird.
Überprüfung auf: Geschwindigkeits-Sensor, Leerlaufschalter, Verkabelung, Steckerverbindung, Fehlfunktion Schaltwalze, fehlerhaftes Steuergerät.

Fehlercode 43: Falsche Spannung an Einspritzventil und Benzinpumpe.
Start- und Fahrfähigkeit: Je nach Art der Störung
Diagnosecode: 50
Instrumentenanzeige: Das Benzineinspritzrelais schaltet sich 5 Mal pro Sekunde ein bzw. aus. Die Motor-Warnleuchte blinkt entsprechend der Ein-/Ausschaltvorgänge.
Überprüfungsmethode: Überprüfen, dass die Motor-Warnleuchte entsprechend den Ein-/Ausschaltvorgängen des Benzineinspritzrelais blinkt.
Überprüfung auf: Zuleitungskabel, Steckerverbindung, Benzineinspritzrelais defekt, fehlerhaftes Steuergerät.

Fehlercode 44: Fehlerhaftes Lesen oder Schreiben auf dem EEPROM (elektronisch löschbarer programmierbarer Lesespeicher im Steuergerät).
Start- und Fahrfähigkeit: Ja
Kommentar: Störung im ECU, CO-Korrekturwerte werden nicht ordnungsgemäß in den Speicher geschrieben oder von dort aufgerufen.
Diagnosecode: 60
Instrumentenanzeige: Die im Selbstdiagnose-Code 44 erkannten EEPROM Fehler werden angezeigt. Wenn mehrere Fehler auftreten, werden sie in Intervallen von 2 Sekunden angezeigt. Anzeige 00: Normaler Status, Anzeige 01: CO-Konzentration für Zylinder 1 und 4 eingestellt, Anzeige 02: CO-Konzentration für Zylinder 2 und 3 eingestellt.
Überprüfung auf: fehlerhaftes Steuergerät.

Fehlercode 46: Falsche Spannung am Steuergerät.
Start- und Fahrfähigkeit: Ja
Kommentar: Störungen im Ladesystem, Stromversorgung zur Einspritzanlage nicht in Ordnung.
Diagnosecode: --
Überprüfung auf: Lichtmaschine, Regler, Stromkreise und Batterie, fehlerhaftes Steuergerät, Verkabelung.

Fehlercode 50: Fehlfunktion Steuergerät ECU Speicher
Kommentar: ECU-Speicher defekt.
Start- und Fahrfähigkeit: Ja
Diagnosecode: –
Überprüfung auf: Steuergerät.

Fehlercode 70: Motorleerlaufabschaltung
Kommentar: Der Motor wurde im Leerlauf laufen gelassen. Normalerweise schaltet das Motorsteuergerät ECU den Motor automatisch aus, wenn er 20 Minuten im Leerlauf läuft.
Start- und Fahrfähigkeit: Ja
Diagnosecode: –
Überprüfung auf: Steuergerät.

Fehlercode Er-1, Er-2, Er-3 und Er-4: Kein Signal von Motorsteuergerät, bei Er-4: Keine Programmierdaten von Instrumenteneinheit.
Kommentar: Interne Kommunikationsstörung zwischen Motorsteuergerät ECU und Display
Start- und Fahrfähigkeit: Nein
Diagnosecode: –
Überprüfung: Verkabelung, Steckerverbindungen, Instrumenteneinheit, Steuergerät, sonst: Fall für die Yamaha Fachwerkstatt.

Fehlercodes auslesen: Mit Hilfe der Tabellen »Fehlercodes« und »Weitere Diagnose-Codes« in diesem Kapitel können verschiedene Stellglieder direkt angesteuert werden, um deren Funktion zu prüfen und Signalwerte auszulesen.

Messen der Einzelkomponenten

Einige Komponenten können mit dem Diagnosemodus überprüft werden. Der Vollständigkeit halber zeigen wir auch die manuelle Methode .

Benzineinspritzrelais durchmessen

Bild 12 in Kapitel 13 »Sicherungen · Relais · Stecker«

1. Benzineinspritzrelais vom Kabelbaum trennen.
2. Mit zwei Kabeln eine volle 12-Volt-Batterie anschliessen:
- von Batterie-Plus ein Kabel an rot/schwarz,
- von Batterie-Minus ein Kabel an blau/gelb.

3. Plus-Prüfspitze des Multimeters an rotes Kabel, Minus-Prüfspitze an rot/blaues Kabel: Ist kein Stromdurchgang messbar, ist das Relais defekt und muss erneuert werden.

Widerstand des Benzinstandgebers messen (Bild 8)
1. Benzinpumpe aus Tank ausbauen: Vorher Stecker der Benzinpumpe, des Benzinstandgebers und den Benzinschlauch abziehen.
2. Plus-Prüfspitze des Multimeters an Steckverbinder des grün/weißen Kabels, Minus-Prüfspitze an Steckverbinder des schwarzen Kabels anlegen. Messtemperatur 20 °C.

Hinweis: Zum Messen den Schwimmer des Benzinstandgebers in Stellung für leeren Tank »***L***« und anschließend in Stellung für vollen Tank »***V***« bewegen (Bild 8).

3. Messwerte:
- Bei Schwimmerstellung »voller Tank« muss der Widerstand zwischen 19 und 21 Ω liegen.
- Bei Schwimmerstellung »leerer Tank« muss der Widerstand zwischen 139 und 141 Ω liegen.

4. Fazit: Bei abweichenden Messwerten ist der Benzinstandgeber defekt und muss erneuert werden.

Bild 8: Stellungen des Benzinstandgebers zum Messen des Widerstands.

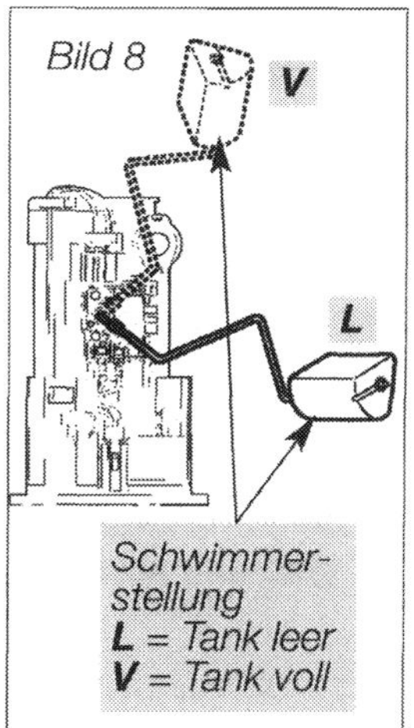

Weitere Diagnose-Codes*

Diagnose-code	Bezeichnung	Anzeige im Display	Überprüfungsmethode
09	Spannung Kraftstoffsystem	Normalerweise etwa 12 Volt	Mit der tatsächlich gemessenen Batteriespannung vergleichen. Falls die Batteriespannung niedriger ist, muss die Batterie aufgeladen werden.
36	Einspritzventile Zylinder 1 und Zylinder 4	Einspritzventil Zylinder 1 bzw. Zylinder 4 wird fünfmal pro Sekunde aktiviert. Lässt die Motorstörungs-Warnleuchte aufleuchten.	Überprüfen, ob das Einspritzventil ein fünfmaliges Betriebsgeräusch (Klicken) erzeugt.
37	Einspritzventile Zylinder 2 und Zylinder 3	Einspritzventil Zylinder 2 bzw. Zylinder 3 wird fünfmal pro Sekunde aktiviert. Lässt die Motorstörungs-Warnleuchte aufleuchten.	Überprüfen, ob das Einspritzventil ein fünfmaliges Betriebsgeräusch (Klicken) erzeugt.
48	ABS-System Elektromagnet	Magnetventil des ABS-Systems wird fünfmal pro Sekunde aktiviert. Lässt Motorstörungs-Warnleuchte aufleuchten.	Überprüfen, ob der Schalter ein fünfmaliges Betriebsgeräusch erzeugt.
51	Kühlerventilatorrelais	Betätigt alle 5 Sekunden das Kühlerventilatorrelais für 5 Zyklen (2 Sekunden AN, 3 Sekunden AUS). Motorstörungs-Warnleuchte leuchtet auf.	Überprüfen, ob das Relais ein fünfmaliges Betriebsgeräusch erzeugt.
52	Scheinwerferrelais	Betätigt alle 5 Sekunden das Scheinwerferrelais für 5 Zyklen (2 Sekunden AN, 3 Sekunden AUS) Motorstörungs-Warnleuchte leuchtet auf.	Überprüfen, ob das Relais ein fünfmaligen Betriebsgeräusch erzeugt.
61	Anzeige gespeicherter Fehlercodes		
	Keine Speicherung	00	
	Speicherung vorhanden	12 bis 50 (Fehlercode). Wird mehr als eine Codenummer festgestellt, wechselt die Anzeige alle 2 Sekunden, um alle festgestellten Codenummern anzuzeigen. Sind alle Codenummern angezeigt worden, beginnt die Anzeige von vorne.	
62	Löschen gespeicherter Fehlercodes		
	Keine Speicherung	00	
	Speicherung vorhanden	00 bis 17 (Speicherkennnummern der Fehlererkennung)	Um die Speicherung zu löschen, Motorstoppschalter auf ON.
63	Störungscode zurücksetzen		
	Kein Störungscode	00	
	Störungscode liegt vor	24 (Fehlercode): Wird mehr als eine Codenummer festgestellt, wechselt die Anzeige alle 2 Sekunden, um alle festgestellten Codenummern anzuzeigen.	Den Motorstoppschalter auf ON stellen, um zurückzusetzen.

* In dieser Tabelle werden die Diagnose-Überwachungscodes aufgeführt, die nicht mit den Fehlercode-Symptomen (siehe Tabelle »Fehlercodes«) zusammenhängen.

Widerstand des Kurbelwellenpositions-Sensors messen (Bild 9)

1. Stecker des Kurbelwellenpositions-Sensors vom Kabelbaum trennen.

2. Plus-Prüfspitze des Multimeters an Steckverbinder des grauen Kabels, Minus-Prüfspitze an Steckverbinder des schwarzen Kabels anlegen. Bei 20 °C muss der Widerstand zwischen 248 und 372 Ω liegen.

3. Bei abweichenden Messwerten ist der Kurbelwellenpositions-Sensor defekt und muss erneuert werden.

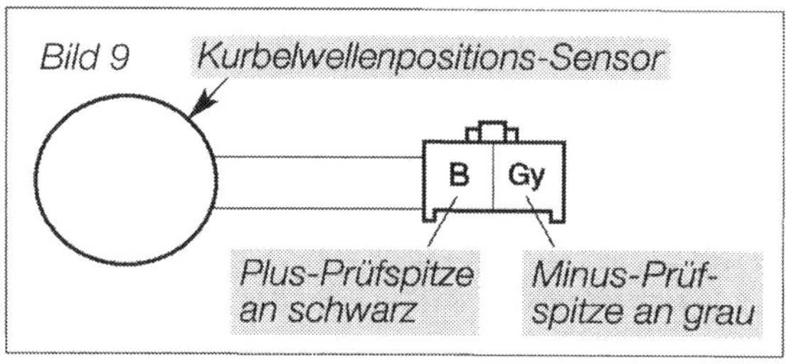

Bild 9 auf der linken Seite: Widerstand des Kurbelwellenpositions-Sensors 248 und 372 Ω bei 20 °C (zwischen grau und schwarz).

Spannung des Geschwindigkeits-Sensors messen (Bild 10, nur bei Modellen ohne ABS)

1. Stecker des Geschwindigkeits-Sensors vom Kabelbaum trennen.

2. Plus-Prüfspitze des Multimeters an Steckverbinder des weiß/gelben Kabels, Minus-Prüfspitze an Steckverbinder des schwarz/blauen Kabels anlegen.

3. Zündschloss auf »ON« stellen. Hinterrad anheben und langsam drehen.

3.1. Bei eingeschalteter Zündung und jeder vollen Umdrehung des Rades muss die Spannung von jeweils 0 Volt auf 5 Volt steigen.

4. Bei abweichenden Messwerten ist der Sensor defekt und muss erneuert werden.

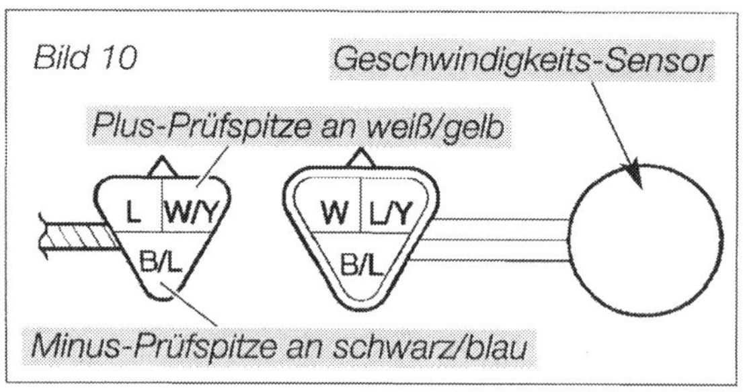

Bild 10: Geschwindigkeits-Sensor-Ausgangsspannung beim Ablesevorgang: 0 Volt zu 5 Volt zu 0 Volt zu 5 Volt.

Widerstand des Ansauglufttemperatur-Sensors messen (Bild 11)

1. Ansauglufttemperatur-Sensor aus dem Luftfiltergehäuse ausbauen.

2. Plus-Prüfspitze des Multimeters an Steckverbinder schwarz/blaues Kabel, Minus-Prüfspitze an Steckverbinder braun/weißes Kabels anlegen.

2.1. Bei 0 °C: Widerstand muss zwischen 5,40 und 6,60 kΩ liegen.

2.2. Bei 80 °C: Widerstand muss zwischen 0,29 und 0,39 kΩ liegen.

3. Bei abweichenden Messwerten ist der Temperatur-Sensor defekt.

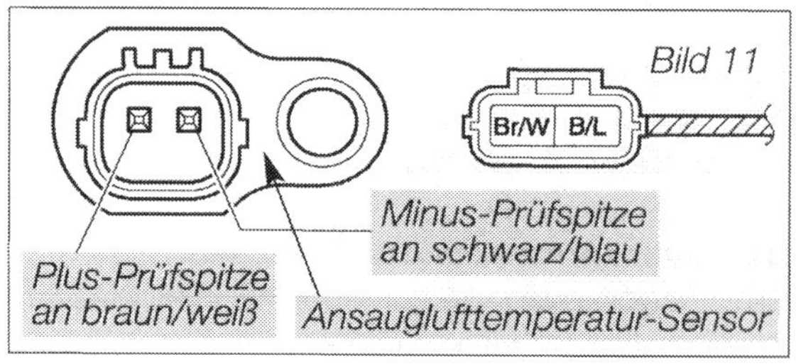

Bild 11: Widerstand des Ansauglufttemperatur-Sensors messen.

Ausgangsspannung des Ansaugluftdruck-Sensors messen (Bild 12)

1. Stecker des Ansaugluftdruck-Sensors abziehen.

2. Plus-Prüfspitze des Multimeters an Steckverbinder rosa/weißes Kabel, Minus-Prüfspitze an Steckverbinder schwarz/blaues Kabel anlegen.

3. Zündschloss auf »ON« stellen.

3.1. Messtemperatur 25 °C: Bei eingeschalteter Zündung muss die Spannung zwischen 3,594 und 3,684 Volt liegen.

4. Bei abweichenden Messwerten ist der Sensor defekt und muss erneuert werden.

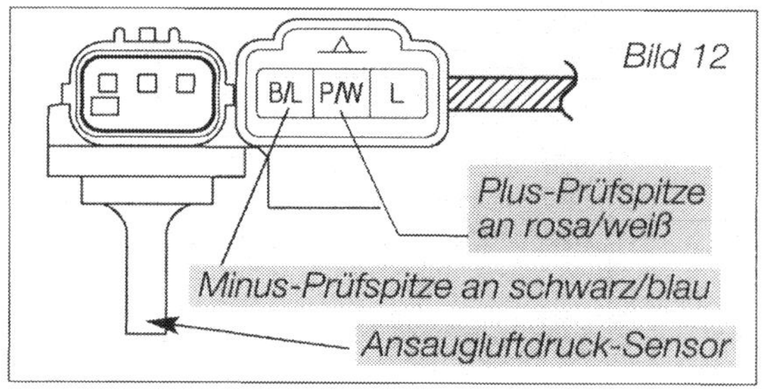

Bild 12: Spannung des Ansaugluftdruck-Sensors messen.

Widerstand des Drosselklappenpositions-Sensors messen (Bild 13)

Spezialwerkzeug: Yamaha empfiehlt für den Drosselklappenpositions-Sensor den digitalen Schaltkreistester mit der Yamaha-Ersatzteil-Nr. 90890-03174.

1. Stecker des Drosselklappenpositions-Sensors vom Kabelbaum trennen.

2. Plus-Prüfstspitze des Testers an Steckverbinder des blauen Kabels, Minus-Prüfspitze an Steckverbinder des schwarz/blauen Kabels anlegen.

3. Messtemperatur 20 °C: Widerstand muss zwischen 1,75 und 3,25 kΩ liegen.

4. Bei abweichenden Messwerten ist der Sensor defekt und muss erneuert werden.

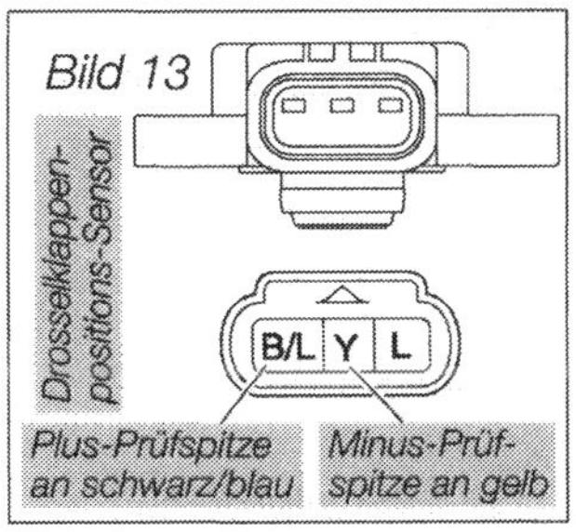

Drosselklappen-positions-Sensor wechseln

1. Zum Wechseln des Drosselklappenpositions-Sensors Steckverbinder abziehen, Torxschrauben lösen und ausdrehen.

2. Bild 14a: Neuen Drosselklappenpositions-Sensor anbauen, Torxschrauben eindrehen, leicht festziehen.

3. Drosselklappenpositions-Sensor einstellen:

3.1 Steckverbinder anschließen.

3.2. Bild 13: Nun die Plus- und Minus-Prüfpitzen des digitalen Schaltkreistesters an schwarz/blaue und gelbe Anschlussklemme anlegen.

3.3. Winkel des Drosselklappenpositions-Sensors so einstellen, dass die Spannung bei eingeschalteter Zündung 0,63 V bis 0,73 V beträgt:

■ Drosselklappenpositions-Sensor ganz langsam verdrehen, bis der digitale Schaltkreistester einen Wert zwischen 0,63 und 0,73 V anzeigt.

4. Drosselklappenpositions-Sensor festhalten und die Torxschrauben mit 3,5 Nm festziehen.

Spannung Umkipp-Sensor messen (Bild 15)

1. Umkipp-Sensor ausbauen.

2. Sensor an seinen Steckverbinder anschließen.

3. Plus-Prüfspitze des Multimeters an Steckverbinder gelb/grünes Kabel, Minus-Prüfspitze an Steckverbinder schwarz/blaues Kabel anlegen.

4. Zündung einschalten, Umkipp-Sensor drehen.

5. Wenn der Winkel des Umkipp-Sensors unter 65 Grad beträgt, muss die Ausgangsspannung zwischen 0,4 und 1,4 Volt liegen

5.1. Wird der Winkel mehr als 65 Grad groß, muss die Ausgangsspannung zwischen 3,7 bis 4,4 Volt liegen.

6. Wenn nicht in Ordnung, Sensor erneuern.

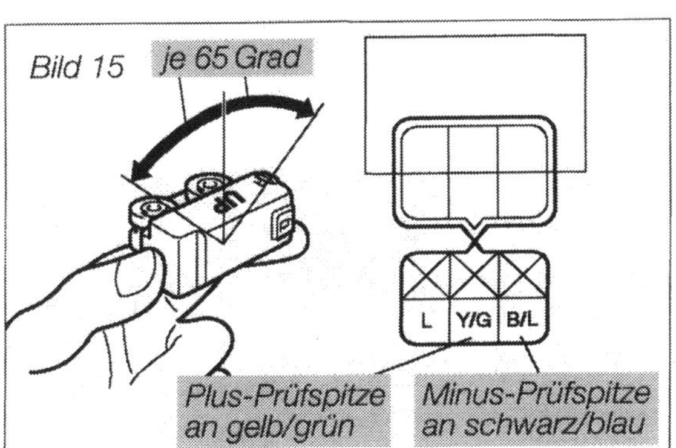

Bild 15: Umkipp-Sensor druchmessen.

Sekundärluft-Abschaltventil prüfen (Bild 16)

1. Steckverbinder abziehen.

2. Plus-Prüfspitze des Multimeters an Steckverbinder rot/weißes Kabel, Minus-Prüfspitze an Steckverbinder braun/rotes Kabel. Messtemperatur 20 °C.

3. Widerstand muss zwischen 20,5 und 24 Ω liegen, ansonsten ist das Ventil defekt.

4. Ist alles ok, Steckverbinder wieder aufstecken.

Einspritzventile überprüfen

Damit der Motor rund läuft, müssen alle vier Zylinder synchron funktionieren. Voraussetzung dafür ist unter anderem, dass jedes Einspritzventil korrekt arbeitet. Fällt nur eines aus, bekommt der betreffende Zylinder keinen Sprit und muss von den anderen mitgeschleppt werden.

Am einfachsten ist es, die Einspritzventile vom elektronischen Diagnosemodus (Diagnosecodes 36 und 37, siehe Tabelle »Weitere Diagnosecodes«) überprüfen zu lassen. Nachstehend eine herkömmliche Werkstatt-Prüfmethode:

Überprüft werden die Einspritzventile mit Hilfe eines Stethoskopes oder eines Hörrohrs, das man direkt an das Ventil anlegt. Man kann aber auch einen Schraubenzieher nehmen, seine Spitze auf das Ventilgehäuse setzen und das hintere Ende an sein Ohr halten. So kann man bei im Standgas laufendem Motor feststellen, ob das typische Klicken der Einspritzventile zu hören ist. Gibt ein Ventil kein Arbeitsgeräusch von sich, muss es ersetzt werden.

Einspritzventile aus- und einbauen (Bild 17)

1. Steckverbinder der Einspritzventile abziehen.

2. Kreuzschlitzschrauben der Benzinverteilerleitung herausdrehen.

2.1. Verteilerleitung sorgsam abziehen.

3. Einspritzventil aus dem Drosselklappengehäuse herausziehen.

Einbau in umgekehrter Reihenfolge. Beachten:

■ Neue O-Ringe verwenden, leicht einölen.

■ Beim Aufdrücken der Verteilerleitung O-Ringe nicht beschädigen.

■ Anziehdrehmoment Verteilerleitung 5 Nm.

■ Einspritzventile müssen sich nach der Montage verdrehen lassen.

■ Steckverbinder aufstecken, nicht vertauschen!

Bild 17: Einspritzventil.

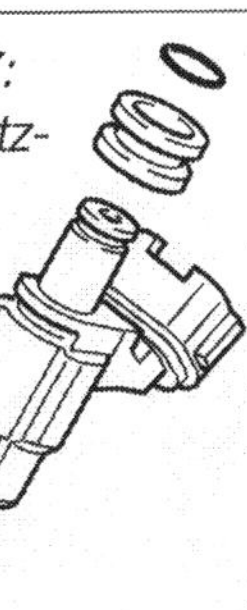

Bild 13: Widerstand des Drosselklappenpositions-Sensors messen.

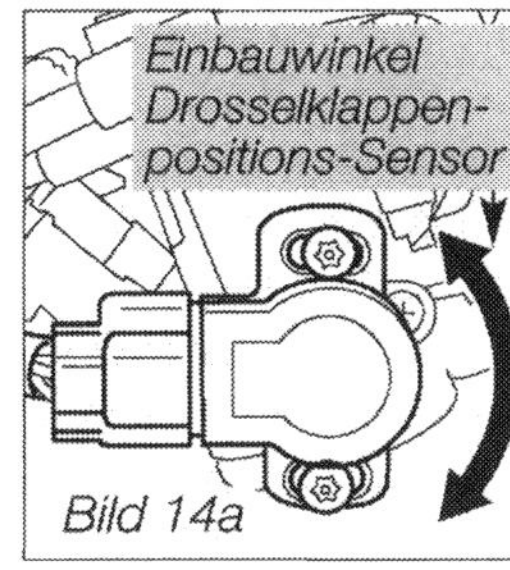

Bild 14a: Einstellung des Drosselklappenpositions-Sensors.

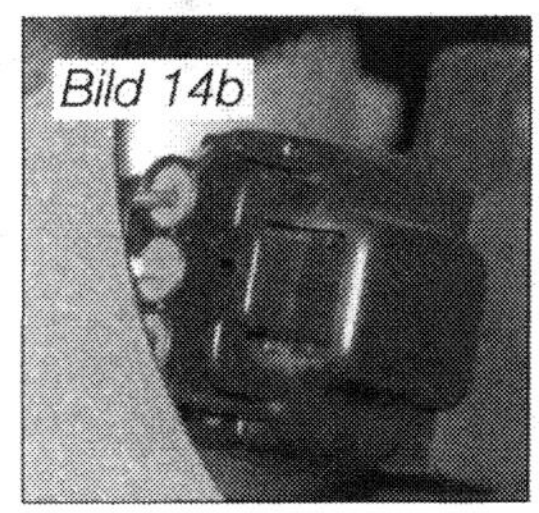

Bild 14b: Stecker des Drosselklappenpositions-Sensors.

Bild 16: Prüfen des Sekundärluft-Abschaltventils.

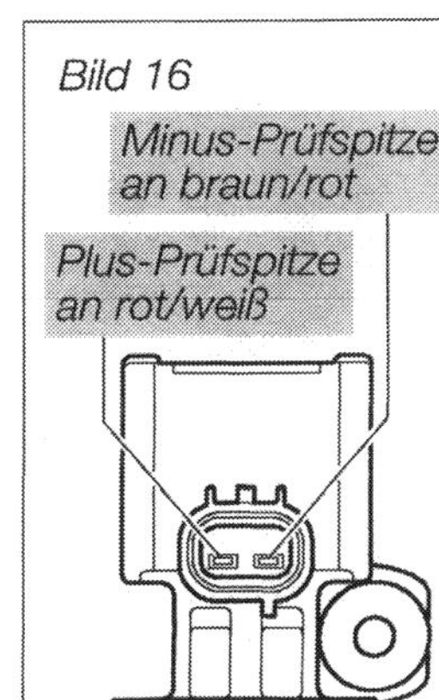

Drosselklappen synchronisieren

Wichtige Voraussetzung für runden Leerlauf, vibrationsarmen Motorlauf und geringen Verbrauch ist, dass die Synchronisierung der Drosselklappen stimmt. Yamaha empfiehlt das »Unterdruck-Messgrät« Nr. 90890-39094 (Bild 19); wir arbeiten mit dem Boehm-Synchrontester (Bild 20).

Wichtig: Vor dem Synchronisieren der Drosselklappen müssen Leerlaufdrehzahl und Ventilspiel eingestellt sein (Kapitel 27 »Ventilspiel«).

■ Bilder 18, 18a, 23: Motordrehzahl an Leerlauf-Einstellschraube einstellen auf 1250 bis 1350/min.

■ Bilder 18 und 18a: Durch Drehen der Einstellschraube nach rechts (Richtung »***a***«) wird die Drehzahl erhöht, durch Drehen nach links (Richtung »***b***«) wird die Drehzahl niedriger.

1. Motorrad sicher abstellen.
2. Sitzbank abnehmen, Tank hochstellen.
3. Luftfiltergehäuse abbauen.
3.1. Verschlussstopfen von den Unterdruckschläuchen, die beidseitig am Drosselklappengehäuse verlegt sind (Bild 19), abziehen.
4. Bild 20: Unterdruckschläuche des Synchrontesters an die Unterdruckschläuche anschließen.
5. Gaszugspiel prüfen, ggf. nachstellen (siehe Kapitel 21 »Gasgriff · Gaszüge«).
6. Motor starten und warm laufen lassen.
7. Wenn der Motor seine Betriebstemperatur von ca. 80 °C erreicht hat, noch einmal die Leerlaufdrehzahl kontrollieren und ggf. nachstellen auf 1250 bis 1350/min.

■ Motor weiter laufen lassen!

Synchronisierung vornehmen (Bilder 21, 22)
1. Luftregulierschraube Zylinder 1 zur Basiseinstellung: 1/2 Umdrehung eindrehen, 1 Umdrehung ausdrehen, eine 1/2 Umdrehung wieder eindrehen. Messwert von der Einstelluhr ablesen.
2. Luftregulierschraube Zylinder 2 so ein-/ausdrehen, dass sich der Messwert dem von Zylinder 1 angleicht (Differenz max. 1,33 kPa/10 mmHg).
3. Mit den Luftregulierschrauben Zylinder 3 und 4 ebenso verfahren, auch sie werden auf den Messwert von Zylinder 1 synchronisiert.

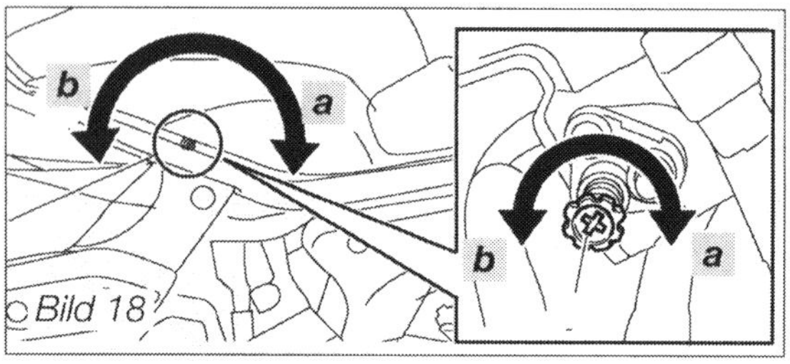

*Bilder 18 und 18a: Zum Einstellen der Leerlaufdrehzahl die Einstellschraube links oberhalb der Seilzugrolle entsprechend ein- oder ausdrehen: Richtung **a** = Leerlauf wird höher, **b** = Leerlauf wird niedriger.*

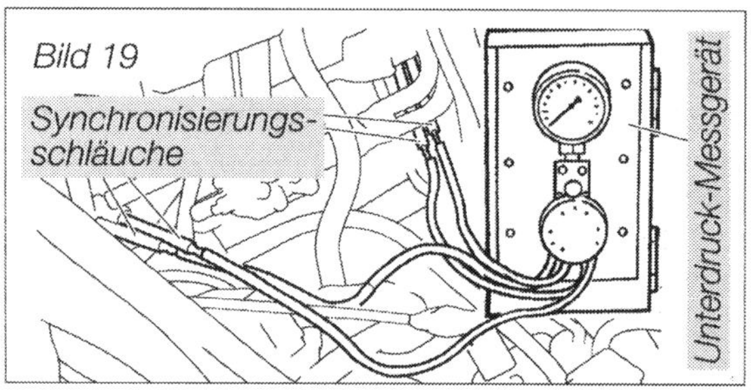

Bild 19: Synchronisierungsschläuche und Unterdruck-Messgerät.

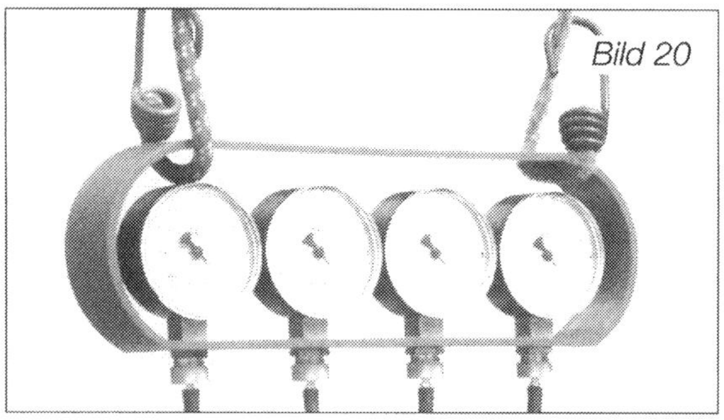

Bild 20: Boehm-Synchrontester (www.boehm-synchrontester.de).

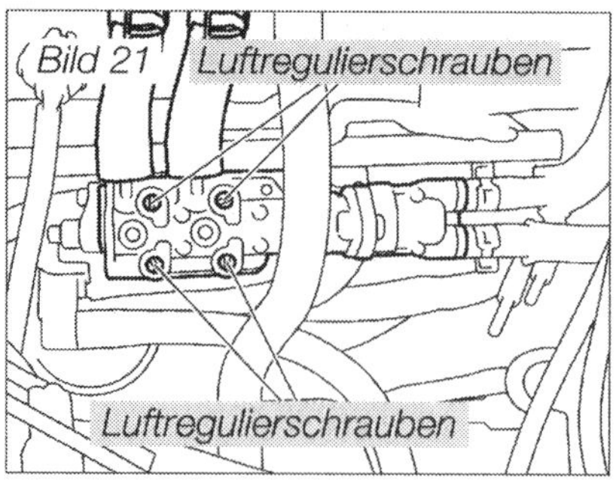

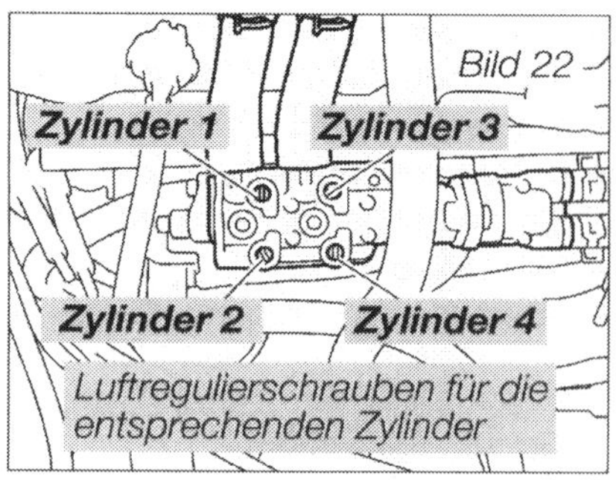

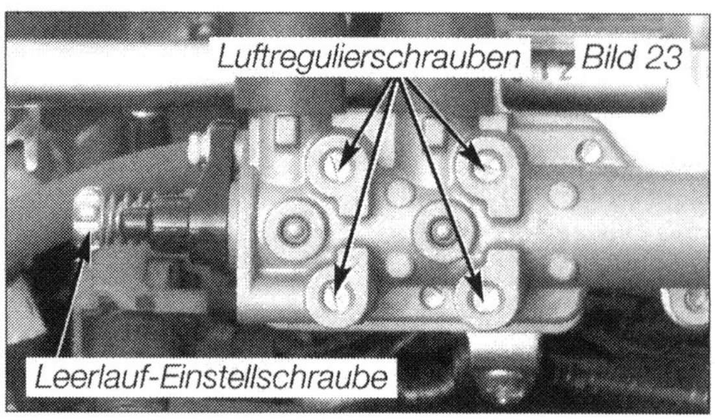

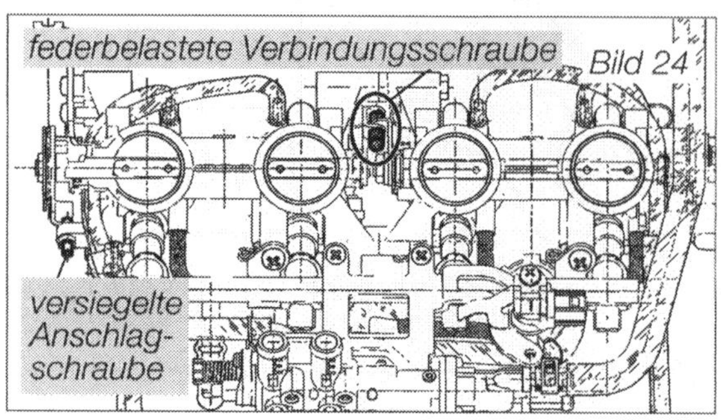

Bilder 21, 22 und 23: Synchronisierung der Drosselklappen mit den Luftregulierschrauben.

Bild 24: Synchronisierungs- und Drosselklappen-Einstellschraube.

■ Nach jeder Einstellung immer wieder etwas Gas geben und den Motor auf Leerlaufdrehzahl zurückfallen lassen. Dabei die Zeiger der Unterdruck-Messuhren beobachten, sie müssen sich möglichst gleichmäßig (»synchron«) bewegen. **Wichtig:** Synchronisierung nur über die Luftregulierschrauben vornehmen, nicht über die federbelastete Schraube in der Verbindung der Drosselklappenwellen (Bilder 24 und 26a) oder die versiegelte Anschlagschraube (Bild 24). Daran Drehen verstellt die Drosselklappen-Grundeinstellung; sie kann nur vom Yamaha-Händler wieder eingestellt werden.

■ Nach jedem Verstellen einer Luftregulierschraube bzw. nach jedem Arbeitsschritt den Motor zwei- bis dreimal kurz hochdrehen und wieder auf Standgas fallen lassen. Dabei Synchronisierung und Leerlaufdrehzahl kontrollieren.

Unterdruckdifferenz bei Leerlaufdrehzahl:
■ Die Unterdruckdifferenz zwischen den Drosselklappen der einzelnen Zylinder soll 1,33 kPa/ 10 mmHG nicht überschreiten.

Benzindruck, Benzinpumpe

Benzindruck überprüfen

1. Benzintank abbauen.
2. Manometer (Yamaha Nr. 90890-03153) und Benzindruck-Adapter (Yamaha Nr. 90890-03176) am Benzin-Zulaufschlauch anbringen.
3. Benzintank wieder aufsetzen und anschließen.
4. Motor starten. Benzindruck von der Messuhr ablesen. Druck muss 2,5 bar betragen.

4.1. Ist der Benzindruck niedriger:
■ Benzinleitung undicht?
■ Druckregler und Benzinpumpe in Ordnung?

4.2. Ist der Druck höher:
■ Druckregler und Benzinpumpe in Ordnung?
Hinweis: Wenn die Benzinpumpeneinheit defekt ist, kann sie nicht repariert, sondern nur als Ganzes ausgetauscht werden.

Bild 25: Blick auf das Drosselklappengehäuse bei abgenommenem Luftfilterkasten.

Bild 26a: Verbindung der Drosselklappenwellen.

Bild 26: Drosselklappenbaugruppe, Ansaugstutzen, Gaszüge.

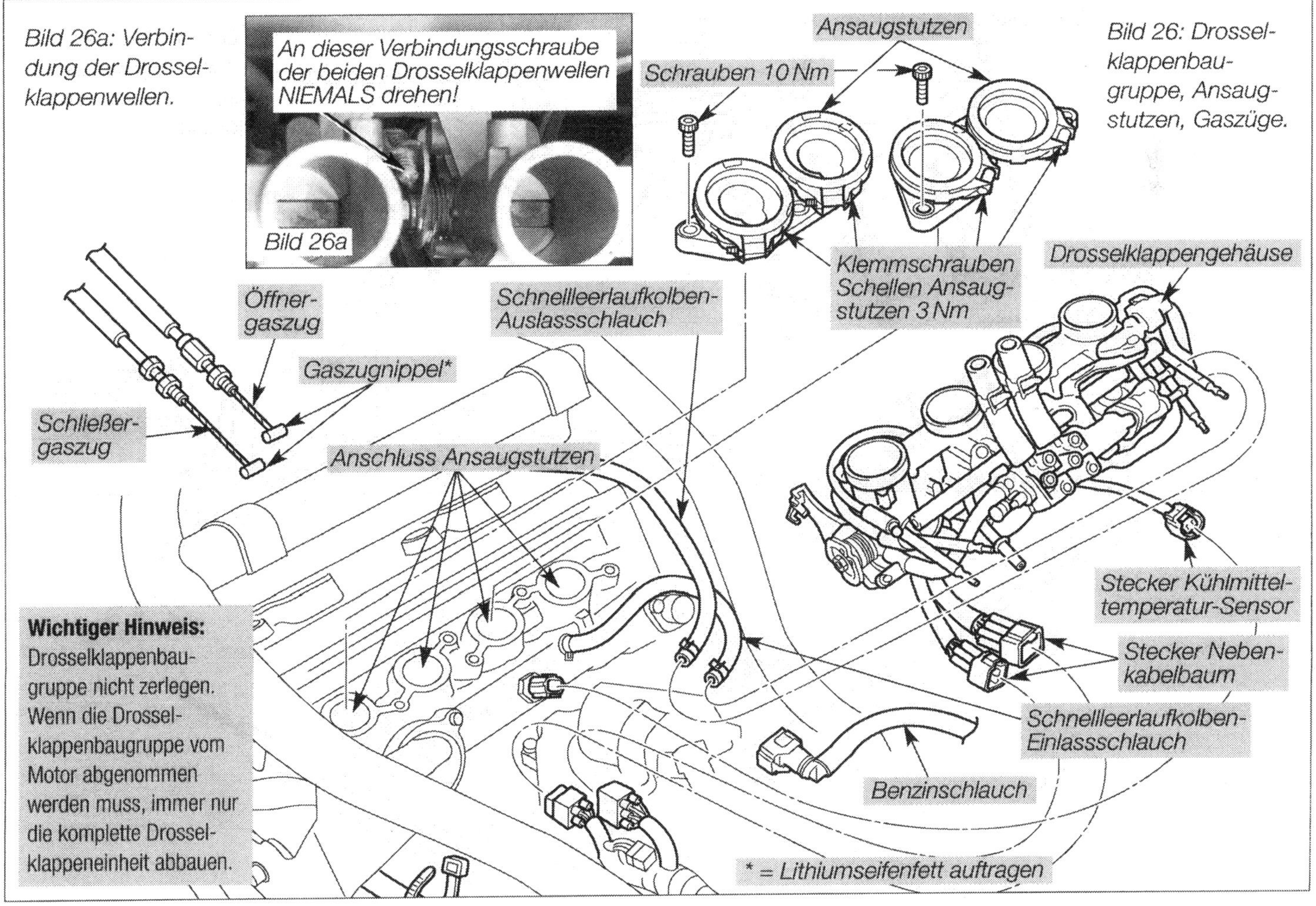

Wichtiger Hinweis:
Drosselklappenbaugruppe nicht zerlegen. Wenn die Drosselklappenbaugruppe vom Motor abgenommen werden muss, immer nur die komplette Drosselklappeneinheit abbauen.

Benzinpumpe aus- und einbauen (Bild 27)
1. Restliches Benzin mit einer Handpumpe aus dem Benzintank abpumpen.

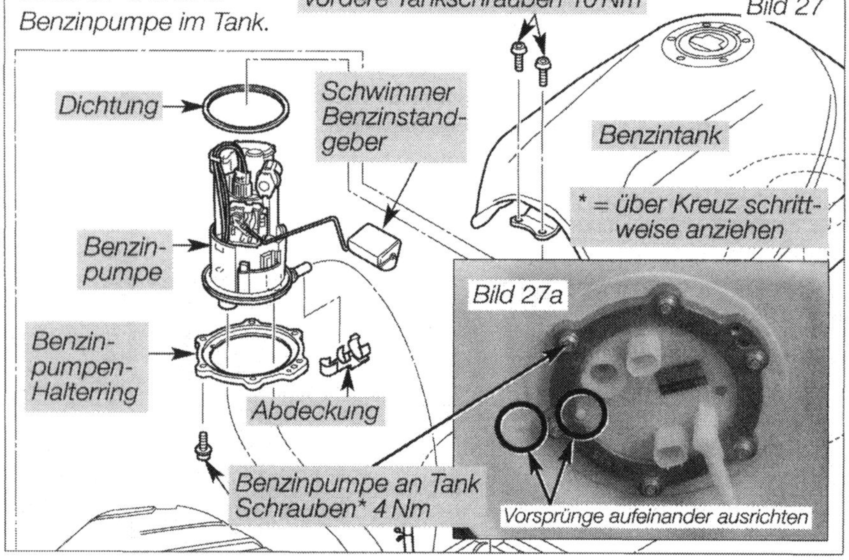

Bilder 27 und 27a: Benzinpumpe im Tank.

2. Benzintank abbauen (siehe Kapitel 3 »Verkleidung · Rahmen · Tank«), Benzinleitungen und Steckverbindungen abziehen.
3. Befestigungsschrauben der Benzinpumpe lösen und ausdrehen, Pumpeneinheit samt Dichtung herausnehmen.

Wichtig: Der in die Benzinpumpe eingebaute Benzinfilter ist wartungsfrei und kann nicht gereinigt oder ersetzt zu werden.

Einbau in umgekehrter Reihenfolge:
- Benzinpumpe beim Einbau mit neuer Dichtung versehen.
- Einbaulage beachten: Der Benzinanschlussstutzen zeigt gegen die Fahrtrichtung.
- Pumpeneinheit einsetzen und Befestigungs schrauben über Kreuz schrittweise bis auf 4 Nm anziehen.
- In Kapitel 3 »Verkleidung · Rahmen · Tank« ist der Ab- und Aufbau des Tanks mit einer Explosionszeichnung dargestellt.

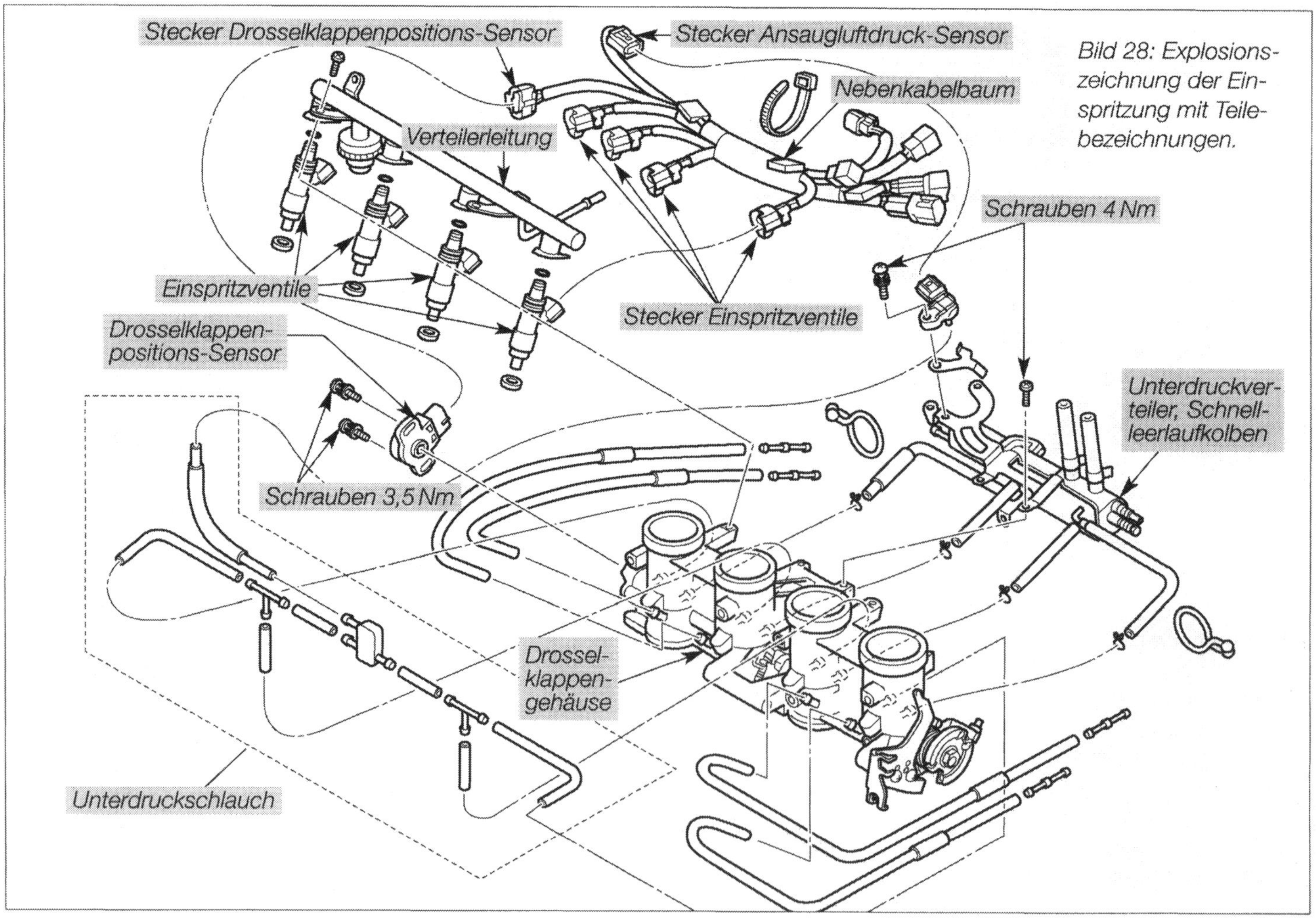

Bild 28: Explosionszeichnung der Einspritzung mit Teilebezeichnungen.

Freunde, worauf wartet ihr noch?
MOTORRAD hat's in sich – die neuesten Maschinen im Fahrbericht, Top-Test, Vergleichs- und Dauertest. Die neueste Technik, geprüft im Messlabor und auf der Teststrecke. Nachvollziehbar durch die einzigartige 1000-Punkte-Wertung. Außerdem Beratung und Kaufhilfe, die schönsten Touren, Tipps und Tricks. Qualität und Kompetenz seit 1903.
MOTORRAD – Europas größte Motorradzeitschrift. Alle 14 Tage neu.
www.motorradonline.de
DIE NR.1 IN EUROPA
MOTORRAD
Mega-Test: FINALE
BMW S 1000 RR
GANZ VORN?
DUCATI MULTISTRADA 1200 S
Kawasaki ZX-10R
Honda Fireblade
Yamaha YZF-R1
UNTERWEGS IM AOSTATAL

Luftfilter · Sekundärluftsystem

In diesem Kapitel: Luftfilter ausbauen, reinigen und einbauen · Luftfilterkasten ab- und anbauen · Sekundärluftsystem · Motor patscht beim Gas zumachen? · Membranventile prüfen.

Bild 1: Zum Abbau des Deckels vom Luftfilterkasten alle Schrauben lösen, ausdrehen und herausnehmen.

Bild 2: Zum Reinigen des Luftfilters die Falten des Filters vorsichtig auseinanderfächern.

Bild 4: Stecker am Ansauglufttemperatur-Sensor abziehen.

Bild 5 und 6: Schläuche zum Block mit den Luftregulierschrauben und der Motorentlüftung.

Luftfilter

Der Luftfilter muss laut Yamaha-Vorschrift alle 40 000 km erneuert werden. Eine Reinigung ist bei Fahrten durch Nässe oder sehr staubige Gebiete vorgeschrieben. Yamaha-Spezialisten empfehlen allerdings, den Luftfilter auch bei normalem Betrieb bei den Inspektionen alle 10 000 km auf Beschädigungen zu kontrollieren und groben Schmutz abzuklopfen oder abzusaugen. Feiner Schmutz wird im ölgetränkten Filterpapier gebunden, weswegen dieses mit der Zeit »verstopft« und der Filter erneuert werden muss.

Luftfilter ausbauen

1. Sitzbank abbauen.
2. Beide Schrauben, mit denen der Tank vorne am Rahmen befestigt ist, ausschrauben.
2.1. Die hintere, quer eingebaute Tankschraube lösen, aber nicht ausdrehen.
3. Tank vorne anheben, mit einem Stück Holz abstützen und hochstellen (siehe dazu auch Kapitel 3 »Verkleidung · Tank · Rahmen«).
4. Bild 1: Schrauben im Luftfilterdeckel lösen, ausdrehen und herausnehmen.
4.1. Luftfiterdeckel abnehmen.
■ **Hinweis:** Der vorne am Luftfilterdeckel angebaute, zum Sekundärluft-Abschaltventil führende Schlauch kann montiert bleiben.
5. Luftfilter herausnehmen.

Luftfilter reinigen

1. Luftfilter mit der Gummikante vorsichtig auf einer Holzunterlage abklopfen, damit der grobe Schmutz abfällt.
2. Bild 2: Filterpapier vorsichtig auffächern und den Schmutz mit weicher Druckluft abblasen oder mit einem auf »schwache Saugleistung« eingestellten Staubsauger vorsichtig absaugen.
3. Luftfilterkasten mit einem mit Motorradreiniger getränkten Lappen ausreiben, trocken putzen.
4. Bild 3: Den transparenten »Ablaufsack« links unten am Luftfilterkasten auf Öl- und Benzinrückstände kontrollieren: Ablaufsack abziehen, Dreck ausputzen und Ablaufsack wieder aufstecken.

Luftfilter einbauen

1. Gereinigten bzw. neuen Luftfilter einsetzen.
■ Dichtung muss ringsum exakt anliegen.
2. Luftfilterdeckel aufsetzen, Deckelschrauben eindrehen und bis auf 2,5 Nm festziehen.
3. Tank ablassen, vordere Tankschrauben eindrehen, mit 10 Nm festziehen. Hintere Tankschraube mit 7 Nm festziehen. Sitzbank aufbauen.

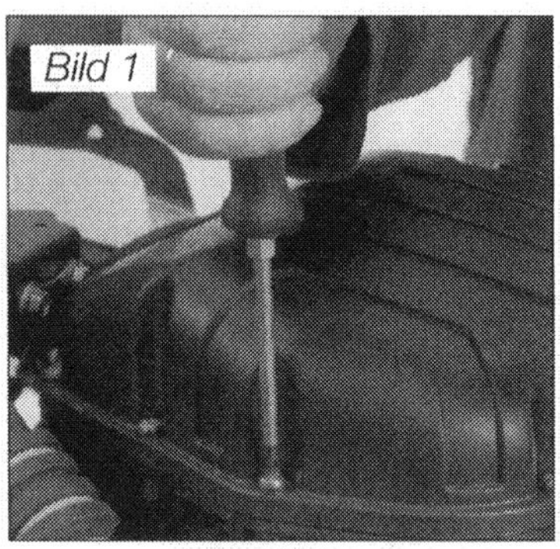

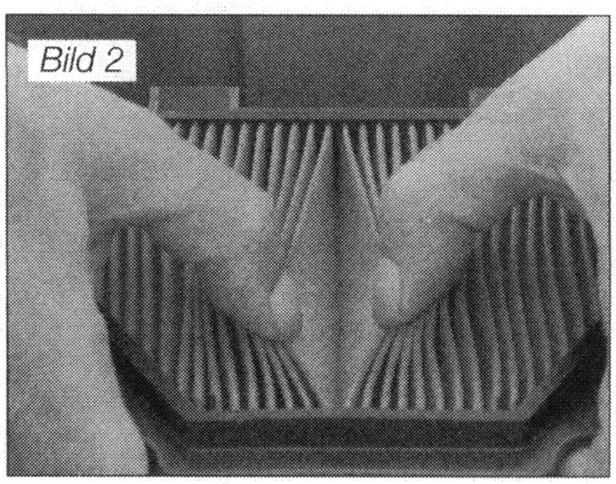

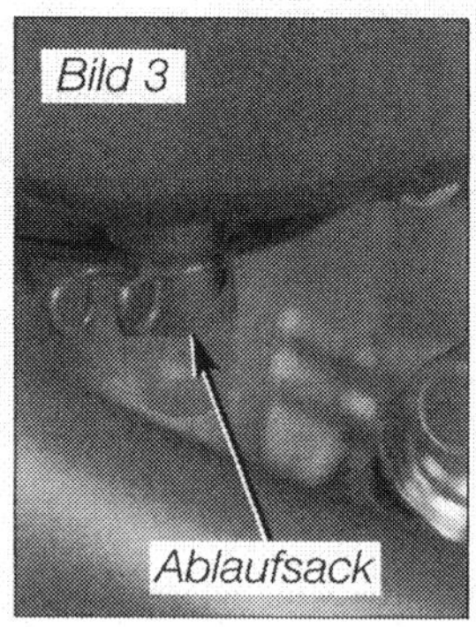

Luftfilterkasten

Der Luftfilterkasten muss zum Aus- und Einbau der Zündkerzen oder zum Abbau des Ventildeckels (zwecks Prüfen des Ventilspiels) abgebaut werden.

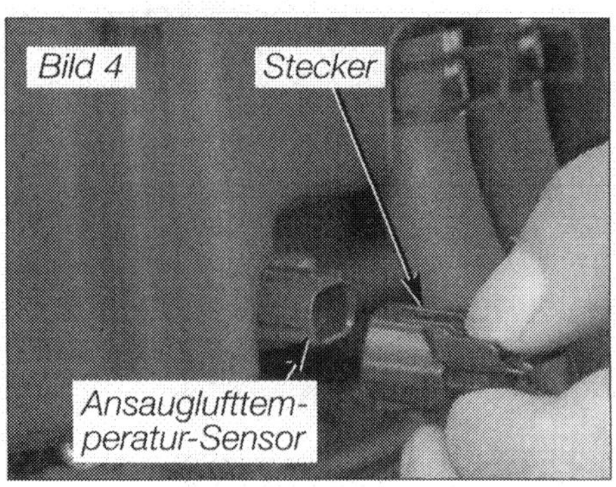

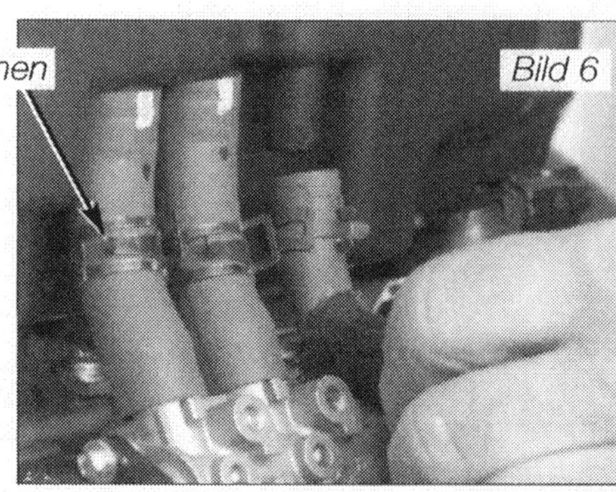

Luftfilterkasten abbauen

1. Vorarbeiten wie bei »Aus- und Einbau des Luftfilters«.
2. Bild 4: Stecker vom Ansauglufttemperatur-Sensor abziehen.
3. Bild 5: Schläuche, die zum Block mit den Luftregulierschrauben führen: Enden der Schlauchklemmen mit einer Zange zusammendrücken und die so »geöffneten« Schlauchklemmen auf den Schläuchen nach unten schieben.
4. Bild 6: Schlauchklemme des Kurbelgehäuse-Entlüftungsschlauchs öffnen und nach unten führen, Schlauch vom Stutzen abschieben.
5. Bild 7: Vordere Halteschraube des Luftfilterkastens an der Halterung des Sekundärluft-Abschaltventils lösen.
6. Mit einem langen Kreuzschlitzschraubenzieher die Klemmschrauben der Schlauchklemmen auf der Unterseite des Luftfilterkastens lösen und etwas aufdrehen.
7. Luftfilterkasten vorsichtig anheben, Schläuche zum Block mit den Luftregulierschrauben aus den Stutzen ziehen.
8. Luftfilterkasten abnehmen. Drosselklappengehäuse mit Lappen abdecken.

Einbau in umgekehrter Reihenfolge:

- Klemmschrauben der Schlauchklemmen, Schraube Ansauglufttemperatur-Sensor 3 Nm.
- Befestigungsschraube Luftfilterkasten 7 Nm.
- Bilder 5 und 6: Schläuche auf Stutzen schieben, Klemmen positionieren.

Sekundärluftsystem

Am Motor ist ein »Sekundärluftsystem« angebaut. Es bewirkt durch Zufuhr von Frischluft (»gefilterte Ansaugluft«) in den Auslasstrakt eine Nachverbrennung der Abgase, bei der eine beträchtliche Menge unverbrannter Kohlenwasserstoffe und Kohlenmonoxyd in relativ harmloses Kohlendioxyd und Wasser umgewandelt wird. Am Sekundärluftsystem kann nichts eingestellt werden, Störungen sind die Ausnahme.

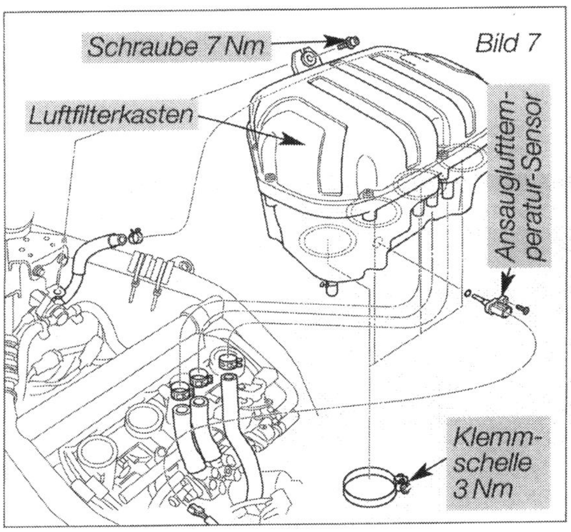

Bild 7

Das **»Sekundärluft-Abschaltventil«** (Bild 8) verschließt oder öffnet den Luftweg. Es wird vom Motorsteuergerät ECU angesteuert und kontrolliert. Im Normalfall wird es im Leerlauf geöffnet, damit Luft zufließen kann. Zu Beginn der Fahrt wird es dann geschlossen. Wenn jedoch die Temperatur der Kühlflüssigkeit zu niedrig ist, bleibt es geöffnet, bis die vorgeschriebene Temperatur erreicht ist. Im Zylinderkopfdeckel sind einseitig wirkende **Membranventile** (Bilder 9 und 10) eingebaut, die nur Frischluft durchlassen; das Eindringen von Auspuffgasen in die Frischluftleitung ist nicht möglich.

Bilder 7 bis 10: Im Lauftext sind die zu den Bildern gehörenden Arbeitsschritte nummeriert beschrieben.

Motor patscht beim Gas zumachen?

Wenn der Motor beim Gas zumachen (»Schiebebetrieb«) unkontrolliert aus dem Auspuff patscht und knallt, ist dies ein Zeichen für einen Fehler im Sekundärluftsystem.

Zuerst den vorne am Luftfilterkasten zu den Membranventilen auf dem Ventildeckel führenden Schlauch auf korrekte Anschlüsse, Löcher, Risse, Porosität überprüfen.

Elektrische Anschlüsse am Abschaltventil auf Korrosion prüfen und ggf. beseitigen. Im Zweifelsfall das Abschaltventil versuchsweise gegen ein erwiesenermaßen funktionsfähiges Teil austauschen.

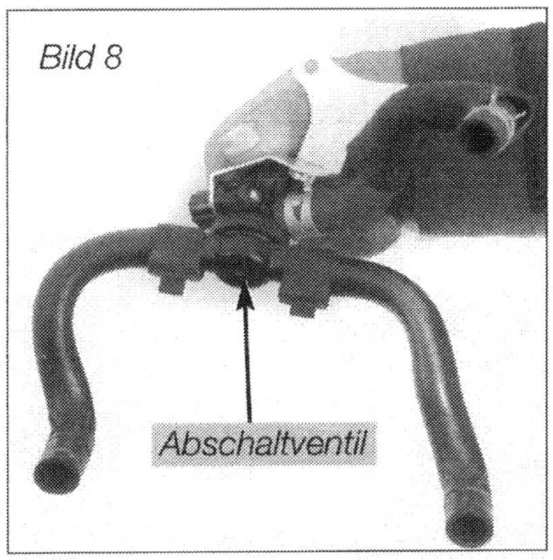

Bild 8

Membranventile prüfen

Eine andere Fehlerquelle sind defekte Membranventile, die nicht mehr dicht schließen.
Bild 10: Die Membranventile dürfen maximal 0,4 mm verzogen sein.

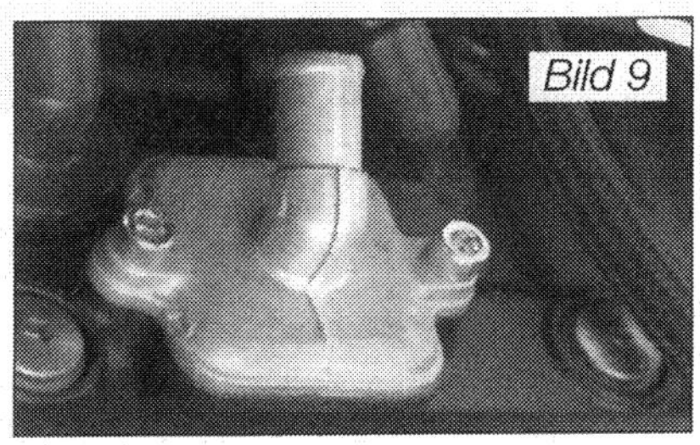
Bild 9

Wenn der Zylinderkopfdeckel zur Kontrolle des Ventilspiels abgenommen ist, sollte man die Membranen begutachten, sie müssen dicht am Gummi anliegen und dürfen keine rußigen Abgas-Verfärbungen aufweisen. Wenn doch: Rückstände vorsichtig mit Bremsenreiniger und Lappen entfernen.

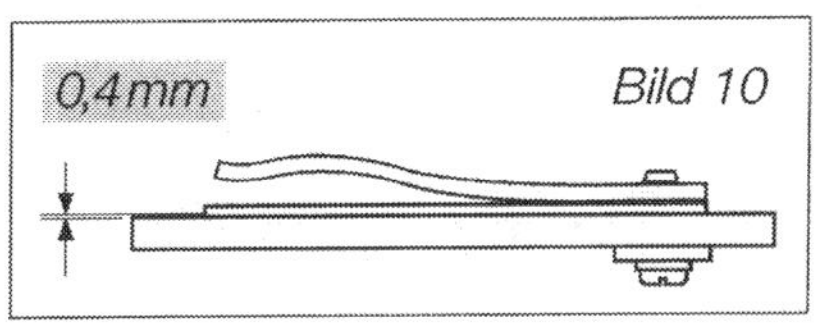

Bild 10

Sichtprüfung Messen

Gasgriff · Gaszüge

In diesem Kapitel: Gasgriff und Gaszüge prüfen · Leerweg am Gasgriff prüfen, Gaszüge einstellen · Verlegung der Gaszüge · Gasgriff zerlegen, reinigen, zusammenbauen · Neue Gaszüge einbauen.

Gasgriff und Gaszüge prüfen

Wichtig: Zwischen dem vibrationshemmenden Gewicht im rechten Lenkerende und dem Rand des Gasgriffgummis muss ein Spalt von etwa 2 mm vorhanden sein (Bild 1a), sonst reibt das Gasgriffgummi daran und der Gasgriff lässt sich nur schwer bewegen.

1. Bei ausgeschaltetem Motor (!) den Gasgriff einige Male auf Vollgas drehen und loslassen: Damit prüfen, ob Gasgriff, Öffner- und Schließergaszug leichtgängig sind.

Wichtig: Der Gasgriff muss von alleine in seine Nullstellung zurückschnappen. Wenn man spürt, dass der Gasgriff schwer geht, muss er zerlegt, gereinigt und geschmiert werden.

2. Wenn man spürt, dass der Gasgriff zwar leicht geht, aber etwas reibt oder der Gasgriff sogar »hakt«, kann es sein, dass eine der beiden Gaszughüllen geknickt oder ein innerer Zug aufgespleißt ist und deswegen nicht leicht genug läuft. Dann muss der entsprechende Gaszug erneuert werden – am besten gleich beide Gaszüge erneuern.

3. Dann den Motor starten und im Leerlauf laufen lassen. Lenkung einige Male ganz nach links und rechts einschlagen und dabei prüfen, ob die Leerlaufdrehzahl gleich bleibt.

»JA«: Verlegung der Züge ist in Ordnung, Gasgriff ist leichtgängig.

»NEIN«: Gaszüge überprüfen: Sie dürfen sich, während der Lenker eingeschlagen wird, weder über ein anderes Bauteil spannen, noch dürfen sie an ein anderes anstoßen und daran knicken.

Leerlaufdrehzahl verändert sich: Wenn sich beim vollen Lenkeinschlag die Leerlaufdrehzahl verändert, ist wahrscheinlich das Spiel im Öffnergaszug (dieses bestimmt den »Leerweg am »Gasgriff«) zu gering und muss überprüft und richtig eingestellt werden.

Bilder 1a, 1b und 1c: Der Leerweg am Gasgriff muss 3 bis 5 mm betragen, gemessen vom Gasgriffgummi zum Gewicht am Lenkerende.

Bilder 2a und 2b: Zum Einstellen des Leerwegs den Einsteller unten am Gasgriff entsprechend ein- oder ausdrehen.

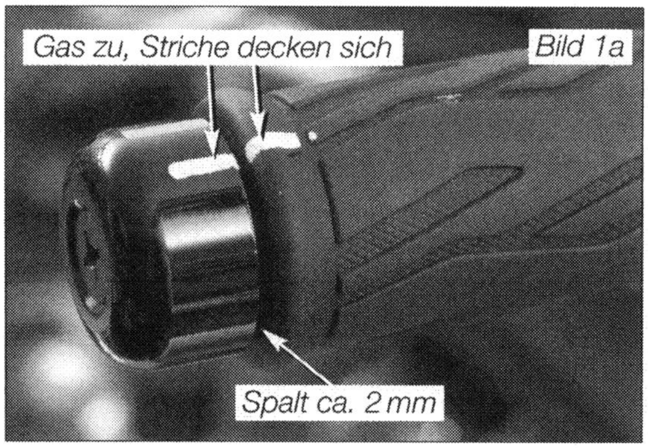

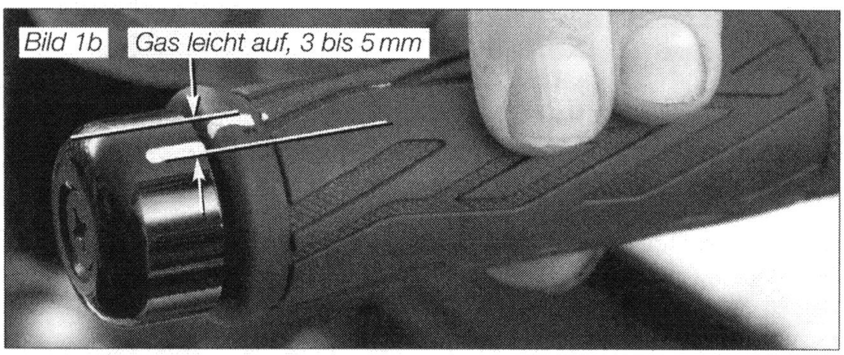

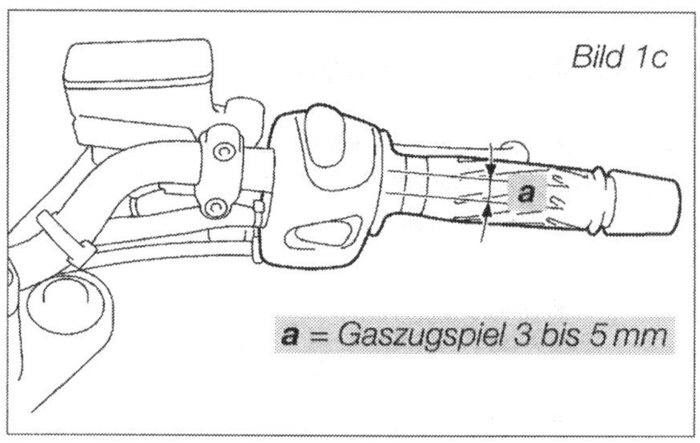

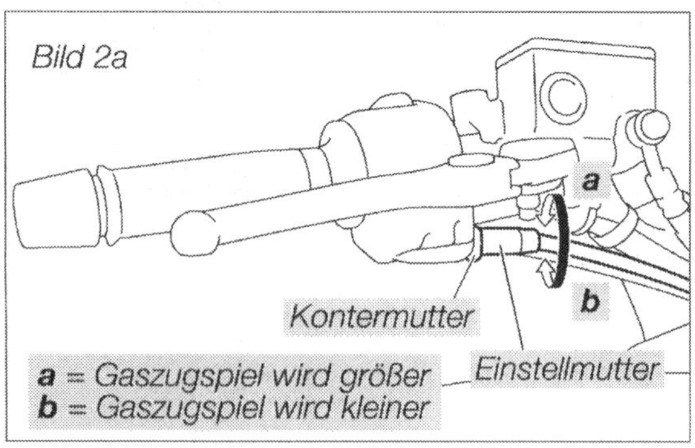

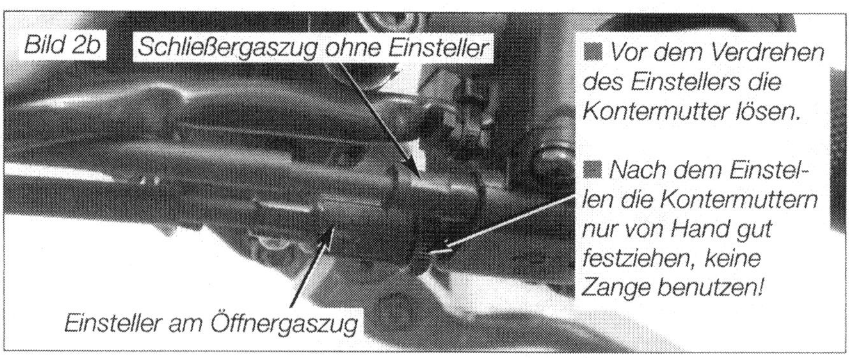

Leerweg am Gasgriff

Bilder 1a, 1b und 1c: Der Leerweg am Gasgriff muss 3 bis 5 mm betragen, er wird am Umfang des Gasgriffgummis zum Lenkerende (bzw. dem vibrationshemmenden Gewicht am Lenkerende) gemessen. Die richtige Einstellung des Leerwegs ist wichtig für die Gasdosierung und bestimmt entscheidend das Gefühl beim Gas geben.

Leerweg überprüfen

1. Bild 1a: Je einen Kreidestrich am Gasgriffgummi und am vibrationshemmenden Gewicht anbringen.
2. Gasgriff vorsichtig drehen, bis man spürt, dass der Öffnergaszug einen Widerstand bekommt:
2.1. Bild 1b: Die beiden Striche dürfen sich 3 bis 5 mm zueinander verschoben haben.

Leerweg einstellen

1. Bild 2: Kontermutter des Öffnergaszugs lösen.
2. Einsteller ein- oder ausdrehen, bis das Spiel stimmt.
3. Kontermutter festziehen, Einsteller dabei in Einstellposition gegenhalten.
Wichig: Bitte benutzen Sie keine Zange um die Kontermutter möglichst festzuziehen! Kontermutter und Einsteller sind gerändelt und lassen sich mit zwei Fingern »gut handfest« anziehen.

Hinweis: Wenn der Leerweg am Gasgriff sich immer wieder verändert, also nach Einstellung schon nach kurzer Fahrstrecke wieder länger wird, ist dies ein deutlicher Hinweis auf einen sich längenden Öffnergaszug, der eben dabei ist, kaputt zu gehen. Dann sollte umgehend ein neuer Gaszug eingebaut werden. Am besten gleich Öffner- und Schließergaszug erneuern.

Grundeinstellung der Gaszüge

Wenn der Gasgriff leicht aufgedreht werden kann, aber dann, wenn er losgelassen wird, nicht wieder von ganz alleine zugeht, und man sicher ist, dass keiner der beiden Gaszüge geknickt ist oder innen reibt, ist wahrscheinlich das Grundspiel der Gaszüge total verstellt.

Gaszüge einstellen

Voraussetzung: Gasgriff muss leichtgängig sein: Er muss, wenn er bei Stellung »Vollgas« (Motor AUSgeschaltet!) losgelassen wird, von selbst in seine Nulllage (»Gas zu«) zurückgehen. Bewegt sich der Gasgriff dagegen schwer, kann das Gaszugspiel nicht korrekt eingestellt werden.

Bild 3: Auf der linken Motorseite am Drosselklappengehäuse ist der untere Einsteller des Öffnergaszugs.
1. Kontermutter des Einstellers lösen.
2. Einsteller so drehen, dass das Spiel des Gaszugs im Sitz des Einstellers ca. 1 mm beträgt:
■ Den Schließergaszug zwischen Einsteller und Seilzugrolle mit zwei Fingern etwas auf und ab bewegen, er muss »lose« sein.
3. Kontermutter gegen das Widerlager festziehen. Einsteller dabei in Position gegenhalten.
4. Oben am Gasgriff (Bilder 2a und 2b): Einsteller wie im Text weiter vorne beschrieben einstellen.
5. Motor starten, im Leerlauf laufen lassen. Lenkung einige Male ganz nach links und rechts einschlagen und dabei prüfen, ob der Leerlauf gleich bleibt. Falls »ja«, ist alles in Ordnung.
5.1. Verändert sich der Leerlauf, ist wahrscheinlich das Leerspiel im Öffnergaszug immer noch zu gering: Unbedingt überprüfen und einstellen.
■ Stellt sich auch damit keine Besserung ein, muss die Verlegung der Gaszüge überprüft und ggf. korrigiert werden: Sie dürfen an keinem anderen Bauteil spannen oder sich knicken.
Die Gaszugverlegung ist in den Bildern 5 und 6 gezeigt.

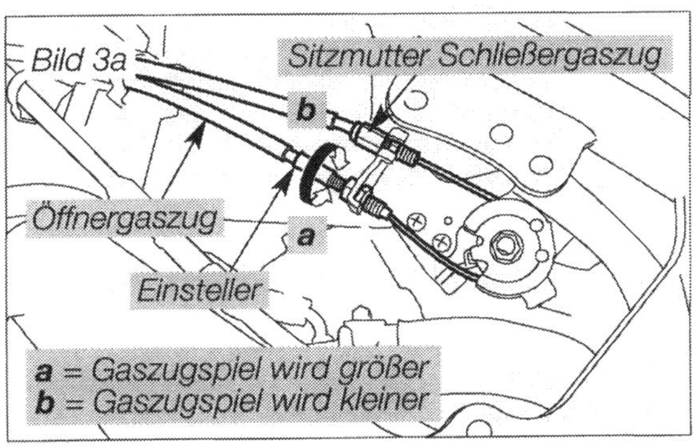

Bilder 3a und 3b: Bauteile und Schraubstellen Gaszüge, Widerlager und Seilzugrolle links am Motor.

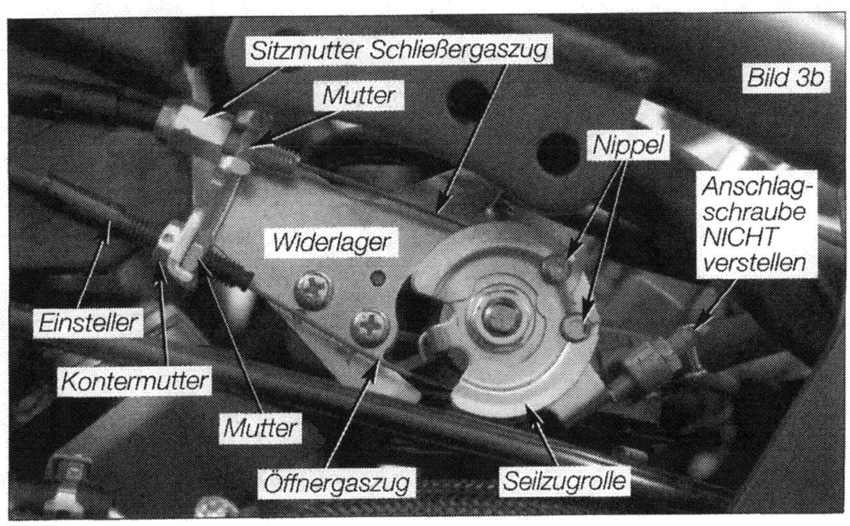

6. Wichtig: Das Ende des Schließergaszugs muss sich aus der Sitzmutter ca. 1 mm ausziehen lassen (»Spiel haben«).

Gasgriff, neue Gaszüge

Verlegung der Gaszüge

Bild 5: Die Gaszüge kommen unten aus dem Gasgriff heraus (Bilder 2a und 2b), sie laufen im Bogen um den Lenkkopf herum und führen über der unteren Gabelbrücke innen am Gabelstandrohr vorbei auf die linke Rahmenseite und von dort auf direktem Wege zur Seilzugrolle (Bild 3b).

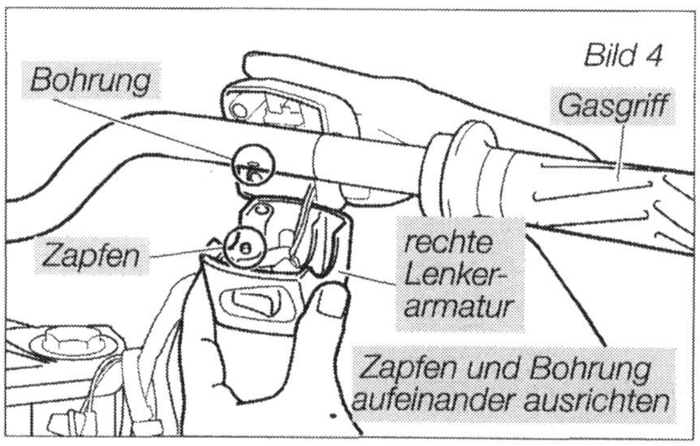

Bild 4: Geöffnete rechte Lenkerarmatur.

Bilder 5 und 6: Verlegung der Gaszüge.

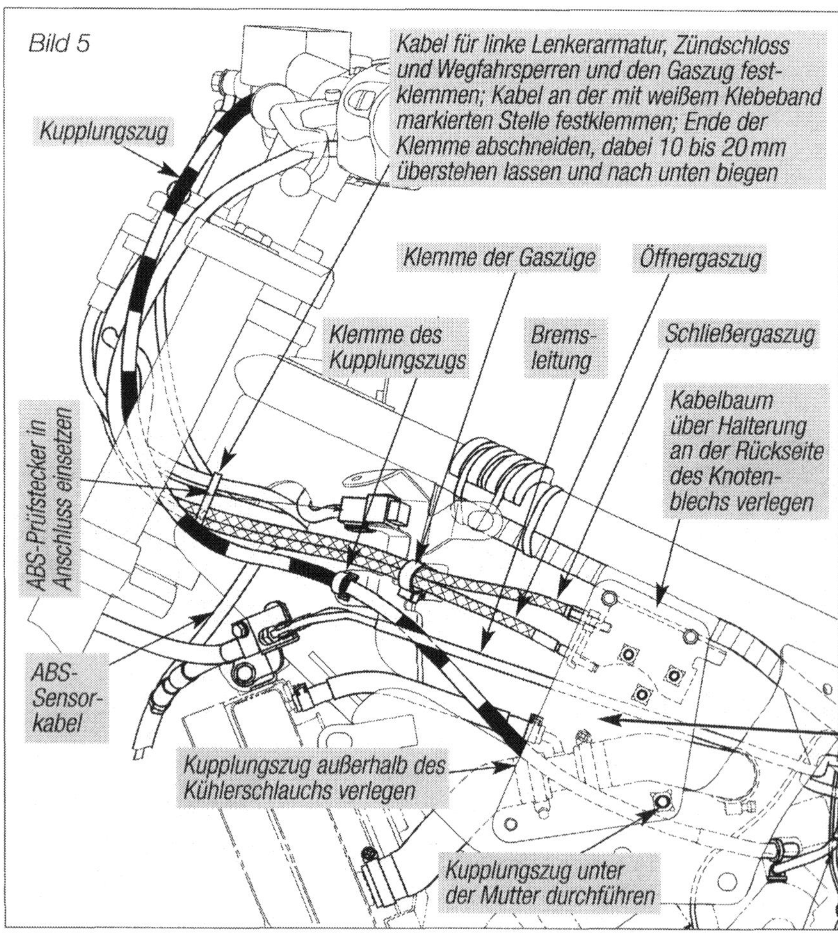

Gasgriff reinigen und schmieren

Wenn der Gasgriff schwer geht (oder neue Gaszüge eingebaut werden müssen), müssen das rechte Schaltergehäuse geöffnet und der Gasgriff ausgebaut, gereinigt und geschmiert werden.

1. Das außen am Lenker angeschraubte Lenkergewicht (»Vibrationskiller«) abschrauben.
2. Oben am Gasgriff: Kontermutter und Einsteller am Gaszug lösen, ganz eindrehen, so dass der Gaszug »lang« und lose wird.
3. Die Kreuzschlitzschrauben, welche das Gasgriff-Schaltergehäuse zusammenhalten, ausschrauben: Sie sind von unten erreichbar.
4. Bild 4: Gehäusehälften vorsichtig voneinander trennen.
5. Unten an der Seilzugrolle (Bild 3b): Kontermutter vom Öffnergaszug weit lösen, Einsteller herausnehmen.
6. Oben am Gasgriff: Nippel der Gaszüge aushängen.
7. Gasgriff vom Lenkerrohr abziehen, reinigen.

Wichtig: Zur Reinigung des Gasgriffs keine aggressiven Lösungsmittel wie zum Beispiel Bremsenreiniger verwenden, denn diese können die Verklebung des Gasgriffgummis lösen! Am besten den Gasgriff innen und außen sowie das Lenkerrohr mit Ölspray (WD-40) und sauberem Lappen reinigen.

Neue Gaszüge einbauen, Gasgriff zusammenbauen

1. Schraubstellen unten am Widerlager:
1.1. Öffnergaszug ist schon ausgehängt, jetzt den Nippel aus Seilzugrolle herausnehmen.
1.2. Schließergaszug ist noch eingebaut: Sitzmutter aufdrehen, bis die Mutter weit genug lose ist und sich der Zug (bzw. die Sitzmutter) aus dem Schlitz herausnehmen lässt. Auch den Nippel aus der Seilzugrolle aushängen.
1.3. Gaszüge herausnehmen.
2. Oben: Neue Gaszüge in Gasgriff einstecken.
3. Gasgriff schmieren: Hochwertiges, leichtes

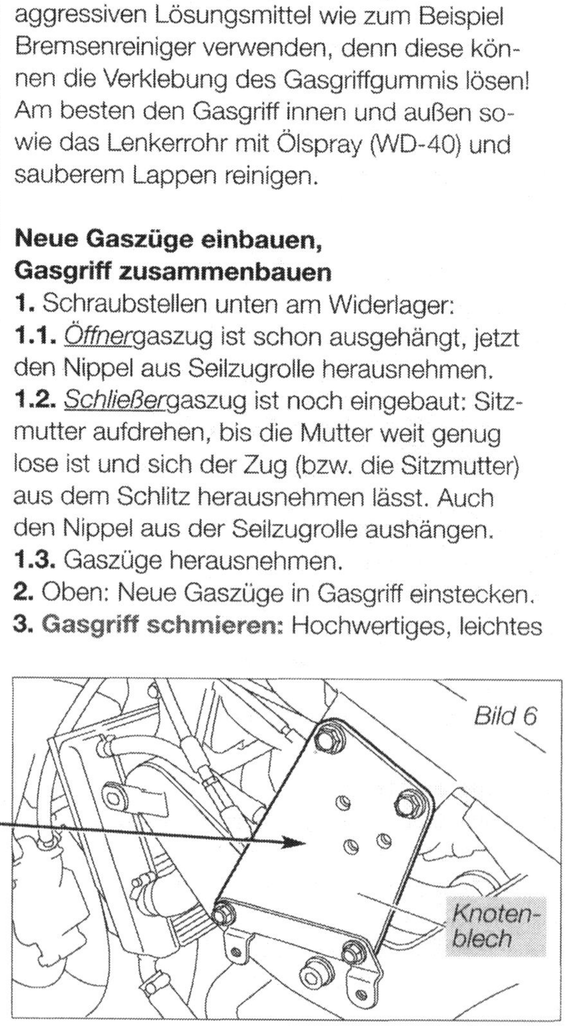

und säurefreies Fett (»Molybdändisulfidfett«) dünn auf das Lenkerrohr, in den Gasgriff und in die Seilzugführung auftragen.

■ Etwas Fett auch unten auf die Seilzugrolle und die beiden Nippelbohrungen geben.

4. Gasgriff auf Lenker schieben, Nippel von Öffner- und Schließergaszug einhängen.

4.1. Gasgriff in Position bringen, Schaltergehäuse an- und zusammensetzen.

Beachten: Zapfen in der unteren Gehäusehälfte muss in Bohrung im Lenker eingreifen, erst dann lässt sich das Gehäuse zusammensetzen.

4.2. Schrauben eindrehen, handfest anziehen.

5. Gaszüge verlegen (siehe Zeichnung in Bild 5).

6. Bild 3b: Nippel der Gaszüge unten in Seilzugrolle einsetzen. Gaszugeinsteller und Sitzmutter in Widerlager einsetzen.

6.1. Sitzmutter des Schließergaszugs festziehen.

7. Gaszüge einstellen wie im Text weiter vorne beschrieben.

8. Lenkergewicht anschrauben. Gaszugspiel kontrollieren wie im Text vorne beschrieben.

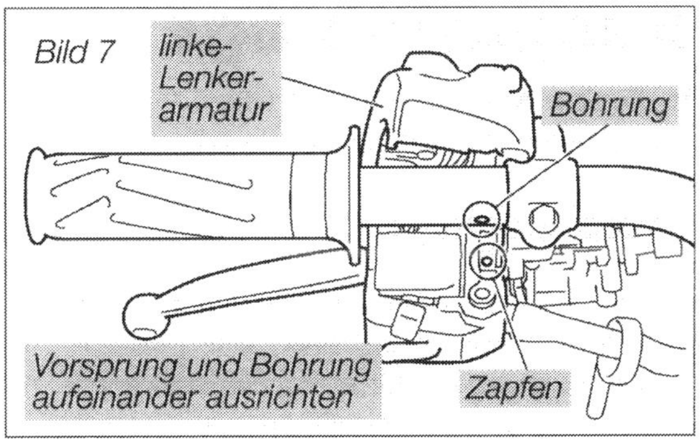

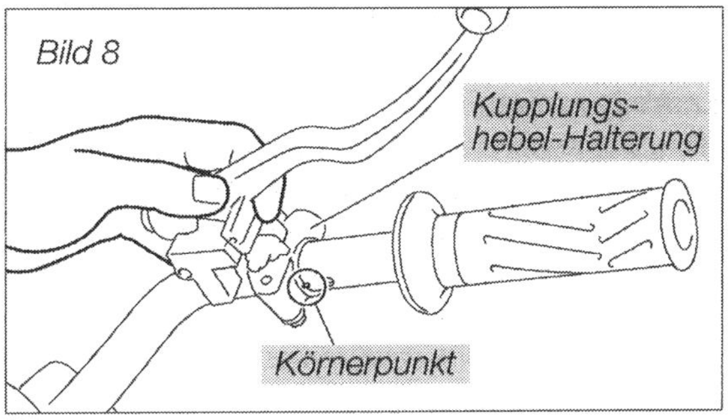

Bilder 7 und 8: Weil wir schon am Lenker sind, zeigen wir der Vollständigkeit halber auch die Fixierung der linken Lenkerarmatur und den Einstell-Körnerpunkt für die Kupplungshebel-Halterung unten am Lenker.

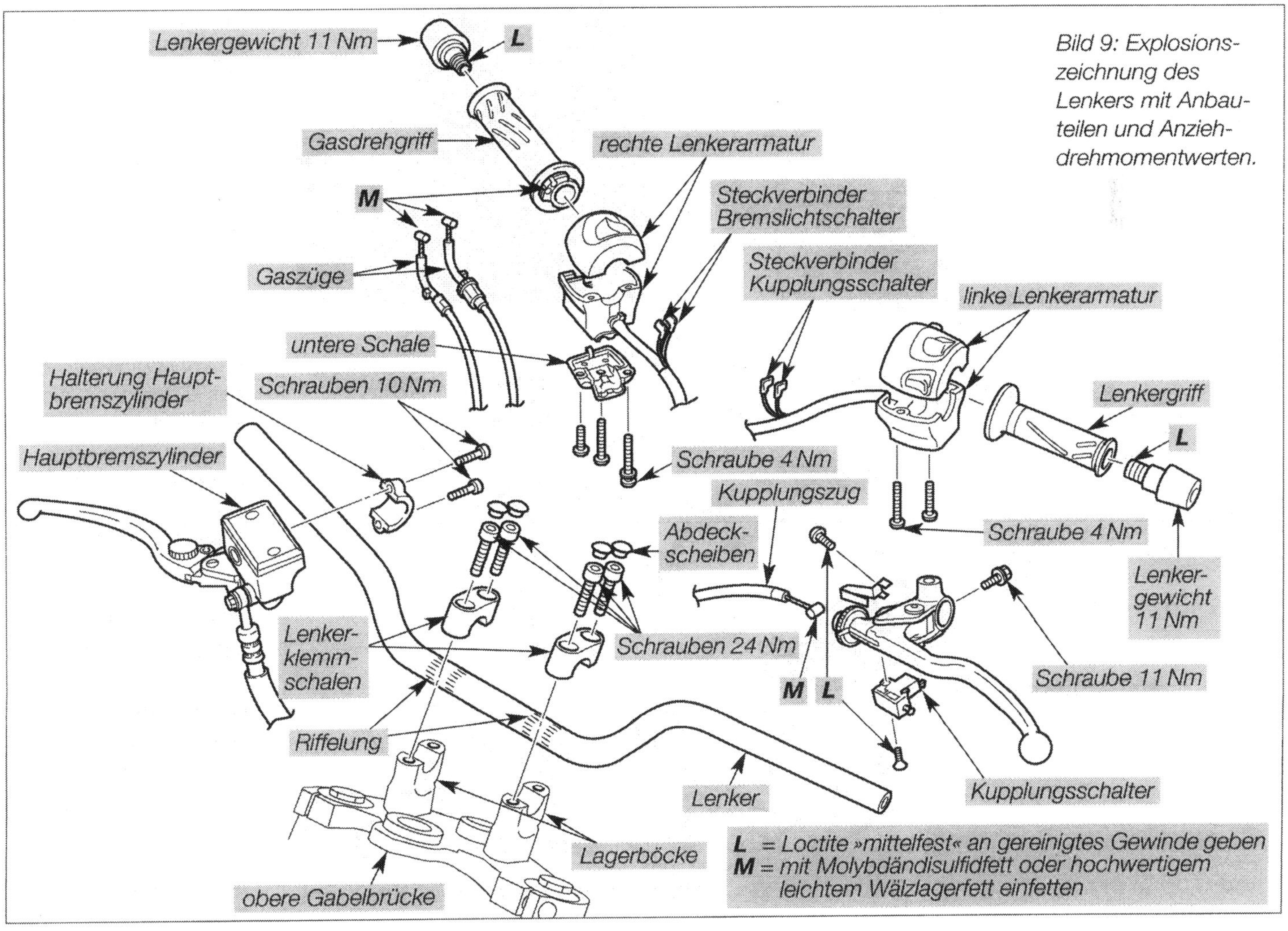

Bild 9: Explosionszeichnung des Lenkers mit Anbauteilen und Anziehdrehmomentwerten.

Pflegetipp: Wie man Flecken entfernt, die sich in den Auspuff eingebrannt haben, steht in Kapitel 1 »Wartung · Pflege«.

Bild 1: Anbauzeichnung der Auspuffanlage mit Anziehdrehmomentwerten.

Bild 2: Die Lambdasonde ist am Ende des rechten Krümmers eingeschraubt.

Auspuffanlage

In diesem Kapitel: Auspuffanlage · Auspuff kontrollieren · Auspuff ab- und anbauen.

Auspuffanlage

In die 4-in-1-Auspuffanlage sind ein geregelter 3-Wege-Katalysator und eine Lambdasonde für die Regelung der Einspritz-Zündelektronik eingebaut. Die vier Auspuffkrümmer münden in einen voluminösen Auspufftopf, worin der Katalysator eingebaut ist.

Lambdasonde (Bild 2)
Die Lambdasonde ist am Ende des rechten Auspuffkrümmers angebaut. Sie ist wesentlich verantwortlich für optimale Gemischzusammensetzung und damit für saubere Abgase. Die Lambdasonde ist ein zuverlässiges Bauteil, Defekte sind nicht zu befürchten.

Die Lambdasonde misst permanent den Sauerstoffgehalt im Abgas. Diese Information wird zum Motorsteuergerät geschickt, das entscheidet mehr oder weniger Kraftstoff einzuspritzen, damit das ideale Luft-Kraftstoff-Verhältnis von »Lambda 1« erreicht wird (ca. 14 Kilogramm Luft pro Kilogramm Treibstoff).

Unter »sauberem Abgas« versteht man Emissionen, die möglichst wenig Schadstoffe enthalten, also unverbrannte Kraftstoffreste wie Kohlenwasserstoffe oder unvollständig verbrannter Kohlenstoff (Kohlenmonoxyd, CO). Auch nicht komplett verheizter Luftstickstoff zählt dazu (Stickoxyde, NOx).

⚠ **Achtung:** Kabel der Lambdasonde nicht belasten, nicht daran ziehen und nicht verdrillen. Ausgebaute Lambdasonde vorsichtig behandeln: Nicht auf den Boden fallen lassen, nirgends anschlagen! Eine neue Lambdasonde kostet über 100 Euro.

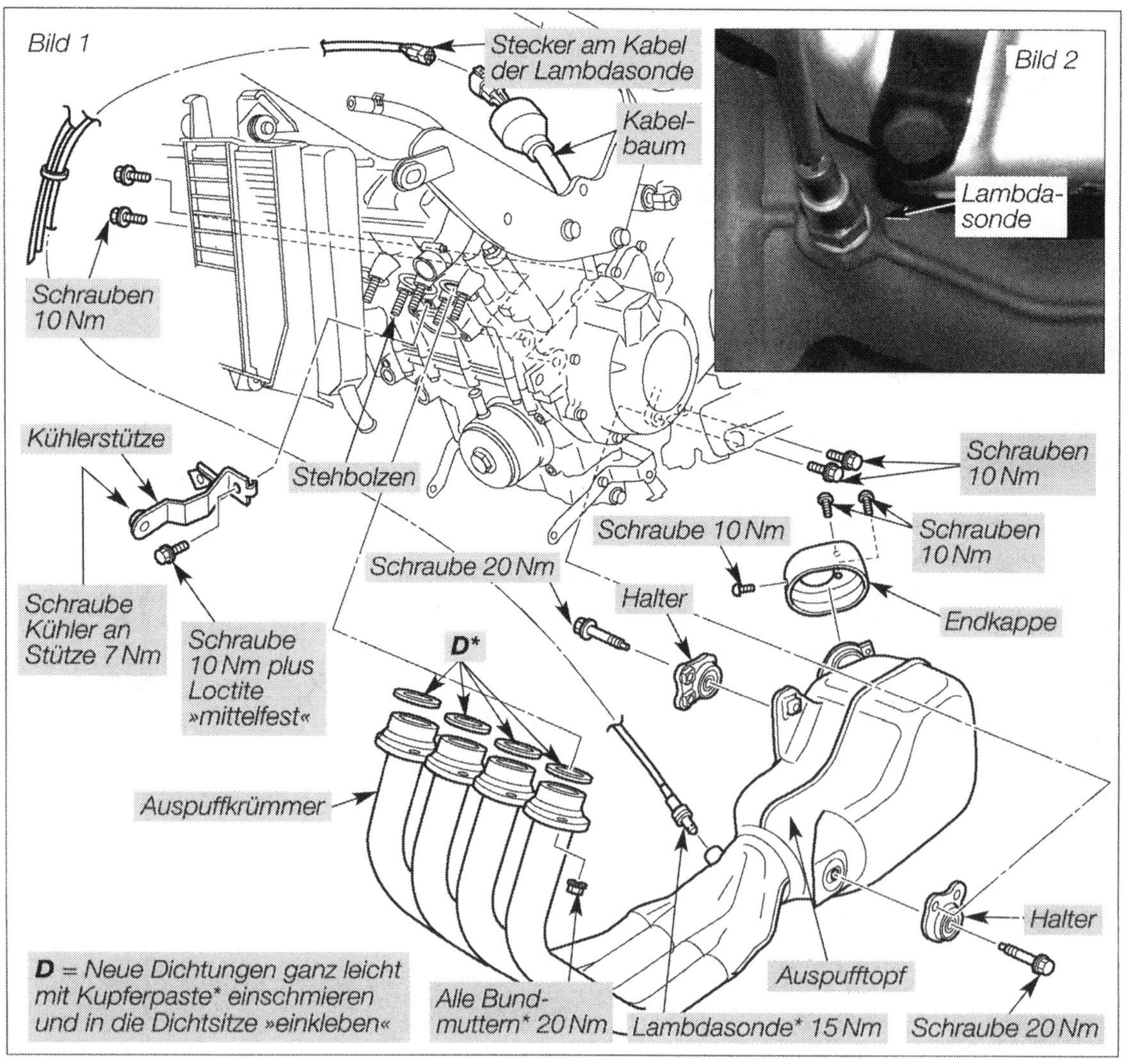

Auspuff kontrollieren
■ Sichtprüfung: Alle Schweißnähte dicht? Oberfläche ohne Dellen und Löcher?
■ Hörprobe: Wenn man mit dem Handballen gegen den (angebauten) Auspufftopf klopft oder die abgebaute Auspuffanlage schüttelt und es klappert nichts, ist alles in Ordnung. Wenn etwas klappert, hat sich ein Prallblech gelöst oder der Katalysator ist zerbrochen. Dann muss man einen neuen Auspuff anbauen.

Auspuff ab- und anbauen

Vorarbeiten: Motorrad ordentlich aufbocken, am besten auf einen Heckmontageständer. Sitzbank abnehmen. Tank und entsprechende Verkleidungsteile abbauen (siehe Kapitel

3 »Verkleidung · Tank · Rahmen«), damit man an die Bundmuttern am Zylinderkopf gelangt.

Auspuff abbauen

1. Stecker der Lambdasonde trennen, Kabel lösen (Bild 1).
2. Schraube der Stütze unten am Kühler ausschrauben, Kühler etwas nach vorne ziehen.
3. Bild 3: Bundmuttern von den Stehbolzen am Zylinderkopf abschrauben.
Wichtig: Bei alten Maschinen können diese Muttern so fest sitzen, dass beim Öffnen der Mutter diese sich nicht vom Gewinde abdreht, sondern der Stehbolzen aus seinem Gewinde im Zylinderkopf herausgedreht wird. Wenn keine Möglichkeit zur Reparatur des Gewindes besteht (z. B. mit HeliCoil) und das Gewinde von Stehbolzen und Zylinderkopf so weit in Ordnung, also nicht herausgerissen ist, kann man den Stehbolzen mitsamt der darauf verklemmten Mutter wieder einschrauben. Das Gewinde sollte jedoch bei nächster Gelegenheit repariert werden.
4. Bild 4: Schrauben ausdrehen, mit denen der Auspuff an den Haltern befestigt ist.
5. Bild 4: Halter abschrauben.
6. Krümmer und Auspufftopf gemeinsam fest mit den Händen anpacken, etwas hin und her bewegen und nach vorne herausziehen.

Achtung: Wenn das Motorrad auf dem Hauptständer abgestellt ist, darauf achten, dass es beim Ziehen an den Auspuffkrümmern nicht nach vorne vom Hauptständer rollt!

7. Bild 1: Dichtungen in den Auslasskanälen des Zylinderkopfs herausholen. Wenn sie verklemmt sind, mit einem Schraubenzieher aushebeln.
8. Bild 2: Wenn ein anderer Auspuff montiert wird und die Lambdasonde in den neuen Auspuff eingebaut wird: Lambdasonde aus Krümmer ausdrehen.
9. Bild 5: Wenn notwendig, Endkappe vom Schalldämpfer abschrauben.

Auspuff anbauen

1. Bild 5: Wenn die Endkappe abgebaut war, diese aufstecken, Schrauben eindrehen und mit 10 Nm festziehen.
2. Bild 2: Falls die Lambdasonde ausgebaut war: Gewinde reinigen, einen Tropfen Kupferpaste ans Gewinde geben, eindrehen und festziehen mit 15 Nm.
3. Dichtsitze in den Auslasskanälen reinigen. Neue Dichtungen leicht mit Kupferpaste einschmieren und in die Dichtsitze »einkleben«.
3.1. Bei dieser Gelegenheit auch etwas Kupferpaste an die Gewinde der Stehbolzen geben.
4. Auspuff ansetzen, Krümmerstutzen gleichzeitig in die Auslasskanäle einschieben.
4.1. Bundmuttern auf die Stehbolzen drehen.
5. Bild 4: Linken und rechten Halter anschrauben.
6. Bild 4: Etwas Kupferpaste an die Befestigungsschrauben des Auspuffs geben, eindrehen.
7. Festziehen:
7.1. Bild 3: Muttern auf Stehbolzen in mehreren Schritten gleichmäßig bis auf 20 Nm festziehen.
7.2. Bild 4: Schrauben Halter an Rahmen 10 Nm.
7.3. Schrauben Halter an Auspufftopf 20 Nm.
8. Stecker vom Kabel der Lambdasonde zusammenstecken. Kabel muss spannungs- und knickfrei verlegt sein.
9. Kühler zurückdrehen, Schraube zur Stütze eindrehen, mit 7 Nm festziehen.
10. Abgebaute Teile montieren.

Wichtige Auspuff-Adressen:

Akrapovic: Jamparts Fahrzeugtechnik Vertriebs GmbH
Friedenstraße 2
D-71282 Hemmingen
www.akrapovic.de
www.berger-motorsport.com
www.partsworldshop.com

BOS: BOS Auspuff GmbH
Reitgaarstraße 2
D-49828 Neuenhaus
www.bosauspuff.de
www.xajo.com
www.sk-motoparts.ch

BSM Exhausts GmbH
Am Weidenhof 15
D-65618 Selters
www.bsm-exhausts.de
www.bsm-exhausts.ch

LeoVince: MCA Service
Kleinburgwedeler Weg 17
D-30938 Burgwedel
www.leovince.de
www.schumoto.at
www.teknoparts.ch

Remus: Phoenix Motorradtuning
Neuenhofstraße 160 d
D-52078 Aachen
www.phoenix-motorrad.de
www.remus.at
www.remus.ch

Sebring: MIZU Vertriebs GmbH
Weidgang 3 – 5
D-78247 Hilzingen
www.sebring.de, www.mizu.de
www.sebring.at
www.hostettler.com

Bild 3: Kupferpaste an die Gewinde der Stehbolzen geben. Muttern in mehreren Schritten gleichmäßig bis auf 20 Nm festziehen.

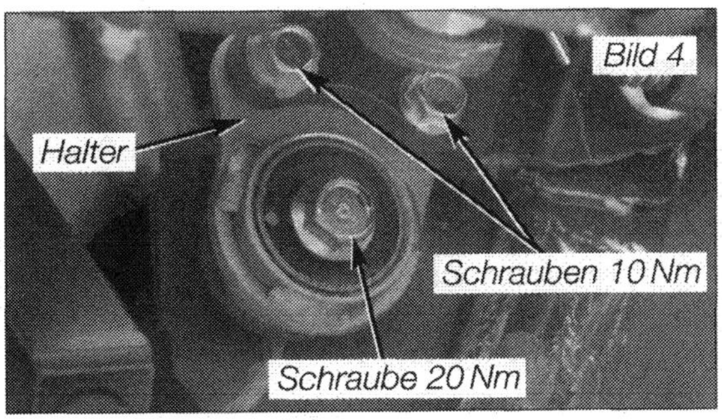

Bild 4: Zuerst die Schrauben der Halter, dann die Schraube zum Schalldämpfer festziehen.

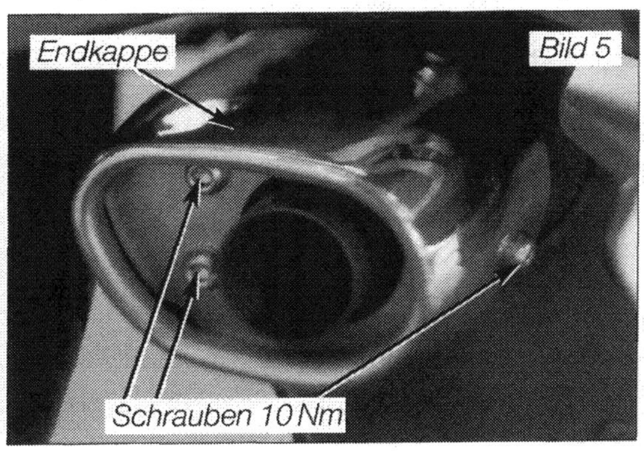

Bild 5: Befestigung der Endkappe. Sie ist verchromt und kann zum Polieren abgeschraubt werden.

Schmiersystem

In diesem Kapitel: Schmiersystem · Motoröl · Mineral- oder Synthetiköl? · Ölstand · Ölwechsel · Öldstandschalter · Öldruck messen und bewerten · Öldruckregler · Ölkühler.

Schmiersystem

Konstruktion: Nasssumpf-Druckumlaufschmierung. Kettengetriebene Trochoidenölpumpe. Ein vom Kühlwasser umspülten Ölkühler.

Ölverbrauch

Der Vierzylinder der Yamaha XJ6 darf bis zu einem Liter Motoröl auf 1000 km verbrauchen. Die meisten Motoren begnügen sich mit 0,2 bis 0,4 Liter auf 1000 km Fahrstrecke (oder noch weniger). Ein neuer Motor braucht weniger als ein »alter« Motor, der schon mehr als 100 000 km gelaufen hat. Gundsätzlich hängt der Ölverbrauch stark von den Betriebszuständen ab: Wird die XJ6 vor allem auf Langstrecken und mit hohen Drehzahlen (Geschwindigkeiten) gefahren, ist der Ölverbrauch höher als bei Bummelfahrten mit niedrigen Drehzahlen.

Motoröl

Füllmengen

- 2,5 Liter ohne Filterwechsel
- 2,8 Liter mit Filterwechsel
- 3,4 Liter, wenn der Motor nach Zerlegung und Zusammenbau ganz trocken ist und wieder befüllt wird.

Vorgeschriebenes Motoröl

Yamaha schreibt Folgendes zum Motoröl: *»Empfohlene Motorqualität API-Service, Sorte SG oder höher/Jaso MA. Sorte (Viskosität) SAE 10W-30, SAE 10W-40, SAE 15W-40, SAE 20W-40 oder SAE 20W-50.«*

Sicherheitshinweise Achtung und Tipps für dieses Kapitel

Zur Kontrolle des Ölstands das Motorrad nicht schräg nach links geneigt auf dem Seitenständer abstellen; Motorrad muss waagerecht und senkrecht stehen.

Im Gewinde von Öleinfüllstopfen und Ölmessstab sind O-Ringe eingesetzt (Bilder 4a und 4c). Diese kontrollieren, ob sie in Ordnung sind, also keine geklemmte oder ausgerissene Stelle haben. Sollte einer von ihnen beschädigt sein, unbedingt erneuern, sonst drückt es (bzw. zieht der Fahrtwind!) Öl heraus. Keine Zange benutzen und damit den Stopfen fest anziehen – nur handfest anziehen!

Vor einer längeren Fahrt zu Hause den Ölstand kontrollieren und ggf. mit dem richtigen Öl auffüllen. Wer auf mehrtägige Fahrt geht, sollte sich eine flache, 0,5 bis 1,0 Liter fassende, ölfeste Plastikflasche mit öldichtem Verschluss mit dem Motoröl auffüllen, das garantiert im Motor drinnen ist, und die Flasche ins Gepäcksystem packen. Entsprechende Flaschen gibt es z. B. im Chemiefachhandel.

Motoröl nur in betriebswarmem Zustand wechseln, also vorher den Motor mindestens zehn Kilometer warm fahren. Damit wird sichergestellt, dass Metallabriebteile, die sich noch nicht abgesetzt haben, sondern noch in der Schwebe sind, vom heißen Öl aufgenommen und beim Ablassen mit herausgespült werden.

Altöl niemals wegschütten, sondern an einer Sammelstelle oder Tankstelle abliefern. Jeder Ölverkäufer ist zur Rücknahme einer entsprechenden Menge Altöls verpflichtet! Beim Kauf von neuem Öl die Quittung aufbewahren und bei der Rückgabe des Altöls vorzeigen!

NIEMALS Getränkeflaschen als Altölbehälter verwenden! Besser sind etwa alte Benzinkanister, die mit einem dauerhaften Etikett »Altes Motoröl« versehen werden.

Dem Altöl keine anderen Flüssigkeiten beimischen, wie z. B. Brems- oder Kühlflüssigkeit. Diese extrem giftigen und wenig umweltfreundlichen Betriebsstoffe müssen in extra Behältern aufgefangen und zu Problemstoff-Sammelstellen gebracht werden.

Zum Ölablassen ein so großes Gefäß verwenden, das den Bereich von Ölablassöffnung und Ölfilter unterm Motor nicht nur abdeckt, sondern allseitig um mindestens zehn Zentimeter übersteht. Es gibt im Motorrad-Zubehörhandel kombinierte Ölfangwannen-Behälter, bei denen das Öl in eine Wanne und von dort direkt in den Sammelbehälter läuft (Bild 1). Dieser ist verschließbar und mit einem Tragegriff versehen, also leicht transportabel. Altöl zur Ölsammelstelle bringen, wo es umweltgerecht entsorgt wird.

Wenn die Ölablassschraube ihren letzten Gewindegang erreicht hat, beginnt das Öl bereits zu laufen. Finger wegziehen! Es ist besser, die Ölablassschraube mit dem ersten Schuss Öl ins Auffanggefäß fallen zu lassen, als sich am heißen Öl die Finger zu verbrühen! Öl läuft erst im Strahl, nach einiger Zeit nur noch tropfenweise. Geduldig warten, bis der letzte Tropfen im Auffanggefäß gelandet ist.

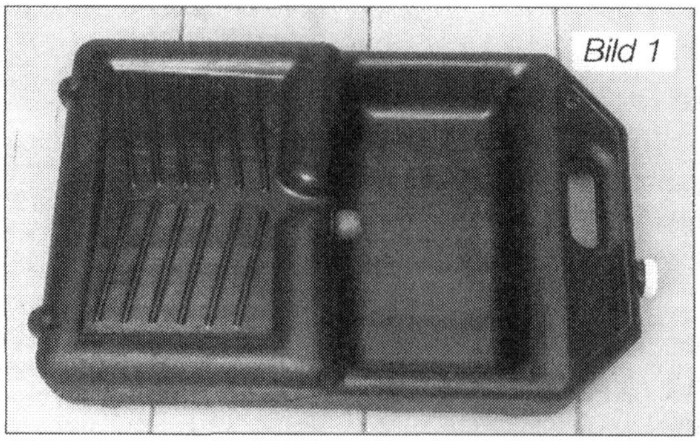
Bild 1

Bild 1: Eine solche Ölauffang-Transportwanne eignet sich prima zum Ölwechsel.

Die Ölviskosität soll nach folgenden Außentemperaturen gewählt werden:

- von −10 bis 20 °C .... SAE 10W-30
- von −10 bis 40 °C .... SAE 10W-40
- von −10 bis über 40 °C .... SAE 10W-50
- von 0 bis 40 °C .... SAE 15W-40
- von 10 bis 40 °C .... SAE 20W-40
- von 10 bis über 40 °C .... SAE 20W-50

Weil sich die Temperaturen in unserem mitteleuropäischen Raum übers Jahr gesehen zwischen −10 und 40 °C bewegen, ist ein 10W-40er Öl die richtige Wahl, also quasi ein »Ganzjahresöl«.

Weiterhin sagt die Yamaha-Werksvorschrift:

- Ausschließlich herkömmliche Motorrad-Motoröle verwenden.
- Keine Öle mit Graphit- oder Molybdänzusatz verwenden, sonst besteht die Gefahr, dass die Kupplung rutscht.
- Keine Ölzusätze dem Motoröl zugeben! Wir raten sogar dringend davon ab.
- Nicht verwenden sollte man die so genannten »Leichtlauföle« ab SAE 5 oder »Ultra-Mehrbereichsöle« wie z. B. SAE 0W50. Diese sind für Automotoren entwickelt worden, wo ja weder Kupplung noch Getriebe im Motorölbad laufen. Für Motorradmotoren sind sie nicht geeignet.
- Nicht verwendet werden dürfen Dieselöle mit der Spezifikation »CD« oder höher und Öle der Spezifikation »Energy Conserving II« bzw. »energiesparend«.

Mineralöl oder Synthetiköl?

Es gibt zwei verschiedene Motorölsorten: Mineralöl und synthetisches Öl. Mineralöl ist billiger, teil- oder vollsynthetisches Öl teurer. Der Motor der XJ6 kann mit beiden Ölen betrieben werden.

Für die tourensportliche XJ6, deren Motor sowohl im Alltag auf Kurzstrecken mit niedrigen als auch sehr sportlich mit hohen Drehzahlen gefahren werden kann, empfehlen wir teil- oder vollsynthetisches Öl.

Yamaha arbeitet auf dem Schmiermittelsektor seit vielen Jahren mit verschiedenen Ölherstellern zusammen. Beispielhaft sei hier die Marke Shell erwähnt, die unter dem Namen ADVANCE verschiedene Öle und Schmiermittel speziell für Motorräder (Bild 2) anbietet. Aus diesem Programm sind für die XJ6 besonders geeignet:

- vollsynthetisches Öl Shell ADVANCE Ultra
- teilsynthetisches ADVANCE VSX

in den oben genannten SAE-Spezifikationen. Man kann auch Mineralöl verwenden, zu dem wir jedoch nicht unbedingt raten.

Warum wir voll- oder teilsynthetisches Öl empfehlen, ist schnell erklärt: Gegenüber Mineralöl ist teil- oder vollsynthetisches Motoröl zwar teurer, aber auch besser, denn es sichert auch bei extremen Temperaturen die Schmierung, der Ölverbrauch ist niedriger und man kann auch mal die Ölwechselgrenze von 10 000 km überschreiten, weil sich das Öl nicht so schnell verbraucht.

Bild 2: Empfehlenswerte Motoröle für die XJ6: ADVANCE VSX ist teilsynthetisches, ULTRA vollsynthetisches Öl.

Bild 3: Schraubstellen des Schmiersystems außen am Motor.

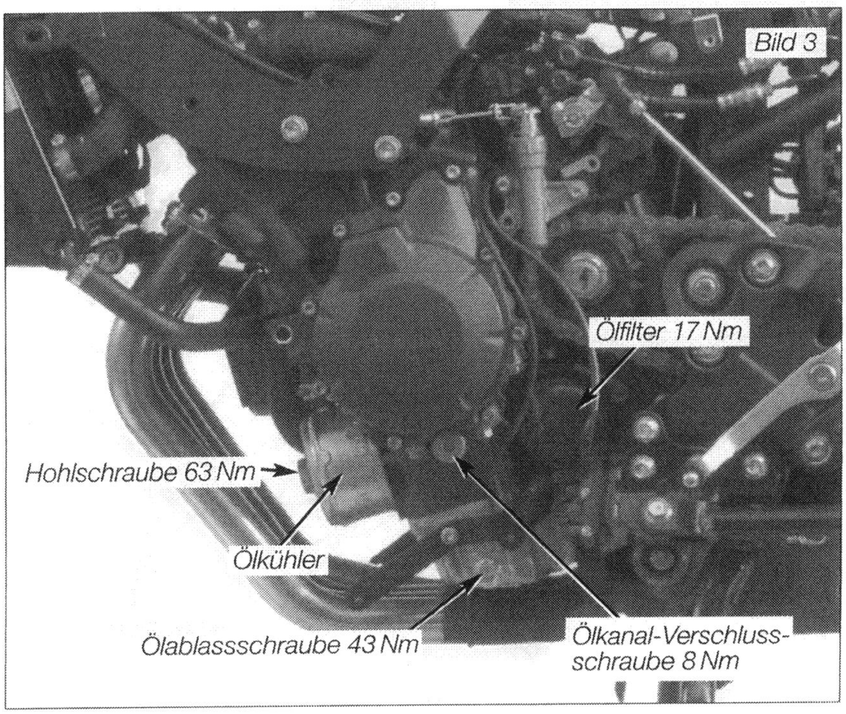

Sichtprüfung Messen

Motoröl bei gebrauchten Maschinen
Wenn Sie eine gebrauchte XJ6 mit hoher km-Leistung kaufen, die Zeit ihres Lebens ausschließlich mit Mineralöl betrieben wurde, dann raten wir Ihnen, auch weiterhin Mineralöl zu benutzen. Wenn Sie auf vollsynthetisches Öl umstellen, kann es sein, dass der Motor kaputt geht, weil vollsynthetisches Öl eine hohe Reinigungskraft hat und in kürzester Zeit alle Ablagerungen aus Lagern und den Nuten der Kolben- und Ölabstreifringe herausgewaschen werden. Eine Umstellung von Mineralöl auf vollsynthetisches Öl sollte spätestens beim dritten Ölwechsel bei ca. 20 000 km erfolgen, nicht später.

Ölwechsel-Intervalle
Ölwechsel ist erstmals bei 1000 km, bei 10 000 km und danach alle 10 000 km vorgeschrieben. Yamaha schreibt weiterhin vor, bei jedem zweiten Ölwechsel (also alle 20 000 km) einen neuen Ölfilter zu montieren. Wir hingegen empfehlen, einen neuen Ölfilter bei jedem Ölwechsel anzuschrauben, weil der Ölfilter feinste Schmutzpartikel auffängt und deren Vordringen in die Lagerstellen verhindert, wo sie möglicherweise irreparable Schäden anrichten können.

Bilder 4a und 4b: Zum Messen des Ölstands Motor abstellen, Maschine senkecht stellen und mindestens zwei Minuten warten, erst dann Ölmessstab ausziehen, abputzen, einstecken, ausziehen und Ölstand beurteilen: Minimaler Ölstand unten, maximaler oben.

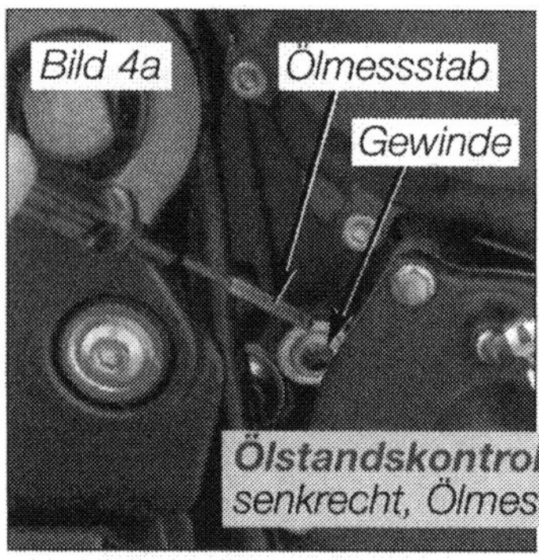

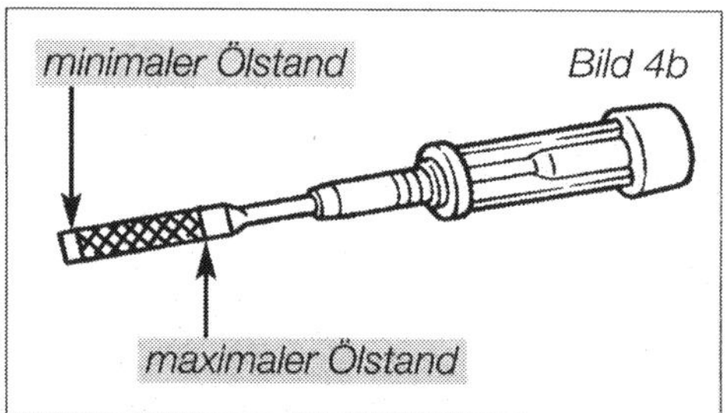

Ölstandskontrolle: Motor AUS, Maschine steht senkrecht, Ölmesstab einstecken bis Gewinde aufsitzt

Sobald der Motor läuft, wird das Öl in ständigem Kreislauf vom Ölsumpf durch den Ölfilter zu allen Motorschmierstellen gepumpt, tropft von dort wieder zurück in den Ölsumpf, um dann erneut durch den Filter zu den Schmierstellen gedrückt zu werden.

Ölwechsel einmal im Jahr
Wenn man keine 10 000 km im Jahr schafft, soll einmal im Jahr ein Öl- mit Filterwechsel durchgeführt werden, weil Motoröl schon durch den Kontakt mit Luft altert (es »oxydiert«). Besonders bei Kurzstreckenbetrieb ist Motoröl starken Belastungen ausgesetzt.

Ölstand kontrollieren

Bild 4a: Rechts hinten unterhalb des Kupplungsdeckels ist ein Ölmessstab eingeschraubt.
1. Motor einige Minuten warm laufen lassen.
2. Motor AUSschalten. Maschine senkrecht stellen, eine bis zwei Minuten warten, damit das Motoröl in die Ölwanne ablaufen kann.
3. Bild 4a: Ölmessstab herausdrehen und abwischen.
4. Messstab einstecken (NICHT eindrehen), bis sein Gewinde aufsitzt, Ölmessstab ausziehen und Ölstand ablesen.
■ Bild 4b: Der Ölstand sollte zwischen der Minimal- und Maximalstandmarkierung liegen im Bereich der gekreuzten Fläche auf dem Messstab also weder darunter (dann ist zu wenig Öl im Motor) noch darüber (dann ist zu viel Öl im Motor).

Motoröl nachfüllen
Ist der Motorölstand zu niedrig, muss entsprechend Öl durch die Einfüllöffnung im Kupplungsdeckel (Bild 4c) nachgefüllt werden. Füllen Sie vorsichtig in kleinen Schritten auf, sonst leert man schnell einmal zu viel Öl ein, denn zwischen Minimal- und Maximalmarkierung liegen nur 0,2 bis 0,3 Liter.

Welches Öl nachfüllen?
Wenn Sie kein Öl zum Nachfüllen dabei haben, lassen Sie sich vom Tankwart nicht einen Liter vom teuersten Öl aufschwatzen, sondern verlangen exakt die Ölsorte, die Sie im Motor drin haben, also entweder voll- oder teilsynthetisches Öl oder eben Mineralöl. Wenn es das alles nicht gibt, können Sie zum Nachfüllen folgende Motoröle miteinander mischen:
■ Wenn Mineralöl im Motor ist: Man kann mit teilsynthetischem Öl auffüllen.

Bild 4c: Öl wird durch die Bohrung im rechten Motordeckel nachgefüllt. Verschluss nicht mit einer Zange, sondern nur handfest anziehen!

■ O-Ring muss vorhanden und unbeschädigt sein.

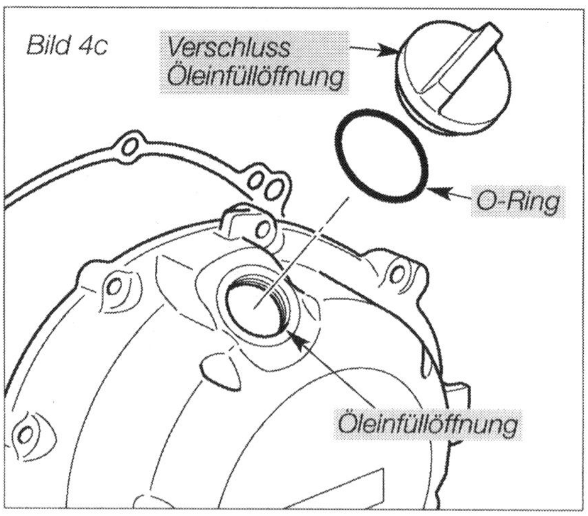

■ Wenn teilsynthetisches Öl im Motor ist: Man kann mit vollsynthetischem oder Mineralöl auffüllen.
■ Wenn vollsynthetisches Öl im Motor ist: Man kann mit teilsynthetischem Öl auffüllen.

Ölwechsel

Ölwechsel nur bei warmem Motor durchführen. Selbst wenn der Motor einige Monate nicht mehr gelaufen ist, sollte man das Motoröl nicht kalt ablassen, sondern den Motor vorher 10 bis 15 Minuten warm laufen lassen.

Motoröl ablassen

Zum Aus- und Anschrauben des Ölfilters ist ein spezieller Ölfilterschlüssel nötig (Bilder 5 und 7, Yamaha-Ersatzteilnummer 90890-01426). Preiswerte Ölfilterschlüssel gibt es im Zubehörhandel.

1. Maschine auf Hauptständer oder Heckmontageständer abstellen.
2. Geeignetes Auffanggefäß (Bild 1) unter den Motor schieben.
3. Bild 4c: Stopfen aus Öleinfüllöffnung drehen.
4. Bild 5: Ölablassschraube links unten am Motor lösen – noch nicht ausdrehen! Dazu am besten eine 14er-Sechskantnuss oder einen exakt passenden Ringschlüssel verwenden.
4.1. Ölablassschraube ausdrehen. Wenn das Öl zu laufen beginnt – Finger weg, es ist heiß! Am besten die Ölablassschraube ins Auffanggefäß fallen lassen.
5. Bild 5: Ölfilter mit Ölfilterschlüssel lösen und abschrauben.
5.1. Altöl auch aus dieser Öffnung lange genug auslaufen und abtropfen lassen.

Neuen Ölfilter anschrauben, Öl einfüllen

1. Am Motor die Anlageflächen von Ölfilter und Ölablassschraube mit einem sauberen, nicht fusselnden Lappen abwischen.
2. Bild 6: Ölablassschraube mit neuem Dichtring versehen, eindrehen, mit 43 Nm festziehen.
3. Bild 8: Dichtring und Gewinde des neuen Ölfilters mit frischem Motoröl bestreichen.
4. Ölfilter exakt am Gewinde des Motors ansetzen und von Hand andrehen, bis zu spüren ist, dass der Ölfilterdichtring an der Dichtfläche am Motor leicht anliegt.
5. Bild 7: Ölfilter mit Ölfilterschlüssel und Drehmomentschlüssel mit 17 Nm festziehen.
6. Bild 4c: Durch die Einfüllöffnung im Kupplungsdeckel frisches Öl einfüllen, Füllmengen siehe Anfang dieses Kapitels.

Wichtig: Füllen Sie zu Anfang ca. 20 % weniger als die vorgeschriebene Menge ein, denn der Ölstand wird erst nach dem Motor-Probelauf auf den korrekten Wert gebracht.
7. Schraubstopfen in Öleinfüllöffnung eindrehen, handfest anziehen.
8. Motor starten und zwei bis drei Minuten im Leerlauf laufen lassen: Der Ölfilter muss sich füllen. Ölfilterrand und Ölablassschraube auf Dichtheit prüfen.
9. Motor ausschalten. Ölstand nach einigen Minuten Wartezeit kontrollieren. Ölstand sollte etwas über der Mitte zwischen beiden Markierungen auf dem Messstab liegen (Bild 4b).

Bilder 5, 6 und 7: Bauteile des Schmiersystems auf der linken Motorseite; Festziehen von Ölablassschraube und Ölfilter.

Bilder 8 und 9: Frischen Ölfilter einölen, Motoröl einfüllen.

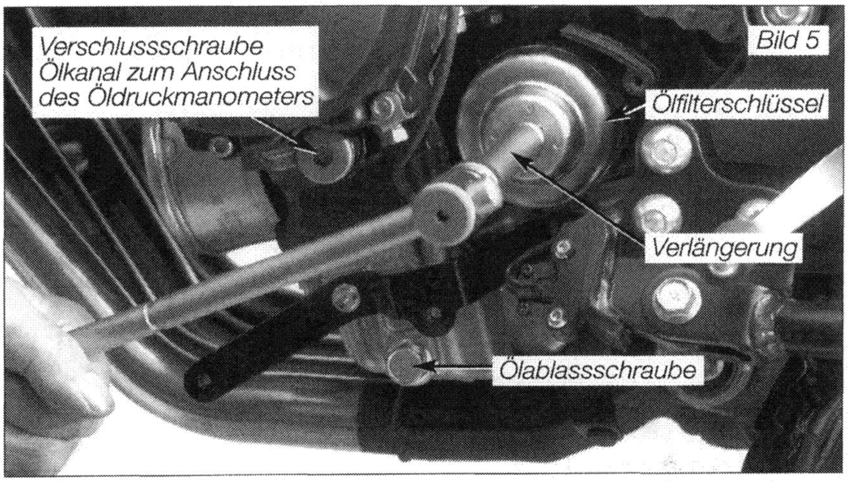

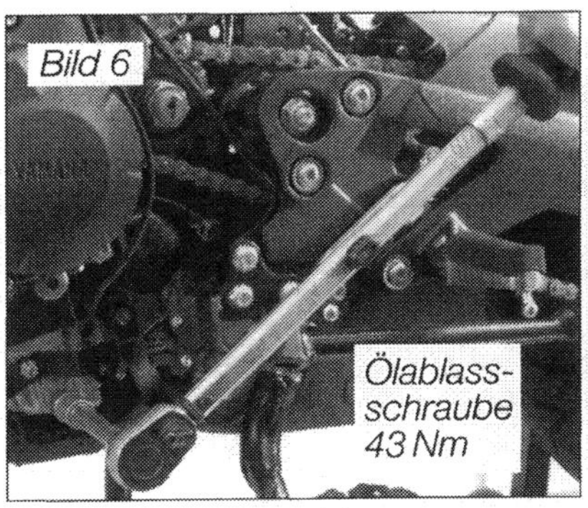

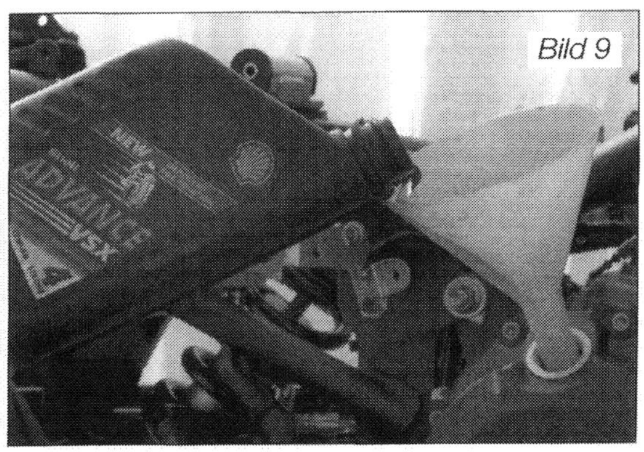

Ölstandschalter

Beim Einschalten der Zündung leuchtet die Ölstand-Kontrollleuchte im Cockpit auf, es ist die Leuchte mit dem Ölkännchen-Symbol. Wenn sich genügend Motoröl im Motor befindet, erlischt sie nach kurzer Zeit wieder. Erlischt die Ölstand-Kontrollleuchte nicht, muss der Motoröl-Stand überprüft werden (wahrscheinlich ist zu wenig Öl im Motor; zur Sicherheit mit Ölmessstab prüfen).

Ist der Motorölstand korrekt und leuchtet die Lampe weiterhin, deutet dies auf einen defekten Ölstandschalter hin.

Leuchtet die Ölstand-Kontrollleuchte beim Einschalten der Zündung nicht auf, müssen LED, LED-Fassung und Kabelverbindung der Ölstand-Kontrollleuchte geprüft werden (siehe Kapitel 12 »Licht · Blinker · Hupe«). Sind LED und LED-Fassung der Ölstand-Kontrollleuchte einwandfrei, deutet dies ebenso auf einen defekten Ölstandschalter hin.

Bilder 10, 11 und 14: Der Ölstandschalter sitzt unten in der Ölwanne. Zum Ausbau des Ölstandschalters muss das Motoröl abgelassen werden.

Ölstandschalter wechseln

1. Der Ölstandschalter ist mit zwei M6-Schrauben befestigt, diese ausdrehen.
1.1. Ölstandschalter mit leichten Drehbewegungen aus seiner Passbohrung herausziehen.
2. Dem Kabel, welches vom Ölstandschalter nach oben zum Kabelbaum führt, nachfolgen und den Stecker trennen (Bild 14).
3. Neuen Ölstandschalter mit neuem O-Ring versehen und mit etwas frischem Motoröl bestreichen. Ölstandschalter unter leichten Drehbewegungen in Sitzbohrung einführen, bis sein Flansch an der Passfläche der Ölwanne anliegt.
4. Einen Tropfen Loctite »mittelfest« an die Gewinde der Schrauben geben, eindrehen und mit 10 Nm festziehen. Kabel exakt verlegen, Stecker zusammenstecken.
5. Mororöl einfüllen, Motor starten und Funktion des Ölstandschalters kontrollieren.

Öldruck

Ab einer Laufleistung von ca. 50 000 km sollte man den Öldruck bei jeder großen Inspektion überprüfen. Daraus lassen sich Rückschlüsse auf den Zustand des Schmiersystems und der Motorinnereien ziehen.

Öldruck messen

Bild 12a: Das Anschlussgewinde für das Öldruckmanometer ist links unten am Motorgehäuse unterhalb der Lichtmaschinenabdeckung.
1. Ölstand kontrollieren, ggf. korrigieren. Motor laufen lassen, bis er 75 bis 85 °C warm ist. Motor abschalten.
2. Bild 12a: Verschlussschraube ausdrehen. Öldruckmesser (mit passendem Adapter) in das Gewinde eindrehen.
3. Motor starten, einige Sekunden im Standgas laufen lassen: Zeigt das Öldruckmanometer an?
3.1. Gas geben, Drehzahl erhöhen auf 6600/min: Öldruck muss 240 kPa (2,4 bar) betragen.
4. Motor abschalten. Öldruckmanometer abschrauben.

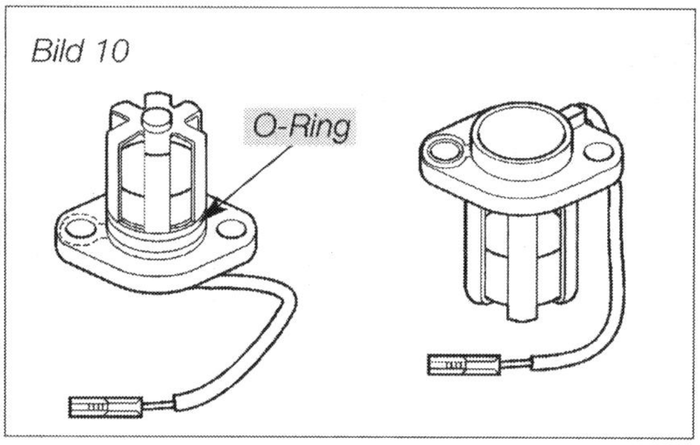

Bild 10

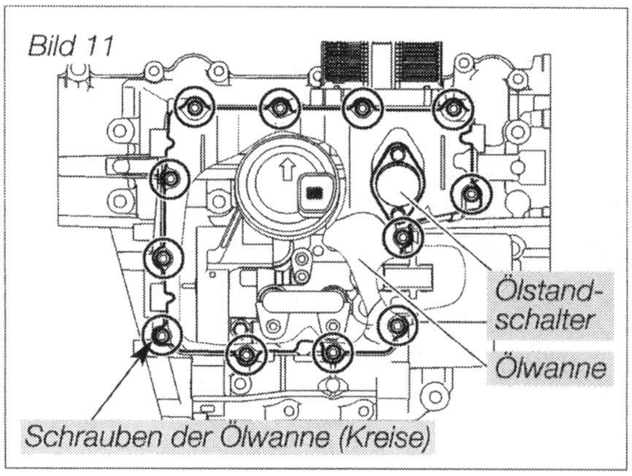

Bild 11

Bilder 10 und 11: Ansicht des Ölstandschalters und Einbaulage in der Ölwanne.

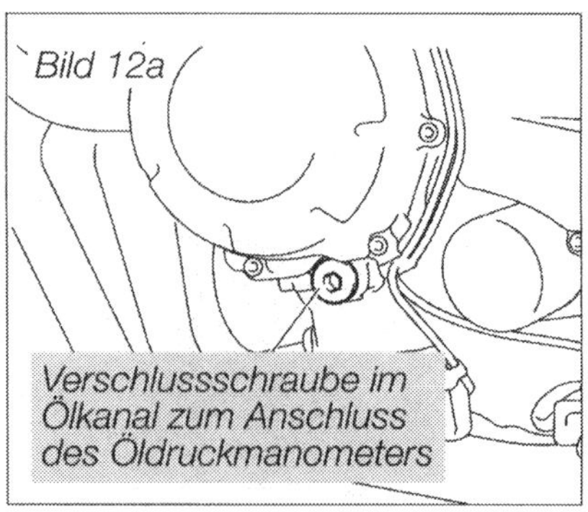

Bild 12a

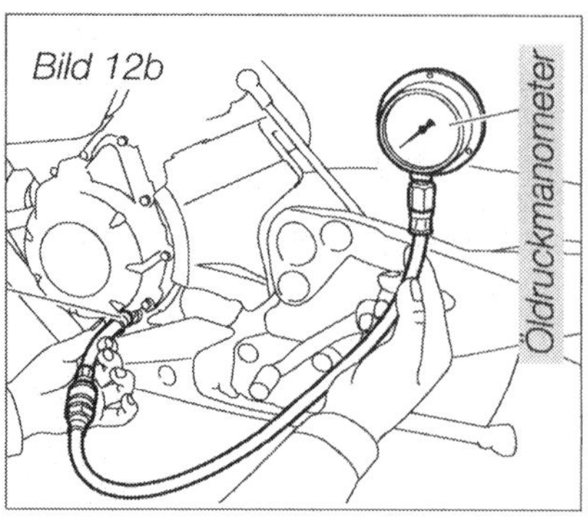

Bild 12b

Bilder 12a und 12b: Anschluss eines Öldruckmanometers links unten am Motor.

5. Verschlussschraube reinigen, mit neuem O-Ring bestücken, einschrauben und mit 8 Nm festziehen.

Messergebnisse bewerten

Öldruck liegt bei 240 kPa (2,4 bar)

■ Ölpumpe und Motorinnereien in Ordnung.

Öldruck viel niedriger als 240 kPa (2,4 bar)

Es können folgende Ursachen vorliegen:

■ Ölfilter verstopft
■ Ölleitung oder O-Ring an Ölleitung undicht
■ Ölpumpe defekt
■ Kurbelwellenlager defekt

Eventuell liegt auch eine Kombination mehrerer Fehler vor.

Öldruck viel höher als 240 kPa (2,4 bar)

Es können folgende Ursachen vorliegen:

■ Ölviskosität zu hoch (zu dickes Öl im Motor)
■ Ölkanal oder Ölkühler verstopft
■ Ölfilter beschädigt

Ölüberdruckventil, Ölsieb

Wenn der Öldruck zu niedrig ist, können das Ölüberdruckventil (auch »Öldruckregler« genannt) festhängen oder das Ölsieb verstopft sein. Beides ist bei einem gepflegten Motor nicht zu erwarten, kann aber auftreten, wenn grober Schmutz in das Motoröl hineingekommen ist.

Bilder 13 und 14: Falls das Ölüberdruckventil nachgesehen werden muss:

1. Öl ablassen.
2. Ölwanne abschrauben.
3. Kolben im Ölüberdruckventil mit Schraubenzieher eindrücken: Kolben darf nicht hängen.

Falls er doch hängt: Ölüberdruckventil ausbauen, zerlegen, Kolben und Kolbenbohrung auf Fressstellen untersuchen und diese ggf. beseitigen. Federspannung prüfen: Wenn die Feder lahm ist, neue Feder einsetzen. In umgekehrter Reihenfolge der Zerlegung zusammenbauen. Bei dieser Gelegenheit auch das Ölsieb (Bild 14) abziehen und reinigen.

Ölkühler

Die Yamaha XJ6 ist mit einem Ölkühler (Bild 3) ausgestattet, der vorne am Motorgehäusegehäuse sitzt und von der Kühlflüssigkeit umspült wird. Diese Konstruktion bewirkt Folgendes:

■ Bei kaltem Motor wird das Motoröl durch die Kühlflüssigkeit erwärmt, weil sich die Kühlflüssigkeit schneller erwärmt als das Motoröl.
■ Bei heißem Motor wird das Motoröl von der Kühlflüssigkeit gekühlt, weil das Motoröl heißer wird als die Kühlflüssigkeit.

Ölkühler abbauen

Ein Schaden am Ölkühler ist nicht zu befürchten. Wenn er doch abgebaut werden muss: Kühlmittel und Motoröl ablassen, Schläuche abziehen, Hohlschraube (Bild 3) mit 19er-Schlüssel lösen und ausdrehen, Ölkühler abnehmen.

Ölkühler kontrollieren

Der Ölkühler darf keine Risse, Verformungen oder sonstige Beschädigungen aufweisen.

Ölkühler anbauen

1. Pass- und Dichtflächen an Ölkühler und Kurbelgehäuse mit Bremsenreiniger und nicht fusselndem Lappen reinigen.
2. Einen neuen O-Ring mit Motoröl einschmieren und anbringen.
3. Gewinde der Hohlschraube mit Motoröl einschmieren.
3.1. Hohlschraube mit neuem Dichtring bestücken und eindrehen. Dabei darauf achten, dass der O-Ring richtig sitzt.
3.2. Hohlschraube mit 63 Nm festziehen.
4. Schläuche aufstecken, Schlauchschellen anbringen.
5. Kühlmittel und Motoröl einfüllen.

Bilder 13 und 14: Explosionszeichnung Ölüberdruckventil und Einbaulage der Ölpumpe.

Bild 13

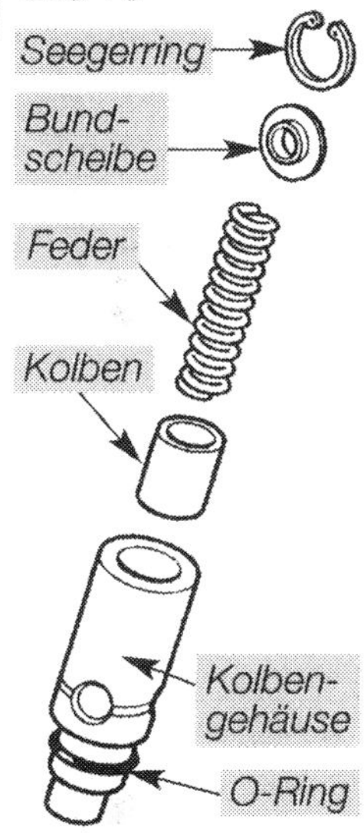

Bild 14

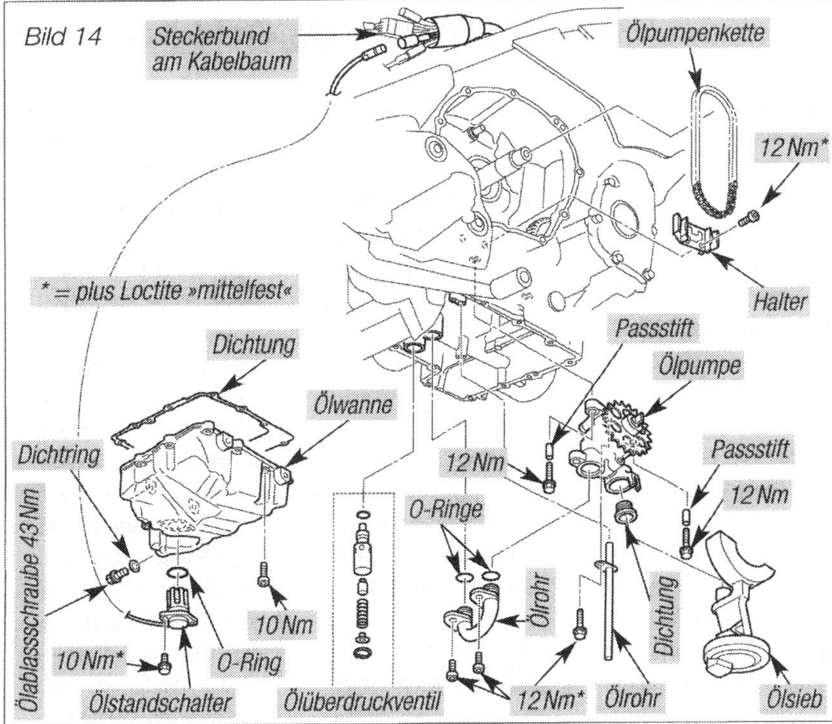

Kühlsystem

In diesem Kapitel: Daten des Kühlsystems · Kühlflüssigkeit prüfen, wechseln · Kühlsystem entlüften · Thermostat aus- und einbauen, prüfen, vermessen · Kühler und Kühlsystem prüfen · Kühler ab- und anbauen · Kühlerventilator überprüfen · Kühlmitteltemperatur-Sensor prüfen · Wasserpumpe ausbauen, prüfen, einbauen.

Daten des Kühlsystems

Das Kühlsystem der XJ6 hat lebenswichtige Bedeutung für den wassergekühlten Motor. Technisch richtig müsste es eigentlich »flüssigkeitsgekühlt« heißen, denn reines Wasser ist es nicht, das im Kühlsystem zirkuliert, sondern eine Flüssigkeit, die aus einer Mischung verschiedener Komponenten besteht. Kühlflüssigkeit trägt auch zur Schmierung der Wasserpumpe und zur Verhinderung von Korrosion bei. Sie sollte also immer eingefüllt sein, selbst wenn man nur im Sommer fährt und keine Minustemperaturen zu erwarten sind.

Vorgeschriebene Kühlflüssigkeit
Kühlflüssigkeit wird fertig gemischt angeboten. Beim Kauf unbedingt darauf achten, dass sie für Aluminiummotoren und -kühler geeignet ist. Es gibt auch solche für Graugussmotoren, diese ist nicht geeignet!

Wenn die Kühlflüssigkeit selbst gemischt werden soll: Als Basis nimmt man ein Qualitätsfrostschutzmittel auf Ethylenglykol-Basis mit Rostschutz, das im Verhältnis 1:1 mit destilliertem Wasser gemischt wird. Diese Mischung bleibt flüssig bis – 31 °C.

Volumen der Kühlflüssigkeit
Gesamt .... 2,25 Liter
- davon in Kühler und Motor .... 2,00 Liter
- davon im Ausgleichsbehälter .... 0,25 Liter

Öffnungsdruck des Kühlerdeckel
öffnet bei....93,3 bis 122,7 kPa (0,93 bis 1,23 bar)

Öffnungsdaten des Thermostats
- Thermostat beginnt zu öffnen bei .... 71 °C
- Thermostat muss geöffnet sein bei .... 85 °C
- Thermostat-Ventilhub .... 8 mm

Kühlmitteltemperatur-Sensor
vorgeschriebener Widerstand bei:
- Messtemperatur 0 °C .... 5,210 bis 6,370 kΩ
- Messtemperatur 80 °C ...... 0,290 bis 0,354 kΩ

Kühlsystem prüfen
Bei den Inspektionen alle 10 000 km (12 Monate) müssen Kühlflüssigkeitsstand, Kühlschläuche, ihre Anschlüsse und Schlauchschellen kontrolliert werden. Ab und zu ein prüfender Blick auf das Kühlsystem (und dabei ganz gezielt auf den Kühl-

Sicherheitshinweise ⚠ Achtung und ☞ Tipps für dieses Kapitel

⚠ Kaufen Sie neue Kühlflüssigkeit NICHT im Baumarkt oder gar in der Kfz-Abteilung eines Lebensmittel-Supermarktes, auch wenn das Preisangebot scheinbar noch so verlockend ist! Kaufen Sie Kühlflüssigkeit entweder beim Yamaha-Händler oder im Motorrad- bzw. Kfz-Zubehör-Fachhandel!

⚠ Kühlflüssigkeit kann Lack beschädigen und auf blankem Metall Flecken hinterlassen. Nichts auf die Haut kommen lassen, nicht verschütten, alte Kühlflüssigkeit umweltgerecht entsorgen!

⚠ Kühlflüssigkeit kann Haut und Augen sowie innere Organe schädigen. Jeglichen Körperkontakt vermeiden, keinesfalls trinken. Falls Haut oder Augen damit in Berührung kommen, mit reichlich klarem Wasser ab- bzw. ausspülen. Nach Verschlucken KEIN Erbrechen herbeiführen, sondern Arzt bzw. Giftnotzentrale anrufen.

⚠ Kühlerdeckel nicht bei heißem Motor öffnen: Heiße Kühlflüssigkeit steht unter Druck und schießt beim Öffnen des Deckels heraus – Verbrühungen sind die Folge.

⚠ Bei Arbeiten mit laufendem Motor in geschlossenen Räumen für ausreichende Belüftung sorgen! Abgase enthalten giftiges und geruchloses Kohlenmonoxid, das Bewusstlosigkeit verursachen und zum Tod führen kann. Alle Fenster und Türen öffnen! Am sichersten ist eine Abgasabsauganlage ins Freie. Dieser Warnhinweis gilt für alle Einstellarbeiten, bei denen der Motor laufen muss. Wenn keine oder ungenügende Belüftungs- und Entlüftungsmöglichkeit der Werkstatträume gegeben ist, im Freien arbeiten!

⚠ Sowohl bei einer Prüfung des Kühlers bei abgenommenem Zustand als auch bei einer Dichtprüfung des gesamten Kühlsystems in eingebautem Zustand den maximal zulässigen Prüfdruck von 1,4 bar nicht überschreiten, denn zu hoher Druck kann Bauteile des Kühlsystems beschädigen!

☞ Ist der Thermostat defekt und Sie haben keine Möglichkeit, einen neuen zu kaufen, können Sie den Motor eine gewisse Zeit lang auch ohne Thermostat betreiben (zumindest im Sommer). Noch ein Tipp: Falls der Thermostat verkalkt ist (Bild 5), deswegen klemmt und nicht mehr öffnet, legen Sie ihn zwei Stunden lang in Kaffeemaschinen-Entkalker, Haushaltsessig oder Zitronensaft. Dadurch löst sich der Kalk und das Thermostatventil wird wieder freigängig. Danach kann der Thermostat wieder richtig funktionieren.

flüssigkeitsstand, siehe Bilder 1a, 1c und 4c) während dieser Zeit beruhigt die Nerven. Den Prüfpunkt »Kühlflüssigkeitsstand kontrollieren« also in die regelmäßige Sichtprüfung bei der regelmäßigen Pflege-Putzorgie und rechtzeitig vor Beginn einer längeren Fahrt aufnehmen.

Kühlflüssigkeit prüfen, wechseln

Wechselintervalle

Die Kühlflüssigkeit soll laut Wartungsplan alle drei Jahre erneuert werden. Für die Kühlerschläuche gibt es keine Erneuerungsvorschrift.

Ausgleichsbehälter

Der Ausgleichsbehälter des Kühlsystems ist vorne rechts am Motor hinter den Krümmern angebaut (Bilder 1a, 1b und 4c): Die obere Markierung (F = full) am Ausgleichsbehälter bedeutet »voll«, die untere (L = low) »niedrig« (Bild 1a).

Bei warmem Motor sollte der Kühlflüssigkeitsstand dazwischen sein; er kann jedoch auch nahe der unteren oder oberen Markierung sein. Kontrolle des Kühlflüssigkeitsstandes und Ergänzung des Kühlflüssigkeitsvolumens sind im Kapitel 1 »Wartung · Pflege« beschrieben.

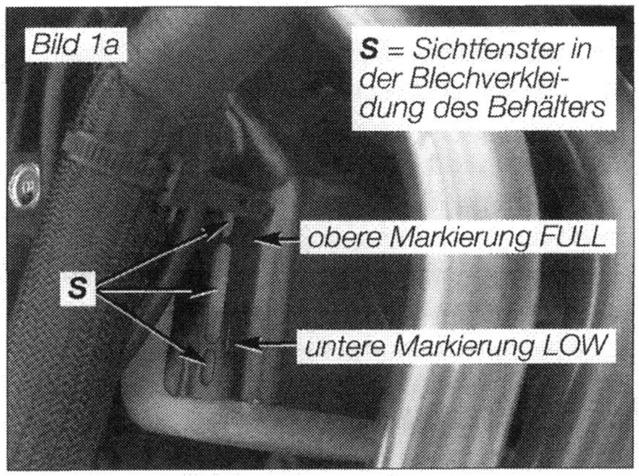

Bilder 1a, 1b und 1c: Ausgleichsbehälter der Kühlflüssigkeit mit Deckel. Stand der Kühlflüssigkeit im Ausgleichsbehälter sollte sich zwischen den Markierungen befinden.

Bild 2: Bauteile des Kühlsystems vorne am Motor.

Bilder 3a bis 4c: Bauteile des Kühlsystems rechts und links am Motor.

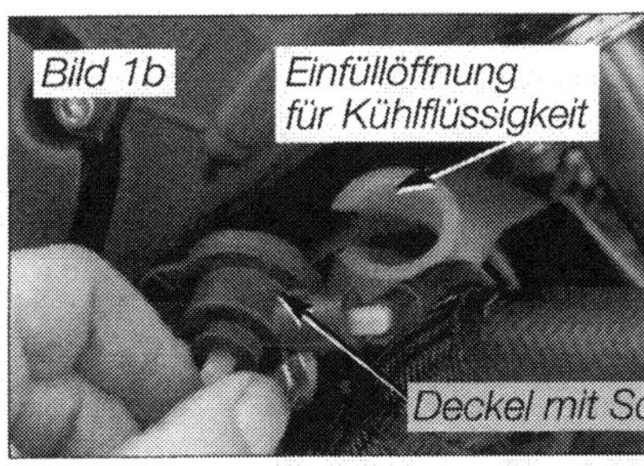

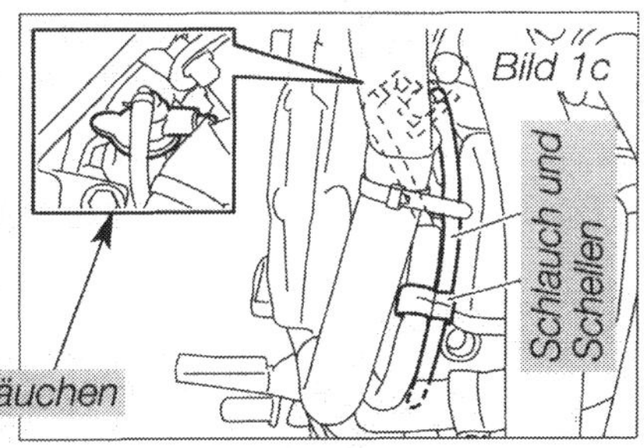

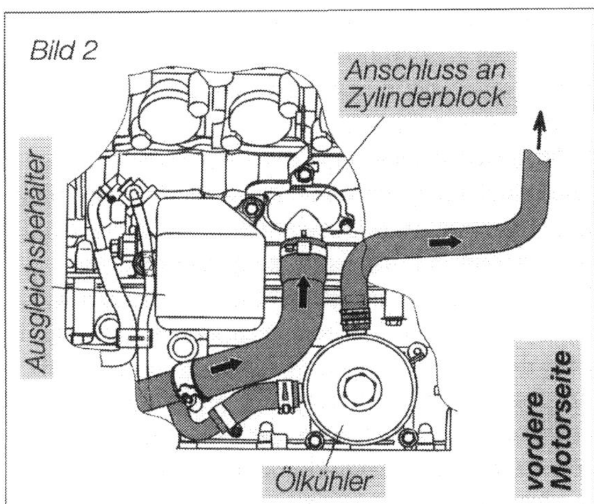

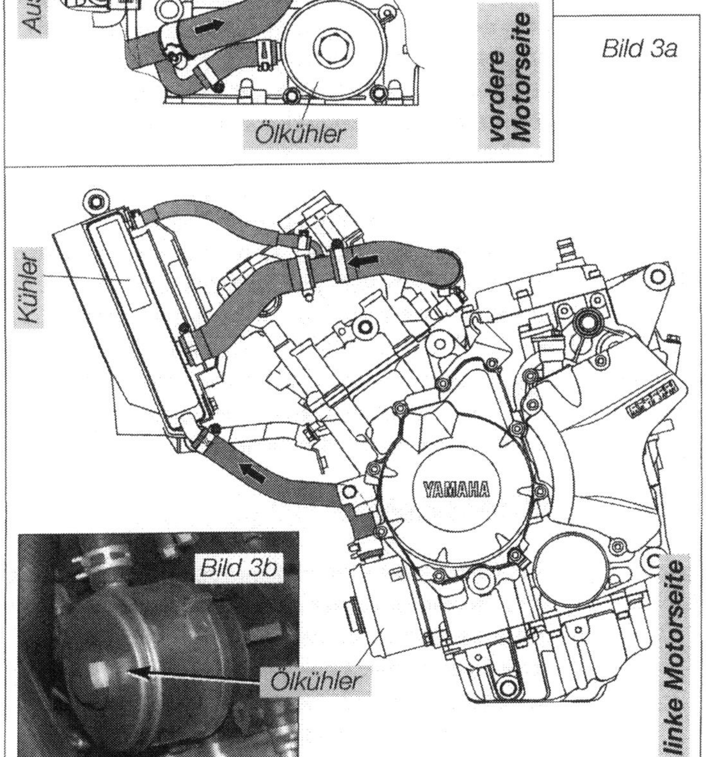

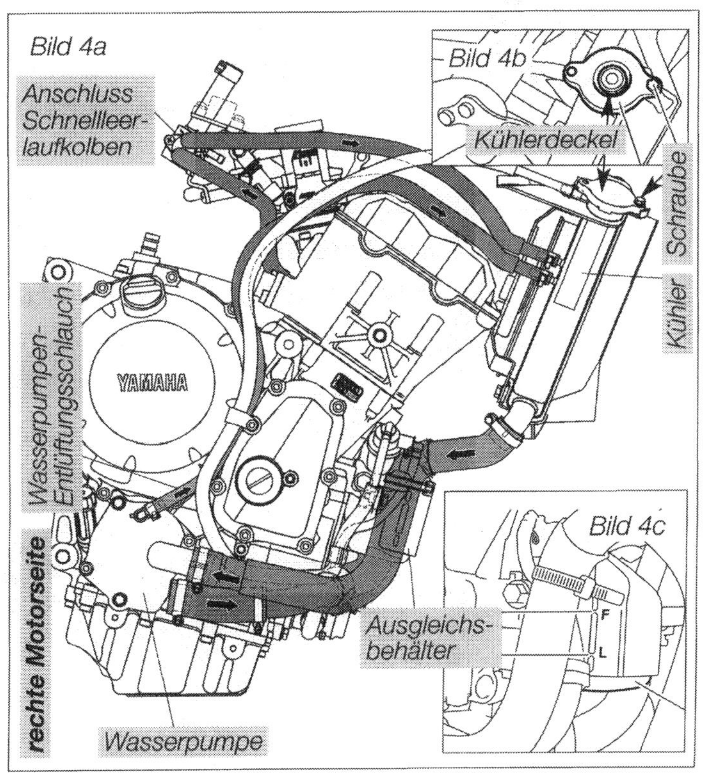

Bilder 5 bis 7: Im Lauftext sind die zu den Bildern gehörenden Arbeitsschritte nummeriert beschrieben.

Bild 5

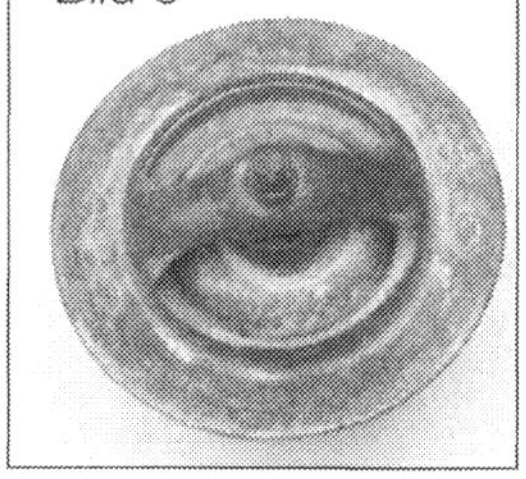

Bild 6a

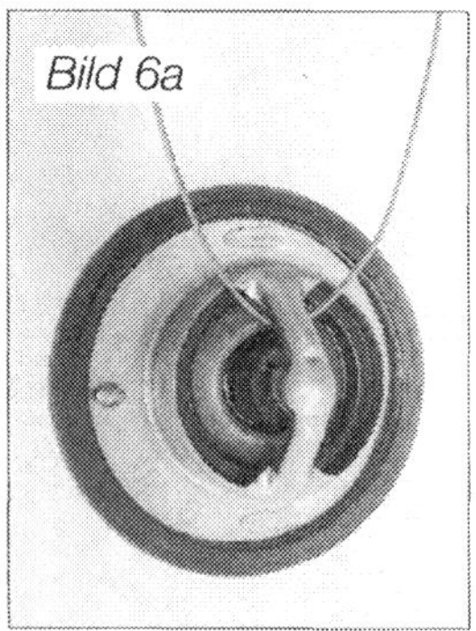

Achtung: Weder den Deckel mit den Schläuchen aus dem Stutzen des Ausgleichsbehälters (Bild 1b) noch den Kühlerdeckel (Bilder 4a und 4b) bei heißem Motor öffnen, denn die heiße Kühlflüssigkeit schießt plötzlich heraus – Verbrühungen sind die Folge!

■ Der Deckel mit den Schläuchen muss jederzeit fest im Stutzen des Ausgleichsbehälters sitzen.

■ Kühlerdeckel ist mit M5-Schraube gesichert; sie muss vorhanden und festgezogen sein.

Kühlflüssigkeit wechseln

Vorbereitung: 2,5 Liter neue Kühlflüssigkeit besorgen. Motorrad auf Hauptständer oder Heckmontageständer stellen. Motor muss kalt sein, höchstens handwarm.

1. Seitenverkleidung rechts abbauen.

2. Deckel mit den Schläuchen aus dem Stutzen des Ausgleichsbehälters ausziehen, Ausgleichsbehälter abschrauben und entleeren.

3. Kühlerdeckel abnehmen: Sicherungsschraube ausdrehen, Deckel eindrücken und gleichzeitig aufdrehen bis zum Anschlag.

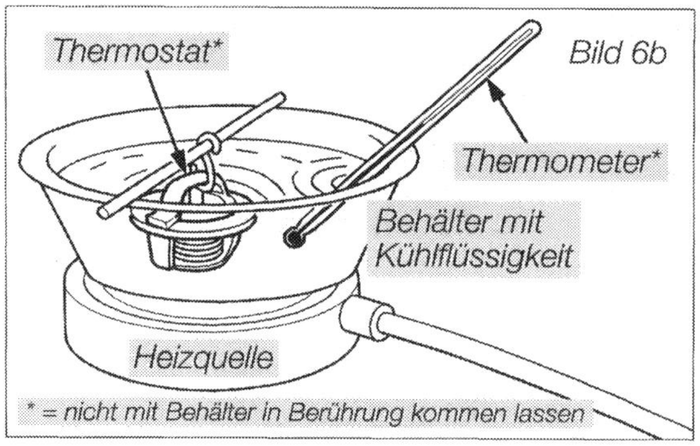

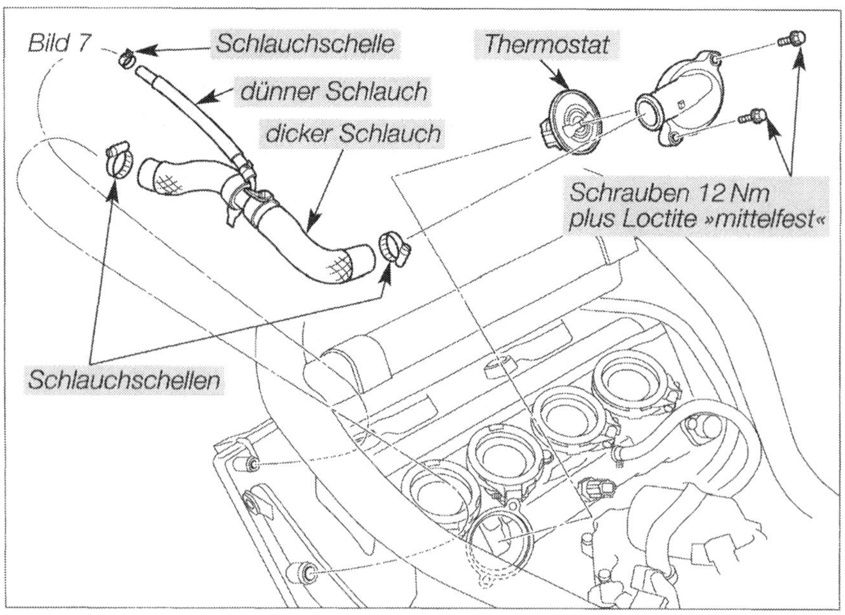

4. Auffangbehälter unter den Motor stellen. Am besten einen großen, flachen Behälter verwenden oder einen Plastikkanister aufschneiden.

5. Ablassschraube in der Wasserpumpe ausdrehen (Bild 15a).

5.1. Kühlflüssigkeit ablaufen lassen. Kühlschläuche durchwalken, Flüssigkeit austropfen lassen.

6. Kühler mit heißem Wasser füllen und damit das Kühlsystem spülen. Alles Spülwasser auslaufen lassen.

7. Ablassschraube mit neuem Dichtring eindrehen und mit 10 Nm festziehen.

8. Kühlflüssigkeits-Ausgleichsbehälter anschrauben, Schrauben mit 4 Nm festziehen.

9. Durch Einfüllstutzen des Kühlers frische Kühlflüssigkeit bis zur Oberkante einfüllen.

Kühlsystem entlüften

1. Ablassschraube in der Wasserpumpe zwei bis drei Umdrehungen öffnen und etwas Kühlflüssigkeit auslaufen lassen: Es kommt blubbernd mit eingeschlossenen Luftblasen, dann in dichtem Strahl. Jetzt Schraube mit 10 Nm festziehen.

1.1. Ausgelaufene Kühlflüssigkeit wieder zurück in den Kühler einfüllen.

2. Motorrad etwas nach rechts und links neigen und gleichzeitig mit dem Stiel eines Hammers auf das Thermostatgehäuse klopfen: Eventuell eingeschlossene Luftblasen steigen nach oben.

3. Motor starten und einige Zeit im Leerlauf laufen lassen. Zum Ende des Probelaufs drei- bis viermal kräftig Gas geben. Dadurch erhöht sich die Drehzahl der Wasserpumpe, die Kühlflüssigkeit wird durch alle Leitungen gejagt und mögliche Restluft verschwindet aus dem Kühlsystem.

4. Motor abstellen, Kühlflüssigkeitsstand im Kühler prüfen: Wenn nötig bis zur Unterkante des Einfüllstutzens auffüllen.

5. Kühlerdeckel aufsetzen, eindrücken und fest zudrehen, Einrastung muss leicht knacken. M6-Schraube eindrehen, mit 5 Nm festziehen.

6. Kühlflüssigkeitsstand im Ausgleichsbehälter prüfen: Wenn nötig bis zur oberen Markierung auffüllen, Deckel mit Schläuchen sicher in den Einfüllstutzen eindrücken.

Thermostat

Der Thermostat sitzt im Thermostatgehäuse links am Zylinderkopf unter dem Drosselklappengehäuse (Bild 7). Wenn der Motor zu heiß wird, obwohl garantiert genügend Kühlflüssigkeit im Kühlsystem ist und auch der Kühlerventilator mit voller Drehzahl läuft, dann liegt der Grund oft ganz banal darin, dass der Thermostat durch

Kalkablagerungen fest ist (Bild 5) und den großen Kühlflüssigkeitskreislauf nicht aufmacht. Er muss dann ausgebaut, gereinigt oder erneuert werden.

Thermostat aus- und einbauen

Vorarbeiten: Sitzbank abnehmen. Seitenabdeckung links abbauen. Tank hochstellen, Luftfilterkasten und Drosselklappengehäuse abbauen.

1. Kühlflüssigkeit ablassen.
2. Schlauchschelle lösen, Schlauch vom Thermostatdeckel abziehen.
3. Schrauben ausdrehen, Thermostatdeckel abnehmen.
4. Thermostat herausnehmen: Er ist wahrscheinlich etwas »festgebacken«: Daran wackeln und gleichzeitig herausziehen.

Einbau in umgekehrter Reihenfolge:

- Dichtgummi des Thermostaten gut einfetten.
- Thermostat mit gefedertem Teil nach innen in seinen Sitz einsetzen, die kleine Bohrung im Thermostat muss nach oben weisen (Bild 8).
- Gewinde der Befestigungsschrauben reinigen und mit Loctite »mittelfest« einstreichen, Schrauben eindrehen, mit 12 Nm festziehen.
- Kühlflüssigkeit auffüllen, System entlüften.

Thermostat prüfen und vermessen

Falls man nicht weiß, ob der Thermostat richtig funktioniert, und kein neuer Thermostat zur Hand ist, kann man ihn prüfen (Bild 6b).

Dazu werden benötigt: Elektrische Heizplatte (z. B. Gasherd oder Campingkocher), mittelgroßer Topf (Metallgefäß) mit 5 Liter Fassungsvermögen, der zur Hälfte mit Kühlflüssigkeit gefüllt wird, Stück stabile Schnur, Reifenmontiereisen (großer Schraubenschlüssel geht auch), großes Thermometer mit Messbereich bis mindestens 100 °C.

1. Vorher den Thermostat auf Risse, Klemmstellen, Kalkablagerungen und defekte Feder untersuchen. Wenn der Thermostat sichtbar defekt ist, kann man sich die Prüfung sparen!
2. Schnur durch den Thermostatflansch ziehen (Bild 6a), ihn daran frei schwebend in die Kühlflüssigkeit im Topf hängen (Bild 6b).

- Thermostat und Thermometer dürfen das Metallgefäß nicht berühren, sonst werden die Messergebnisse verfälscht!

2.1. Kühlflüssigkeit langsam erwärmen, Thermometer beobachten.
2.2. Thermostatventil muss beginnen zu öffnen bei 71 °C.
3. Kühlflüssigkeit weiter erwärmen, Thermostatventil beobachten: Es muss bei 85 °C ganz geöffnet sein (8 mm Hub).
4. Fehlerhaft arbeitenden Thermostat erneuern.

Wenn der Thermostat klemmt, also nicht gleichmäßig öffnet, und kein neuer zur Hand ist: Verkalkten Thermostat einige Stunden lang in Essigreiniger oder Zitronensäure legen, das löst den Kalk und macht den Thermostat wieder gängig. Besser ist es jedoch allemal, einen neuen Thermostat einzubauen.

Kühlsystem prüfen

Wenn Verlust von Kühlflüssigkeit festgestellt wird und man weiß nicht, wohin sie verschwindet, sollte man eine Prüfung des kompletten Kühlsystems auf Dichtheit mit einem Kühlerprüfgerät durchführen.

Kühlsystem mit Kühlerprüfgerät prüfen

Bild 9: Dazu wird ein Kühlerprüfgerät auf den Kühlerstutzen aufgesetzt und ein Druck von 1,3 bis 1,4 bar in das Kühlsystem eingebracht. Dieser »Prüfdruck« muss 10 Sekunden lang gehalten werden.

Wird der Druck nicht gehalten, das Leck (oder die Lecks) lokalisieren: Kühlerschläuche, Anschlüsse und Kühler sauber putzen, trocknen. Neuen Prüfdruck aufbringen und genau hinsehen, wo Kühlflüssigkeit austritt.

Bild 8: Thermostat mit gefedertem Teil nach innen und mit Bohrung nach oben einsetzen.

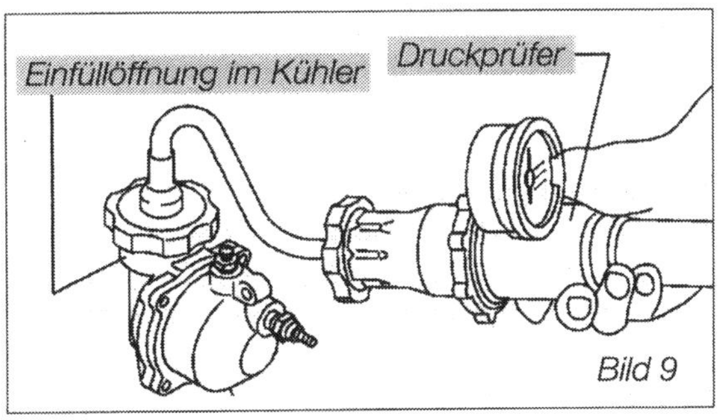

Bild 9: Kühlsystem auf Dichtheit prüfen: Prüfdruck von 1,3 bis 1,4 bar muss 10 Sekunden lang gehalten werden.

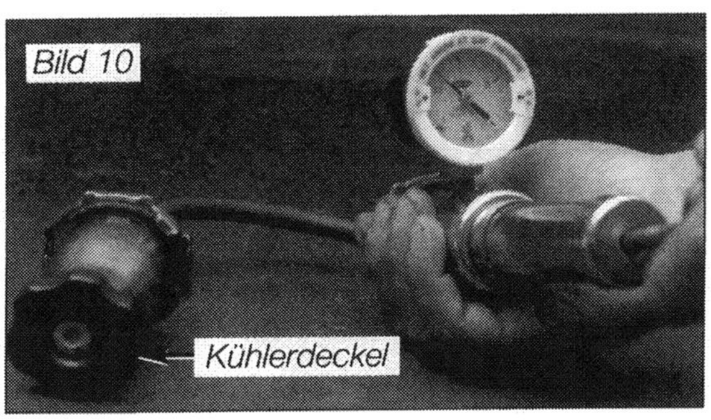

Bild 10: Kühlerdeckel prüfen. Deckel darf erst bei 0,93 bar öffnen.

Öffnungsdruck des Kühlerdeckels prüfen

1. Bild 10: Dichtflächen des Kühlerdeckels anfeuchten, Deckel am Testgerät anschließen.
2. Druck langsam aufbauen. Testgerät dabei ruhig halten.
3. Der Deckel muss einen Druck von mindestens 0,93 und maximal 1,23 bar mindestens 10 Sekunden lang konstant halten.
4. Falls der Deckel schon bei weniger als 0,93 bar aufmacht oder bei 1,23 bar noch immer geschlossen ist, ist er defekt und muss erneuert werden.

Kühler ab- und anbauen

Kühler abbauen

1. Sitzbank abnehmen. Seitenverkleidungen, Tank und Luftfilterkasten abbauen.
2. Kühlflüssigkeit ablassen.
3. Bild 13a: Stecker am Kabel des Kühlerventilators trennen.
4. Enden der Schlauchklemmen mit einer Zange zusammendrücken, Schlauchklemmen auf den Schläuchen nach hinten schieben.
4.1. Schrauben in den Klemmschellen der Kühlerschläuche weit genug öffnen, Schellen auf den Schläuchen nach hinten schieben, Schläuche abziehen bzw. abschieben.
Wichtig: Schlauchschellen unbedingt weit genug öffnen, dann den auf dem Stutzen sitzenden Schlauch mit der Hand etwas drehen – dadurch löst sich die »Verklebung«. Erst dann den Schlauch abziehen.
5. Befestigungsschrauben des Kühlers ausdrehen, Kühler von Halterungen abnehmen.
6. Vom abgebauten Kühler Kühlerventilator abschrauben und Spritzschutz abnehmen.

Kühler reinigen, prüfen

1. Unter fließendem Wasser mit einer Wurzelbürste reinigen. Lamellen dabei nicht verbiegen!
2. Schmutz mit Druckluft aus Kühler blasen.
3. Bild 11: Verbogene Rippen und Lamellen mit kleinem Schraubenzieher und Spitzzange richten.

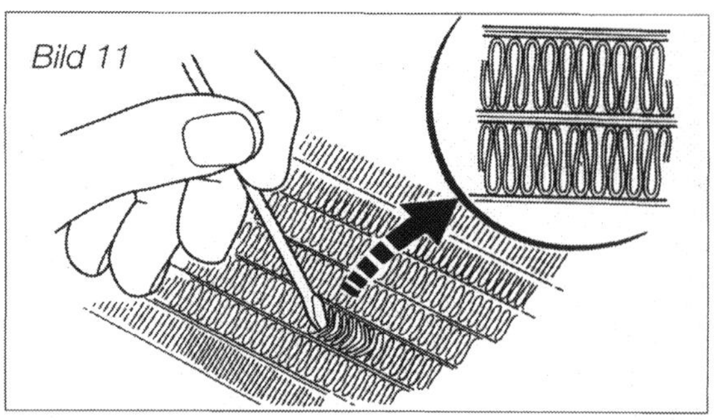

Bild 11: Verbogene Kühlerlamellen mit kleinem Schraubenzieher vorsichtig gerade biegen.

■ Wenn die Lamellen so stark verbogen sind, dass ein großer Teil des Luftdurchgangs verschlossen ist, neuen Kühler besorgen.
4. Kühler mit Kühlerprüfgerät auf Dichtheit prüfen: Ein Prüfdruck von 1,3 bis 1,4 bar muss mindestens 10 Sekunden lang gehalten werden.
■ Wenn undichte Stellen festgestellt werden, diese reparieren lassen: Kühler können in Spezialbetrieben geschweißt werden. Auch Werkstätten, in denen Kühlaggregate (»Kälte- und Klimaanlagenbau«) gewartet und repariert werden, können Alukühler fachgerecht schweißen.

Kühler anbauen

Anbau des Kühlers in umgekehrter Reihenfolge des Ausbaus. Dabei besonders beachten:
■ Kühlerventilator (falls demontiert) anbringen.
Wichtig: Gummitüllen in der Kühlerbefestigung müssen vorhanden und in Form sein. Kühler niemals ohne vibrationshemmende Gummitüllen anbauen, sonst reißt die Befestigung!
■ Schrauben von Kühlerventilator »gut handfest« anziehen.
■ Schläuche aufschieben, Schellen in richtige Position bringen und »gut handfest« anziehen.
■ Enden der Schlauchklemmen mit einer Zange zusammendrücken, Schlauchklemmen in Position bringen.
■ Stecker am Kabel zum Kühlerventilator verbinden.
■ Nach Abschluss aller Arbeiten alle Schläuche, Schlauchklemmen und Schlauchschellen auf korrekten Sitz prüfen. Motor laufen lassen, auf Betriebstemperatur bringen, alle Schlauchanschlüsse prüfen: Es darf nirgends Kühlflüssigkeit auslaufen oder ein Anschluss feucht werden!

Kühlerventilator

Der Kühlmitteltemperatur-Sensor liefert Daten an das Motorsteuergerät ECU. Aufgrund dieser Daten schaltet das ECU den Kühlerventilator über das Kühlerventilatorrelais (Bild 12a) EIN oder AUS.

Kühlerventilator läuft nicht an

Wenn Kühlerventilator nicht automatisch einschaltet und deswegen Motor zu heiß wird:
1. Stecker auf festen Sitz prüfen.
2. Stecker auseinanderziehen, innere Kontakte auf Korrosion überprüfen: Mit feinem Schmirgel und Kontaktspray entfernen.
3. 20-Ampere-Sicherung FAN im Sicherungskasten prüfen (siehe dazu Bild 4, Kapitel 13 »Sicherungen · Relais · Stecker«).

4. Kühlerventilatorrelais prüfen (Bild 12a):
4.1. Sitzbank abnehmen und rechte Heckverkleidung abbauen.
4.2. Relais aus Stecker ausziehen, abnehmen.
4.3. Bild 12b: Voll geladene 12-Volt-Batterie an folgende Steckverbinder anschließen.
- Pluskabel von der Batterie an rot/weißen Anschlusskontakt.
- Minuskabel von der Batterie an grün/gelben Anschlusskontakt.

4.4. Multimeter auf Ω x 1 einstellen und seine Prüfspitzen an folgende Anschlusskontakte anlegen:
- Plus-Prüfspitze an braun/schwarz.
- Minus-Prüfspitze an blau.

5. Besteht Stromdurchgang zwischen den Klemmen braun/schwarz und blau, ist das Relais in Ordnung.
- Besteht kein Stromdurchgang, ist das Relais defekt und muss erneuert werden.

Kühlerventilatormotor prüfen
Wenn alle in Frage kommenden Bauteile wie Steckverbindungen, Sicherung und Relais in Ordnung sind und der Kühlerventilator dreht sich immer noch nicht, eine 12-Volt-Batterie an Kabelstecker des Kühlerventilatormotors anlegen:
1. Bild 13a: Stecker vom Kabel, das am Ventilatormotor angebracht ist, abziehen.
2. 12-Volt-Batterie an den Kontakten im Stecker des Kabels am Ventilatormotor provisorisch anschließen:
- Pluskabel an Steckverbindung blaues Kabel,
- Minuskabel an Steckverbindung schwarzes Kabel:

2.1. Motor muss sich jetzt drehen.
3. Amperemeter zwischen Batterie und Kabelstecker anschließen (Bild 13b): Wenn der Ventilatormotor mit voller Drehzahl läuft, soll die Stromaufnahme weniger als 5 A betragen.
4. Wenn Stromaufnahme höher ist oder sich der Motor nicht dreht, ist er defekt und muss ersetzt werden.

Kühlmitteltemperatur-Sensor

Der Kühlmitteltemperatur-Sensor ist von hinten rechts in den Zylinderkopf eingeschraubt (Bild 14a). Durch eine temperaturabhängige Widerstandsänderung gibt der Sensor die aktuelle Temperatur des Kühlmittels an die Kontrollleuchte im Drehzahlmesser weiter und auch an Motorsteuergerät ECU zur Schaltung des Kühlerventilators und Bestimmung der Einspritzmenge (Fehlercode 21, siehe Kapitel 19 »Einspritzung«).

Wenn der Verdacht auf defekten Kühlmitteltemperatur-Sensor fällt und/oder Fehlercode 21 angezeigt wird, ist der Gang zum Yamaha-Händler nötig: Zur Feststellung, ob der Kühlmitteltemperatur-Sensor wirklich defekt ist oder andere Teile (Kabel, Stecker, Motorsteuergerät, etc.) möglicherweise Fehlermeldungen produzieren, muss der Yamaha-Händler die Fehlermeldung mit seinem Service-Computer auslesen.

Für Notfälle die temperaturabhängigen Widerstände bei der Prüfung wie in Bild 14b gezeigt:
- bei 0 °C .... 5,210 bis 6,370 kΩ
- bei 80 °C .... 0,290 bis 0,354 kΩ

Beim Einbau eines neuen Sensors beachten:
1. Neue Dichtscheibe verwenden.
2. Anziehdrehmoment 18 Nm.

Bilder 12a bis 14b: Im Lauftext sind die zu den Bildern gehörenden Arbeitsschritte nummeriert beschrieben.

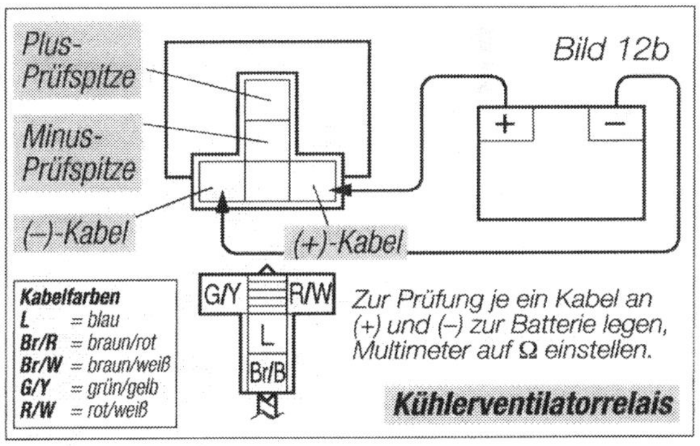

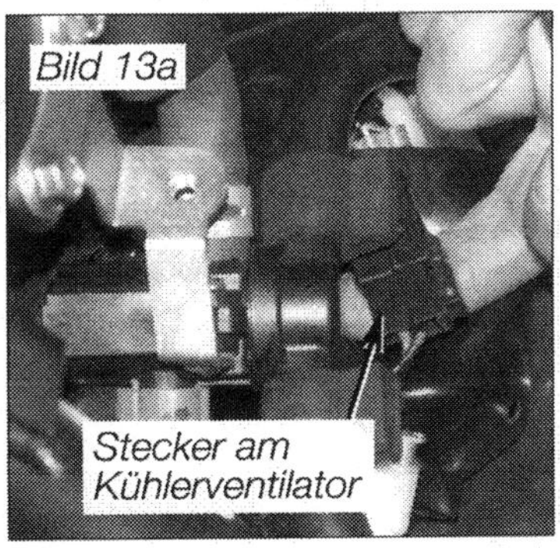

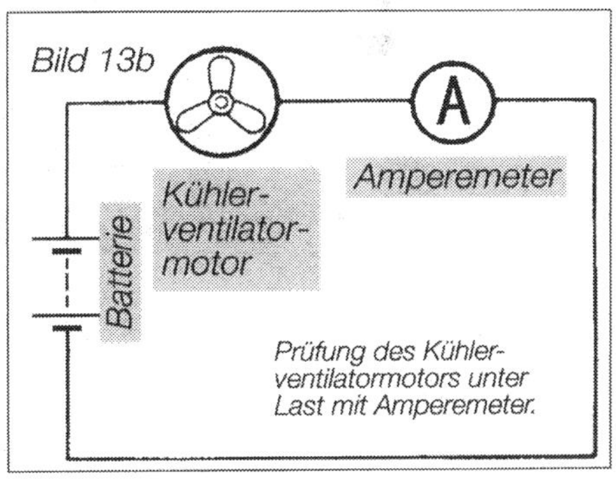

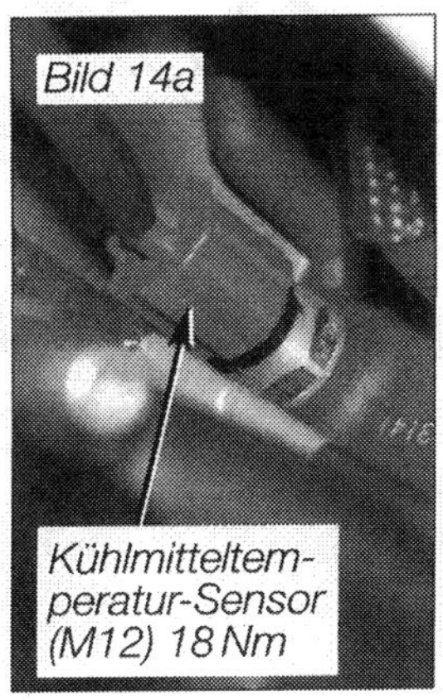

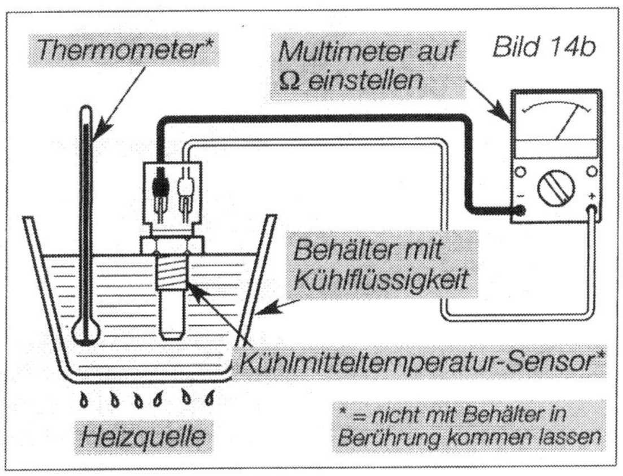

Sichtprüfung Messen

Wasserpumpe

Die Wasserpumpe ist als zuverlässiges Bauteil bekannt, weder Wasserpumpenantrieb noch Wasserpumpenwelle oder Flügelrad sind von Defekten bedroht. Es kann aber vorkommen, dass die mechanische Wasserpumpendichtung oder der Simmerring in der Wasserpumpe zum Motoröl hin undicht werden. Bei einem solchen Defekt ist entweder Öl in der Kühlflüssigkeit oder Kühlflüssigkeit im Öl:

■ **Öl in der Kühlflüssigkeit** schwimmt als Schicht oder Fettaugen auf der Kühlflüssigkeit.

■ Indizien für **Kühlflüssigkeit im Öl**: Kühlflüssigkeitsstand sinkt ab, Motorölstand steigt an. Auch ist heller, wässriger Schaum im Ölschauglas und innen in der Öleinfüllöffnung zu sehen.

Bilder 15a und 15b: Bauteile der Wasserpumpe, Aus- und Einbau.

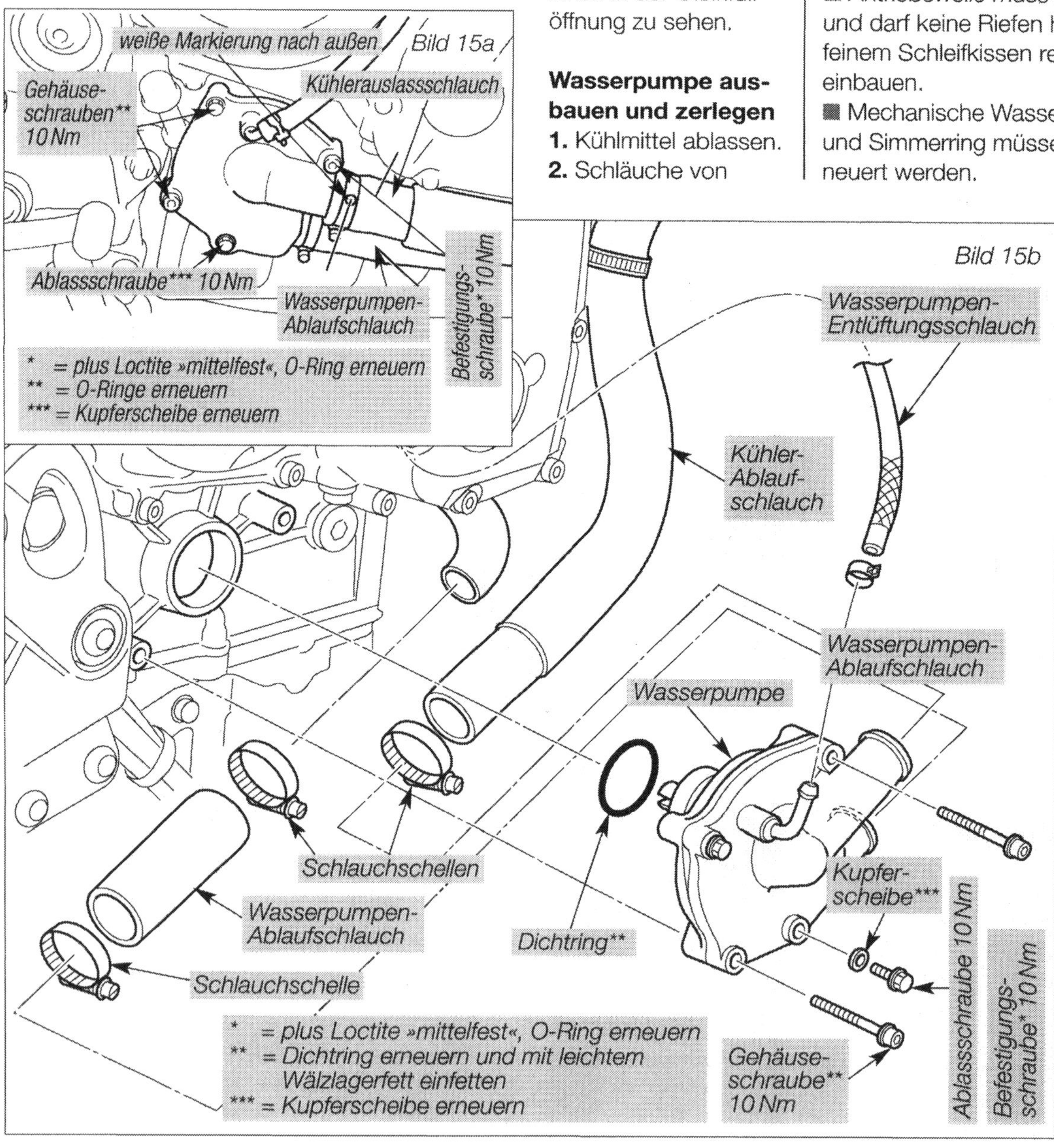

Wasserpumpe ausbauen und zerlegen

1. Kühlmittel ablassen.

2. Schläuche von Wasserpumpe abziehen (Bild 15b).

3. Wasserpumpen-Befestigungsschrauben ausdrehen, Wasserpumpe aus dem Motorgehäuse ziehen.

4. Wasserpumpen-Gehäuseschraube ausdrehen, Gehäusehälften voneinander trennen

5. Wasserpumpe zerlegen: Seegerring von Antriebswelle abnehmen.

6. Flügelrad mit Welle ausziehen.

Wasserpumpe prüfen

■ Flügelrad und Innenseiten der Wasserpumpe müssen frei sein von Kalkablagerungen und Korrosion. Wenn solches festgestellt wird, Flächen mit stumpfem Schaber und Schmirgelleinen metallisch rein säubern.

■ Antriebswelle muss metallisch sauber sein und darf keine Riefen haben. Entweder mit feinem Schleifkissen reinigen oder neue Welle einbauen.

■ Mechanische Wasserpumpendichtung und Simmerring müssen gemeinsam erneuert werden.

Wasserpumpe reparieren, zusammenbauen

Weil zum Auswechseln von Lagern, Simmerring und mechanischer Wasserpumpendichtung Yamaha-Spezialwerkzeug nötig ist, raten wir Ihnen, die Wasserpumpe beim Yamaha-Händler mit Neuteilen bestücken zu lassen.

Wenn dies nicht möglich ist, kann man sich mit entsprechenden Rohrstücken und Nüssen helfen. Dabei auf Folgendes achten:

1. Beim Einbau des neuen Simmerrings in den Wasserpumpendeckel diesen mit etwas Öl oder leichtem Fett bestreichen und mit der Dichtlippe nach innen einbauen: Markierung weist also zur Außenseite hin.

2. Die mechanische Wasserpumpendichtung (Bild 17) wird trocken eingebaut, es darf kein Öl oder Fett aufgetragen werden.
Wichtig: Vor dem Einbau der mechanischen Wasserpumpendichtung die Sitzbohrung penibel von Öl und Fett reinigen, sonst wird das Klebemittel beschädigt.
2.1. Die Sitzbohrung der Wasserpumpendichtung im Wasserpumpengehäuse mit etwas Dichtmittel »Yamaha Bond Nr. 1215« (Nr. 90890-85505) dünn einschmieren.
3. Mechanische Wasserpumpendichtung sorgsam eintreiben: Zentrisch ansetzen und über Eintreibwerkzeug mit leichten Hammerschlägen einschlagen.
4. Wasserpumpenwelle gefühlvoll in Dichtringe und Lager einführen.
5. Neuen Seegerring in die Nut einsetzen.
■ Seegerring mit der scharfen Kante in Druckrichtung (nach außen) einbauen.
6. Neuen O-Ring auf den Bund des Wasserpumpengehäuses aufziehen, mit frischem Motoröl bestreichen.

Wasserpumpe einbauen

1. Schlitz in der Wasserpumpenwelle per Auge auf Flächenzapfen der Gegenwelle ausrichten.
2. Wasserpumpe in das Motorgehäuse einschieben: Dabei etwas am Flügelrad drehen, bis die Nut in der Welle den Flächenzapfen erwischt, dann die Wasserpumpe ganz einschieben.
3. Etwas Fett in die Nut des Wasserpumpendeckels einschmieren, neuen O-Ring einsetzen, Wasserpumpendeckel auf das Wasserpumpengehäuse aufsetzen, Gehäuseschraube eindrehen und leicht anlegen.
4. Gewinde der Befestigungsschrauben reinigen und mit Loctite »mittelfest« einstreichen.
5. Schrauben eindrehen, dann alle Schrauben ringsum mit 10 Nm festziehen.
6. Schläuche aufschieben, Schellen überschieben bzw. gut handfest anziehen.
Beachten:
6.1. Weiße Markierung am äußeren Kühlerschlauch muss nach außen zeigen.
7. Kühlflüssigkeit einfüllen und Kühlsystem entlüften, siehe weiter vorne in diesem Kapitel.

Bild 16a

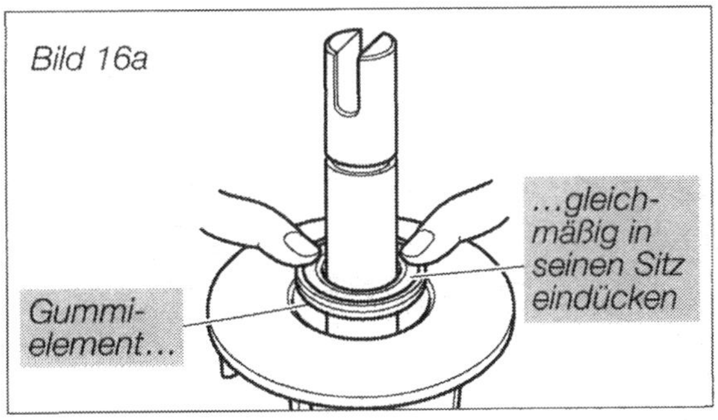

Bild 16b

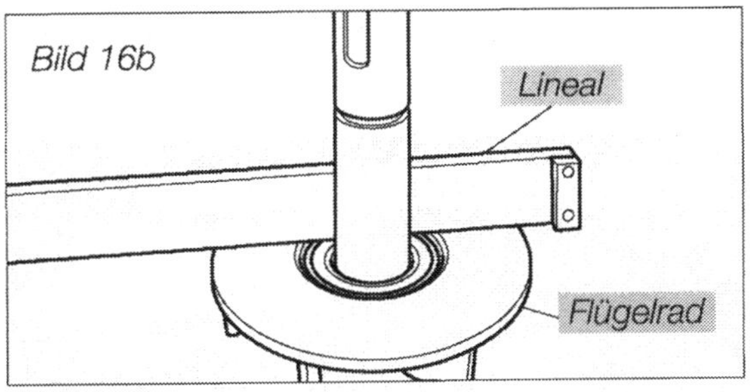

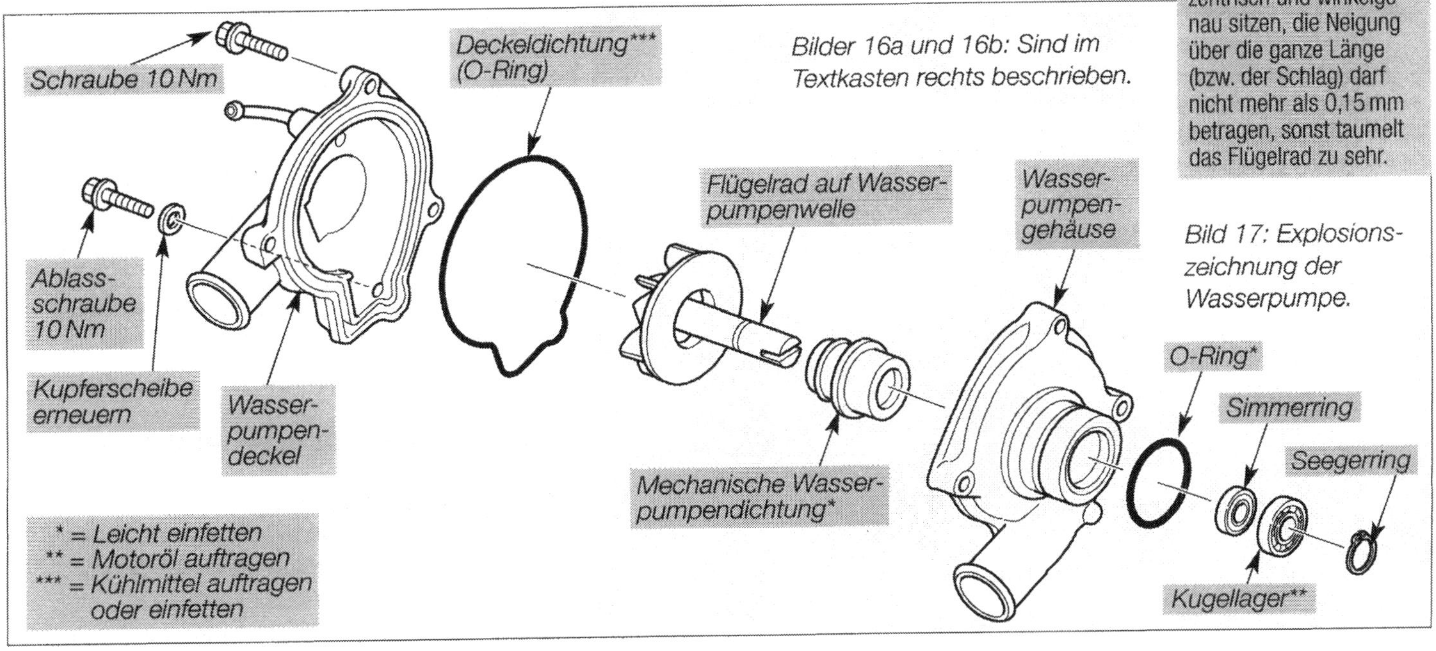

Bilder 16a und 16b: Sind im Textkasten rechts beschrieben.

Bild 17: Explosionszeichnung der Wasserpumpe.

Gummidämpfer aus- und einbauen
Zwischen Wasserpumpenwelle und Flügelrad ist ein Gummidämpferelement eingesetzt. Wenn die Wasserpumpe auseinander gebaut ist, sollte dieses Gummielement erneuert werden (siehe Bilder 16a und 16b).

Ausbau: Mit einem kleinen Schlitzschraubenzieher das Gummidämpferelement aus dem Flügelrad aushebeln und von der Wasserpumpenwelle abziehen. Sitz gut reinigen.

Einbau
1. Neues Gummidämpferelement mit Wasser oder Kühlflüssigkeit benetzen, in die Aufnahmescheibe einsetzen, beide Teile gemeinsam über die Wasserpumpenwelle nach unten in den Sitz des Flügelrads schieben.
2. Bild 16b: Mit einem Lineal prüfen, ob das Gummidämpferelement mit der Rückseite des Flügelrads bündig ist.

Wichtig: Die Wasserpumpenwelle muss exakt zentrisch und winkelgenau sitzen, die Neigung über die ganze Länge (bzw. der Schlag) darf nicht mehr als 0,15 mm betragen, sonst taumelt das Flügelrad zu sehr.

Kupplung

In diesem Kapitel: Kupplungsspiel einstellen · Kupplungszug aus- und einbauen · Kupplung aus- und einbauen, prüfen und vermessen · Kupplungskorb und -nabe aus- und einbauen.

Kupplungsspiel

Der Kupplungszug muss so eingestellt sein, dass der Kupplungshebel am Ende 10 bis 15 mm Leerweg hat (Bild 1a).

■ Bei einem zu großen Kupplungsspiel trennt die Kupplung nicht exakt und es kracht beim Schalten.

■ Bei weniger, gar keinem oder negativem Kupplungsspiel besteht die Gefahr, dass die Kupplung schleift: »Gas geben« wird nicht in Beschleunigung umgesetzt, sondern der Motor dreht hoch, die Kupplung »schleift« und verschleißt deswegen rasch.

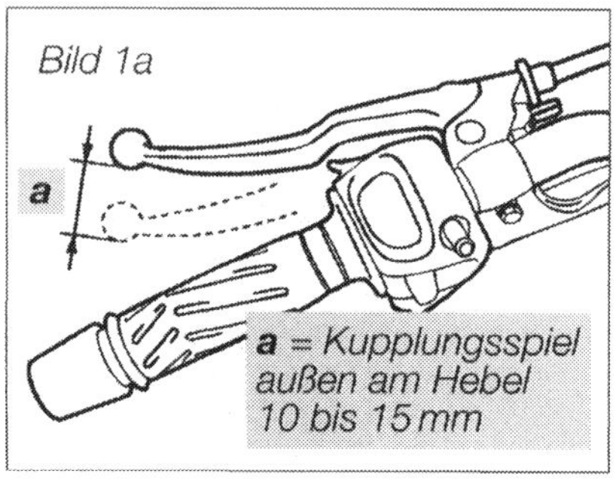

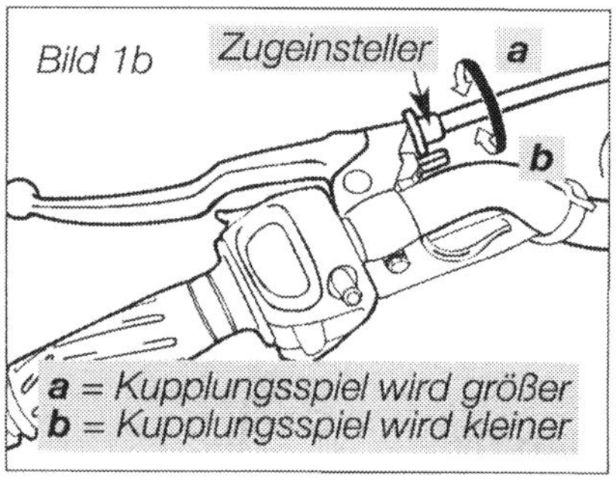

Bilder 1a bis 2: Einstellen des Kupplungsspiels oben am Handhebel.

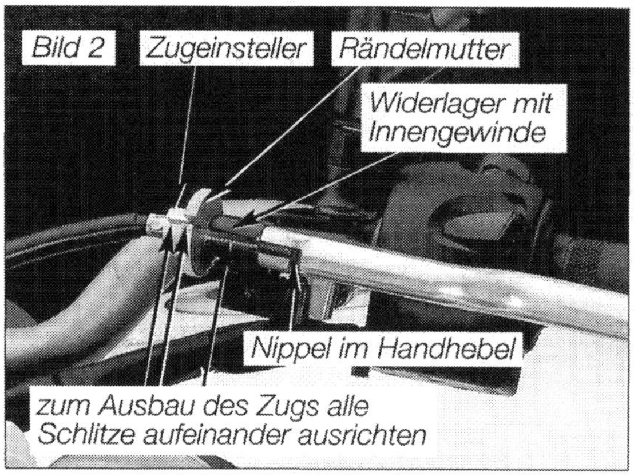

Bild 3: Der Einsteller im Kupplungszug dient der Grundeinstellung. Seine Einbaulage ist in Bild 5 zu sehen.

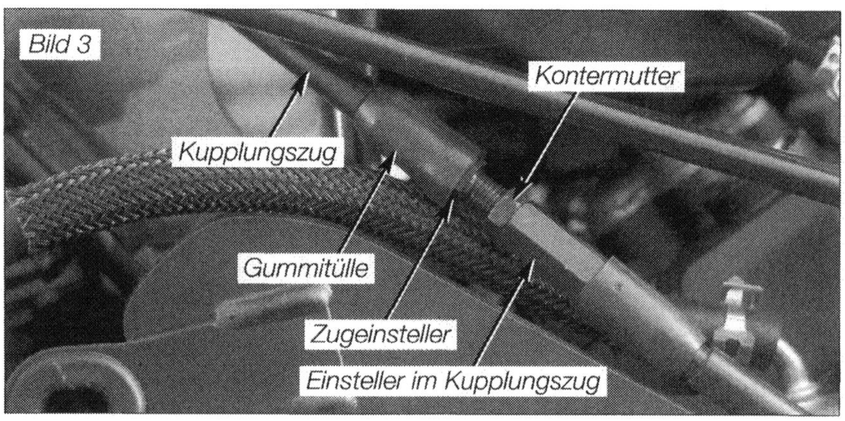

Kupplungsspiel einstellen (Bilder 1b und 2)

1. Rändelmutter lösen. Zugeinsteller aus- oder eindrehen, bis der Kupplungszug so viel Spiel hat, dass sich der Kupplungshebel außen 10 bis 15 mm leer bewegt.

Beachten: Das Außengewinde des Zugeinstellers soll mindestens 1/3 bis 1/2 seiner Länge in das Innengewinde des Widerlagers eingeschraubt sein.

2. Rändelmutter gegen das Widerlager kontern. Dazu KEINE Zange benutzen, sondern nur mit Fingerkraft festziehen.

Grundeinstellung Kupplungsspiel (Bild 3)

Wenn das Kupplungsspiel oben am Handhebel nicht eingestellt werden kann, weil der Zugeinsteller dazu entweder zu tief eingedreht oder zu weit ausgedreht werden muss, muss man eine Einstellung mit dem im Kupplungszug eingebauten Einsteller durchführen.

1. Linke Seitenverkleidung (XJ6 und XJ6 Diversion) bzw. Bugverkleidung und linke Seitenverkleidung (XJ6 Diversion F) abbauen.

2. Kontermutter des Zugeinstellers lösen: Gabelschlüssel an der Mutter ansetzen und den langen Einsteller im Kupplungszug mit einem weiteren Gabelschlüssel gegenhalten.

3. Oberen Zugeinsteller am Handhebel so hindrehen, dass sein Gewinde 2/3 bis 1/2 in das Widerlager eingeschraubt ist.

4. Gummitülle zurückschieben, Zugeinsteller entsprechend aus- oder eindrehen, bis das korrekte Kupplungsspiel oben am Handhebel (Bild 1a) eingestellt ist.

5. Kontermutter gegen Einsteller im Kupplungszug kontern, diesen mit Gabelschlüssel in Einstellposition gegenhalten und die Kontermutter mit Gabelschlüssel festziehen.

6. Falls Feineinstellung nötig sein sollte: Diese am Zugeinsteller oben am Handhebel (Bilder 1b und 2) vornehmen.

Kupplungszug aus-/einbauen

Kupplungszug ausbauen

1. Linke Seitenverkleidung (XJ6 und XJ6 Diversion) bzw. Bugverkleidung und linke Seitenverkleidung (XJ6 Diversion F) abbauen.

2. Oben am Lenker Rändelmutter des Einstellers

lösen, Einsteller tief in das Widerlager eindrehen: Schlitze so hindrehen, dass sich Schlitze im Handhebel mit Schlitzen in Rändelmutter und Einsteller decken (Bild 2).

3. Einsteller im Kupplungszug (Bild 3) ganz eindrehen und so möglichst viel Spiel am Kupplungszug einstellen.

4. Oben am Lenker: Zughülle aus Einsteller ziehen, Kupplungszug aus den Schlitzen ziehen, Nippel aus Handhebel nehmen.

5. Unten am Motor, Bild 4: Kupplungszug aus seinem Widerlager herausnehmen.

6. Kleiner Kupplungshebel unten am Motor: Blechzunge im U-förmigen Zughalter hochbiegen und den Nippel aushängen.

7. Bild 5: Die am Rahmen befestigte Klemme öffnen und den Kupplungszug herausnehmen.

Kupplungszug einbauen (Verlegung Bild 5)

1. Neuen Kupplungszug von oben in den Rahmen einfädeln, parallel zum alten Zug verlegen. **Wichtig 1:** Kupplungszug beim Einfädeln in Rahmen sorgsam an Elektrokabeln vorbei und unter dem ABS-Bremsschlauchrohr verlegen. **Wichtig 2:** Kupplungszug muss durch Klemme, außerhalb des Kühlerschlauchs, unter der Mutter des Knotenblechs und außerhalb des Lichtmaschinenkabels verlegt werden (Bild 5).

2. Oben am Lenker: Nippel von unten in Handhebel einhängen, Zug durch Schlitz in Handhebel, Rändelmutter und Zugeinsteller einführen, Ende der Zughülle ganz in Zugeinsteller einsetzen.

2.1. Am Nippel am unteren Ende des Kupplungszugs ziehen, damit sich der Kupplungszug oben am Handhebel in den Zugeinsteller »setzt«.

3. Unten am Motor: Nippel in U-förmigen Zughalter am kleinen Kupplungshebel einhängen, Blechzunge nach unten biegen, Kupplungszug in Widerlager einsetzen.

4. Alten Kupplungszug ausziehen.

5. Kupplungsspiel einstellen wie im Text weiter vorne beschrieben.

6. Kontrolle: Lenkung voll rechts und links einschlagen: Kupplungszug darf nirgendwo anstehen, spannen oder Kabel einquetschen.

Kupplung aus- und einbauen

■ **Werkstatt:** Motorrad ordentlich aufbocken.

■ **Unterwegs auf Tour:** Wenn Sie unterwegs einen Kupplungsschaden haben, legen Sie das Motorrad möglichst flach auf die linke Seite, dann braucht das Motoröl nicht abgelassen werden zum Abschrauben des Kupplungsdeckels.

Kupplungsscheiben ausbauen

1. Motoröl ablassen. Kupplungszug am oberen Zugeinsteller am Handhebel und am Einsteller im Kupplungszug auf »viel Spiel« einstellen.

2. Bild 6: Die Schraube an der Zündrotor-Abdeckung, mit welcher der Schlauchhalter befestigt ist, ausschrauben.

3. Bild 9: Ölmessstab ausschrauben.

4. Bild 9: Am Kupplungsdeckel rechts am Motor alle Schrauben ringsum nacheinander lösen und ausdrehen.

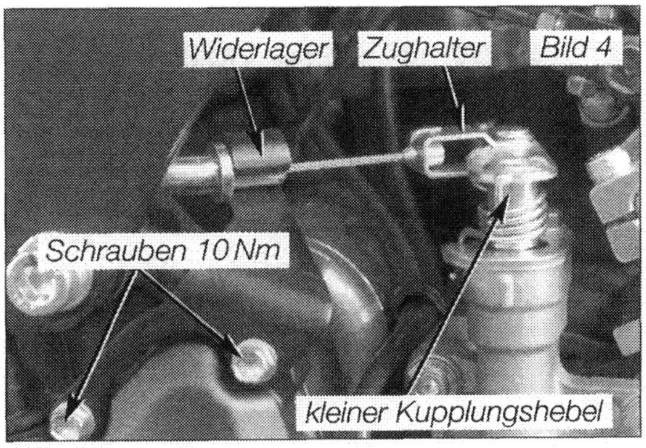

Bild 4: Bauteile der Kupplungsbetätigung links unten am Motor.

Bild 5: Verlegung des Kupplungszuges.

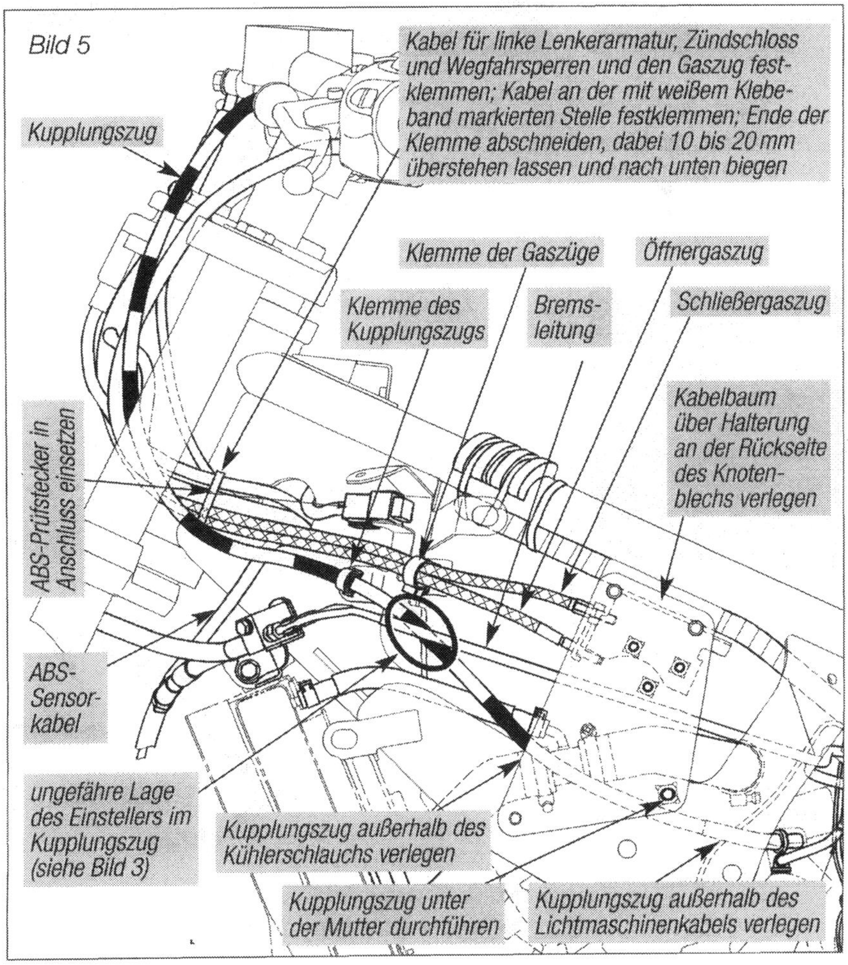

5. Kupplungsdeckel (Bild 9) abbauen:
5.1. Bei älteren Maschinen ist er meistens über die Dichtung verklebt: Mit Gummihammer ringsum leicht auf (auf!) den Deckel klopfen, er löst sich so von der Klebestelle.
■ Dabei Deckel, Kanten des Deckels und des Motorgehäuses nicht beschädigen!
5.2. Deckel abnehmen.
■ Auf Passbuchsen rechts bei »2 Uhr« und links bei »7 Uhr« achten, dass sie nicht heraus- bzw. auf den Boden fallen.
6. Bilder 7a und 7b: Schrauben in den Kupplungsfedern schrittweise über Kreuz öffnen, ausdrehen und mit Scheiben abnehmen.
6.1. Bild 7c: Kupplungsfedern herausnehmen.
7. Druckplatte abziehen. Druckpilz (Bild 24) kann eingebaut bleiben.
8. Reib- und Stahlscheiben herausziehen, in der Reihenfolge des Ausbaus ablegen.
Hinweis 1: Die letzte Stahl- und Reibscheibe (»Reibscheibe Nr. 3«) sowie Federring und Federsitzring sind mit einem Drahtring gesichert, dessen umgebogene Enden in einer kleinen Bohrung in der Kupplungsnabe sitzen (Kreis in Bild 8). Vor dem Ausbau der Scheiben muss also der Drahtring mit einer spitzen Zange ausgebaut werden.
Hinweis 2: Wenn nur die Reib- und Stahlschei-

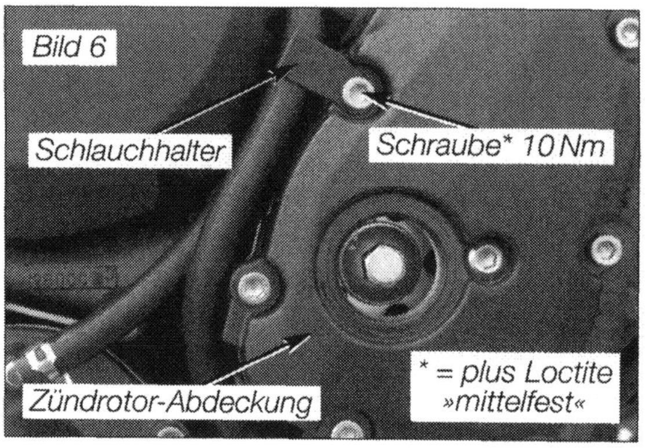

Bild 6: Zum Abbau des Kupplungsdeckels muss die Schraube mit dem Schlauchhalter abgeschraubt werden.

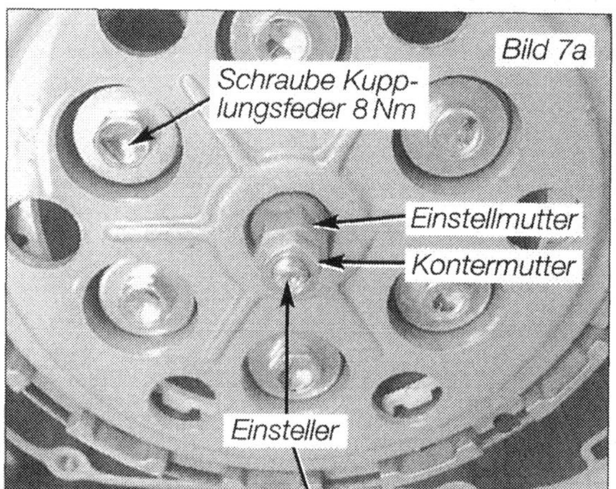

Bilder 7a bis 7c: Im Lauftext sind die zu den Bildern gehörenden Arbeitsschritte beschrieben.

Bild 8: Die innerste Reib- und Stahlscheibe wird von einem dünnen Drahtring in Position gehalten, dessen Enden in eine kleine Bohrung (Kreis) eingesetzt sind.

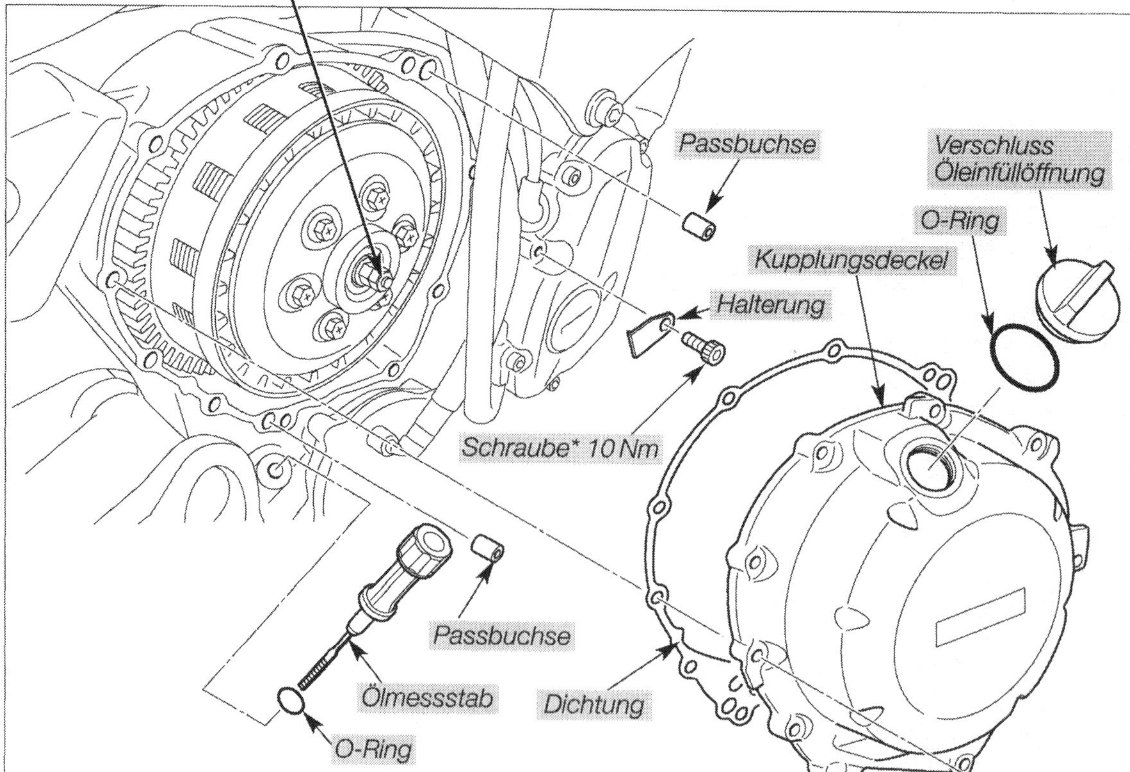

Bild 9: Abgebauter Kupplungsdeckel mit Teilebezeichnung.

ben erneuert werden sollen, braucht die Kupplung nicht weiter zerlegt zu werden. Deswegen prüfen und vermessen wir die Kupplungsbauteile nachstehend und bauen dann die Kupplung wieder zusammen. Danach folgt »Kupplungsnabe und Kupplungskorb aus- und einbauen«.

Kupplung prüfen und vermessen

1. Bild 10: Stahlscheiben auf Richtplatte mit Fühlerlehre auf Verzug prüfen. Sind sie mehr als 0,1 mm verzogen oder blau verfärbt, alle Stahl- und Reibscheiben erneuern.
Hinweis: Für die Stahlscheiben gibt es kein Verschleißmaß, es zählen Verzug und Verfärbung.

2. Bild 12: Mit sauberem Lappen Ölreste von allen Reibscheiben wischen. Dicke der Reibscheiben mit Messschieber an mindestens vier Messstellen messen:

- »Reibscheibe Nr. 1« und »Reibscheiben Nr. 2«: Dicke einer neuen Reibscheibe 2,92 bis 3,08 mm, Verschleißgrenze 2,80 mm.
- »Reibscheibe Nr. 3«: Dicke einer neuen Scheibe 2,94 bis 3,06 mm, Verschleißgrenze 2,84 m
- Nicht maßhaltige Reibscheiben erneuern.

3. Bilder 11a und 11b: An den Stellen, wo die äußeren Klauen der Reibscheiben im Kupplungskorb und die inneren Zähne der Stahlscheiben in der Kupplungsnabe anliegen, sind Druckstellen zu sehen. Bis zu einer gewissen Tiefe sind das normale Gebrauchsspuren. Sind die Riefen, Kerben, Scharten oder aufgewor-

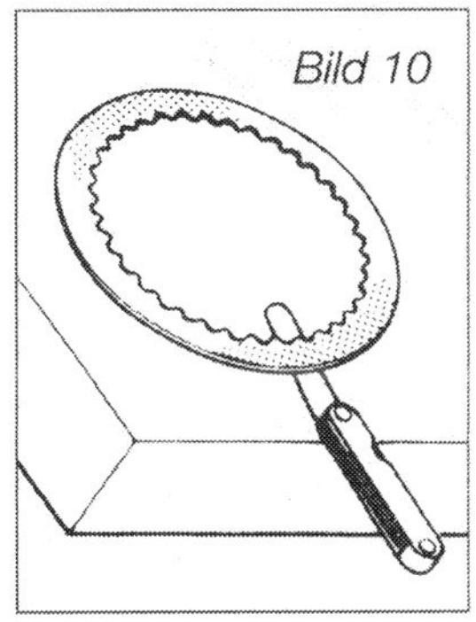
Bild 10

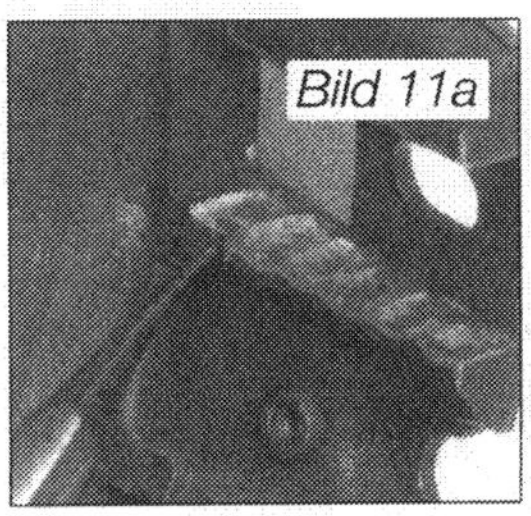
Bild 11a

Bild 11b

Bild 12

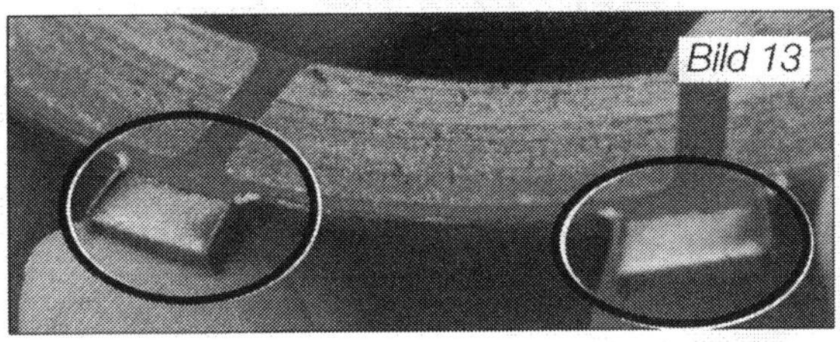
Bild 13

Bild 14: Explosionszeichnung der Kupplung mit Teilebezeichnung.

Bilder 10 bis 13: Siehe Lauftext.

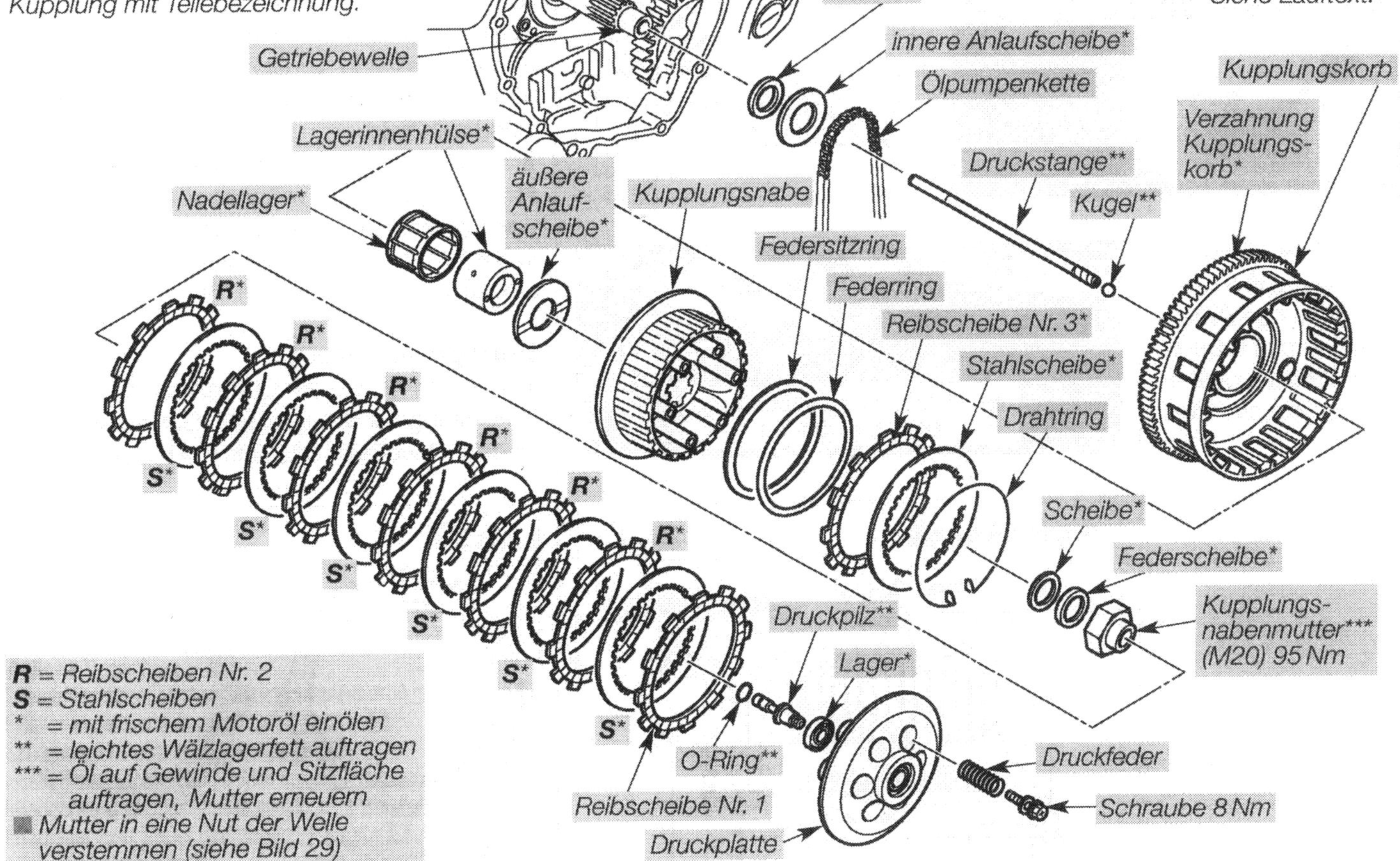

fenen Kanten stark ausgeprägt, muss die Kupplung komplett erneuert werden.

3.1. Bild 13: Aufgeworfene Kanten an Klauen der Reibscheiben können abgefeilt werden. Dabei die Kanten nicht stark brechen, sonst werden die Anlageflächen zu schmal und die Klauen schlagen sich rasch wieder im Kupplungskorb ein.

4. Bild 15: Ungespannte Länge der Kupplungsdruckfedern messen: Neue Feder ist 55,0 mm lang, Verschleißgrenze 52,3 mm.

5. Bild 16: Sicht- und Hörprobe des Lagers in der Druckplatte (Druckpilz kann eingebaut bleiben): Lager muss einwandfrei in Ordnung sein, es muss sich leicht drehen lassen und darf keine starken Geräusche von sich geben.

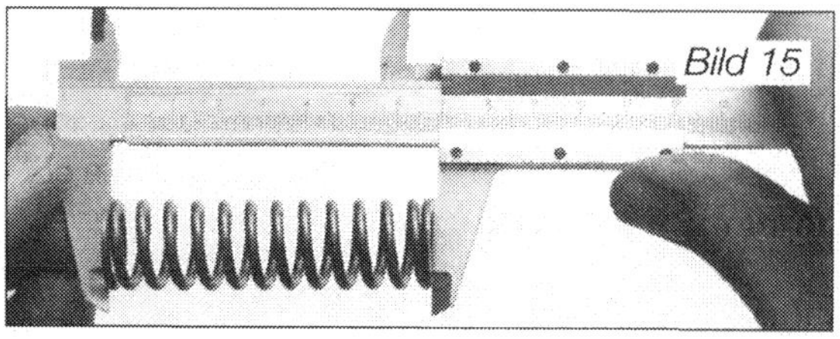

Bild 15: Messen der ungespannten Länge der Kupplungsdruckfedern.

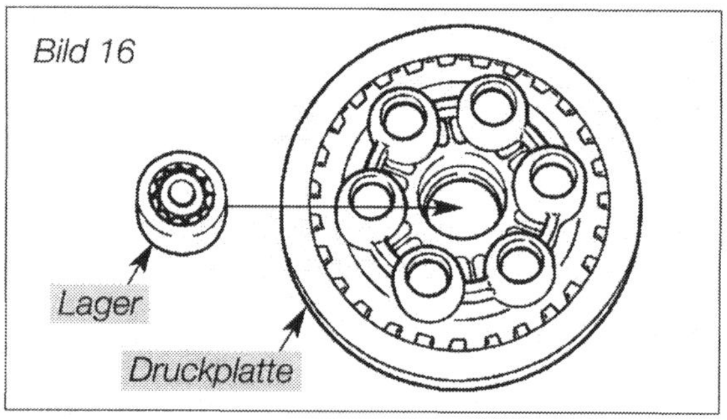

Bild 16: Das Lager in der Druckplatte bleibt zur Sicht- und Hörprobe eingebaut.

Kupplung zusammenbauen

Wichtig: Wenn neue Reibscheiben eingebaut werden, diese mindestens eine halbe Stunde in frischem Motoröl »baden«. Erst wenn sie satt mit Öl vollgesogen sind, sind sie einbaufertig. ■ Wenn sie trocken montiert werden, besteht die Gefahr, dass die Beläge bei der ersten Benutzung der Kupplung verbrennen!

Kupplungsscheiben einbauen

1. Bilder 17 und 18: Federsitzring und Federring wie in den Bildern gezeigt auf die Kupplungsnabe schieben.

2. Reibscheibe Nr. 3 einsetzen.

3. Eine Stahlscheibe einsetzen.

4. Drahtring sorgfältig einsetzen, umgebogene Enden müssen in der Bohrung (Bild 8) sitzen.

5. Jeweils eine Reib- und Stahlscheibe abwechselnd einbauen.

6. Bilder 20 und 21: Die schwarze »Reibscheibe Nr. 1« wird als letzte eingesetzt: Ihre Klauen werden versetzt zu den anderen Reibscheiben in die flachen Nuten in den Stegen des Kupplungskorbs eingesetzt (Bild 19).

Druckplatte einbauen

1. Vor dem Einbau der Druckplatte müssen Druckstange und Kugel in die Getriebewelle eingebaut werden. Druckstange mit dem ge-

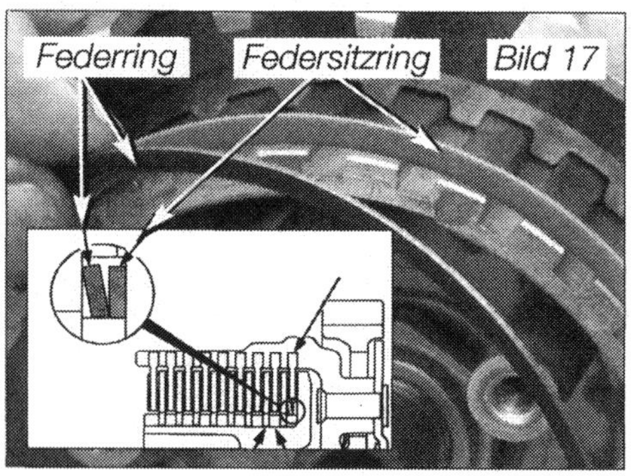

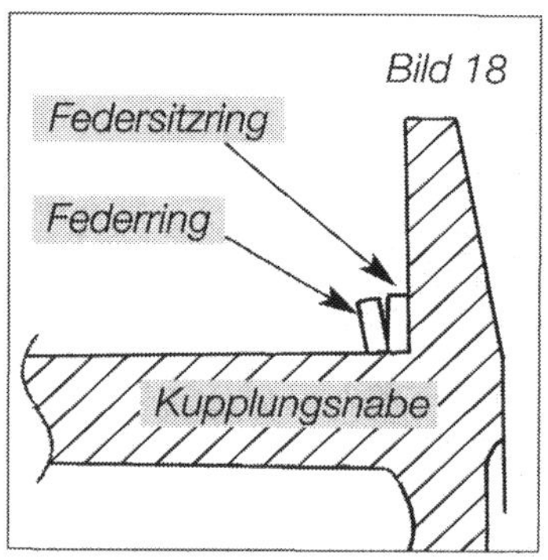

Bilder 17 bis 21: Im Lauftext sind die zu den Bildern gehörenden Arbeitsschritte nummeriert beschrieben.

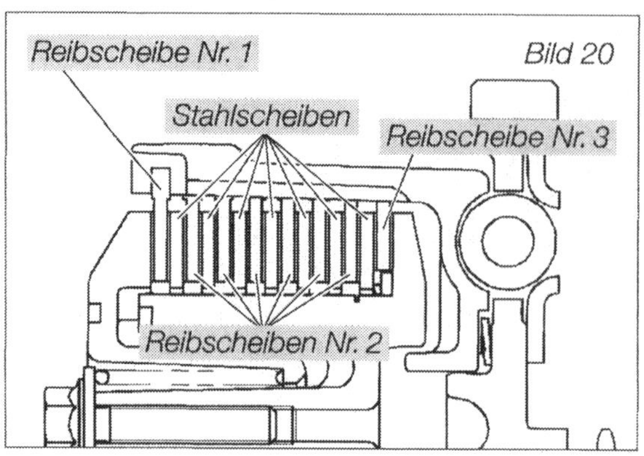

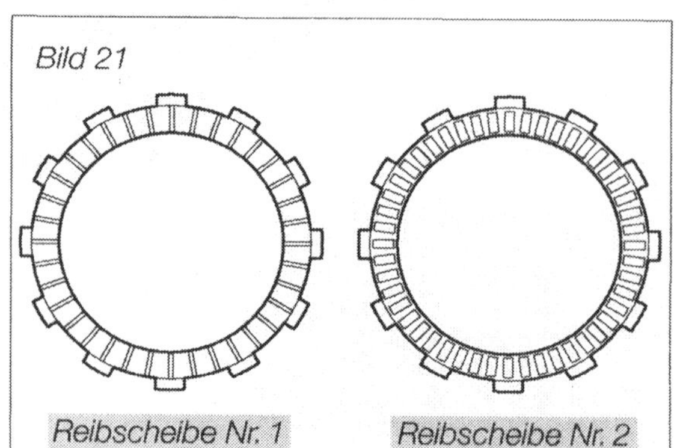

windeähnlichen Ende (Bild 24) zur Kupplung hin einbauen, dann die Kugel einschieben.
2. Bild 24: Wenn der Druckpilz demontiert ist: So ins Lager einsetzen, dass sein Gewinde außen ist. Mutter aufdrehen, noch nicht festziehen.
3. Bild 22: Druckplatte aufsetzen, Körnerpunkt auf der Druckplatte muss mit Körnerpunkt auf der Kupplungsnabe fluchten.
4. Bild 7c: Kupplungsfedern einsetzen.
5. Bild 7b: Schrauben mit Scheiben eindrehen und über Kreuz in mehreren kleinen Schritten fingerfest anziehen.
6. Schrauben über Kreuz in mehreren Schritten festziehen mit 8 Nm.

Stellung des kleinen Kupplungshebels

Bild 23: Kleinen Kupplungshebel mit dem Finger andrücken, Nase auf kleinem Kupplungshebel muss mit Markierung auf Gehäuse fluchten. Ist dies nicht der Fall, muss der Druckpilz eingestellt werden.

1. Bilder 7a und 24: Kontermutter auf Druckpilz lockern (ist vom Zusammenbau noch locker).
2. Einsteller und Einstellmutter so drehen, bis die Nase auf dem kleinen Kupplungshebel mit der Markierung (Bild 23) auf dem Gehäuse fluchtet.
3. Kontermutter mit 8 Nm festziehen, dabei Einstellmutter mit Gabelschlüssel gegenhalten.
4. Kupplungsspiel am Handhebel einstellen wie im Text weiter vorne beschrieben.

Deckel aufbauen (Bild 9)
1. Dichtflächen gut reinigen.
2. Passbuchsen in Bohrungen einsetzen.
3. Neue Dichtung auflegen.
4. Deckel aufsetzen.
5. Einen Tropfen Loctite »mittelfest« an die Gewinde der Schrauben geben, Schrauben eindrehen und schrittweise ringsum bis auf 10 Nm festziehen.
6. Bild 6:Schraube der Zündrotor-Abdeckung: Schlauchhalter überschieben, Gewinde reinigen, einen Tropfen Loctite »mittelfest« auftragen, Schraube eindrehen und mit 10 Nm festziehen.
7. Verkleidungsteile anbauen. Öl einfüllen nicht vergessen!

Kupplungsnabe und Kupplungskorb aus- und einbauen

Kupplungsnabe ausbauen

Zum Aus- und Einbau von Kupplungsnabe und -korb ist das Yamaha-Spezialwerkzeug »Kupplungshalter« (Nr. 90890-040860) nötig.

Bild 22: Beim Aufbau der Druckplatte darauf achten, dass die Körnerpunkte fluchten.

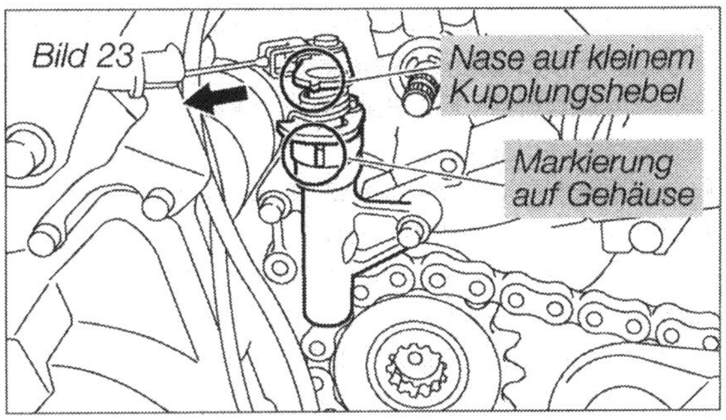

Bild 23: Grundeinstellung des kleinen Kupplungshebels. Die Nase muss mit der Markierung fluchten, wenn der Kupplungshebel mit dem Finger in Pfeilrichtung auf Anschlag gedrückt wird.

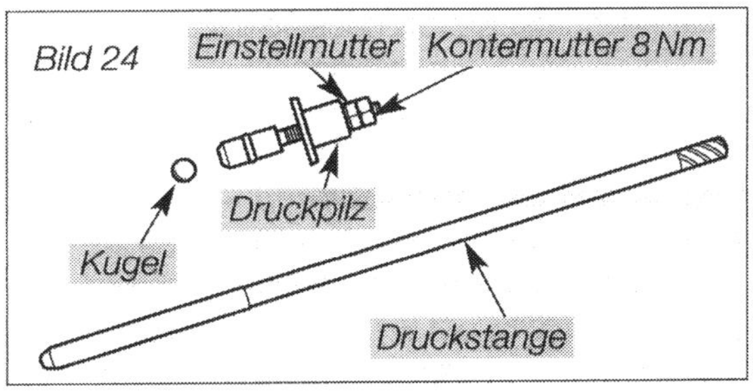

Bild 24: Der einstellbare Druckpilz sitzt im Lager der Druckplatte, die Kugel wird zwischen Druckpilz und Druckstange eingesetzt.

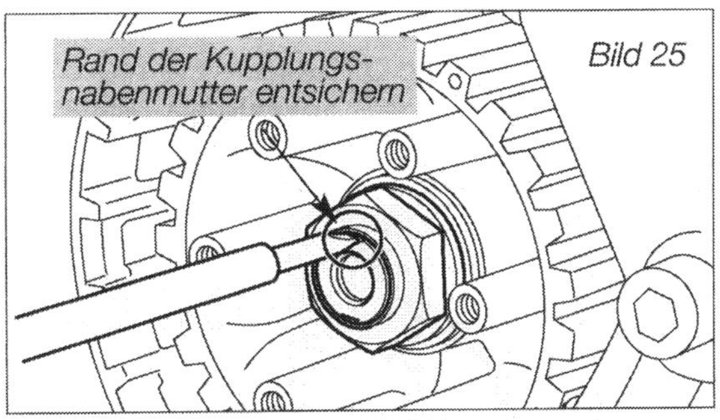

Bild 25: Vor dem Lösen der Kupplungsnabenmutter muss ihr Rand entstemmt werden.

Bild 26: Zum Lösen und Festziehen der Kupplungsnabenmutter ist das Spezialwerkzeug »Kupplungsnabenhalter« nötig.

Sichtprüfung Messen

Es kann auch ein anderer, handelsüblicher Kupplungshalter verwendet werden (Bild 26).

1. Die Kupplung ist schon so weit zerlegt wie im Text weiter vorne beschrieben; die Kupplungsscheiben sind ausgebaut.
2. Mit einem kleinen Magneten die Kugel aus Getriebewelle herausziehen.
2.1. Wenn die Kupplungsdruckstange aus der Getriebewelle herausstehen sollte, sie ausziehen.
3. Bild 25: Der Rand der Kupplungsnabenmutter ist in einer Nut der Getriebewelle eingeschlagen und so gesichert: Mit Hammer und kleinem Meißel entsichern.
4. Bild 26: Spezialwerkzeug »Kupplungshalter« auf die Kupplungsnabe aufbauen.
5. Bild 14: Kupplungsnabenmutter öffnen und abdrehen. Federscheibe, Scheibe, Kupplungsnabe und Anlaufscheibe abnehmen.
Wichtig: Zum Öffnen der Mutter eine exakt auf die Kupplungsnabenmutter passende Nuss verwenden, den Knebel mit einem Rohrstück verlängern (bringt »langen Hebelarm«), mit dem Kupplungshalter konzentriert gegenhalten!

Kupplungskorb ausbauen

1. Eine Hand fest an den Kupplungskorb anlegen. Zum Ausziehen der Lagerinnenhülse etwas mit dem Kupplungskorb hin und her wackeln und gleichzeitig mit spitzen Fingern der anderen Hand an der Hülse ziehen.

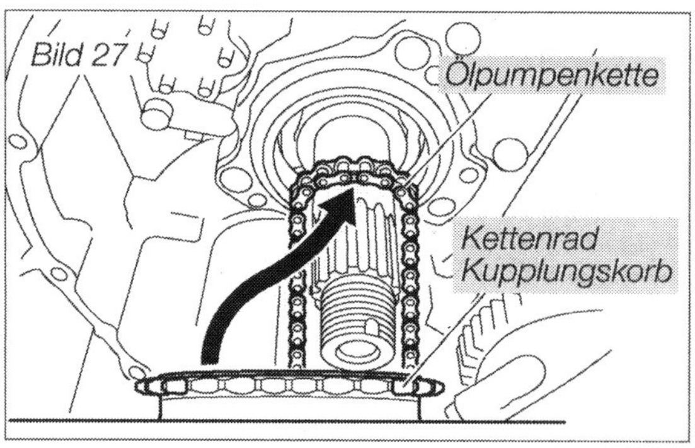

Bild 27: Kupplungskorb auf Getriebewelle schieben, leicht schräg halten und die Ölpumpenkette auf das Kettenrad legen, Kupplungskorb weiter aufschieben.

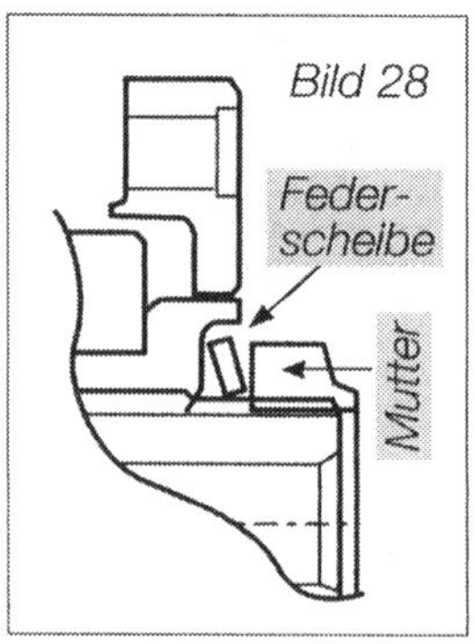

Bild 28: Federscheibe wird so eingebaut.

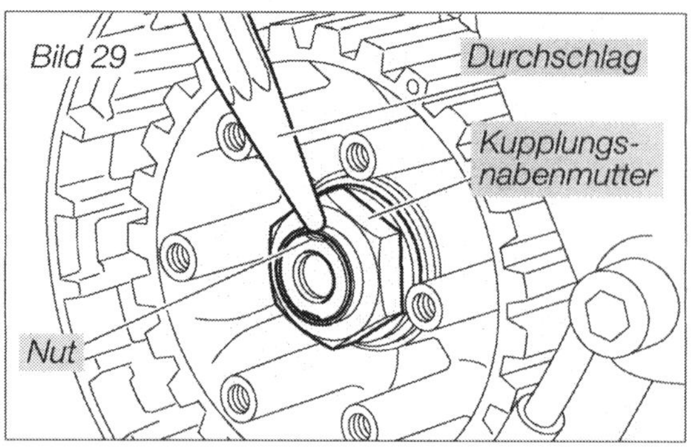

Bild 29: Verstemmen der Kupplungsnabenmutter in eine Nut der Getriebewelle.

2. Nadellager aus Kupplungskorb herausziehen.
3. Bild 27: Hinten am Kupplungskorb sitzt die Kette des Ölpumpenantriebs: Diese vorsichtig mit einem Magnet von der Verzahnung abnehmen, dabei den Kupplungskorb leicht schräg halten. Kette auf Getriebewelle ablegen.
■ Nicht am Kupplungskorb ziehen und zerren, wenn die Kette noch nicht ganz vom Kettenrad abgenommen ist! Erst dann den Kupplungskorb von der Getriebewelle abziehen.

Das Nadellager im Kupplungskorb muss einwandfrei in Ordnung sein, die Nadeln dürfen nicht blau angelaufen sein (deutet auf Ölmangel hin), die Innenhülse darf keine Fressstellen aufweisen. Im Zweifelsfall alles erneuern.
Kupplungsdruckstange kontrollieren: Über eine glatte Fläche rollen und beobachten, sie darf maximal 0,35 mm verzogen sein.

Kupplungskorb einbauen

1. Alle Bauteile gut mit frischem Motoröl einölen. Ganz besonders die Zähne am Kupplungskorb und das Nadellager müssen gut geschmiert werden.
2. Bild 14: Scheibe und innere Anlaufscheibe auf die Getriebewelle schieben.
3. Ölpumpen-Antriebskette anheben, bis die Kette im Zahnrad der Ölpumpe sicher eingreift.
4. Bild 27: Kupplungskorb auf Getriebewelle schieben, leicht schräg halten und die Ölpumpenkette auf das Kettenrad legen, Kupplungskorb weiter aufschieben.
5. Zähne des Primärantriebs zueinander in Eingriff bringen und den Kupplungskorb mit der Hand zentrisch festhalten.
6. Nadellager einschieben. Lagerinnenhülse einschieben.
7. Bild 14: Äußere Anlaufscheibe aufschieben, ihre halbrunden Einschnitte müssen nach außen weisen.

Kupplungsnabe einbauen

1. Kupplungsnabe auf Getriebewelle schieben.
2. Scheibe und Federscheibe aufschieben.
3. Spezialwerkzeug Kupplungshalter auf Kupplungsnabe aufbauen, Mutter aufdrehen und mit 95 Nm festziehen.
4. Bild 29: Mit einem kleinen Meißel oder dünnem Durchschlag den inneren Rand der Mutter in einer Nut der Getriebewelle verstemmen.
5. **Kontrolle**, ob alles richtig montiert ist: Kupplungsnabe muss sich leicht drehen lassen, während der Kupplungskorb stehen bleibt.

Schaltung

In diesem Kapitel: Einstellung des Fußschalthebels · Schaltung außen: Bauteile, Schaltgestänge prüfen, Probleme beseitigen · Schaltung ausbauen, prüfen und einbauen.

Fußschalthebel

Der Fußschalthebel ist auf einer Lagerschraube auf der linken Fußrastenplatte gelagert (Bild 2). Auf der aus dem Motor ragenden Schaltwelle ist ein kleiner Schalthebel montiert (Bilder 1a und 1b), der mit dem Fußschalthebel über eine Schaltstange mit Kugelköpfen verbunden ist.

Kleiner Schalthebel

Bild 2: Der kleine Schalthebel auf der Schaltwelle muss zur Schaltstange einen Winkel von rund 90 Grad bilden. Die Stellung des kleinen Schalthebels ist festgelegt: Körnerpunkt auf kleinem Schalthebel muss mit Strichmarkierung auf Schaltwelle fluchten (Bilder 1a und 1b).
Wichtig: Falscher Anbau des kleinen Schalthebels auf der Schaltwelle kann nicht durch entsprechendes Ein- oder Ausdrehen der Schaltstange in die Kugelköpfe korrigiert werden.

Fußschalthebel einstellen

Bild 2: Die von Yamaha vorgeschriebene Länge der Schaltstange beträgt 260,4 bis 262,4 mm zwischen den Mitten der Kugelköpfe. Zum Verstellen der Höhe des Fußschalthebels nach oben oder unten wird die Schaltstangenlänge verändert:
1. Beide Kontermuttern der Kugelköpfe an der Schaltstange lösen und mindestens zwei Umdrehungen zurückdrehen.
Wichtig: Das untere Gewindestück der Schaltstange hat ein Linksgewinde!
Beachten: Beim Lösen (sowie beim späteren Festziehen) der Kontermuttern die Schaltstange mit einer Zange gegenhalten, sonst werden die Kugelköpfe beschädigt!
2. Durch Rechts- oder Linksdrehen der Schaltstange wird die Lage des Fußschalthebels nach oben oder unten verändert.
3. Wenn die richtige Einstellung gefunden ist, Kontermuttern gegen Kugelköpfe mit 9 Nm kontern.

Schaltung außen

Wenn die Schaltung nicht richtig funktioniert, kann dies an Störungen folgender Bauteile liegen: Schaltgestänge lose, Verzahnung des Schalthebels auf der Schaltwelle lose bzw. ausgeschlagen, Lagerung des Schalthebels fest bzw. nicht genügend freigängig, Schaltwelle verbogen, Schaltklinke schwergängig oder abgenutzt, Schaltfeder oder Zugfeder des Arretierhebels lahm oder gebrochen, Rolle am Arretierhebel defekt. Diese Probleme lassen sich bei eingebautem Motor beseitigen. Bei Schäden an Schaltwalze/-gabeln oder an Getriebezahnrädern und -wellen, muss der Motor zerlegt werden.

Bild 1a, 1b und 2: Bauteile der äußeren Schaltung.

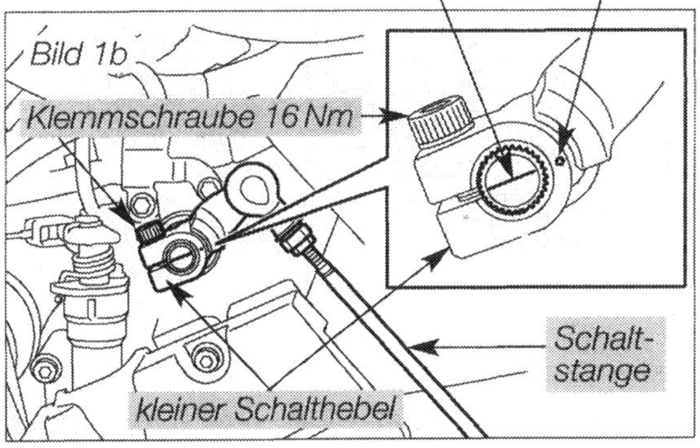

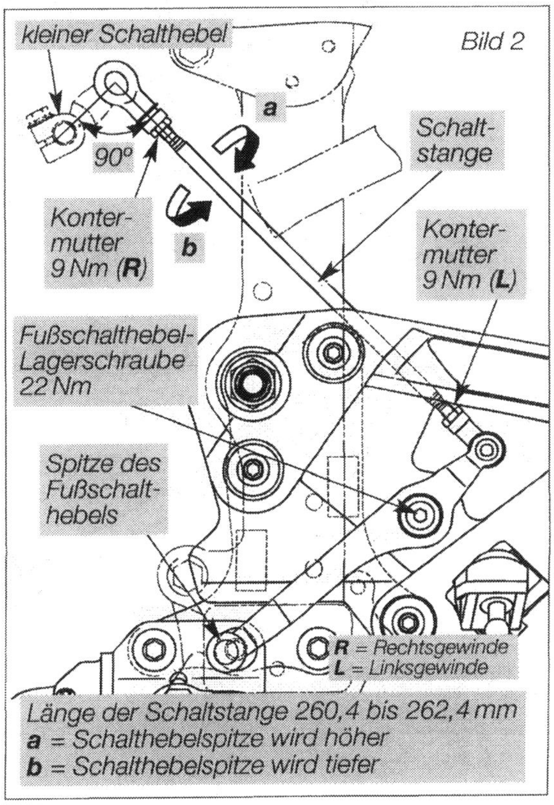

Länge der Schaltstange 260,4 bis 262,4 mm
***a** = Schalthebelspitze wird höher*
***b** = Schalthebelspitze wird tiefer*

Schaltgestänge prüfen, reparieren

Wenn sich die Gänge nicht exakt einlegen lassen, zuerst das Schaltgestänge prüfen:
1. Prüfen: Klemmschraube im kleinen Schalthebel gut festgezogen? Falls nicht: Mit 16 Nm festziehen (Bild 1b).
2. Prüfen: Verzahnungen in Schalthebel und an Schaltwelle (Bild 1a) einwandfrei? Wenn lange Zeit mit loser Klemmschraube geschaltet wurde, hat sich der kleine Schalthebel unkontrolliert bewegt und deswegen sind Außenverzahnung der Schaltwelle und Innenverzahnung des Schalthebels beschädigt (»Spitzen abgenutzt«).
Problem beseitigen: Kleinen Schalthebel abbauen, Verzahnung mit Messingbürste putzen, dickes Fett an Verzahnung geben, Schalthebel aufbauen: Neue Klemmschraube verwenden!
Beachten: Kleinen Schalthebel so anbauen, dass Körnerpunkt auf Schalthebel mit Strichmarkierung auf Schaltwelle fluchtet (Bilder 1a und 1b).
3. Prüfen: Lagerung des Fußschalthebels (Bild 2) ausreichend leichtgängig oder verbogen und/oder korrodiert?
Problem beseitigen:
3.1. Fußschalthebel

Sichtprüfung Messen

abbauen: Lagerschraube ausschrauben, Schalthebel abnehmen.

3.2. Korrosion auf Lagerschraube und in Buchse des Schalthebels mit feinem Schmirgel beseitigen.

3.3. Lagerstelle gut einfetten, Wellenscheibe und Scheibe auf Lagerschraube aufschieben, Schraube in Fußschalthebel einschieben, Scheibe aufschieben, einen Tropfen Loctite »mittelfest« auf das gereinigte Gewinde geben, Schraube einschrauben, mit 22 Nm festziehen.

4. Prüfen: Kugelköpfe an beiden Enden der Schaltstange in Ordnung? Sie dürfen nicht zu viel »Luft« haben, müssen sich leicht bewegen. Wenn defekt, neue Kugelköpfe einbauen.

5. Prüfen: Stimmt die Einstellung der Schaltung? Siehe dazu Text weiter vorne in diesem Kapitel.

Bild 3 bis 4c: Innere Schaltbauteile als Explosionszeichnung und in zusammen- bzw. eingebautem Zustand.

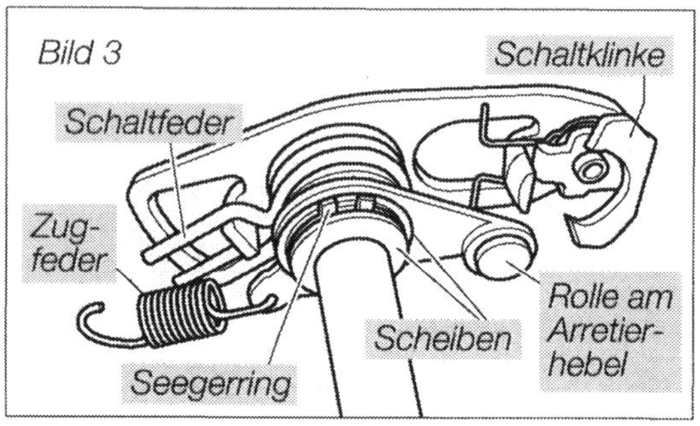

Schaltung innen

Schaltung ausbauen

1. Rechte Motorseite: Kupplung ausbauen (siehe Kapitel 25 »Kupplung«).

2. Auf der linken Motorseite, Bild 4b: Kleinen Schalthebel und Schaltstange abbauen.

3. Linke Motorseite, Bild 4b: Sicherungsring von Schaltwelle abbauen, Scheibe abziehen.

4. Rechte Motorseite, Bild 4c: Zugfeder am Arretierhebel aushängen, Schaltwelle ausziehen.

Schaltung prüfen

Bilder 3, 4a und 4c: Schaltwelle mit Schaltklinke und den beiden Federn überprüfen:

1. Enden der Schaltklinke dürfen nicht verschlissen, abgerundet oder ab- bzw. ausgebrochen sein.

2. Die Lagerung der Schaltklinke muss sich leicht bewegen lassen und darf nicht zu viel Spiel auf dem Lagerbolzen haben.

3. Die kleine Feder der Schaltklinke darf nicht verbogen oder gebrochen sein; sie muss genügend Federspannung haben, um die Schaltklinke in die Mittellage zurückzuspannen.

■ Ist eines der Teile verschlissen, verbogen oder defekt, muss die Schaltwelle erneuert werden.

4. Die Schaltfeder muss formstabil sein und genügend Federkraft haben, beide Enden müssen sicher am Widerlager anliegen.

5. Rolle am Arretierhebel muss leichtgängig sein.

6. Bild 4b: Wenn das Nadellager im Motorgehäuse oder der Simmering defekt ist, beide Bauteile zusammen erneuern.

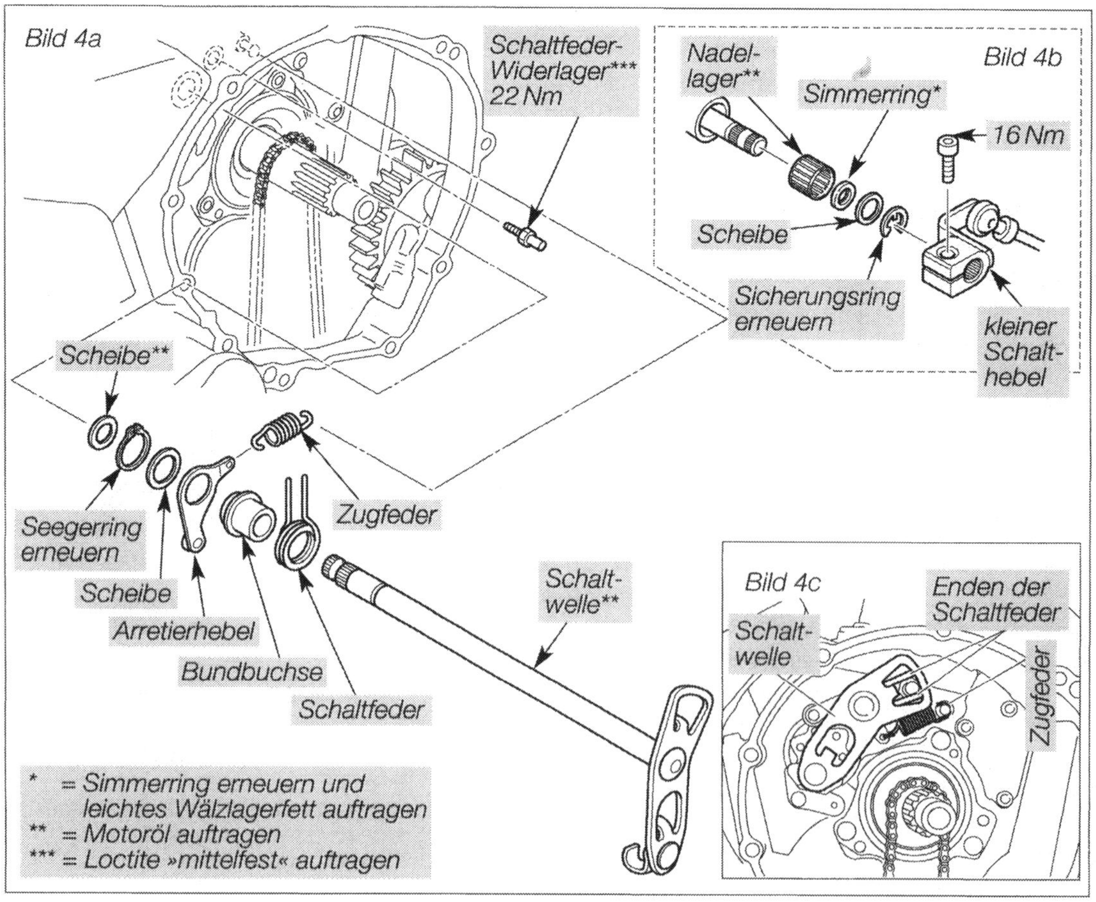

Schaltung einbauen

1. Linke Motorseite, Bild 4b: Simmerring mit leichtem Fett einschmieren.

2. Rechte Motorseite: Schaltwelle einschieben, Schenkel der Schaltfeder rechts und links am Widerlager anliegen und Schaltklinke auf Schaltkrone zum Eingriff kommt.

3. Rechte Motorseite: Zugfeder einhängen (lange Spitzzange benutzen!).

4. Linke Motorseite: Scheibe auf Schaltwelle aufschieben, Sicherungsring montieren (Bild 4b).

5. Linke Motorseite: Schaltstange und kleinen Schalthebel montieren (siehe Bilder 1a und 1b und Text weiter vorne).

6. Kupplung einbauen (Kapitel 25 »Kupplung«).

Ventilspiel

In diesem Kapitel: Ventilspiel kontrollieren und einstellen · Nockenwellen aus- und einbauen · Ventilshim-Tabelle.

Ventilspiel

Ein gewisses Spiel zwischen Nocken, Tassenstößel und Ventil ist nötig, damit die Ventile den Brennraum über die Ventilsitze bei allen Betriebstemperaturen dicht abschließen und kein Gas unkontrolliert entweichen kann.

Laut Wartungsplan muss das Ventilspiel nur alle 40 000 km überprüft und ggf. eingestellt werden. Beim Einstellen wird das unter dem Stößel eingesetzte Ventileinstellplättchen (»Shim«) je nach Bedarf durch ein dickeres oder dünneres ersetzt.

Ventilspiel kontrollieren
Zur Kontrolle und Einstellung des Ventilspiels muss der Motor kalt sein. Weil der Ventildeckel abgebaut werden muss, sollte man möglichst guten Zugang zu allen Schraubstellen verschaffen: Sitzbank, Tank, Luftfilterkasten, Sekundärluft-Abschaltventil, Kunststoffabdeckung über dem Ventildeckel und Drosselklappengehäuse abbauen, Zündkerzenstecker abziehen, Zündkerzen ausbauen.

1. Bild 3a: Rechten Motorseitendeckel abnehmen:
■ Darunter befindet sich der Zündrotor, auf dem Markierungen angebracht sind (Bilder 3b und 3c), die zur Ventilspielkontrolle nötig sind.
1.1. Bild 3b: Am Schraubenkopf des Zündrotors wird die Kurbelwelle später während der Arbeitsschritte mit einer 12er-Nuss rechts herum gedreht.
2. Schrauben des Ventildeckels ausdrehen, Deckel mit Dichtung abnehmen (Bild 4).
■ Die große Ventildeckeldichtung kann ein weiteres Mal verwendet werden. Die Dichtscheiben unter den Schrauben sollte man erneuern.

Ventilspielkontrolle
Das vorgeschriebene Ventilspiel beträgt:
■ für Einlass 0,13 mm bis 0,20 mm
■ für Auslass 0,23 mm bis 0,30 mm

Bild 5: So lange mit verschieden dicken Fühlerblattlehren prüfen, bis eine gefunden ist, die sich zwischen Nocken und Tassenstößel satt durchziehen lässt. Dieses »Ist-Ventilspiel« mit den zugehörigen Zylinderzahlen sowie »E« und »A« (für Einlass und Auslass) notieren. Es dient später dazu, neue Shims auszuwählen, um das Ventilspiel auf die vorgeschriebenen Werte einzustellen.

Zylinderzählweise
Bild 2: Die Zylinder werden, in Fahrtrichtung gesehen, von links nach rechts gezählt: Ganz links ist der 1. Zylinder, es folgen 2. und 3. Zylinder, der 4. Zylinder ist der rechte; daneben ganz außen ist der Steuerkettenschacht.

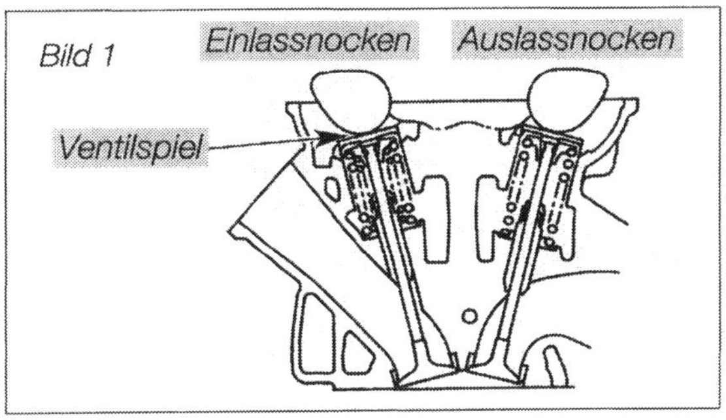

Bild 1: Ein gewisses Spiel zwischen Nocken, Tassenstößel und Ventil ist nötig, damit die Ventile den Brennraum über die Ventilsitze bei allen Betriebstemperaturen dicht abschließen und kein Gas unkontrolliert entweichen kann.

■ Das Ventilspiel wird zwischen Nocken und Tassenstößel in der im Bild gezeigten Stellung der Nocken gemessen: Einlass- und Auslassnocken zeigen schräg nach oben und voneinander weg.

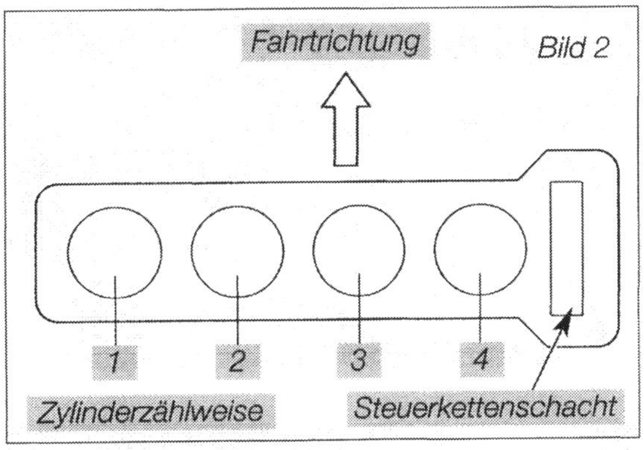

Bild 2: Zylinderzählweise in Fahrtrichtung gesehen von links nach rechts.

Sicherheitshinweise Achtung und Tipps für dieses Kapitel

Achtung: Kurbelwelle über die Befestigungsschraube des Zündrotors immer nur im Uhrzeigersinn (rechts herum) drehen, nie in die andere Richtung.

Achtung: Nockenwellen-Lagerdeckel sorgfältig, gleichmäßig und über Kreuz losschrauben, sonst können die Lagerdeckel im Bereich der Nockenwellen-Axialführung brechen. Bei der Montage die Lagerdeckel gleichmäßig ansetzen.

Achtung: Kurbelwelle darf während des Einbaus der Nockenwellen nicht drehen, um Schäden am Ventiltrieb oder falsche Steuerzeiten zu vermeiden.

Tipp: Offenen Steuerkettenschacht und Zündkerzenbohrung mit Lappen zustopfen!

■ Wenn eine Schraube oder ein Ventileinstellplättchen hineinfällt, ist es unmöglich, das Kleinteil wieder herauszuholen, ohne den Motor weiter zu zerlegen.

Bilder 3a, 3b und 3c: Unter dem rechten Motorseitendeckel (Zündrotor-Abdeckung) sind Zündrotor und die Schraube, über welche die Kurbelwelle rechts herum gedreht wird.

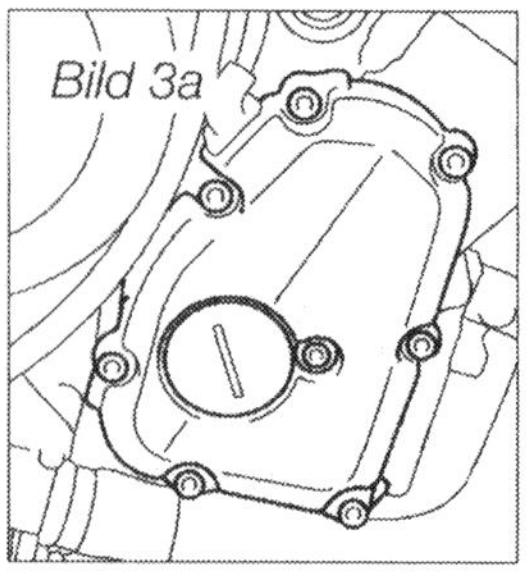

Bild 4: Die Ventildeckeldichtung kann wieder verwendet werden, wenn sie noch einwandfrei ist. Beim Zusammenbau darauf achten, dass auch die inneren Dichtungen sitzen.

Bild 5: Mit einer Fühlerlehre wird das Ventilspiel gemessen, wenn die T-Markierung auf dem Zündrotor entweder mit der hinteren oder vorderen Trennfuge des Kurbelgehäuses fluchtet und die Nocken der entsprechenden Zylinder nach außen voneinander weg zeigen.

Ist-Ventilspiel ermitteln

Ventilspiel Zylinder 1: Rechts unten am Motor: Kurbelwelle rechts herum drehen, bis sich der Kolben im Zylinder 1 am oberen Totpunkt (OT) des Verdichtungstaktes befindet.

■ Bilder 3b und 3c: Die Markierung »T« auf dem Zündrotor muss mit der hinteren Trennfuge des Kurbelgehäuses fluchten.

■ **Gegenkontrolle** oben am Zylinderkopf: Einlass- und Auslass-Nocken von Zylinder 1 zeigen schräg nach oben und voneinander weg (Bild 1).

Wichtige Anmerkung: Wenn sich die »T«-Markierung auf dem Zündrotor mit der hinteren Trennfuge des Motorgehäuses deckt, aber die Nocken von Zylinder 1 nicht schräg nach oben und voneinander weg zeigen (wie in Bild 1),

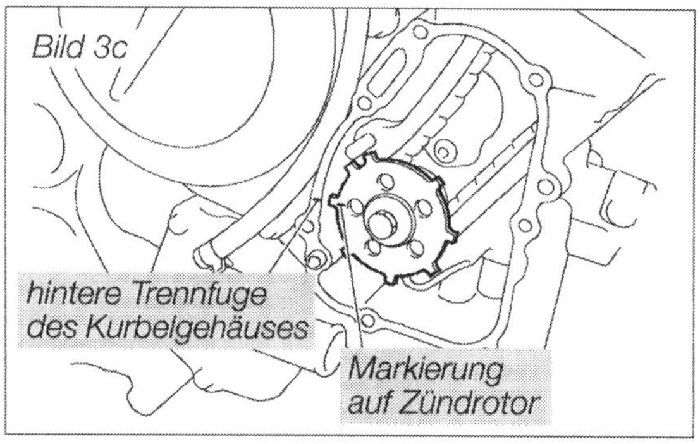

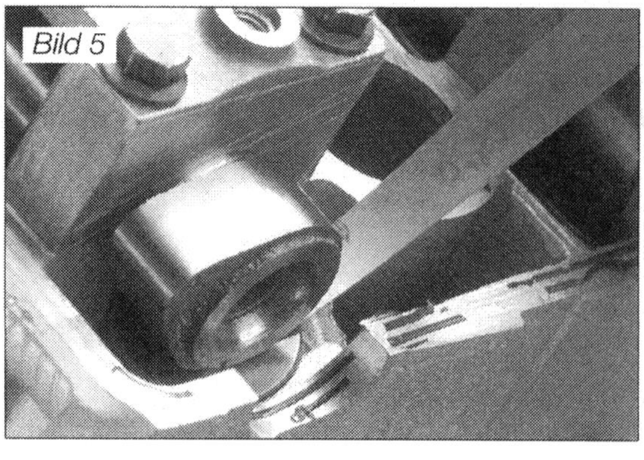

sondern nach unten und zueinander hin, dann muss man die Kurbelwelle eine weitere Umdrehung (360 Grad) rechts herum drehen.

Oben am Zylinderkopf: Ein- und Auslass-Ventilspiel von Zylinder 1 messen, notieren.

Ventilspiel Zylinder 2: Rechts unten am Motor: Kurbelwelle rechts herum eine halbe Umdrehung (180 Grad) drehen, bis die Markierung »T« auf dem Zündrotor mit der vorderen Trennfuge des Kurbelgehäuses fluchtet. Jetzt steht der Kolben im Zylinder 2 am oberen Totpunkt (OT) des Verdichtungstaktes.

■ **Gegenkontrolle** oben am Zylinderkopf: Einlass- und Auslassnocken von Zylinder 2 zeigen schräg nach oben und voneinander weg (Bild 1).

Oben am Zylinderkopf: Ein- und Auslass-Ventilspiel von Zylinder 2 messen, notieren.

Ventilspiel Zylinder 4: Rechts unten am Motor: Kurbelwelle rechts herum um eine halbe Umdrehung (180 Grad) drehen, bis die Markierung »T« auf dem Zündrotor mit der hinteren Trennfuge des Kurbelgehäuses fluchtet. Jetzt steht der Kolben im Zylinder 4 am oberen Totpunkt (OT) des Verdichtungstaktes.

■ **Gegenkontrolle** oben am Zylinderkopf: Einlass- und Auslassnocken von Zylinder 4 zeigen schräg nach oben und voneinander weg (Bild 1).

Oben am Zylinderkopf: Ein- und Auslass-Ventilspiel von Zylinder 4 messen, notieren.

Ventilspiel Zylinder 3: Rechts unten am Motor: Kurbelwelle rechts herum um eine halbe Umdrehung (180 Grad) drehen, bis die Markierung »T« auf dem Zündrotor mit der vorderen Trennfuge des Kurbelgehäuses fluchtet. Jetzt steht der Kolben im Zylinder 3 am oberen Totpunkt (OT) des Verdichtungstaktes.

■ **Gegenkontrolle** oben am Zylinderkopf: Einlass- und Auslassnocken von Zylinder 3 zeigen schräg nach oben und voneinander weg (Bild 1).

Oben am Zylinderkopf: Ein- und Auslass-Ventilspiel von Zylinder 3 messen, notieren.

Ergebnisse werten:

1. Wenn die gemessenen Ventilspiele innerhalb der vorgeschriebenen Toleranzen liegen, braucht nichts weiter getan zu werden, der Motor kann wieder zusammengebaut werden.

2. Wenn jedoch auch nur ein Ventil das vorgeschriebene Ventilspiel unter- oder überschreitet, müssen die Nockenwellen ausgebaut und neue Ventilspiel-Einstellplättchen eingesetzt werden.

Nockenwellen aus- und einbauen

Nockenwellen ausbauen

1. Rechts unten am Motor: Kurbelwelle rechts herum drehen, bis sich die »T«-Markierung auf dem Zündrotor mit der _hinteren_ Trennfuge des Kurbelgehäuses deckt. Der Kolben von Zylinder 1 muss sich nun im Verdichtungs-OT befinden.
Gegenkontrolle 1 oben am Zylinderkopf: Einlass- und Auslass-Nocken von Zylinder 1 zeigen schräg nach oben und voneinander weg (Bild 1).
Gegenkontrolle 2: Strichmarkierungen auf den Nockenwellen-Kettenrädern müssen sich mit der Dichtfläche decken (Bild 6):

- Zu »I« (Inlet) gehörende Strichmarkierung auf dem Einlasskettenrad zeigt nach hinten.
- Zu »E« (Exhaust) gehörende Strichmarkierung auf dem Auslasskettenrad zeigt nach vorne.

2. Beide Inbusschrauben, mit denen der Steuerkettenspanner am Zylinderkopf befestigt ist, ausdrehen, Steuerkettenspanner herausnehmen und vorsichtig ablegen. Dichtung abnehmen.
Hinweis: Die Nockenwellen-Kettenräder brauchen zum Ausbau der Nockenwellen nicht abgeschraubt werden.

3. Oben auf dem Zylinderkopf: Schrauben der Nockenwellen-Lagerdeckel über Kreuz schrittweise von außen nach innen lösen, ausdrehen, Lagerdeckel abnehmen. Abbaufolge (Bild 8):

Bild 6: Markierungen auf den Nockenwellen-Kettenrädern.

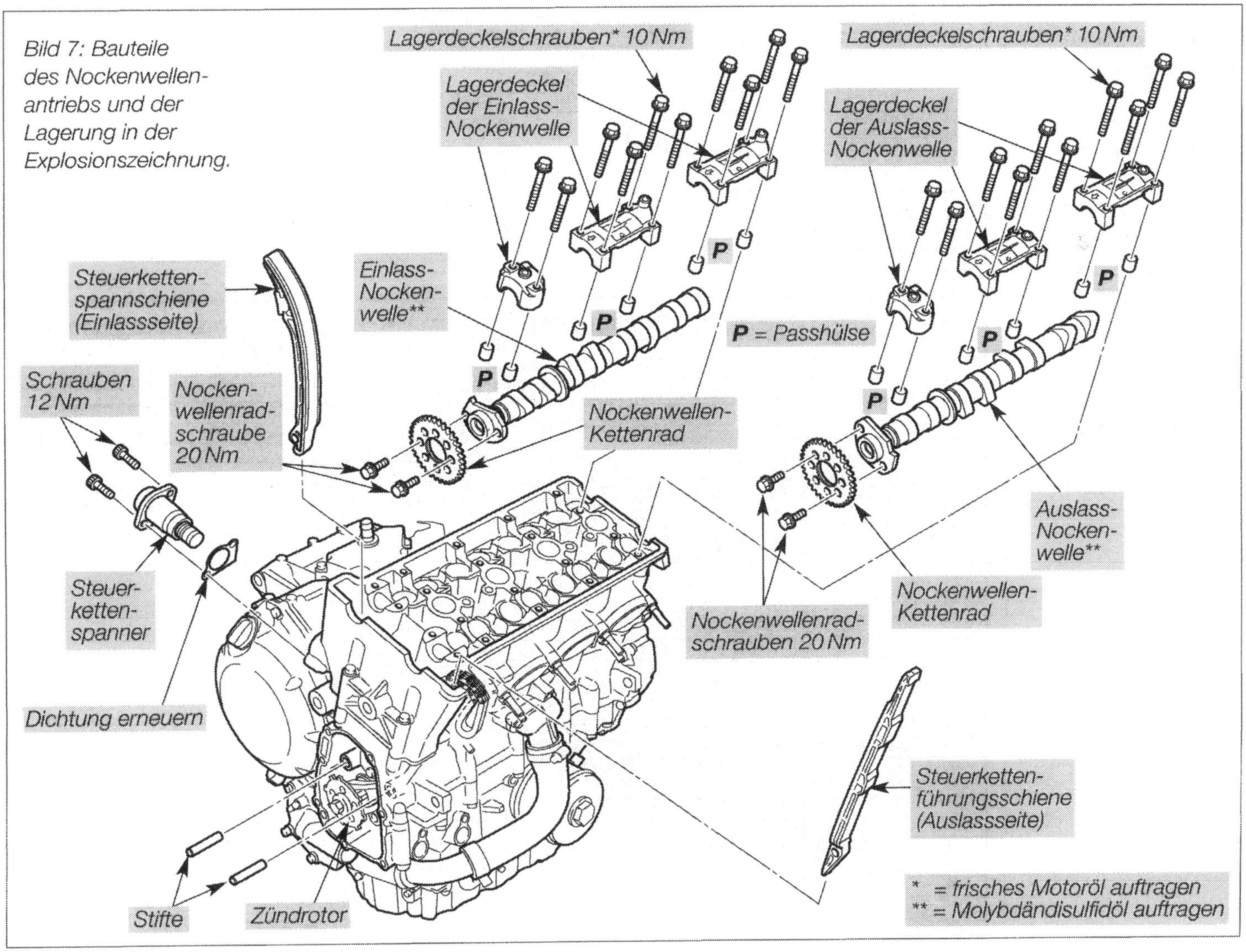

Bild 7: Bauteile des Nockenwellenantriebs und der Lagerung in der Explosionszeichnung.

Sichtprüfung Messen

■ Lagerdeckel links außen über Zylinder 1/2 (4 Schrauben).
■ Lagerdeckel rechts außen neben Steuerkette (2 Schrauben).
■ Lagerdeckel in der Mitte über Zylinder 3/4 (4 Schrauben).
Wichtig: Weil diese mittigen Lagerdeckel wegen der offenen Ventile in Zylinder 2/4 (Einlass) bzw. 3/4 (Auslass) von unten unter Druck stehen, ganz besonders sorgfältig zu Werke gehen und die Schrauben Schritt für Schritt über Kreuz öffnen.
4. Nockenwellen aus ihren Lagerstellen heben und gleichzeitig die Steuerkette von den Nockenwellen-Kettenrädern abnehmen. Mit einem Stück Draht nach oben-rechts und oben-links gespannt aufhängen, damit sie nicht in den Schacht fällt.

Tabelle 1: Einlassventilspiel einstellen, neues Ventilspiel-Einstellplättchen finden.

■ Wenn ein zu enges oder zu weites Ventilspiel gemessen wurde, wird das benötigte neue Ventilplättchen wie folgt ermittelt: In der Spalte des ursprünglichen Plättchens nach unten gehen, bis zur Zeile für das gemessene Ventilspiel. Dort die Nummer für das neu einzusetzende Plättchen ablesen.

GEMESSENES SPIEL	EINGEBAUTE PLÄTTCHENNUMMER																								
	120	125	130	135	140	145	150	155	160	165	170	175	180	185	190	195	200	205	210	215	220	225	230	235	240
0,00 ~ 0,2				120	125	130	135	140	145	150	155	160	165	170	175	180	185	190	195	200	205	210	215	220	225
0,03 ~ 0,07			120	125	130	135	140	145	150	155	160	165	170	175	180	185	190	195	200	205	210	215	220	225	230
0,08 ~ 0,12		120	125	130	135	140	145	150	155	160	165	170	175	180	185	190	195	200	205	210	215	220	225	230	235
0,13 ~ 0,20	FESTGELEGTES SPIEL																								
0,21 ~ 0,25	125	130	135	140	145	150	155	160	165	170	175	180	185	190	195	200	205	210	215	220	225	230	235	240	
0,26 ~ 0,30	130	135	140	145	150	155	160	165	170	175	180	185	190	195	200	205	210	215	220	225	230	235	240		
0,31 ~ 0,35	135	140	145	150	155	160	165	170	175	180	185	190	195	200	205	210	215	220	225	230	235	240			
0,36 ~ 0,40	140	145	150	155	160	165	170	175	180	185	190	195	200	205	210	215	220	225	230	235	240				
0,41 ~ 0,45	145	150	155	160	165	170	175	180	185	190	195	200	205	210	215	220	225	230	235	240					
0,46 ~ 0,50	150	155	160	165	170	175	180	185	190	195	200	205	210	215	220	225	230	235	240						
0,51 ~ 0,55	155	160	165	170	175	180	185	190	195	200	205	210	215	220	225	230	235	240							
0,56 ~ 0,60	160	165	170	175	180	185	190	195	200	205	210	215	220	225	230	235	240								
0,61 ~ 0,65	165	170	175	180	185	190	195	200	205	210	215	220	225	230	235	240									
0,66 ~ 0,70	170	175	180	185	190	195	200	205	210	215	220	225	230	235	240										
0,71 ~ 0,75	175	180	185	190	195	200	205	210	215	220	225	230	235	240											
0,76 ~ 0,80	180	185	190	195	200	205	210	215	220	225	230	235	240												
0,81 ~ 0,85	185	190	195	200	205	210	215	220	225	230	235	240													
0,86 ~ 0,90	190	195	200	205	210	215	220	225	230	235	240														
0,91 ~ 0,95	195	200	205	210	215	220	225	230	235	240															
0,96 ~ 1,00	200	205	210	215	220	225	230	235	240																
1,01 ~ 1,05	205	210	215	220	225	230	235	240																	
1,06 ~ 1,10	210	215	220	225	230	235	240																		
1,11 ~ 1,15	215	220	225	230	235	240																			
1,16 ~ 1,20	220	225	230	235	240																				
1,21 ~ 1,25	225	230	235	240																					
1,26 ~ 1,30	230	235	240																						
1,31 ~ 1,35	235	240																							
1,36 ~ 1,40	240																								

Das vorgeschriebene Einlass-Ventilspiel beträgt 0,13 bis 0,20 mm

■ Beispiel zum finden eines neuen Plättchens:

***1.** Das gemessene Spiel beträgt 0,27 mm. Eingebaut ist ein Plättchen 175 (1,75 mm)*

***2.** Ersetzen durch Plättchen 185 (1,85 mm)*

***3.** Ergebnis: Ventilspiel beträgt jetzt 0,17 mm*

Tabelle 2: Auslassventilspiel einstellen, neues Ventilspiel-Einstellplättchen finden: Ermittlung des neuen Shims wie oben beim Einlass.

GEMESSENES SPIEL	EINGEBAUTE PLÄTTCHENNUMMER																								
	120	125	130	135	140	145	150	155	160	165	170	175	180	185	190	195	200	205	210	215	220	225	230	235	240
0,00 ~ 0,02						120	125	130	135	140	145	150	155	160	165	170	175	180	185	190	195	200	205	210	215
0,03 ~ 0,07					120	125	130	135	140	145	150	155	160	165	170	175	180	185	190	195	200	205	210	215	220
0,08 ~ 0,12				120	125	130	135	140	145	150	155	160	165	170	175	180	185	190	195	200	205	210	215	220	225
0,13 ~ 0,17			120	125	130	135	140	145	150	155	160	165	170	175	180	185	190	195	200	205	210	215	220	225	230
0,18 ~ 0,22		120	125	130	135	140	145	150	155	160	165	170	175	180	185	190	195	200	205	210	215	220	225	230	235
0,23 ~ 0,30	FESTGELEGTES SPIEL																								
0,31 ~ 0,35	125	130	135	140	145	150	155	160	165	170	175	180	185	190	195	200	205	210	215	220	225	230	235	240	
0,36 ~ 0,40	130	135	140	145	150	155	160	165	170	175	180	185	190	195	200	205	210	215	220	225	230	235	240		
0,41 ~ 0,45	135	140	145	150	155	160	165	170	175	180	185	190	195	200	205	210	215	220	225	230	235	240			
0,46 ~ 0,50	140	145	150	155	160	165	170	175	180	185	190	195	200	205	210	215	220	225	230	235	240				
0,51 ~ 0,55	145	150	155	160	165	170	175	180	185	190	195	200	205	210	215	220	225	230	235	240					
0,56 ~ 0,60	150	155	160	165	170	175	180	185	190	195	200	205	210	215	220	225	230	235	240						
0,61 ~ 0,65	155	160	165	170	175	180	185	190	195	200	205	210	215	220	225	230	235	240							
0,66 ~ 0,70	160	165	170	175	180	185	190	195	200	205	210	215	220	225	230	235	240								
0,71 ~ 0,75	165	170	175	180	185	190	195	200	205	210	215	220	225	230	235	240									
0,76 ~ 0,80	170	175	180	185	190	195	200	205	210	215	220	225	230	235	240										
0,81 ~ 0,85	175	180	185	190	195	200	205	210	215	220	225	230	235	240											
0,86 ~ 0,90	180	185	190	195	200	205	210	215	220	225	230	235	240												
0,91 ~ 0,95	185	190	195	200	205	210	215	220	225	230	235	240													
0,96 ~ 1,00	190	195	200	205	210	215	220	225	230	235	240														
1,01 ~ 1,05	195	200	205	210	215	220	225	230	235	240															
1,06 ~ 1,10	200	205	210	215	220	225	230	235	240																
1,11 ~ 1,15	205	210	215	220	225	230	235	240																	
1,16 ~ 1,20	210	215	220	225	230	235	240																		
1,21 ~ 1,25	215	220	225	230	235	240																			
1,26 ~ 1,30	220	225	230	235	240																				
1,31 ~ 1,35	225	230	235	240																					
1,36 ~ 1,40	230	235	240																						
1,41 ~ 1,45	235	240																							
1,46 ~ 1,50	240																								

Das vorgeschriebene Auslass-Ventilspiel beträgt 0,23 bis 0,30 mm

■ Beispiel zum finden eines neuen Plättchens:

***1.** Das gemessene Spiel beträgt 0,36 mm; eingebaut ist ein Plättchen 175 (1,75 mm)*

***2.** Ersetzen durch Plättchen 185 (1,85 mm)*

***3.** Ergebnis: Ventilspiel beträgt jetzt 0,26 mm*

Wichtig: Steuerkettenschacht, offene Schmierbohrungen in den Lagerschalen und Kerzenbohrungen mit Lappen abdecken! Wenn eine Schraube oder ein Ventilshim hineinfällt, ist es schier unmöglich, das Kleinteil wieder herauszuholen, ohne den Motor weiter zu zerlegen.

Einstellplättchen auswählen

Zum Einstellen des Ventilspiels stehen 25 verschiedene Scheiben (»Shims«) mit Dicken von 1,20 bis 2,40 mm in Abstufungen von 0,05 mm zur Verfügung (siehe Tabelle auf linker Seite). Mit Hilfe der Tabelle lässt sich das benötigte Ventilspiel-Einstellplättchen (»Shim«) finden.

Wichtig: Beim Zusammenbau des Motors im Yamaha-Werk werden andere (feinere) Stärken als bei den Ersatzteil-Shims verwendet. Die Nummer des Erstausrüstungs-Ventilplättchens muss also entsprechend auf- oder abgerundet werden, Beispiel: Nummer auf Shim 148, runden auf 150.

- z. B: Letzte Ziffer 1 oder 2 – runden auf 0
  Letzte Ziffer 3, 4 oder 6 – runden auf 5
  Letzte Ziffer 7, 8 oder 9 – runden auf 10

Einstellplättchen auswechseln

Wichtig: Beim Herausziehen der Tassenstößel mit einem Magnetheber darauf achten…

- …dass beim Zusammenbau alle Tassenstößel wieder in die Bohrungen eingesetzt werden, aus denen sie herausgezogen wurden. Entweder oben auf der Planfläche mit Farbstift markieren oder der Ausbaureihenfolge nach ablegen.
- …dass kein Shim heraus in den Motor fällt.

1. Tassenstößel herausnehmen (Bilder 16, 17), Shim mit Magnetheber oder Pinzette herausnehmen.
2. Dicke vom Shim ablesen: z. B. Zahl 175 entspricht 1,75 mm.
3. Entsprechende neue Shims auswählen (Werte aus der Tabelle entnehmen) und einsetzen.
4. Shim mit Zahl zum Tassenstößel hin einbauen.
5. Tassenstößel außen mit Molybdändisulfidöl einstreichen und in die Bohrung einschieben.

Nockenwellen einbauen

Sicherstellen, dass sich der erste Zylinder im OT befindet und die Markierung »T« auf dem Zündrotor mit der <u>hinteren</u> Trennfuge des Kurbelgehäuses fluchtet (Bilder 3b und 3c).

Achtung: Die Kurbelwelle darf während des Einbaus der Nockenwellen nicht gedreht werden, um Schäden und/oder falsche Steuerzeiten zu vermeiden.

1. Auslassnockenwelle schräg anfädeln, Steuerkette auf das Nockenwellenrad auflegen. Steuerkette dabei gestrafft halten!
2. Nocken, Lagerzapfen und Lagerschalen mit Motoröl schmieren.
3. Auslassnockenwelle so in ihre Lager legen, dass die zu »E« (Exhaust) gehörende Strichmarkierung auf dem Auslasskettenrad nach vorne zeigt und sich mit der Dichtfläche deckt (Bild 6).
Wichtig: Jeder Lagerdeckel muss an seine ursprüngliche Stelle montiert werden. Bild 11: Die Lagerdeckel der Auslass-Nockenwelle sind mit »E1«, »E2« markiert, die der Einlass-Nockenwelle mit »I1«, »I2«. Pfeilmarkierungen müssen zur Steuerkette zeigen.
4. Lagerdeckel aufsetzen, Schrauben mit Motoröl einölen, eindrehen, über Kreuz Schritt für Schritt gleichmäßig eindrehen, handfest anziehen (Bild 8). Mit Lagerdeckel (3) über Zylinder 3/4 be-

__Hinweis:__ Zuerst die Auslass-Nockenwelle einlegen, Lagerdeckel aufsetzen, Schrauben eindrehen und fingerfest anziehen. Danach die Einlass-Nockenwelle ebenso montieren. Dann alle Schrauben in mehreren kleinen Schritten nach Montagevorgabe bis auf 10 Nm festziehen.

Bild 8: Schrauben der Nockenwellen-Lagerdeckel Schritt für Schritt über Kreuz öffnen bzw. festziehen.

■ Abbau der Lagerdeckel nach Nummerierung 1 - 2 - 3, Aufbau in Reihenfolge 3 - 1 - 2.

Bild 9: Nockenwellen beim Einbau ein wenig kippen und die Steuerkette auflegen.

Bild 10: Während des Ausbaus alle Teile in Einbaulage ablegen!

Sichtprüfung Messen

Bilder 11 bis 15: Siehe Lauftext.

ginnen, dann Lagerdeckel (1) über Zylinder 1/2, zuletzt den Lagerdeckel (2) bei der Steuerkette.

5. Nun werden alle Schrauben aller Lagerdeckel über Kreuz mit 10 Nm festgezogen (Drehmomentschlüssel verwenden!), beginnend beim mittleren Lagerdeckel (3) über Zylinder 3/4, es folgen der linke Lagerdeckel (1) über Zylinder 1/2 und dann der rechte Lagerdeckel (2) bei der Steuerkette (Bild 8).

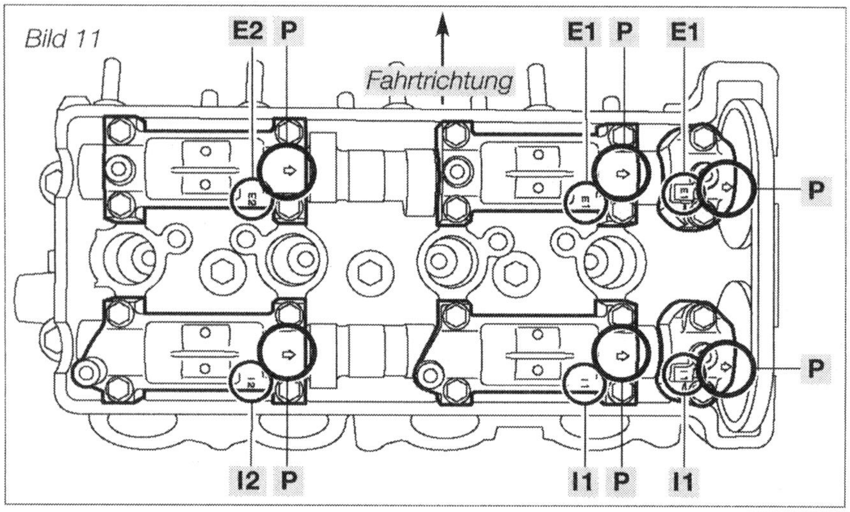

Bild 11

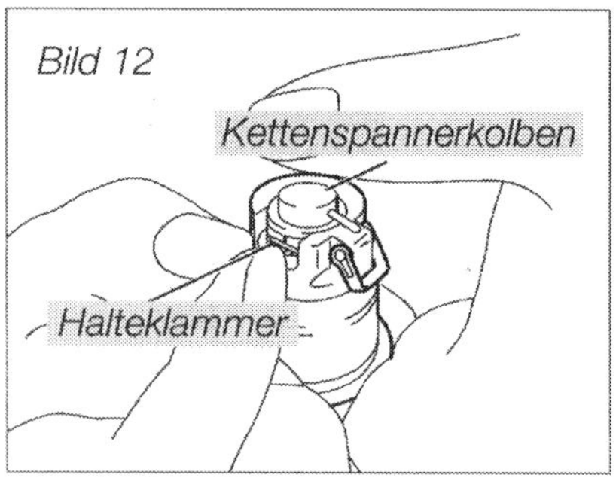

Bild 12

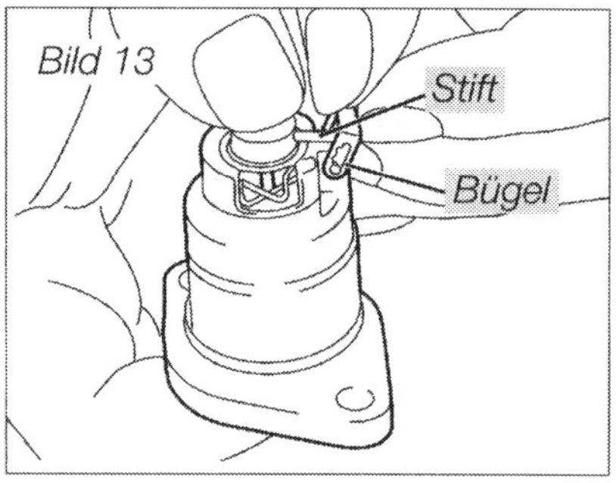

Bild 13

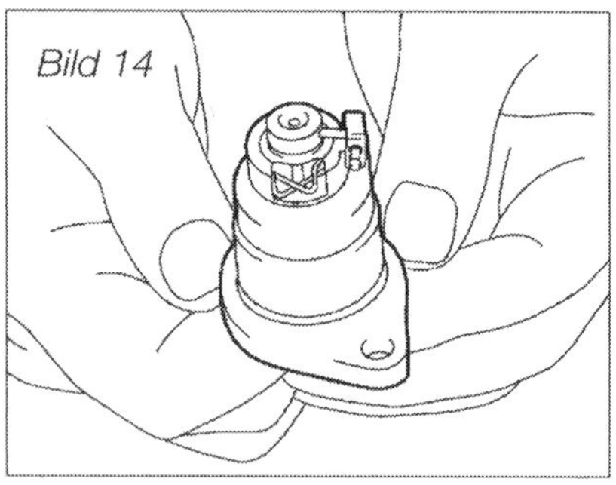
Bild 14

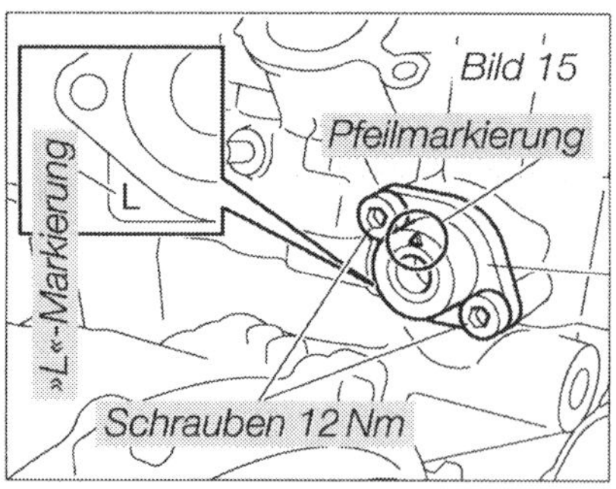

Bild 15

Bilder 16 und 17: Tassenstößel mit einem Magnetheber herausziehen. Darunter sitzt der Shim. Dieser wird mit der Zahl nach oben eingebaut.

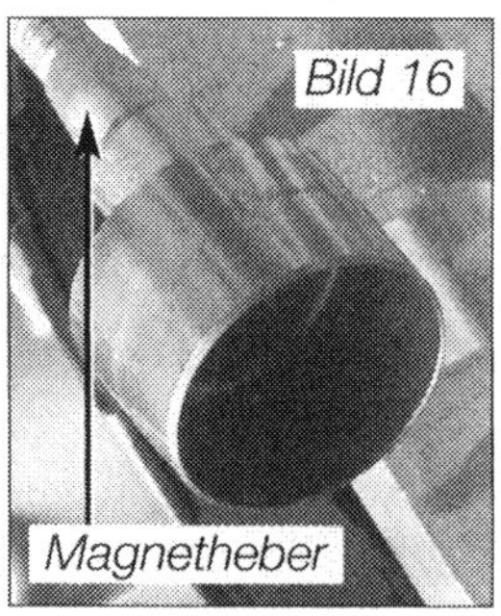

Bild 16

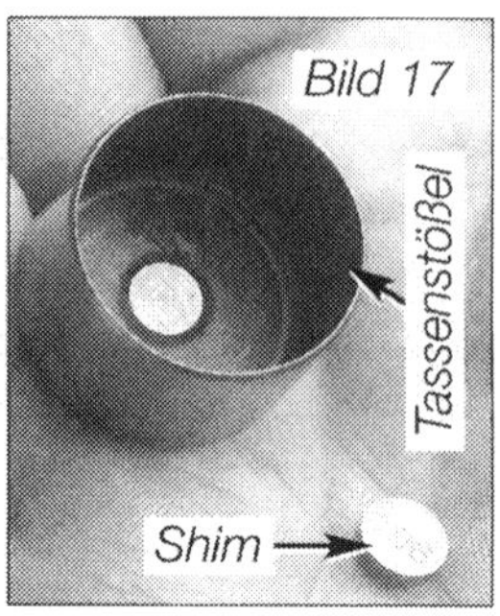

Bild 17

6. Bild 12: Enden der Halteklammer des Steuerkettenspanners zusammendrücken und den Kettenspannerkolben in das Kettenspannergehäuse hineindrücken.

6.1. Bild 13: Kettenspannerkolben weiterhin gedrückt halten: Bügel am Kettenspannergehäuse nach oben klappen und den Stift des Kettenspannerkolbens durch Loslassen des Kolbens unter dem Bügel arretieren.

Prüfen: Der Bügel muss durch sein eigenes Gewicht aushaken können, wenn der Kettenspannerkolben in seine Montageposition gedrückt wird.

6.2. Gespannten Steuerkettenspanner (Bild 14) mit neuer Dichtung einsetzen, Pfeil nach oben, Schrauben eindrehen und mit 12 Nm festziehen.

Wichtig: Die Dichtung muss so montiert sein, dass der Bereich mit der »L«-Markierung links unter dem Steuerkettenspanner zu sehen ist (Bild 15). Die Pfeilmarkierung am Kettenspannergehäuse muss nach oben zeigen (Bild 15).

6.3. Jetzt die Kurbelwelle um einen kleinen Betrag links herum drehen und genau hin hören: Wenn es »Klack« macht, hat sich der Steuerkettenspanner ausgehakt und ist in Funktion.

7. Nun die Kurbelwelle einige Male rechts herum drehen und prüfen, ob sich der Motor frei dreht.

- Wenn »ja«, stimmen die Steuerzeiten.
- Zur vorletzten Kontrolle die Kurbelwelle so drehen, dass die Markierung »T« auf dem Zündrotor mit der _hinteren_ Trennfuge des Kurbelgehäuses fluchtet (Bild 3).
- Gegenkontrolle oben am Zylinderkopf: Einlass- und Auslass-Nocken von Zylinder 1 zeigen schräg nach oben und voneinander weg (Bild 1).
- Wenn »nein«, stimmen die Steuerzeiten nicht, die Nockenwellen wurden falsch eingebaut: Oft ist die Steuerkette auf den Kettenrädern nur um einen Zahn versetzt, was nicht sein darf! Nockenwellen ausbauen und richtig einbauen.

Wichtig: Jetzt die Kurbelwelle einige Male rechts herum durchdrehen und danach die Ventilspiele noch einmal messen. Alles ok?

8. Ventildeckeldichtung und Ventildeckel auflegen, obere Dichtscheiben mit Bund nach unten in Bohrungen einsetzen, Schrauben einölen, eindrehen und mit 12 Nm sorgfältig festziehen.

- Abgebaute Teile ein- und anbauen, Zündrotor-Abdeckung (Bild 3a): Dichtung erneuern, an Schraubengewinde einen Tropfen Loctite »mittelfest« geben, eindrehen und mit 10 Nm festziehen.

Störungssuche

In diesem Kapitel: Störungssuche in Elektrik, Motor, Kraftübertragung und Fahrwerk.

Alle drei Yamaha XJ6-Modelle sind als zuverlässige Motorräder bekannt. Auch das ABS (Anti-Blockier-System) macht keine Probleme.

Sollte bei Ihrer Maschine irgendwo ein Fehler auftreten, kann dieses Kapitel helfen bei der Suche nach der Störungsursache. Wir empfehlen Ihnen, es ab und zu durchzulesen, auch ohne dass ein Defekt am Motorrad Sie dazu zwingt. Sie lernen dazu und sensibilisieren sich damit für den Fall der Fälle, können bei einem auftretenden Fehler schneller zur »Möglichen Ursache« kommen und dieser dann rasch auf den Grund gehen.

Wenn Sie in den Text einsteigen, werden Sie feststellen, dass sich einige Textpassagen unter »Mögliche Ursachen« bei ganz verschiedenen Fehlerursachen wiederholen, denn mögliche Fehlerquellen können sich verzahnen und eine Negativkette bilden. Beispiel: Wenn über Winter mehrere Tage lang (oder auch Wochen) am teilzerlegten Motorrad geschraubt wurde und der Motor danach nicht anspringt, kann es durchaus sein, dass folgende Dinge zusammenkommen: Spritleitung nicht richtig angeschlossen und Zündkerzen geben keinen Funken ab, weil die Zündkerzenstecker nicht richtig aufgesteckt sind.

Sollte Ihre Maschine einmal den Geist aufgeben und einfach stehen bleiben, sei es mit oder ohne grobe Nebengeräusche, dann bleiben Sie cool. Überlegen Sie: Wo wurde zuletzt herumgeschraubt? Was könnte nicht richtig gemacht worden sein? Fehler und Probleme haben meist einfache Gründe, man muss sie nur finden! Vieles ist simpel, alles ist logisch. Denn bei allen Emotionen, die im Motorradfahren drinstecken, ist ein Motorrad eben doch bloß ein technisches Gerät, dessen einzelne Bauteile nach physikalisch-technischen Gesichtspunkten funktionieren und zusammenwirken.

Redaktioneller Hinweis: Die Yamaha XJ6 ist mit einem Eigendiagnosesystem ausgestattet, welches bei einem Problem in der Motor- oder Zündelektronik den Fehler anzeigt bzw. das fehlerhafte Bauteil auf dem Display benennt. Wir verweisen auf Kapitel 19 »Einspritzung«, in dem sind alle Fehlercodes im Verbund mit der Art der Störung sowie der Überprüfungsmethode aufgelistet. Wir bitten um entsprechende Beachtung.

In diesem Sinne wünschen wir frohes Fehlersuchen!

Elektrik

BELEUCHTUNG UND BLINKER

Fehler: Scheinwerfer funktioniert nicht
Mögliche Ursachen:
- Lampe(n) durchgebrannt → Kapitel 12
- Lampentyp falsch → Kapitel 12
- Kabelanschlüsse korrodiert, nicht fest genug → Kapitel 12
- Scheinwerferrelais defekt → Kapitel 13 → Fachelektriker
- Zündschloss defekt → Yamaha-Werkstatt

Fehler: Blinker funktioniert nicht
Mögliche Ursachen:
- Blinklampe(n) durchgebrannt → Kapitel 12
- Lampentyp falsch → Kapitel 12
- Blinkerschalter, Kabel, Kabelbaum Steckverbinder schadhaft → Kapitel 13

Fehler: Blinkerrhythmus zu langsam oder zu schnell
Mögliche Ursachen:
- Lampentyp falsch → Kapitel 12
- Blinkerschalter defekt → Kapitel 13 → Fachelektriker
- Blinker-/Warnblinkerrelais defekt → Kapitel 13 → Fachelektriker
- Zündschloss defekt → Yamaha-Werkstatt
- Blinklampe(n) durchgebrannt → Kapitel 12

Fehler: Hupe funktioniert nicht
Mögliche Ursachen:
- Hupe defekt oder falsch eingestellt → Kapitel 12
- Hupenschalter defekt → Kapitel 13 → Fachelektriker
- Batterie defekt → Kapitel 14
- Sicherung für Hupe defekt → Kapitel 13
- Kabel zur Hupe hat schadhafte Stelle → Kapitel 13 → Fachelektriker

BATTERIE UND LADESYSTEM

Fehler: Kein Strom trotz eingeschalteter Zündung
Mögliche Ursachen:
- Batterie leer oder altersbedingt funktionsunfähig → Kapitel 14 15
- Batteriekabel am Anschluss lose → Kapitel 14 15
- Massekabel in sich gebrochen oder hat keine zuverlässige Masseverbindung (»schlechter Kontakt«) → Kapitel 13 14
- Kontakte der Steckverbindungen im Ladesystem korrodiert → Kapitel 15
- Störung im Regler/Gleichrichter → Kapitel 15
- Zündschloss defekt → Yamaha-Werkstatt

Fehler: Schwacher Strom: Anlasser dreht langsam durch, Motor springt nicht an
Mögliche Ursachen:
- Batterie leer, zu niedrige Spannung, Batterieanschlüsse lose → Kapitel 14 15
- Kabel am Anlasser lose → Kapitel 16

Fehler: Schwacher Strom bei laufendem Motor
Mögliche Ursachen:
- Batterie unzureichend geladen → Kapitel 14 15
- Batterie hat eine oder mehrere »tote« Zellen → Kapitel 14
- Störung im Ladesystem → Kapitel 15
- Kontakte der Steckverbindungen im Ladesystem korrodiert → Kapitel 15
- Störung im Regler/Gleichrichter → Kapitel 15

Fehler: Zeitweilig aussetzender Strom
Mögliche Ursachen:
- Batteriekabel-Anschlüsse lose (»Wackelkontakte«) → Kapitel 13 14 15

ZÜNDSYSTEM

Fehler: Motor wird durchgedreht, springt aber nicht an
Mögliche Ursachen:
- Kein Funke an den Zündkerze(n) → Kapitel 17 18
- Zündspule(n) oder Kerzenstecker defekt → Kapitel 17 18
- Motorsteuergerät ECU defekt → Kapitel 13 18 → Yamaha-Werkstatt

Fehler: Kein Funke an den Zündkerzen
Mögliche Ursachen:
- Motorstoppschalter (»Killschalter«) defekt → Kapitel 13 → Fachelektriker
- Stromkreisunterbrechung bzw. Wackelkontakt durch schlecht angeschlossene(s) oder gerissene(s) Kabel → Yamaha-Werkstatt
- Motorsteuergerät ECU defekt → Kapitel 13 18 → Yamaha-Werkstatt
- Zündschloss defekt → Yamaha-Werkstatt
- Zündspule(n) oder Kerzenstecker defekt → Kapitel 17 18
- Batterie schwach, nicht ausreichend geladen → Kapitel 14
- Kurbelwellenpositions-Sensor (Zündgeber) defekt → Kapitel 13 18

Fehler: Motor springt zwar an, läuft aber stotternd und/oder dreht nicht hoch
Mögliche Ursachen:
- Zündkerzen-Elektrodenabstand zu groß → Kapitel 17
- Zündkerze(n) verrußt oder verölt (»nass«) → Kapitel 17
- Zündkerzenstecker oder Zündkerze(n) lose → Kapitel 17
- Zündspule(n), Kerzenstecker oder Zündkerze(n) defekt → Kapitel 17 18
- Loses oder blankes Kabel im Kabelbaum → Yamaha-Werkstatt
- Zündkabel defekt → Kapitel 17 18 → Yamaha-Werkstatt

- Falscher Zündzeitpunkt → *Kapitel* 17 18
- Motorsteuergerät ECU bzw. einer der Sensoren defekt → *Kapitel* 13 17 18 19
- Defekt im Einspritzsystem → *Kapitel* 19
- Steuerzeiten falsch → *Kapitel* 27

ANLASSER

Fehler: Anlassermotor reagiert nicht bei Druck auf Anlasserknopf
Mögliche Ursachen:

- Batterie entladen (»schwach«) → *Kapitel* 14
- Starterknopf defekt, Kontaktschwäche im Gehäuse oder im Kabelbaum → *Kapitel* 13 → *Fachelektriker*
- Motorstoppschalter (»Killschalter«) auf »STOP« → *Kapitel* 13
- Anlasser- oder Anlassersperrrelais defekt → *Kapitel* 13 16
- Stromkreisunterbrechung/Kontaktschwäche durch loses oder abgetrenntes Kabel → *Kapitel* 13 → *Yamaha-Werkstatt/Fachelektriker*
- Leerlaufschalter defekt → *Kapitel* 13
- Seitenständerschalter defekt → *Kapitel* 1 13

Fehler: Anlasser (Elektrostarter) dreht Motor nur langsam durch
Mögliche Ursachen:

- Schwache Batterie → *Kapitel* 14
- Batteriekabel schlecht angeschlossen → *Kapitel* 14
- Anlassermotor klemmt, defekt → *Kapitel* 16
- Zähes Motoröl (zu dickes Öl für Winterbetrieb) → *Kapitel* 23

Fehler: Anlasser läuft, ohne den Motor durchzudrehen
Mögliche Ursachen:

- Anlasserfreilauf defekt → *Kapitel* 16
- Anlassermotor läuft rückwärts → *Kapitel* 16

Fehler: Anlasserrelais »klickt«, Anlasser dreht Motor aber nicht durch
Mögliche Ursachen:

- Zu schwache Batterie → *Kapitel* 14
- Anlasserkabel schlecht angeschlossen → *Kapitel* 13 16
- Anlasser- oder Anlassersperrrelais defekt → *Kapitel* 13 16
- Kurbelwelle dreht sich nicht, weil blockiert → *Yamaha-Werkstatt*

Motor

Fehler: Motor wird vom Anlasser durchgedreht, springt aber nicht an
Mögliche Ursachen:

- Kein Benzin im Tank
- Benzin verunreinigt oder von schlechter Qualität → *Kapitel* 3
- Motor mit Benzin überflutet (»ersoffen«) → *Kapitel* 18
- Benzinpumpe arbeitet nicht → *Kapitel* 3 19
- Benzineinspritzrelais/Sicherung Benzineinspritzung defekt → *Kapitel* 13 19
- Benzinpumpe oder -schlauch verstopft → *Kapitel* 3 19
- Luftfilter zugesetzt → *Kapitel* 20
- Kein Funke an den Zündkerze(n) → *Kapitel* 17 18
- Motorelektronik oder Sensor(en) defekt → *Kapitel* 13 18
- Kompression zu niedrig: Ventile blasen durch, Zylinderkopfdichtung defekt → *Yamaha-Werkstatt*
- Benzin gelangt nicht zu den Einspritzdüsen → *Kapitel* 3 19
- Einspritzdüse(n) verstopft, defekt → *Kapitel* 19
- Benzin gelangt nicht in den Ansaugtrakt → *Kapitel* 19
- Benzinpumpe arbeitet nicht richtig → *Kapitel* 3 19
- Motorelektronik defekt → *Kapitel* 13 → *Yamaha-Werkstatt*

Fehler: Motor springt schlecht an, geht sofort aus
Mögliche Ursachen:

- Zündanlage hat Unterspannung → *Kapitel* 18
- Zündkerze(n) defekt: falscher Elektrodenabstand, Kerze hat Masseschluss → *Kapitel* 17
- Anschlusskabel oder Verbindungsstecker der Zündspule(n) beschädigt: in sich gebrochen, Kerzenstecker ist (sind) nicht richtig auf die Zündkerze(n) aufgesteckt → *Kapitel* 17 18
- Leerlaufdrehzahl zu niedrig → *Kapitel* 19
- Tanküberlaufschlauch und/oder Entlüfterschlauch verstopft → *Kapitel* 3
- Motorsteuergerät ECU oder Sensor(en) defekt → *Kapitel* 13 18
- Benzin verschmutzt: Dreck im Tank, in Benzinleitungen oder in Einspritzsystem → *Kapitel* 3 19

Fehler: Unrunder Leerlauf
Mögliche Ursachen:

- Ventilspiel nicht korrekt: Zu weit oder zu eng → *Kapitel* 27
- Zündsystem defekt → *Kapitel* 18 → *Yamaha-Werkstatt*
- Zündkerze(n) defekt: zu geringer oder zu großer Elektrodenabstand, Kerze hat Masseschluss → *Kapitel* 17
- Zündkerzenstecker haben keinen richtigen Kontakt zu den Zündkerzen → *Kapitel* 17 18
- Motorsteuergerät ECU oder Sensor(en) defekt → *Kapitel* 13 18
- Drosselklappen nicht synchron → *Kapitel* 19
- Leerlauf falsch eingestellt → *Kapitel* 19
- Benzin, Einspritzsystem verschmutzt → *Kapitel* 19
- Drosselklappenbetätigung defekt → *Kapitel* 19
- Benzineinspritzrelais defekt → *Kapitel* 13 19
- Benzinpumpe defekt → *Kapitel* 3 19

Fehler: Aussetzer beim Beschleunigen, Motor patscht
Mögliche Ursachen:

- Zündkerzen-Elektrodenabstand falsch → *Kapitel* 17
- Zündkerzenstecker nicht richtig angebracht → *Kapitel* 17
- Zündkerzenstecker schlagen durch → *Kapitel* 17
- Feuchtigkeit bzw. Kontaktprobleme in den Steckverbindungen der Motorelektrik → *Kapitel* 13 18
- Drosselklappen falsch eingestellt → *Kapitel* 19
- Motorsteuergerät ECU oder einer der Sensoren defekt → *Kapitel* 13 18
- Zündspule(n) defekt → *Kapitel* 17 18
- Einspritzventile defekt → *Kapitel* 19
- Batterie defekt oder hat zu niedrige Spannung → *Kapitel* 14
- Kurbelwellenpositions-Sensor (Zündgeber) defekt → *Kapitel* 13 18
- Benzin verschmutzt: Dreck im Tank, in Benzinpumpe und/oder Leitungen → *Kapitel* 3 19

Fehler: Geringe Leistung und hoher Verbrauch
Mögliche Ursachen:

- Luftfilter verschmutzt → *Kapitel* 20
- Benzinsystem verstopft → *Kapitel* 3 19
- Zünd-Einspritzsystem defekt → *Kapitel* 13 18 19
- Lambdasonde defekt → *Kapitel* 13 19 22
- Motorsteuergerät ECU oder Sensor(en) defekt → *Kapitel* 13 18 19

Fehler: Motor zieht nicht richtig, wird zu heiß
Mögliche Ursachen:

- Benzinleitung gequetscht, eingeklemmt → *Kapitel* 3 19
- Druckverlust im Benzinsystem → *Kapitel* 13 19
- Tankbelüftung verstopft, Belüftungsschlauch geknickt oder eingeklemmt → *Kapitel* 3 19
- Motorsteuergerät ECU oder Sensor(en) defekt → *Kapitel* 13 19
- Zu mageres Gemisch: Einspritzdüsen verstopft → *Kapitel* 19

Fehler: Motor zieht nicht, raucht aus dem Auspuff
Mögliche Ursachen:

- Luftfilter verschmutzt → *Kapitel* 20
- Lambdasonde defekt → *Kapitel* 13 19 22
- Zu fettes Gemisch → *Kapitel* 19

KÜHLSYSTEM

Fehler: Motortemperatur zu hoch

Mögliche Ursachen:

- Zu wenig Kühlmittel im Kühlsystem → *Kapitel* 24
- Kühlerdeckel defekt → *Kapitel* 24
- Leitungen im Kühlsystem verstopft → *Kapitel* 24
- Luft im Kühlsystem → *Kapitel* 24
- Kühler außen verschmutzt, innen verkalkt → *Kapitel* 24
- Wasserpumpe defekt → *Kapitel* 24
- Thermostat hängt in geschlossener Stellung → *Kapitel* 24
- Kühlmitteltemperatur-Anzeige defekt → *Kapitel* 13 24
- Kühlerventilatormotor oder Kühlerventilatorrelais defekt → *Kapitel* 13 24
- Luft-Kraftstoff-Gemisch zu mager → *Kapitel* 19
- Falschluftansaugung im Ansaugsystem → *Kapitel* 19 20
- Zu wenig Öl im Motor → *Kapitel* 23
- Ölpumpe defekt oder Ölkreislauf verstopft → *Kapitel* 23
- Übermäßige Ölkohleablagerung im Brennraum → *Yamaha-Werkstatt*

Fehler: Motortemperatur zu niedrig

Mögliche Ursachen:

- Kühlerventilator läuft dauernd, geht nicht aus, weil Kühlerventilatorrelais oder Kühlmitteltemperatur-Sensor defekt → *Kapitel* 13 24
- Thermostat hängt in geöffnetem Zustand → *Kapitel* 24

Fehler: Kühlsystem leckt

Mögliche Ursachen:

- Zu viel Kühlflüssigkeit im Ausgleichsbehälter → *Kapitel* 24
- Wasserpumpe oder Dichtung defekt → *Kapitel* 24
- Kühlerschlauch und/oder Schlauchklemme gelockert → *Kapitel* 24
- Kühlerschlauch schadhaft → *Kapitel* 24
- Kühlerdeckel defekt → *Kapitel* 24
- Zylinderkopfdichtung defekt → *Yamaha-Werkstatt*

SCHMIERSYSTEM

Fehler: Ölstand zu niedrig, hoher Ölverbrauch

Mögliche Ursachen:

- Zu wenig Öl im Motor → *Kapitel* 23
- Öl läuft aus, Dichtungen lassen Öl durch → *Kapitel* 23
- Zylinder, Kolbenringe und/oder Ölabstreifringe verschlissen, gebrochen oder falsch eingebaut → *Yamaha-Werkstatt*
- Öl wird durch Überdruck im Motorgehäuse aus Entlüftung herausgedrückt: Verschlissene Kolbenringe, Ölabstreifringe, Ventilführungen, Ventilschaftdichtungen → *Yamaha-Werkstatt*

Fehler: Öl stark verschmutzt oder emulgiert

Mögliche Ursachen:

- Motoröl oder Ölfilter nicht rechtzeitig gewechselt → *Kapitel* 1 23
- Zylinderkopfdichtung schadhaft → *Yamaha-Werkstatt*
- Kolbenringe verschlissen → *Yamaha-Werkstatt*
- Ventilführungen/Ventilschaftdichtungen verschlissen → *Yamaha-Werkstatt*
- Kühlwasser im Öl: Leck im Kühlsystem → *Kapitel* 24
- Wasserpumpe defekt → *Kapitel* 24

Fehler: Öldruck zu niedrig

Mögliche Ursachen:

- Ölstand zu niedrig → *Kapitel* 23
- Zu wenig oder falsches Öl im Motor → *Kapitel* 23
- Öldruckregler (Überdruckventil) defekt → *Kapitel* 23
- Ölpumpe beschädigt → *Kapitel* 23
- Lagerschaden (Kurbelwelle) im Motor → *Yamaha-Werkstatt*

Fehler: Ölstand-Warnleuchte brennt

Mögliche Ursachen:

- Zu wenig Öl im Motor → *Kapitel* 23
- Ölstandschalter defekt → *Kapitel* 23

Fehler: Öldruck zu hoch

Mögliche Ursachen:

- Ölfilter bzw. Ölkreislauf verstopft → *Kapitel* 23
- Öldruckregler (Überdruckventil) geschlossen oder festgeklemmt → *Kapitel* 23
- Falsche Ölviskosität (zu dickes Öl) → *Kapitel* 23

Fehler: Kein Öldruck

Mögliche Ursachen:

- Ölstand zu niedrig, kein Öl im Motor → *Kapitel* 23
- Ölpumpe innen oder ihr Antrieb defekt → *Kapitel* 23
- Motorinternes Ölleck → *Kapitel* 23 → *Yamaha-Werkstatt*
- Öldruckregler (Überdruckventil) klemmt geöffnet → *Kapitel* 23

ZYLINDER, KOLBEN, ZYLINDERKOPF

Fehler: Zu niedrige oder ungleichmäßige Kompression, schlechtes Anspringen, geringe Leistung

Mögliche Ursachen:

- Ventile falsch eingestellt (zu wenig Spiel) → *Kapitel* 27
- Ventilsitze verbrannt, Ventil verbogen → *Yamaha-Werkstatt*
- Falsche Ventilsteuerzeiten (Montagefehler) → *Kapitel* 27
- Ventilfeder(n) gebrochen → *Yamaha-Werkstatt*
- Zylinderkopfdichtung undicht → *Yamaha-Werkstatt*
- Zylinderkopf verzogen oder gerissen → *Yamaha-Werkstatt*
- Ventilsitz(e) undicht, Ventilführung(en) ausgeschlagen → *Yamaha-Werkstatt*
- Zylinder und/oder Kolben verschlissen → *Yamaha-Werkstatt*
- Kolbenringe verschlissen oder gebrochen → *Yamaha-Werkstatt*
- Nockenwelle defekt oder abgenutzt → *Kapitel* 27

Fehler: Zu hohe Kompression, Überhitzen oder Klopfen

Mögliche Ursachen:

- Starke Ölkohleablagerung im Brennraum → *Yamaha-Werkstatt*
- Motorsteuergerät ECU oder Zündgeber defekt → *Kapitel* 13 18

Fehler: Starke Geräuschentwicklung

Mögliche Ursachen:

- Auspuffkrümmer am Zylinderkopf undicht → *Kapitel* 22
- Bauteile im Auspuffsystem gerissen → *Kapitel* 22
- Ventile falsch eingestellt (meist zu viel Spiel) → *Kapitel* 27
- Steuerkette peitscht, weil Steuerkettenspanner defekt → *Kapitel* 27 → *Yamaha-Werkstatt*
- Klemmendes Ventil, gebrochene/ermüdete Ventilfeder → *Yamaha-Werkstatt*
- Nockenwellen oder Ventilfedern defekt → *Yamaha-Werkstatt*
- Nockenwellen-Antriebszahnräder und/oder Nockenwellen-Antriebskette (Steuerkette) verschlissen → *Yamaha-Werkstatt*
- Zylinder und/oder Kolben verschlissen → *Yamaha-Werkstatt*
- Kolben gebrochen → *Yamaha-Fachwerkstatt*
- Kolbenbolzen oder Kolbenbolzenbohrung verschlissen → *Yamaha-Werkstatt*
- Pleuelfußlager verschlissen → *Yamaha-Werkstatt*
- Kurbelwellenhaupt- oder Getriebelager verschlissen → *Yamaha-Werkstatt*

Fehler: Starke Rauchentwicklung

Mögliche Ursachen:

- Zu viel Motoröl im Motor → *Kapitel* 1 23
- Luftfilter zugesetzt, verölt → *Kapitel* 20
- Zylinder oder Kolben verschlissen → *Yamaha-Werkstatt*
- Kolben oder Zylinderwand mit Riefen oder Schrammen → *Yamaha-Werkstatt*
- Kolbenring(e) oder Ölabstreifring(e) verschlissen, gebrochen, keine Spannung mehr oder falsch montiert → *Yamaha-Werkstatt*
- Ventilführungen oder Ventilschäfte abgenutzt → *Yamaha-Werkstatt*
- Ventilschaftdichtung(en) defekt → *Yamaha-Werkstatt*

Fehler: Motor überhitzt
Mögliche Ursachen:
- Zu wenig Öl im Motor → *Kapitel* 1 23
- Zu wenig Kühlflüssigkeit → *Kapitel* 24
- Kühlerventilator läuft nicht an → *Kapitel* 24
- Kühler verschmutzt → *Kapitel* 1 24

Kraftübertragung

KUPPLUNG

Fehler: Kupplung rutscht beim Beschleunigen
Mögliche Ursachen:
- Graphit- oder Molybdänzusatz im Motoröl → *Kapitel* 23
- Kupplungsfedern ermüdet → *Kapitel* 25
- Kupplungs-Reibscheiben und/oder -Stahlscheiben verschlissen, verbogen, abgenutzt, ausgebrochen → *Kapitel* 25
- Motoröl zu alt → *Kapitel* 23
- kein Spiel bzw. Spannung in der Kupplungsbetätigung → *Kapitel* 25

Fehler: Kupplung rückt nicht aus, es kracht beim Schalten
Mögliche Ursachen:
- Kupplungshebel verbogen → *Kapitel* 25
- Kupplungsscheibe(n) verzogen → *Kapitel* 25
- Kupplung falsch eingestellt: zu viel Spiel → *Kapitel* 25
- Kupplungs-Ausrückmechanismus defekt → *Kapitel* 25
- Kupplungshebel-Lagerung am Motor lose → *Kapitel* 25
- zu viel Öl im Motor → *Kapitel* 23
- falsche Ölviskosität (zu dickes Öl) → *Kapitel* 23

Fehler: Kupplung rupft
Mögliche Ursachen:
- Verzahnung der Kupplungsscheiben auf der Kupplungsnabe oder im Kupplungskorb eingeschlagen → *Kapitel* 25
- Kupplungsreibscheibe(n) gebrochen, verbrannt → *Kapitel* 25
- Kupplungszug gelängt, geknickt, defekt → *Kapitel* 25

Fehler: Kupplung verlangt übermäßig starke Handkraft
Mögliche Ursachen:
- Kupplungshebellager am Handgriff gefressen, verdreckt oder beschädigt → *Kapitel* 25
- Kupplungszug schwergängig, geknickt, innen aufgespleißt → *Kapitel* 25
- Kupplungshebel-Lagerbolzen zu fest angezogen → *Kapitel* 25
- Kupplungshebel-Lagerung am Motor defekt → *Kapitel* 25
- Kupplungsdruckplatte verzogen → *Kapitel* 25

GETRIEBE UND SCHALTUNG

Fehler: Getriebe schwer schaltbar
Mögliche Ursachen:
- Position Fußschalthebel falsch → *Kapitel* 26
- Kupplung rückt nicht aus → *Kapitel* 25 26
- zu wenig Öl im Motor, falsche Ölviskosität → *Kapitel* 23
- Schaltwelle beschädigt, klemmt → *Kapitel* 26 → *Yamaha-Werkstatt*
- Fremdkörper blockieren Schaltung → *Kapitel* 26 → *Yamaha-Werkstatt*
- Schaltgabeln, Schaltwalze/-welle defekt → *Kapitel* 26 → *Yamaha-Werkstatt*

Fehler: Schalthebel hängt
Mögliche Ursachen:
- Schalthebellagerung schwergängig, gefressen, klemmt → *Kapitel* 26
- Schaltwelle schwergängig, gefressen, klemmt → *Kapitel* 26
- Rückstellfeder im Schaltautomat gebrochen → *Kapitel* 26
- Schaltgabeln verbogen oder abgenutzt → *Yamaha-Werkstatt*

Fehler: Gänge springen heraus
Mögliche Ursachen:
- Kleiner Schalthebel lose oder falsch auf Schaltwelle angebracht → *Kapitel* 26
- Schaltwelle klemmt → *Kapitel* 26
- Schaltwalzen-Arretierung, Feder gebrochen → *Kapitel* 26
- Schaltautomat oder Schaltkrone beschädigt → *Kapitel* 26
- Schaltgabeln verschlissen oder verbogen → *Kapitel* 26
- Klauen an den Gangzahnrädern abgenutzt → *Yamaha-Werkstatt*

HINTERRADANTRIEB

Fehler: Motorrad ruckelt bei langsamer Fahrt, unregelmäßiges Geräusch vom Hinterradantrieb her
Mögliche Ursachen:
- Kette verzogen, unregelmäßig gelängt → *Kapitel* 7
- Kettenrad vorne/hinten lose (»eiert«) → *Kapitel* 7
- Kettenrollen gebrochen, verschlissen → *Kapitel* 7
- Zahnräder und Kette verschlissen → *Kapitel* 7
- Neue Kette läuft auf abgenutzten Kettenrädern, alte Kette läuft auf neuen Kettenrädern → *Kapitel* 7
- Lager im hinteren Kettenradträger ausgeschlagen → *Kapitel* 7

Fehler: Motorrad schiebt sich schwer, dabei knackendes Geräusch
Mögliche Ursachen:
- Kette zu straff gespannt, Kette trocken, Glieder festgefressen → *Kapitel* 7
- Festgebackener Schmutz zwischen Kette und Motorgehäuse → *Kapitel* 7
- Lager der Getriebeabtriebswelle defekt → *Yamaha-Werkstatt*
- Radlager defekt oder Radachse lose, verbogen → *Kapitel* 5
- Achsdistanzen falsch eingebaut oder vergessen → *Kapitel* 5 7
- Bremsen defekt: Bremskolben festgefressen, Bremsklötze in den Bremssätteln nicht freigängig → *Kapitel* 6

Fahrwerk

LENKUNG UND FRONTPARTIE

Fehler: Lenkung schwergängig
Mögliche Ursachen:
- Reifenluftdruck zu niedrig → *Kapitel* 4
- Lenklagereinstellung zu fest → *Kapitel* 9
- Kabel falsch verlegt → *Kapitel* 13
- Starke Verschmutzung im Bereich der Lenklager → *Kapitel* 9
- Lenklager trocken, defekt → *Kapitel* 9

Fehler: Motorrad zieht nach einer Seite
Mögliche Ursachen:
- Gabelbeine verzogen → *Kapitel* 8 10
- Falscher Ölstand in den Gabelbeinen → *Kapitel* 10
- Vorderachse verbogen → *Kapitel* 5
- Rad falsch eingebaut → *Kapitel* 5
- Hinterrad steht schief: Vorder- und Hinterrad stehen zueinander extrem aus der Spur → *Kapitel* 5 7 11
- Lenklager defekt → *Kapitel* 9
- Rahmen verzogen → *Yamaha-Werkstatt*
- Radlager ausgeschlagen → *Kapitel* 5
- Schwingenlager verschlissen → *Kapitel* 11
- Hinterradschwinge verbogen → *Kapitel* 11

Fehler: Vorderrad flattert
Mögliche Ursachen:
- Rad verzogen, hat starken Seitenschlag (»eiert«) → *Kapitel* 5
- Vorderradlager ausgeschlagen, defekt → *Kapitel* 5
- Reifen hat zu geringen Luftdruck oder ist unwuchtig → *Kapitel* 4
- Reifen falsch montiert (»eiert«) → *Kapitel* 4

- Gabelbeine verklemmt, Gabel kann nicht federn → Kapitel 10
- Vorderachse und Klemmschraube lose → Kapitel 5 9 10
- Falscher Gabelölstand → Kapitel 10

TELEGABEL UND FEDERUNG

Fehler: Federung zu weich
Mögliche Ursachen:
- Zu geringer Reifendruck → Kapitel 4
- Gabeltragfedern ermüdet → Kapitel 10
- Zu wenig Gabelöl, zu dünnes Öl → Kapitel 10

Fehler: Federung zu hart
Mögliche Ursachen:
- Zu hoher Reifendruck → Kapitel 4
- Gabelbeine verbogen (wegen Unfall/Sturz) → Kapitel 10 → Fachwerkstatt
- Zu viel Gabelöl, zu dickes Öl → Kapitel 10
- Gabeldämpfung verschmutzt/verstopft → Kapitel 10
- Vorderachse verbogen → Kapitel 5
- Gabelbeine in den Gabelbrücken verspannt → Kapitel 10

Fehler: Geräusche beim Einfedern
Mögliche Ursachen:
- Gas- oder Kupplungszug knarzen an Verkleidungskante oder Rahmen → Kapitel 21 25
- Gabeltauchrohre oder Gabelstandrohre abgenutzt, defekt → Kapitel 10
- Zu wenig Gabelöl → Kapitel 10
- Vorderradgabel-Anbauteile lose → Kapitel 10
- Gabelinnereien lose, gebrochen → Kapitel 10
- Federbeinbefestigung lose/ausgeschlagen → Kapitel 11
- Schwingenlager defekt → Kapitel 11

HINTERRADAUFHÄNGUNG UND FEDERUNG

Fehler: Federung zu weich
Mögliche Ursachen:
- Feder im Federbein ermüdet → Kapitel 11
- Federvorspannung falsch eingestellt → Kapitel 8
- Federbein undicht (Gas- oder Ölleck) → Kapitel 11
- Reifendruck zu niedrig → Kapitel 4

Fehler: Federung zu hart
Mögliche Ursachen:
- Federvorspannung falsch eingestellt → Kapitel 8
- Kolbenstange im Federbein verbogen → Kapitel 11
- Schwingenlager defekt → Kapitel 11
- Reifendruck zu hoch → Kapitel 4

Fehler: Geräusche beim Einfedern (Knacken)
Mögliche Ursachen:
- Schwingenlager defekt → Kapitel 11
- Verschraubung der Federbeinaufhängung unten/oben lose → Kapitel 11
- Trockene Lager der Hinterradschwinge → Kapitel 11
- Feder gebrochen, Windungen zueinander verschoben, reibt am Stoßdämpfer → Kapitel 11

RÄDER

Fehler: Trommeln oder seitliches Flattern des Rades
Mögliche Ursachen:
- Felge verzogen, starker Seitenschlag (»eiert«) → Kapitel 5
- Reifen defekt oder unwuchtig → Kapitel 4
- Zu geringer Reifendruck → Kapitel 4
- Reifen sitzt nicht richtig in der Felge → Kapitel 4
- Radachse und/oder Achsmutter lose → Kapitel 5
- Radlager lose, Lager gebrochen → Kapitel 5
- Schwingenlagerung lose, Lager defekt → Kapitel 11

Fehler: Rad schwergängig
Mögliche Ursachen:
- Radlager defekt → Kapitel 5
- Achse verbogen → Kapitel 5
- Bremse schleift → Kapitel 6

BREMSEN

Fehler: Schlechte Bremsleistung
Mögliche Ursachen:
- Luft im Hydrauliksystem → Kapitel 6
- Hydrauliksystem undicht → Kapitel 6
- Bremsbeläge abgenutzt, verschmutzt, verglast → Kapitel 6
- Bremsscheiben verschmutzt, riefig, überhitzt (»geschirmt«) → Kapitel 6
- Bremsscheiben wegen undichter Radlager-Simmerringe mit Fett verschmiert → Kapitel 5 6
- Kolben in den Bremssätteln schwergängig → Kapitel 6
- Bremskolben-Dichtringe in den Bremssätteln gebrochen, gequollen, verschlissen → Kapitel 6
- Bremsflüssigkeit überaltert → Kapitel 6

Fehler: Bremshebel wippt, pumpt, pulsiert (»Bremse rubbelt«)
Mögliche Ursachen:
- Bremsscheibe hat zu viel Seitenschlag (»eiert«) → Kapitel 6
- Bremsscheibe(n) unterschiedlich dick → Kapitel 6
- Bremsscheibe(n) gerissen → Kapitel 6
- Bremsscheiben-Befestigungsschrauben lose → Kapitel 6
- Bremskolben im Bremssattel fest → Kapitel 6
- Bremssattel-Gleitstifte fest → Kapitel 6

Fehler: Nachlassende Bremswirkung unter starker Belastung (z. B. bei Passabfahrten), Hebelweg wird länger, Bremse wird »teigig«
Mögliche Ursachen:
- Bremsflüssigkeit überaltert, sie »kocht sich auf« → Kapitel 6
- Bremsbeläge schräg/total abgenutzt → Kapitel 6
- Bremsbeläge ausgebrochen → Kapitel 6

Fehler: Bremshebelweg wird größer
Mögliche Ursachen:
- Luft im Hydrauliksystem → Kapitel 6
- Zu wenig Bremsflüssigkeit → Kapitel 6
- Falsche Bremsflüssigkeit → Kapitel 6

Fehler: Bremse quietscht, hat zu wenig Bremsleistung
Mögliche Ursachen:
- Bremsbeläge verölt, verglast oder abgenutzt → Kapitel 6
- Bremsklötze im Bremssattel fest: verschmutzt, falsche Bauteile mit zu großer Trägerplatte → Kapitel 6
- Bremsbelagplatte zu groß, zu wenig Seitenspiel → Kapitel 6
- Bremskolben im Bremssattel festgefressen → Kapitel 6
- Bremskolben-Dichtringe in den Bremssätteln gebrochen, gequollen, verschlissen → Kapitel 6
- Bremskolben im Bremssattel fest → Kapitel 6
- Fremdkörper in Bremsflüssigkeit → Kapitel 6
- Bremssattel-Gleitstifte fest → Kapitel 6

Fehler: Bremse schleift
Mögliche Ursachen:
- Bremsbelag/Bremsscheibe verschmutzt → Kapitel 6
- Bremsschlauch oder Hydrauliksystem verstopft → Kapitel 6
- Bremsscheibe verzogen/verformt → Kapitel 6
- Bremskolben abgenutzt/hängt im Bremssattel → Kapitel 6
- Bremskolben im Bremssattel fest → Kapitel 6
- Bremssattel-Gleitstifte fest → Kapitel 6

Technische Daten · Verschleißmaße

ABMESSUNGEN UND GEWICHTE

Abmessungen: Radstand 1440 mm, Lenkkopfwinkel 74 Grad zur Waagerechten, Nachlauf 103,5 mm (103 mm bei XJ6 Diversion F). Sitzhöhe 785 mm, Bodenfreiheit 140 mm. Länge 2115 mm (2120 mm bei XJ6 Diversion), Breite 770 mm, Höhe 1085 mm (1210 mm bei XJ6 Diversion), Wendekreis 2800 mm, Tankinhalt 17,3 Liter, davon 3,2 Liter Reserve.

Gewichte fahrfertig, Zuladung

XJ6 ohne ABS: Gewicht vollgetankt .... 205 kg
maximale Zuladung .... 195 kg

XJ6 mit ABS: Gewicht vollgetankt .... 210 kg
maximale Zuladung .... 190 kg

XJ6 Diversion ohne ABS: Gewicht vollgetankt .... 211 kg
maximale Zuladung .... 189 kg

XJ6 Diversion mit ABS: Gewicht vollgetankt .... 216 kg
maximale Zuladung .... 184 kg

XJ6 Diversion F ohne ABS: Gewicht vollgetankt .... 217 kg
maximale Zuladung .... 183 kg

XJ6 Diversion F mit ABS: Gewicht vollgetankt .... 222 kg
maximale Zuladung .... 178 kg

MOTOR

Leistung: 78 PS (57,0 kW) bei 10 000/min, maximales Drehmoment 59,7 Nm bei 8500/min.

Motorbauart: Flüssigkeitsgekühlter Viertakt-Vierzylinder-Reihenmotor, quer zur Fahrtrichtung eingebaut.

Bohrung x Hub .... 65,5 x 44,5 mm
Hubraum .... 599,8 cm³
Verdichtung .... 12,2 : 1
Kompression .... 15,5 bar bei 400/min
Zulässige Kompression .... 13,0 bis 16,5 bar

Gassteuerung: Vier Ventile pro Zylinder, über kettengetriebene, oben liegende Nockenwellen und Tassenstößel mit innen liegenden Einstellplättchen betätigt.

Kraftstoffsystem: Benzineinspritzung. Digitales Motormanagement, Drosselklappen über Seilzüge und Gestänge betätigt, Saugrohrdurchmesser 50,0 mm, Leerlaufdrehzahl 1250 bis 1350/min, Nassluftfilter.

Kraftstoffdruck .... 250 kPa

Kraftstoff: Normal/Super bleifrei, mindestens 95 ROZ.

Auspuffanlage: 4-in-1-Auspuffanlage mit Sekundärluftsystem, Dreiwege-Katalysator mit Lambdaregelung.

KRAFTÜBERTRAGUNG

Primärantrieb: Zahnräder, Z 86/44, $i_{prim} = 1{,}955$

Kupplung: Über Seilzug betätigte Mehrscheibenkupplung im Ölbad. Kupplungsspiel 10 bis 15 mm außen am Handhebel.

Kupplungs-Druckfedern (6 Stück)

neue Feder ungespannte Länge .... 54,0 bis 55,0 mm
Verschleißgrenze (gebrauchte Feder) .... 52,3 mm

Kupplungs-Reibscheiben (8 Stück)

Reibscheiben »1« und »2«, Dicke .... 2,92 bis 3,08 mm
Verschleißgrenze .... 2,80 mm
Reibscheiben »3«, Dicke .... 2,94 bis 3,06 mm
Verschleißgrenze .... 2,84 mm

Kupplungs-Stahlscheiben (7 Stück)

Dicke .... 1,90 bis 2,10 mm
maximaler Verzug .... 0,1 mm

Getriebe: Klauengeschaltetes Sechsganggetriebe, Abstufungen:

- 1. Gang 2,846 (Z 37/13)
- 2. Gang 1,947 (Z 37/19)
- 3. Gang 1,556 (Z 28/18)
- 4. Gang 1,333 (Z 32/24)
- 5. Gang 1,190 (Z 25/21)
- 6. Gang 1,083 (Z 26/24)

Hauptwelle, max. zulässiger Schlag .... 0,02 mm
Antriebswelle, max. zulässiger Schlag .... 0,02 mm

Hinterradantrieb

Kettenräder Z 46/16, $i_{sec} = 2{,}875$. Endlos vernietete Rollenkette mit O-Ringen zwischen den Laschen, 118 Rollen. Kettentyp DAIDO 520 VP2, Kettendurchhang (Kettenspannung) 45 bis 55 mm. Maximale Länge von 15 Kettengliedern 239,3 mm.

SCHMIERSYSTEM UND MOTORÖL

Schmiersystem: Nasssumpfschmierung mit einer Trochoidenölpumpe.

Motoröl: Motoröl SAE 10W-30, SAE 10W-40, SAE 15W-40, SAE 20W-40, SAE 20W-50 der API-Service-Klassifikation SG oder höher mit JASO MA. Für die Viskositätsklassen gelten je nach Außentemperatur folgende Richtwerte:

- von –10 bis 35 °C .... SAE 10W-30
- von –10 bis über 40 °C .... SAE 10W-40
- von 0 bis über 40 °C .... SAE 15W-40
- von 5 über 40 °C .... SAE 20W-40
- von 5 bis 50 °C .... SAE 20W-50

Ölmenge bei Ölwechsel .... 2,5 Liter
bei Öl- und Filterwechsel .... 2,8 Liter
bei Neubefüllung nach Zerlegung des Motors .... 3,4 Liter

Motoröltemperatur .... 75 bis 85 °C
Überdruckventil Druck gemessen jeweils in Hauptölkanal:
Überdruckventil-Ansprechdruck .... 490 bis 570 kPa
Abweichung bei XJ6 Diversion F .... 450 bis 550 kPa
Überdruckventil-Öffnungsdruck .... 80 bis 120 kPa
Öldruck bei heißem Motor .... 240 kPa bei 6000/min

Verschleißmaße der Ölpumpe
Radialspiel Innen- zu Außenrotor .... weniger als 0,12 mm
Verschleißgrenze .... 0,20 mm
Abweichung bei XJ6 Diversion F .... 0,030 bis 0,090 mm
Verschleißgrenze .... 0,15 mm
Axialspiel Innen- zu Außenrotor .... 0,050 bis 0,110 mm
Verschleißgrenze .... 0,180 mm
Radialspiel zwischen Außenrotor
und Pumpengehäuse .... 0,090 bis 0,150 mm
Verschleißgrenze .... 0,222 mm
Abweichung bei XJ6 Diversion F .... 0,030 bis 0,080 mm
Verschleißgrenze .... 0,15 mm

KRAFTSTOFFSYSTEM UND ZÜNDUNG

Drosselklappengehäuse Typ: 32EIDW-B1
Kennzeichnung: 20S1 00

Einspritzdüsen 4 Stück, Modell: 0290

Leerlaufdrehzahl .... 1250 bis 1350/min
Seilzugspiel (Leerweg) am Gasgriff .... 3 bis 5 mm
CO-Gehalt .... 4,5 bis 5,5 %
Einlassunterdruck .... 32 kPa

Drosselklappenpositions-Sensor
Maximalwiderstand bei 20 °C .... 1,75 bis 3,25 kΩ
Ausgangsspannung im Leerlauf .... 0,63 bis 0,73 Volt

Abweichung XJ6 Diversion F: Widerstand .... 4 bis 6 kΩ

Benzinpumpe: elektrisch
Maximaler Stromverbrauch .... 5,5 Ampere
Förderdruck .... 250 kPa

Zündung: Transistorzündung
Zündsystem .... TCI mit digitaler Zündverstellung
Zündzeitpunkt .... 6,5 Grad vor OT bei 1300/min
TCI Aufnahmespulen Widerstand .... 248 bis 372 Ω

Motorsteuergerät:
Modelle ohne ABS .... Mitsubishi FUA0030
Modelle mit ABS .... Mitsubishi FUA0031

Zündkerzen .... NGK CR9E
Elektrodenabstand .... 0,7 bis 0,8 mm

Zündkerzenstecker
Widerstand .... 10,0 kΩ

Kurbelwellenpositions-Sensor (Zündgeber)
Widerstand bei 20 °C .... 248 bis 372 Ω

Zündspule
Zündfunken-Mindestlänge .... 6 mm
Widerstände (Messtemperatur 20 °C):
Primärwicklung Zündspule .... 1,53 bis 2,07 Ω
Sekundärwicklung Zündspule .... 12,0 bis 18,0 kΩ

BORDELEKTRIK

Batterie GT12B-4: wartungsfrei 12 Volt/10 Ah
Hersteller .... GS YUASA

Spannungsprüfung (Messtemperatur 20 °C)
voll geladen .... 12,8 Volt oder mehr
ladebedürftig .... bei weniger als 12,7 Volt
Erneuern der Batterie .... bei weniger als 12 Volt

Lichtmaschine: Drehstromgenerator, Leistung 330 Watt 14,0 Volt bei 5000/min; Widerstand der Ladewicklung (bei Messtemperatur 20 °C) 0,24 bis 0,36 Ω.

Regler/Gleichrichter: Halbleiter-Kurzschluss, Ruhespannung 14,1 bis 14,9 Volt, Nennstromstärke 35 Ampere (23 Ampere bei XJ6 Diversion F)

Anlasser (Elektrostarter)
Ausgangsleistung .... 0,6 kW
Länge neuer Kohlebürsten .... 10,0 mm
Verschleißgrenze .... 3,5 mm
Bürstenfederdruck .... 7,16 bis 9,52 N
Kollektordurchmesser .... 28 mm
Verschleißgrenze .... 28 mm
Ankerwicklungswiderstand .... 0,0012 bis 0,0022 Ω
Unterschneidung der Kollektorisolierung .... 0,7 mm

Anlasserrelais: Modell (Hersteller) 2768088-A (JIDECO)
Stromstärke .... 180 Ampere
Wicklungswiderstand .... 4,18 bis 4,62 Ω

Hupe
max. Stromstärke .... 3 Ampere
Wicklungswiderstand .... 1,07 bis 1,11 Ω

Blinker-/Warnblinkerrelais
Eingebaute Abschaltautomatik .... Nein
Blinkfrequenz .... 75 bis 95 Signale/Minute

Benzinstandgeber
Widerstand des Benzinstandgebers
bei vollem Tank .... 19,0 bis 21,0 Ω
bei leerem Tank .... 139,0 bis 141,0 Ω

Anlassersperrrelais
Widerstand der Spule .... 162,0 bis 198,0 Ω

Scheinwerferrelais
Widerstand der Spule .... 86,40 bis 105,60 Ω

Sicherungen (jeweils 1 Stück)
Hauptsicherung .... 30 Ampere
Benzineinspritzung.. 10 Ampere
Hupe .... 7,5 Ampere
Scheinwerfer.. 20 Ampere
Zündung .... 10 Ampere
Kühlerventilator .... 20 Ampere
Rücklicht.. 10 Ampere
Sicherung für Kilometerzähler,
Uhr, Wegfahrsperre.. 7,5 Ampere
Reservesicherungen .... 30, 20, 10, 7,5 Ampere

Zusätzliche Sicherungen bei Ausstattung mit ABS:
ABS-Steuergerät ECU .... 7,5 Ampere
ABS-Motor .... 30 Ampere
ABS-Magnetventil .... 20 Ampere
Reservesicherungen .... 10, 30 Ampere

BELEUCHTUNG

Fernlicht/Abblendlicht.................. 12 Volt 60/55 Watt (1 Stück)
Standlicht .... 12 Volt 5 Watt (1 Stück)
Blinklampen .... 12 Volt 10 Watt (4 Stück)
Brems-/Rücklicht.......................... 12 Volt 21/5 Watt (1 Stück)
Kennzeichenleuchte............................ 12 Volt 5 Watt (1 Stück)
Instrumentenbeleuchtung .... LED (1 Stück)
Blinker-Kontrollleuchte .... LED (2 Stück)
Fernlicht-Kontrollleuchte .... LED (1 Stück)
Leerlauf-Kontrollleuchte .... LED (1 Stück)
Motorstörungs-Warnleuchte .... LED (1 Stück)
Ölstand-Warnleuchte.. LED (1 Stück)
Kühlmitteltemperatur-Warnleuchte..................... LED (1 Stück)
ABS-Warnleuchte .... LED (1 Stück)
Wegfahrsperren-Kontrollleuchte .... LED (1 Stück)

KÜHLSYSTEM

Bauart: Flüssigkeitskühlung mit Thermostat und Kreiselpumpe. Temperaturabhängig automatisch zuschaltender Kühlerventilator. Wasserpumpenantrieb Z 86/44 x Z 31/31

Kühlmittel: Qualitätsfrostschutzmittel auf Ethylenglykol-Basis mit Rostschutz für Aluminiummotoren, Mischungsverhältnis 1:1 mit destilliertem Wasser.

Kühlmittelmenge
Kühler, Motor mit Leitungen..................................... 2,00 Liter
Kühler allein .... 0,54 Liter
Ausgleichsbehälter .... 0,25 Liter

Kühlerabmessungen
Breite x Höhe x Tiefe .... 300 x 197 x 22 mm

Kühlmitteltemperatur-Sensor
Widerstand bei 80 °C................................ 290,0 bis 354,0 Ω

Kühlmitteltemperatur .... 95 bis 105 °C

Kühlerverschlussdeckel
Ansprechdruck .... 93,3 bis 122,7 kPa (1,1 bis 1,4 bar)

FAHRWERK

Rahmen: Doppelschleifenrahmen aus Stahlrohr.

Federung vorne: Radfederweg 130 mm. Telegabel Standrohrdurchmesser 41 mm, Federrate »K1« 7,4 N/mm, Federrate »K2« 11,8 N/mm, Federweg »K1« 0 bis 70 mm, Federweg »K2« 70 bis 130 mm.

Telegabelöl: Yamaha-Gabel- bzw. -Stoßdämpferöl »01«, Füllmenge 473 cm³ (XJ6 Diversion F: 470 cm³) pro Holm bei kompletter Zerlegung. Flüssigkeitsstand 115 mm von Oberkante Gabelstandrohr zum Ölspiegel bei ganz zusammengeschobenem Gabelbein ohne Feder.

Gabeltragfeder: Einbaurichtung: Kleiner Federdurchmesser nach unten.
neue Feder ungespannte Länge .... 365,1 mm
Einbaulänge .... 358,1 mm
Verschleißgrenze.. 344,3 mm
Länge der Distanzhülse... 145,0 mm

zulässiger Schlag Standrohr......................... max. 0,20 mm

Federung hinten: Radfederweg 130 mm , Stahl-Schwinge mit Umlenkhebel. Ein Gas-/Öldruckfederbein, Federrate 176,5 N/mm, Federweg 0 bis 42 mm. Bei XJ6 Diversion F: Federrate »K1«: 176,5 N/mm, Federweg »K1«: 0 bis 50 mm.

Feder
ungespannte Länge.. 177,5 mm
Einbaulänge .... 165,5 mm
Gas-/Luftdruckstandardfeder .... 1500 kPa

Einstellmöglichkeiten
Federvorspannung: Minimum 1, Standard 3, Maximum 7

RÄDER UND REIFEN

Räder: Leichtmetallgussräder aus Aluminium mit fünf Speichen. Vorne 17 M/C x MT 3.50, hinten 17 M/C x MT 4.50.

Maximal zulässiger Radialschlag (Höhenschlag) .... 1,0 mm
Axialschlag (Seitenschlag) .... 0,5 mm

Reifen: Schlauchlose Reifen
vorne .... 120/70 ZR 17 M/C (58W) TL
hinten .... 160/60 ZR 17 M/C (69W) TL
Mindestprofiltiefe .... 1,6 mm

Luftdruck (Luftdruck solo/mit Beladung)
vorne .... 2,25 /2,5 bar
hinten .... 2,5/2,9 bar

Serienmäßige Reifen
vorne .... Bridgestone BT021 oder Dunlop Roadsmart
hinten................. Bridgestone BT021 oder Dunlop Roadsmart

BREMSEN

Bremse vorne
Doppelscheibenbremse, Ø 298 mm, gelocht. Bremssattel mit zwei Kolben. Bremsflüssigkeit DOT 4.

Bremsscheibendicke... 4,5 mm
Verschleißgrenze.. 4,0 mm
maximal zulässiger Schlag .... 0,1 mm
Bremsbelagstärke... 6,0 mm
Verschleißgrenze.. 0,8 mm

Hauptbremszylinder Innen-Ø.. 16 mm
Radbremszylinder Innen-Ø..................... 30,16 und 25,40 mm
Innen-Ø bei XJ6 Diversion.................................. 30,20 mm

Bremse hinten
Scheibenbremse, Ø 245 mm, gelocht. Bremssattel mit einem Kolben. Bremsflüssigkeit DOT 4.

Bremsscheibendicke... 5,0 mm
Verschleißgrenze.. 4,5 mm
maximal zulässiger Schlag .... 0,15 mm
Bremsbelagstärke... 7,0 mm
Verschleißgrenze.. 1,5 mm

Hauptbremszylinder Innen-Ø.................................... 12,7 mm
Radbremszylinder Innen-Ø.. 38,1 mm

BAUGRUPPE ZYLINDERKOPF

Ventilspiel (bei kaltem Motor)
Einlass 0,13 bis 0,20 mm, Auslass 0,23 bis 0,30 mm

Nockenwellen
Schlag der Nockenwellen .... maximal 0,06 mm
Lagerspiel der Nockenwellen .... 0,028 bis 0,062 mm
Verschleißgrenze... 0,08 mm
Nockenwellen-Lagerdeckel,
Innendurchmesser.......................... 23,008 bis 23,029 mm
Nockenwellen-Lagerzapfen,
Durchmesser .... 22,967 bis 22,980 mm
Stirnhöhen:
Einlassnocken Maß ***A*** .... 31,85 bis 31,95 mm
Verschleißgrenze .... 31,80 mm
Einlassnocken Maß ***B*** .... 24,95 bis 25,05 mm
Verschleißgrenze .... 24,90 mm
Auslassnocken Maß ***A*** ... 31,85 bis 31,95 mm
Verschleißgrenze .... 31,80 mm
Auslassnocken Maß ***B*** ... 24,95 bis 25,05 mm
Verschleißgrenze .... 24,90 mm

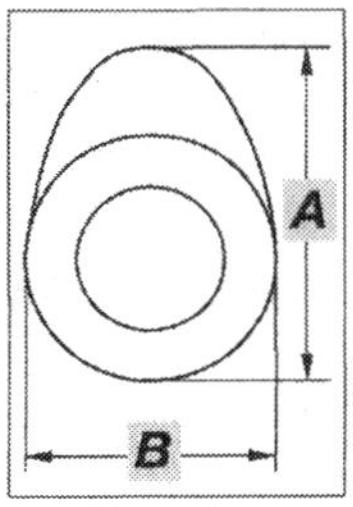

Ventile
Ventilteller-Durchmesser Einlass (Maß ***A***)....... 24,9 bis 25,1 mm
Ventilteller-Durchmesser Auslass (Maß ***A***) ..... 21,9 bis 22,1 mm
Ventilkegelbreite Einlass/Auslass (Maß ***B***)...... 1,21 bis 2,49 mm
Ventilkegelrandstärke Einlass/Auslass (Maß ***D***).. 0,6 bis 0,8 mm
Verschleißgrenze... 0,5 mm

Ventilsitzbreite (Maß ***C***)
Einlass/Auslass.. 0,9 bis 1,1 mm
Verschleißgrenze... 1,6 mm

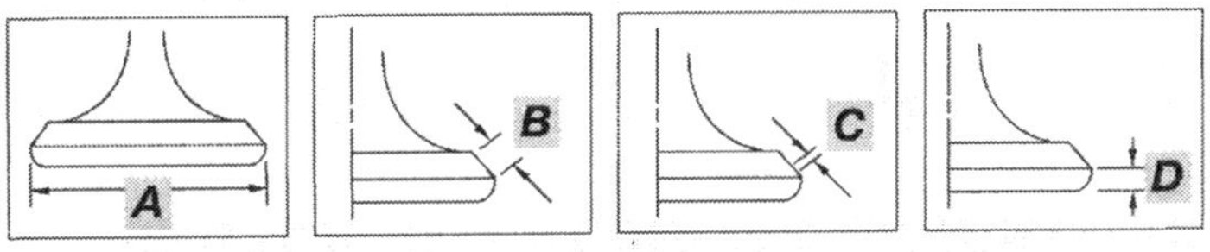

Ventilführungen
Innendurchmesser Einlass/Auslass .... 4,000 bis 4,012 mm
Verschleißgrenze... 4,042 mm
Ventilführungen (XJ6 Diversion F)
Innendurchmesser Einlass/Auslass .... 3,450 bis 3,550 mm
Verschleißgrenze... 4,042 mm

Ventilschäfte
Außendurchmesser Einlass....................... 3,975 bis 3,990 mm
Verschleißgrenze... 3,945 mm
Außendurchmesser Auslass .... 3,960 bis 3,975 mm
Verschleißgrenze... 3,930 mm
Ventilschaftschlag .... 0,04 mm

Spiel zwischen Ventilschaft und Ventilführung
Einlass .... 0,010 bis 0,037 mm
Verschleißgrenze... 0,08 mm
Auslass... 0,025 bis 0,052 mm
Verschleißgrenze... 0,10 mm

ungespannte Länge der Ventilfedern
Einlass .... 39,08 mm
Auslass .... 39,08 mm

Einbaulänge bei geschlossenem Ventil
Einlass .... 33,40 mm
Auslass .... 33,40 mm

Federrate K1 (Einlass) .... 25,05 N/mm
Federrate K2 (Einlass) .... 40,82 N/mm
Federrate K1 (Auslass) .... 25,05 N/mm
Federrate K2 (Auslass) .... 40,82 N/mm

Federdruck nach Einbau
Einlass .... 132,4 bis 152,4 N
Auslass .... 132,4 bis 152,4 N

Rechtwinkligkeit
Verschleißgrenze
Einlass .... 2,5°/1,7 mm
Verschleißgrenze
Auslass .... 2,5°/1,7 mm
Windungsrichtung Feder
(Ein-/Auslass) ...... im Uhrzeigersinn
Windungsrichtung Feder
(XJ6 Diversion F, Ein-/Auslass)
.... gegen den Uhrzeigersinn

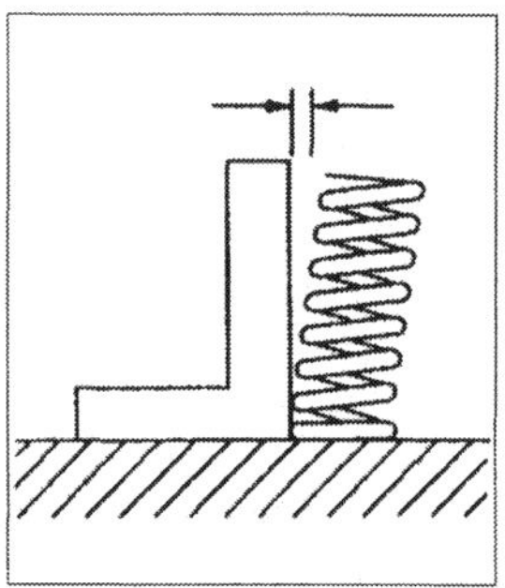

Verzug des Zylinderkopfs .... maximal 0,05 mm

Zylinderkopf Brennraum .... 10,33 bis 10,93 cm³

BAUGRUPPE ZYLINDER UND KOLBEN

Zylinderdurchmesser .... 65,50 bis 65,51 mm
Unrundheit und Konizität .... maximal 0,05 mm

Kolben 5 mm (*H*) von der Unterkante gemessen
Ø (***D***) .... 65,475 bis 65,490 mm

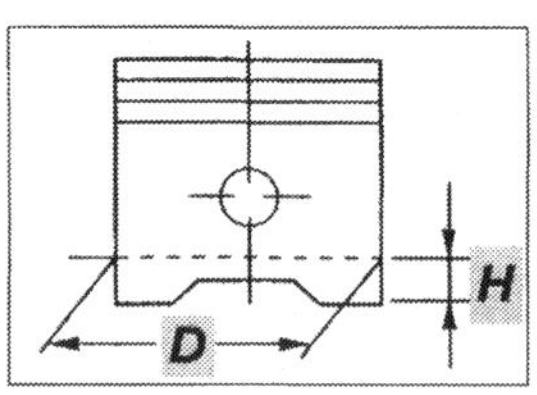

Kolbenbolzen
Durchmesser Kolbenbolzen .... 16,002 bis 16,013 mm
Kolbenbolzenbohrung im Kolben .... 15,990 bis 15,995 mm
Versatz .... 0,5 mm
Versatzrichtung .... Einlassseite

Kolbenlaufspiel .... 0,010 bis 0,035 mm
Verschleißgrenze .... 0,050 mm

Pleuel
Pleuellagerspiel .... 0,038 bis 0,062 mm
Verschleißgrenze .... 0,08 mm
Lager-Farbkodierung: 1 = Gelb-Blau, 2 = Gelb-Schwarz,
3 = Gelb-Braun, 4 = Gelb-Grün

Kolbenringe
1. Kompressionsring, abgerundet.
Abmessungen:
Breite ***B*** x Tiefe ***T*** ...... 0,90 x 2,45 mm

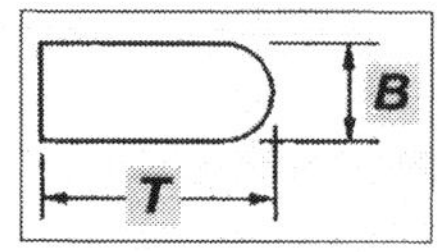

Stoßspiel eingebaut .... 0,25 bis 0,35 mm
Ringnutspiel .... 0,030 bis 0,065 mm
2. Kompressionsring, konisch
Abmessungen: Breite ***B*** x Tiefe ***T*** .... 0,8 x 2,5 mm
Stoßspiel eingebaut .... 0,65 bis 0,80 mm
Ringnutspiel .... 0,030 bis 0,065 mm
Ölabstreifring
Abmessungen: Breite ***B*** x Tiefe ***T*** .... 1,5 x 2,0 mm
Stoßspiel eingebaut .... 0,10 bis 0,35 mm

BAUGRUPPE KURBELWELLE

Kurbelwelle
Haupt-Lagerspiel .... 0,016 bis 0,040 mm
Kröpfungsbreite (***A***) .... 51,90 bis 52,50 mm
Kurbelwellenbreite (***B***) .... 268,8 bis 270,0 mm
Schlag der Kurbelwelle (***C***) .... maximal 0,03 mm
Pleuelfuß Axialspiel (***D***) .... 0,160 bis 0,262 mm
Spiel am Pleuelkopf .... 0,32 bis 0,50 mm

Lager-Farbkodierung:
0 = Weiß
1 = Blau
2 = Schwarz
3 = Braun
4 = Grün

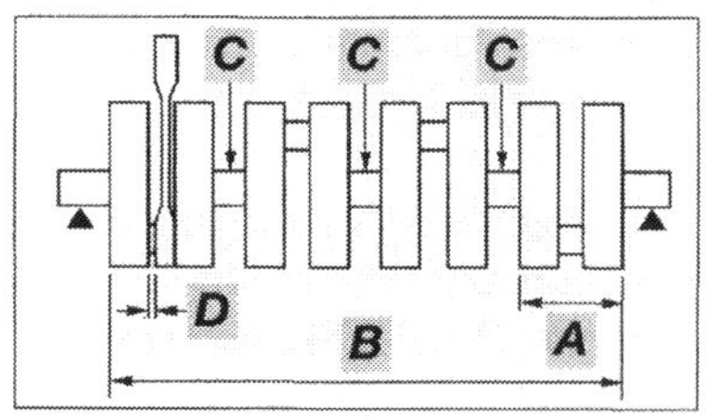

BAUGRUPPE GETRIEBE

maximal zulässiger Schlag der Hauptachse .... 0,02 mm
maximal zulässiger Schlag der Antriebsachse .... 0,02 mm

Schaltung
maximaler Führungsstangen-Verzug .... 0,05 mm
Schaltgabeldicke .... 5,76 bis 5,89 mm
Verschleißgrenze .... 5,50 mm

Anziehdrehmomente

In diesem Kapitel werden die von Yamaha vorgeschriebenen Anziehdrehmomentwerte für alle Bauteile bzw. Schraubverbindungen der XJ6, XJ6 Diversion und XJ6 Diversion F aufgelistet. Wenn für ein Bauteil bzw. eine Schraubverbindung kein eigener Wert aufgeführt ist, gelten die Anziehdrehmomente für Schrauben (Muttern) entsprechender Größe (siehe »Allgemeine Schrauben und Muttern«).

Warum ist ein bestimmtes Anziehdrehmoment nötig?
Die meisten Schraubverbindungen an den XJ6-Modellen müssen mit einem festgelegten Drehmoment angezogen werden. Die von Yamaha vorgeschriebenen Werte müssen möglichst genau eingehalten werden, da sonst die Gefahr besteht, dass sich die Schrauben (Muttern) lockern oder die Schrauben (Muttern) bzw. ihr Gegengewinde zu stark belastet werden und sie dann im Betrieb reißen oder brechen.

Allgemeine Hinweise

Voraussetzungen
Erste wichtige Voraussetzung zum korrekten Anziehen aller Schrauben und Muttern ist, dass die Gewinde und Anlageflächen unbeschädigt und frei von Schmutz sind.
■ Sollten Schraubgewinde verschmutzt sein, reinigen Sie diese NICHT mit einer Stahlbürste, denn die kann das Gewinde beschädigen, sondern verwenden Sie eine Bürste mit feinen Messingborsten.
■ Schrauben mit verrostetem oder beschädigtem Gewinde müssen durch Neuteile ersetzt werden.
■ Schrauben, Muttern und Unterlagscheiben vor dem Einbau etwas einölen. Motoröl oder leichtes Fett dazu verwenden.

Flüssige Schraubensicherung »Loctite«
An einigen Schraubverbindungen ist die Verwendung von Schraubensicherung vorgeschrieben. Überall in Werkstätten zu Hause ist **»Loctite«** in den drei verschiedenen Klebequalitäten **»leicht«**, **»mittelfest«** und **»hochfest«**. Die am meisten benötigte Qualität ist »mittelfest«, sie wird verwendet, wenn hohe Festigkeit verlangt wird und die damit gesicherten Schrauben ohne Zerstörung des Gewindes wieder gelöst werden müssen. Die von Yamaha an bestimmten Schraubverbindungen vorgeschriebenen Loctite-Qualitäten sind in unserer nachstehenden Drehmomentauflistung bei der jeweiligen Schraubverbindung angegeben. Im Internet unter *www.loctite.de* finden Sie weitere Spezifikationen und Qualitätsbeschreibungen.
■ Wenn an den Gewinden ausgedrehter Schrauben noch Reste von Schraubensicherung hängen, zur Reinigung etwas Bremsenreiniger nehmen, er löst den alten Schraubenkleber.

Weiterhin zu beachten
Sehr wichtig ist auch, dass zum Herstellen bestimmter Drehmomentwerte einwandfreie Werkzeuge benutzt werden, also hochwertige Nüsse und genau eingestellte Drehmomentschlüssel (Bild 1). Man denke nur an die Achsmuttern, Bremsschrauben, Federung oder Schrauben und Muttern in Motor und Kettenantrieb. Was wir unter »ordentlichem Qualitätswerkzeug« verstehen, können Sie in Kapitel 2 »Werkstatt« nachlesen.

Manche Schrauben müssen vor dem Einbau (und damit Festziehen) entsprechend dem Einsatzzweck speziell vorbehandelt werden. Was jeweils zu tun ist bzw. welche Besonderheit die Schraube aufweist, wird nach der Bezeichnung des Bauteils mit dem Zeichen »■« besonders herausgestellt.

Schmier- und Hilfsmittel
Für einige Schraubstellen werden benötigt:
■ **»Lithiumseifenfett«** ist die technische Bezeichnung für Kfz-Wälzlagerfett, es wird z. B. zum Schmieren der Lenk- und Schwingenlager sowie der Seitenständerlagerung benötigt.
■ **»Kupferpaste«** kommt z. B. an die Gewinde der Bundmuttern für die Auspuffkrümmer an den Zylinderkopf.
■ **»Molybdändisulfidfett«** wird benötigt für die Schrauben der Pleuellagerdeckel.

Allgemeine Schrauben und Muttern

Schraube/Mutter M6 mit SW 10	6 Nm
Schraube/Mutter M8 mit SW 12	15 Nm
Schraube/Mutter M10 mit SW 14	30 Nm
Schraube/Mutter M12 mit SW 17	55 Nm
Schraube/Mutter M14 mit SW 19	85 Nm
Schraube/Mutter M16 mit SW 22	130 Nm

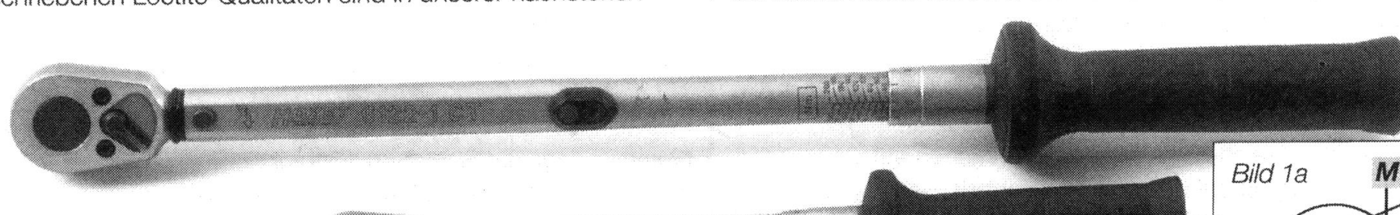

Bild 1: Kleiner (5 bis 40 Nm) und großer Drehmomentschlüssel (40 bis 200 Nm).

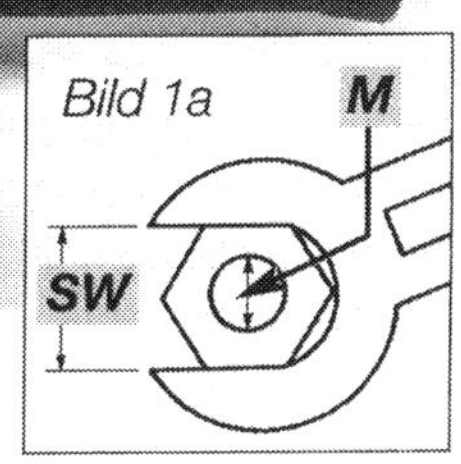

*Bild 1a: **SW** = Schlüsselweite und **M** = Gewindedurchmesser; beides wird in Millimeter angegeben.*

Fahrwerk

Vorderrad
Vorderachse M16 (Gewinde in linker Gabelfaust) .... 65 Nm
Klemmschraube Inbus M8 für Vorderachse .... 19 Nm

Hinterrad
Mutter M16 auf Hinterachse .... 90 Nm
Muttern M10 auf Stehbolzen Kettenblatt
an Kettenblattträger .... 80 Nm

Vorderradbremse
Bremssattel an Gabeltauchrohr Bund-
schrauben M12 .... 40 Nm
Bremssattel an Bremssattelhalter Schrauben M10 ....27 Nm
Gleitstifte in Bremssattel M10 .... 27 Nm
Entlüfterventil M7 im Bremssattel .... 6 Nm
Handbremszylinder an Lenker Inbusschrauben M6........ 10 Nm
Deckel auf Bremsflüssigkeits-Vorratsbehälter
Kreuzschlitz-Senkschrauben M4 .... 1,5 Nm
Bremsschlauch-Anschlüsse Hohlschrauben M10 .... 32 Nm
■ *Neue Dichtscheiben verwenden.*
Bremsscheiben an Rad Inbusschrauben M6................. 18 Nm
■ *Loctite »mittelfest« auf gereinigte Gewinde auftragen.*

Hinterradbremse
Bremssattel an Bremssattelhalterung:
vordere Schraube/Gleitstift M12 .... 27 Nm
hintere Schraube M8 .... 22 Nm
Kontermadenschraube M10 an Bremsklotz-Haltestift.... 2,5 Nm
Bremsklotz-Haltestift M10.. 17 Nm
Entlüfterventil M7 im Bremssattel .... 5 Nm
Bremsflüssigkeits-Vorratsbehälter an Halterung
Mutter auf Schraube M6 .... 3 Nm
Bremsschlauch-Anschlüsse Hohlschrauben M10 .... 30 Nm
■ *Neue Dichtscheiben verwenden.*
Bremsscheibe an Rad Inbusschrauben M8 .... 20 Nm
■ *Loctite »mittelfest« auf gereinigte Gewinde auftragen.*
Bremspedal an Fußrastenplatte M6 .... 7 Nm
■ *Loctite »mittelfest« auf gereinigtes Gewinde auftragen.*
Fußbremszylinder an Fußrastenplatte Schrauben M8..... 23 Nm
Bremsschlauchhalterung an Schwinge Schraube M6 ...... 7 Nm

ABS-Ausstattung
ABS-Sensor vorne und hinten Schrauben M6 .... 7 Nm
ABS-Sensorring an Vorder- und Hinterrad,
Schrauben M5 .... 8 Nm
■ *Loctite »mittelfest« auf gereinigte Gewinde auftragen.*
ABS-Hydraulikeinheit an Halterung Schrauben M6 .... 7 Nm
Untere Halterung der ABS-Hydraulikeinheit
an Rahmen Schrauben M8 .... 16 Nm
Bremsschlauch-Halterung an ABS-
Hydraulikeinheit Schrauben M6 .... 7 Nm
Bremsschlauchhalterung vorne Schraube M6................. 7 Nm
Bremsleitungshalterung vorne an Kurbelgehäuse M6 .... 10 Nm
Halter Hydraulikeinheit an Rahmen 4 Schrauben M8 ..... 23 Nm
Bremsschlauch-Hohlschrauben M10............................. 30 Nm
Bremsleitungen an Bremsschläuche
Überwurfschrauben M10... 16 Nm

Lenker
Lenkerklemmung Inbusschrauben M8.......................... 24 Nm
Lenkerklemmböcke in oberer Gabelbrücke
Bundmuttern M10 auf Stehbolzen............................. 32 Nm
Lenkergewichte (»Vibrationskiller«) Schrauben M16 .... 26 Nm
Standrohr-Klemmschrauben M8 obere Gabelbrücke ..... 20 Nm
Standrohr-Klemmschrauben M10 untere Gabelbrücke .. 30 Nm
Lenkerarmaturen rechts/links: Klemmschrauben M5 .... 4 Nm

Telegabel
Vorderradkotflügel an Gabelbeine Schrauben/Muttern M6.. 6 Nm
Inbusschraube M10 unten in Gabeltauchrohr .... 23 Nm
■ *Loctite »mittelfest« auf gereinigtes Gewinde auftragen, Dichtscheibe erneuern.*
Gabeldeckelschraube M37 (»Standrohr-
stopfen«) oben in Gabelstandrohr............................. 24 Nm

Lenklagerung
Lenkschaftrohr-Kopfmutter M22 (auf
oberer Gabelbrücke) ....110 Nm
Einstellanweisung der unteren Nutmutter
M25 (»Lenklager-Einstellmutter«):
■ *Mit ca. 52 Nm festziehen, dann wieder lösen und mit 18 Nm endgültig festziehen.*

Federbein und Hinterradschwinge
Muttern auf Federbein-Befestigungsschrauben M12:
oben an Rahmen .... 51 Nm
unten an Schwinge .... 55 Nm
Schwingenachse in Rahmen/Mutter M14 .... 110 Nm
■ *Kfz-Schmierfett in Schwingenlager.*
Kettenabdeckung/-schutz an Schwinge Schrauben M6... 7 Nm

Rahmen und Verkleidung
Bei den Diversion-Modellen:
Vordere Verkleidung an Halterung Schrauben M8 .... 33 Nm
Scheinwerfer an Halterung Schrauben M6.................... 10 Nm
Spiegel an Verkleidung Muttern M6 .... 10 Nm

Fahrerfußrasten:
Fußrastenplatte an Rahmen M8.................................... 30 Nm
■ *Loctite »mittelfest« auf gereinigte Gewinde auftragen.*
Fußrastenschraube M8 (»Schleifnippel«) .... 10 Nm
Gummiauflage auf Fußrasten Schrauben M5 .... 4 Nm
■ *Loctite »mittelfest« auf gereinigte Gewinde auftragen.*

Seitenständer Mutter M10 auf Gelenkbolzen .... 54 Nm
■ *Loctite »mittelfest« auf gereinigtes Gewinde auftragen.*
Seitenständerhalterung an Rahmen Schrauben M10..... 63 Nm
■ *Loctite »mittelfest« auf gereinigte Gewinde auftragen.*

Seitenständerschalter Mutter M5 .... 4 Nm
■ *Loctite »mittelfest« auf gereinigte Gewinde auftragen.*
Mittel-/Hauptständer Schrauben M10 .... 73 Nm
■ *Loctite »mittelfest« auf gereinigte Gewinde auftragen.*

Bereich Rahmenheck:
Kotflügel an Rahmenheck Schrauben M6 .... 23 Nm
Hinterradkotflügel an Rahmen Schrauben M5 .... 2,5 Nm
Soziushaltegriff an Rahmen Schrauben M8 .... 16 Nm
Kennzeichenhalterung Mutter M6 .... 4 Nm
Kennzeichenleuchte Schrauben M5 .... 2,5 Nm
Sitzbankschloss an Rahmen Schrauben M6 .... 7 Nm
Sitzschlosszylinder mit Stützblech Schrauben M6 .... 3 Nm
Seitliche Abdeckungen an Rahmen 6 Schrauben M6 ...... 7 Nm
Rückstrahler (»Katzenauge«) Mutter M5 .... 2 Nm
Rück-/Bremslicht an Hinterradkotflügel M5 .... 3 Nm

Kühlsystem
Kühlerverschlussdeckel-Anschlag Schraube M5 .... 5 Nm
Kühlflüssigkeits-Ausgleichsbehälter
Abdeckung Schrauben M6 .... 4 Nm
Kühlerhalter an Zylinderkopf Schraube M6 .... 10 Nm
■ *Loctite »mittelfest« auf gereinigte Gewinde auftragen.*
Kühler an Halterung Schrauben M6 .... 7 Nm
Thermostatabdeckung Schrauben M6 .... 12 Nm
■ *Loctite »mittelfest« auf gereinigte Gewinde auftragen.*
Kühlwasserschlauch an Zylinderkopf Schrauben M6 ..... 10 Nm
■ *Loctite »mittelfest« auf gereinigte Gewinde auftragen.*
Wasserpumpen-Gehäuseschraube M6 .... 10 Nm
■ *O-Ring erneuern.*
Wasserpumpen-Befestigungsschrauben M6 .... 10 Nm
■ *Loctite »mittelfest« auf gereinigte Gewinde auftragen, O-Ring erneuern.*
Kühlflüssigkeits-Ablassschraube M6 .... 10 Nm
■ *Kupferscheibe erneuern.*
Kühlmitteltemperatur-Sensor M12 .... 18 Nm

Motor in Rahmen

Motor an Rahmen links vorn,
2 Schrauben M10 (***C** in Bild 2e*) .... 55 Nm
Motor an Rahmen rechts vorn,
2 Schrauben M10 (***B** in Bild 2f*) .... 55 Nm
Motor an Rahmen oben, selbst-
sichernde Mutter M10 (***D** in Bild 2d*) .... 55 Nm
Motor an Rahmen unten, selbst-
sichernde Mutter M10 (***D** in Bild 2d*) .... 55 Nm

Montagevorgabe und Anziehreihenfolge (Bilder 2a bis 2f):
■ *Hintere Motorhalteschrauben (**A** in Bild 2a) einölen.*
■ *Erst hintere (**A** in Bild 2a), dann rechte vordere (**B** in Bild 2b), dann linke vordere Motorhalteschrauben (**C** in Bild 2c) einstecken, Muttern aufdrehen (**D** in Bild 2d), leicht anziehen.*
■ *Anziehreihenfolge Muttern und Schrauben:*
*1. Selbstsichernde Muttern (**D** in Bild 2d) oben und unten 55 Nm.*
*2. Linke vordere Halteschraube (**C** in Bild 2e) 55 Nm.*
*3. Rechte vordere Halteschraube (**B** in Bild 2f) 55 Nm.*
4. Danach montieren: Fußrastenplatte links, Schaltarm (Schalthebel) Kette mit Ritzel, kleiner Kupplungshebel.

Motor

Kraftstoffsystem
Tankhalterung vorne an Rahmen Schauben M6 .... 12 Nm
Tankhalterung vorne an Tank Schauben M6 .... 7 Nm
Tankhalterung hinten an Rahmen Schraube M6 .... 7 Nm
Tankverschluss an Tank Schrauben M5 .... 6 Nm
Benzinpumpe an Tank Schrauben M5 .... 4 Nm
■ *Über Kreuz in mehreren Schritten stufenweise anziehen.*
Drosselklappengehäuse-Anschluss-
stutzen an Motor Schrauben M6 .... 10 Nm
Drosselklappengehäuse an Drosselklappenge-
häuse-Anschlussstutzen Schellenschrauben M4 .... 3 Nm

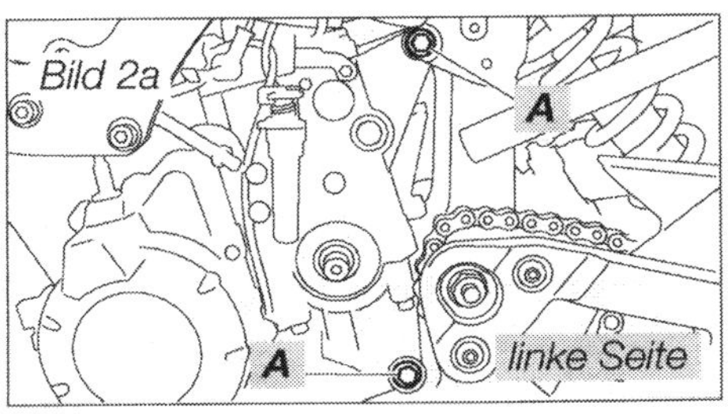

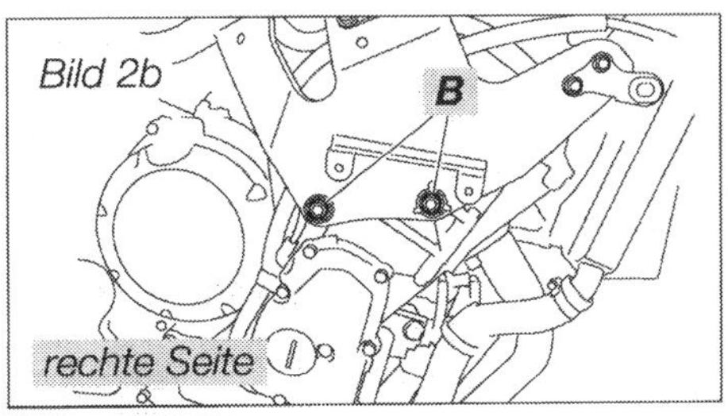

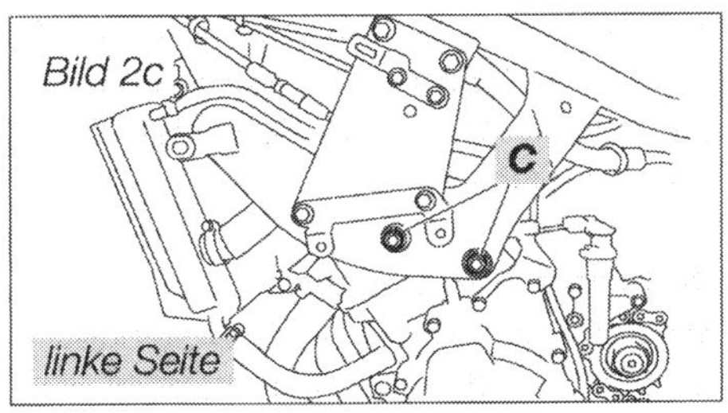

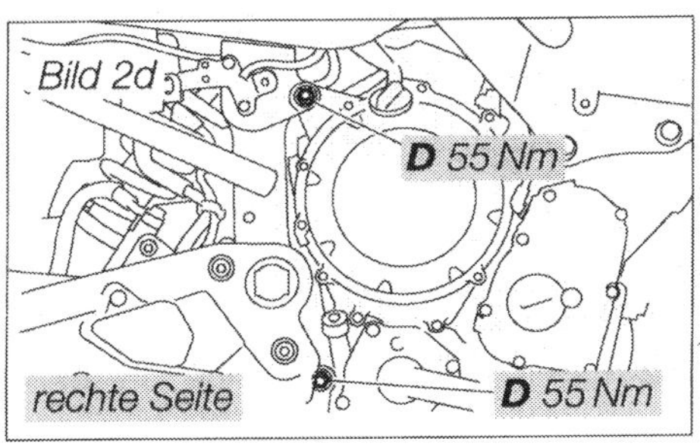

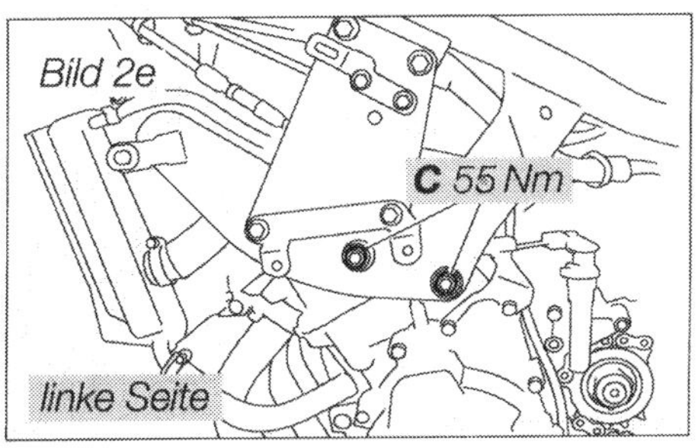

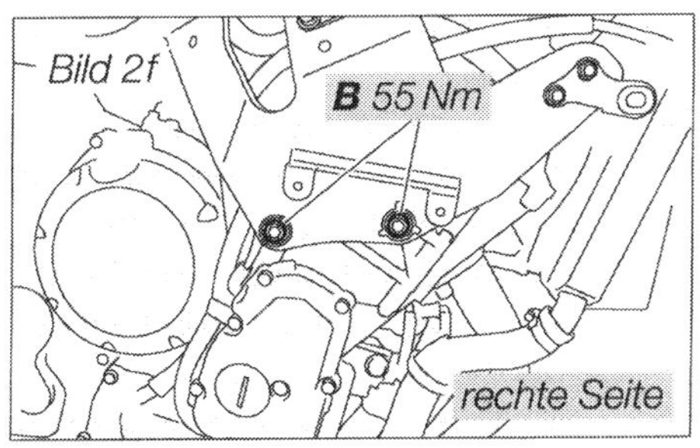

Drosselklappengehäuse an Luftfilterkasten
Schellenschrauben M5 .... 3 Nm
Drosselklappenpositions-Sensor Schrauben M5 .... 4 Nm
Ansaugluftdruck-Sensor M5 .... 4 Nm
Ansauglufttemperatur-Sensor M5 .... 3 Nm
Unterdruckverteiler, Schnellleerlaufkolben
Schrauben M5 .... 4 Nm
Gaszugspiel Einstellmutter M6 .... 4 Nm

Luftfilter
Luftfilterkasten Schrauben M6 .... 7 Nm
Deckel Luftfilterkasten Schrauben M5 .... 3 Nm

Schmiersystem
Ölablassschraube M14 .... 43 Nm
■ *Neue Dichtscheibe verwenden.*
Ölfilter mit Gewinde M20 .... 17 Nm
■ *Frisches Motoröl auf O-Ring auftragen.*
Ölfilter-Hohlschraube M20 an Motorgehäuse .... 70 Nm
Ölstandschalter Schrauben M6 .... 10 Nm
■ *Loctite »mittelfest« auf gereinigtes Gewinde auftragen.*
Ölwanne an Motor Schrauben M6 .... 10 Nm
■ *Dichtung erneuern.*
Ölpumpen-Kettenabdeckung 2 Schrauben M6 .... 12 Nm
■ *Loctite »mittelfest« auf gereinigte Gewinde auftragen.*
Ölleitung 2 Schrauben M6 .... 12 Nm
■ *Loctite »mittelfest« auf gereinigte Gewinde auftragen.*
Ölkühler-Hohlschraube M20 .... 63 Nm
■ *Gewinde und Oberfläche ölen, O-Ring erneuern.*
Ölpumpe an Motorgehäuse Schrauben M6 .... 12 Nm
Ölpumpendeckel an Ölpumpe Schrauben M6 .... 10 Nm

Auspuffanlage
Auspuffkrümmer an Zylinderkopf
Bundmuttern M8 auf Stehbolzen .... 20 Nm
■ *Kupferpaste auf gereinigte Gewinde auftragen, neue Dichtringe verwenden.*
Auspufftopf an Halterung Schrauben M8 .... 20 Nm
Halterung an Rahmen Schrauben M6 .... 10 Nm
Endrohr Schalldämpfer Schrauben M6 .... 10 Nm
Lambdasonde M10 .... 15 Nm

Hinterrad-Antriebskette
Kontermutter M8 auf Kettenspanngewinde .... 16 Nm
Ritzelmutter M20 auf Getriebewelle .... 85 Nm
■ *Loctite »mittelfest« auf gereinigtes Gewinde auftragen, neue Mutter verwenden, Mutter in eine Nut der Welle verstemmen.*
Ritzelabdeckung Schrauben M6 .... 10 Nm
■ *Loctite »mittelfest« auf gereinigtes Gewinde auftragen.*
Kettenblatt auf Stehbolzen in Hinterrad-
Kettenblattträger Bundmuttern M10 .... 80 Nm
Kettenabdeckung/-schutz an Schwinge
Schrauben M6 .... 7 Nm
■ *Loctite »mittelfest« auf hinteres gereinigtes Gewinde auftragen.*

Kupplung
Kupplungshebel-Aufnahme Schraube M6 .... 11 Nm
Kupplungszughalter Schrauben M6 .... 10 Nm
Kontermutter Kupplungszug M8 .... 7 Nm
Kleiner Kupplungshebel Schrauben M6 .... 10 Nm
■ *Loctite »mittelfest« auf gereinigtes Gewinde auftragen.*
Kupplungsdeckel an Motor Schrauben M6 .... 10 Nm
■ *Loctite »mittelfest« auf gereinigte Gewinde auftragen, Dichtung erneuern.*
Kupplungsdruckfedern Schrauben M6 .... 8 Nm
■ *Öl auf Gewinde und Sitzfläche auftragen.*
Kupplungsnabenmutter M20 .... 95 Nm
■ *Öl auf Gewinde und Sitzfläche auftragen, Mutter erneuern, Mutter in eine Nut der Welle verstemmen.*
Kontermutter Druckpilz M6 .... 8 Nm

Schaltung
Fußschalthebel-Lagerschraube M8 .... 22 Nm
■ *Loctite »mittelfest« auf gereinigtes Gewinde auftragen.*
Kleiner Schalthebel Klemmschraube M6 .... 16 Nm
Schaltgestänge obere Kontermutter M6 .... 9 Nm
Schaltgestänge untere Kontermutter M6 .... 9 Nm
■ *Linksgewinde!!!*
Kugelgelenk an kleinen Schalthebel Schraube M6 .... 10 Nm
■ *Loctite »mittelfest« auf gereinigtes Gewinde auftragen.*
Getriebe-Lagergehäuse Schrauben M6 .... 12 Nm
■ *Loctite »mittelfest« auf gereinigte Gewinde auftragen.*
Schaltgabelachsen-Sicherung Befestigungs-
schrauben M6 .... 10 Nm
■ *Loctite »mittelfest« auf gereinigte Gewinde auftragen.*
Schaltfeder-Widerlager mit Gewinde M8 .... 22 Nm
■ *Loctite »mittelfest« auf gereinigtes Gewinde auftragen.*
Schaltwellen-Anschlag Schraube M6 .... 10 Nm
■ *Loctite »mittelfest« auf gereinigtes Gewinde auftragen.*
Leerlaufschalter M10 .... 20 Nm

Kurbelgehäuse
Bild 3: Montagevorgaben für die 10 Schrauben M8 von »1« bis »10«: Neue Schrauben verwenden.
■ *Öl auf Gewinde und Sitzfläche auftragen.*

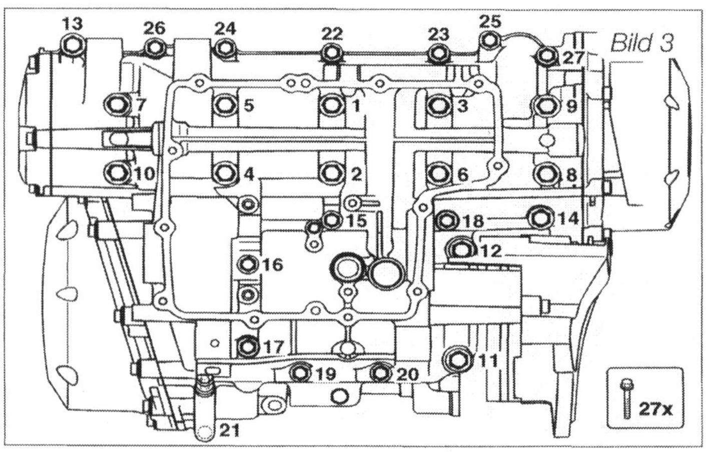

Bild 3: Anziehreihenfolge:
1. *Schrauben auf 20 Nm von »1« bis »10« festziehen.*
2. *Schraube »1« lösen und mit 12 Nm festziehen.*
3. *Schritt »2« für die Schrauben »2« bis »10« in der angegebenen Reihenfolge wiederholen.*
4. *In der Anziehreihenfolge »1« bis »7«, »10« mit Weiterdrehwinkel 50° bis 60° festziehen.*
5. *Schrauben »8« und »9« mit Weiterdrehwinkel 75° bis 85° festziehen.*

Kurbelgehäuse 2 Schrauben M6 .... 12 Nm
■ *Öl auf Gewinde und Sitzfläche auftragen.*
Kurbelgehäuse 12 Schrauben M6 .... 10 Nm
■ *Öl auf Gewinde und Sitzfläche auftragen.*
Kurbelgehäuse Schraube M6 .... 10 Nm
■ *Öl auf Sitzfläche auftragen.*
■ *Loctite »mittelfest« auf gereinigte Gewinde auftragen.*
Kurbelgehäuse 2 Schrauben M8 .... 24 Nm
■ *Öl auf Gewinde und Sitzfläche auftragen.*
Pleuellagerdeckel 8 Schrauben M7 .... 15 Nm
■ *Molybdändisulfidfett auftragen.*
Hauptölkanal 2 Schrauben M16 .... 8 Nm
■ *Genau nach Drehmoment anziehen.*
Abdeckung Ölsammelschacht 6 Schrauben M6 .... 10 Nm

Zylinderkopf und Ventiltrieb
Zylinderkopf 8 Bolzenschrauben M8 .... 15 Nm
Zylinderkopfschrauben M20 .... 42 Nm
■ *Loctite »mittelfest« auf gereinigte Gewinde auftragen.*
Zylinderkopf 2 Schrauben M6 .... 12 Nm
Zylinderkopf 10 Schrauben M10:
Bild 4: Montagevorgabe und Anziehreihenfolge:
1. *Schrauben »1« bis »10« mit 19 Nm in der dargestellten Reihenfolge festziehen.*
2. *Schrauben »1« bis »10« mit 50 Nm in der dargestellten Reihenfolge erneut festziehen.*
3. *Schraube »1« lösen und mit 12 Nm festziehen; dann mit Weiterdrehwinkel von 120° festziehen.*
4. *Schritt »3« für die Schrauben »2« bis »10« in der angegebenen Reihenfolge wiederholen.*

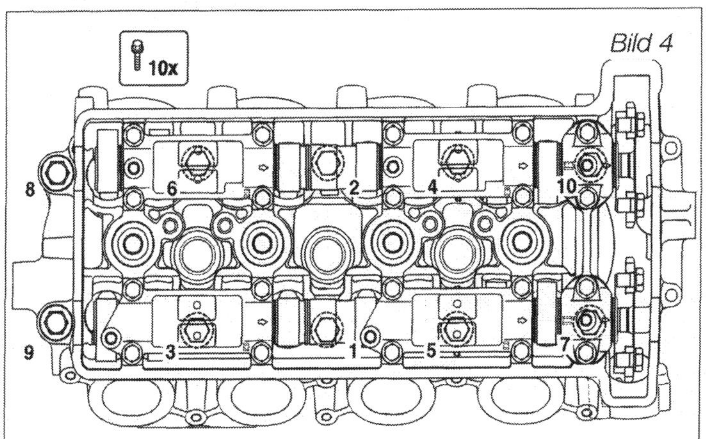

Bild 4

Nockenwellen-Lagerdeckel 20 Schrauben M6 .... 10 Nm
Zylinderkopfabdeckung 6 Schrauben M6 .... 12 Nm
Nockenwellen-Deckel-Prüfschraube M8 .... 15 Nm
Membranventil (Sekundärluftsystem)
4 Befestigungsschrauben M6 .... 10 Nm
Sekundärluft-Abschaltventil Halterungsschraube M6 .... 7 Nm
Nockenwellenrad 4 Schrauben M7 .... 20 Nm
Steuerkettenspanner 2 Schrauben M6 .... 12 Nm

Elektrik

Zündung
Zündkerzen M10 .... 13 Nm
Abdeckung Zündeinstellung Schraube M8 .... 15 Nm
Zündspulen Schrauben M6 .... 2 Nm

Lichtmaschine
Schwungrad (Lichtmaschinenrotor)
Zentralschraube M12 .... 75 Nm
■ *Öl auf Gewinde und Sitzfläche auftragen.*
■ *Konusflächen müssen trocken und fettfrei sein.*
■ *Beilagscheibe erneuern.*
Lichtmaschinen-Gehäusedeckel 7 Schrauben M6 .... 10 Nm
■ *Loctite »mittelfest« auf gereinigte Gewinde auftragen.*
Stator in Gehäusedeckel 3 Schrauben M6 .... 10 Nm
■ *Loctite »mittelfest« auf gereinigte Gewinde auftragen.*
Lichtmaschinenkabel-Halterung Schraube M6 .... 10 Nm
■ *Loctite »mittelfest« auf gereinigtes Gewinde auftragen.*
Anlasserfreilauf (Starterkupplung) 3 Schrauben M8 .... 32 Nm
■ *Loctite »mittelfest« auf gereinigte Gewinde auftragen.*
Zündrotor Schraube M8 .... 35 Nm
Zündrotor-Abdeckung (rechter Motorseitendeckel) 7 Schrauben M6 .... 10 Nm
■ *Loctite »mittelfest« auf gereinigte Gewinde auftragen, Dichtung erneuern.*

Anlasser (Elektrostarter)
Anlasser an Kurbelgehäuse Schrauben M6 .... 10 Nm
Anlasser-Gehäuseschrauben (lange Schrauben) M6 .... 3 Nm
■ *O-Ringe erneuern.*

Sensoren, Schalter, sonstige elektrische Bauteile
Batteriepole Schrauben M6 .... 2,5 Nm
Ansaugluftdruck-Sensor M5 .... 4 Nm
Ansauglufttemperatur-Sensor M5 .... 3 Nm
Drosselklappenpositions-Sensor 2 Schrauben M5 .... 4 Nm
Kühlmitteltemperatur-Sensor M12 .... 18 Nm
Kurbelwellenpositions-Sensor 2 Schrauben M6 .... 10 Nm
■ *Loctite »mittelfest« auf gereinigte Gewinde auftragen.*
Leerlaufschalter M10 .... 20 Nm
Umkipp-Sensor 2 Schrauben M4 .... 2 Nm

Bei Modellen ohne ABS oben im Getriebegehäuse:
Geschwindigkeits-Sensor Schraube M6 .... 10 Nm

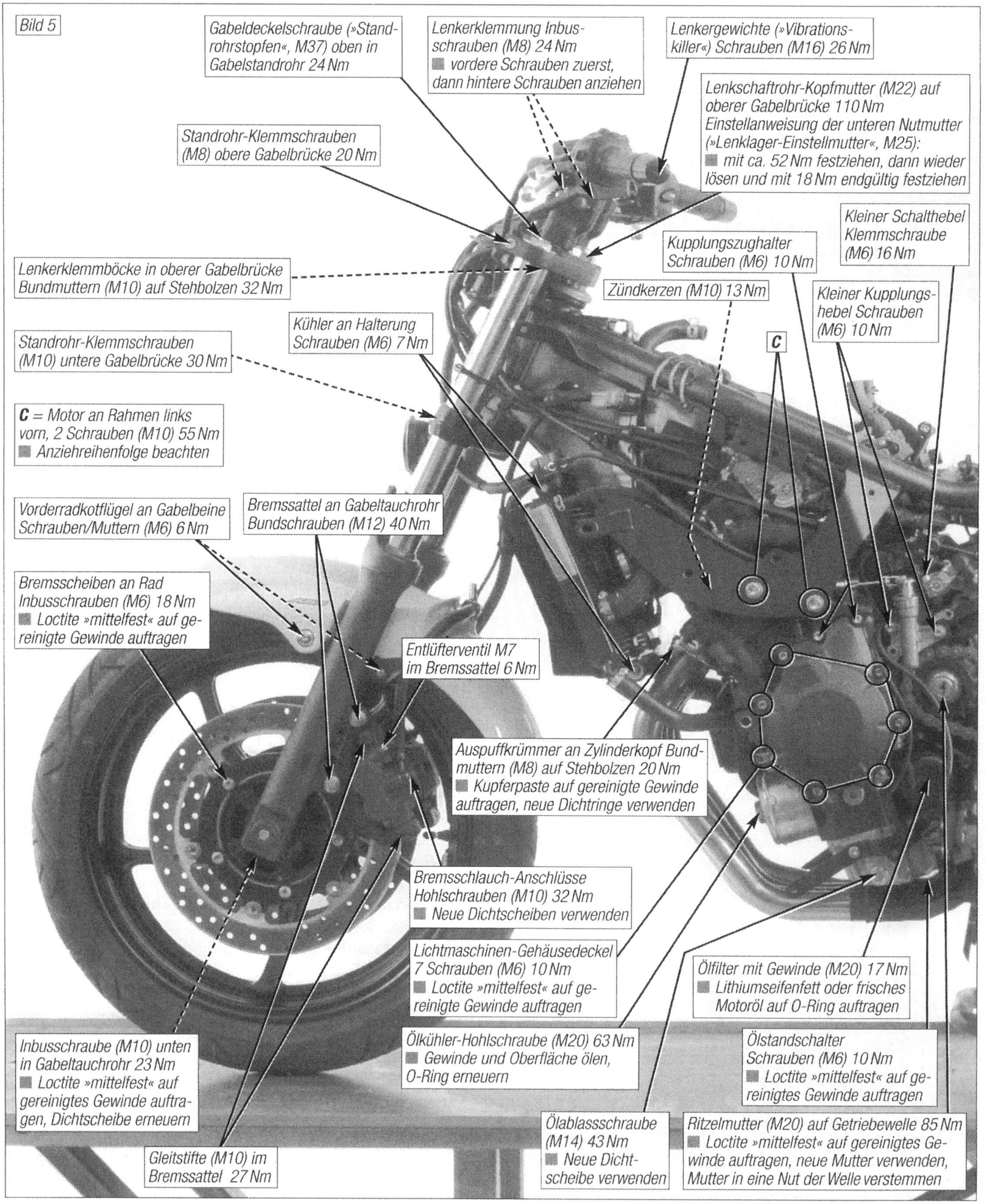
Gabeldeckelschraube (»Standrohrstopfen«, M37) oben in Gabelstandrohr 24 Nm
Lenkerklemmung Inbusschrauben (M8) 24 Nm ■ vordere Schrauben zuerst, dann hintere Schrauben anziehen
Lenkergewichte (»Vibrationskiller«) Schrauben (M16) 26 Nm
Lenkschaftrohr-Kopfmutter (M22) auf oberer Gabelbrücke 110 Nm Einstellanweisung der unteren Nutmutter (»Lenklager-Einstellmutter«, M25): ■ mit ca. 52 Nm festziehen, dann wieder lösen und mit 18 Nm endgültig festziehen
Standrohr-Klemmschrauben (M8) obere Gabelbrücke 20 Nm
Kleiner Schalthebel Klemmschraube (M6) 16 Nm
Kupplungszughalter Schrauben (M6) 10 Nm
Lenkerklemmböcke in oberer Gabelbrücke Bundmuttern (M10) auf Stehbolzen 32 Nm
Zündkerzen (M10) 13 Nm
Kleiner Kupplungshebel Schrauben (M6) 10 Nm
Kühler an Halterung Schrauben (M6) 7 Nm
Standrohr-Klemmschrauben (M10) untere Gabelbrücke 30 Nm
C
C = Motor an Rahmen links vorn, 2 Schrauben (M10) 55 Nm ■ Anziehreihenfolge beachten
Vorderradkotflügel an Gabelbeine Schrauben/Muttern (M6) 6 Nm
Bremssattel an Gabeltauchrohr Bundschrauben (M12) 40 Nm
Bremsscheiben an Rad Inbusschrauben (M6) 18 Nm ■ Loctite »mittelfest« auf gereinigte Gewinde auftragen
Entlüfterventil M7 im Bremssattel 6 Nm
Auspuffkrümmer an Zylinderkopf Bundmuttern (M8) auf Stehbolzen 20 Nm ■ Kupferpaste auf gereinigte Gewinde auftragen, neue Dichtringe verwenden
Bremsschlauch-Anschlüsse Hohlschrauben (M10) 32 Nm ■ Neue Dichtscheiben verwenden
Lichtmaschinen-Gehäusedeckel 7 Schrauben (M6) 10 Nm ■ Loctite »mittelfest« auf gereinigte Gewinde auftragen
Ölfilter mit Gewinde (M20) 17 Nm ■ Lithiumseifenfett oder frisches Motoröl auf O-Ring auftragen
Inbusschraube (M10) unten in Gabeltauchrohr 23 Nm ■ Loctite »mittelfest« auf gereinigtes Gewinde auftragen, Dichtscheibe erneuern
Ölkühler-Hohlschraube (M20) 63 Nm ■ Gewinde und Oberfläche ölen, O-Ring erneuern
Ölstandschalter Schrauben (M6) 10 Nm ■ Loctite »mittelfest« auf gereinigtes Gewinde auftragen
Gleitstifte (M10) im Bremssattel 27 Nm
Ölablassschraube (M14) 43 Nm ■ Neue Dichtscheibe verwenden
Ritzelmutter (M20) auf Getriebewelle 85 Nm ■ Loctite »mittelfest« auf gereinigtes Gewinde auftragen, neue Mutter verwenden, Mutter in eine Nut der Welle verstemmen

Bild 5

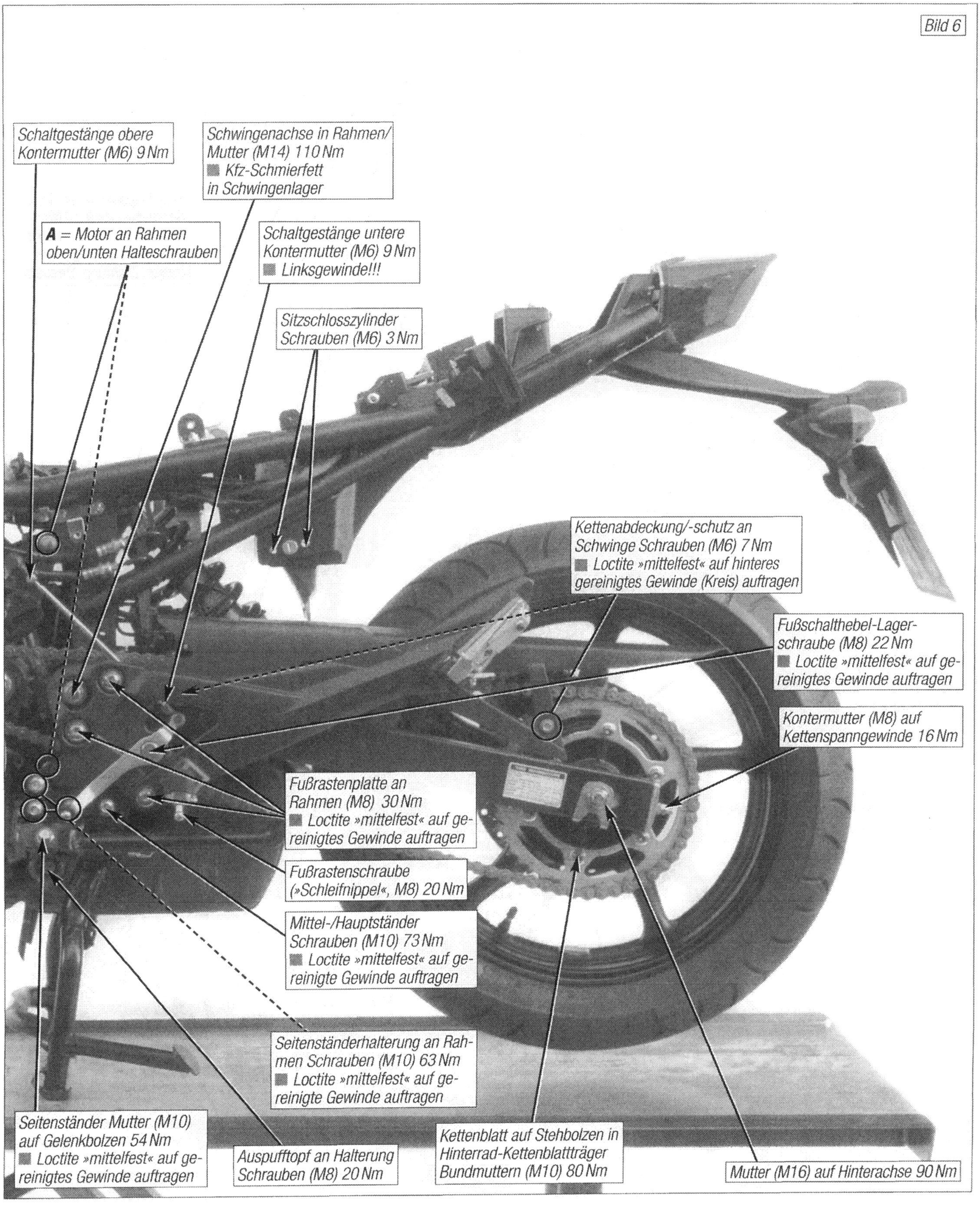
Bild 6
Schaltgestänge obere Kontermutter (M6) 9 Nm
Schwingenachse in Rahmen/ Mutter (M14) 110 Nm
■ Kfz-Schmierfett in Schwingenlager
A = Motor an Rahmen oben/unten Halteschrauben
Schaltgestänge untere Kontermutter (M6) 9 Nm
■ Linksgewinde!!!
Sitzschlosszylinder Schrauben (M6) 3 Nm
Kettenabdeckung/-schutz an Schwinge Schrauben (M6) 7 Nm
■ Loctite »mittelfest« auf hinteres gereinigtes Gewinde (Kreis) auftragen
Fußschalthebel-Lagerschraube (M8) 22 Nm
■ Loctite »mittelfest« auf gereinigtes Gewinde auftragen
Kontermutter (M8) auf Kettenspanngewinde 16 Nm
Fußrastenplatte an Rahmen (M8) 30 Nm
■ Loctite »mittelfest« auf gereinigtes Gewinde auftragen
Fußrastenschraube (»Schleifnippel«, M8) 20 Nm
Mittel-/Hauptständer Schrauben (M10) 73 Nm
■ Loctite »mittelfest« auf gereinigte Gewinde auftragen
Seitenständerhalterung an Rahmen Schrauben (M10) 63 Nm
■ Loctite »mittelfest« auf gereinigte Gewinde auftragen
Seitenständer Mutter (M10) auf Gelenkbolzen 54 Nm
■ Loctite »mittelfest« auf gereinigtes Gewinde auftragen
Auspufftopf an Halterung Schrauben (M8) 20 Nm
Kettenblatt auf Stehbolzen in Hinterrad-Kettenblattträger Bundmuttern (M10) 80 Nm
Mutter (M16) auf Hinterachse 90 Nm

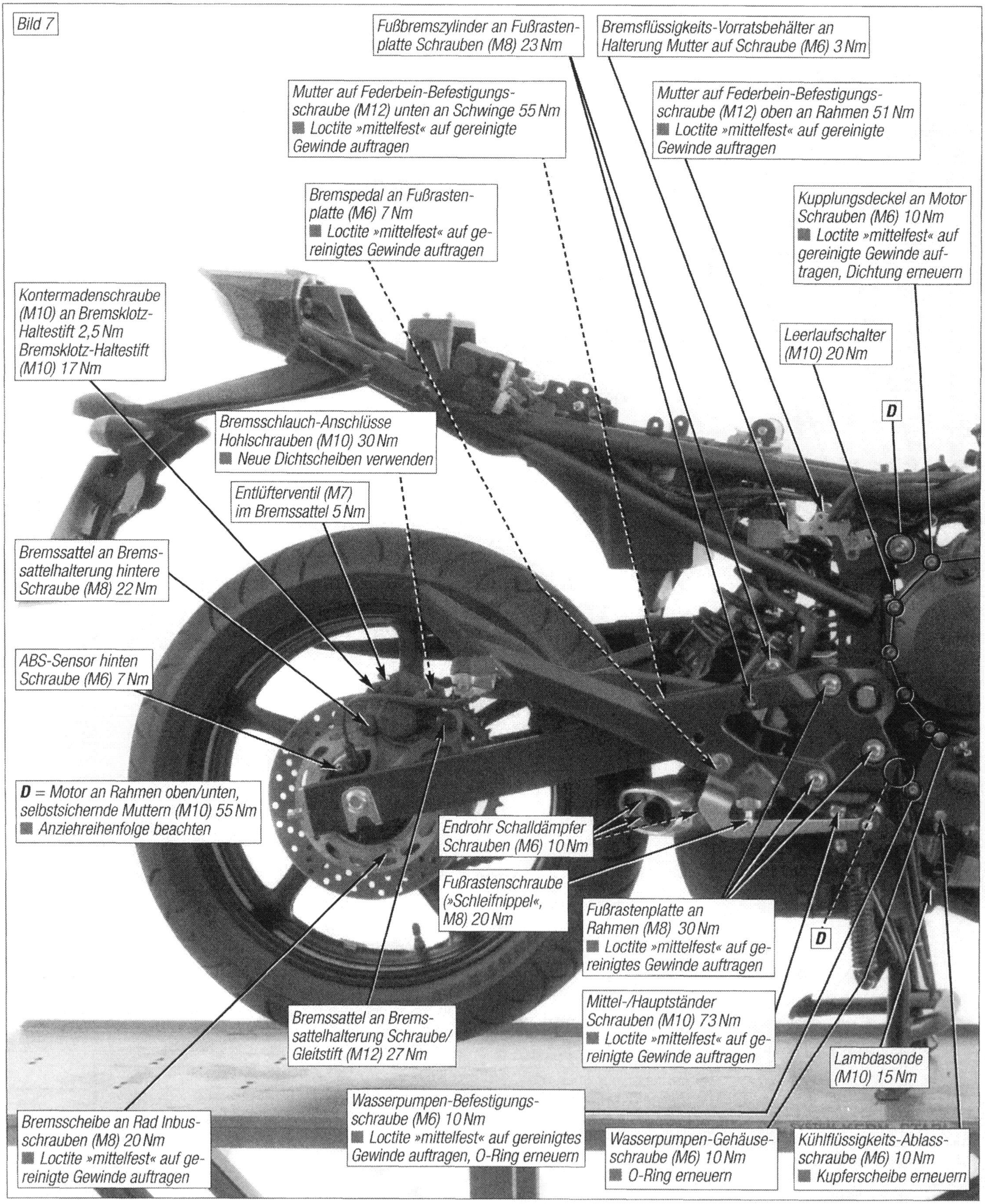
Bild 7
Fußbremszylinder an Fußrastenplatte Schrauben (M8) 23 Nm
Bremsflüssigkeits-Vorratsbehälter an Halterung Mutter auf Schraube (M6) 3 Nm
Mutter auf Federbein-Befestigungsschraube (M12) unten an Schwinge 55 Nm ■ Loctite »mittelfest« auf gereinigte Gewinde auftragen
Mutter auf Federbein-Befestigungsschraube (M12) oben an Rahmen 51 Nm ■ Loctite »mittelfest« auf gereinigte Gewinde auftragen
Bremspedal an Fußrastenplatte (M6) 7 Nm ■ Loctite »mittelfest« auf gereinigtes Gewinde auftragen
Kupplungsdeckel an Motor Schrauben (M6) 10 Nm ■ Loctite »mittelfest« auf gereinigte Gewinde auftragen, Dichtung erneuern
Kontermadenschraube (M10) an Bremsklotz-Haltestift 2,5 Nm Bremsklotz-Haltestift (M10) 17 Nm
Leerlaufschalter (M10) 20 Nm
D
Bremsschlauch-Anschlüsse Hohlschrauben (M10) 30 Nm ■ Neue Dichtscheiben verwenden
Entlüfterventil (M7) im Bremssattel 5 Nm
Bremssattel an Bremssattelhalterung hintere Schraube (M8) 22 Nm
ABS-Sensor hinten Schraube (M6) 7 Nm
D = Motor an Rahmen oben/unten, selbstsichernde Muttern (M10) 55 Nm ■ Anziehreihenfolge beachten
Endrohr Schalldämpfer Schrauben (M6) 10 Nm
Fußrastenschraube (»Schleifnippel«, M8) 20 Nm
Fußrastenplatte an Rahmen (M8) 30 Nm ■ Loctite »mittelfest« auf gereinigtes Gewinde auftragen
D
Mittel-/Hauptständer Schrauben (M10) 73 Nm ■ Loctite »mittelfest« auf gereinigte Gewinde auftragen
Bremssattel an Bremssattelhalterung Schraube/Gleitstift (M12) 27 Nm
Lambdasonde (M10) 15 Nm
Wasserpumpen-Befestigungsschraube (M6) 10 Nm ■ Loctite »mittelfest« auf gereinigtes Gewinde auftragen, O-Ring erneuern
Bremsscheibe an Rad Inbusschrauben (M8) 20 Nm ■ Loctite »mittelfest« auf gereinigte Gewinde auftragen
Wasserpumpen-Gehäuseschraube (M6) 10 Nm ■ O-Ring erneuern
Kühlflüssigkeits-Ablassschraube (M6) 10 Nm ■ Kupferscheibe erneuern

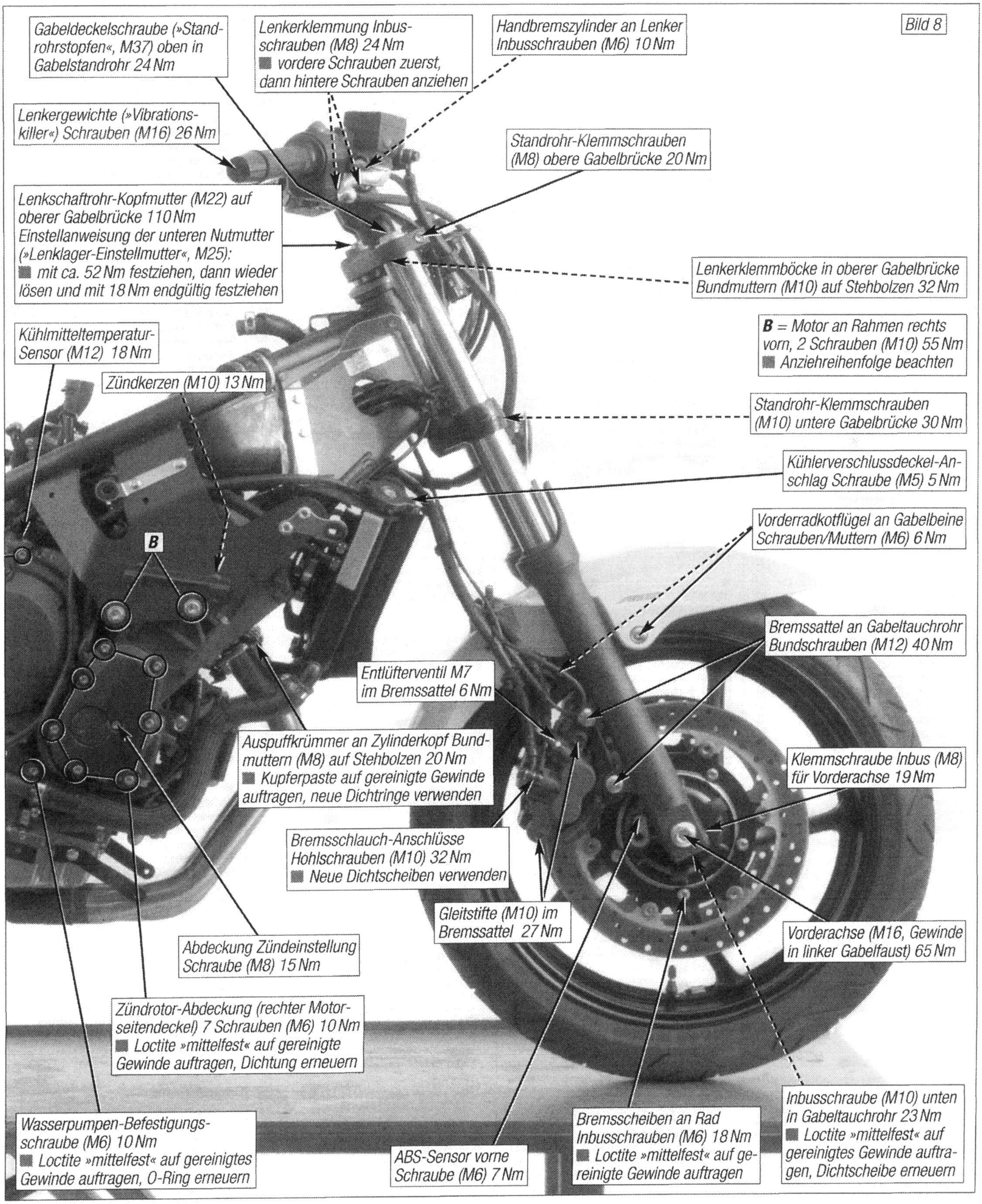
Bild 8
Gabeldeckelschraube (»Standrohrstopfen«, M37) oben in Gabelstandrohr 24 Nm
Lenkerklemmung Inbusschrauben (M8) 24 Nm
■ vordere Schrauben zuerst, dann hintere Schrauben anziehen
Handbremszylinder an Lenker Inbusschrauben (M6) 10 Nm
Lenkergewichte (»Vibrationskiller«) Schrauben (M16) 26 Nm
Standrohr-Klemmschrauben (M8) obere Gabelbrücke 20 Nm
Lenkschaftrohr-Kopfmutter (M22) auf oberer Gabelbrücke 110 Nm
Einstellanweisung der unteren Nutmutter (»Lenklager-Einstellmutter«, M25):
■ mit ca. 52 Nm festziehen, dann wieder lösen und mit 18 Nm endgültig festziehen
Lenkerklemmböcke in oberer Gabelbrücke Bundmuttern (M10) auf Stehbolzen 32 Nm
Kühlmitteltemperatur-Sensor (M12) 18 Nm
B = Motor an Rahmen rechts vorn, 2 Schrauben (M10) 55 Nm
■ Anziehreihenfolge beachten
Zündkerzen (M10) 13 Nm
Standrohr-Klemmschrauben (M10) untere Gabelbrücke 30 Nm
Kühlerverschlussdeckel-Anschlag Schraube (M5) 5 Nm
Vorderradkotflügel an Gabelbeine Schrauben/Muttern (M6) 6 Nm
B
Bremssattel an Gabeltauchrohr Bundschrauben (M12) 40 Nm
Entlüfterventil M7 im Bremssattel 6 Nm
Auspuffkrümmer an Zylinderkopf Bundmuttern (M8) auf Stehbolzen 20 Nm
■ Kupferpaste auf gereinigte Gewinde auftragen, neue Dichtringe verwenden
Klemmschraube Inbus (M8) für Vorderachse 19 Nm
Bremsschlauch-Anschlüsse Hohlschrauben (M10) 32 Nm
■ Neue Dichtscheiben verwenden
Gleitstifte (M10) im Bremssattel 27 Nm
Vorderachse (M16, Gewinde in linker Gabelfaust) 65 Nm
Abdeckung Zündeinstellung Schraube (M8) 15 Nm
Zündrotor-Abdeckung (rechter Motorseitendeckel) 7 Schrauben (M6) 10 Nm
■ Loctite »mittelfest« auf gereinigte Gewinde auftragen, Dichtung erneuern
Inbusschraube (M10) unten in Gabeltauchrohr 23 Nm
■ Loctite »mittelfest« auf gereinigtes Gewinde auftragen, Dichtscheibe erneuern
Wasserpumpen-Befestigungsschraube (M6) 10 Nm
■ Loctite »mittelfest« auf gereinigtes Gewinde auftragen, O-Ring erneuern
ABS-Sensor vorne Schraube (M6) 7 Nm
Bremsscheiben an Rad Inbusschrauben (M6) 18 Nm
■ Loctite »mittelfest« auf gereinigte Gewinde auftragen

Stichwortverzeichnis

XJ6N ab Mj. 2009 ohne ABS

Schaltplan bietet Überblick über Sicherungen und zentrale elektrische Bauteile der Yamaha XJ6N. Für tiefer gehende Detailinformationen verweisen wir auf die Yamaha-interne Werkstattliteratur.

- 1 = Lichtmaschine
- 2 = Regler/Gleichrichter
- 3 = Batterie 12V/10Ah
- 4 = Hauptsicherung (30 A)
- 5 = Anlasserrelais
- 6 = Anlassermotor
- 7 = Sicherung Benzineinspritzung (10 A)
- 8 = Sicherung Kilometerzähler, Uhr, Wegfahrsperre (7,5 A)
- 9 = Sicherung Kühlerventilator (20 A)
- 10 = Zündschloss (Zündschalter)
- 11 = Kühlerventilatorrelais
- 12 = Kühlerventilatormotor
- 13 = Relaiseinheit (Diode)
- 14 = Anlasssperrrelais
- 15 = Benzineinspritzrelais
- 16 = Leerlaufschalter
- 17 = Seitenständerschalter
- 18 = Bremslichtschalter hinten
- 19 = Lenkerarmatur rechts
- 20 = Bremslichtschalter vorne
- 21 = Motorstoppschalter (»Killschalter«)
- 22 = Anlasserknopf (Starterschalter)
- 23 = Benzinpumpe
- 24 = Benzinstandgeber
- 25 = Drosselklappenpositions-Sensor
- 26 = Ansaugluftdruck-Sensor
- 27 = Ansauglufttemperatur-Sensor
- 28 = Kühlmitteltemperatur-Sensor
- 29 = Umkipp-Sensor
- 30 = Geschwindigkeits-Sensor
- 31 = Lambdasonde[1]
- 32 = Kurbelwellenpositions-Sensor
- 33 = Motorsteuergerät ECU
- 34 = Einspritzventil Zylinder 1
- 35 = Einspritzventil Zylinder 2
- 36 = Einspritzventil Zylinder 3
- 37 = Einspritzventil Zylinder 4
- 38 = Zündspule Zylinder 1/4
- 39 = Zündspule Zylinder 2/3
- 40 = Zündkerzen
- 41 = Sekundärluft-Abschaltventil
- 42 = Instrumenteneinheit
- 43 = Wegfahrsperren-Kontrollleuchte LED
- 44 = Ölstand-Warnleuchte LED
- 45 = Leerlauf-Kontrollleuchte LED
- 46 = Drehzahlmesser
- 47 = Multifunktionsanzeige
- 48 = Motorstörungs-Warnleuchte LED
- 49 = Kühlflüssigkeitstemperatur-Warnleuchte LED
- 50 = Fernlicht-Kontrollleuchte LED
- 51 = Blinker-Kontrollleuchte LED
- 52 = Instrumenten-Beleuchtung
- 53 = Ölstandschalter
- 54 = Lenkerarmatur links
- 55 = Kupplungsschalter
- 56 = Lichthupenschalter
- 57 = Abblendschalter
- 58 = Warnblinkschalter
- 59 = Blinkerschalter
- 60 = Hupenschalter
- 61 = Standlicht 12 V 5 W
- 62 = Fernlicht/Abblendlicht 12 V 60/55 W
- 63 = Hupe
- 64 = Blinker vorne rechts 12 V 10 W
- 65 = Blinker vorne links 12 V 10 W
- 66 = Blinker hinten rechts 12 V 10 W
- 67 = Blinker hinten links 12 V 10 W
- 68 = Kennzeichenleuchte 12 V 5 W
- 69 = Rücklicht/Bremslicht 12V 21/5 W
- 70 = Sicherung Zündung (10 A)
- 71 = Sicherung Hupe (7,5 A)
- 72 = Sicherung Scheinwerfer (20 A)
- 73 = Sicherung Rücklicht (10 A)
- 74 = Scheinwerferrelais
- 75 = Blinker-/Warnblinkerrelais
- 76 = Wegfahrsperreneinheit
- 77 = Diebstahl-Warnanlage (optionales Zubehör)

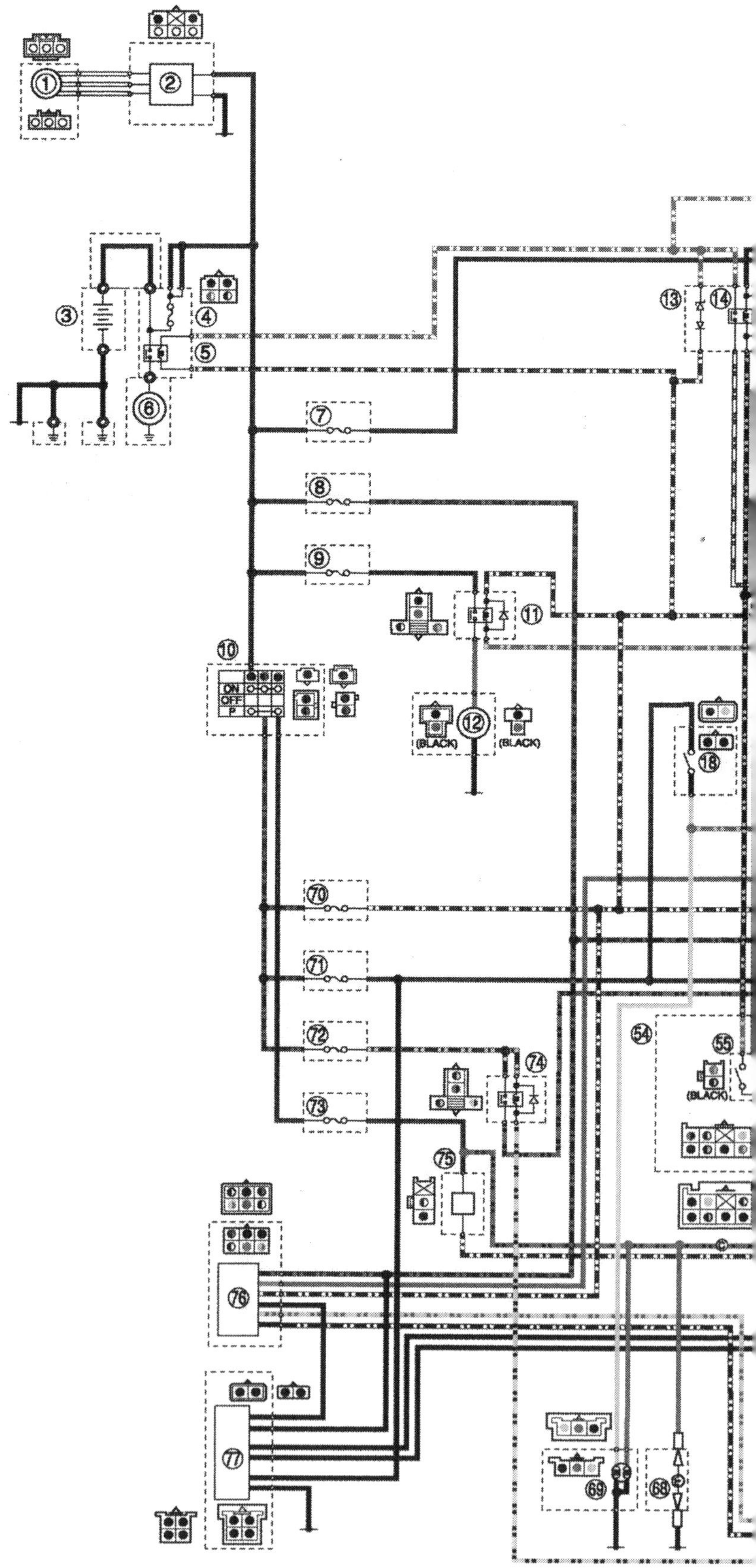

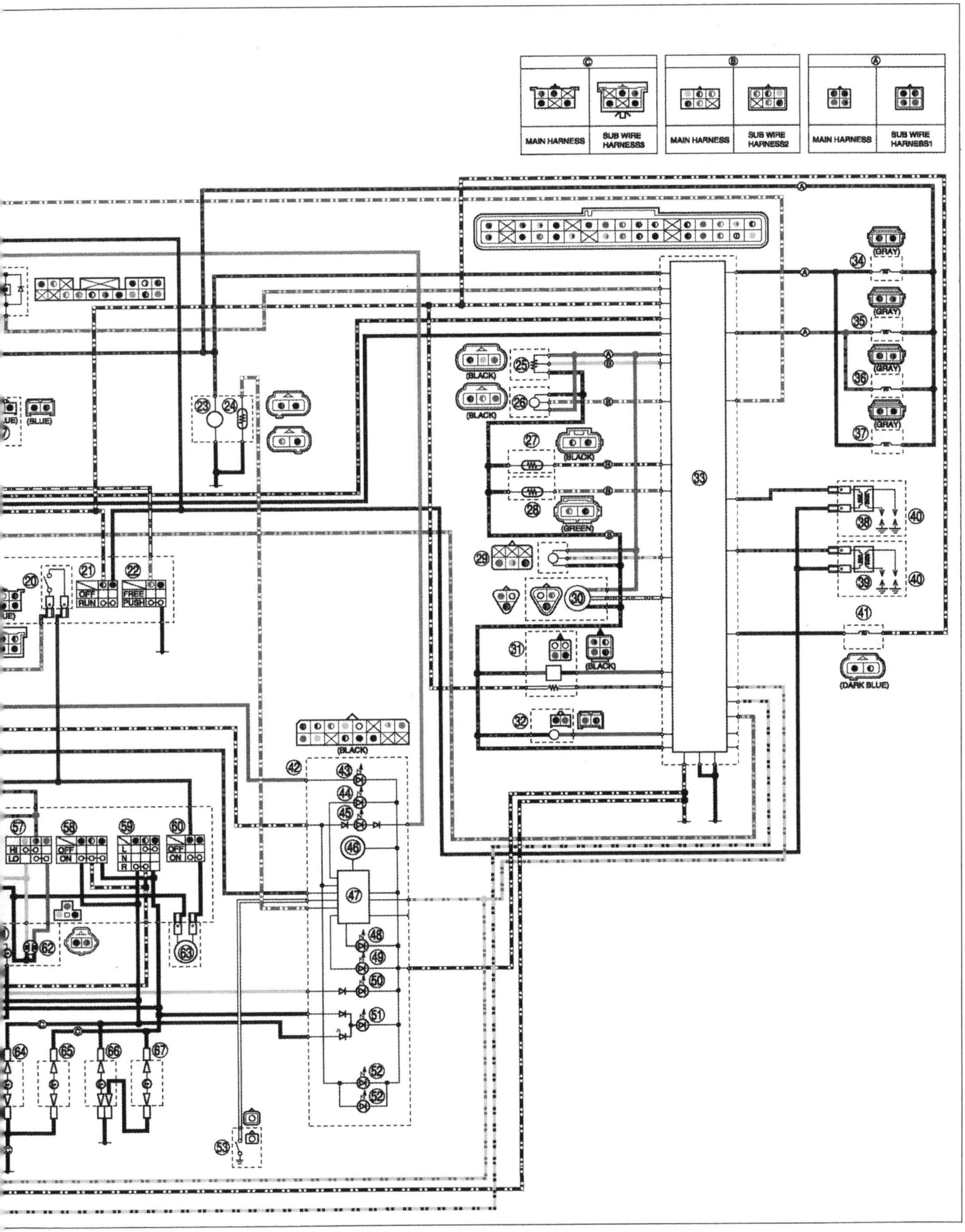
MAIN HARNESS
SUB WIRE HARNESS
MAIN HARNESS
SUB WIRE HARNESS2
MAIN HARNESS
SUB WIRE HARNESS1
(BLACK)
(GRAY)
(GREEN)
(BLUE)
(DARK BLUE)
OFF
RUN
FREE
PUSH
HI
LO
ON
L
N
R

XJ6N ab Mj. 2009 ohne ABS

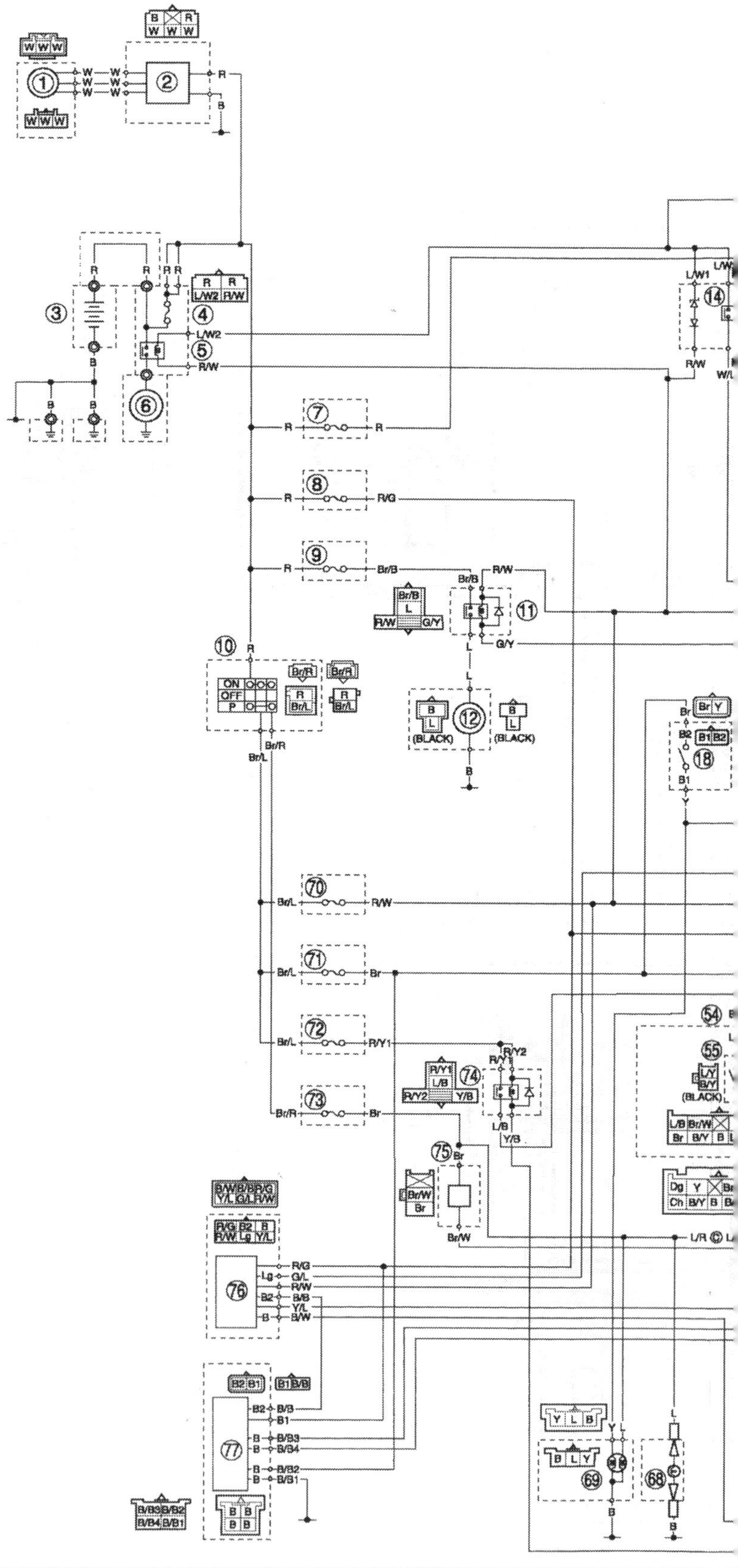

1 = Lichtmaschine
2 = Regler/Gleichrichter
3 = Batterie 12V/10Ah
4 = Hauptsicherung (30 A)
5 = Anlasserrelais
6 = Anlassermotor
7 = Sicherung Benzineinspritzung (10 A)
8 = Sicherung Kilometerzähler, Uhr, Wegfahrsperre (7,5 A)
9 = Sicherung Kühlerventilator (20 A)
10 = Zündschloss (Zündschalter)
11 = Kühlerventilatorrelais
12 = Kühlerventilatormotor
13 = Relaiseinheit (Diode)
14 = Anlasssperrrelais
15 = Benzineinspritzrelais
16 = Leerlaufschalter
17 = Seitenständerschalter
18 = Bremslichtschalter hinten
19 = Lenkerarmatur rechts
20 = Bremslichtschalter vorne
21 = Motorstoppschalter (»Killschalter«)
22 = Anlasserknopf (Starterschalter)
23 = Benzinpumpe
24 = Benzinstandgeber
25 = Drosselklappen-positions-Sensor
26 = Ansaugluftdruck-Sensor
27 = Ansauglufttemperatur-Sensor
28 = Kühlmitteltemperatur-Sensor
29 = Umkipp-Sensor
30 = Geschwindigkeits-Sensor
31 = Lambdasonde
32 = Kurbelwellen-positions-Sensor
33 = Motorsteuergerät ECU
34 = Einspritzventil Zylinder 1
35 = Einspritzventil Zylinder 2
36 = Einspritzventil Zylinder 3
37 = Einspritzventil Zylinder 4
38 = Zündspule Zylinder 1/4
39 = Zündspule Zylinder 2/3
40 = Zündkerzen
41 = Sekundärluft-Abschaltventil
42 = Instrumenteneinheit
43 = Wegfahrsperren-Kontrollleuchte LED
44 = Ölstand-Warnleuchte LED
45 = Leerlauf-Kontrollleuchte LED
46 = Drehzahlmesser
47 = Multifunktionsanzeige
48 = Motorstörungs-Warnleuchte LED
49 = Kühlflüssigkeitstemperatur-Warnleuchte LED
50 = Fernlicht-Kontrollleuchte LED
51 = Blinker-Kontrollleuchte LED
52 = Instrumenten-Beleuchtung
53 = Ölstandschalter
54 = Lenkerarmatur links
55 = Kupplungsschalter
56 = Lichthupenschalter
57 = Abblendschalter
58 = Warnblinkschalter
59 = Blinkerschalter
60 = Hupenschalter
61 = Standlicht 12 V 5 W
62 = Fernlicht/Abblendlicht 12 V 60/55 W
63 = Hupe
64 = Blinker vorne rechts 12 V 10 W
65 = Blinker vorne links 12 V 10 W
66 = Blinker hinten rechts 12 V 10 W
67 = Blinker hinten links 12 V 10 W
68 = Kennzeichenleuchte 12 V 5 W
69 = Rücklicht/Bremslicht 12V 21/5 W
70 = Sicherung Zündung (10 A)
71 = Sicherung Hupe (7,5 A)
72 = Sicherung Scheinwerfer (20 A)
73 = Sicherung Rücklicht (10 A)
74 = Scheinwerferrelais
75 = Blinker-/Warnblinkerrelais
76 = Wegfahrsperreneinheit
77 = Diebstahl-Warnanlage (optionales Zubehör)

Schaltplan bietet Überblick über Sicherungen und zentrale elektrische Bauteile der Yamaha XJ6N. Für tiefer gehende Detailinformationen verweisen wir auf die Yamaha-interne Werkstattliteratur.

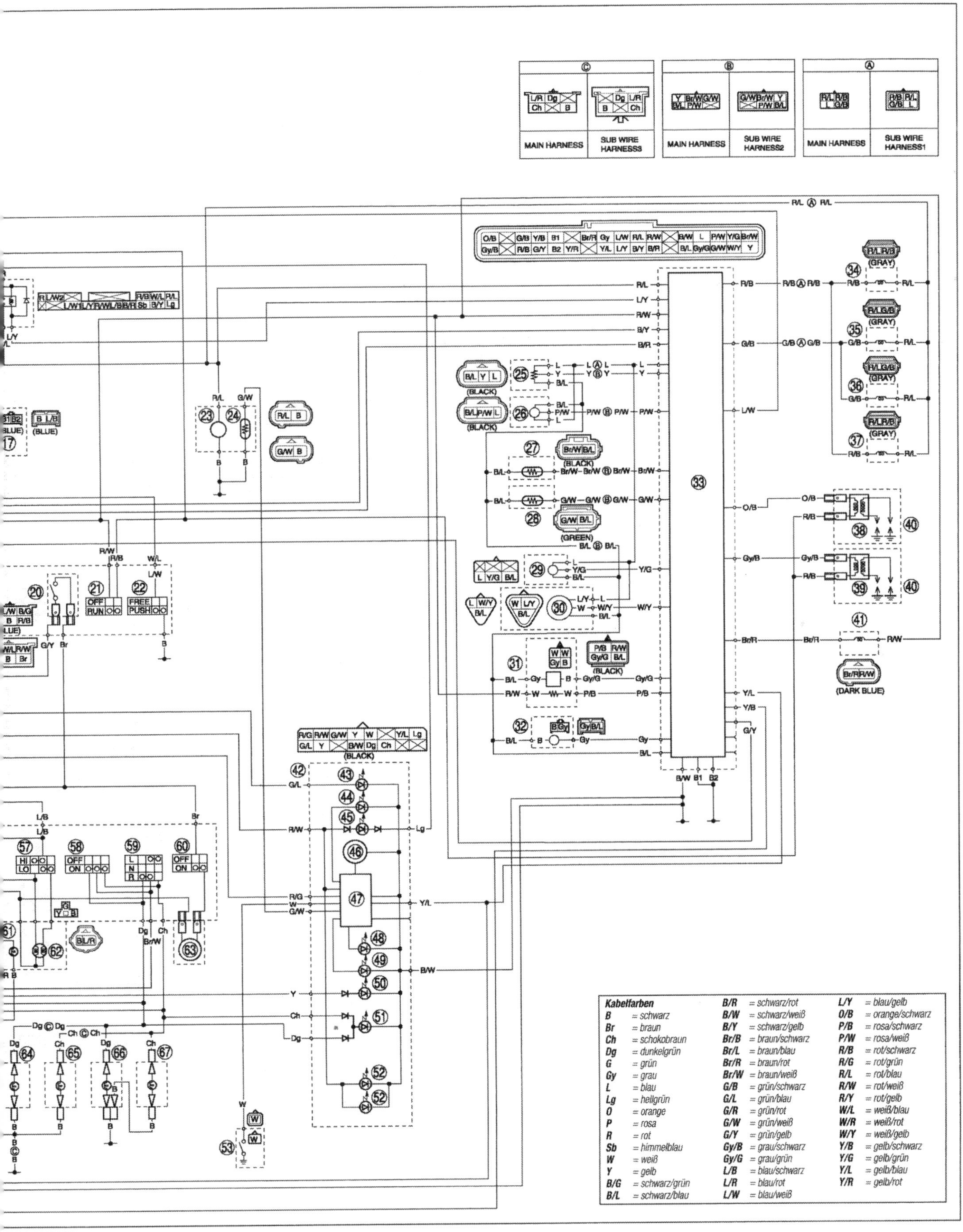

Kabelfarben

B	= schwarz	**B/R**	= schwarz/rot	**L/Y**	= blau/gelb
Br	= braun	**B/W**	= schwarz/weiß	**O/B**	= orange/schwarz
Ch	= schokobraun	**B/Y**	= schwarz/gelb	**P/B**	= rosa/schwarz
Dg	= dunkelgrün	**Br/B**	= braun/schwarz	**P/W**	= rosa/weiß
G	= grün	**Br/L**	= braun/blau	**R/B**	= rot/schwarz
Gy	= grau	**Br/R**	= braun/rot	**R/G**	= rot/grün
L	= blau	**Br/W**	= braun/weiß	**R/L**	= rot/blau
Lg	= hellgrün	**G/B**	= grün/schwarz	**R/W**	= rot/weiß
O	= orange	**G/L**	= grün/blau	**R/Y**	= rot/gelb
P	= rosa	**G/R**	= grün/rot	**W/L**	= weiß/blau
R	= rot	**G/W**	= grün/weiß	**W/R**	= weiß/rot
Sb	= himmelblau	**G/Y**	= grün/gelb	**W/Y**	= weiß/gelb
W	= weiß	**Gy/B**	= grau/schwarz	**Y/B**	= gelb/schwarz
Y	= gelb	**Gy/G**	= grau/grün	**Y/G**	= gelb/grün
B/G	= schwarz/grün	**L/B**	= blau/schwarz	**Y/L**	= gelb/blau
B/L	= schwarz/blau	**L/R**	= blau/rot	**Y/R**	= gelb/rot
		L/W	= blau/weiß		

XJ6NA ab Mj. 2009 mit ABS

1 = Lichtmaschine
2 = Regler/Gleichrichter
3 = Sicherung ABS-Motor (30 A)
4 = Sicherung ABS-Magnetventil (20 A)
5 = Batterie 12V/10Ah
6 = Hauptsicherung (30 A)
7 = Anlasserrelais
8 = Anlassermotor
9 = Sicherung Benzineinspritzung (10 A)
10 = Sicherung Kilometerzähler, Uhr, Wegfahrsperre (7,5 A)
11 = Sicherung Kühlerventilator (20 A)
12 = Zündschloss (Zündschalter)
13 = Kühlerventilatorrelais
14 = Kühlerventilatormotor
15 = Relaiseinheit (Diode)
16 = Anlasssperrrelais
17 = Benzineinspritzrelais
18 = Leerlaufschalter
19 = Seitenständerschalter
20 = Bremslichtschalter hinten
21 = Lenkerarmatur rechts
22 = Bremslichtschalter vorne
23 = Motorstoppschalter (»Killschalter«)
24 = Anlasserknopf (Starterschalter)
25 = Benzinpumpe
26 = Benzinstandgeber
27 = Drosselklappenpositions-Sensor
28 = Ansaugluftdruck-Sensor
29 = Ansauglufttemperatur-Sensor
30 = Kühlmitteltemperatur-Sensor
31 = Umkipp-Sensor
32 = Lambdasonde
33 = Kurbelwellenpositions-Sensor
34 = Motorsteuergerät ECU
35 = Einspritzventil Zylinder 1
36 = Einspritzventil Zylinder 2
37 = Einspritzventil Zylinder 3
38 = Einspritzventil Zylinder 4
39 = Zündspule Zylinder 1/4
40 = Zündspule Zylinder 2/3
41 = Zündkerzen
42 = Sekundärluft-Abschaltventil
43 = ABS-Sensor vorne
44 = ABS-Sensor hinten
45 = ABS-ECU (Elektronisches Steuergerät)
46 = ABS-Prüfstecker
47 = Instrumenteneinheit
48 = Wegfahrsperren-Kontrollleuchte LED
49 = Ölstand-Warnleuchte LED
50 = Leerlauf-Kontrollleuchte LED
51 = Drehzahlmesser
52 = Multifunktionsanzeige
53 = Motorstörungs-Warnleuchte LED
54 = Kühlflüssigkeitstemperatur-Warnleuchte LED
55 = Fernlicht-Kontrollleuchte LED
56 = Blinker-Kontrollleuchte LED
57 = ABS-Warnleuchte LED
58 = Instrumenten-Beleuchtung
59 = Ölstandschalter
60 = Lenkerarmatur links
61 = Kupplungsschalter
62 = Lichthupenschalter
63 = Abblendschalter
64 = Warnblinkschalter
65 = Blinkerschalter
66 = Hupenschalter
67 = Standlicht 12 V 5 W
68 = Fernlicht/Abblendlicht 12 V 60/55 W
69 = Hupe
70 = Blinker vorne rechts 12 V 10 W
71 = Blinker vorne links 12 V 10 W
72 = Blinker hinten rechts 12 V 10 W
73 = Blinker hinten links 12 V 10 W
74 = Kennzeichenleuchte 12 V 5 W
75 = Rücklicht/Bremslicht 12V 21/5 W
76 = Sicherung ABS-ECU (7,5 A)
77 = Sicherung Zündung (10 A)
78 = Sicherung Hupe (7,5 A)
79 = Sicherung Scheinwerfer (20 A)
80 = Sicherung Rücklicht (10 A)
81 = Scheinwerferrelais
82 = Blinker-/Warnblinkerrelais
83 = Wegfahrsperreneinheit
84 = Diebstahl-Warnanlage (optionales Zubehör)

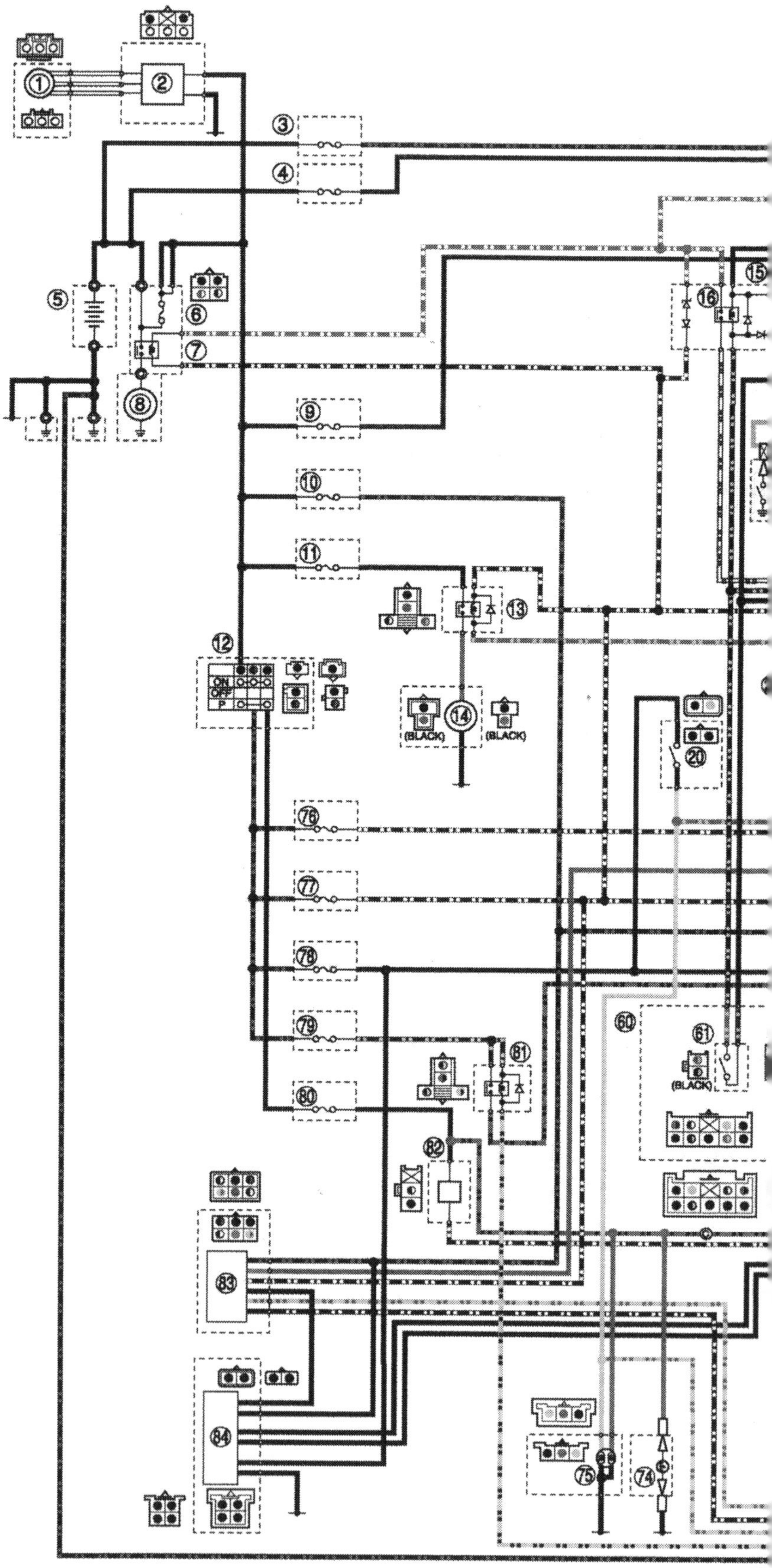

Schaltplan bietet Überblick über Sicherungen und zentrale elektrische Bauteile der Yamaha XJ6NA. Für tiefer gehende Detailinformationen verweisen wir auf die Yamaha-interne Werkstattliteratur.

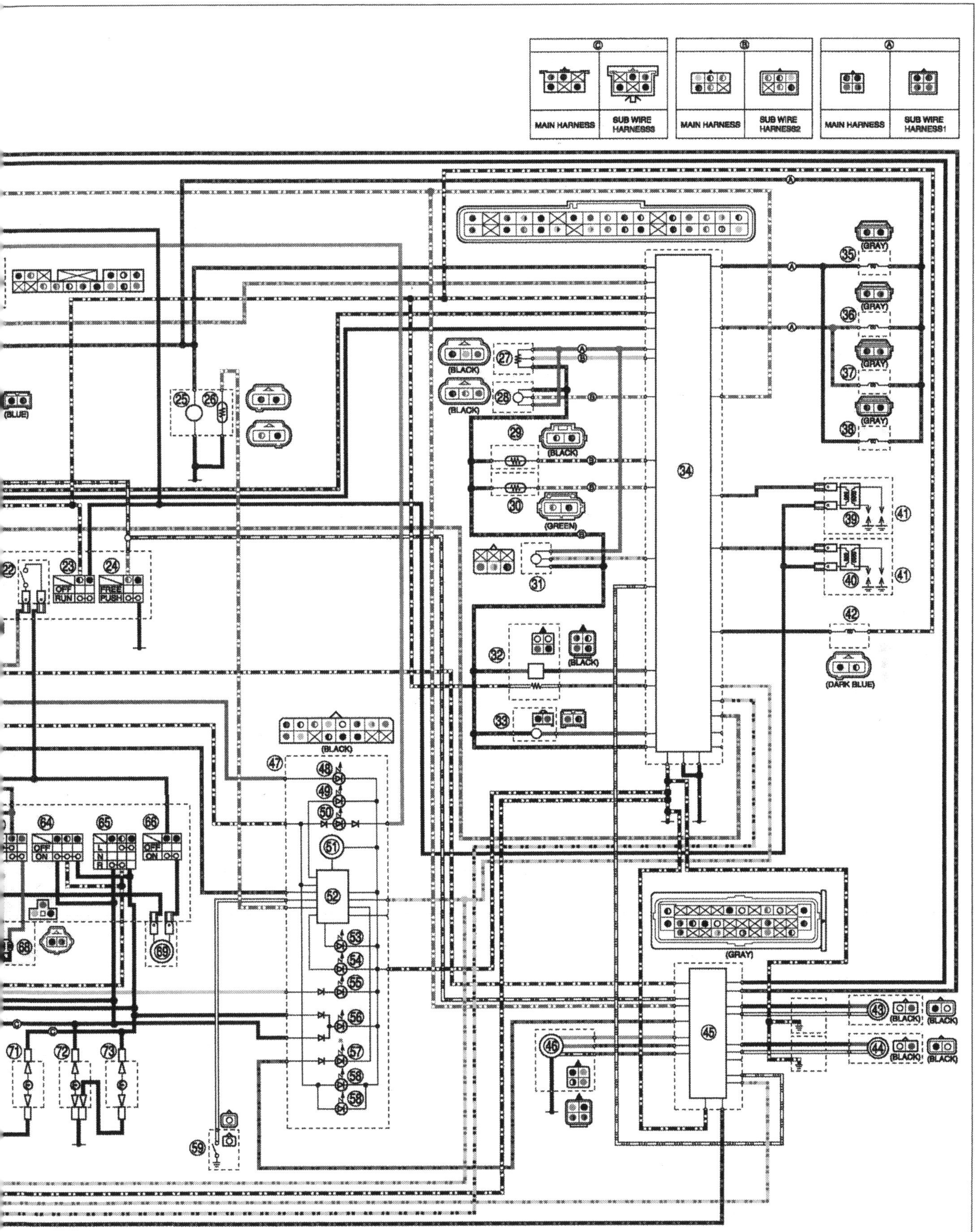
MAIN HARNESS
SUB WIRE HARNESS3
MAIN HARNESS
SUB WIRE HARNESS2
MAIN HARNESS
SUB WIRE HARNESS1
(BLUE)
(BLACK)
(BLACK)
(BLACK)
(GREEN)
(GRAY)
(GRAY)
(GRAY)
(GRAY)
(BLACK)
(DARK BLUE)
OFF
RUN
FREE
PUSH
OFF
ON
OFF
ON
(BLACK)
(GRAY)
(BLACK)
(BLACK)

XJ6NA ab Mj. 2009 mit ABS

1 = Lichtmaschine
2 = Regler/Gleichrichter
3 = Sicherung ABS-Motor (30 A)
4 = Sicherung ABS-Magnetventil (20 A)
5 = Batterie 12V/10Ah
6 = Hauptsicherung (30 A)
7 = Anlasserrelais
8 = Anlassermotor
9 = Sicherung Benzineinspritzung (10 A)
10 = Sicherung Kilometerzähler, Uhr, Wegfahrsperre (7,5 A)
11 = Sicherung Kühlerventilator (20 A)
12 = Zündschloss (Zündschalter)
13 = Kühlerventilatorrelais
14 = Kühlerventilatormotor
15 = Relaiseinheit (Diode)
16 = Anlasssperrrelais
17 = Benzineinspritzrelais
18 = Leerlaufschalter
19 = Seitenständerschalter
20 = Bremslichtschalter hinten
21 = Lenkerarmatur rechts
22 = Bremslichtschalter vorne
23 = Motorstoppschalter (»Killschalter«)
24 = Anlasserknopf (Starterschalter)
25 = Benzinpumpe
26 = Benzinstandgeber
27 = Drosselklappen-positions-Sensor
28 = Ansaugluftdruck-Sensor
29 = Ansauglufttemperatur-Sensor
30 = Kühlmitteltemperatur-Sensor
31 = Umkipp-Sensor
32 = Lambdasonde
33 = Kurbelwellen-positions-Sensor
34 = Motorsteuergerät ECU
35 = Einspritzventil Zylinder 1
36 = Einspritzventil Zylinder 2
37 = Einspritzventil Zylinder 3
38 = Einspritzventil Zylinder 4
39 = Zündspule Zylinder 1/4
40 = Zündspule Zylinder 2/3
41 = Zündkerzen
42 = Sekundärluft-Abschaltventil
43 = ABS-Sensor vorne
44 = ABS-Sensor hinten
45 = ABS-ECU (Elektronisches Steuergerät)
46 = ABS-Prüfstecker
47 = Instrumenteneinheit
48 = Wegfahrsperren-Kontrollleuchte LED
49 = Ölstand-Warnleuchte LED
50 = Leerlauf-Kontrollleuchte LED
51 = Drehzahlmesser
52 = Multifunktionsanzeige
53 = Motorstörungs-Warnleuchte LED
54 = Kühlflüssigkeitstemperatur-Warnleuchte LED
55 = Fernlicht-Kontrollleuchte LED
56 = Blinker-Kontrollleuchte LED
57 = ABS-Warnleuchte LED
58 = Instrumenten-Beleuchtung
59 = Ölstandschalter
60 = Lenkerarmatur links
61 = Kupplungsschalter
62 = Lichthupenschalter
63 = Abblendschalter
64 = Warnblinkschalter
65 = Blinkerschalter
66 = Hupenschalter
67 = Standlicht 12 V 5 W
68 = Fernlicht/Abblendlicht 12 V 60/55 W
69 = Hupe
70 = Blinker vorne rechts 12 V 10 W
71 = Blinker vorne links 12 V 10 W
72 = Blinker hinten rechts 12 V 10 W
73 = Blinker hinten links 12 V 10 W
74 = Kennzeichenleuchte 12 V 5 W
75 = Rücklicht/Bremslicht 12V 21/5 W
76 = Sicherung ABS-ECU (7,5 A)
77 = Sicherung Zündung (10 A)
78 = Sicherung Hupe (7,5 A)
79 = Sicherung Scheinwerfer (20 A)
80 = Sicherung Rücklicht (10 A)
81 = Scheinwerferrelais
82 = Blinker-/Warnblinkerrelais
83 = Wegfahrsperren-einheit
84 = Diebstahl-Warnanlage (optionales Zubehör)

Kabelfarben

B	= schwarz	P	= rosa
Br	= braun	R	= rot
Ch	= schokobraun	Sb	= himmelt
Dg	= dunkelgrün	W	= weiß
G	= grün	Y	= gelb
Gy	= grau	B/G	= schwarz
L	= blau	B/L	= schwarz
Lg	= hellgrün	B/R	= schwarz
O	= orange	B/W	= schwarz
		B/Y	= schwarz

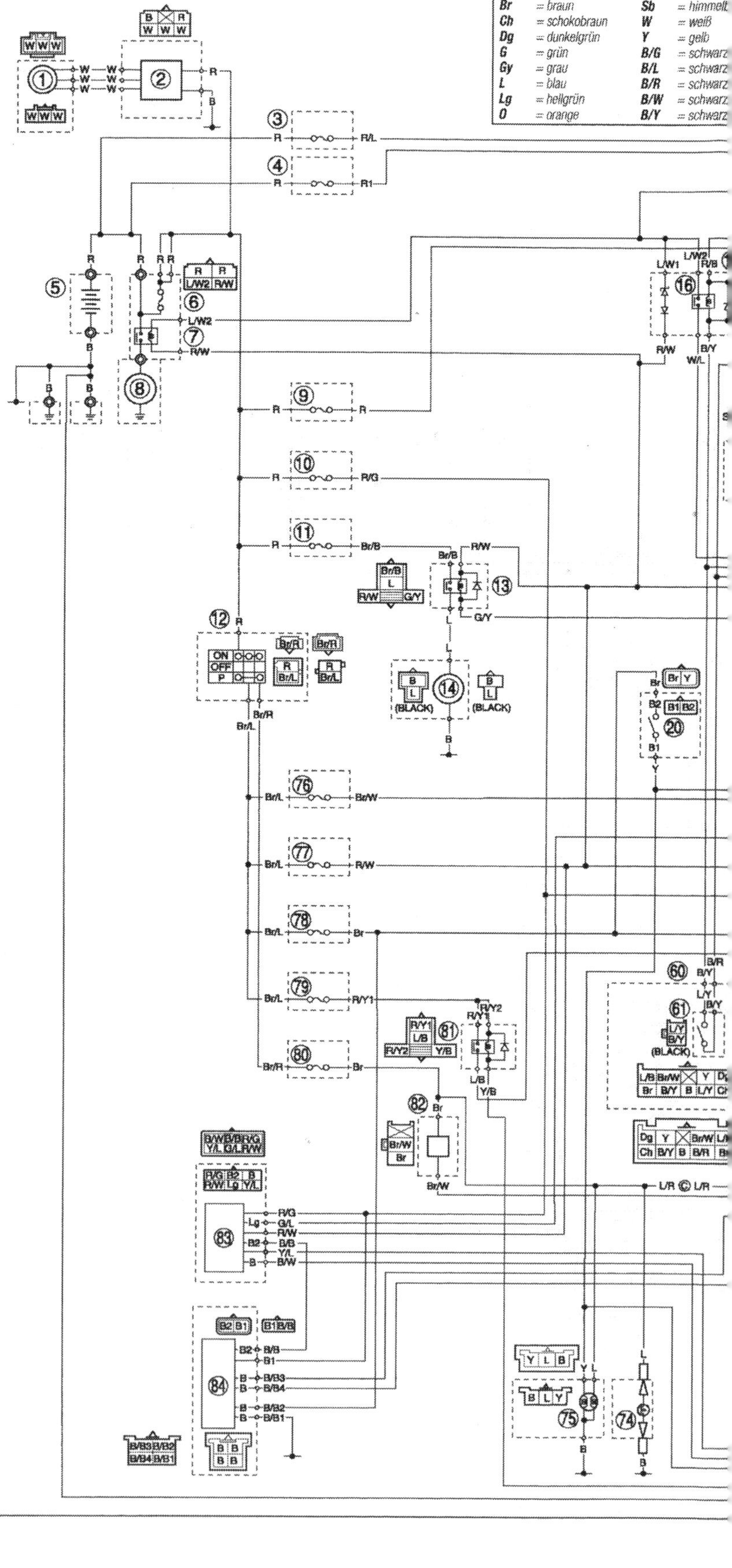

Schaltplan bietet Überblick über Sicherungen und zentrale elektrische Bauteile der Yamaha XJ6N. Für tiefer gehende Detailinformationen verweisen wir auf die Yamaha-interne Werkstattliteratur.

braun/schwarz	**Gy/G**	= grau/grün	**R/L**	= rot/blau
braun/blau	**L/B**	= blau/schwarz	**R/W**	= rot/weiß
braun/rot	**L/R**	= blau/rot	**R/Y**	= rot/gelb
braun/weiß	**L/W**	= blau/weiß	**W/L**	= weiß/blau
grün/schwarz	**L/Y**	= blau/gelb	**W/R**	= weiß/rot
grün/blau	**O/B**	= orange/schwarz	**W/Y**	= weiß/gelb
grün/rot	**P/B**	= rosa/schwarz	**Y/B**	= gelb/schwarz
grün/weiß	**P/W**	= rosa/weiß	**Y/G**	= gelb/grün
grün/gelb	**R/B**	= rot/schwarz	**Y/L**	= gelb/blau
grau/schwarz	**R/G**	= rot/grün	**Y/R**	= gelb/rot

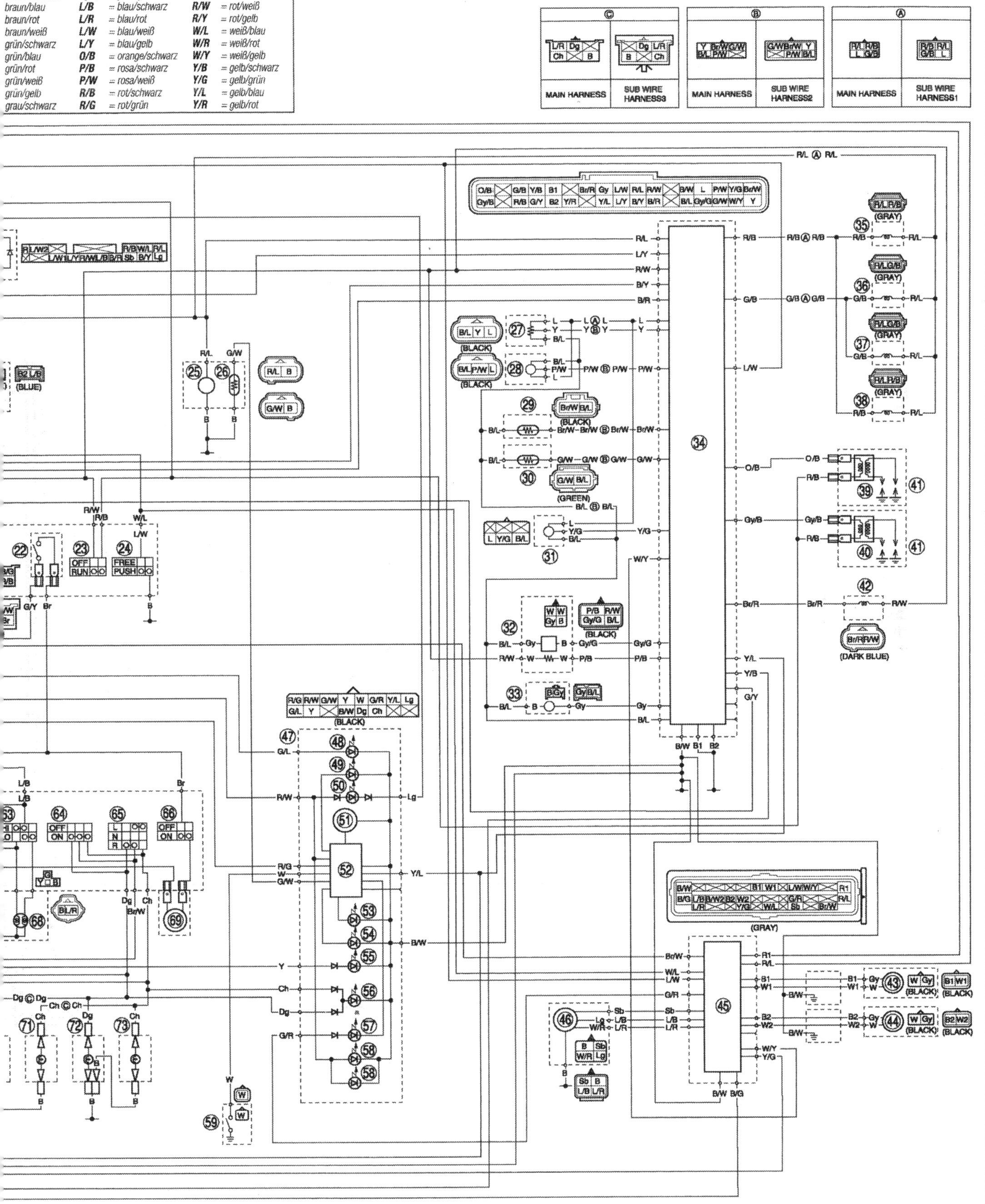

XJ6S ab Mj. 2009 ohne ABS
XJ6F(Z) ab Mj. 2010 ohne ABS

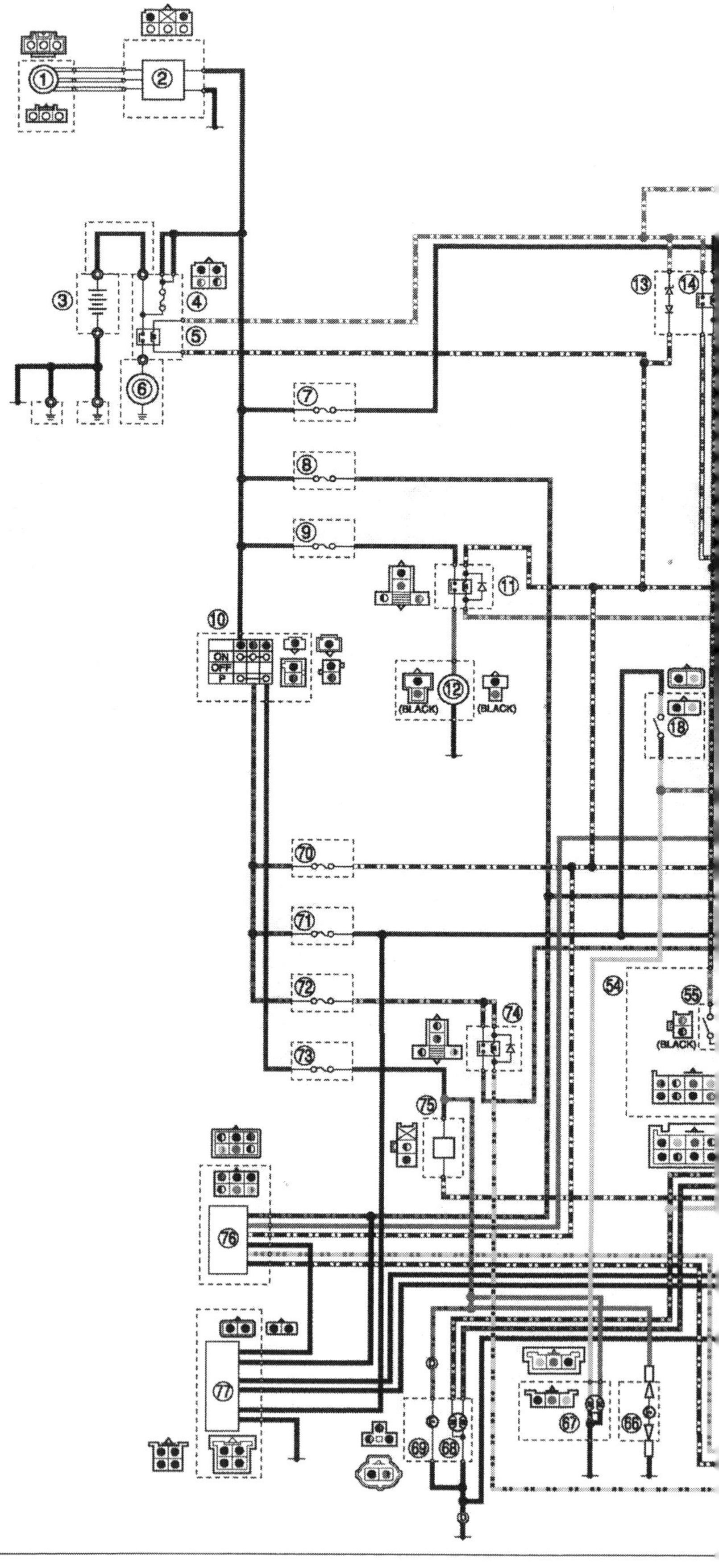

1 = Lichtmaschine
2 = Regler/Gleichrichter
3 = Batterie 12V/10Ah
4 = Hauptsicherung (30 A)
5 = Anlasserrelais
6 = Anlassermotor
7 = Sicherung Benzineinspritzung (10 A)
8 = Sicherung Kilometerzähler, Uhr, Wegfahrsperre (7,5 A)
9 = Sicherung Kühlerventilator (20 A)
10 = Zündschloss (Zündschalter)
11 = Kühlerventilatorrelais
12 = Kühlerventilatormotor
13 = Relaiseinheit (Diode)
14 = Anlasssperrrelais
15 = Benzineinspritzrelais
16 = Leerlaufschalter
17 = Seitenständerschalter
18 = Bremslichtschalter hinten
19 = Lenkerarmatur rechts
20 = Bremslichtschalter vorne
21 = Motorstoppschalter (»Killschalter«)
22 = Anlasserknopf (Starterschalter)
23 = Benzinpumpe
24 = Benzinstandgeber
25 = Drosselklappenpositions-Sensor
26 = Ansaugluftdruck-Sensor
27 = Ansauglufttemperatur-Sensor
28 = Kühlmitteltemperatur-Sensor
29 = Umkipp-Sensor
30 = Geschwindigkeits-Sensor
31 = Lambdasonde
32 = Kurbelwellenpositions-Sensor
33 = Motorsteuergerät ECU
34 = Einspritzventil Zylinder 1
35 = Einspritzventil Zylinder 2
36 = Einspritzventil Zylinder 3
37 = Einspritzventil Zylinder 4
38 = Zündspule Zylinder 1/4
39 = Zündspule Zylinder 2/3
40 = Zündkerzen
41 = Sekundärluft-Abschaltventil
42 = Instrumenteneinheit
43 = Wegfahrsperren-Kontrollleuchte LED
44 = Ölstand-Warnleuchte LED
45 = Leerlauf-Kontrollleuchte LED
46 = Drehzahlmesser
47 = Multifunktionsanzeige
48 = Motorstörungs-Warnleuchte LED
49 = Kühlflüssigkeitstemperatur-Warnleuchte LED
50 = Fernlicht-Kontrollleuchte LED
51 = Blinker-Kontrollleuchte LED
52 = Instrumenten-Beleuchtung
53 = Ölstandschalter
54 = Lenkerarmatur links
55 = Kupplungsschalter
56 = Lichthupenschalter
57 = Abblendschalter
58 = Warnblinkschalter
59 = Blinkerschalter
60 = Hupenschalter
61 = Hupe
62 = Blinker vorne rechts 12 V 10 W
63 = Blinker vorne links 12 V 10 W
64 = Blinker hinten rechts 12 V 10 W
65 = Blinker hinten links 12 V 10 W
66 = Kennzeichenleuchte 12 V 5 W
67 = Rücklicht/Bremslicht 12 V 21/5 W
68 = Fernlicht/Abblendlicht 12 V 60/55 W
69 = Standlicht 12 V 5 W
70 = Sicherung Zündung (10 A)
71 = Sicherung Hupe (7,5 A)
72 = Sicherung Scheinwerfer (20 A)
73 = Sicherung Rücklicht (10 A)
74 = Scheinwerferrelais
75 = Blinker-/Warnblinkerrelais
76 = Wegfahrsperreneinheit
77 = Diebstahl-Warnanlage (optionales Zubehör)

Schaltplan bietet Überblick über Sicherungen und zentrale elektrische Bauteile der Yamaha XJ6S und XJ6F(Z). Für tiefer gehende Detailinformationen verweisen wir auf die Yamaha-interne Werkstattliteratur.

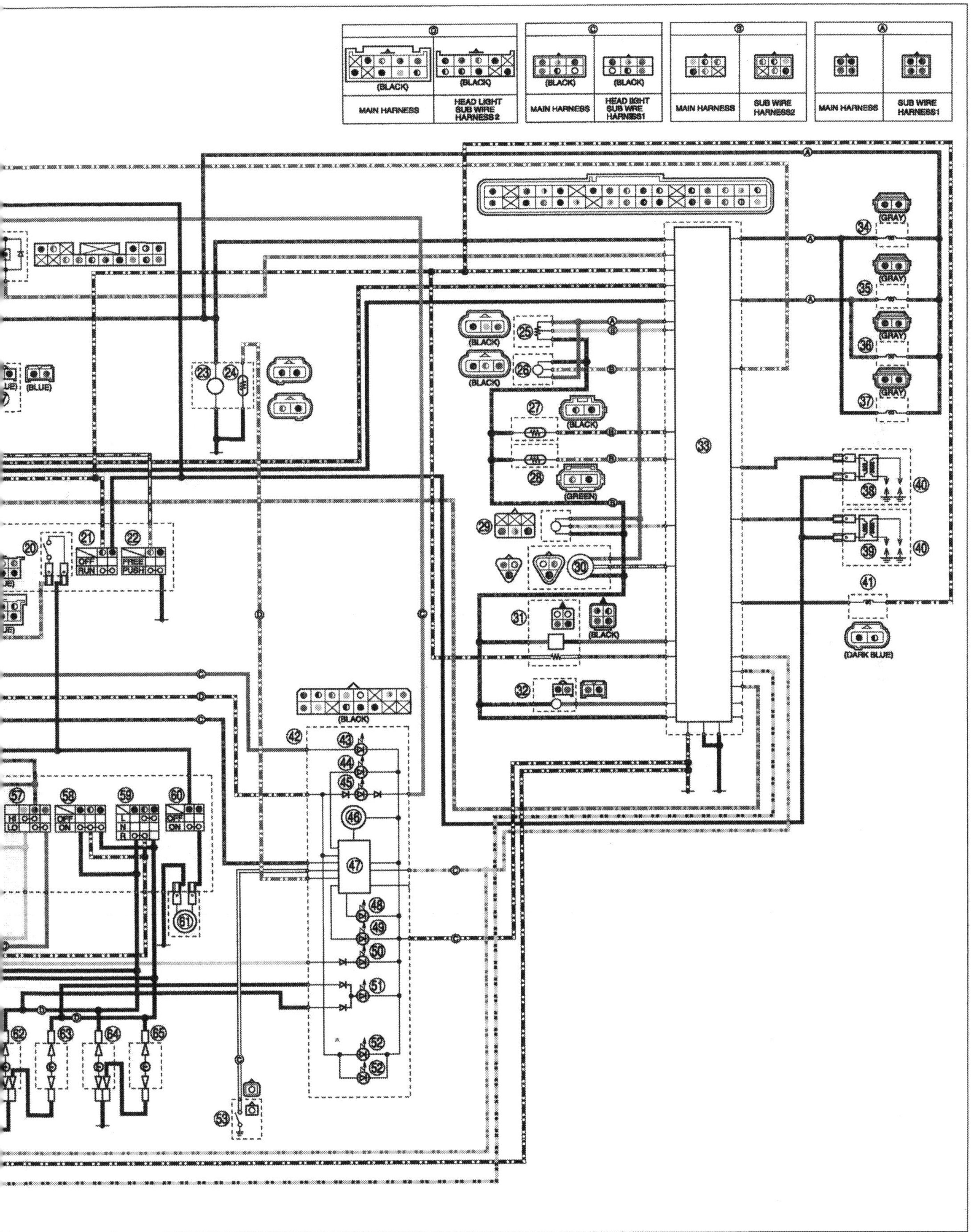
(BLACK)
(BLACK)
MAIN HARNESS
HEAD LIGHT SUB WIRE HARNESS 2
(BLACK)
(BLACK)
MAIN HARNESS
HEAD LIGHT SUB WIRE HARNESS1
MAIN HARNESS
SUB WIRE HARNESS2
MAIN HARNESS
SUB WIRE HARNESS1
(GRAY)
(BLACK)
(GREEN)
(DARK BLUE)
(BLUE)
OFF
RUN
FREE
PUSH
HI
LO
ON
L
N
R

XJ6S ab Mj. 2009 ohne ABS
XJ6F(Z) ab Mj. 2010 ohne ABS

Schaltplan bietet Überblick über Sicherungen und zentrale elektrische Bauteile der Yamaha XJ6S und XJ6F(Z). Für tiefer gehende Detailinformationen verweisen wir auf die Yamaha-interne Werkstattliteratur.

- 1 = Lichtmaschine
- 2 = Regler/Gleichrichter
- 3 = Batterie 12V/10Ah
- 4 = Hauptsicherung (30 A)
- 5 = Anlasserrelais
- 6 = Anlassermotor
- 7 = Sicherung Benzineinspritzung (10 A)
- 8 = Sicherung Kilometerzähler, Uhr, Wegfahrsperre (7,5 A)
- 9 = Sicherung Kühlerventilator (20 A)
- 10 = Zündschloss (Zündschalter)
- 11 = Kühlerventilatorrelais
- 12 = Kühlerventilatormotor
- 13 = Relaiseinheit (Diode)
- 14 = Anlasssperrrelais
- 15 = Benzineinspritzrelais
- 16 = Leerlaufschalter
- 17 = Seitenständerschalter
- 18 = Bremslichtschalter hinten
- 19 = Lenkerarmatur rechts
- 20 = Bremslichtschalter vorne
- 21 = Motorstoppschalter (»Killschalter«)
- 22 = Anlasserknopf (Starterschalter)
- 23 = Benzinpumpe
- 24 = Benzinstandgeber
- 25 = Drosselklappen-positions-Sensor
- 26 = Ansaugluftdruck-Sensor
- 27 = Ansauglufttemperatur-Sensor
- 28 = Kühlmitteltemperatur-Sensor
- 29 = Umkipp-Sensor
- 30 = Geschwindigkeits-Sensor
- 31 = Lambdasonde
- 32 = Kurbelwellen-positions-Sensor
- 33 = Motorsteuergerät ECU
- 34 = Einspritzventil Zylinder 1
- 35 = Einspritzventil Zylinder 2
- 36 = Einspritzventil Zylinder 3
- 37 = Einspritzventil Zylinder 4
- 38 = Zündspule Zylinder 1/4
- 39 = Zündspule Zylinder 2/3
- 40 = Zündkerzen
- 41 = Sekundärluft-Abschaltventil
- 42 = Instrumenteneinheit
- 43 = Wegfahrsperren-Kontrollleuchte LED
- 44 = Ölstand-Warnleuchte LED
- 45 = Leerlauf-Kontrollleuchte LED
- 46 = Drehzahlmesser
- 47 = Multifunktionsanzeige
- 48 = Motorstörungs-Warnleuchte LED
- 49 = Kühlflüssigkeitstemperatur-Warnleuchte LED
- 50 = Fernlicht-Kontrollleuchte LED
- 51 = Blinker-Kontrollleuchte LED
- 52 = Instrumenten-Beleuchtung
- 53 = Ölstandschalter
- 54 = Lenkerarmatur links
- 55 = Kupplungsschalter
- 56 = Lichthupenschalter
- 57 = Abblendschalter
- 58 = Warnblinkschalter
- 59 = Blinkerschalter
- 60 = Hupenschalter
- 61 = Hupe
- 62 = Blinker vorne rechts 12 V 10 W
- 63 = Blinker vorne links 12 V 10 W
- 64 = Blinker hinten rechts 12 V 10 W
- 65 = Blinker hinten links 12 V 10 W
- 66 = Kennzeichenleuchte 12 V 5 W
- 67 = Rücklicht/Bremslicht 12 V 21/5 W
- 68 = Fernlicht/Abblendlicht 12 V 60/55 W
- 69 = Standlicht 12 V 5 W
- 70 = Sicherung Zündung (10 A)
- 71 = Sicherung Hupe (7,5 A)
- 72 = Sicherung Scheinwerfer (20 A)
- 73 = Sicherung Rücklicht (10 A)
- 74 = Scheinwerferrelais
- 75 = Blinker-/Warnblinkerrelais
- 76 = Wegfahrsperreneinheit
- 77 = Diebstahl-Warnanlage (optionales Zubehör)

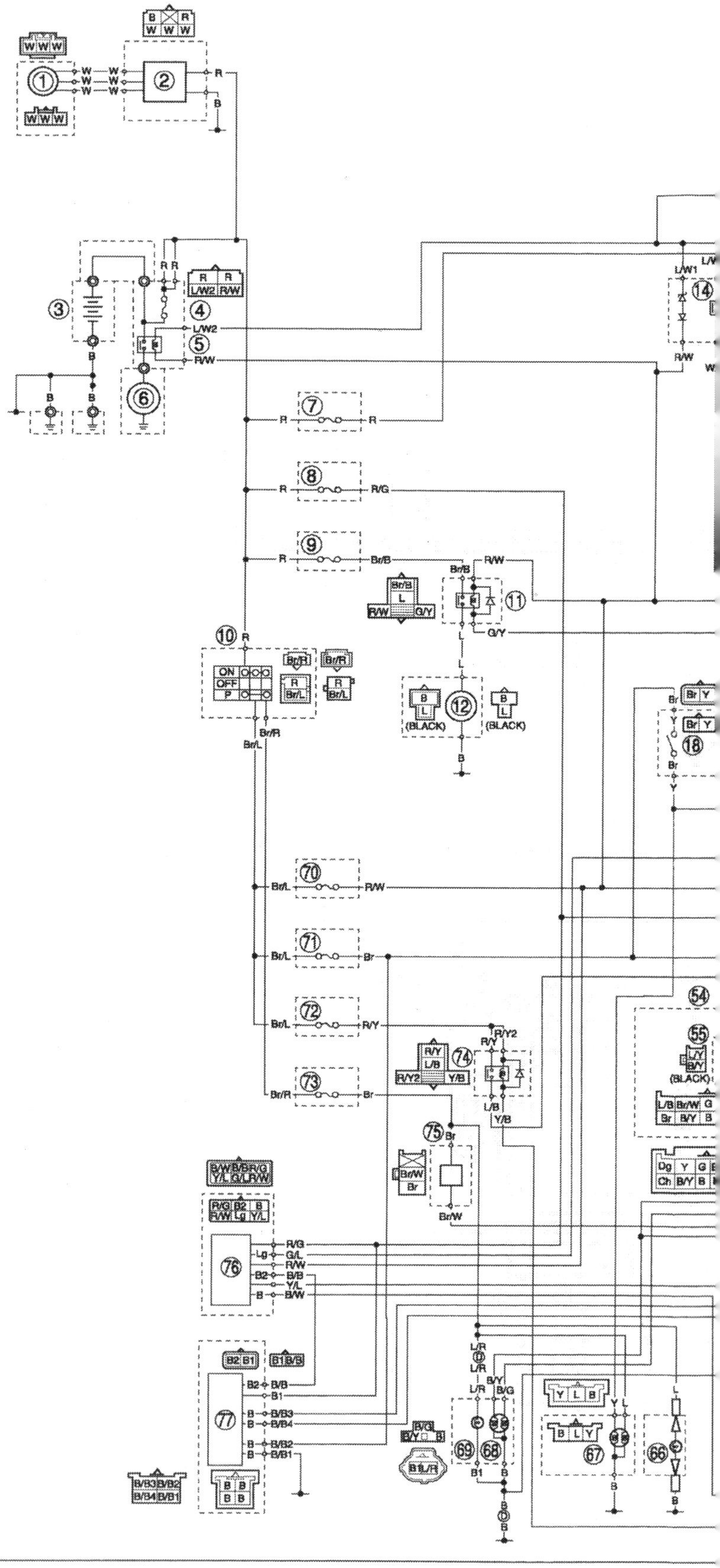

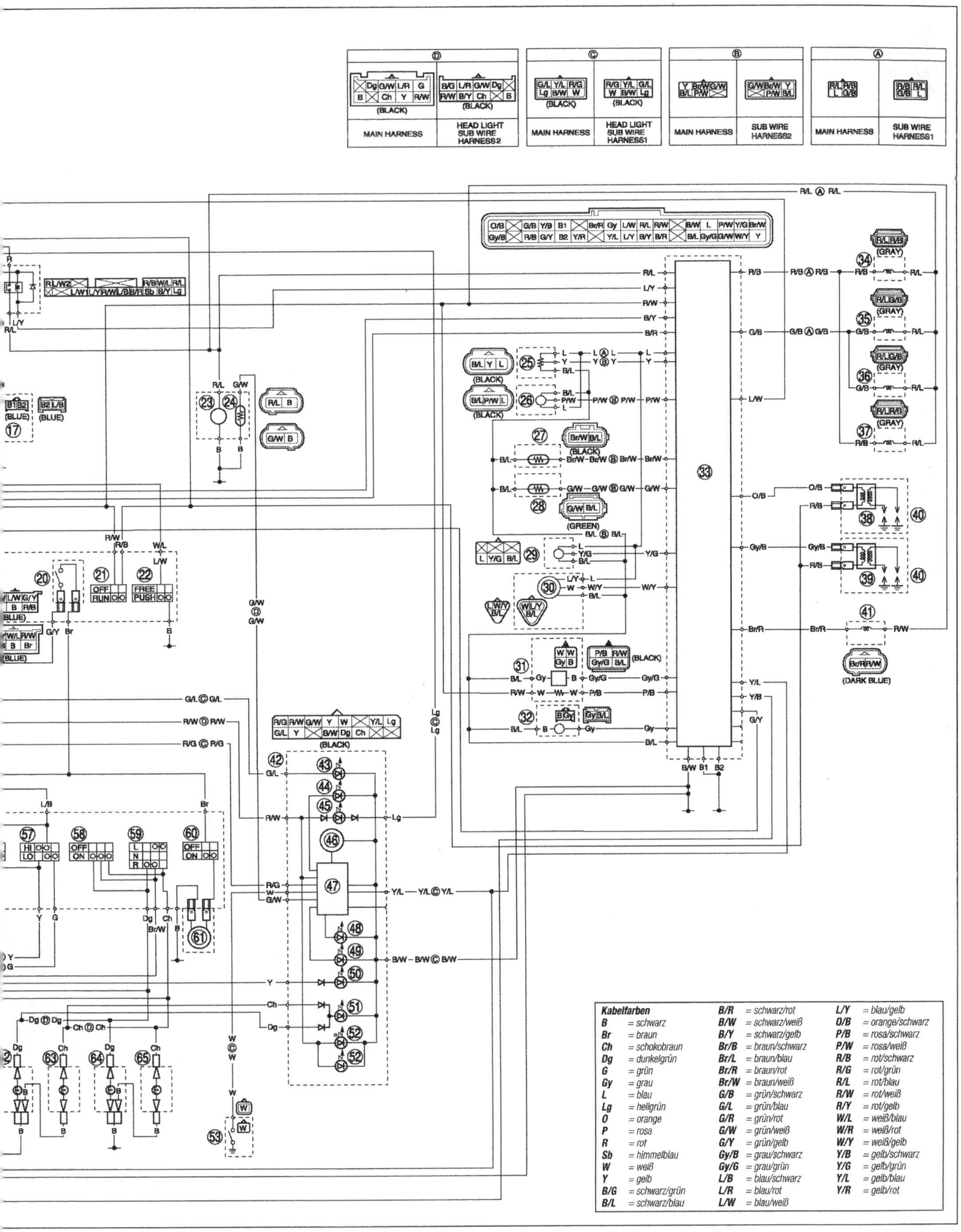

Kabelfarben

B = schwarz
Br = braun
Ch = schokobraun
Dg = dunkelgrün
G = grün
Gy = grau
L = blau
Lg = hellgrün
O = orange
P = rosa
R = rot
Sb = himmelblau
W = weiß
Y = gelb
B/G = schwarz/grün
B/L = schwarz/blau
B/R = schwarz/rot
B/W = schwarz/weiß
B/Y = schwarz/gelb
Br/B = braun/schwarz
Br/L = braun/blau
Br/R = braun/rot
Br/W = braun/weiß
G/B = grün/schwarz
G/L = grün/blau
G/R = grün/rot
G/W = grün/weiß
G/Y = grün/gelb
Gy/B = grau/schwarz
Gy/G = grau/grün
L/B = blau/schwarz
L/R = blau/rot
L/W = blau/weiß
L/Y = blau/gelb
O/B = orange/schwarz
P/B = rosa/schwarz
P/W = rosa/weiß
R/B = rot/schwarz
R/G = rot/grün
R/L = rot/blau
R/W = rot/weiß
R/Y = rot/gelb
W/L = weiß/blau
W/R = weiß/rot
W/Y = weiß/gelb
Y/B = gelb/schwarz
Y/G = gelb/grün
Y/L = gelb/blau
Y/R = gelb/rot

XJ6SA ab Mj. 2009 mit ABS
XJ6FA ab Mj. 2010 mit ABS

1 = Lichtmaschine
2 = Regler/Gleichrichter
3 = Sicherung ABS-Motor (30 A)
4 = Sicherung ABS-Magnetventil (20 A)
5 = Batterie 12V/10Ah
6 = Hauptsicherung (30 A)
7 = Anlasserrelais
8 = Anlassermotor
9 = Sicherung Benzineinspritzung (10 A)
10 = Sicherung Kilometerzähler, Uhr, Wegfahrsperre (7,5 A)
11 = Sicherung Kühlerventilator (20 A)
12 = Zündschloss (Zündschalter)
13 = Kühlerventilatorrelais
14 = Kühlerventilatormotor
15 = Relaiseinheit (Diode)
16 = Anlasssperrrelais
17 = Benzineinspritzrelais
18 = Leerlaufschalter
19 = Seitenständerschalter
20 = Bremslichtschalter hinten
21 = Lenkerarmatur rechts
22 = Bremslichtschalter vorne
23 = Motorstoppschalter (»Killschalter«)
24 = Anlasserknopf (Starterschalter)
25 = Benzinpumpe
26 = Benzinstandgeber
27 = Drosselklappen-positions-Sensor
28 = Ansaugluftdruck-Sensor
29 = Ansauglufttemperatur-Sensor
30 = Kühlmitteltemperatur-Sensor
31 = Umkipp-Sensor
32 = Lambdasonde
33 = Kurbelwellen-positions-Sensor
34 = Motorsteuergerät ECU
35 = Einspritzventil Zylinder 1
36 = Einspritzventil Zylinder 2
37 = Einspritzventil Zylinder 3
38 = Einspritzventil Zylinder 4
39 = Zündspule Zylinder 1/4
40 = Zündspule Zylinder 2/3
41 = Zündkerzen
42 = Sekundärluft-Abschaltventil
43 = ABS-Sensor vorne
44 = ABS-Sensor hinten
45 = ABS-ECU (Elektronisches Steuergerät)
46 = ABS-Prüfstecker
47 = Instrumenteneinheit
48 = Wegfahrsperren-Kontrollleuchte LED
49 = Ölstand-Warnleuchte LED
50 = Leerlauf-Kontrollleuchte LED
51 = Drehzahlmesser
52 = Multifunktionsanzeige
53 = Motorstörungs-Warnleuchte LED
54 = Kühlflüssigkeitstemperatur-Warnleuchte LED
55 = Fernlicht-Kontrollleuchte LED
56 = Blinker-Kontrollleuchte LED
57 = ABS-Warnleuchte LED
58 = Instrumenten-Beleuchtung
59 = Ölstandschalter
60 = Lenkerarmatur links
61 = Kupplungsschalter
62 = Lichthupenschalter
63 = Abblendschalter
64 = Warnblinkschalter
65 = Blinkerschalter
66 = Hupenschalter
67 = Hupe
68 = Blinker vorne rechts 12 V 10 W
69 = Blinker vorne links 12 V 10 W
70 = Blinker hinten rechts 12 V 10 W
71 = Blinker hinten links 12 V 10 W
72 = Kennzeichenleuchte 12 V 5 W
73 = Rücklicht/Bremslicht 12V 21/5 W
74 = Fernlicht/Abblendlicht 12 V 60/55 W
75 = Standlicht 12 V 5 W
76 = Sicherung ABS-ECU (7,5 A)
77 = Sicherung Zündung (10 A)
78 = Sicherung Hupe (7,5 A)
79 = Sicherung Scheinwerfer (20 A)
80 = Sicherung Rücklicht (10 A)
81 = Scheinwerferrelais
82 = Blinker-/Warnblinkerrelais
83 = Wegfahrsperreneinheit
84 = Diebstahl-Warnanlage (optionales Zubehör)

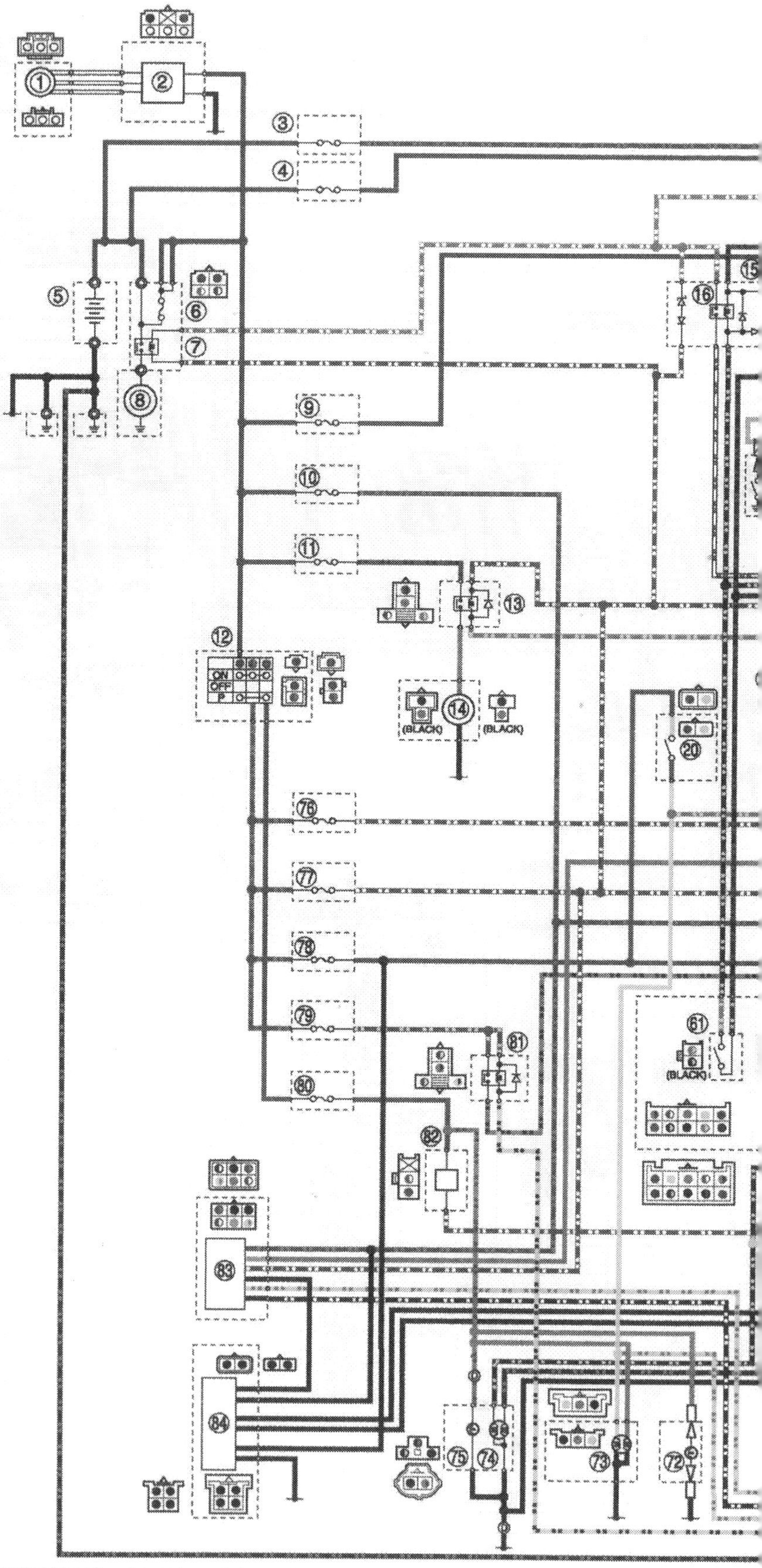

Schaltplan bietet Überblick über Sicherungen und zentrale elektrische Bauteile der Yamaha XJ6SA und XJ6FA. Für tiefer gehende Detailinformationen verweisen wir auf die Yamaha-interne Werkstattliteratur.

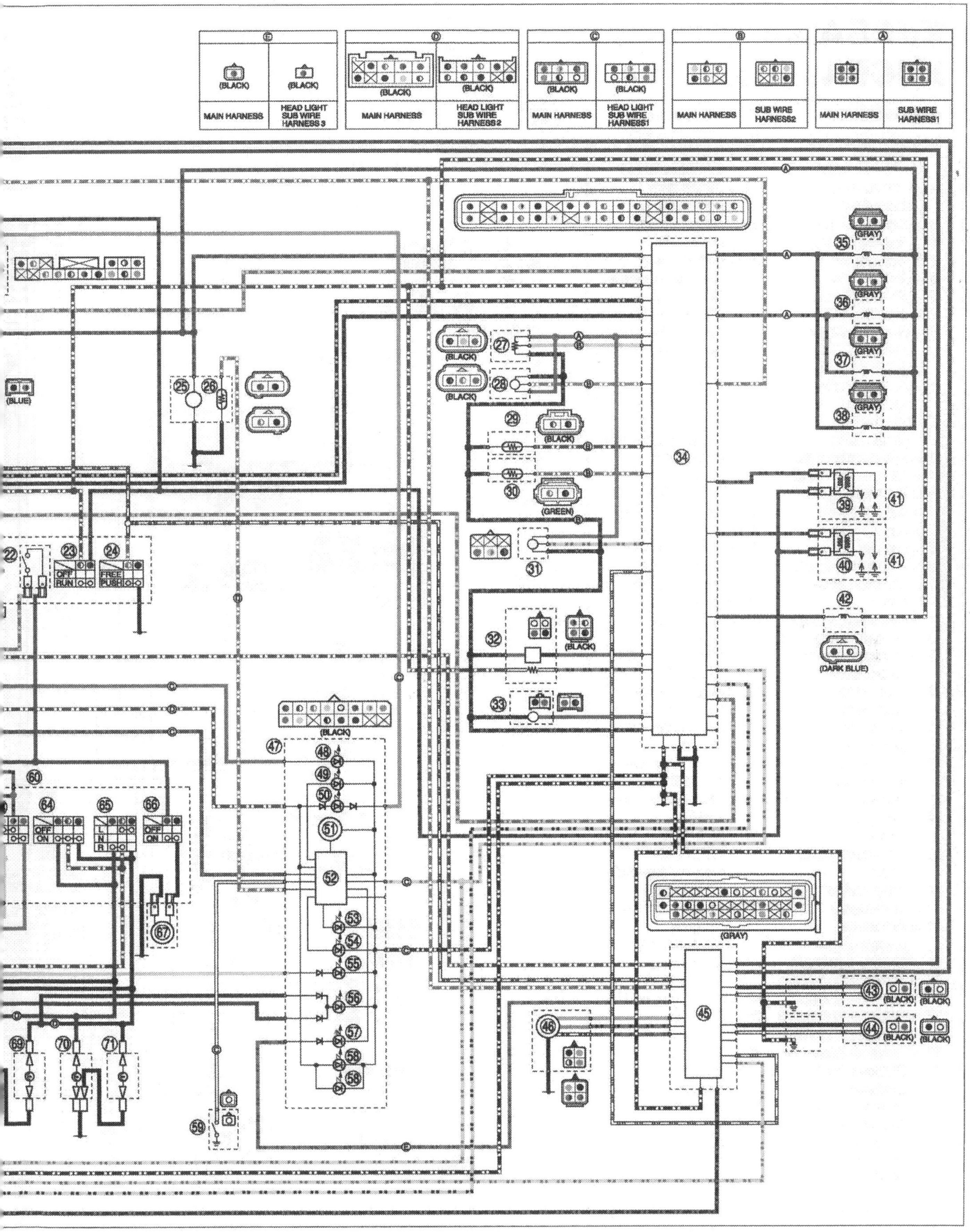
Ⓔ
(BLACK)
(BLACK)
MAIN HARNESS
HEAD LIGHT SUB WIRE HARNESS 3
Ⓓ
(BLACK)
(BLACK)
MAIN HARNESS
HEAD LIGHT SUB WIRE HARNESS 2
Ⓒ
(BLACK)
(BLACK)
MAIN HARNESS
HEAD LIGHT SUB WIRE HARNESS1
Ⓑ
MAIN HARNESS
SUB WIRE HARNESS2
Ⓐ
MAIN HARNESS
SUB WIRE HARNESS1
(BLUE)
(BLACK)
(BLACK)
(BLACK)
(GREEN)
(GRAY)
(GRAY)
(GRAY)
(GRAY)
(DARK BLUE)
(BLACK)
(BLACK)
(GRAY)
(BLACK)
(BLACK)
(BLACK)
(BLACK)
OFF
RUN
FREE
PUSH
OFF
ON
N
R
OFF
ON

Schaltplan bietet Überblick über Sicherungen und zentrale elektrische Bauteile der Yamaha XJ6N. Für tiefer gehende Detailinformationen verweisen wir auf die Yamaha-interne Werkstattliteratur.

XJ6SA ab Mj. 2009 mit ABS
XJ6FA ab Mj. 2010 mit ABS

1 = Lichtmaschine
2 = Regler/Gleichrichter
3 = Sicherung ABS-Motor (30 A)
4 = Sicherung ABS-Magnetventil (20 A)
5 = Batterie 12V/10Ah
6 = Hauptsicherung (30 A)
7 = Anlasserrelais
8 = Anlassermotor
9 = Sicherung Benzineinspritzung (10 A)
10 = Sicherung Kilometerzähler, Uhr, Wegfahrsperre (7,5 A)
11 = Sicherung Kühlerventilator (20 A)
12 = Zündschloss (Zündschalter)
13 = Kühlerventilatorrelais
14 = Kühlerventilatormotor
15 = Relaiseinheit (Diode)
16 = Anlasssperrrelais
17 = Benzineinspritzrelais
18 = Leerlaufschalter
19 = Seitenständerschalter
20 = Bremslichtschalter hinten
21 = Lenkerarmatur rechts
22 = Bremslichtschalter vorne
23 = Motorstoppschalter (»Killschalter«)
24 = Anlasserknopf (Starterschalter)
25 = Benzinpumpe
26 = Benzinstandgeber
27 = Drosselklappen-positions-Sensor
28 = Ansaugluftdruck-Sensor
29 = Ansauglufttemperatur-Sensor
30 = Kühlmitteltemperatur-Sensor
31 = Umkipp-Sensor
32 = Lambdasonde
33 = Kurbelwellen-positions-Sensor
34 = Motorsteuergerät ECU
35 = Einspritzventil Zylinder 1
36 = Einspritzventil Zylinder 2
37 = Einspritzventil Zylinder 3
38 = Einspritzventil Zylinder 4
39 = Zündspule Zylinder 1/4
40 = Zündspule Zylinder 2/3
41 = Zündkerzen
42 = Sekundärluft-Abschaltventil
43 = ABS-Sensor vorne
44 = ABS-Sensor hinten
45 = ABS-ECU (Elektronisches Steuergerät)
46 = ABS-Prüfstecker
47 = Instrumenteneinheit
48 = Wegfahrsperren-Kontrollleuchte LED
49 = Ölstand-Warnleuchte LED
50 = Leerlauf-Kontrollleuchte LED
51 = Drehzahlmesser
52 = Multifunktionsanzeige
53 = Motorstörungs-Warnleuchte LED
54 = Kühlflüssigkeitstemperatur-Warnleuchte LED
55 = Fernlicht-Kontrollleuchte LED
56 = Blinker-Kontrollleuchte LED
57 = ABS-Warnleuchte LED
58 = Instrumenten-Beleuchtung
59 = Ölstandschalter
60 = Lenkerarmatur links
61 = Kupplungsschalter
62 = Lichthupenschalter
63 = Abblendschalter
64 = Warnblinkschalter
65 = Blinkerschalter
66 = Hupenschalter
67 = Hupe
68 = Blinker vorne rechts 12 V 10 W
69 = Blinker vorne links 12 V 10 W
70 = Blinker hinten rechts 12 V 10 W
71 = Blinker hinten links 12 V 10 W
72 = Kennzeichenleuchte 12 V 5 W
73 = Rücklicht/Bremslicht 12V 21/5 W
74 = Fernlicht/Abblendlicht 12 V 60/55 W
75 = Standlicht 12 V 5 W
76 = Sicherung ABS-ECU (7,5 A)
77 = Sicherung Zündung (10 A)
78 = Sicherung Hupe (7,5 A)
79 = Sicherung Scheinwerfer (20 A)
80 = Sicherung Rücklicht (10 A)
81 = Scheinwerferrelais
82 = Blinker-/Warnblinkerrelais
83 = Wegfahrsperren-einheit
84 = Diebstahl-Warnanlage (optionales Zubehör)

Kabelfarben					
B	= schwarz	P	= rosa	Br/B	= braun…
Br	= braun	R	= rot	Br/L	= braun…
Ch	= schokobraun	Sb	= himmelblau	Br/R	= braun…
Dg	= dunkelgrün	W	= weiß	Br/W	= braun…
G	= grün	Y	= gelb	G/B	= grün/…
Gy	= grau	B/G	= schwarz/grün	G/L	= grün/…
L	= blau	B/L	= schwarz/blau	G/R	= grün/…
Lg	= hellgrün	B/R	= schwarz/rot	G/W	= grün/…
O	= orange	B/W	= schwarz/weiß	G/Y	= grün/…
		B/Y	= schwarz/gelb	Gy/B	= grau/…

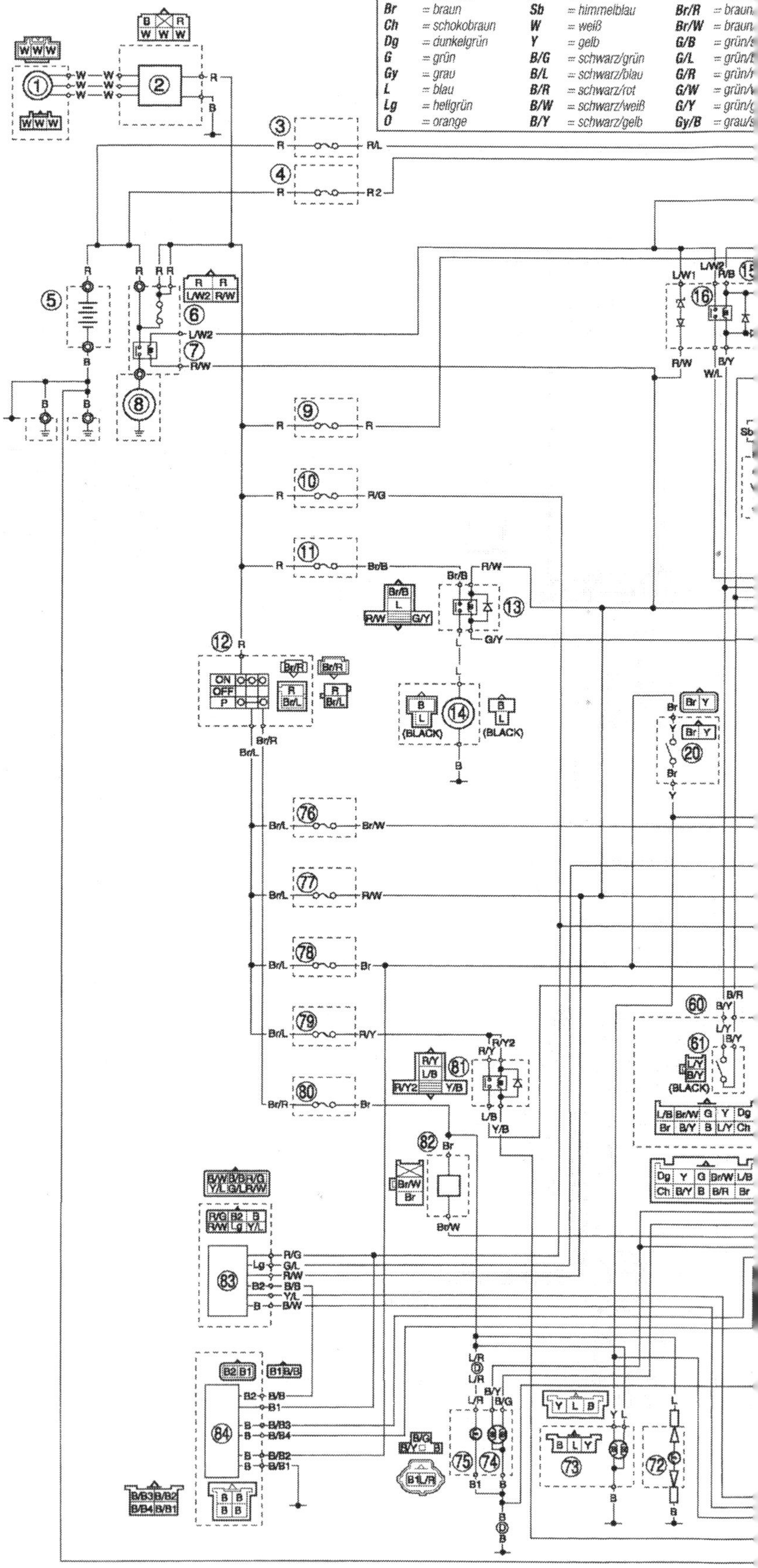

	= grau/grün	R/L	= rot/blau
	= blau/schwarz	R/W	= rot/weiß
	= blau/rot	R/Y	= rot/gelb
	= blau/weiß	W/L	= weiß/blau
	= blau/gelb	W/R	= weiß/rot
	= orange/schwarz	W/Y	= weiß/gelb
	= rosa/schwarz	Y/B	= gelb/schwarz
	= rosa/weiß	Y/G	= gelb/grün
	= rot/schwarz	Y/L	= gelb/blau
	= rot/grün	Y/R	= gelb/rot

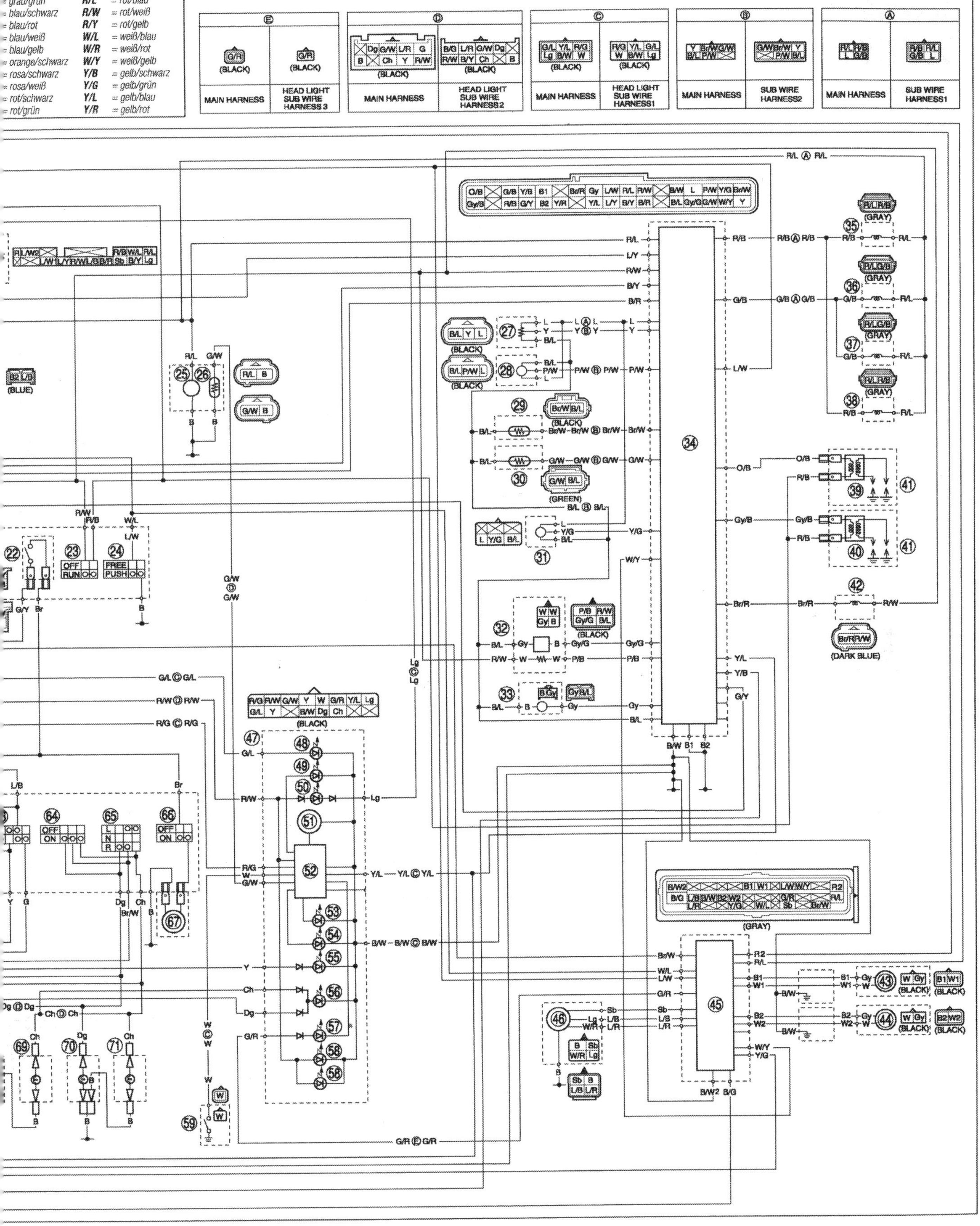

Kolibri 360 GmbH
Ferdinand-Jühlke-Straße 7
99095 Erfurt, Deutschland
produktsicherheit@kolibri360.de

Druck:
CPI Druckdienstleistungen GmbH
im Auftrag der
Kolibri 360 GmbH
Ferdinand-Jühlke-Str. 7
99095 Erfurt